“十三五”国家重点图书出版规划项目

《中国兽医诊疗图鉴》丛书

牛病图鉴

丛书主编　李金祥　陈焕春　沈建忠

本书主编　郭爱珍

U0306460

扫码看视频

中国农业科学技术出版社

图书在版编目 (CIP) 数据

牛病图鉴 / 郭爱珍主编 . -- 北京 : 中国农业科学
技术出版社 , 2021.6
（中国兽医诊疗图鉴 / 李金祥，陈焕春，沈建忠主编）
ISBN 978-7-5116-5357-4

Ⅰ . ①牛… Ⅱ . ①郭… Ⅲ . ①牛病 – 防治 – 图解
Ⅳ . ① S858.23-64

中国版本图书馆 CIP 数据核字 (2021) 第 108785 号

责任编辑	闫庆健　李冠桥
责任校对	李向荣
责任印制	姜义伟　王思文

出 版 者	中国农业科学技术出版社
	北京市中关村南大街 12 号　邮编：100081
电　　话	(010)82109705（编辑室）　　(010)82109702（发行部）
	(010)82109703（读者服务部）
传　　真	(010)82106625
网　　址	http://www.castp.cn
经 销 者	各地新华书店
印 刷 者	北京科信印刷有限公司
开　　本	210mm×297mm　　　1/16
印　　张	34
字　　数	919 千字
版　　次	2021 年 6 月第 1 版　　2021 年 6 月第 1 次印刷
定　　价	398.00 元

《牛病图鉴》
编委会

主　　编：郭爱珍

副 主 编：胡长敏

参编人员（按姓氏笔画排序）：

王　刚	王子健	王新卫	牛家强	方仁东	邓立新
华永丽	纪　鹏	贡　嘎	李　冰	李有全	李庆妮
李家奎	李能章	杨　莉	张　辉	张志平	张继瑜
陈建国	陈颖钰	罗润波	周绪正	胡俊杰	姚万玲
索朗斯珠	徐业芬	殷　宏	彭永崇	彭远义	彭清洁
魏彦明					

序

目前，我国养殖业正由千家万户的分散粗放型经营向高科技、规模化、现代化、商品化生产转变，生产水平获得了空前的提高，出现了许多优质、高产的生产企业。畜禽集约化养殖规模大、密度高，这就为动物疫病的发生和流行创造了有利条件。因此，降低动物疫病的发病率和死亡率，使一些普遍发生、危害性大的疫病得到有效控制，是保证养殖业继续稳步发展、再上新台阶的重要保证。

"十二五"时期，我国兽医卫生事业取得了良好的成绩，但动物疫病防控形势并不乐观。重大动物疫病在部分地区呈点状散发态势，一些人兽共患病仍呈地方性流行特点。为贯彻落实农业农村部发布的《全国兽医卫生事业发展规划（2016—2020年）》，做好"十三五"时期兽医卫生工作，更好地保障养殖业生产安全、动物产品质量安全、公共卫生安全和生态安全，提高全国兽医工作者业务水平，编撰《中国兽医诊疗图鉴》丛书恰逢其时。

"权新全易"是该套丛书的主要特色。

"权"即权威性，该套丛书由我国兽医界教学、科研和技术推广领域最具代表性的作者团队编写。作者团队业界知名度高，专业知识精深，行业地位权威，工作经历丰富，工作业绩突出。同时，邀请了7位兽医界的院士作为出版顾问，从专业知识的准确角度保驾护航。

"新"即新颖性，该套丛书从内容和形式上做了大量创新，其中类症鉴别是兽医行业图书首见，填补市场空白，既能增加兽医疾病诊断准确率，又能降低疾病鉴别难度；书中采用富媒体形式，不仅图文并茂，同时制作了常见疾病、重要知识与技术的视频和动漫，与文字和图片形成良好的互补。让读者通过扫码看视频的方式，轻而易举地理解技术重点和难点，同时增强了可读性和趣味性。

"全"即全面性，该套丛书涵盖了猪、牛、羊、鸡、鸭、鹅、犬、猫、兔等我国主要畜种及各畜种主要疾病内容，疾病诊疗专业知识介绍全面、系统。

"易"即通俗易懂，该套丛书图文并茂，并采用融合出版形式，制作了大量视频和动漫，能大大降低读者对内容理解与掌握的难度。

该套丛书汇集了一大批国内一流专家团队，经过5年时间，针对时弊，厚积薄发，采集相关彩色图片20 000多张，其中包括较为重要的市面未见的图片，且针对个别拍摄实在有困难的和未拍摄到的典型症状图片，制作了视频和动漫2 500分钟。其内容深度和富媒体出版模式已超越国内外现有兽医类出版物水准，代表了我国兽医行业高端水平，具有专著水准和实用读物效果。

《中国兽医诊疗图鉴》丛书的出版，有利于提高动物疫病防控水平，降低公共卫生安全风险，保障人民群众生命财产安全；也有利于兽医科学知识的积累与传播，留存高质量文献资料，推动兽医学科科技创新。相信该套丛书必将为推动畜牧产业健康发展，提高我国养殖业的国际竞争力，提供有力支撑。

至此丛书出版之际，郑重推荐给广大读者！

中 国 工 程 院 院 士

军事科学院军事医学研究院　研究员　夏咸柱

2018 年 12 月

前　言

　　养牛业在我国畜牧业经济中占有重要地位。发展养牛业对促进乡村振兴和农业生产、增加农民收入、提高人民生活水平和扩大对外贸易等都具有重要意义。随着我国养牛业现代化进程的推进，规模化、集约化和产业化程度越来越高。同时，全球经济一体化促使进出口贸易日益频繁，给牛病防控也带来了前所未有的挑战。科学预防、早期诊断和有效控制是牛病防控最重要的三大任务。配备一本易学、易懂、易操作的牛病防控参考书，对提高临床牛病控制水平具有重要意义。为此，现代农业（肉牛牦牛）产业技术体系疾病防控研究室的岗位专家及其团队成员根据多年的临床经验，编成本书。书中图片未注明供图者的均为中国农业科学技术出版社有限公司供图。

　　本书共分十三章，分别为牛的重要生物学特点与行为特征、牛场的生物安全措施、牛病的诊断技术、牛病毒病、牛细菌病、牛寄生虫病、牛内科病、牛外科病、牛产科病、牛营养缺乏症、牛中毒病、牛混合感染及继发感染病症等。每类病中，以常发病、多发病为主，系统地阐述了疾病的发病原因、流行特点、主要症状、病理变化、鉴别诊断、实验室诊断及综合防治措施。本书图文并茂，附有视频资料，力求科学性和权威性、知识性与通俗性、理论性与可操作性相结合，既适合广大基层兽医、养牛企业技术人员和养殖户使用，也适合教学及科研相关人员处理临床疾病时查阅。尽管编者在本书特色建设方面付出了很大努力，但由于时间仓促，水平有限，难免有疏漏之处，欢迎读者批评指正。

郭爱珍

2020 年 4 月

目 录

第六章　牛寄生虫病

第七章　牛内科病

第八章　牛外科病

第九章　牛产科病

参考文献

第一章

牛的重要生物学特点与行为特征

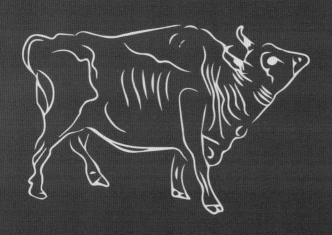

第一节 牛的重要生物学特点

与其他哺乳动物一样，牛体的正常行为和生理功能是运动系统、消化系统、呼吸系统、循环系统、生殖系统和神经系统等系统功能的综合体现。各系统功能不一，但又相互关联，受神经内分泌系统的整体调控。现就与畜牧业联系最为紧密的、最重要的消化系统、生殖系统的生物学特点及牛感觉的生物学特点做简要介绍。

一、牛消化系统的生物学特点

1. 牛胃的生物学特点

牛属于反刍动物，有瘤胃、网胃、瓣胃和皱胃4个胃室。前3个胃室合称为前胃，黏膜内无腺体，是反刍动物对饲料进行微生物发酵和营养物质吸收的重要场所。皱胃又叫真胃，与其他单胃动物的胃一样，黏膜内有腺体，能分泌消化液，消化液主要成分是盐酸凝乳酶和胃蛋白酶。

犊牛刚出生时，瘤胃的容积很小，占4个胃的33%，10~12周时增至67%，4月龄时增至80%。因此，牛反刍功能发育完善后，瘤胃是牛最大的一个胃室，同时也是一个天然的连续发酵罐，既能保证牛在较短的时间内采食大量的饲料，又有利于瘤胃内微生物共生和发酵，供给牛所需要的营养。牛需要的大部分能量是通过瘤胃吸收发酵过程中产生的挥发性脂肪酸来满足的。

网胃又叫蜂巢胃，占整个胃容量的7%，对饲料有二级磨碎功能。网胃可继续进行微生物消化，也参与反刍活动。

瓣胃内壁有大量的皱褶，对饲料的研磨能力很强，有三级加工作用，使食糜变得更加细碎。食糜内含有大量微生物，在此进行微生物消化，同时可吸收水分、钠盐和低级脂肪酸。

皱胃相当于单胃动物的胃，内有大量消化液，其主要成分为胃蛋白酶、凝乳酶和盐酸，对食物进行化学消化。初生犊牛的前3个胃很小，结构不完善，微生物体系不健全，不能消化粗纤维，只能靠母乳生活。犊牛所吮母乳顺食道沟直接进入皱胃，由皱胃所分泌的凝乳酶进行消化。

养牛选择合适的饲料尤为重要。牛喜欢吃精饲料、青绿饲料和多汁饲料，其次是优质青干草、低水分青贮饲料，最不喜欢吃的是未加工处理的秸秆类粗饲料。因此，用秸秆喂牛，应尽量铡得短一些，并拌以精饲料。有条件的饲养场制作秸秆颗粒饲料也是一种好方法。牛适于放牧饲养，由于没有上门齿，不能啃吃太短的牧草，所以牧草过短时不宜放牧。

牛的采食量与其体重相关，犊牛随着体重增加，采食量会逐渐增大，但相对采食量，即采食量与体重之比则随体重增加而减少。6月龄犊牛的采食量约为体重的3%，12月龄则降至2.8%。此外，饲料的性状、精饲料的比例、日粮的营养高低以及环境、气候、温度的变化都会对牛采食量有影响。

2. 牛肠道的生物学特点

牛的小肠为细长的管道，分为十二指肠、空肠和回肠三部分，是消化吸收的重要部位。因牛的小肠较长，接触食糜的内表面积大，消化腺丰富，可以分泌蛋白酶、脂肪酶和淀粉酶等消化酶类，将食物消化为小分子物质，进而被小肠吸收，同时将食糜中未被吸收的部分输送到大肠。大肠的长度仅有小肠的1/10，不分泌消化液，主要功能是吸收水分和形成粪便。在小肠未被消化的食糜进入大肠后，也可在大肠微生物和小肠带入大肠的各种酶的作用下继续吸收，余下部分排出体外。

二、牛生殖系统的生物学特点

在养牛生产中，牛的繁殖与生产效益密切相关。母牛通过产犊提供更多的后备牛和育肥牛。

1. 牛的生殖系统组成

公牛的生殖系统包括性腺（睾丸）、输精管道（附睾、输精管、尿道）、副性腺（精囊、前列腺、尿道球腺）和外生殖器（阴茎）。性腺主要产生精子和分泌雄激素；输精管道主要是输送、贮存精子及使精子成熟；副性腺的主要作用为加大精液量、活化精子和营养精子；外生殖器起着交配作用。公牛的初情期依据品种不同而差异较大，一般为6~12月龄，性成熟年龄为10~18月龄，体成熟年龄为24~36月龄，初配适龄为24~36月龄，繁殖年限为5~6年。

母牛的生殖系统包括性腺（卵巢）、生殖道（输卵管、子宫和阴道）、外生殖器（尿生殖前庭、阴唇和阴蒂）。卵巢主要产生卵子、分泌雌激素和孕激素；生殖道可运送卵子，是受精及胚胎附殖的部位。母牛的初情期依据品种不同而有差异，一般为6~12月龄，性成熟年龄为8~14月龄。母牛初配适龄为18~24月龄，繁殖年限为11~13年，发情周期平均为21 d（18~24 d）。

2. 牛的发情与配种

对牛进行发情鉴定与适时配种是提高母牛繁殖率的保障。母牛第一次出现发情症状称为初情期。牛一般6~12月龄开始出现初情期。荷斯坦牛发情周期约为21 d，青年母牛为17~19 d；西门塔尔牛约为22 d；娟珊牛约为20 d。

在散放的牛群中，发情母牛常追爬其他母牛或接受其他牛爬跨。牛发情时阴门开始肿胀，表面皱纹消失，阴道黏膜发红、潮湿、子宫颈口开张，阴道有黏液流出，由少、稀、透明到多、稠、混浊，再到少、稀、混有乳白丝状物。母牛在发情时卵巢上黄体开始溶解，卵泡开始增大且弹性增加。开始发情的母牛，对其他牛的爬跨不太接受，随着发情的进展，母牛会由不接受转为接受或强烈追爬。发情母牛表现得兴奋，两眼有神、敏感、焦躁不安、不喜躺卧，喜欢接近其他发情母牛或公牛，采食量下降，反刍次数减少。

牛是单胎动物，一次只能排一个卵，而在卵泡发育初期，有多个卵泡发育。牛一般在发情结束后10~15 h排卵，青年母牛产后30 d的子宫和卵巢就已复原。

3. 牛的受精与分娩

在人工授精或自然交配后，精子与卵子结合、着床，形成胚胎，胚胎经过一段时间的生长发育形成胎儿。妊娠期母牛温驯安详且采食量增加，营养状况改善。牛妊娠期平均为9~10个月。

母牛分娩前有分娩预兆，包括乳房腺体膨胀充实，有少量乳汁挤出，外阴部柔软、肿胀、增大，阴道黏膜变红，骨盆韧带松弛。分娩时母牛有节律地阵缩和努责，一般经过0.5~2 h，胎儿排出。羊膜破裂0.5 h后胎儿未排出称为难产。母牛产后2~8 h排出胎衣，胎衣12 h不能排出称为胎衣不下，需要采取措施如注射激素处理。

三、牛感觉的生物学特点

1. 视觉

牛的视力范围为330°~360°，而双眼的视角范围为25°~30°。牛能够清楚地辨别出绿色、红色、蓝色和黄色，但对绿色和蓝色的区分能力很差。同时，牛也能区分出圆形、三角形以及线形等简单的形状。

2. 触觉

牛的触觉也很灵敏，能像人一样通过痛苦的表情和精神萎靡等方式将身体的损伤、疾病和应激等表现出来。由于牛体型较大，单位体重的体表面积小，皮肤散热比较困难，因此牛比较怕热，但具有较强的耐寒能力。但低温时，牛需采食大量的饲料来维持一定的生产水平。高温时，牛的采食量会大幅度下降，导致牛的生长发育速度减慢和乳牛的泌乳量明显下降。高温对牛的繁殖性能影响也很大，可使公牛的精液品质和母牛的受胎率降低。因此，生产中须采取防暑降温措施以减少高温对牛的影响，并避免在盛夏时采精和配种。

3. 听觉

牛的听觉频率范围几乎和人一样，而且能准确地听到一些人耳听不到的高音调。但由于牛的听觉只能探测较远的范围，因而对那些偏离这个角度范围而离牛体很近的声源发出的声音反而难以听到。

4. 味觉

牛的味觉发达，能够根据味觉寻找食物和使用气味信息与同伴进行交流，母牛也能够通过味觉寻找和识别小牛。牛喜食甜、酸类食物，但不喜欢苦味和含盐分过多的食物。

第二节　牛的重要行为特征

牛的行为是牛对刺激产生的位移反应或对周围环境应答的方式。了解牛的重要行为特征，是牛病诊断和防治的基础。牛的任何疾病都将表现为行为异常，有些异常行为是多种疾病共同的表现，但也有些异常行为是某种或某类疾病的特有表现。只有了解牛的正常行为特征，才可能早期识别异常行为。临床经验丰富的兽医技术人员和细心的饲养人员，对牛的正常行为十分熟悉，因而最善于早期发现牛的异常行为，识别出病牛。

一、牛的消化相关行为

1. 采食行为

牛的口齿及唇部，在生理构造上与其他草食动物不同，只有下切齿和上齿垫，唇部极不灵活，仅有有限的上下活动能力，但舌长而灵活，且在舌的上表面生有许多角质钩。因此，其采食主要靠舌的灵活运动。自然状况下，牛的昼夜采食时间分配，大致是65%的采食时间在白天，其余35%在夜间。采食、反刍和休息有节律地交替进行，通常有4个较集中的采食时间：黎明、午前、午后和黄昏前后。

牛采食不细致，食物不经充分咀嚼，而只是将其与唾液混合成大小和密度适宜的食团后便匆匆咽下，经过一段时间后再反刍。由于采食饲料速度快，咀嚼不充分，当喂给整粒谷料时，未被嚼碎的谷料由于密度大会沉于瘤胃底。喂给块根、块茎类饲料时，则常会发生食道梗死现象。牛采食具有竞争性，自由采食时也会相互抢食，可利用这一特点增加牛对粗饲料的采食量。

2. 反刍行为

反刍是牛消化食物的一个重要过程，反刍时食物逆呕到口腔，经再咀嚼，然后再被咽回。反刍时的咀嚼比采食时的咀嚼细致得多。在对逆呕食团进行再咀嚼过程中，不断有大量唾液混入食团，此时唾液分泌量超过采食时的分泌量。每头牛每天的唾液分泌量为100~200 L，在每个反刍中咽下唾液2~3次。反刍活动从开始到暂停，再进入间歇期，称为一次"反刍周期"。牛全天共有15~18个反刍周期，总反刍时间为6~10 h，反刍与采食时间的比例接近1:1。但随牧草品质和种类不同而异，牧草幼嫩多汁，反刍时间较短，采食时间较长，反刍为采食时间的3/4；牧草粗老，则反刍比采食的时间稍强长；舍饲条件下，以青贮饲料为主要饲草，采食时间较短（4~5 h），反刍时间较长，采食与反刍的时间比达1:2左右。牛的反刍主要在夜间，而且随昼夜长短而变。昼夜反刍的每次持续时间差异很大，白天干扰较多，反刍时断时续，持续时间长短不一。

犊牛早期补饲易消化的植物性饲料，能刺激前胃的发育，可提早出现反刍。草料的种类和品质、日粮的调制方法和饲喂方式，以及气候变化、饥饿、饮水和体况的变化都会影响反刍行为。牛受到外界强烈刺激，过度疲劳、患病，尤其是前胃疾病，均会引起反刍的紊乱或停止。反刍停止是患有疾病的征兆，不反刍会引起瘤胃臌气。

3. 嗳气行为

牛嗳气时可在左侧颈静脉沟处看到由下而上的气体移动波，有时还可听到咕噜声。健康牛一般每小时嗳气20~40次。嗳气减少，见于前胃弛缓、瘤胃积食、皱胃疾病、瓣胃积食、创伤性网胃炎以及继发前胃功能障碍的传染病和热性病。嗳气停止，见于食道梗死，严重的前胃功能障碍，常继发瘤胃臌气。当牛发生慢性瘤胃弛缓时，嗳出的气体常带有酸臭味。

4. 饮水行为

水分是构成牛身体和牛奶的主要成分。牛的新陈代谢、生长发育和生产牛奶等都离不开水，牛每天的饮水量是它采食饲料干物质量的4~5倍，产奶量的3~4倍。牛饮水时，舌的作用很小，主要以上下唇接触水面，并抿合成小缝，将水吸入口腔。

5. 排泄行为

牛随意排泄，通常站着排粪或边走边排，因此牛粪常呈散布状；排尿也常取站立的姿势。成年母牛每昼夜共排粪10~16次，排尿7~14次，一昼夜排粪约30 kg，排尿约22 kg；年排粪量约11 t，年排尿量约8 t。直肠检查证实，牛的直肠经常储留着大量粪便，直肠检查或其他可引起直肠蠕动的刺激，均可立即引起牛的排粪。

二、牛的本能行为

1.探究行为

探究是牛对环境刺激的本能反应，它通过看、听、嗅、尝和触等感觉器官完成。当牛进入新的环境（如新圈舍、新牛群）或牛群中引入新个体时，逐步认识、熟悉新环境，并尽量与之适应或加以利用。在舍饲条件下当舍门打开或运动场围栏出现缺口时，甚至成群牛都会离开圈舍。

2.寻求庇护行为

牛在恶劣的环境条件下会寻找庇护场所，或聚集在一起共同抵御恶劣条件。放牧牛在遇大风、暴雨时会背对风雨并随时准备逃离。夏季中午炎热时，牛会寻找阴凉或有水的地方休息，而在清晨或傍晚天气凉爽时采食。

3.仿效行为

仿效行为就是相互模仿的行为。当一头牛开始离开牛舍时，其他牛跟着走。在饲养管理中可利用牛的这一行为特点，使牛统一行动，节省劳动力。

4.躺卧行为

牛的躺卧时间会随着年龄的增大而减少，犊牛每天的躺卧次数为30~40次，总时间达到16~18 h。成年母牛每天的躺卧时间为10~14 h，躺卧次数为15~20次。白天或晚上的中段时间是躺卧持续时间最长的阶段。一头成年母牛每年躺卧和起立的次数一般为5 000~7 000次。牛的躺卧时间和次数取决于年龄、热循环和健康状况，还会受天气、牛床质量、饲养管理方式和饲养密度的影响。

三、牛的社会行为

1.交流行为

牛的个体都可以通过传递姿势、声音、气味等不同信号来进行与同类之间的交流，但大多数行为模式都需要一定的学习和训练过程才能准确无误地掌握。通常这种学习过程只发生在一生中的某个阶段，如果错过这个阶段，则无法建立这种相似的行为。

2.群居行为

牛喜群居，牛群在长期共处过程中，可以形成群体等级制度和优势序列。这种优势序列在规定牛群的放牧游走路线，按时归牧，有条不紊进入挤奶厅以及防御敌害等方面都有重要意义。

3.位次行为

在自然条件下，一个牛群通常由公牛、母牛、青年牛和犊牛组成，牛只在群体行为的基础上会建立起优势序列，这种主次关系就是牛"社会地位"的群体位次关系。这种关系会在牛成长发育阶段逐渐形成，在野生条件下，这种关系通常非常稳定。为了维持这种位次关系的稳定和减少牛群间不必要的麻烦和争斗，需尽量避免牛群成员的变化和更替。

4. 攻击性行为

牛的攻击行为和身体相互接触主要发生在建立优势序列（排定位次）阶段。头对头的打斗最具攻击性，而头部撞击肩与腰窝等部位也非常激烈。一旦这种位次关系排定之后，示威性行为将成为主导。如果诸如食物、饮水和躺卧位置等资源条件受到限制时，可能会激发牛激烈的攻击性行为。

牛自身活动（如躺卧、站立和伸展等）所需要的空间为自身空间需求。群体空间需求则是指牛和同伴之间所要保持的最小距离空间。如果这种最小的空间范围受到了侵犯，牛会试图逃跑或对"敌对势力"进行攻击。牛所需的空间范围一般以头部的距离计算。如果密度过大限制了其自由移动，牛只可能就会产生压力，并表现出相应的行为。

第三节 牛的重要生理生化指标

牛的重要生理生化指标是判断牛的状态及评价牛健康的重要指征。下面的表格总结了牛的正常体温、脉搏、呼吸、瘤胃蠕动次数、性成熟和体成熟的年龄等重要指标（表1-3-1至表1-3-4）。

表1-3-1 牛体温、脉搏、呼吸、瘤胃蠕动次数、性成熟及体成熟时间

牛种	体温（℃）	脉搏（次/min）	呼吸（次/min）	瘤胃蠕动次数（次/min）	性成熟（月）	体成熟（岁）
肉牛	38.0 ~ 39.0	50 ~ 80	10 ~ 30	4 ~ 10	10 ~ 18	2 ~ 3
水牛	36.0 ~ 38.5	30 ~ 50	10 ~ 50	4 ~ 10	10 ~ 30	3 ~ 4
黄牛	37.5 ~ 39.0	60 ~ 80	10 ~ 30	4 ~ 10		
犊牛	38.5 ~ 39.5	80 ~ 110	20 ~ 50			

表1-3-2 牛红细胞常规指标

品种	红细胞总数（×10^{12}个/L）	血红蛋白浓度（g/L）	红细胞压积	平均红细胞血红蛋白（pg）	平均红细胞体积（fl）	平均红细胞血红蛋白浓度（g/L）
黄牛	7.24 ± 1.57	95.5 ± 10.0	0.36 ± 0.04	14.4	59.1	223
奶牛	5.97 ± 0.86	83.7 ± 7.0	0.37 ± 0.03	12.0 ~ 22.0	44.0 ~ 59.0	250 ~ 380
水牛	5.91 ± 0.98	123.0 ± 16.6	0.39 ± 0.02	19.9 ~ 22.9	53.8 ~ 88.7	331 ~ 419

表1-3-3 牛白细胞常规指标

品种	白细胞总数（×10^9个/L）	嗜碱性粒细胞（%）	嗜酸性粒细胞（%）	中性杆状核细胞（%）	中性分叶核细胞（%）	淋巴细胞（%）	单核细胞（%）
黄牛	8.43 ± 2.08	0.14 ± 0.02	3.10 ± 1.64	4.10 ± 1.18	32.86 ± 6.28	58.03 ± 6.29	1.77 ± 0.73
奶牛	9.41 ± 2.13	0.12 ± 0.83	7.80 ± 4.72	9.52 ± 4.62	19.64 ± 7.95	59.24 ± 10.37	2.96 ± 1.89
水牛	8.04 ± 0.30	0.00 ~ 1.00	6.50 ~ 29.90	0.30 ~ 8.40	12.00 ~ 38.00	36.70 ~ 78.50	0.30 ~ 5.40

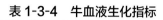

表 1-3-4　牛血液生化指标

序号	检验项目		单位	参考值范围
	英文缩写	中文名		
1	ALT	丙氨酸氨基转移酶	U/L	6.9~35.3
2	AST	天冬氨酸氨基转移酶	U/L	45.0~110.0
3	TP	总蛋白	g/L	67.0~75.0
4	ALB	清蛋白	g/L	25.0~35.0
5	GLO	球蛋白	g/L	30.0~35.0
6	A/G	清蛋白/球蛋白比值	—	0.8~0.9
7	ALP	碱性磷酸酶	U/L	18.0~153.0
8	GGT	γ-谷氨酰转肽酶	U/L	4.9~25.7
9	AMs	血清淀粉酶	U/L	41.0~98.0
10	TBIl	总胆红素	μmol/L	0.2~17.1
11	DBil	直接胆红素	μmol/L	0.7~7.5
12	Cr	肌酐	mmol/L	56.0~162.0
13	UA	尿酸	μmol/L	0.0~119.0
14	BUN	尿素氮	μmol/L	3.55~7.10
15	Glu	血糖	mmol/L	2.22~4.44
16	LAC	血液乳酸	mmol/L	0.55~2.22
17	TC	血清胆固醇	mmol/L	2.0~3.1
18	CK	肌酸激酶	U/L	4.8~12.1
19	LDH	乳酸脱氢酶	U/L	692.0~1 445.0
20	ChE	血清胆碱酯酶	U/L	1 270.0~2 430.0
21	K^+	血清钾	mmol/L	3.9~5.8
22	Na^+	血清钠	mmol/L	132.0~152.0
23	Cl^-	血清氯	mmol/L	97.0~111.0
24	Ca	血清钙	mmol/L	2.35~3.05
25	P	血清无机磷	mmol/L	0.74~3.10

第二章
牛场生物安全措施

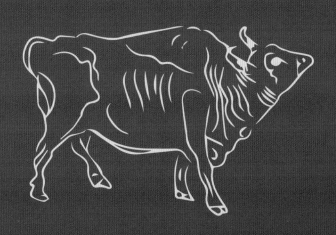

第一节　生物安全的概念和要素

建立良好的生物安全体系是牛群健康的基本保障，是所有疫病防控计划和措施有效实施的基础，也是牛场维持净化状态的最关键手段。牛场生物安全是指为降低外来病原体传入、场内病原体的场内传播以及向场外扩散风险所采取的一整套措施和行为。牛场生物安全是一个系统工程，包括相关的规章制度、组织机构、人员队伍、经费投入、必要的设施设备、安全计划、技术和措施等。规章制度、组织机构、人员队伍和经费投入是生物安全计划实施的基本保障，必要的设施设备是生物安全计划实施的基础。

牛场应有各自的生物安全计划，主要包括如下七大要素：一是做好来访人员、车辆、设备和野生动物的控制；二是做好病原和害虫媒介的控制；三是做好废弃物的处理和控制；四是做好病死动物、排泄物的隔离；五是做好生产、计划和记录；六是做好牛场生产管理；七是做好养殖场投入品的控制。每个要素都涉及具体的技术和措施，共同措施包括隔离和消毒。隔离包括新引入牛的隔离、病牛的隔离、生产区各功能区间的隔离、粪污处理区的隔离、病死动物无害化处理区的隔离、净道和污道间的隔离等；消毒包括人员和车辆的消毒、牛舍内外环境的消毒、各种器械设备用具的消毒、水源与饲料的消毒以及排泄物、污染物和污染场地的消毒等。记录是评估生物安全计划实施效果的重要手段，所有措施行为都必须有记录。

第二节　牛场主要生物安全措施

一、牛场的选址与建设

1. 确定牛场规模

依据牛体大小、生产目的及饲养方式等差异，每头牛占用的牛舍面积也不一样。每头育肥牛所需面积为 $1.6\sim4.6\ m^2$，通常有垫草的育肥牛每头牛占 $2.3\sim4.6\ m^2$，有隔栏的每头牛占 $1.6\sim2\ m^2$。目前小栏散养模式越来越普遍，有利于提高牛只福利和健康水平，一般按牛大小每栏6~15头，每头牛占有面积4~5 m²。牛舍及其他房屋（牛场管理、职工生活及其他附属建筑物）面积为场地总面积的15%~20%。

2. 场址选择

根据牛场规模选择场址，同时应进行水文、土壤和气象调查，不能在土壤微量元素缺乏或环境污染区，如重金属超标、农药和抗生素残留超标、水质差、噪声大等环境中选址。选择开阔整齐地形，地势最好为高燥、背风向阳，地下水位2 m以下，多选沙壤土或沙土土质，易于牛舍及运动场的清洁与卫生干燥，有利于防止蹄病及其他疾病的发生。水源需充足且符合饮用水的卫生要求。交通、供电方便，周围饲料资源尤其是粗饲料资源丰富。

选址应符合兽医卫生和公共安全的要求（图2-2-1）。依照有关规定，牛场选择应距村庄居民点、医院、学校、饮用水源、公路铁路及化工厂等1 500 m以上。同时，周围3 000 m内无养殖场、屠宰场、畜产品加工厂、动物医院、动物隔离区、动物交易市场、农贸市场等潜在传染源的机构。

图2-2-1　牛场选址符合动物疫病防控要求（郭爱珍 供图）

3. 场区合理布局

牛场布局应符合科学饲养和防疫的要求，统筹和合理安排。场区大门入口应设车辆消毒池（图2-2-2）和人员消毒室（图2-2-3），消毒池和消毒室应是车和人的必经之路。场区内一般按功能分为5个区：生活区、管理区、生产区、病畜隔离区、粪尿污水处理区。区间建立最佳生产联系，保持合适间距，应考虑地势和主风向对防疫的影响。

4. 生产区

生产区是牛场的核心，对生产区的布局应给予全面细致的考虑。牛场经营如果是单一或专业化生产，其饲料、牛舍以及附属设施也应比较单一。与饲料贮存、加工配制和运输有关的建筑物，原则上应规划在地势较高处，并保证防疫卫生安全。在饲养过程中，应根据牛的生理特点进行分舍饲养，繁殖母牛和种公牛应按群设运动场。肉牛繁殖场可分为母牛舍、产房、犊牛舍、青年后备牛舍、育肥牛舍等。奶牛场分泌乳牛舍、挤奶厅、干奶牛舍、产房、犊牛舍、青年后备牛舍等。

图 2-2-2　场区门口设车辆消毒池
（郭爱珍 供图）

图 2-2-3　人员消毒室
（郭爱珍 供图）

生产区门口应设车辆消毒池和更衣消毒室。人员进入生产区时，在消毒室换上洁净且消毒过的工作服（衣、裤、鞋、帽、口罩等），进行体表臭氧或消毒剂喷雾消毒等，喷雾消毒可用0.2%过氧乙酸溶液。消毒通道的地面宜铺设草垫或其他材料的吸水垫，内加0.5%次氯酸钠溶液，供鞋底消毒。工作前后应洗手并消毒，消毒可用0.2%过氧乙酸溶液或75%酒精。确保牛场内净、污道路分离不交叉，雨水与污水排放沟（管）分离。外来人员和车辆原则上不能进入生产区。

牛舍应建在场内生产区中心，尽可能缩短运输路线。修建数栋牛舍时，方向应坐北朝南，以利于采光、防风和保温。牛舍超过4栋时，可2栋并列配置，前后对齐，相隔10 m以上。牛舍应设牛床、牛槽、粪尿沟、通行道、工作室和值班室。牛舍前有运动场，内设自动饮水器、凉棚和饲槽等。牛舍四周和道路两旁应绿化，以调节小气候。

5. 粪尿污水处理区和病畜隔离区

粪尿污水处理和病畜隔离区设在生产区下风地势低处，与生产区保持300 m以上卫生间距。病牛区应便于隔离（图2-2-4），单独通道，便于消毒及污物处理。防止污水、粪尿废弃物蔓延污染环境。

牛场应根据牛位数量设计安装相应处理能力的粪污处理设施设备。粪污处理区应划分明确，与生产区及病牛隔离区隔离。牛场粪污处理基础设施应建在牛场低位下风向，有固定的牛粪堆放储存场所和设施。牛粪储存堆放场所应有防雨棚，地面有防止粪污渗漏、溢流等的措施，同时应有防止野生/流浪动物接近或接触的措施。

6. 生活区

职工生活区应在全场上风和地势较高的地段，以使牛场产生的不良气味、噪声、粪便和污水不致因风向与地表径流而污染生活环境，减少人兽共患性疾病的传播风险。同时，生活区也应有相应的卫生管理措施，包括生活垃圾、厨房泔水及厕所的管理，以减少相关人员和动物传染因子向生产区传播的风险。

7. 管理区

管理区包括经营管理、产品加工销售有关的建筑物。在规划管理区时，应有效利用原有道路和

图 2-2-4　粪污处理区与病牛隔离区（郭爱珍 供图）

输电线路，充分考虑饲料和生产资料的供应、产品销售等。在牛场有加工项目时，应独立组成加工区，不应设在饲料生产区内。汽车库应设在管理区。除饲料仓库外，其他仓库也应设在管理区。管理区与生产区应加以隔离，保证 50 m 以上距离，外来人员只能在管理区内活动，场外运输车辆严禁进入生产区。

二、投入品管理

牛场的投入品主要包括饲料及饲料相关产品（如原料、添加剂等）、水、兽药、垫料、冻精、胚胎及其他非常规物品等。在将投入品向牛场输入时，都有可能引入病原体。

采购投入品的整体原则：严禁从疫区采购；低风险区严禁从高风险区采购。所有从外购进的投入品均应有采购记录，主要包括产品名称、产地、批号、数量、保质期、许可证编号、质量检验信息、进货日期、生产企业或者供货者名称及其联系方式等。记录的保存期限不少于3年。

饲料及饲料相关产品、兽药等生产资料的采购需从有信誉、能够提供产品质量安全保障的大宗供应商处购买。要求供应商保证所供应商品不含病原体。禁止采购中华人民共和国国务院和农业行政主管部门公布的饲料原料目录、饲料添加剂品种目录和药物饲料添加剂品种目录以外的任何原料和产品。确保饲料原料及饲料添加剂等生产资料中不含有任何动物源性成分。饲料添加剂产品的使用应遵循产品标签所规定的用法与用量。确保饲料在有效期内使用，超过有效期的饲料应按要求处置。饲料及饲料相关产品应贮存在干燥和干净场地，妥善护盖，防止霉变和受潮，定期监测饲料，确保饲料符合使用要求；定期清洁料槽，防止污染；安全处理陈旧或被污染饲料，处理点需远离家畜并确保不被害虫和病原侵袭；对撒落的饲料要及时清除，以免随风或其他方式（车轮、衣服等）在牛场四处扩散。

确保不购买且不饲喂动物源性物质，并确保所有职工知晓这些规定。养殖场严禁参观者投喂家畜，禁止饲喂泔水。

牛饮用水应符合人饮用水的质量要求。水源是多种病原体生存的良好场所，同时也是传播病原体的良好媒介。牛场应定期监测水源并尽可能地遮盖水源，确保水源远离野生动物；水槽应有足够高度，减少牛粪的污染；定期清洁水槽，不许长期贮水，防止招引昆虫和传播疾病的害虫；定期监测水塔，防止被野生动物损坏或被化学物质污染；确保水路畅通；必要时需对牛场饮用水进行消毒。饮用水消毒剂主要有氯制剂（漂白粉、二氯异氰尿酸钠、次氯酸钠和氯胺T）、碘制剂和二氧化氯。二氧化氯消毒效果较好，但价格较高，因此目前多以漂白粉消毒为主。未过滤的水每立方米加入25%有效氯漂白粉6~10 g，过滤过或用明矾沉淀过的清水加2~4 g。

原则上牛场不允许饲养其他动物，如必须饲养，则须严格保证动物的健康，对该动物进行免疫及驱虫，如对犬进行狂犬病疫苗免疫和包虫病预防性驱虫等。

任何时候牛场都必须从可靠途径引入牛。应确保供应商能提供牛只健康声明和免疫检疫记录；详细记录牛只来源，并在购买前检查和确认牛只健康状况和免疫状况，必要时在起运2周前接种牛口蹄疫二价或三价疫苗。新购入牛进场前要在隔离区隔离21 d以上，经检测无疫、进行了必要疫苗接种和驱虫后方可并群。本场牛出场后又返还（如参加比赛、展销活动等）时应和新引进牛一样，确保运输工具进行了完全的清洁消毒，在牛到达后检查健康状况，隔离21 d以上确保无病后才能并群。

在引入其他投入性产品时，如果该物品可能会对养殖场造成风险，则需要检查该物品的来源，并确认无危害后方可使用。

三、输出品管理

牛场输出品主要包括活牛、胴体、废液和废物。当牛只发病时不允许外运；确保所有装车的牛都是健康的，并记录运抵的地点，同时应提供健康证明。在确保动物健康方面，需专业兽医对牛健康做出准确评估。同时，运输车辆应彻底消毒。

当本场牛外出展销或市场销售时，如需重新返回群体时，按新引进动物处理。

每天及时清除牛舍内及运动场垫草、污物和粪便，并将粪污通过污道运送到堆积贮存处。收集的粪污应尽量避免有泥沙、石块等杂质。含有尿液和粪液的废水经收集后可进一步进行厌氧发酵或好氧处理（图2-2-5）。如果有沼气处理设施，冲洗污水通过专用排污管、沟进入沼气池。牛粪集中

图2-2-5　污水好氧处理（郭爱珍 供图）

后，采用干湿分离机将水分和粪渣分离，粪渣堆积密闭30 d后，即可作为有机肥使用。实施干粪堆积密闭发酵，控制相对湿度为70%左右，可杀灭病原微生物、寄生虫卵等，达到消毒杀菌的目的。

越来越多的企业使用生物发酵床或"床场一体化"的模式，以减少废物排放并实现资源化利用。"床场一体化"是一种新型养殖模式，是将牛床和运动场融为一体，结合现代微生物发酵处理技术而形成的一种环保、安全、有效的生态养殖技术。使用时应注意养殖密度，以保证牛排泄的粪尿被垫料全部吸收，实现粪尿零排放（图2-2-6）。

图 2-2-6 床场一体化养牛模式（郭爱珍 供图）

胴体、废液及废物（包括牛粪尿、污水、垫草垫料、饲料或饲草残渣、臭气、医疗垃圾和病死动物尸体等）需有专门的隔离处理点，避免污染物传播的可能，防止野生或家养动物进入。病死动物尸体和废物应在隔离区处理，并尽可能考虑对环境和公共安全的影响，控制废液，避免潜在疾病传播，必要时可通过种植作物或防风林减少废液的迁移。

病死牛尸体无害化处理主要有以下4种方法。

1. 掩埋法

掩埋法是指按照相关规定，将动物尸体及相关动物产品投入掩埋坑或化尸窖，通过覆盖、消毒，发酵或分解动物尸体及相关动物产品的方法。掩埋法是一种简单、经济、实用的无害化处理方法，在实践应用中，又可分为直接掩埋法和化尸窖掩埋法。

化尸窖又称密闭沉尸井，是指按照《畜禽养殖业污染防治技术规范》（HJ/T 81—2001）要求，在地面挖坑后，采用砖和混凝土结构施工建设的密封池。化尸窖处理技术，即以适量容积的化尸窖沉积动物尸体，让其自然腐烂降解的方法。化尸窖的类型从建筑材料上分为砖混结构和钢结构两种，前者为建在固定场所的地窖，后者则可移动。从池底结构上，地窖式化尸窖分为湿法发酵和干法发酵两种，前者的底部有固化，可防止渗漏，后者的底部则无固化。钢结构的化尸窖属于湿法发酵。

2. 焚烧法

焚烧法是指将病死动物尸体及相关动物产品堆放在足够的燃料物上或放在焚烧炉中，确保获得最大的燃烧火焰，在富氧或无氧条件下进行氧化反应或热解反应，在最短的时间内达到无害化的目的。焚烧应尽量减少新的污染物质产生，避免造成二次污染。焚烧法可采用的方法有：开放式焚烧法、直接焚烧法和炭化焚烧法等。

3. 化制法

化制法处理是指将病死动物尸体投入密闭的高压容器内，在高温、高压等条件作用下，将病死动物尸体消解转化为无菌水溶液（以氨基酸为主）和干物质骨渣，同时将所有病原微生物彻底杀灭的过程。该方法借助于高温、高压，病原体杀灭率可达99.99%。化制法包括干化法、湿化法和碱解法。

4. 发酵法

发酵法是指将动物尸体及相关动物产品与稻糠、木屑等辅料按要求摆放，利用动物尸体及相关动物产品产生的生物热或加入特定生物制剂，发酵或分解动物尸体及相关动物产品的方法。传统的发酵法需时较长，一般1~3个月才能完成。随着一些嗜高温菌种的应用和工艺改进，处理时间可缩短到12~48 h。

四、人、车辆、设备和野生动物管理

原则上养殖场严禁外人参观，如必须进入，须经主管领导批准，并严格限制外来人员在养殖场范围内的行动路线，减少不必要的移动。

牛场内应尽量减少入口，并限制外来人员及车辆的进入。对于允许进入生产区的入口，需设立"未经许可，禁止入内"的标识。

原则上不允许车辆由高风险区向低风险区移动，如十分必要，则须对车辆、司机和随车人员进行严格消毒。车辆在进入场区前应对车身、车顶和底盘进行喷雾消毒，在消毒池中对轮胎进行浸渍消毒，消毒剂常用2%氢氧化钠（又称烧碱、火碱、苛性钠）溶液，每周更换2~3次，保证足量药液和药物有效浓度；兽医器械、配种器械等在使用前后进行彻底清洗、烘干、烘烤消毒或高压灭菌。

当来访者进入养殖区时，应穿防护服，进行个人清洁和消毒。在允许进入区，养殖场应为到达和离开人员及车辆提供清洁靴和消毒设备等相关设施。相关标识应该设置在醒目之处，让来访者容易看到，以确保其了解牛场生物安全的要求及到达后需进行的操作。养殖场详细登记和监督来访者的活动。

养殖场应确保场内所有员工知晓各自在生物安全中的作用；保证所有负责牛只饲养管理的员工知晓如何识别病牛和受伤牛，并知晓在发生不同类型疾病时该如何反应及行动。

生产管理人员应减少场间和牛舍间互借设备或生产用具，对借出器具应确保用前、用后的清洁消毒。

牛场生产用具主要包括饲喂用具、料槽、车辆、兽医用具、助产用具和配种用具等，需定期用0.1%新洁尔灭溶液或0.2%~0.5%过氧乙酸溶液对饲喂用具、料槽等进行消毒。

牛场应严密监控和管理野生动物及流浪动物，防止传播疾病。牛场应防止家养动物、流浪动物和野生动物接触废物处理场，必要时采取措施清除野生和流浪动物。养殖场应定期进行核实和监测，并对可能产生的生物安全隐患进行评估，制定措施及时消除安全隐患。

五、生产行为

养殖场应培养员工养成良好的生产习惯，保证所有员工明白早期检测和报告疾病症状的重要性。如发现非正常发病或死亡牛，应尽早咨询兽医或当地兽医疾病防控人员。牛场应定期对场内牛只进行健康状况的评估，定期检查重要牛病，如牛结核病和布鲁氏菌病，确保早期检出发病或感染的动物。

牛场应对已知疾病实施防控措施，当有疫病暴发时，按规定隔离和治疗发病牛或易感牛，对病死牛尸体尽快进行无害化处理，同时兼顾环境和公共卫生安全。

牛场应保证所有员工对已知风险疾病进行了疫苗免疫，必要时需对动物进行人兽共患病免疫。工作人员要定期体检。人兽共患病患者，如结核病患者、肝炎患者，不得进入生产区和从事养牛工作。

六、计划、培训、记录和评估

根据牛场面临的主要疾病风险，制订牛场的生物安全计划，计划应包括企业生物安全管理机构、人员职责、规章制度、疾病控制和净化目标、主要风险防控和具体措施。

养殖场应定期对场内所有员工进行生物安全的培训，让员工熟知各项生物安全措施，并自觉实施。养殖场应详细记录各项措施的实施情况，定期评估计划实施效果与牛场生物安全状况，及时发现安全隐患，并采取相应控制措施。

牛场可根据生物安全计划自行设计评估内容，评估可分定性评估与定量评估，表2-2-1是养牛场新引入牛的生物安全定性评估表，可供参考。

表2-2-1　养牛场新进牛的生物安全定性评估

序号	内容	参考文件	措施	是	否
1	所有新引进牛到场前进行了健康检查吗？	供应商声明，动物健康声明	买前检测或兽医检测/证明		
2	供应商能提供所买牛的治疗和健康状况信息吗？	供应商声明，动物健康声明	向供应商索要动物健康相关信息		
3	所有新进牛都经历了隔离期吗？	动物接收和检测表	隔离数天（建议21 d）		
4	未知健康状况的新进牛和原场内易感牛群（如幼年动物或妊娠动物）是隔离饲养吗？	牛场记录	隔离数天（建议21 d）		
5	所购牛在出场前有足够时间排空肠胃吗？	动物接收和检测表	应在产地维持24~48 h的胃肠排空时间		
6	所有新进牛都按照相关规定进行了身份证号的转移与重新编号吗？	相关资料库	所有新进牛到达新场后应在48 h内完成身份证号的转移与重新编号		

第三节　牛病预防

　　牛场牛病的预防是指防止疾病在健康场牛群中发生的一切措施。疾病是宿主、病因和环境三者相互作用的结果，因此牛病的预防应从以上3个方面综合考虑。具体措施包括：科学饲养、保持日粮平衡、供给优质饲草料，提高牛体健康水平和非特异性抵抗疾病的能力；保持适宜的温度、湿度、清洁度、光照和运动，减少各类应激性刺激，提供舒适的环境；减少甚至消灭物理、化学和生物性病因因素及其病因媒介。牛场应根据养牛场自身的主要疾病问题，制定本场特异性的控制和净化目标。在目标导向下，制定各种疾病的预防和控制措施，包括监测、免疫、诊断、治疗或扑杀等。如前所述，良好的生物安全体系是预防疾病的基础。因此，虽然免疫是预防疾病尤其是传染病的重要手段，但不是唯一手段，更不能有"接种疫苗，万事大吉"的思想。广义说来，牛病预防还包括阻止牛病跨区域甚至跨国界传播的一切措施，特别要预防重大和重要牛传染病，如预防牛海绵状脑病（又称疯牛病）等传入我国。

　　免疫接种是给动物接种各种免疫制剂（疫苗、类毒素及免疫血清），使动物个体和群体产生对相应传染病的特异性抵抗力。免疫接种是预防和控制传染病的主要手段，也是使易感动物群转化为非易感动物群的最有效手段。

一、免疫接种类型

　　根据免疫接种的时机不同，可分为预防接种和紧急接种两类。

1. 预防接种

　　预防接种是平时为了预防传染病流行，按计划和免疫程序进行的免疫接种。应根据传染病流行情况有针对性地制订接种计划、确定免疫制剂的种类和接种时间。接种时，先按推荐剂量接种少量动物，观察接种后牛体反应，确认安全后再大批接种。

2. 紧急接种

　　紧急接种是指传染病发生时，为了迅速控制和扑灭疫病而对疫区和受威胁区尚未发病的牛只进行的应急性接种。应用疫苗进行紧急接种时，必须先对牛群逐头检查，只能对无任何临床症状的牛进行紧急接种，对患病牛和处于潜伏期的牛不能接种疫苗，应立即隔离治疗或按国家兽医防疫相关规定做相应处理，如扑杀和无害化处理等。

二、疫苗种类及其保存和运输条件

　　常见疫苗有灭活疫苗和弱毒疫苗，包括单价苗、二价苗、多价苗和联苗。牛场应根据疫病流行情况购买相匹配的疫苗。

　　不同疫苗的保存和运输条件不同，应遵照产品说明书的要求具体实施。温度是重要的保存条件，一般分为冷藏（2~8 ℃）和冷冻（-20 ℃以下），所有疫苗都必须避免高温和阳光直射。基层单位活疫苗运输可用带冰块的保温瓶或泡沫保温箱运送。灭活疫苗应在2~8 ℃下避光保存，严禁冻结，防止破坏疫苗乳化结构。弱毒疫苗常是冻干产品，需在–20 ℃以下保存。随着耐热保护剂与冻干工艺的改进，一些弱毒疫苗产品也可在冷藏（2~8 ℃）条件下保存。

三、常用牛免疫程序

牛免疫接种程序应视当地疫病流行情况而定，疫苗的具体使用方法以生产厂家的产品说明书为准。以下免疫程序仅供参考（表2-3-1）。

表 2-3-1　牛主要传染病常用免疫程序

免疫时间	疫苗种类[1][2]	接种方法	预防疾病	免疫期
1 周龄以上	无毒炭疽芽孢苗、1 号炭疽芽孢苗、炭疽芽孢氢氧化铝佐剂疫苗等任选一种	皮下注射，每年 3—4 月免疫 1 次	牛炭疽	1 年
1 ~ 2 月龄	牛气肿疽灭活疫苗	皮下或肌内注射	牛气肿疽	6 个月
3 月龄	牛口蹄疫疫苗（O 型、所有奶牛和种公牛和部分地区尚须接种 A 型）	皮下或肌内注射	牛口蹄疫	6 个月
4 月龄	牛口蹄疫疫苗（O 型、所有奶牛和种公牛和部分地区尚须接种 A 型）	加强免疫，皮下或肌内注射。以后每隔 4 ~ 6 个月免疫 1 次或每年 3—4 月和 9—10 月各免疫 1 次，疫区可于冬季加强免疫 1 次	牛口蹄疫	6 个月
4 ~ 5 月龄	牛产气荚膜梭菌（旧称魏氏梭菌）病灭活疫苗	皮下或肌内注射，以后每年 3—4 月和 9—10 月各免疫 1 次	牛产气荚膜梭菌病	6 个月
4.5 ~ 5 月龄	牛多杀性巴氏杆菌病（B 型）灭活疫苗	皮下或肌内注射	牛出血性败血症	9 个月
6 月龄	牛气肿疽灭活疫苗	皮下或肌内注射，以后每年 3—4 月和 9—10 月各免疫 1 次	牛气肿疽	6 个月
成年牛	牛流行热灭活疫苗	皮下注射，每年 4—5 月免疫 2 次，每次间隔 21 d	牛流行热	6 个月

注：①自 2018 年 7 月 1 日起，在全国范围内停止亚洲 1 型口蹄疫免疫，停止生产销售含有亚洲 1 型口蹄疫病毒组分的疫苗。

②根据农业农村部关于印发《2019 年国家动物疫病强制免疫计划》的通知，对全国所有猪、牛、羊、骆驼、鹿进行 O 型口蹄疫免疫；对所有奶牛和种公牛进行 A 型口蹄疫免疫。此外，内蒙古自治区（以下简称内蒙古）、云南、西藏自治区（以下简称西藏）、新疆维吾尔自治区（以下简称新疆）和新疆生产建设兵团对所有牛和边境地区的羊、骆驼、鹿进行 A 型口蹄疫免疫；广西壮族自治区（以下简称广西）对边境地区牛、羊进行 A 型口蹄疫免疫，吉林、青海、宁夏回族自治区（以下简称宁夏）对所有牛进行 A 型口蹄疫免疫，辽宁、四川对重点地区的牛进行 A 型口蹄疫免疫。除上述规定外，各省（自治区、直辖市）根据评估结果自行确定是否对其他动物实施 A 型口蹄疫免疫，并报农业农村部。

第三章

牛病诊断技术

第一节　牛病临床检查与诊断

　　牛病检查与诊断是有效治疗与防控牛病的基础。牛病是一个复杂的过程和状态，往往需要进行多方面的检查与诊断，才可以得出准确的诊断结论。牛病诊断技术可分为临床检查与诊断、病理解剖学检查与诊断和实验室检测。不同病种所需要的检查方法差异很大。临床检查是诊断的第一步，也是最重要的步骤，可对疾病做出初步判断，评估病种范围、病情严重程度，并为进一步检查提供方向。紧急情况下或缺少实验室检测条件时，临床诊断是唯一的诊断方法。根据初步诊断结果进行治疗和控制，再根据治疗和控制效果进一步调整诊断结论和治疗控制方案，又称为治疗性诊断。诊断过程中应高度重视生物安全，避免人的感染和病原微生物扩散。

一、临床检查与诊断程序

　　首先应向畜主了解疾病相关的信息，包括畜主姓名、详细地址、动物类型、既往病史及主要症状，如腹泻、卧地不起、抽搐或瘤胃臌气等。既往病史是指动物以前出现过疾病的有关情况，如产犊和生产数据，以前泌乳期的同一阶段是否出现过相似的症状等。和畜主建立沟通后，可开始询问相关问题并试着接触牛，对牛的心率及脉搏等体征、体温以及皮肤、眼睛、乳房和瘤胃蠕动进行检查。

二、临床检查与诊断方法

1. 全身检查

　　指对牛精神、营养、姿势和步态情况的观察和检查。在精神状态方面，健康牛眼睛明亮，灵活，反应敏锐。患病牛精神沉郁、嗜睡等。在营养状态的评估方面，健康牛营养良好，被毛光亮，皮肤有弹性。患病牛往往营养不良，被毛无光，皮肤弹性差，骨骼外露。在姿势步态方面，健康牛站立时姿势自然，运动时动作协调。若牛出现神经传导功能异常，则不能站立，或跛行、瘫痪等。

　　全身状态是判断牛是否感染疾病最为重要的指标之一。一旦牛出现了精神不振、食欲下降或废绝的现象，就要特别注意观察，尽快确定疾病类型，并采取有针对性的治疗措施。

　　反刍是牛的重要特性，判断牛健康与否的重要指标之一是观察牛的反刍是否正常。另外，反刍也是牛是否恢复健康的重要指标，如果牛反刍日趋正常，说明患病牛的病情正在好转。

2. 被毛、皮肤和可视黏膜检查

被毛检查主要观察被毛是否有光泽，有无脱毛现象。皮肤检查包括检查皮肤温度（皮温）、湿度、弹性、完整性及有无肿胀等。

（1）**皮温检查**。用手在股内侧、躯干部、鼻端、耳根、角根及四肢进行感触。皮温升高，主要见于热性病、局部皮炎、蜂窝织炎等。皮温降低，主要见于大失血、脱水、高度衰竭等。皮温不整可发生于热性病的初期。

（2）**皮肤湿度检查**。皮肤湿度由牛排汗多少决定，鼻镜是牛的重要排汗部位。正常情况下，牛鼻镜有汗珠，触诊有凉和湿润感。当汗珠减少或缺乏，甚至出现龟裂时，是牛发热、患病或病情较重的标志。

（3）**皮肤肿胀检查**。正常情况下牛体皮肤平滑。皮肤肿胀是指局部皮肤的异常凸起，质地硬或软，由渗出或组织增生所致。按渗出物性质可分为水肿、气肿、囊肿、血肿等，组织增生性肿胀可见于肿瘤、放线菌感染等。皮肤还可能发生皮疹性病变，常见表现为痘疹、水疱、斑疹或溃疡。

（4）**皮肤弹性检查**。健康牛皮肤富有弹性，用手指将皮肤捏成皱褶并轻轻提起，放手后皱褶迅速恢复原状。当牛营养不良或患慢性消耗性疾病、机体脱水（见于腹泻、呕吐、高热）时皮肤则恢复缓慢。

（5）**可视黏膜检查**。可视黏膜包括口腔黏膜、阴道黏膜、眼结膜等可直接暴露在外界的黏膜。用手展开黏膜表面，观察黏膜颜色或表面状态。正常情况下呈粉红色。异常颜色包括潮红、苍白、黄染或发绀等；正常情况下黏膜湿润光滑，异常情况下可出现水疱、肿胀、溃疡、糜烂等。

可视黏膜的检查有助于我们进行辅助判断，可视黏膜苍白，表示贫血；可视黏膜发绀，一般表示血液淤滞、供氧不足，多见于肺炎、胸膜炎、心力衰竭、肠扭转及亚硝酸盐中毒等；可视黏膜潮红是血管充血的结果，见于各种发热性疾病及疼痛性疾病等；可视黏膜发黄，一般是胆红素代谢障碍所致，见于各种肝脏疾病、胆道疾病及溶血性疾病等。

3. 体温、脉搏、呼吸数检查

（1）**体温检查**。牛正常体温在37.5～39.5℃。测量时尽量让牛保持安静，先将体温计水银柱甩至最低刻度以下，用酒精棉球擦拭消毒，涂以润滑剂后（可用肥皂润滑）缓慢螺旋插入牛肛门，将体温计另一端固定在被毛上以防脱落摔碎。

对于牛来说，感染病原体后最显著的特征就是体温不正常。因此，一旦发现体温升高或体温波动在0.5℃以上，就要特别留意，同时要注意监测，确定牛是否已经感染某种类型的病原体。

（2）**脉搏测定**。通常触摸尾正中动脉，成年牛脉搏数一般为50次/min。脉搏数增加见于热性病、心脏病（如心包炎、心内膜炎等）、呼吸系统疾病（如各型肺炎、胸膜炎等）、贫血或失血性疾病、剧痛性疾病以及某些中毒病等。脉搏数减少见于引起颅内压升高的脑病（如脑室积水、脑脊髓炎等）、中毒等。

（3）**呼吸数测定**。未成年牛呼吸数为20～50次/min，成年牛为15～35次/min，当发热或患心脏疾病、肺炎时，呼吸次数明显增多。

4. 体表淋巴结检查

常检查的体表淋巴结有颌下淋巴结、肩前淋巴结、膝襞淋巴结、乳房上淋巴结等。主要用触诊法，必要时配合穿刺检查。检查项目包括大小、形状、表面状态、硬度、温度、敏感性及移动性等。淋巴结的大体病理变化主要包括急性或慢性肿胀、出血，有时可见化脓性病变。

第二节　牛病理解剖学诊断

病理解剖学检查是兽医临床诊断的最常用方法之一。进行牛尸体剖检，可直接观察内脏器官的病理变化，确定发病特征，验证活体临床诊断的结果，因此对疾病确诊具有非常重要的意义。由于剖检尸体涉及病变器官和组织的暴露，剖检者直接接触病变组织、血液、分泌物和排泄物等，因此剖检者应十分注意生物安全，穿戴适当的个人防护设备。解剖地点应符合生物安全要求，利于污染物的消毒处理和废弃物的无害化处理，以防止病原体扩散和人员感染。如果临床诊断发现疑似重大疫病如炭疽等，则应按《中华人民共和国动物防疫法》和国家相关规定处理，禁止解剖。

一、剖检前准备

1. 剖检场地的选择

牛尸体剖检，一般应在病理剖检室进行，以便于消毒和防止病原的扩散。如果条件不允许而需要在室外剖检时，应选择地势较高以及远离水源、房舍和畜舍的地点进行。剖检前应做好无害化处理措施。

2. 剖检常用的器械和药品

剖检常用的器械和药品包括解剖刀、剥皮刀、外科剪、肠剪、骨剪、骨钳、镊子、骨凿、探针、量尺、量杯、注射器、针头、天平等。准备装检验样品的灭菌平皿、棉拭子和固定组织用的内盛4%中性甲醛溶液的广口瓶。准备常用消毒液，如3%~5%来苏尔溶液、石炭酸、臭药水、70%酒精、3%~5%碘酊等。此外，还应准备棉花和纱布等。

3. 剖检人员的自我防护

剖检人员在剖检病死动物尸体时，应根据临床初步判断，确定防护等级，穿工作服（外罩胶皮或塑料围裙）或防护服，戴口罩、胶手套、线手套、工作帽并穿胶鞋。必要时还需戴上防护眼镜。在剖检中不慎切破皮肤时应立即消毒和包扎，并尽快到医院接受治疗和相应处理。

二、牛剖检程序与方法

牛的尸体剖检通常采取左侧卧位，以便于整体取出巨大的瘤胃。

1. 外部检查

外部检查包括检查畜别、品种、性别、年龄、营养状态、皮肤和可视黏膜以及尸体特征等。

2. 剥皮及切离前后肢

将牛仰卧，自下颌部起沿腹部正中线切开皮肤，至脐部后把切线分为两条，绕开生殖器或乳房，最后在尾根部会合。然后沿四肢内侧的正中线切开皮肤，到关节处作一环形切线，顺次剥下全身皮肤。患传染病尸体一般不剥皮。在剥皮过程中，应注意检查皮下是否有出血等。

为了便于内脏的检查与摘除，先将牛的右侧前后肢进行切离。切离的方法是将前肢或后肢向背侧牵引，切断肢体附近的肌肉、关节囊、血管、神经和结缔组织后即可取下前肢或后肢。

3. 剖开腹腔及采取腹腔器官

先将母牛乳房或公牛外生殖器从腹壁切除，然后从肷窝沿肋骨弓切开至剑状软骨，再从肷窝沿髂骨体切开腹壁至耻骨前缘。切开腹腔后，检查有无肠变位、腹膜炎、腹腔积液或积血等异常。

剖开腹腔后，在剑状软骨部可见到网胃，右侧肋骨后缘部为肝脏、胆囊和皱胃，右肷部可见盲肠，其余脏器均被网膜覆盖。因此，为了采出牛的腹腔器官，宜先将网膜切除，并依次采出小肠、大肠、胃和其他器官。

提起牛盲肠的盲端，沿盲肠体向前，在回盲韧带处分离一段肠，在距盲肠约20 cm处作双重结扎，从结扎间切离。再将回肠断端向前牵引，在接近小肠部切断肠系膜。由回肠向前分离至十二指肠空肠曲，作双重结扎并于两结扎间切断即可取出全部小肠。采出小肠的同时，要检查肠系膜和淋巴结有无变化。

找到直肠，并将直肠内粪便向前挤压并做结扎，在结扎后方切断直肠。抓住直肠断端向前分离直肠系膜，把横结肠、肠盘与十二指肠回行部之间切断，最后切断前肠系膜根部的血管、神经和结缔组织，可取出整个大肠。

先将胆管、胰管与十二指肠之间的筋膜和韧带切断，分离十二指肠系膜。将瘤胃向后牵引，露出食管，并在末端结扎切断。再向后下方牵引瘤胃，切离瘤胃与背部联系的组织，切断脾附近韧带，将牛胃、十二指肠及脾脏同时采出。

肝脏采出，先切断左叶周围的韧带及后腔静脉，然后切断右叶周围的韧带、门静脉和肝动脉，便可采出肝脏。胰脏可从左叶开始逐渐切下或将胰脏附于肝门部和肝脏一同取出，也可随腔动脉、肠系膜一并采出。采出肾脏和肾上腺时，首先应检查输尿管的状态，然后先取左肾，即沿腰肌剥离其周围的脂肪囊，并切断肾门处的血管和输尿管，采出左肾。右肾用同样方法采出。肾上腺可与肾脏同时采出。

4. 采取胸腔脏器

（1）开腔。锯开胸腔之前，应先检查肋骨的高低及肋骨与肋软骨结合部的状态。然后将膈的左半部从季肋部切下，用锯把左侧肋骨的上下两端锯断，只留第一肋骨，即可将左胸腔全部暴露。锯开胸腔后，应注意检查左侧胸水的量和性状，胸膜的色泽和粘连情况等。

（2）采取心脏。先在心包左侧中央作"十"字形切口，将手洗净，把食指和中指插入心包腔，提取心尖，检查心包液的量和性状；然后沿心脏的左侧纵沟左右各1 cm处，切开左、右心室，检查血量及其性状；最后将左手拇指和食指分别伸入左、右心室的切口内，轻轻提取心脏，切断心基部的血管，取出心脏。

（3）采取肺脏。先切断纵隔的背侧部，检查胸腔液的量和性状；然后切断纵隔的后部；最后切断胸腔前部的纵隔、气管、食管和前腔动脉，并在气管轮上做一小切口，将食指和中指伸入切口牵引气管，将肺脏取出。

（4）采取腔动脉和肠系膜。从前腔动脉至后腔动脉的最后分支部，沿胸椎、腰椎下面切断肋间动脉，可将腔动脉和肠系膜一并采出。

5. 采取骨盆腔脏器

先锯断髂骨体，然后锯断耻骨和坐骨的髋臼支，除去锯断的骨体，暴露盆腔。对于母牛，还需切离子宫和卵巢，再由盆腔下壁切离膀胱颈、阴道及生殖腺等，最后切断附着于直肠附近的肌肉，将肛门、阴门做圆形切离，即可取出骨盆腔内脏器。

6. 采取口腔及颈部器官

切断咬肌，在下颌骨的第一臼齿前锯断左侧下颌支；再切断下颌支内面的肌肉和后缘的腮腺、下颌关节的韧带及冠状突周围的肌肉，将左侧下颌支取下；然后用左手握住舌头，切断舌骨支及其周围组织，再将喉、气管和食管的周围组织切离，直至胸腔入口处即可采出口腔及颈部器官。

7. 颅腔的打开与脑的采出

切断颈部使头与颈分离，然后除去下颌骨体及右侧下颌支，切除附着部肌肉。先沿两眼的后缘用锯横行锯断，再沿两角外缘与第一锯相接锯开，并于两角的中间纵锯一正中线，然后两手握住左右两角，用力向外分开，使颅顶骨分成左右两半，取出脑。沿鼻中线两侧各 1 cm 纵行锯开鼻骨、额骨，暴露鼻腔、鼻中隔、鼻甲骨及鼻窦。剔去椎弓两侧的肌肉，锯断椎体，暴露椎管，切断脊神经，取出脊髓。

三、牛组织器官检查要点

1. 淋巴结

注意检查颌下淋巴结、颈浅淋巴结、淋肠系膜淋巴结、肺门淋巴结等颜色、大小、硬度以及与其周围组织的关系及横切面的变化。

2. 肺脏

首先注意其大小、色泽、重量、质度、弹性及有无病灶及表面附着物等。然后用剪刀将支气管剪开，注意检查支气管黏膜的色泽、表面附着物的数量和黏稠度。最后将整个肺脏从不同侧面切开，观察切面有无病变以及切面流出物的数量和色泽变化。

3. 心脏

先检查心脏纵沟、冠状沟的脂肪量和出血情况。然后检查心脏的外形、大小、色泽及心外膜性状，最后切开心脏检查心腔。沿左侧纵沟切开右心室及肺动脉，同样再切开左心室及主动脉。检查心腔内血液性状，心内膜、心瓣膜是否光滑，有无变形、增厚，心肌的色泽、质地及心壁的厚薄等。

4. 脾脏

脾脏摘出后，注意其形态、大小、质度；然后纵行切开，检查脾小梁、脾髓的颜色，红、白髓的比例，脾髓是否容易刮脱。

5. 肝脏

先检查肝门部的动脉、静脉、胆管和淋巴结。然后检查肝脏的形态、大小、色泽，有无出血、结节或坏死等。最后切开肝组织，观察切面的色泽、质地和含血量等。注意切面是否隆突，肝小叶结构是否清晰，有无脓肿、寄生虫性结节和坏死等。

6. 肾脏

先检查肾脏的形态、大小、色泽和质地，然后由肾的外侧面向肾门部将肾脏纵切为相等的两半，检查包膜是否容易剥离，肾表面是否光滑，皮质和髓质的颜色、比例、结构，肾盂黏膜及肾盂内有无结石等。

7. 胃

检查胃的大小、质地，浆膜的色泽，有无粘连，胃壁有无破裂和穿孔等，然后沿胃大弯剖开胃，检查胃内容物的性状、黏膜的变化等。牛胃的检查，特别要注意网胃有无创伤及是否与膈相粘连。如果没有粘连，可将瘤胃、网胃、瓣胃和皱胃之间的联系分离，然后沿皱胃小弯与瓣胃、网胃剪开；瘤胃则沿背缘和腹缘剪开，检查胃内容物及黏膜情况。

8. 肠管

从十二指肠、空肠、回肠、盲肠、大肠和直肠分段进行检查。在检查时，先检查肠管浆膜面的情况。然后沿肠系膜附着处剪开肠腔，检查肠内容物及黏膜情况。

9. 骨盆腔器官

公牛泌尿生殖系统的检查，从腹侧剪开膀胱、尿管、阴茎，检查输尿管开口及膀胱、尿道黏膜，仔细检查尿道中有无结石，包皮、龟头有无异常分泌物；切开睾丸看有无异常。检查母牛泌尿生殖系统，沿腹侧剪开膀胱，沿背侧剪开子宫及阴道，检查黏膜有无异常；检查卵巢形状，卵泡、黄体的发育情况及输卵管是否扩张。

四、牛剖检及采样的注意事项

1. 剖检的时间

病牛死后，应尽早剖检。供分离病毒的脑组织要在牛死后 5 h 内采取。此外，细菌和病毒分离培养的病料要先无菌采取，再取病料做组织病理学检查。

2. 了解病史，预判病种和病情

尸体剖检前，先全面了解病牛所在地区的疾病的流行情况、病牛生前病史，包括临床化验、检查和临床诊断等，对病种和病情做出初步判断，决定是否适合于解剖。此外，还应注意治疗、饲养管理和临死前的表现等方面的情况，为检查特征性病变提供线索。

3. 做好自我防护

根据初步诊断确定人员防护级别。相关人员应穿戴与病种级别相符的防护装备。剖检前应在尸体体表喷洒消毒液。搬运尸体时，特别是搬运炭疽等传染病尸体时，用浸透消毒液的棉花团塞住天然孔，并用消毒液喷洒尸体后方可运送。

4. 病变的切取

未经检查的脏器切面，不可用水冲洗，以免改变其原来的颜色和性状。切脏器的刀剪应锋利，切开脏器时，要由前向后，一刀切开。切开未经固定的脑和脊髓时，应先使刀口浸润，保证切面平整。

5. 剖检后的处理

剖检中所用衣物和器材应先经灭菌后，方可清洗和处理；解剖器械也可直接放入消毒液内浸泡消毒后再清洗处理。金属器械消毒清洁后擦干，涂抹凡士林，以免生锈。

牛剖检后的尸体需要按规定进行无害化处理，以防止尸体和解剖时的污染物成为传染源。特殊情况如人兽共患病或烈性病尸体要先用消毒药处理后再焚烧。野外剖检时，尸体就地深埋，深埋之前要在坑底铺上生石灰，在尸体上喷洒消毒液，尸体放入后，表层再喷洒上消毒剂，填土掩埋，保证尸体表层与坑表面距离在1.5 m以上。尸体和污染物处理地要做隔离和标识，防止野生或家养动物接近并将污染物刨出，防止人为将尸体挖出，扩散病原体。

剖检场地需彻底消毒，以防污染周围环境。当撤离检验工作点时，要做彻底消毒，以保证继用者的安全。

五、剖检记录的编写

剖检记录应包括主诉、发病经过、主要临床症状及体征、诊断结果、治疗经过、各种化验室检查结果及死亡原因等。剖检记录必须遵守系统、客观、准确的原则，对病变组织的形态、大小、重量、位置、色彩、硬度、性质和切面的结构变化等都要客观地描述和说明，应尽可能避免采用诊断术语或名词来代替。有的病变用文字难以表达时，可绘图补充说明，有的可以拍照或将整个器官保存下来。

六、病理材料的采取和寄送

在尸体剖检时，为了进一步做出确切诊断，往往需要将病料送实验室做进一步检查，如组织病理学检查或微生物学和免疫学检测等。应严格按相应规程进行病料的采取、保存和寄送。

1. 病理组织材料的采取和寄送

采取病理材料时，首先要采集病变最明显部位的病健交界组织，同时兼顾全面采样，保证采样的代表性。同时，取样要完整，刀剪应锋利，避免反复切割或挤压组织，切面要平整。保持组织结构的完整性，如肾脏应包括皮质、髓质和肾盂；胃肠应包括从黏膜到浆膜的完整组织等，并应多取几块。要求组织块厚度5 mm，面积1.5~3 cm²；易变形的组织应平放在纸片上，一同放入固定液中。

病理组织材料一般用10%的中性福尔马林溶液固定，固定液量为组织体积的5~10倍。容器底应垫脱脂棉，以防组织固定不良或变形，固定时间为12~24 h。已固定的组织，可用固定液浸湿的脱脂棉或纱布包裹，置于玻璃瓶封固或用不透水塑料袋包装于木匣内送检。送检的病理组织学材料要有编号、组织块名称、数量、送检说明书和填写送检单，供检验单位诊断时参考。

2. 微生物检验材料的采取和寄送

采取病料应于病牛死后立即进行，或于病牛临死前扑杀后采取，以保证组织新鲜未腐败。以无菌操作采取所需组织，采后放在预先消毒好的容器内，以尽量避免外界污染。采取组织种类的原则是：采取病变最明显的部位，采取标识病种特征的部位，如急性败血性疾病，可采取心、脾、肝、肾、淋巴结等组织；生前有神经症状的疾病，可采取脑、脊髓或脑脊液；局部性疾病，可采取病变部位组织如坏死组织、脓肿病灶、局部淋巴结及渗出液等材料。在采取与外界接触过的脏器时，可先用烧红的热金属片在器官表面烧烙，然后除去烧烙过的组织，从深部采取病料，迅速放在消毒好的容器内封好；采集体腔液时可用注射器吸取；脓液可用消毒棉球收集，放入消毒试管内；胃肠内容物可收集放入消毒广口瓶内或剪一段肠管两端扎好，直接送检；血液涂片固定后，两张涂片涂面向内，用火柴棍隔开扎好，用厚纸包好送检；对疑似病毒性疾病的病料，应放入50%甘油生理盐水溶液中，置于灭菌的玻璃容器内密封、送检。

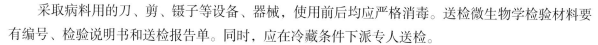

采取病料用的刀、剪、镊子等设备、器械，使用前后均应严格消毒。送检微生物学检验材料要有编号、检验说明书和送检报告单。同时，应在冷藏条件下派专人送检。

3. 中毒病料的采取与寄送

应采取肝、胃等脏器的组织、血液和较多的胃肠内容物和食后剩余的饲草、饲料，分别装入清洁的容器内，并且注意切勿与任何化学药剂接触混合，密封后在冷藏条件下寄送。

七、牛病实验室检测

1. 诊断程序

牛病的实验室诊断内容广泛，现场兽医或技术人员将病例提交给专业实验室，实验室基于病历及病变选择诊断测试方案，分别开展细菌学检测、病毒学检测、血清学检测、分子生物学检测、组织病理学检测、免疫学检测、临床药理学检测等。最终专业技术人员结合临床病例、病史以及实验室检测结果得出结论。

2. 检测方法

（1）**细菌学检测**。将所采集的样品，在无菌操作规程下，进行相应的细菌分离。选择合适的培养基对细菌进行培养，待细菌生长到一定程度后，挑选细菌进行革兰氏染色，经初步鉴定后，可以进行下一步的生化鉴定，从而确定病菌种类。或者通过设计相应的引物，进行聚合酶链式反应（Polymerase chain reaction, PCR）扩增测序，将测序产物送到测序公司进行测序，最终对测序结果进行比对分析，确定所分离菌株。

（2）**病毒学检测**。当怀疑病牛有病毒感染，先按照规程进行采样。然后进行病毒的分离培养。常见的分离培养方法包括鸡胚培养法、动物接种法、组织培养法和传代细胞培养法，根据组织样品在各种培养物上的表现确定病毒是否能够分离，并进行中和试验等。

（3）**免疫学检测**。血清学检测是最常用的免疫学检测，是利用抗体和其对应抗原之间发生专一反应的一种检测方法，由于抗体主要存在于血清中，所以俗称为血清学检测。使用已知抗原可以检测血清中相应的未知抗体；反之，使用已知抗体可以鉴定血清中的未知抗原（如病毒）。常见的免疫学检测技术包括抗血清凝集技术、乳胶凝集技术、荧光抗体检测技术和酶联免疫技术。酶联免疫技术的应用，大大提高了检测的敏感性和特异性，现已广泛应用于病原微生物的检验。应用酶联免疫技术制造的全自动免疫分析仪，可以在48 h内快速鉴定沙门氏菌、大肠杆菌O157∶H7、单核李斯特菌、空肠弯曲杆菌和葡萄球菌等。酶联免疫技术工作站可实现大规模全自动血清学检测。

（4）**分子生物学检测**。分子生物学检测技术主要对感染性疾病的病原微生物进行分子诊断，具有快速、准确、特异性高、灵敏性强的特点，已用于病原体的快速检测，为感染性疾病的早期诊断、及时处理以及控制疾病的流行，减少发病率和病死率提供了可能。主要的分子生物学检测技术包括PCR与反转录PCR、实时荧光定量PCR与实时荧光定量反转录PCR以及限制性内切酶片段长度多态性检测技术等，用于分型和鉴别病原体。

（5）**组织病理学检测**。组织病理学检测是在光学显微镜下观察病变组织的形态学改变的一种疾病检测方法。首先将所取的病变组织进行固定，然后将固定组织制成0.4 μm左右的病理切片，将切片染色后，放置于显微镜下观察，检查组织结构完整性以及各类细胞的结构、形态、数量和位置的改变等，进一步探讨病变产生的原因、致病机理、病变的发生发展过程，最后做出病理学诊断。

第四章

牛病毒病

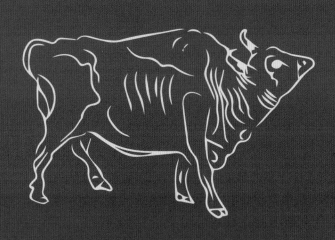

第一节 牛口蹄疫

口蹄疫（Foot and mouth disease, FMD）是一种由口蹄疫病毒引起的急性、热性、高度接触性传染病。该病可快速远距离传播，侵染对象为牛、猪、羊等主要畜种及其他偶蹄动物，易感动物多达70余种。发病牛的特征症状是口、鼻、蹄和母牛乳头等部位发生水疱，或水疱破损后形成溃疡或结痂，表现流涎、跛行和卧地，由此导致生产力大幅下降，甚至死亡。口蹄疫传染性强，发病率达100%，可造成巨额经济损失和社会政治负面影响，素有"政治经济病"之称。世界动物卫生组织（OIE）将该病列入必须通报的动物疫病名录，是国际贸易必检对象。在我国，该病为《中华人民共和国进境动物检疫疫病名录》一类传染病。

一、病 原

1. 分类与形态特征

口蹄疫病毒（Foot and mouth disease virus, FMDV）为小RNA病毒科、口蹄疫病毒属的成员，有7个血清型，即A型、O型、C型（统称为欧洲型），SAT1型、SAT2型、SAT3型（南非1型、2型、3型，称为非洲型）和AsiaⅠ型（称为亚洲型），各血清型间无交叉免疫反应。

口蹄疫病毒是已知动物RNA病毒中的最小病毒，病毒粒子直径为20~30 nm，近似球形，无囊膜。病毒粒子表面相对光滑，无其他小RNA病毒的沟（Pit）或谷（Canyon）。结构蛋白的三维结构和其他小RNA病毒相似，由8个β-折叠和2个α-螺旋组成。完整病毒粒子由衣壳包裹一分子的RNA组成，分子量6.9×10^6 Da，沉降系数146 S。口蹄疫病毒的衣壳呈二十面体。完整病毒粒子的氯化铯浮密度为1.43 g/mL。

2. 培养特性

口蹄疫病毒可在牛舌上皮细胞、牛甲状腺细胞、牛胚胎皮肤肌肉细胞以及猪和羊胎肾细胞、兔胚胎肺细胞及幼仓鼠肾细胞（BHK21细胞）内增殖，并常引起细胞病变（Cytopathogenic effect, CPE），其中致猪肾细胞（IBRS2细胞）的细胞病变比牛肾细胞更明显，犊牛甲状腺细胞对口蹄疫病毒极为敏感，并产生极高效价的病毒。幼仓鼠肾和猪肾等细胞系，如BHK21细胞和IBRS2细胞亦被广泛用于口蹄疫病毒的增殖。豚鼠是常用的实验动物，未断奶的小白鼠对该病毒非常敏感，是分离口蹄疫病毒常用的实验动物。

3.理化特性

该病毒对外界的抵抗力较强，在低温下十分稳定，在4~7 ℃下可存活几个月，在50%甘油盐水保存的水疱皮中且5 ℃环境下可存活1年以上，−70~−50 ℃可以保存几年。高温和紫外线对该病毒有杀灭作用，37 ℃条件下只能存活48 h，60 ℃下15 min即可被杀灭，煮沸时3 min即可被杀死，在阳光直射下1 h即可被杀死，所以在夏季高温季节很少暴发。

该病毒对酸、碱非常敏感，在pH值为6.5的缓冲液中、4 ℃条件下14 h可灭活90%，当pH值为5.5时1 min可灭活90%，当pH值为5时1 s即可灭活90%。根据此特点，肉品可用酸化处理时产生的微量乳酸来杀死病毒。但因为动物的骨髓、淋巴结、脂肪和腺体产酸少，所以往往病毒在其中能长期存活。在鲜牛奶中，病毒可在37 ℃下存活12 h，在18 ℃下存活6 d，在酸乳中，病毒则迅速死亡。在质量百分比浓度为1%的氢氧化钠溶液中，1 min便可杀死该病毒。该病毒对乙醚等化学消毒药抵抗力很强，1∶1 000的升汞溶液和3%来苏尔溶液，6 h不能杀灭该病毒，在1%石炭酸溶液中可存活5个月，在70%酒精中可存活2~3 d。所以，常用2%氢氧化钠溶液、2%氢氧化钾溶液、4%碳酸钠溶液、1%~2%甲醛溶液或30%草本灰水等用于畜舍的消毒，其效果较好。

4.致病机理

口蹄疫病毒侵入机体以后，首先在侵入部位的上皮细胞内增殖，使上皮细胞逐渐肿大、变圆，发生水疱性变性和坏死。进而由于细胞间隙出现浆液性渗出，从而形成1个或多个小水疱，称为原发性水疱或第一期水疱。当机体抵抗力不足以抵御病毒的致病力时，则病毒由原发性水疱进入血液而扩散到全身，引起病毒血症，从而引起病畜体温升高、食欲减退、脉搏加快等症状。这时除病畜的唾液、尿液、粪便、乳汁、精液等分泌物、排泄物含大量病毒外，病毒还定位于口腔黏膜、蹄部、瘤胃和乳房等部位的上皮细胞内继续增殖，使上皮细胞肿大、变性和溶解，形成大小不等的空腔，后者相互融合，形成继发性水疱或第二期水疱。继发性水疱破裂后，在口腔黏膜、舌、皮肤和蹄部形成糜烂和溃疡病灶，此时患病家畜表现大量流涎和采食困难，蹄部病变可导致跛行。

反刍动物感染该病毒数周至数年后，仍能从动物咽、食道部分泌物中分离到病毒，在自然感染和免疫动物均可产生持续性感染，这种持续感染的机制还不清楚。

二、临床症状

口蹄病毒在牛群中的潜伏期为2~7 d。病牛体温迅速升高至40~41 ℃，食欲不振、精神萎靡和流涎（图4-1-1）。1~2 d后在唇内、齿龈、口腔、颊部黏膜、蹄趾间和蹄冠部柔软皮肤出现黄豆甚至核桃大的水疱（图4-1-2），病牛停止采食和反刍。水疱约经一昼夜破裂形成浅表糜烂（图4-1-3）。水疱破裂后，体温降至正常，水疱糜烂逐渐愈合，全身症状也逐渐好转。如有细菌感染，糜烂加深、发生溃疡，则愈合后形成瘢痕。

在口腔发生水疱的同时或稍后，趾间及蹄冠的柔软皮肤上表现红肿疼痛，迅速发生水疱，水疱很快破溃，出现糜烂或干燥结成硬痂，然后逐渐愈合。若病牛衰弱，或饲养管理不当，糜烂部位可能发生继发性感染化脓、坏死，病牛站立不稳，蹄部疼痛、跛行，甚至蹄壳脱落（图4-1-4）。

乳房皮肤有时也出现水疱（图4-1-5），很快破裂形成红斑，如涉及乳腺可引起乳腺炎，泌乳量显著减少，严重时产奶量减少达75%以上，甚至停乳。

该病一般呈良性过程，经1周后即可自愈；如果蹄部有病变则可延至2~3周或者更久。一般情况下该病对成年牛的致死率不高，一般在1%～3%。

如果对病牛护理不周，病牛在水疱愈合时突然病情恶化，全身衰弱、肌肉发抖、心跳加快、心律失常、食欲废绝、反刍停止、站立不稳，最后因心脏麻痹导致突然死亡，死亡率高达25%～50%，这种病型称为恶性口蹄疫，主要是由于病毒侵害心肌所致。犊牛患病时，水疱症状不明显，主要表现为心肌炎和出血性肠炎，死亡率较高。

图 4-1-1　病牛口角流涎及白色泡沫状黏液（郭爱珍 供图）

图 4-1-2　病牛齿龈和口腔出现水疱，破溃后形成糜烂（彭清洁 供图）

图 4-1-3　病牛舌面水疱破溃后形成大面积糜烂（郭爱珍 供图）

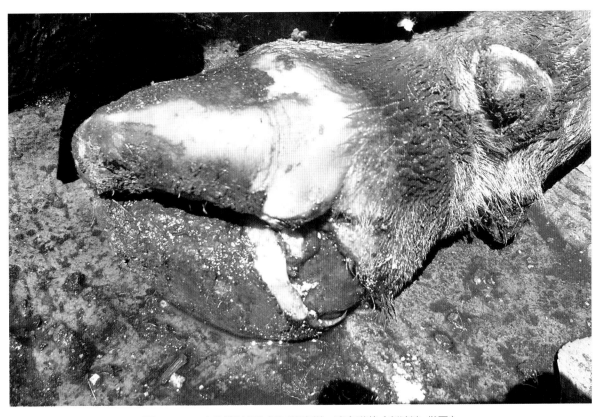

图 4-1-4　病牛蹄趾间和蹄冠部糜烂，蹄壳脱落（彭清洁 供图）

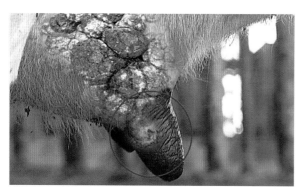

图 4-1-5　病牛乳房皮肤有时出现水疱

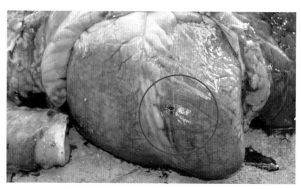

图 4-1-6　病牛虎斑心症状（郭爱珍 供图）

三、病理变化

剖检病死牛可见其咽喉、气管、支气管和胃黏膜都有水疱、溃烂，而且出现黑棕色痂块；病牛胃部和大、小肠黏膜有出血性炎症；肺充血和水肿；心包内有大量混浊和黏稠液体，心包膜弥漫性点状出血，心肌有灰白色或浅黄色如同虎皮状的斑纹，俗称"虎斑心"（图4-1-6）。

1. 良性口蹄疫

它是最多见的一种病型。其病变分布很有特点，主要在皮肤型黏膜和少毛与无毛部的皮肤上形成水疱、烂斑等口蹄疫病变。其组织学变化主要表现皮肤和皮肤型黏膜的棘细胞肿大、变圆且排列疏松，细胞间有浆液性浸出物积聚，随后随病程发展，肿大的棘细胞发生溶解性坏死直至完全溶解，溶解的细胞形成小泡状体或球形体，故称为泡状溶解或液化。

2. 恶性口蹄疫

剖检主要变化见于心肌和骨骼肌。成年动物骨骼肌变化明显，而幼畜则心肌变化明显。心肌主要表现稍柔软，眼观表面呈灰白色、混浊，于心室中隔、心房与心室面散在有灰白色条纹状与斑点样病灶。镜检见心肌纤维肿胀，呈明显的颗粒变性与脂肪变性，严重时呈蜡样坏死并断裂，崩解呈碎片状。

病程稍长的病例，在病变肌纤维的间质内可见有不同程度的炎性细胞浸润和成纤维细胞增生，并有钙盐沉着。骨骼肌变化多见于股部、肩胛部、前臂部和颈部肌肉，病变与心肌变化类似，即在肌肉切面可见有灰白色或灰黄色条纹与斑点，具斑纹状外观。镜检见肌纤维变性、坏死，有时也有钙盐沉着。软脑膜呈充血、水肿，脑干与脊髓的灰质与白质常散发点状出血，镜检见神经细胞变性，神经细胞周围水肿，血管周围有淋巴细胞和胶质细胞增生围绕而具"血管套"现象，但噬神经细胞现象较为少见。恶性口蹄疫的口蹄部病变常不明显，口腔也多半无水疱与糜烂病变，故诊断较困难。

四、诊　断

口蹄疫的诊断只能在国家指定的实验室进行。送检样品包括水疱液、剥落的水疱皮、抗凝血酶或血清等，病死动物还可采集淋巴结、扁桃体及心脏。样品应冰冻保存，或置于pH值为7.6的甘油缓冲液中。

1. 病毒分离

病毒分离技术是诊断口蹄疫的金标准，多采用接种动物和组织培养细胞的方法自病牛病料中分离病毒和进行病毒血清型的鉴定。

（1）**动物接种**。乳鼠、豚鼠、仓鼠、乳兔是用于口蹄疫病毒分离的实验动物，以乳鼠和豚鼠最为常用。通常情况下，进行口蹄疫病毒的分离需要用乳鼠，以便观察接种乳鼠的死亡情况。如果致病性毒株非常重要，也可以采用牛等易感动物来分离病毒。

（2）**细胞培养**。口蹄疫病毒可在牛舌上皮、牛肾、豚鼠肾、仓鼠肾和兔肾等原代细胞及猪肾和乳仓鼠等细胞系内增殖。最初用于检测口蹄疫病毒的细胞是初代猪肾细胞，后来随着细胞系的逐渐增加，许多细胞均可用于口蹄疫病毒的分离。由于小牛甲状腺（CYT）细胞对口蹄疫病毒最为敏感，且病料因受到各种因素的影响而导致活病毒量少，所以CYT细胞在检测牛口蹄疫病料时具有很高的价值。

2. 血清学检测技术

（1）**病毒中和试验**。病毒中和试验（Virus neutralization test, VNT）是利用血清中的特异性中和抗体与病毒相互作用，从而使病毒对易感动物和敏感细胞失去感染能力，最终根据动物发病死亡或细胞产生病变的情况判定结果。VNT以测定病毒感染力为基础，一定量的病毒只能被相应的具有一定效价的抗体所中和，所以既可检测血清中的抗体，也可检测待检材料中的病毒，并鉴定出病毒型。在口蹄疫病毒血清学方法中，VNT最为经典，是评价疫苗效果和检验其他方法的"金标准"方法，但操作烦琐，需要培养细胞和活病毒，因此要在生物安全三级实验室操作，对技术人员的专业要求较高，而且VNT法不能区分免疫抗体和感染抗体。

（2）**琼脂扩散试验**。琼脂扩散试验（Agar gel immunodiffusion, AGID）是利用从感染FMDV组织液中发现的病毒感染相关抗原（Virus infectious associated, VIA）建立的检测方法。VIA抗原是口蹄疫病毒非结构蛋白3D，是病毒在复制过程中产生的依赖于RNA的RNA聚合酶，没有型特异性。如果被检动物体内产生了VIA抗体，说明该动物感染过口蹄疫病毒或接种过口蹄疫病毒弱毒疫苗。AGID主要用于进出境动物检疫，其优点是可以区分口蹄疫病毒感染动物和免疫动物，缺陷是要求VIA抗原具有较高的效价，否则检出率低。

（3）**补体结合试验**。补体结合试验（Complement fixation test, CFT）是较早应用于诊断口蹄疫的血清诊断技术之一，CFT既可鉴定抗原，又可鉴定抗体，并可进行定量测定。1992年Brooksby建立了CFT，它是最早的标准化检测方法，成功地用于口蹄疫病毒分型鉴定，一直被世界参考实验室和口蹄疫研究或定型中心应用至今。最初的CFT是在试管中进行的，用于待检血清定型，后来被微量法所代替，微量法操作简便，节省试剂，用于亚型和毒株抗原差异分析。CFT的缺点为敏感性不高，且易受样品中的亲补体性和抗补体性物质干扰。

（4）**间接血凝试验（IHA）**。该方法主要有2种：正向IHA检测和反向IHA检测。正向IHA检测血清抗体的方法是将口蹄疫病毒A型、O型、C型、AsiaⅠ型可溶性抗原分别吸附于红细胞表面，与被检相应抗体结合，在有电解质存在的适宜条件下发生肉眼可见的凝集反应，对口蹄疫自然患病动物康复后的血清抗体和疫苗免疫后动物的血清抗体进行分型。反向IHA检测是将口蹄疫病毒A型、O型、C型、AsiaⅠ型抗原分别免疫动物，获得的高免抗血清经提纯后分别标记于红细胞表面，与口蹄疫病毒结合发生特异性血凝反应。该方法是用已知抗体检测未知抗原，进而对口蹄疫病毒进行分型。IHA的优点是试验所需设备简单、操作简便、结果易判定，缺点是不能区别自然感染动物血清抗体和疫苗免疫动物后的血清抗体。

（5）**酶联免疫吸附试验**。酶联免疫吸附试验（Enzyme-linked immunosorbent assay, ELISA）现

已成为国际上检测口蹄疫的最常用方法之一，与CFT、VNT、IHA及AGID相比，ELISA具有特异、敏感、快速、简便、价廉、可靠性好等特点，且能自动化操作，并能迅速检测大量样品，在口蹄疫病毒的诊断中日益受到人们的重视，现已成为国际上检测的常规方法之一。液相阻断ELISA（Liquid-phase blocking ELISA）用于检测口蹄疫病毒衣壳蛋白抗体，进而评估疫苗免疫动物抵抗病毒的能力。液相阻断ELISA具有敏感性高、结果准确、操作便捷等优点。在普通实验室条件下即可进行。2004年该方法被OIE认可为标准化的口蹄疫诊断技术。该方法的缺点是假阳性较高，有时必须进一步通过VNT技术来对试验结果进行验证。固相竞争ELISA（Solid-phase competition ELISA）的原理是以灭活的全病毒140 S作为抗原，检测口蹄疫病毒抗体。固相竞争ELISA方法不仅延续了液相阻断ELISA的优点，且特异性超过99.5%，对口蹄疫病毒感染后8 d的病料，敏感性可达100%。2004年该方法被OIE指定为口蹄疫病毒血清学检测方法，该法优点是假阳性率较低，不足是操作过程繁杂，但比液相阻断ELISA操作略为简便。罗德尔（Roeder）等建立了间接夹心ELISA（Indirect sandwich ELISA）方法，用于口蹄疫病毒和血清样品的诊断。该方法是OIE和世界口蹄疫参考实验室确认的检测口蹄疫病毒和鉴定病毒血清型应优先采用的方法。间接夹心ELISA的灵敏度相比其他的ELISA方法更好，且检测结果与病毒分离和电镜检测方法有着很高的符合率。间接ELISA（Indirect ELISA）在各类检测口蹄疫病毒的血清学方法当中是应用最广泛的技术之一。间接ELISA是通过口蹄疫病毒的非结构蛋白区域（如2C、3AB及3ABC）来辨别自然感染和免疫动物的抗体。夹心ELISA（Sandwich ELISA）主要用于口蹄疫病原和血清样品的检测。这种方法克服了补体结合试验定型率低的缺点，而且能反映出疫苗株和流行毒株之间的抗原相关程度。2007年，吴国华等发展了夹心ELISA的方法，建立了口蹄疫定型夹心ELISA诊断方法。该方法可对A型、O型、Asia Ⅰ型口蹄疫病毒鼠毒和细胞毒进行检测，其优点是快速、敏感、准确。

3. 分子生物学诊断方法

随着分子生物学技术的发展，以及对口蹄疫病毒研究的不断深入，近年来，已建立起检测口蹄疫病毒的各种分子生物学方法。口蹄疫病毒的分子生物学诊断方法是通过各种分子生物学方法来检测待测样品中是否含有口蹄疫病毒的特异性核酸序列，其应用非常广泛。目前应用于口蹄疫病毒检测的分子生物学技术主要包括聚合酶链式反应、核酸杂交技术和基因芯片技术等。

（1）聚合酶链式反应（PCR）。反转录聚合酶链式反应（Reverse transcriptase PCR, RT-PCR）扩增RNA病毒基因组已成为一种重要的检测方法。该方法需要的模板量少，经过PCR扩增后即可产生明显结果。此外PCR产物可提供测序，进而得到更翔实的流行病学信息，以便追踪该病暴发的根源。实时荧光PCR（Real time RT-PCR）主要应用于口蹄疫病毒的快速检测，是目前国内准要的检测方法之一。实时荧光PCR技术诞生于20世纪90年代末，该技术利用荧光染料或荧光标记的特异性探针来跟踪PCR扩增产物的荧光信号，从而定性或定量地分析初始模板中口蹄疫病毒的含量。李永东等通过*TaqMan*技术优化利用RT-PCR检测口蹄疫病毒的方法，该方法的检测下限为0.01TCID$_{50}$，具有超高的敏感性。RT-PCR克服了病毒分离、CFT及AGID等常规方法存在的耗时长、敏感性不高、特异性差，不利于快速、准确诊断该病等方面的不足。

（2）核酸杂交技术（Nucleic acid hybridization）。核酸杂交技术是一种分子生物学的标准技术，用于检测DNA或RNA分子的特定序列（靶序列）。DNA或RNA先转移并固定到硝酸纤维素或尼龙膜上，与其互补的单链DNA或RNA探针用放射性或非放射性标记。在膜上杂交时，探针通过氢键与其互补的靶序列结合，洗去未结合的游离探针后，经放射自显影或显色反应检测特异结合的探针。1998年，罗西（Rossi）等用^{32}P标记克隆在质粒上的口蹄疫病毒基因组聚合酶序列作为探针，检测实验感染口蹄疫病毒牛的食道—咽部刮取物取得了成功。该方法为进出口动物口蹄疫检疫提供了快速、准确的检测方法，其缺点是要求用活毒进行检测，对实验室的要求较高。

（3）基因芯片技术（DNA chips）。基因芯片技术的原理是将具有代表性的血清型或基因型的VP1.3基因片段点阵于芯片上，与荧光分子标记的流行毒cDNA或RNA杂交，再用芯片扫描仪和相关软件进行荧光信号读取和数据转化分析，可很快查明该样品与芯片中哪个毒株关系密切，从而明确该样品毒株的血清型和基因型。该方法既可用于免疫动物抗体水平的检测，也可用于鉴别免疫动物和自然感染动物，缺点是对仪器设备要求较高。

五、类症鉴别

1. 牛水疱性口炎

相似点：有传染性。病牛体温升高，鼻镜糜烂，舌、唇黏膜上出现水疱，水疱破裂后有鲜红色烂斑，口腔黏膜溃疡。有时在乳房和蹄部也可发生水疱，病牛泌乳量减少且乳房出现炎症。

不同点：该病流行范围小，呈散发型，发病率低。病牛体温高达41~42 ℃，蹄部（90%口蹄疫病牛可发生）和乳房很少发生水疱。病牛流大量清亮的黏性唾液，而口蹄疫为泡沫样黏性唾液。

2. 牛茨城病

相似点：有传染性。病牛发热（40 ℃以上），泡沫样流涎，反刍停止，口腔、鼻镜和唇发生糜烂或溃疡。

不同点：该病由库蠓传播。病牛结膜充血、水肿，关节肿胀、疼痛；病变部位不见水疱，20%~30%的病牛呈咽喉麻痹，吞咽困难。剖检见病死牛体表亦有充血、糜烂，皱胃充血、出血、水肿，有时胃壁增厚；吞咽障碍的病例可见前部食道壁松弛、出血、水肿。

3. 牛病毒性腹泻/黏膜病

相似点：有传染性。病牛体温升高（40~41 ℃），流涎，鼻镜、口腔黏膜糜烂、溃疡。

不同点：病牛体温可达42 ℃，发生严重的腹泻，粪便从水样逐渐变黏稠，含有大量黏液和气泡，甚至带血。剖检可见病牛从口腔到肛门的整个消化道黏膜发生糜烂，甚至溃疡病变，但其他部位如乳房、蹄部无水疱、糜烂和溃疡。

4. 牛恶性卡他热

相似点：病牛高热，流大量泡沫样涎，口腔黏膜糜烂，鼻黏膜和鼻镜上有坏死病变。

不同点：发病牛多与绵羊有接触史，该病多呈散发。病牛均有咽部症状，畏光、流泪、眼睑闭合，发生虹膜睫状体炎和角膜炎，有的失明，两眼有纤维素性或化脓性分泌物；初便秘，后下痢，粪便含有黏膜和血块。

六、防 控

1. 预防

（1）**定期注射疫苗。**疫苗接种是防治策略中一个重要组成部分，通过提高牛群的整体免疫水平，才能降低口蹄疫暴发的影响和流行范围。疫苗接种分为常年计划免疫和疫点周围的环状免疫。

実施免疫接种应根据疫情、疫苗种类和防治政策选择疫苗种类、免疫方式、接种剂量和次数。疫苗选择时应注意疫苗毒株与流行毒株应匹配，现在常用疫苗包括口蹄疫O型、A型和AsiaⅠ型三价灭活疫苗，O型、A型二价灭活疫苗，口蹄疫合成肽亚单位疫苗等。牛注射疫苗后14 d产生免疫力，免疫力可维持4~6个月。免疫后应进行抗体检测和免疫效果评估，抗体合格率不达标时，应及时补注疫苗。我国目前正在进行口蹄疫AsiaⅠ型的全国性净化工作，由免疫无疫向非免疫无疫过渡。此外，疫苗接种应和生物安全措施紧密结合起来，尤其注意避免引入感染牛，才能收到良好的预防效果。

（2）健全生物安全体系。严格做好生物安全的相关措施，尤其要做好引种、人员、车辆和物品交流等方面的隔离和消毒、与其他敏感动物的接触控制、病死动物的无害化处理等，杜绝传染源和传播途径。同时，加强管理，增强牛只抵抗力。注意观察牛的日常健康状态，对采食、活动等行为以及口腔及舌部健康状况进行日常观察，及时发现病症，尽早采取控制措施。

2. 控制

（1）按照国家有关规定，采取紧急措施，防止疫情扩散。当发生疫情时，及时成立口蹄疫防治领导机构，统一指挥，动员各行各业全力以赴。本着"早、快、严、小"的原则，坚持采取"封锁、隔离、检疫、消毒和预防注射"等综合措施。明确划定疫点、疫区、受威胁区、安全区的界线，及早做到封死疫点，封锁疫区，加强受威胁区和安全区的防范，严格控制疫情扩散。疫点内的疫情，应组织力量在短期予以扑灭。

（2）划定疫点、疫区和受威胁区。由所在地县级以上兽医防控管理部门划定疫点、疫区和受威胁区。疫点为家畜发病所在的地点，即应以发病的规模养殖场或户、市场、屠宰场及自然村寨为疫点。通常以疫点边缘向外延伸3 000 m的范围为疫区，以疫区边缘向外延5 000 m的范围为受威胁区，但可根据地理环境条件和受威胁的程度增减范围，为加强紧急预防接种提供区域。

（3）封锁疫区。由县级兽医行政管理部门向当地同级以上人民政府申请发布封锁令，对疫区进行封锁。封锁应根据口蹄疫的疫病性质，确定封锁疫区的起止时间，即从扑灭最后一头疫畜的时间算起，经紧急预防接种后的21 d内没有新的疫畜发生为止，方可解除封锁。在这期间疫区的进出口必须安排值班人员进行24 h设卡把关，严密监视，不准动物及其产品出入。

（4）扑灭。将疑似病例进行无害化处理。将病牛排泄物以及栏圈被污染的垫料、饲料、粪便进行清理深埋、焚烧，粪便堆积发酵，并做无害化处理。

第二节　牛瘟

牛瘟（Rinderpest，RP）又被称为烂肠瘟、胆胀瘟，是由牛瘟病毒引起的牛、水牛等偶蹄动物的一种急性、热性、病毒性传染病，它以全身各处的黏膜发炎为临床特征。该病的发病率和死亡率很高，可达95%以上。

牛瘟是世界上最古老的疾病之一，公元4世纪就有该病的记载。在17世纪约有2亿头牛死于牛瘟。1882—1884年非洲牛瘟暴发，造成的经济损失高达500亿美元。为在2010年实现全球无牛瘟，联合国粮食及农业组织（FAO）提出了"全球牛瘟扑灭计划"和实现无牛瘟的3个阶段，宣布实现和验证无牛瘟的3个阶段分别为："暂无牛瘟""无牛瘟"和"无牛瘟感染"。我国于1956年已消灭该病。2011年5月25日，在法国巴黎举行的世界动物卫生组织（OIE）第79届年会上，通过了OIE第18/2011号决议，正式宣布在全球范围内根除了牛瘟。

一、病　原

1. 分类与结构特征

牛瘟病毒（Rinderpest virus，RPV）为副黏病毒科、副黏病毒亚科、麻疹病毒属的负链单股RNA病毒。RPV与小反刍兽疫、犬瘟热、麻疹等病毒同为麻疹病毒属的成员，相互之间有交叉免疫性。

牛瘟病毒为单链负股无节段RNA病毒。病毒基因组全长16 000 nt。形态为多形性，完整的病毒粒子近圆形，也有丝状的，直径一般为150~300 nm。病毒的外壳饰以放射状的物质，主要是融合蛋白F和血凝蛋白H。牛瘟病毒从3′至5′编码的蛋白依次为核衣壳蛋白（N）、多聚酶蛋白（P）、基质蛋白（M）、融合蛋白（F）、血凝蛋白（H）和大蛋白（L）。P基因除编码P蛋白外，还编码另外两种非结构蛋白C和V。麻疹病毒各成员间P基因有显著的同源性。

2. 血清型

牛瘟病毒只有一个血清型。但从地理分布及分子生物学角度将其分为3个型，即亚洲型、非洲1型和非洲2型。

3. 生物学特性

牛瘟病毒在培养细胞上形成多核巨细胞性细胞病变（CPE），常用敏感的B95a细胞系进行病毒分离和定量。牛瘟病毒对脂溶剂敏感，对热相最敏感，低pH值下不稳定，光线下易于灭活。在相对湿度为40%~60%时迅速灭活，而在高或低的湿度下可很好地存活。悬浮于甘油或水中病毒会丧失感染力。

牛瘟病毒在厩舍中至多存活20 h，在野外和牧场不超过36 h，牛瘟病毒可以因病死动物自行分解和腐烂迅速失活，在动物尸体中存活不超过24 h。因此，热带的牛瘟病畜尸体可能在死后几小时便已不含病毒。在排出的粪便中病毒也于26 h以内死亡。在盐腌过和阴处晾干的皮张上24~48 h便失去传染性。冻肉和浸在25%食盐溶液中的肉可以保持传染性达几周至几个月之久，而用通常方法保存的肉则在6 d以后已没有危险性。在污染的建筑物中病毒存活时间为2~4 d，粪便中的病毒在泥中存活时间不超过36 h。

4. 致病机理

病毒通过上呼吸道感染，首先在扁桃体及上颌淋巴结复制病毒散布到血液中，与单核淋巴细胞紧密结合在一起，随之进入全身淋巴结、消化道和呼吸道黏膜。潜伏期2~9 d，发热前的1~2 d出现病毒血症。前驱期通常持续2~5 d。所有的分泌物和排泄物均可散毒，病毒复制的高峰期在发热前期，可持续到有实质性损伤出现后。发热开始后的14 d病毒血症消失，抗体产生，病毒水平下降。病毒血症平均持续6 d，但病毒株之间差异很大。有些毒株感染后4~6 d出现病毒血症，但没有病变发生。

二、临床症状

1. 典型牛瘟

（1）前驱期。通常经2~9 d的潜伏期后，病牛突然发热，第2或第3天达到高峰，同时伴以精神沉郁或不安，食欲丧失和产奶量下降。可见黏膜充血，眼睑肿胀，口、鼻部干燥，眼睛和鼻腔开始有浆液性分泌物，后转变成脓性。心律过速，呼吸加快，反刍停滞，便秘。这一阶段大约持续3 d。

（2）黏膜期。口腔舌、唇、齿龈和咽喉部等部位黏膜充血、点状出血及局灶性溃疡，为黏膜期的特征。开始时损伤的口腔黏膜出现小的坏死灶、浅表腐烂和毛细血管出血，尤以下齿龈和口腔乳头的顶部明显，逐渐发展到唇部、上齿龈、硬腭和舌的下表面。随后这些小的病灶扩大融合形成坏死性腐烂，并有特征性的恶臭。在此阶段，病牛还可能表现唾液分泌过量。

病牛极度沉郁，呼吸困难，少见肺炎。发热后的4~7 d或出现病变后的1~2 d出现腹泻，体温下降。开始为水样腹泻，后来发展为痢疾，排泄物呈暗褐色，含有肠道黏膜碎片。

发热后的6~12 d为死亡高峰期，病牛脱水、虚弱、俯卧，最后死亡。病死率因牛的抵抗力和病毒株不同而异，感染强毒株时，死亡率高于90%。疫区本地牛的死亡率约为30%，从外地引进牛时病死率可高达80%~90%。

（3）康复期。口部损伤出现后的3~5 d开始愈合，再过2~3 d会痊愈，腹泻可能持续的时间较长。急性病例完全康复需要4周左右。

2. 非典型及隐性型

部分动物出现典型症状，有的以消化道功能紊乱为主，有的以呼吸道症状为主，病程多较短促，也可能延长。特别是经常流行区常出现顿挫型经过，即表现3~4 d不适及中度发热，伴以胃肠卡他症状而痊愈。

三、病理变化

牛瘟主要的特征性病理损害在消化道。在消化道、口腔黏膜（除舌背前部）、鼻腔、气管黏膜、咽喉部、食道均可见充血、烂斑、假膜，瘤胃、瓣胃黏膜上也有出血烂斑，皱胃特别是幽门部呈砖红色、暗红色和紫红色等不同色调，黏膜肿胀，黏膜下层水肿浸润，含有圆形或条状小出血，后期皱襞顶部有扁豆大并盖有假膜的烂斑。小肠黏膜高度潮红，有时表面坏死及有点状或条状出血。回盲瓣有出血，大肠变化与小肠相同，集合淋巴结及孤立淋巴滤泡肿胀、出血和坏死。直肠高度肿胀呈暗红色，肝脏呈黄褐色，胆囊肿大，充满胆汁，有时混有血液，黏膜有小出血点。肾盂、膀胱有卡他性肿胀，有时有小出血点。病牛尿液呈棕色，心内、外膜出血，心肌柔软。

四、诊 断

1. 病原鉴定

在前驱症状期或糜烂期内，在感染动物的眼、鼻分泌物中可检测到沉淀抗原。采样时，将棉签紧靠上、下眼睑。取病牛发热期的血液白细胞悬液，接种于乳仓鼠肾细胞或肺细胞，或者猴肾细胞，37 ℃培养，2~3 d可见细胞病理变化。

2.血清学诊断

用中和试验、琼脂扩散试验、免疫荧光抗体技术、补体结合试验及酶联免疫吸附试验，均能取得良好的诊断结果。

3.分子生物学诊断

RT-PCR因在鉴别诊断牛瘟病毒与小反刍兽疫瘟病毒具有灵敏、快速及特异性的特点而得以广泛应用。

五、防　控

牛瘟已在全球宣布消灭，但仍属于OIE规定的必须通报疫病，一些国家级实验室还保存有牛瘟病毒的疫苗毒株。

第三节　牛传染性鼻气管炎

牛传染性鼻气管炎（Infectious bovine rhinotracheitis, IBR）又称坏死性鼻炎或"红鼻病"，是由牛传染性鼻气管炎病毒（IBRV）引起的牛的一种急性、热性、接触性传染病，表现为上呼吸道及气管黏膜发炎、呼吸困难、流鼻液等症状，同时可引起脓疱性阴道炎、龟头炎、结膜炎、幼牛脑膜脑炎、乳腺炎、流产等，是由同一种病原引起多种症状的传染病。

该病毒由Madin等于1955年首次从美国病牛分离获得。随后，一些研究者相继从病牛的结膜、外阴、大脑和流产胎儿分离出病毒。Huck于1964年确认牛传染性鼻气管炎病毒属于疱疹病毒，命名为牛疱疹病毒-1型（Bovine herpes virus 1, BoHV-1）。病毒具有典型的泛嗜性，能侵袭多种器官和组织，引起相应的临床症状。迄今为止，各大洲都有发生牛传染性鼻气管炎的报道。我国在1980年首次在进口种牛检疫中分离鉴定了该病毒。目前，我国牛群已普遍感染了该病毒，牛场血清抗体流行率可高达80%以上。该病在我国属二类传染病，在OIE属于必须通报疫病。

一、病原学

1.分类与形态结构

牛传染性鼻气管炎病毒属于疱疹病毒科（Herpesviridae）、疱疹病毒亚科（Alphaherpesvirinae）、水痘病毒属（*Varicellovirus*）。牛疱疹病毒-1型只有一个血清型，根据病毒基因组DNA的限制性内切酶图谱，牛疱疹病毒-1型可分为BoHV-1.1、BoHV-1.2a和BoHV-1.2b亚型。各亚型的致病性有所不同，BoHV-1.2型较BoHV-1.1型的毒力低，临床症状较温和。BoHV-1.3型现归类为BoHV-5型。

牛疱疹病毒-1型是有囊膜的线性双股DNA病毒，直径为120～220 nm。主要由核心、衣壳和囊膜三部分组成。核心由DNA与蛋白质缠绕而成，直径介于30~70 nm。病毒衣壳为立体对称的正二十面体，外观呈六角形。衣壳由3层组成，中层和内层是无特定形态的蛋白质薄膜。外层衣壳的形态结构与疱疹病毒科的其他成员一致，由162个互相连接呈放射状排列且有中空轴孔的壳粒构成。以上两个部分合在一起成为核衣壳或裸露的病毒粒子，直径为85~110 nm。位于病毒粒子最外层的包围物称为囊膜，表面分布11种糖基化蛋白。病毒粒子的浮密度为1.731 g/cm³。

2. 培养特性

牛疱疹病毒-1型除能在来源于牛的多种细胞，如肾、胚胎皮肤、肾上腺、甲状腺、胰腺、睾丸、肺和淋巴等细胞内良好增殖外，还可在羔羊的肾、睾丸及山羊、马、猪和兔的肾细胞内增殖。虽然也能在兔的睾丸、脾脏、人羊膜和HeLa细胞内增殖，但要经过一段人工适应过程。牛疱疹病毒-1型不能在猴肾、小鼠肾、鸡胚细胞以及人鼻咽癌细胞内增殖，也不能在鸡胚内增殖。病毒在适宜的单层细胞培养物内增殖时，经24~48 h即产生细胞病变，在同一病毒的培养物内常能出现大、小2种蚀斑。牛疱疹病毒-1型接种后3~4 d蚀斑直径1~2 mm，9 d可达5 mm。培养物经苏木精—伊红（HE）染色后，在细胞病灶周围能看见少量多核巨细胞，表明牛疱疹病毒-1型的细胞融合作用不强，同时能发现大量嗜酸性核内包涵体。首先在核染色质间形成少量嗜酸性微细颗粒，随后逐渐聚集成团块，发展成为包涵体。成熟的包涵体多为圆形和椭圆形，其外绕以透明晕带。

3. 抵抗力

牛疱疹病毒-1型是疱疹病毒科成员中抵抗力较强的一种病毒。在pH值为6~9时十分稳定，37 ℃半衰期为10 h，-60~-20 ℃条件下可长期存活。高温使病毒很快灭活，56 ℃需要21 min。另外，0.5%氢氧化钠溶液、1%漂白粉溶液、1%酚类溶液数秒即可使之灭活；在5%的甲醛溶液中也只需要1 min即可将之灭活。

4. 致病机理

牛疱疹病毒-1型在原发感染时，是通过感觉神经纤维的向心性在体内蔓延。像其他疱疹病毒一样，牛疱疹病毒-1型潜伏在三叉神经节与腰、荐髓。给耐过感染牛投予地塞米松或皮质类固醇等免疫抑制剂时，无论其体内有无中和抗体都会复发并排毒。大多数学者认为牛疱疹病毒-1型的持续感染是终生的，导致疫病净化困难。

牛感染传染性鼻气管炎后很难从体内消除，感染后不发病或病愈后的牛均能长期排毒，这种持续感染的机制可能是病毒产生的*TK*基因能激活宿主细胞中一种类似核苷酸序列的病毒复制抑制基因；另一种解释是病毒基因组侵入分化极慢的神经细胞DNA上。牛疱疹病毒-1型的潜伏可以用核苷酸探针或PCR技术检测出来，但从神经细胞中很难分离出病毒。

二、临床症状

该病的潜伏期一般为4~6 d，有的可达20 d以上。该病毒引起两种原发性感染，其中最常见的为呼吸道型，并经常伴发结膜炎、流产和脑膜脑炎；其次是以局部过程为主的传染性脓疱性外阴—阴道炎或龟头—包皮炎。上述症状往往不同程度地同时存在，很少单独发生。

1. 呼吸道型

通常于每年较冷的月份出现，病情有的很轻微甚至不能被觉察，也可能极严重。急性病例可侵害整个呼吸道，对消化道的侵害较轻。病初发高热达39.5~42 ℃，极度沉郁，拒食，有多量黏液脓性鼻液，鼻黏膜高度充血（图4-3-1），出现溃疡，鼻窦及鼻镜因组织严重炎性充血变红而被称为"红鼻子"。病牛常因炎性渗出物阻塞而发生呼吸困难甚至张口呼吸（图4-3-2）。因鼻黏膜坏死，呼气中常有臭味。病牛呼吸数增加，常有深部支气管性咳嗽，有时可见带血腹泻。乳牛病初产乳量即大减，后完全停止，病程如不延长，5～7 d则可恢复产量。重型病例数小时即死亡，大多数病程10 d以上。严重流行时发病率可达75%以上，但病死率在10%以下。

2. 生殖道型

在美国又称传染性脓疱性阴户阴道炎，在欧洲国家又称交合疹，由配种传染，潜伏期1～3 d，可发生于母牛及公牛。病初发热、沉郁、无食欲、频尿、有痛感，产乳稍降，阴户流黏液，污染附近皮肤（图4-3-3），阴门阴道潮红，阴道底面上有不等量黏稠无臭的黏液性分泌物。阴门黏膜上出现小的白色病灶，可发展成脓疱，大量小脓疱使阴户前庭及阴道壁形成广泛的灰色坏死膜，当擦掉或脱落后遗留发红的破损表皮，急性期消退时开始愈合，经10～14 d痊愈。

公牛感染时潜伏期2～3 d，沉郁、不食。生殖道黏膜充血，轻症1～2 d后消退，继续恢复。严重的病例发热，包皮、阴茎上发生脓疱，随即包皮肿胀及水肿，尤其当有细菌继发感染时更重，一般出现临床症状后10～14 d开始恢复，公牛可不表现症状而带毒，从精液中可分离出病毒。

3. 脑膜脑炎型

主要发生于犊牛。体温升高达40 ℃以上。病犊共济失调，沉郁，随后兴奋、惊厥，口吐白沫，最终倒地，角弓反张，磨牙，四肢划动，病程短促，多归于死亡。

4. 眼炎型

一般无明显全身反应，有时也可伴随呼吸道型一同出现。主要症状是结膜、角膜炎，表现结膜充血、水肿（图4-3-4），流浆液性或脓性分泌物（图4-3-5），并可形成粒状灰色的坏死膜。病牛角膜轻度混浊，但不出现溃疡，很少引起死亡。

5. 流产型

一般认为是病毒经呼吸道感染后，从血液循环进入胎膜和胎儿所致。胎儿感染为急性过程，7～10 d以死亡告终，再经24～48 h排出体外。因组织自溶，难以发现包涵体。流产主要发生在妊娠

图4-3-1 病牛鼻黏膜高度充血（彭清洁 供图）

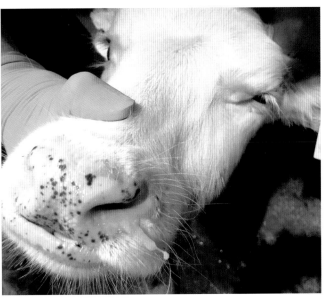
图4-3-2 病牛鼻腔有多量黏液脓性鼻液（郭爱珍 供图）

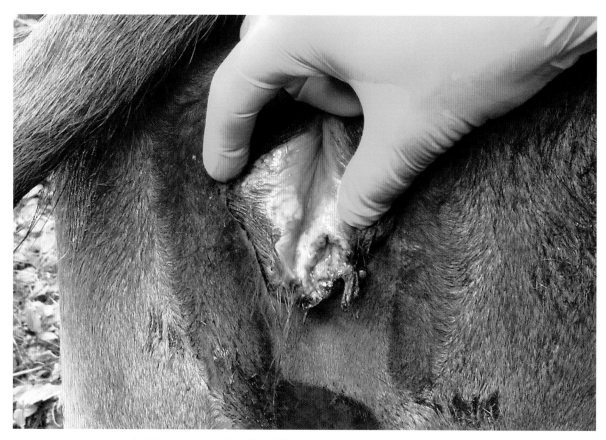

图 4-3-3　病牛阴户潮红流黏液，有脓疱和溃疡（郭爱珍 供图）

图 4-3-4　病牛结膜充血、水肿

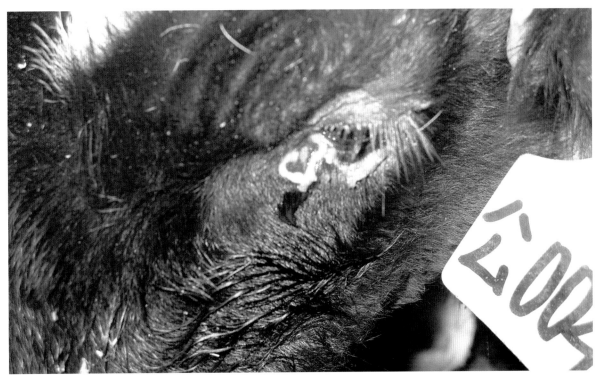

图 4-3-5　病牛结膜流浆液性或脓性分泌物（郭爱珍 供图）

4~7个月的母牛，流产后约半数胎衣不下，流产胎儿皮肤水肿，肝、脾有坏死灶。该型常与呼吸道型并发。

三、病理变化

剖检观察的病理变化因病型不同而出现主要病变部位的差异。

呼吸道病型的特征性病变表现为呼吸道黏膜的炎症，其上覆盖灰色恶臭、脓性渗出液，有时出现呈片状的化脓性肺炎。呼吸道上皮细胞中出现核内包涵体（病程中期易发现，于临床症状明显前消失）。

生殖道型病例在阴道出现特征性的白色颗粒和脓疱。组织学变化主要是坏死，集聚大量的嗜中性粒细胞，坏死灶周围组织中有淋巴细胞浸润，并能检出包涵体，但在开始痊愈后大包涵体消失。

脑膜脑炎型病例在脑部出现非化脓性脑炎变化，只有脑膜轻度出血。组织学检查可见广泛的淋巴细胞性脑膜炎及单核细胞形成血管套为主的病变。

眼炎型病例与临床观察相似。常伴有皱胃黏膜发炎及溃疡、卡他性肠炎。

流产型病例其流产胎儿有坏死性肝炎和脾局部坏死，有时皮肤水肿。组织学检查常见肝、肺、脾、胸腺、淋巴结和肾等脏器有弥漫性灶状坏死。

四、诊　断

1. 病原分离鉴定

（1）病料的采集。根据不同的临床症状，采集的样品也不同，如当牛出现鼻气管炎和眼炎时，用灭菌的棉拭子蘸取处于发热期病牛的眼分泌物和鼻液；当发病牛出现生殖道症状时，则可以取阴道分泌物和外阴部黏膜，公牛则用生理盐水冲洗精液和包皮并收集；而出现脑膜炎时，要采集脑组织；病牛流产时，可取胎儿的肺、心包液、心血及胸水等脏器。采取样品后，立即放入含10%犊牛血清或含0.5%乳白蛋白水解物的Hank's液内（每毫升含有青霉素500 IU和链霉素500 μg），在冷藏状态下尽快送到实验室。

（2）接种细胞。将采集的鼻拭子和分泌物震荡后离心，或将病料组织研磨后离心，将上清液接种于细胞培养。最常用于病毒分离的是牛肾或睾丸的单层细胞培养物，原代和次代均可。其次是猪肾细胞。牛肾继代细胞（MDBK）和牛气管继代细胞（BTC）也可用于病毒分离。

（3）包涵体检查。该病毒在多种培养细胞中生长时，都可形成核内包涵体。将感染的单层细胞涂片，用Lendrum染色法进行染色，镜检观察细胞核内是否有包涵体，细胞核被染成蓝色，而包涵体被染成红色，胶原染成黄色。另外，还可直接将病牛病变部的上皮组织制作切片后染色、镜检。

（4）分离鉴定。病毒的细胞致病性较快，病毒复制的隐蔽期为3 h，通常接种后24~30 h出现细胞病变。起初呈局灶性细胞变圆、变暗，在向四周扩展的同时，中心部细胞逐渐脱落，3~4 d细胞单层基本全部脱落。当无病变时，需要将接种细胞盲传一代，再做观察。进一步鉴定可以采用中和试验，或是使用免疫荧光试验，直接鉴定病变周围细胞有无BoHV-1的特异性抗原。此外，还可提取培养细胞上清液的总DNA，用PCR或是限制性片段长度多态性（RFLP）检测。

2. 血清学检测方法

（1）血清中和试验（Serum neutralization test，SNT）。参照《牛传染性鼻气管炎诊断技术》（NY/T 575—2019）行业标准进行。用牛肾单层细胞培养物作微量血清中和试验是该病最常用的血清学诊断方法，在96孔细胞培养板上测试。用BoHV-1种毒接种牛肾单层细胞，在细胞病变最明显时收获培养物，反复冻融2次，离心去除细胞碎片，收集上清。测定细胞半数感染量（$TCID_{50}$）后等量分装，置-60 ℃保存备用。被检血清经56 ℃灭活30 min。实验时将300 μL被检血清与等量内含100 $TCID_{50}$/50 μL病毒量的新鲜抗原混合，37 ℃孵育1 h后，取100 μL混合物接种4孔细胞培养物，室温吸附1 h，再加入100 μL pH值为7.2~7.4细胞维持液，置37 ℃培养，72 h后判定。当未稀释血清能抑制50%或50%以上细胞孔出现细胞病变时，判为阳性。实验时必须做病毒抗原、标准阳性血清及阴性血清的对照：病毒抗原对照和阴性血清加抗原对照应出现细胞病变；阳性血清加抗原对照应无细胞病变；被检血清对细胞应无毒性，对照细胞正常生长。此法的缺点是耗资、费时、敏感性较低。

（2）琼脂扩散试验。用已知的BoHV-1抗原检查被检血清中的沉淀抗体，也可用BoHV-1阳性血清检测病料标本或细胞培养物的相应抗原。免疫扩散法和对流免疫扩散法也可用于病毒抗原检测。

（3）间接血凝试验（IHA）。它是指用鞣酸处理的绵羊红细胞吸附病毒抗原，检测被检血清中的相应血清抗体，是简单易行的方法。该法可用常规的试管凝集法或微量凝集法进行。据报道，间接血凝试验检出率高于中和试验。

（4）酶联免疫吸附试验（ELISA）。间接ELISA的灵敏度要比中和试验高4~8倍，且操作简单、快速，一般实验室均可进行，已成为目前检测牛传染性鼻气管炎病毒的主要方法之一。临床症状出现后5~10 d的血清样品，即可诊断出BoHV-1感染。市场上有针对不同抗原蛋白的间接ELISA和阻断 ELISA 试剂盒产品。针对基因缺失疫苗的缺失蛋白抗原（如 gE、gG 等蛋白）建立的 ELISA 试剂盒，可用于区分免疫和自然感染产生的抗体反应。

（5）**免疫胶体金技术**。用于检验血清抗体的免疫胶体金技术主要有快速胶体金免疫层析法（GICA）和斑点免疫金渗滤法（DIGFA）两种形式，产品为试纸条。该法的优点是检测简单快速，仅需 5 min 左右即可判断结果，敏感性可达到 100 $TCID_{50}$。

3. 分子生物学诊断方法

（1）**PCR 技术**。PCR 方法是目前检测 BoHV-1 的最快速和最灵敏的方法之一，特别是对 BoHV-1 潜伏感染的确诊，其特异性强，用时少，可做活体检查。

目前，常用于 PCR 检测的 BoHV-1 基因片段有 TK、gB、gC 和 gD 等。据报道检测灵敏度可达到 2.4 ng/100 µL，或 10^4 $TCID_{50}$/0.1 mL。

根据 BoHV-1 gB 和 gE 的保守基因序列，分别设计了引物和 *TaqMan* 探针，建立的实时荧光定量 PCR 方法既可检测 BoHV-1，还可区分 *gE* 基因缺失疫苗株和野毒株，其灵敏度为 0.02 $TCID_{50}$。

（2）**核酸探针技术**。核酸探针技术是一种比较敏感的病原核酸检测方法，比传统的血清学方法、PCR 检测方法更为敏感和特异，以检测结果可直接判定 BoHV-1 检测阳性或阴性。

五、类症鉴别

1. 牛流行热

相似点：病牛高热（39.5~42 ℃），食欲废绝，流泪，结膜充血，眼睑水肿，流黏稠鼻液；呼吸促迫，张口呼吸；部分病牛腹泻；妊娠牛流产，泌乳量大幅下降。

不同点：牛流行热临床症状与传染性鼻气管炎呼吸道型伴发眼炎型类似。该病在夏末秋初蚊、蠓滋生旺盛的季节多发。病牛口腔发炎，口流浆液性泡沫样涎；四肢关节水肿、疼痛，呆立，跛行。不表现鼻黏膜高度充血、呼吸有臭味、咳嗽等症状。剖检见病变主要在肺部，表现间质性肺水肿、肺充血和肺气肿，病变多集中在肺的尖叶、心叶和膈叶前缘，肺膨胀，间质明显增宽，可见胶冻样水肿，并有气泡，触摸呈捻发音，切面流出大量泡沫样暗紫色液体。

2. 牛巴氏杆菌病（肺炎型）

相似点：病牛体温升高（41~42 ℃），精神不振，食欲废绝，呼吸促迫、困难，咳嗽，流黏液脓性鼻液。

不同点：该病病死率高，可达80%以上。病牛流泡沫样鼻液，有时带血，黏膜发绀；胸部听诊有啰音，有时听见摩擦音，触诊有痛感。剖检见胸腔内积有大量浆液性纤维素性渗出物，肺脏和胸膜覆有纤维素膜，心包与胸膜粘连；双侧肺前腹侧病变部位质地坚实，切面呈大理石样。早期应用抗生素治疗有效。

3. 牛副流行性感冒

相似点：寒冷季节多发。病牛体温升高（41 ℃以上），精神不振，食欲减退，流黏脓性鼻液，流泪，结膜炎，咳嗽，呼吸困难，有时张口呼吸，有时出现腹泻，妊娠牛出现流产。

不同点：该病发病率和病死率低，发病率不超过20%，病死率一般为1%~2%。听诊病牛肺前下部有啰音，有时有摩擦音。病牛鼻黏膜不出现高度充血、溃疡症状。剖检见病牛肺间叶、心叶和膈叶有病变，病变部位呈灰色、暗红色，肺切面呈特殊斑状，有灰色或红色肝变区。

4. 牛呼吸道合胞体病毒病

相似点：病牛高热（40~42 ℃），精神沉郁，食欲减退；呼吸促迫，张口呼吸；咳嗽，流浆液性黏性鼻液，流泪；产奶量下降，妊娠母牛流产。

不同点：常散发。急性病例肺部听诊可听见多种声音，如支气管水泡音、支气管音、因气肿而出现的纤细的捻发音和继发性支气管肺炎产生的啰音。病牛剖检见间质性或肺泡性肺气肿，肺部肝变；气管和支气管黏膜充血、出血，有黏稠或泡沫样黏液，区别于牛传染性鼻气管炎的灰色恶臭、脓性渗出液。

5. 牛支原体肺炎

相似点：病牛体温升高（39.5~40 ℃），咳嗽，流黏性鼻液，流泪。

不同点：病牛喘气，面部凸臌，有关节炎症状，可衰竭死亡。剖检见气管有泡沫样脓液和坏死，肺前叶或中叶边缘呈红色实变。当混合感染时，可表现脓肿或气肿等各种病变，如化脓性肺炎、纤维素性肺炎、肺水肿等病变。

6. 牛腺病毒感染

相似点：病牛体温升高，食欲减退，咳嗽，鼻炎，结膜炎，呼吸困难。

不同点：病牛表现支气管炎、肺炎、轻度或重度卡他性肠炎；不表现鼻黏膜高度充血、溃疡，鼻窦及鼻镜组织高度炎性充血等症状。病毒感染组织中检出核内包涵体，病变组织涂片标本可用特异性的荧光抗体快速检测病原体。

六、治疗与预防

1. 治疗

由于牛传染性鼻气管炎缺乏特效治疗药物，一旦暴发该病，应根据具体情况，实施隔离、检疫、淘汰病牛和感染牛，并结合消毒和移动控制等综合性措施扑灭疫情。

在老疫区，可通过隔离病牛、消毒污染牛棚、应用广谱抗生素治疗而防止继发细菌性感染，同时配合对症治疗等方法来促进病牛的痊愈。呼吸道型可用磺胺类药物防止细菌继发感染，生殖道型可局部施以抗生素软膏以减少继发感染。

2. 预防

（1）**加强饲养管理。**定期对饲养工具及其环境消毒，限制外来人员进入牛场，减少各种应激对牛群产生影响。饲料种类要多样，营养成分要全面，提高牛群的体质和抵抗疾病的能力。

（2）**加强引种管理。**尽量坚持自繁自养，只能引进未感染BoHV-1的牛或精液。不从疫区引牛，不将病牛或带毒牛引起牛场。引种时需隔离观察30 d以上，经过间隔21 d以上的2次血清学检测抗体均为阴性时，方可引进。

（3）**定期监测。**在生产过程中，要定期对牛群进行血清学监测，及时淘汰阳性感染牛。一旦暴发牛传染性鼻气管炎，要实施隔离、检疫、淘汰病牛和感染牛等快速灭源措施，并对牛舍、用具等进行彻底消毒。在疫区或受威胁区，对于没有感染的牛可以进行免疫接种。

（4）**疫苗接种。**对于疫区或受威胁牛群，可对未感染牛进行弱毒疫苗或灭活疫苗的免疫接种。通常犊牛在半岁时就可进行免疫接种，其免疫期可达半年以上，具体接种计划遵照产品说明书。在免疫接种时，应考虑免疫母牛后代血清中的母源抗体（有时可保护4个月），其对主动免疫的产生可能有干扰作用。病愈康复牛可获得较强的免疫力。疫苗免疫并不能阻止野毒感染，只能起到减轻临床发病的效果。传统弱毒疫苗对妊娠牛存在安全隐患，因此国际上趋向于使用更安全有效的基因缺失标记疫苗。

第四节 牛病毒性腹泻/黏膜病

牛病毒性腹泻/黏膜病（Bovine viral diarrhea-mucosal disease，BVD/MD），是由牛病毒性腹泻病毒（Bovine viral diarrhoea virus，BVDV）引起的，主要发生于牛的一种急性、热性、呈多种临床类型的接触性传染病，以发热、腹泻、消化道和呼吸道黏膜糜烂溃疡等为主要临床表现。

1946年，Olafson等在美国首次报道了以消化道溃疡和下痢为主要特征的牛病毒性腹泻病（Bovine viral diarrhoea，BVD）。1953年，Ransey和Chiver发现了牛黏膜病（Mucosal Disease，MD）。1959年，Gillespie和Baker鉴定了美国的两株病毒，分别为纽约（New York）株和印第安纳（Indiana）株。1960年，Gillespie等又分离到一个俄勒冈（Oregon）C24V株，该毒株可以使牛肾细胞产生细胞病变，被定为标准毒株。

目前，该病呈世界性分布，广泛存在于美国、澳大利亚、英国、新西兰、匈牙利、加拿大、阿根廷、日本、印度等国家。在中国，从1983年李佑民等首次从流产胎儿的脾脏中分离到BVDV到现在，已证实该病在新疆、内蒙古、宁夏、甘肃、青海、河南、河北、山东、四川等20多个省（自治区、直辖市）存在。目前，该病尚无特效的治疗药物。国外主要采用检疫和淘汰持续性感染动物以及疫苗接种来防治BVD/MD。

一、病原

1. 分类与形态特征

牛病毒性腹泻病毒（Bovine viral diarrhoea virus, BVDV）属于黄病毒科、瘟病毒属成员，它与同属内的猪瘟病毒（Classical swine fever virus，CSFV）和绵羊边界病病毒（Border disease virus，BDV）存在抗原相关性，并且与猪瘟病毒约有60%的核酸序列同源性，而氨基酸同源性约为85%，三者能够突破宿主特异性发生交叉感染。

成熟的BVDV粒子直径为50~80 nm，呈球形，内含直径约30 nm的核心，核衣壳为非螺旋的二十面体对称结构，直径27~29 nm。有囊膜，囊膜表面有10~12 nm环形亚单位。核酸为单股正链感染性RNA，基因全长约为12.3 kb，包括一个开放阅读框（Open reading frame，ORF）、5′非翻译区（5′ untranslated region，5′ UTR）和3′非编码区（3′ untranslated region，3′ UTR）。3′端无PolyA尾，中间是一个大的开放阅读框架，ORF编码一个多聚蛋白，在宿主细胞信号肽酶和病毒非结构蛋白的作用下加工为成熟的蛋白。

2. 基因型和生物型

最初根据5′UTR序列，将BVDV分成2种基因型，BVDV-1型和BVDV-2型，BVDV-1型普遍用于疫苗的生产、诊断和研究，BVDV-2型5′UTR区缺乏 *Pst* I 位点，且中和活性也不同于BVDV-1型。2001年，Vilcek等根据5′-UTR和 *Npro* 基因将BVDV-1型又进一步分成至少11个基因亚型，即BVDV-1a、BVDV-1b、BVDV-1c、BVDV-1d、BVDV-1e和BVDV-1f等。

随着近几年相关研究的深入以及BVDV基因的变异，研究者发现了更多的亚型，有报道称BVDV-1型目前已有1a~1t 20个亚型，BVDV-2也有2a、2b、2c、2d等4个亚型。从2003年起，陆续报道了BVDV的另外一些基因型，如从巴西的牛血清中分离到一株非典型瘟病毒 D32/00_HoBi 株，还有从细胞培养物以及灭活牛血清中检测到了类似的非典型瘟病毒。由于该类病毒的基因序列与已知BVDV有较大的差异，故被命名为"HoBi-like"瘟病毒，也被称为BVDV-3基因型。

根据BVDV能否产生细胞病变，可将其分为2种生物型：一种为非致细胞病变型（Noncytopathic biotype，NCP型），病毒能够在细胞中复制但不引起细胞病变；另一种为致细胞病变型（Cytopathic biotype，CP型），病毒能够在细胞中复制并且引起细胞形成空泡、核固缩、溶解和死亡等病变。因此，两个生物型是根据它们是否能使细胞培养物产生病变来区分，而不是根据其是否能引起动物发病的严重程度来区分。有数据表明，几乎所有的BVDV强毒株都在细胞培养物中表现为NCP型。只有NCP型感染妊娠早期的胎牛可形成持续性感染（Persistant infection，PI），而CP型感染后不能形成PI，因此，制备弱毒活疫苗常选择CP型毒株。如果牛感染NCP型BVDV形成PI，再次用抗原性相同的CP型毒株感染后就会导致黏膜病的发生。虽然两种生物型的BVDV对宿主细胞的作用不同，但血清型相同。因此，深入研究这两种生物型对认识病毒的进化、临床疾病防治及疫苗的研究和使用具有重要的意义。此外，有学者通过比较分析BVDV-2型强毒株与弱毒株的5′UTR，提出BVDV-2的5′UTR可作为判断毒力强弱的标志。

3. 培养特性

BVDV能适应牛的多种组织细胞，如肾细胞、睾丸细胞等。目前多以马达氏牛肾细胞（MDBK）来增殖病毒用于研究。该病毒在细胞的内质网成熟，以外排和细胞裂解后释放这两种方式从细胞中释放出来。

4. 理化特性

在蔗糖密度梯度中测得病毒粒子的浮密度为 $1.13 \sim 1.14$ g/cm^3，沉降系数为 $80 \sim 90$ S。BVDV对热、氯仿、乙醚、胰酶和酸性等环境敏感，在56 ℃条件下即可灭活，$MgCl_2$ 对其不起保护作用。该病毒经真空冷冻干燥后于 $-70 \sim -60$ ℃条件下可保存多年。大多数学者认为BVDV没有血凝性，但也有报道一些毒株能够凝集恒河猴、猪、绵羊和雏鸡红细胞。

5. 致病机制

急性感染多由NCP型毒株引起。病毒入侵牛的上呼吸道和消化道后，在鼻腔、鼻窦、口、咽、喉、皱胃和肠黏膜的上皮细胞复制和聚集，然后进入血液，引起病毒血症。而后经淋巴管和血液进入淋巴组织。在淋巴结、脾和集合淋巴小结增殖，发生白细胞减少症。病毒在黏膜上皮内增殖，使其变性坏死，引起黏膜糜烂。急性感染后，临床症状一般是温和型的，通常表现出低热、腹泻和白细胞减少症。然而，一些毒株可引发比较严重的临床表现，包括致死性出血性腹泻和致死性血小板减少症。

二、临床症状

自然感染的潜伏期一般为7~10 d，人工感染是2~3 d。临床上分急性型和慢性型。

1.急性型

青年牛易发生急性感染，发病急，体温高达40~42 ℃，持续2~3 d，精神沉郁，厌食，心率加快，呼吸急促或剧烈干咳。临床上有腹泻为主和以黏膜病为主2种类型。我国近年来犊牛发病以腹泻病例为主，呈水样腹泻（图4-4-1），粪便恶臭，常含有黏液及血液。黏膜病型病例口腔黏膜糜烂、大片坏死，重症病例整个口腔呈被煮样，内覆有灰白色的坏死上皮，大量流涎。鼻镜也有同样的病变，损害部分逐渐融合并覆以痂皮。黏膜损害一般在10~14 d内痊愈。

2.慢性型

病牛很少有明显的发热临床症状，但体温有可能高于正常体温。母牛在妊娠早期，NCP型毒株经胎盘垂直感染胎儿造成新生犊牛持续性感染和免疫耐受。MD主要表现为突然发病，重度腹泻、脱水、白细胞减少、厌食、流涎、

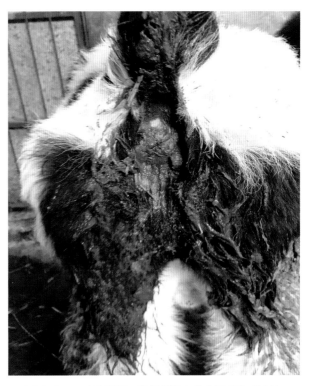

图4-4-1 病牛腹泻，粪便稀似水样（郭爱珍 供图）

流泪、口腔黏膜糜烂和溃疡。慢性BVD表现为间歇性腹泻，并表现出里急后重，后期粪便中带血并有大量的黏液。病牛重度脱水，体重减轻，发病数周或数月后死亡。慢性型发病率低，死亡率可达90%。

三、病理变化

肉眼可见鼻镜、齿龈、舌、软腭及硬腭、咽等黏膜形成小的、形状不规则的浅烂斑。鼻腔内有淡黄色胶冻样渗出物，气管内有大量脓性分泌物，肺出血、水肿，切面有干酪样物；该病的特征性损害是食道黏膜糜烂，瘤胃黏膜偶见水肿、充血和糜烂，皱胃炎性水肿和糜烂，肠壁水肿增厚，小肠呈急性卡他性炎症（图4-4-2），空肠和回肠有点状或斑状出血，黏膜呈片状脱落；盲肠和大结肠末端有出血条纹，肠系膜淋巴结水肿（图4-4-3）。运动失调的犊牛，严重者可见小脑发育不全及两侧脑室积液。发生黏膜病后，从口腔到肛门的整个消化道黏膜可见糜烂，甚至溃疡。

四、诊 断

1.病毒的分离鉴定

在病牛发生病毒血症期间，血液、血清、外周淋巴细胞、精液、鼻拭子以及粪便中均可分离

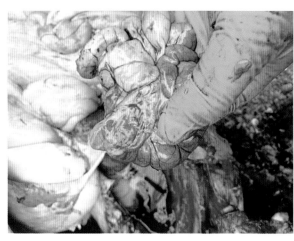

图 4-4-2　小肠卡他性炎症（郭爱珍 供图）

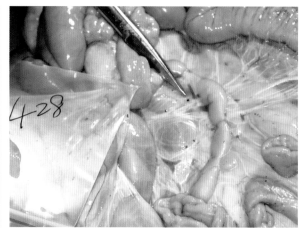

图 4-4-3　肠系膜淋巴结水肿（剪尖所示）（郭爱珍 供图）

到病毒。剖检时，肺、脾、骨髓、肠系膜淋巴结等是病毒分离的最佳病料。通常使用马血清或无BVDV和BVDV抗体的胎牛血清培养细胞。可用多种牛源的单层细胞培养物（如肾、肺、睾丸或鼻甲细胞）进行病毒的分离，目前国内报道的BVDV分离大多是使用MDBK细胞。

　　2. 血清学诊断方法

　　（1）**血清中和试验（SNT）**。该法是进行牛病毒性腹泻/黏膜病流行病学调查的有效手段，也是实验室常用方法之一。隔3~4周前后采血2次，将血清稀释后进行试验。如果第二次高于第一次4个滴度以上可判为患病，2个滴度以上，视为疑似患病。但该方法检测出的阴性牛可能是免疫耐受的PI型牛，因此仅靠血清中和试验检测很难达到清群、完全监控的目的。

　　（2）**免疫琼脂扩散技术（AGID）**。该法简便易行，在我国基层兽医部门应用较普遍。通常选取溃烂或发炎组织周围黏膜直接与BVDV阳性血清进行反应检测抗原。同时，也可取患病动物血清与标准阳性抗原反应进行抗体检测。但是，该方法只具有群特异性，不具备株特异性，敏感性低，准确性不高，因此不能替代微量血清中和试验。

　　（3）**免疫过氧化物酶技术（IPT）**。该方法诊断牛病毒性腹泻/黏膜病准确可靠，目前被广泛用于抗原的分布和抗体检测。该法通过对单层细胞培养物进行检测，使感染BVDV的细胞浓染，而未受BVDV感染细胞无色，其结果用肉眼或显微镜便可直接观察。研究表明，将单克隆抗体和生物素化抗鼠抗体——链霉亲和素过氧化物酶检测系统相结合，可提高其特异性。

　　（4）**免疫荧光技术（IFT）**。免疫荧光技术集免疫学的敏感性、特异性和显微镜的精确性于一身，可快速检测感染细胞培养物和病变组织切片中的病毒粒子。Rebby等用NADL株感染MDBK单层细胞，对54份患病牛血清进行检测，其结果与所建立间接ELISA检测法一致。魏志强等用BVDV感染牛白细胞与血清进行荧光抗体检测，结果显示，白细胞和血清中的病毒消长情况差异不大。我国进出口检疫条款规定，以免疫荧光技术同时对白细胞和血清进行监测，两者出现一种特异性荧光即为阳性。虽然免疫荧光技术是一种可靠的实验室诊断方法，但需要荧光显微镜，并不适用于基层使用。

　　（5）**酶联免疫吸附试验**。目前检测BVDV抗体的ELISA的方法有多种，包被的BVDV抗原也有不同，包括BVDV全抗原、非结构蛋白、单克隆抗体以及多肽。商品化试剂盒主要有间接ELISA、抗原捕获ELISA和双抗体夹心ELISA，其敏感性高于中和试验，但低于PCR法。据报道，基于单克隆抗体建立的双抗夹心ELISA法，其检测结果与中和试验和病毒分离试验符合率分别为93.3%和86.7%。

3. 分子生物学检测方法

（1）核酸扩增技术。包括基于BVDV 5′UTR的保守区设计特异性引物建立的环介导等温扩增技术（Loop-mediated isothermal amplification method, LAMP），在恒温（63.5 ℃）或快速（65 min）条件下进行病毒核酸的扩增，不需要PCR仪等特殊设备，结果可直接肉眼观察。此外，还有实时荧光定量PCR检测方法和普通的RT-PCR检测方法等。

虽然病毒分离技术是BVDV检测的金标准，但随着PCR的广泛使用，RT-PCR已成为BVDV检测最常用的方法。与病毒分离技术相比，RT-PCR具有省时、成本低、特异性高以及不限制实验室条件等优点。此外，还可使用RT-PCR对BVDV-1型和BVDV-2型进行基因型鉴别诊断。通过RT-PCR可以检测和区分急性和持续性感染，如果间隔4周左右重复采样，RT-PCR结果仍为阳性，则为持续性感染。实时定量RT-PCR的敏感性和特异性更高，检测灵敏度可达100~1 000拷贝，重复性良好，与普通PCR符合率100%。同样，实时定量RT-PCR也可用来鉴别诊断急性感染和PI型感染。

（2）核酸探针杂交技术。核酸探针杂交技术是20世纪80年代兴起的一类分子生物学技术，与传统的检测方法相比，核酸探针杂交技术应用广泛，敏感性高，特异性强。早期的放射性同位素（如^{32}P、^{35}P）标记探针，其具有放射性危害、不稳定等缺点。后来发明的生物素标记的DNA探针虽然不具有放射性危害，但其特异性和敏感性有时均不如放射性同位素标记探针。目前，应用较多的是地高辛标记核酸探针，它不仅没有放射性，而且敏感特异与放射性同位素标记探针同样敏感。

五、类症鉴别

1. 牛恶性卡他热

相似点：有传染性。病牛高热，流泪，流涎，口腔黏膜糜烂，下痢。

不同点：牛恶性卡他热呈散发型。病牛肌肉震颤；眼部症状更明显，结膜炎，角膜、巩膜混浊，眼有纤维素性或脓性分泌物，甚至失明；鼻流黏性分泌物；可能伴有惊厥、瘫痪等神经症状。

2. 牛传染性鼻气管炎

相似点：与牛传染性鼻气管炎呼吸道型病例相似。病牛高热，精神委顿，食欲不振，鼻镜溃疡，流泪。

不同点：患传染性鼻气管炎的病牛鼻镜高度充血，称为"红鼻子"，鼻腔流大量黏液脓性鼻液，呼吸困难。眼有脓性分泌物。很少出现腹泻症状。剖检见呼吸道黏膜炎性变化，上呼吸道及气管有浆液性纤维素性渗出物；胃肠道无卡他性、出血性或溃疡性炎性病理变化。

3. 牛口蹄疫

相似点：有传染性。病牛高热，食欲不振、精神萎靡，流涎，口腔黏膜有糜烂或溃疡。

不同点：口蹄疫病牛先在口腔、颊部黏膜、乳腺皮肤、蹄趾间和蹄冠部柔软皮肤出现黄豆甚至核桃大的水疱，但不见严重腹泻症状。剖检见咽喉、气管、支气管和胃黏膜都有水疱和溃烂；心包内有大量混浊和黏稠液体，心包膜弥漫性点状出血，急性死亡病例的心脏心肌有灰白色或浅黄色条纹如同虎皮状，俗称"虎斑心"。

六、治疗与预防

1. 治疗

该病无有效治疗药物，主要采取对症治疗、加强监护、改善环境、提高非特异性抵抗力、防止继发感染等措施。轻度腹泻病例可口服人工盐补水。对于腹泻严重病牛，需给病牛输液扩充血容量并纠正脱水、电解质平衡紊乱和酸中毒；投服收敛止泻药（药用炭）；肌内注射维生素K和维生素C；肌内注射氢化可的松抑制炎性反应；注射抗生素（青霉素和庆大霉素等）防止继发感染。

（1）西药治疗。选用头孢类抗生素肌内或静脉注射，配合使用强心、补糖及补充维生素C等对症治疗措施。

（2）中药治疗。乌梅、柿蒂、黄连、诃子各20 g，山楂炭30 g，姜黄、茵陈各15 g，煎汤去渣，分2次灌服。

2. 防控

（1）**加强检疫，严防传入**。防控该病的重点是加强检疫，及时清除持续性感染牛（PI型牛），防止感染牛群中持续发病，防止垂直感染。持续性感染动物可导致发生致死性的黏膜病，而且感染动物没有临床表现，并可向外排毒，是疫病传播的重要来源。因此，鉴别并扑杀持续性感染动物是减少经济损失乃至根除疫病的关键。引进牛时，要进行严格检疫并进行隔离观察，采集相关组织开展病毒分离和中和试验，均为阴性者方可混群饲养，严防该病的传入。

（2）**免疫预防**。目前国内外市场上均有疫苗供应，均是BVDV-1型毒株，如NADL株、Singer株、Oregon CV24株等经细胞培养而产生的常规弱毒或灭活疫苗。自然康复牛和免疫接种的牛均能获得免疫力，疫苗可在母源抗体下降到低水平（6~10月龄）时和第一次配种前使用，牛妊娠期不能接种。具体免疫程序参照产品说明。

第五节 牛水疱性口炎

水疱性口炎（Vesicular stomatitis, VS）是由水疱性口炎病毒（Vesicular stomatitis virus, VSV）引起的多种哺乳动物的一种急性、高度接触性传染病，以舌、唇、口腔黏膜、乳头和蹄冠等处上皮发生水疱为主要特征。该病主要感染成年家畜，以马、牛、猪等动物较易感，10%~15%的病畜表现临床症状。绵羊和山羊可感染，但不自然感染。泌乳期奶牛感染率高达96%，严重者因乳腺炎导致产乳量下降。人偶有感染，引起流感样症状，严重者可引起脑炎。

VS并不是一种新病，早在1801年、1802年和1817年就有报道美国的马、牛、猪感染的"口痛病"与该病症状相似。在美国，1889年、1906年、1916年、1926年、1937年、1949年、1963年、1982年和1985年发生了VS的大流行。1952年汉森（Hanson）对该病进行了详尽的综述。墨西哥、巴拿马、委内瑞拉、哥伦比亚、秘鲁、阿根廷等国相继报道过该病。近年又有南非及美国印第安纳州相继报道该病。OIE将其列为必须通报动物疾病。根据农业农村部《兽医公报》，我国无水疱性口炎。

一、病原

1. 分类与结构特征

水疱性口炎病毒为弹状病毒科、水疱病毒属的成员。

病毒粒子为子弹状或圆柱状，直径为50~70 nm，长度为（150~180）nm×（50~70）nm，但不同毒株之间长度有差异。病毒粒子表面具有囊膜，囊膜上均匀密布有长约10 nm的纤突，其内为紧密盘旋的螺旋对称的核衣壳。该病毒为单股负链RNA。病毒的RNA无感染性，核衣壳具有感染性，采用二乙胺乙基葡聚糖（DEAE-dextran）或磷酸钙处理可提高核衣壳的感染性。由于VSV相对简单的结构、较高的复制能力、快速的疾病过程，所以被广泛地应用于研究RNA进化的模型。VSV粒子分子量为（265.6±13.3）×10^3 kDa。其中蛋白质占74%，类脂质占20%，糖类占3%，RNA占3%。

2. 血清型

VSV有2个独立的血清型，即新泽西型（New Jersey, NJ）和印第安纳型（Indiana, IND）。后者又有3个亚型，它们是印第安纳Ⅰ型（IND-Ⅰ，为典型株）、印第安纳Ⅱ型（IND-Ⅱ包括Cocal株和Argentina株）和印第安纳Ⅲ型（IND-Ⅲ，Brazil株），后两个亚型对猪、牛和马的致病力低于NJ型和IND-Ⅰ型。NJ型和IND型刺激机体产生特异性免疫的是病毒囊膜糖蛋白（G），呈现型、亚型乃至毒株的特异性。进入体内的VSV的N蛋白作为优势抗原被VSV特异性细胞毒性T淋巴细胞（Cytotoxic thymus lymphocyte, CTL）识别，发挥CTL作用，参与细胞免疫反应。

3. 培养特性

VSV可在鸡胚绒毛尿囊膜、尿囊内、卵黄囊内生长。在猪和豚鼠的肾细胞、鸡胚上皮细胞、牛舌、猪胎、羔羊睾丸细胞培养中有致细胞病变作用，并能在牛、猪、恒河猴、豚鼠及其他动物的原代肾细胞单层培养上形成蚀斑。同时，在蚊的组织培养细胞内也可以增殖，并出现持续性感染。

VSV在组织培养中较口蹄疫病毒繁殖快，对各种培养细胞有迅速的破坏作用，能在单层细胞上形成空斑。人工接种牛、马、绵羊、兔、豚鼠等动物的舌面，均可发生水疱。牛肌肉内接种不引起发病。小鼠脑内接种，可引起脑炎而死亡。皮下接种4~8日龄乳鼠可使之死亡。豚鼠脑内接种，也可因脑炎而死亡，跖部皮内接种可引起红肿和水疱。

VSV感染的细胞培养物可以产生血凝素。生成血凝素的适宜条件与狂犬病病毒相似，即在维持液内不加血清，但加0.4%牛血清白蛋白。在0~4 ℃、pH值为6.2的条件下可以凝集鹅红细胞。病毒不能从凝集的红细胞表面自行脱落，将吸附在鹅红细胞上的病毒粒子洗脱后，红细胞还能再次凝集，从而证明VSV没有受体破坏酶。VSV可在7~13日龄鸡胚绒毛尿囊膜上及尿囊内生长，于24~28 h内使鸡胚死亡。

4. 理化特性

VSV对外界抵抗力不强，脂溶剂（乙醚、氯仿）、酚类化合物、甲醛、碘和四胺化合物都能使其灭活，在阳光直射或紫外线照射下迅速死亡。在37 ℃下不能存活4 d。58 ℃作用30 min、60 ℃作用30 s、100 ℃作用2 s即灭活。

然而，该病毒在4~6 ℃的土壤中能长期存活。在pH值为4~10时表现稳定，2%氢氧化钠溶液或1%福尔马林溶液数分钟内可迅速杀灭病毒。0.1%升汞溶液或1%石炭酸溶液则需6 h以上才能杀死它。病毒在5%甘油磷酸盐缓冲液内（pH值为7.5）可存活4个月。

5.致病机制

水疱性口炎病毒不能透过完整的上皮表面，只有在皮肤黏膜受到损伤时，才能侵入机体，病毒侵入细胞一般有2种方式，一种是细胞表面的膜凹陷，将整个病毒粒子包围吞入胞质内形成吞饮泡，吞饮泡内的病毒粒子在细胞酶的作用下裂解释放核酸于细胞质内；另一种是子弹形病毒粒子的平端吸附于细胞表面，病毒囊膜与细胞膜融合，释放核衣壳于细胞质内。病毒一旦透过上皮表层，即在皮肤内产生原发病变，同时在较深的皮肤层，尤其是棘细胞层，病毒进行大量的复制，并于细胞膜上出芽（也可能在细胞质内空泡膜上出芽）进到扩张的细胞间隙，感染相毗连的细胞。病毒可引起细胞损害，使其渗透性改变而导致表皮与真皮脱离，形成肉眼可见的水疱病变。病变可扩散到整个生发层，病毒常破坏柱状细胞层和基底膜，但并不明显地破坏这些细胞的再生能力。虽然在真皮和皮下组织有充血、水肿和白细胞浸润，但病毒造成的原发性损伤通常不涉及这些区域。如果出现继发性感染，其损伤可能扩散到深层组织而引起化脓和坏死。在无并发症情况下，上皮细可胞迅速再生，通常1~2周康复而不留疤痕。

二、临床症状

大量流涎是家畜感染水疱性口炎（VSV）的主要症状之一。感染动物一般可分为一个短的体温升高期和完全恢复期2个阶段。VS潜伏期较短，感染后24~48 h发病，之后体温升高和水疱形成，进一步发展成口腔黏膜、乳头上皮、趾间及蹄冠出现水疱和水疱破裂，偶尔伴有舌黏膜的脱落。最常见的并发症是局部继发细菌和真菌感染以及乳腺炎。感染动物可形成中和抗体，抗体能维持8~10年，然而在高滴度的抗体水平下仍可再次被VSV感染。该病对牛存在"逆年龄感染性"，成年牛的感染性高于1岁以内的犊牛。

病牛在初期体温升高达41~42 ℃，精神沉郁，食欲减退，反刍减少，耳根发热，鼻镜干燥、肿胀、糜烂，大量饮水。在舌、唇、黏膜上出现米粒大的水疱，小水疱逐渐融合成大水疱，内有透明黄色液体。经1~2 d，水疱破裂，水疱皮脱落，遗留浅而边缘不整齐的鲜红色烂斑，上腭和齿龈有溃疡。同时，病牛流出大量清亮的黏性唾液，并发出哂唇音。病牛采食困难，消瘦。有时，病牛的乳房和蹄部也可发生水疱，泌乳牛的泌乳量减少。一般转归良好，很少死亡，完全康复需2~3周。犊牛极少发生临床感染，特征是发热、喉痛和沉郁。

三、病理变化

主要病理变化为水疱和糜烂。口腔、乳头和蹄损害部位，都呈现细胞间质水肿，上皮坏死或白细胞浸润。黏膜下和真皮呈现充血、水肿。淋巴结增生，大脑神经胶质细胞增多，大脑及心肌单核细胞浸润。

四、诊 断

1.病原学诊断方法

采集感染动物的水疱液、未破裂或新破裂的水疱上皮、伤口的黏液或者血清等。

（1）**细胞培养**。VSV可在多种脊椎动物细胞生长，很快引起明显的细胞病变（CPE），18~24 h即可引起细胞快速圆缩和脱落，而感染昆虫细胞则引起持续性感染且无CPE。VSV的鉴别诊断可在非洲绿猴肾细胞（Vero）、幼仓鼠肾细胞（BHK-21）和IB-RS-2细胞上进行，VSV在这3个细胞系中均能产生细胞病变效应；口蹄疫病毒只能在BHK-21和IB-RS-2产生CPE，猪水疱病病毒只能在IB-RS-2产生CPE。其他细胞系以及一些动物器官的原代细胞培养物，对VSV也具有敏感性。

（2）**动物接种**。猪接种于蹄的冠状带或口、鼻部，而马和牛多在舌皮内接种，接种后2~4 d，可在嘴、乳头和蹄部的上皮组织见到水疱性损害，但接种于牛肌肉内则不发病。通过8~10日龄鸡胚的尿囊膜接种，2~7日龄未断乳小鼠的任何途径接种或3周龄小鼠的脑内接种，皆能使水疱性口炎病毒增殖并分离出来，被接种动物会在2~5 d内死亡。

2. 血清学诊断

（1）**中和试验**。该方法不但可以用来检测VSV抗原或抗体，而且可以对VSV进行定型，但用于急性感染和早期诊断时，其敏感性会有所下降。尽管组织培养物、未断奶的小鼠和鸡胚都能做中和试验，但动物中和试验较少用。该试验要求严格无菌操作，需活病毒及细胞培养，耗费时间较长，操作复杂。

（2）**酶联免疫吸附试验（ELISA）**。目前广泛选用的水疱病病毒血清型鉴定方法为抗原检测间接夹心ELISA，也是国际贸易指定的抗原检测试验。用IND血清型3个亚型代表株的病毒颗粒制备的一套多价兔/豚鼠抗血清做ELISA，可以鉴定VSV的IND血清型的所有毒株；对于VSV NJ血清型的检测，可利用单价兔/豚鼠抗血清试剂盒。除此之外还可用竞争ELISA、液相阻断ELISA、间接ELISA和IgM捕捉ELISA等方法。

（3）**补体结合试验（CFT）**。可用于早期抗体的定量，一般在感染后5~8 d就能检测到抗体。该方法也是国际贸易中进行VSV检测的指定方法之一。

3. 分子生物学诊断

RT-PCR是一种快速诊断技术，可在1 d内完成，具有准确、安全、重复性好等优点，特别适合没有VSV的国家和地区的口岸检疫。该方法被用来检测组织、水疱液样品和细胞培养物中VSV的RNA，检测临床样品较病毒分离法或补体结合试验更敏感、更快速，但不能区分活病毒和死病毒，因此不能作为筛检VSV病例的常规方法。该方法与其他方法相互结合又产生了许多新检测技术，如半巢式PCR、RT-PCR-ELISA、实时荧光定量RT-PCR和多重RT-PCR技术等。

五、类症鉴别

1. 牛口蹄疫

相似点：有传染性。病牛体温升高，精神沉郁，食欲减退，口腔黏膜有水疱，破裂后溃疡，大量流涎，乳房有时也出现水疱。

不同点：牛口蹄疫除冬春季多发，其他季节也发，新流行地区发病率可达100%，老疫区发病率50%以上；而牛水疱性口炎流行范围小，呈散发性，发病率为1.7%~7.7%，病死率几乎为零。口蹄疫病牛颊部和蹄部发生水疱，而牛水疱性口炎蹄部水疱偶见。剖检口蹄疫病死牛可见患病牛的咽喉、气管、支气管和胃黏膜都有水疱、溃烂，而且出现黑棕色痂块；心包内有大量混浊和黏稠液体，心包膜弥漫性点状出血，心肌有灰白色或浅黄色条纹如同虎皮状，俗称"虎斑心"。

2. 牛病毒性腹泻 / 黏膜病

相似点： 有传染性。病牛体温升高（40~42 ℃），精神沉郁，厌食，流涎，口腔黏膜糜烂或溃疡。

不同点： 病毒性腹泻/黏膜病病牛呼吸、心跳加快；黏膜病重症病例整个口腔、鼻镜呈被煮样，内覆有灰白色的坏死上皮；腹泻病例出现水样稀便，粪便有恶臭且常含有黏液及血液，但在口腔病变部位不见水疱病变。剖检可见病牛消化道黏膜糜烂，特别是食道黏膜；瘤胃、皱胃黏膜水肿、糜烂，肠壁水肿增厚，小肠呈急性卡他性炎症。

3. 牛恶性卡他热

相似点： 病牛高热，食欲减退，鼻镜干燥，大量流涎，口腔黏膜糜烂、溃疡。

不同点： 牛恶性卡他热病死率可达60%～90%。病牛肌肉震颤，眼畏光、流泪、眼睑闭合，继而发生虹膜睫状体炎和进行性角膜炎，有纤维素性或脓性分泌物；初便秘，后下痢，粪便中含有黏膜和血块，常伴有惊厥、瘫痪等神经症状。

六、治疗与预防

1. 治疗

该病尚无特效治疗药物。结合临床症状进行对症治疗，局部消毒和使用抗生素可用来预防或治疗皮肤损伤和细菌继发性感染，防止并发症的出现，导致病牛死亡。

2. 预防

（1）疫苗接种。在发生过VS的地区，或有该病传染源存在的地区，或受到邻近地区威胁的地区，可进行接种疫苗预防，常用的疫苗有弱毒疫苗、灭活疫苗和基因工程疫苗。

（2）加强海关检疫。由于该病目前主要在欧美国家流行，对这些地区的动物及其产品，海关部门应该着重加强对该病的检查，防止病原流入我国。另外，对于VS，目前还没有一种非常安全、有效的疫苗，新疫苗的开发也是防止该病的有效途径。

（3）加强管理。保持良好的卫生环境，在发现有动物感染该病时，应积极予以封锁隔离，防止本区域的其他动物受到感染，对疫区进行封锁和消毒，禁止从疫区运输易感动物，阻止感染动物到活畜展示区、集市和拍卖市场，以控制疫病的传播。

第六节　牛丘疹性口炎

牛丘疹性口炎是由牛丘疹性口炎病毒引起的一种高度接触性人兽共患传染病。临床上以口唇和鼻周围发生红色丘疹性以及口腔黏膜的增生性、糜烂性或溃疡性病变为主要特征。

一、病 原

1. 分类与形态特征

牛丘疹性口炎病毒（Bovine papular stomatitis virus, BPSV）又称为牛溃疡性口炎病毒、假口疮性口炎病毒，为痘病毒科、脊椎动物痘病毒亚科、副痘病毒属成员。该病毒属其他成员还包括羊传染性脓疱病毒（Orf virus, ORFV）、伪牛痘病毒（Pseudocowpox virus, PCPV）和新西兰红鹿副痘病毒（Parapox virus of red deer in New Zealand, PVNZ）。

副痘病毒属的病毒粒子结构为卵圆形，以这种独特的形态作为基础，副痘病毒构成了痘病毒家族中一个单独的组。BPSV长约260 nm，宽约160 nm，形态与副牛痘病毒和接触传染性脓疱性皮炎病毒相似，病毒表面结构像纵横交错排列的面条状细管。

2. 培养特性

牛丘疹性口炎病毒不能在鸡胚绒毛尿囊膜上生长，但可在牛、羊等的原代睾丸细胞培养物内增殖，并在接毒后5 d左右产生细胞病变。被感染细胞核变形，并常出现胞质内包涵体。

3. 基因组

BPSV有丰富（G+C）的基因组，该病毒基因组大小约134 kbp，并含有131个假定的基因，其中89个是痘病毒脊索亚科保守基因。基因组为单一分子的线性双链的DNA，同时也将BPSV、ORFV和PCPV的DNA的碱基组成进行了比对，这些病毒的基因组与其他痘病毒相比，（G+C）含量丰富，约63%。

二、临床症状

该病潜伏期3~8 d或者更长。病牛体温稍高或正常，精神不振，食欲减少。病牛流清涎或泡沫样涎，不愿吮乳或吃食，病变部位多限于口腔黏膜（唇、舌、腭、颊、牙龈等），出现直径为1~2 cm的圆形丘疹，偶有水疱和脓疱。丘疹周围明显充血，一些丘疹周边隆起，中央坏死、发白，呈凹陷形状，脱落后在隆起处形成火山口状的溃疡。口腔丘疹可能有痂皮，呈棕黄色，边缘粗糙。结节形成痂皮后脱落自愈，大部分病例呈良性经过。多数无全身症状，病程30 d左右。

人接触病牛后感染该病，病变通常出现在手和手指上，与病毒侵入部位一致，病变一般由丘疹或直径3~8 mm的疣状结节组成，结节在2周后开始减少，大约在1个月内消失，有些病例会出现发热症状，并在臂上出现红斑性疹或发生腋下腺病和肌痛。

三、病理变化

剖检可见极少数病例食管和前胃黏膜有丘疹。牛丘疹性口炎病变主要是表皮的变化，包括表皮增生和角化细胞气球样变，以角化过度和角化不全为主，棘层肿胀和形成空泡，网状变性，角质形成，细胞肿胀，内表皮微脓肿和大规模痂的积累。在感染72 h后气球样角质形成，细胞出现胞质内嗜酸性包涵体。嗜中性粒细胞迁移入的网状变性和破裂的表面形成脓疡，外层的垢层由过度角质化的细胞、蛋白液、变性的中性粒细胞、细胞碎片和细菌组成。

四、诊 断

1. 诊断要点

根据临床症状和流行病学可初步判断为丘疹性口炎。6月龄以内的犊牛最易感染发病，病变部位多限于口腔黏膜，出现丘疹，中后期形成火山口状的溃疡。确诊需进行实验室诊断。

2. 实验室诊断方法

实验室可进行病原学和血清学检查。可以用PCR检测病毒的特异性基因片段；用电子显微镜观察病毒粒子；从病变部位的细胞中发现包涵体或检出病毒抗体；可用胎牛原代细胞进行病毒分离，但难度较大。也可通过琼脂扩散试验检测出针对病毒的特异性抗体来诊断该病。

五、类症鉴别

1. 牛病毒性腹泻／黏膜病

相似点：病牛精神不振，流涎，口腔黏膜糜烂。

不同点：病毒性腹泻／黏膜病病牛体温高达40～42 ℃，心率加快，呼吸急促或剧烈干咳，重症黏膜病病例整个口腔呈被煮样，内覆有灰白色的坏死上皮。腹泻病型病例呈水样腹泻，粪便有恶臭味且常含有黏液及血液；丘疹性口炎病牛体温不升高，不出现呼吸和腹泻症状，口腔先出现丘疹，后溃疡，无灰白色上皮覆盖。病毒性腹泻／黏膜病病牛食道黏膜糜烂，皱胃炎性水肿和糜烂，肠壁水肿增厚，空肠和回肠有点状或斑状出血，黏膜呈片状脱落。

2. 牛口蹄疫

相似点：病牛精神不振，流涎，口腔黏膜糜烂。

不同点：口蹄疫病牛体温升高至40～41 ℃，首先在唇内、齿龈、口腔、颊部黏膜、蹄趾间和蹄冠部柔软皮肤出现黄豆甚至核桃大的水疱；丘疹性口炎病牛仅在口腔、唇部黏膜发生丘疹。口蹄疫病牛咽喉、气管、支气管和胃黏膜都有水疱、溃烂，而且出现黑棕色痂块，心肌有灰白色或浅黄色条纹如同虎皮状；丘疹性口炎病牛偶见食管和前胃黏膜有丘疹。

六、治疗与预防

1. 治疗

处方1：用0.9%生理盐水擦洗口腔后，溃疡创面涂敷冰硼散（冰片30 g、硼砂100 g、青黛50 g）。

处方2：加味黄连解毒汤。黄连、黄芩、金银花、连翘、木通、白芷、甘草各30 g，黄柏45 g，栀子、天花粉各40 g，水煎服，每日1剂，连服2剂。

处方3：个别体温升高、食欲废绝的病牛，配合用复方氨基比林注射液20～40 mL，青霉素G钾400～800 IU混合肌内注射，每日2次，连用2～3 d；个别体质弱的病牛，再静注5%葡萄糖注射液1 000～2 000 mL。

2. 预防

（1）**及时隔离治疗。**对病牛要及时隔离、消毒、治疗和护理，要尽快将健康牛转移到新草场放牧。

（2）**严格消毒**。对畜舍、饮水槽、料槽、运动场和病牛污染过的草场用5%来苏尔溶液或威特消毒剂（二氯异氰脲酸钠粉）1∶2 200倍液或消特灵（每升水加200 mg进行稀释）喷洒消毒。

第七节 牛流行热

牛流行热（Bovine ephemeral fever, BEF）是由牛流行热病毒（Bovine ephemeral fever virus, BEFV）引起的黄牛（奶牛、肉牛）及水牛的一种急性、非接触性传染病，其主要特征是突发高热、呼吸促迫、泡沫性流涎、流泪、流鼻液、后躯僵硬和跛行。无继发感染情况下，该病一般病程短，呈良性经过，发病率高，病死率低，因此又被称为三日热、暂时热、僵硬病等。

牛流行热首次于1867年被报道，在东非发生，随后津巴布韦、肯尼亚、南非、印度尼西亚、印度、埃及、巴勒斯坦、澳大利亚、日本等国都有流行。目前该病主要在广袤的非洲和南亚地区流行，但养牛业的快速发展促使该病向更广泛的地区蔓延。我国于1955年第一次报道牛流行热，1976年首次分离到牛流行热病毒。此后，该病在中国南方多个省份都有发生和流行。

一、病 原

1. 分类与形态结构

牛流行热的病原是牛流行热病毒（BEFV），在分类学上属于弹状病毒科、暂时热病毒属。BEFV呈子弹状或圆锥形。成熟的病毒粒子长为100~430 nm，宽为45~100 nm。病毒粒子有囊膜，囊膜厚10~12 nm，表面具有纤突，该突起由糖蛋白G组成。粒子的中央是由紧密盘绕的核衣壳组成的电子密度较高的核心。如果把核衣壳拉直，长可达2.2 μm。核衣壳由RNA、N蛋白、L蛋白及M1蛋白组成，外部包围着由M2蛋白组成的脂类膜，具有感染性。尤其是在以高浓度病毒传代的细胞培养物内，除典型的子弹形病毒粒子外，常常还可以看到T粒子，即截短的窝头样病毒粒子。

2. 培养特性

牛流行热病毒最初是通过给1~3日龄的乳鼠、乳仓鼠和乳大鼠脑内接种临床发病奶牛的白细胞获得的，强毒株传6代之后变得稳定，接种后2~3 d，可以引起瘫痪和死亡，导致犊牛出现病理变化。

该病具有病毒血症，即病毒存在于病牛血液中，感染病牛高热期的血液经处理后得到白细胞层和血小板层，通过脑内接种乳鼠，可使乳鼠发病，初代潜伏期为10~17 d，发病率低，连续继代时，潜伏期很快缩短为3 d左右，发病率可达100%。乳鼠主要表现为神经症状，皮肤痉挛性收缩，容易兴奋，步态不稳，常倒向一侧，多数经1~2 d死亡。BEFV能在牛肾、牛睾丸、牛胎肾原代细胞上复制，也可以在仓鼠肾传代细胞BHK-21上繁殖，并产生细胞病变。

3. 理化特性

BEFV对热敏感，56 ℃作用10 min、37 ℃作用18 h即可灭活，pH值为2.5以下或pH值为12以上10 min内便可使其灭活，对乙醚、氯仿等敏感。枸橼酸盐抗凝的病牛血液于2~4 ℃贮存8 d后仍具有感染性。感染鼠脑悬液（加有10%犊牛血清）于4 ℃经1个月，毒力无明显下降，反复冻融对病毒无明显影响。于-20 ℃以下低温保存，可长期保持毒力。

4. 致病机理

牛感染BEFV后产生炎症反应，释放 γ-干扰素、白细胞介素等细胞因子，造成体温升高，产生免疫病理变化。由于血管损伤，血管渗透压改变，从而可引起水肿、肌肉变性、关节功能障碍等。

二、流行病学

1. 易感动物

牛是该病最易感的动物，主要侵害奶牛和肉牛，多发生于壮年（3~5岁）牛，犊牛和9岁以上的老牛很少发病。牛流行热的临床病例仅仅在牛上有报道，但是在家养鹿、山羊、羚羊、长颈鹿等动物中能检测到牛流行热病毒的中和抗体。

2. 传染源

病牛是主要传染源，病毒主要存在于病牛高热期血液中。

3. 传播途径

媒介昆虫（蚊、蠓、蝇）的存在是该病得以传播的中心环节。该病不能直接接触传染，而是通过媒介昆虫吸血叮咬带有病毒血症的病牛传播扩散。

4. 流行特点

该病一旦发生，传播迅速，传染力强，呈流行或大流行，但病死率低。该病的发生具有明显的季节性和周期性，一般多发生于夏末秋初蚊、蠓滋生旺盛的季节，一次流行之后与下次流行间有数年的间隔期，具体间隔时间与引种和生物安全体系建设有关，可短至1~2年、长至6~8年或更长时间。

三、临床症状

BEF的病程大体可以划分为4个主要时期：发热期、失能期、恢复期以及后遗症期。这4个时期并不一定在暴发的牛场中全部表现出来，而且症状的轻重也因个体的差异而有所不同。该病在很短的时间内就可以传播至全群，有较高的发病率，水牛的症状比较轻。泌乳期的牛比干奶期的牛症状严重，肥胖的牛比瘦弱的牛症状严重，壮年牛比小牛和老牛病重，公牛比阉割牛严重。

1. 发热期

该病主要表现为突然发热，几个小时体温便可达到39.5~42.5 ℃并持续12~24 h。发热通常为双相热，有时为三相热，偶尔有多相性发热，每隔12~24 h出现一次峰值。在这个时期，泌乳牛产奶量显著下降，但是其余的牛基本没有任何症状，因此发热期常常容易被忽视，延误治疗，致使病情加重。

2. 失能期

尽管第一阶段的发热高峰已经过去，但是直肠温度仍在升高。牛流行热的特征性症状发生在第二个发热阶段，可持续1~2 d。病牛表现为精神沉郁、食欲下降；呼吸急促，张口呼吸，大量流涎（图4-7-1）；眼结膜充血，眼睑及颌下组织水肿，眼内有黏性或脓性分泌物；鼻腔流浆液性或黏液性鼻液；后躯肌肉僵硬，关节肿胀，呆立不动，可能伴有跛行（图4-7-2），可能表现肌肉抽搐或

图 4-7-1　病牛流涎，张口呼吸（郭爱珍 供图）

图 4-7-2　病牛肌肉僵硬，跛行（彭清洁 供图）

颤抖。病牛心率和呼吸频率加快，肺部听诊可明显听到由干性啰音发展为湿性啰音。在这一时期，产奶量及牛奶的品质明显下降。刚开始发病的时候，发病动物能够站立，但是随着病情的加重将无法站立（图4-7-3），病牛头歪向一边，并且伴有胸骨倾斜，这种症状可持续数小时至数天。随后病

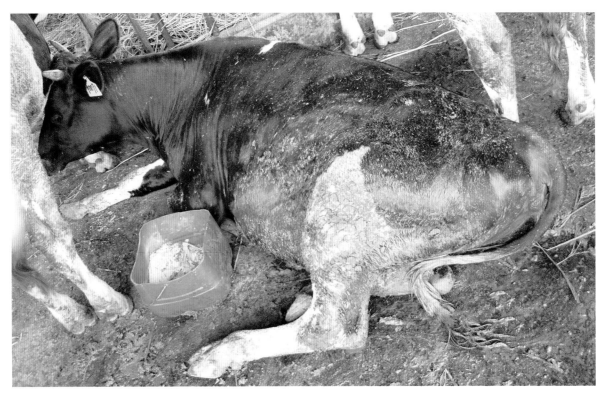

图 4-7-3　病牛不能站立（胡长敏 供图）

牛有可能会出现便秘、瘤胃积食、吞咽反射消失等症状，在严重的病例中，病牛倒向一侧，反射消失，最后发展至昏迷，甚至死亡。

3. 恢复期

在病牛具有明显的临床症状之后大约 3 d，病牛开始进入恢复期。大多数病牛可以在发热消失后几天内恢复，但是也有一些病牛需要 1 周或者更长时间来恢复，这是因为肥育牛、体况良好的公牛和泌乳期的奶牛感染较严重。在伴有并发症的情况下，肥育牛以及消瘦公牛的恢复时间要长一些。随着病情的康复，泌乳牛的产奶量也随之开始恢复，但是无法恢复到发病之前的产奶水平。妊娠奶牛可能会引起流产，并且其产奶量将在发病 10 d 内恢复到发病前的 85%～90%。该病对雌性动物以后的生产能力没有影响，对之后牛奶的质量也没有影响。

4. 后遗症期

少数病牛会有并发症，包括乳腺炎、妊娠后期流产、吸入性肺炎以及公牛长达 6 个月的暂时性体重下降等。牛流行热可能发生持续数天、数周、甚至永久性的后腿及臀部瘫痪。有些长期瘫痪的病牛也能够完全恢复，但是也有一些病牛仍然会保持异常的步态，不能完全恢复。

四、病理变化

牛流行热的典型病变主要是在肺的尖叶、心叶和膈叶前缘形成间质性肺气肿。肺实质充血、水肿和肺泡膨胀、气肿甚至破裂（图 4-7-4）。肺间质明显增宽，胶样水肿，并有气泡，有大小不等的暗红色实变区，触摸肺部有捻发音，切面流出大量泡沫样暗紫色液体。其组织病理学病变主要表现为肺泡充血、水肿，肺泡壁增厚，肺泡腔萎缩甚至消失，间或出现轻微的出血，网状细胞和成纤维

 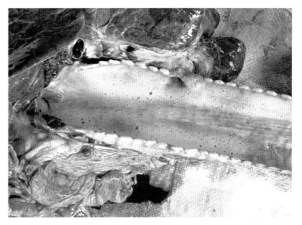

图 4-7-4　病牛肺气肿（郭爱珍 供图）　　　　图 4-7-5　病牛气管内有大量黏液和泡沫（胡长敏 供图）

母细胞增生。

支气管管腔内有大量黏液、泡沫纤维素和脱落坏死的上皮细胞（图4-7-5）。纤毛上皮细胞肿胀、增生，黏膜下有大量淋巴细胞浸润。

常伴有跗、膝、肘、肩关节不同程度的肿大，关节内有浆液性、浅黄色液体，严重的病例可见关节内有纤维素样渗出。个别的关节面有溃疡，有的关节液中混有血液。

五、诊　断

1. 病毒分离鉴定

（1）乳鼠脑内传代试验。取可疑病牛发热期血液，按0.03 mL/只脑内接种1~3日龄健康乳鼠，每日观察2次，接种后48 h内死亡者弃掉，保留接种后2~10 d内的死亡鼠和濒死鼠，取其脑置于-40 ℃下冻存。存活鼠在接种10 d后全部剖杀，取其脑与上述冻存脑一并以PBS制成100倍稀释的脑乳剂，3 000 r/min离心15 min，取上清液作传代材料，按上述剂量、方法进行传代。根据第三或第四代乳鼠典型发病（抽搐、后躯麻痹、周围运动）与否，确定受检材料有无牛流行热病毒。

（2）牛体回归感染试验。选择12月龄左右、无牛流行热血清中和抗体的健康牛（试验前观察2周，体温、血检正常）1~2头，每头牛静脉接种可疑病牛全血10 mL，接种后每天至少测温2次，直至第10天，并观察临床症状。若受试牛在接种后3~10 d表现出临床发病，其血清中和抗体效价在第21天转为阳性，即证明受试血样含有牛流行热病毒。

（3）细胞培养传代试验。取病牛发热期血液，接种于乳仓鼠肾或猴肾细胞，传代，37 ℃培养，代每隔4~5 d传代1次，2~3 d可见细胞病变。取上述细胞培养物电镜检查。根据细胞病变和电镜观察结果，判定受检样品中有无牛流行热病毒。

（4）电子显微镜检查。将受检样品（病毒细胞培养物冻融后的离心上清液）进行负性染色法或超薄切片法染色，然后进行电镜检查，可见典型的子弹状或锥形的病毒粒子。

2. 血清学检测方法

可采用补体结合试验、免疫荧光技术、ELISA、阻断ELISA及中和试验等。在血清中和试验中，固定血清稀释病毒的乳鼠脑内接种法最敏感，但较耗费人力、物力和时间。固定病毒、稀释血清的微量血清中和试验虽敏感性稍低于细胞培养常量法，但具有操作简便以及节省人力、物力、时间和

 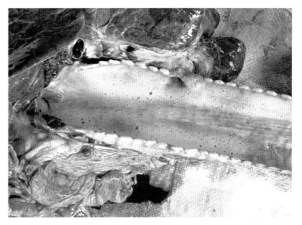

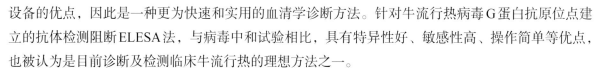

设备的优点，因此是一种更为快速和实用的血清学诊断方法。针对牛流行热病毒G蛋白抗原位点建立的抗体检测阻断ELESA法，与病毒中和试验相比，具有特异性好、敏感性高、操作简单等优点，也被认为是目前诊断及检测临床牛流行热的理想方法之一。

3. 分子生物学检测方法

采集病牛高热期的血液，提取RNA，针对 *BEFV-G* 基因进行RT-PCR检测。该法具有操作简单、灵敏度高、特异性强、耗时短、成本低廉等优点。针对 *BEFV-G* 基因建立的荧光RT-PCR法的检测灵敏度很高，可达10个拷贝。

六、类症鉴别

1. 牛传染性鼻气管炎

相似点：病牛高热（39.5~42℃），食欲废绝，流泪，结膜充血，眼睑水肿，流黏稠鼻液；呼吸促迫，张口呼吸；妊娠牛流产，泌乳量大幅下降。

不同点：牛传染性鼻气管炎以秋冬寒冷季节多发。病牛鼻黏膜高度充血，出现溃疡，鼻窦及鼻镜因组织高度发炎而称为"红鼻子"；眼结膜可形成粒状灰色的坏死膜。剖检特征性病变表现为呼吸道黏膜的炎症，其上覆盖灰色恶臭、脓性渗出液；肾脏、肝脏包膜下有粟粒大、灰白色至灰黄色散在坏死灶。

2. 牛恶性卡他热

相似点：病牛高热，心跳、呼吸加快，流泪，眼部发炎，鼻流黏性分泌物，口流大量泡沫样涎；瘤胃弛缓；泌乳牛泌乳停止。剖检见肺充血及水肿。

不同点：恶性卡他热病牛畏光、眼睑闭合，有虹膜睫状炎和进行性角膜炎，眼部有纤维素性或化脓性分泌物，甚至失明；鼻黏膜发炎、充血、肿胀；口腔黏膜有假膜、糜烂、溃疡；初便秘，后下痢，粪便中含有黏膜和血块。常伴有精神症状、惊厥、瘫痪。剖检见喉头器官和支气管黏膜充血，常附有假膜。口腔黏膜溃疡，舌根、齿龈及硬腭溃疡。

3. 牛副流行性感冒

相似点：病牛体温升高（41℃以上），精神不振，食欲减退，流黏脓性鼻液，流泪，结膜炎，听诊肺部有啰音；妊娠牛可能流产。剖检见肺部水肿、间质增宽，病变部位呈暗红色，肺切面有肝变区。

不同点：牛副流行性感冒多发于寒冷的晚秋和冬季，区别于牛流行热发生于蚊、蠓滋生旺盛的夏季、初秋。病牛发病率和病死率低，发病率不超过20%，病死率一般为1%~2%。病牛咳嗽，不发生肌肉僵硬、呆立、跛行等症状。心内外膜有出血点，胃肠黏膜有出血点，支气管上皮样细胞和肺泡细胞形成合胞体，同时可见细胞质包涵体。

4. 牛呼吸道合胞体病毒病

相似点：病牛高热稽留（40.0~42.2℃），精神沉郁，食欲减退；呼吸加快、促迫，肺部听诊有啰音；流泪，流泡沫样涎，流浆液性或黏性鼻液；产奶量下降，妊娠牛流产。剖检见间质性或肺泡性肺气肿，肺肝变，气管、支气管内有黏稠或泡沫样液体。

不同点：该病一年四季均可发生，常呈散发，暴发限于犊牛和母牛，病死率约0.4%。病牛喘鸣，咳嗽，呼吸困难，张口呼吸；部分病牛背部皮下气肿；不出现肌肉震颤、呆立、跛行等症状。肺部听诊可听见多种声音，如增加的支气管水泡音、支气管音、因气肿而出现的纤细的捻发音和继发性支气管肺炎产生的啰音。剖检见皮下气肿；气管和支气管黏膜充血、出血。支气管、细支气管和肺泡上皮样细胞形成合胞体，嗜酸性细胞质内有包涵体。

5. 牛巴氏杆菌病（肺炎型）

相似点：病牛高热（41~42 ℃），精神沉郁，食欲不振，流鼻液，眼眶与下颌周围水肿，呼吸促迫。

不同点：该病常呈散发，全年均可发病。病牛呼吸极度困难，干咳且痛，胸部叩诊有痛感，有实音区；胸部听诊有水泡性杂音，有时可听到胸部摩擦音；前期便秘，后期下痢并带有黏膜和血液。

剖检见胸腹腔有大量浆液性和纤维素性渗出液，肺脏和胸膜有小出血点并附着一层纤维素性薄膜。肺脏有不同时期的肝变，小叶间结缔组织水肿增宽，切面呈大理石状外观，有的病例的坏死灶呈灰色或暗褐色。有的病例有纤维素性心包炎和胸膜炎，心包和胸膜粘连。肝与肾发生实质变性，肝脏常见有小坏死灶。支气管淋巴结、纵隔淋巴结等显著肿大。

七、治疗与预防

1. 治疗

无特效治疗药物，主要对症治疗，缓解呼吸困难和关节疼痛，减少肺气肿和水肿造成的心肺循环压力、防止继发感染等。

（1）治疗呼吸困难

解热镇痛。安痛定注射液20~40 mL，30%安乃近注射液20~30 mL，复方氨基比林注射液20~40 mL，肌内注射。复方阿司匹林10~20 g，口服。

强心利尿排毒。5%糖盐水2 000~3 000 mL，加维生素C 2~4 g，静脉注射。安钠咖2~5 g、维生素B_1 100~500 mg，肌内注射。

缓解气喘和呼吸困难。尼可刹米注射液10~20 mL，肌内注射。

纠正酸中毒。静脉滴注5%碳酸氢钠溶液。

防治继发感染。可选用大剂量抗生素或磺胺类药物，如青霉素800万~1 600万IU、先锋霉素20~40 g、10%磺胺嘧啶钠注射液300~500 mL，静脉注射。

人工输氧，或用未开封的3%过氧化氢溶液50~80 mL，按1∶10比例用5%糖盐水稀释，缓慢静脉注射，也可达到输氧效果。

（2）治疗卧地不起和瘫痪。静脉注射生理盐水1 000 mL，10%葡萄糖酸钙注射液500 mL，5%葡萄糖注射液1 000 mL，10%安钠咖注射液10 mL，维生素C 10g，维生素B_1 1.5 g。也可用氢化可的松、醋酸泼尼松、水杨酸钠等进行治疗。

（3）治疗肠胃臌胀和消化障碍。酵母片50~80片、人工盐100~200 g、碳酸钠20~50 g、大黄末20~60 g，灌服。

2. 预防

（1）免疫接种。对牛群计划接种疫苗是预防该病发生的有效措施，在昆虫滋生季节前进行免疫。推荐免疫程序：12月龄以上成年牛，颈部皮下接种牛流行热灭活疫苗4 mL/头，间隔21 d进行第二次接种，方法、剂量同前；12月龄以内的犊牛，进行3次免疫，即在正常的第二次免疫后2~3个月进行一次加强免疫，每次免疫剂量均为3 mL/头。具体操作应按产品说明书使用。

（2）**加强饲养管理。** 改善饲养条件，加强夏秋炎热季节的防暑降温管理，减少应激反应。加强环境卫生，消灭吸血昆虫。定期清理牛舍周围的杂草污物，保持牛舍及其周围环境的清洁；在吸血昆虫活动期，在牛舍、周围场地、下水道等定期用高效安全的杀虫剂、避虫剂、防虫网或使用生物发酵法等驱除昆虫。

（3）**建立隔离和消毒制度。** 在该病多发季节，特别要加强隔离消毒工作，严禁外来人员进入牛舍，饲养员不要串场串户。每天认真观察牛群动态和奶牛个体健康状况，及早发现病牛。一旦发生疫情，要及时隔离病牛并进行治疗，限制向未发病地区（地域）转移牛只，增加对牛舍、运动场及周围环境的消毒频率。病死牛要进行无害化处理。

第八节　牛恶性卡他热

牛恶性卡他热（Malignant catarrhal fever，MCF）又称坏疽性鼻卡他，是一种致死性的淋巴增生型病毒性传染病。以高热、口鼻部位坏死和口腔黏膜溃疡、眼结膜发炎、角膜混浊为特征，并有脑炎症状。发病率不高，病死率很高。该病属《中华人民共和国进境动物检疫疫病名录》二类传染病。

一、病　原

1. 分类与形态结构

该病病原为狷羚疱疹病毒1型（Alcelaphine herpesvirus-1, AIHV-1）和绵羊疱疹病毒2型（Ovine herpesvirus 2, OvHV-2）。AIHV-1曾称为恶性卡他热病毒（Malignant catarrhal fever virus, MCFV），OvHV-2曾称为绵羊相关恶性卡他热病毒（Sheep associated malignant catarrhal fever virus, SA-MCFV），均为疱疹病毒科、疱疹病毒丙亚科、恶性卡他热属成员。病毒粒子主要由核心、衣壳和囊膜组成。

2. 培养特性

狷羚疱疹病毒1型能在胸腺和肾上腺细胞培养物上生长，并产生Cowdry A型核内包涵体及合胞体。病毒在上述细胞培养物中，经几次传代后，接种于犊牛肾细胞中可生长。适应了的病毒也可在绵羊甲状腺细胞、犊牛睾丸细胞、角马肾及家兔肾细胞中生长，并产生细胞病理变化，还可适应于鸡胚卵黄囊。

该病毒存在于病牛的血液、脑、脾和胸腺等组织中，在血液中的病毒紧紧附着于白细胞上，不易脱落，也不易通过细菌滤器，病毒结合的细胞一旦死亡，则病毒很快灭活，给病毒的分离培养带来一定的困难。

3. 理化特性

该病毒对外界环境的抵抗力不强，不能抵抗冷冻及干燥，保存十分困难。血液中病毒，在室温条件下经过一昼夜就可失去毒力，在4 ℃条件下可保存2周，冰点以下可失去传染性，但将其保存于20%~40%牛血清和10%甘油的混合液中，在-70 ℃条件下贮存可维持活力15个月。较好的保存方法是将枸橼酸盐脱纤的含毒血液保存于5 ℃条件下，病毒可存活数天。也有报道称，将卵黄囊中的病毒于-10 ℃条件下储存8个月后仍可复制该病。

二、临床症状

黄牛和水牛易感。传染源为自然宿主牛羚和绵羊，临床病牛不是传染源，因此健康牛与病牛接触不传染该病。

自然感染的潜伏期长短变化很大，为4~20周或更长一些，最多见的是10~60 d。人工感染犊牛通常潜伏期为10~30 d。牛恶性卡他热可分为几种病型，一般分为最急性型、头眼型、肠型和皮肤型等，这些型可能互相重叠，并且常出现中间型。且所有型都有高热稽留、肌肉震颤、寒战、食欲锐减、瘤胃弛缓、泌乳停止、呼吸及心跳加快、鼻镜干燥等症状。

1. 最急性型

病牛突然发病，体温升高，可达41~42 ℃，稽留不退，战栗，肌肉震颤，呼吸困难，精神委顿，被毛松乱。眼结膜潮红，鼻镜干燥，食欲锐减，反刍减少，饮欲增加，前胃弛缓，泌乳停止，呼吸和心跳加快，发病后1~2 d内死亡。

2. 头眼型

该型病例最为常见。体温升至40~41 ℃，发病后的第2天，眼、鼻、口黏膜发炎，双眼羞明、流泪（图4-8-1），眼睑肿胀，眼结膜高度充血，常有脓性和纤维素性分泌物，角膜混浊（图4-8-2），严重者形成溃疡，甚至穿孔致使虹膜脱出。鼻黏膜高度潮红、水肿、出血、溃疡，流腥臭黏脓性鼻液（图4-8-3），病牛发出喘气声和鼾声，鼻镜干燥，常见糜烂或大片坏死干痂，引起额窦炎、鼻窦炎和角窦炎，致使角部发热和角根松动。口腔黏膜潮红、干燥、发热，流大量泡沫样涎。唇内侧齿龈、颊部、舌根和硬腭等处的黏膜发生糜烂或溃疡，致使病牛吞咽困难。病牛因脑和脑膜发炎，有时表现磨牙、吼叫、冲撞、头颈伸直、起立困难、全身麻痹。病程一般为5~14 d，有时可长达1~4

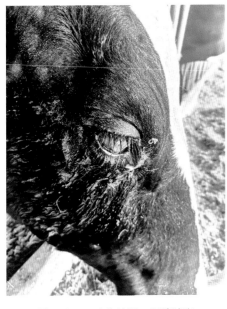

图4-8-1　病牛流泪，眼睑肿胀
（彭清洁　供图）

图4-8-2　病牛流泪，眼睑肿胀，角膜混浊

图 4-8-3　病牛流腥臭黏脓性鼻液

周或数月，终因衰竭致死，预后多不良，极少数牛可恢复健康。

3. 肠型

该型很少见，病牛高热稽留，严重腹泻，里急后重，排出恶臭粪便，且粪便中混有血液和坏死组织。口腔、眼及其他处黏膜可见糜烂或溃疡。病程一般为4~9 d，死亡率极高。

4. 皮肤型

病牛体温升高，颈、背、乳头、会阴和蹄叉等处的皮肤发生丘疹、水疱或龟裂等变化，并覆有棕色痂皮。痂皮脱落时，被毛也随之脱落。病牛通常于4~14 d死亡。

三、病理变化

该病的病理变化因临床病型不同而异。所有病牛的淋巴结出血、肿大，其体积可增大2~10倍，以头部、颈部和腹部淋巴结的病理变化最明显。头眼型病例以类白喉性坏死为主。喉头、气管和支气管黏膜充血，有小点状出血，也常覆有假膜。肺充血及水肿，也可见有支气管肺炎。消化道型以消化道黏膜变化为主。口腔黏膜溃疡糜烂，皱胃黏膜和肠黏膜有出血性炎症，有部分形成溃疡。在较长的病程中，泌尿生殖器官黏膜也呈炎症变化。脾正常或中等肿胀，肝、肾水肿，胆囊可能充血、出血，心包和心外膜有小点状出血，脑膜充血，有浆液性浸润（图4-8-4）。

组织学检查，在脑、肝、肾、心、肾上腺和小血管周围有淋巴细胞浸润，身体各部的血管均有坏死性血管炎变化。

四、诊　断

根据流行特点、临床症状及病理变化可做出初步诊断，确诊需进行实验室检查，包括病毒分离

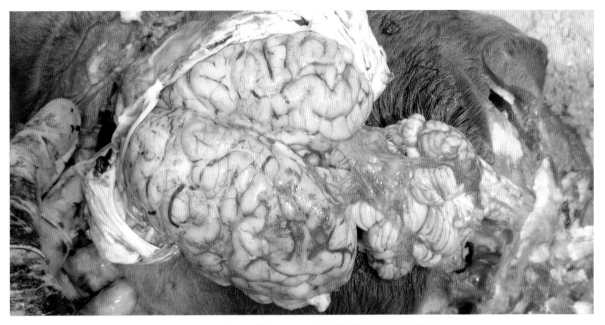

图 4-8-4　病牛脑膜充血，有浆液性浸润（彭清洁 供图）

培养鉴定、动物试验和血清学诊断等。

将病料接种于牛甲状腺细胞、牛睾丸细胞或牛胚原代细胞培养 3～10 d 可出现细胞病变；分离的病毒可以用荧光抗体试验进行鉴定。也可以将病料接种于家兔的腹腔或静脉，接种后可产生神经症状，并于 28 d 内死亡。

五、类症鉴别

1. 牛口蹄疫

相似点： 病牛高热，流大量泡沫样涎，口腔黏膜糜烂，鼻黏膜和鼻镜上有坏死病变，乳房、蹄叉发生水疱、结痂。

不同点： 该病发病率高，新流行地区发病率可达 100%。老疫区发病率 50% 以上。病牛发病 1～2 d 后在唇内、齿龈、口腔、颊部黏膜和蹄冠部柔软皮肤出现黄豆甚至核桃大的水疱，破裂形成糜烂。剖检见咽喉、气管、支气管和胃黏膜都有水疱，而且出现黑棕色痂块；心包内有大量混浊和黏稠液体，心肌有灰白色或浅黄色虎皮状斑纹（"虎斑心"）。

2. 牛病毒性腹泻 / 黏膜病

相似点： 有传染性，发病率一般不高，但病死率很高。病牛高热，流泪，大量流涎，口腔黏膜、鼻黏膜糜烂，下痢。剖检见肺充血、水肿；胃肠道黏膜出血性炎症。

不同点： 病牛没有严重的眼部症状，重症病例整个口腔呈被煮样，内覆有灰白色的坏死上皮，鼻镜损害部分逐渐融合并覆以痂皮。病牛不表现磨牙、吼叫、冲撞、头颈伸直、全身麻痹等精神症状。剖检见鼻腔内有淡黄色胶冻样渗出物，气管内有大量脓性分泌物，肺切面有干酪样物；该病的特征性损害是食道黏膜糜烂，皱胃炎性水肿和糜烂，肠壁水肿增厚。

3. 牛水疱性口炎

相似点： 病牛高热（41～42 ℃），食欲减退，鼻镜干燥、糜烂，大量流涎，口腔黏膜糜烂、溃疡。病牛乳房、蹄部可发生水疱。

不同点： 该病发病率高，病死率低。病牛先在在舌、唇、黏膜上出现米粒大的水疱，小水疱逐渐融合成大水疱，内有透明黄色液体，1~2 d，水疱破裂。病牛无眼部症状、下痢和神经症状。

我国未发生过水疱性口炎。

4. 牛传染性角膜结膜炎

相似点： 病牛患眼羞明、流泪、眼睑肿胀，结膜红肿，角膜溃疡。

不同点： 病牛不发热，无全身症状；病初常为单侧眼患病，角膜凸起，瞬膜红肿，角膜上发生白色或灰色角膜翳，严重者角膜增厚；后期为双眼感染，角膜周围充血，巩膜变成淡红色，有时发生眼前房蓄脓或角膜破裂，晶状体脱出。病牛不出现口腔黏膜、鼻黏膜糜烂、溃疡以及腹泻和神经症状。

5. 牛茨城病

相似点： 病牛发热（40 ℃以上），精神沉郁，厌食，流泡沫样涎，眼、鼻有脓性分泌物，眼结膜充血、水肿；口腔黏膜、鼻镜和唇黏膜发生糜烂、溃疡，流大量泡沫样涎。剖检见咽喉周围出血，皱胃出血，心内、外膜出血。

不同点： 轻症病牛不出现黏膜糜烂、溃疡，2~3 d即恢复。病牛腿部有疼痛性关节肿胀，20%~30%的病例有咽喉麻痹症状，饮水逆出。剖检见有吞咽障碍的病例，其食管从浆膜到肌层均有出血和水肿，前部食道壁松弛。

六、预防和控制

1. 避免与自然宿主（绵羊和牛羚）接触

发现病牛应立即隔离及清除同居的绵羊，这对防止该病的再次发生和蔓延是很重要的。另外，应避免从发生过该病的地区引入牛群。

2. 加强饲养管理

应注意创造理想的卫生条件，以增加牛只的抵抗力，保持牛舍清洁干燥和良好的通风，改善饲养管理，定期对牛场舍进行消毒。

3. 紧急措施

发现病畜后，按《中华人民共和国动物防疫法》及有关规定，采取严格控制、扑灭措施，防止扩散。病畜应隔离扑杀，污染场所及用具等要实施严格消毒。

第九节　牛副流行性感冒

牛副流行性感冒是由牛副流感病毒3型引起的一种急性、热性传染病。目前，牛副流感病毒3

型已经成为引起牛呼吸道疾病的重要病原，导致支气管炎和肺炎，给养牛业造成很大的经济损失。

一、病 原

1. 分类地位

该病的病原为牛副流行性感冒病毒3型（Bovine parainfluenza virus type 3，BPIV3），属于副黏病毒科、呼吸道病毒属成员。该属成员还包括人和动物的副流感病毒1~3型。

2. 形态特征

病毒粒子呈多形性，基本上呈圆形，直径150~250 nm，有囊膜与纤突。病毒的基因组是单股负链RNA，长度为15~16 kb，分子量为（5~6）× 10^6 Da。副黏病毒的主要特征是其核酸必须通过病毒自身的RNA聚合酶转录一股互补正链作为mRNA，才能翻译成病毒蛋白质。

3. 理化特性

本病毒具有血凝素和神经氨酸酶活性。病毒的感染力和神经氨酸酶活性在50 ℃条件下作用30 min可降低90%~99%。在无血清的营养液中，37 ℃作用24 h后，可灭活90%以上的病毒。在5%血清中病毒较稳定，在41 ℃条件下作用1 d或几天病毒感染力可保持不变，在-70 ℃可保持数月。病毒在相对湿度20%条件下比在相对湿度为80%时更为稳定。

20%乙醚溶液在4 ℃处理16 h病毒可完全灭活，与等量氯仿在22 ℃处理10 min病毒也可灭活。该病毒对热的稳定性较其他副黏病毒低，感染力在室温中迅速降低，几天后可完全失活，55 ℃作用30 min灭活，在-25 ℃能良好存活。血清对病毒有保护作用，可以降低其灭活速度。

4. 培养特性

该病毒能够适应鸡胚，鸡胚接种时生长良好，鸡胚液中产生血凝素，接种尿囊腔不能生长，这点与其他副流感病毒不同。牛源分离株（简称牛株）在犊牛、山羊、水牛、骆驼、马和猪的肾细胞以及HeLa和Hep-2细胞中生长良好，并形成大的合胞体以及不同大小和形状的嗜酸性胞质内包涵体，核内也有圆形的单个或多个小包涵体，在每个包涵体的外周都有一层透明带。

二、临床症状

病牛体温升高，可达41 ℃以上，精神不振，食欲减退，产奶量下降，流黏液性鼻液，流泪，有脓性结膜炎。咳嗽一般是湿性的，呼吸困难，有时张口呼吸，有时出现腹泻。由于气管黏膜肿胀或渗出物堵塞气管引起气管狭窄，听诊肺前下部有啰音，有时有摩擦音。妊娠牛可能流产。本病发病率不超过20%，病死率一般为1%~2%。有些牛可不显症状而耐过。

三、病理变化

剖检可见病变主要在肺的间叶、心叶和膈叶，表现为肺间质增宽、水肿，病变部位呈灰色及暗红色，肺切面呈特殊斑状，见有灰色或红色肝变区，气管内充满浆液，肺门和纵隔淋巴结肿大，部分有坏死病变。心内外膜有出血点，胃肠道黏膜有出血斑点。组织学病变包括支气管上皮细胞和肺泡细胞形成合胞体，同时可见细胞质内包涵体。

四、诊 断

1. 病毒分离和鉴定

（1）**病毒的分离**。最常用牛胚肾原代细胞，也可用牛肾、猪肾、猫肾、鸡胚和猴肾细胞原代细胞等，某些传代细胞系也适用。接种后维持液应尽量避免加血清，血清会影响病毒对细胞的吸附。

（2）**病毒的鉴定**。对分离病毒的鉴定方法有理化特性鉴定、血清学鉴定、RT-PCR鉴定及序列测定与分析等。理化特性鉴定主要包括：病毒核酸型鉴定试验、乙醚敏感性试验、氯仿敏感性试验、胰蛋白酶敏感性试验、酸敏感性试验、热敏感性试验等；血清学鉴定主要包括病毒中和试验、血凝和血凝抑制试验、红细胞吸附试验等。

2. 血清学检测技术

（1）**病毒中和试验**。病毒中和试验是经典的血清学鉴定方法，该方法敏感性强，特异性高，具有很强的实际应用意义。但是，该方法操作复杂，试验周期长，而且必须当抗体与病毒表面抗原或与吸附到宿主细胞上的病毒表面抗原相对应时，才能取得确实的试验结果。这些弊端限制了该方法在临床上的快速诊断。但是该方法的准确性高，被作为金标准方法。

（2）**血凝和血凝抑制试验**。副流感病毒所有型都能凝集人O型、豚鼠和鸡的红细胞。新分离的牛株比人株更易产生血凝作用。

（3）**红细胞吸附试验**。BPIV-3在培养的细胞内增殖后，可使被感染的细胞吸附某些动物的红细胞，而未受感染的细胞不吸附红细胞，因此该试验可以作为这种病毒增殖的衡量指数。

（4）**免疫组织化学技术**。免疫组织化学在病毒鉴定方面具有高度的特异性和灵敏性，通过该方法可以对病毒感染组织进行直接镜检，了解组织的损害程度以及病毒作用部位。

（5）**酶联免疫吸附试验**。它是常用的诊断方法之一，既可以检测抗体也可以检测抗原。目前被广泛应用于牛场大量牛群的流行病学调查。该方法不仅快速敏感而且操作简单，而且对试验条件和人员水平要求不高，在临床上可以得到广泛使用。ELISA有多种方法，如双抗夹心、斑点、间接等，其中间接ELISA是检测抗体常用的方法，其基本原理是使抗原和待测抗体形成免疫复合物并结合到固相载体表面，再用酶标二抗与复合物结合，加入酶催化底物，出现呈色反应。

（6）**多重血清学诊断技术**。该方法可以在一个血清样本中同时检测IBRV、BVDV、BPIV-3，与ELISA的特异性和敏感性基本一致。该方法虽然需要较长时间得出结果，不利于大量的快速检测，但它实现了在一个反应体系下检测多种抗体，在血清学诊断技术中有很好的应用前景。

3. 分子生物学检测技术

（1）**常规RT-PCR技术**。国内外许多学者都建立了RT-PCR方法，该方法检测敏感度较高，且特异性良好。

（2）**实时荧光定量RT-PCR技术**。随着分子生物学技术的发展，在RT-PCR反应体系中加入荧光基团，利用荧光信号对未知模板进行定量分析，将RT-PCR与荧光检测方法相结合形成实时荧光定量RT-PCR方法。该方法敏感、特异性强且具有实时性、无污染、结果判定更精确的特点。

（3）**多重PCR技术**。BPIV-3感染常伴随其他病原体感染，多重PCR能在一次反应中检测多种病原，大大提高了检测效率并降低了成本。

（4）环介导等温扩增技术（Loop-mediated isothermal amplification method，LAMP）。环介导等温扩增技术是一种新型的核酸扩增方法。该方法不需昂贵的PCR仪，反应在恒温条件下即可进行，一般在1 h内即可完成，扩增结果可通过肉眼、电泳或浊度仪进行判定。该方法特异性强、灵敏度高、检测时间短，适合基层的病原检测，在快速检测中具有较好的应用前景。

五、类症鉴别

1. 牛传染性鼻气管炎

相似点：牛传染性鼻气管炎呼吸道型与牛副流行性感冒症状相似，寒冷季节多发。病牛体温升高（41 ℃以上），精神不振，食欲减退，流黏脓性鼻液，流泪，结膜炎，咳嗽，呼吸困难，有时张口呼吸，有时出现腹泻，乳牛产奶量下降，妊娠牛出现流产。

不同点：牛传染性鼻气管炎流行严重时，发病率可达75%以上，但病死率在10%以下；牛副流行性感冒发病率不超过20%，病死率一般为1%~2%。传染性鼻气管炎病牛鼻黏膜高度充血，出现溃疡，鼻窦及鼻镜因组织高度发炎而称为"红鼻子"；牛副流行性感冒无此症状。传染性鼻气管炎病牛特征性病变为呼吸道黏膜的炎症，其上覆盖灰色恶臭、脓性渗出液；副流行性感冒病牛气管内充满浆液。传染性鼻气管炎病牛肾脏和肝脏包膜下散在粟粒大、灰白色至灰黄色坏死灶；副流行性感冒病牛无此病变。

2. 牛支原体肺炎

相似点：病牛体温升高（40 ℃以上），精神不振，食欲减退，咳嗽，眼、鼻流分泌物，呼吸困难，肺部听诊有啰音。

不同点：支原体肺炎病牛常伴有关节炎症状，关节肿大、疼痛，跛行。气管有泡沫样脓液和坏死，肺的尖叶、心叶和膈叶出现局部肉变，肺和胸膜轻度粘连，病情严重者肺部广泛分布有大小不一的干酪样或化脓性坏死灶，质地变硬，切面呈干酪样坏死。副流行性感冒病牛肺间质增宽、水肿，病变部位呈灰色及暗红色，肺切面呈特殊斑状，见有灰色或红色肝变区。

3. 牛流行热

相似点：病牛体温升高（41 ℃以上），精神不振，食欲减退，流黏脓性鼻液，流泪，结膜炎，听诊肺部有啰音；泌乳牛产奶量下降，妊娠牛可能流产。剖检见肺部水肿、间质增宽，病变部位呈暗红色，肺切面有肝变区。

不同点：牛流行热多发生于蚊、蠓滋生旺盛的夏季、初秋；牛副流行性感冒多发于寒冷的晚秋和冬季。牛流行热发生一般呈流行性或大流行性；牛副流行性感冒发病率不超过20%。流行热病牛肌肉僵硬，呆立不动，可能伴有跛行，关节肿胀，眼眶周围及下颌组织会发生斑块状水肿，肌肉抽搐或颤抖，流泡沫样涎；副流行性感冒病牛无此症状。流行热病牛出现肺气肿，触摸肺部有捻发音，切面流出大量泡沫样暗紫色液体，常伴有跗、膝、肘、肩关节不同程度的肿大，关节内有浆液性、浅黄色液体，或混有血液，严重的关节内有纤维素样渗出，个别关节面有溃疡；副流行性感冒病牛无此病变。

4. 牛腺病毒病

相似点：病牛体温升高，食欲减退，咳嗽，气喘，呼吸增数且部分牛呼吸困难，结膜炎，鼻腔

和眼结膜有分泌物。

不同点：牛腺病毒病多发于犊牛，成年牛呈隐性感染；牛副流行性感冒各年龄牛均可表现临床症状。腺病毒病病牛有轻度至重度卡他性肠炎；副流行性感冒病牛有时出现腹泻。腺病毒病病牛有增生和坏死性细支气管炎，支气管因阻塞而坏死，肺气肿与实变，肺泡萎缩，肺膨胀不全；副流行性感冒病牛肺间质增宽、水肿，病变部位呈灰色及暗红色，肺切面呈特殊斑状，见有灰色或红色肝变区。

5. 牛呼吸道合胞体病毒病

相似点：病牛高热（40～42 ℃），精神不振，食欲减退，流黏液性鼻液，呼吸急促，张口呼吸，泌乳牛产奶量下降，妊娠牛可能流产。剖检见纵隔淋巴结肿大，肺水肿，有肝变区。

不同点：患呼吸道合胞体病毒病的病牛流泡沫样涎，部分病牛皮下气肿；副流行感冒病牛不出现此症状。呼吸道合胞体病毒病病牛肺部听诊可听见支气管水泡音增强、支气管音增强、捻发音等多种声音；副流行感冒病牛听诊肺前下部有啰音，有时有摩擦音。呼吸道合胞体病毒病病牛支气管和小支气管有黏液脓性液体渗出；副流行感冒病牛气管内充满浆液。呼吸道合胞体病毒病病牛肺脏出现弥漫性气肿，有的有间质性肺炎灶；副流行感冒病牛肺间质增宽，病变部位呈灰色及暗红色，肺切面呈特殊斑状，见有灰色或红色肝变区。

六、治疗与预防

1. 治疗

无特异性治疗药物。主要为对症治疗，解热消炎，防治继发感染。

处方1：5% 糖盐水1 000 mL，头孢噻呋20～30 g，地塞米松20 mg，维生素C注射液40 mL，双黄连注射液80 mL，静脉注射，每日1次，连用3～5 d。

处方2：氨苄青霉素每千克体重20 mg，清开灵每千克体重0.1 mg，混合后肌内注射，每日2次，连用3 d，可控制呼吸道炎症，清热解毒，增强免疫力。

2. 预防

（1）疫苗预防。国外常用的疫苗有灭活疫苗和减毒活疫苗，已将包括BPIV-3的致牛呼吸道疾病综合征（BRDC）的多种病原制成联苗进行预防免疫。一般10日龄内的犊牛通过鼻腔黏膜接种含有BPIV-3的减毒活疫苗，保护期约12个月；2周龄以上的犊牛免疫灭活联苗，4周后再加强免疫，以后每6个月免疫1次。而妊娠牛则在在干奶当日、分娩后2～3周或妊娠检查确定妊娠时免疫BPIV3疫苗，提高免疫力，并提供给犊牛较高水平的母源抗体。近年来，DNA疫苗、活载体疫苗、纳米颗粒疫苗等新型疫苗的研制受到广泛关注。目前，我国虽有相关疫苗的研究，但尚无商品化疫苗用于BPIV-3的免疫预防，仅能从提高牛机体抵抗力、减少应激等途径预防该病的发生。

（2）加强饲养管理。对重症牛立即进行隔离，并用10% 石灰乳剂对牛舍进行全面消毒，防止病情扩散蔓延；加强牛舍冬季保暖，牛床铺垫洁净垫草，夜间关好门窗，防止贼风侵袭，白天注意通风换气；饲喂优质饲料、注意饮水卫生等以增强牛体抗病能力。

病牛尸体要进行深埋或高温等措施进行无害化处理。

第十节　牛腺病毒病

牛腺病毒病主要是由牛腺病毒3型引起的犊牛和成年牛的呼吸道疾病，临床表现为体温升高，呼吸困难，牛鼻腔中和眼部周围有黏性分泌物等。牛腺病毒3型是导致牛呼吸道疾病综合征（Bovine respiratory disease complex, BRDC）的主要致病因子之一。

一、病　原

1. 分类与形态特征

牛腺病毒3型（Bovine adenovirus 3, BAV-3），属于腺病毒科、哺乳动物腺病毒属的成员。

该病毒粒子没有囊膜，核衣壳呈二十面体立体对称，直径为75 nm。病毒粒子在感染细胞核内经常排列成结晶状。基因组为线性双链DNA，被蛋白质外壳（即衣壳）所包裹（图4-10-1）。衣壳由252个壳粒组成，其中有240个壳粒为六邻体（Hexon），分别构成二十面体的20个面和棱的大部分。另外的12个壳粒为五邻体（Penton），分别存在于二十面体的12个顶上。五邻体上有纤突（Fiber）。纤突顶端是一个直径4 nm的球状物，这是病毒感染细胞时与细胞受体结合的部位。血凝素（HA）在球部。

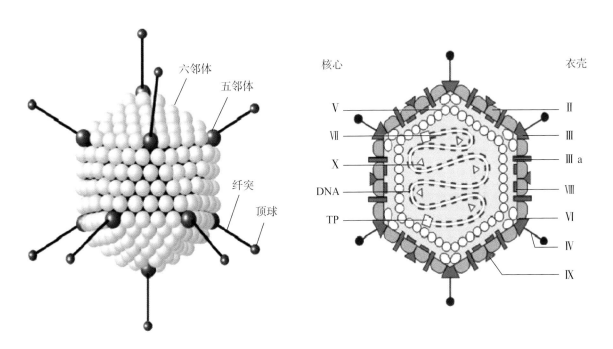

Ⅱ、Ⅲ、Ⅲa、Ⅷ、Ⅵ、Ⅳ、Ⅸ指衣壳蛋白；Ⅴ、Ⅶ、Ⅹ、TP指核心蛋白；DNA指线性双链DNA。

图4-10-1　BAV-3形态结构示意

病毒蛋白有11种，Ⅱ、Ⅲ、Ⅲa、Ⅷ、Ⅵ、Ⅳ、Ⅸ为衣壳蛋白，其中Ⅱ是最丰富和最主要的衣壳蛋白；Ⅴ、Ⅶ、Ⅹ和TP为核心蛋白，与病毒DNA一起构成病毒核心，其中Ⅶ是主要核心蛋白。

2. 培养特性

BAV-3可在牛肾细胞、甲状腺细胞、睾丸细胞和牛肺细胞中增殖，并产生特征性细胞病变，包括细胞肿胀、变圆、颗粒增多、折光性增加、细胞膜萎缩、聚集，形成嗜碱性或嗜酸性核内包涵体。BAV-3易在牛肾细胞上继代，出现的细胞病变早且明显。BAV-3在牛肾细胞培养24 h后出现病变，76 h后出现核内包涵体，在犊牛甲状腺细胞上培养需6 d出现病变。

BAV-3致细胞病变时，常出现一种20 nm大小的DNA缺损病毒，即腺联病毒，其浮力密度为1.4，能凝集人和豚鼠的红细胞，60 ℃作用1 h可被灭活。腺联病毒只有在腺病毒存在时才能复制，其复制会干扰腺病毒的复制，从而降低腺病毒的致病性。BAV-3在细胞质内合成病毒结构蛋白，在细胞核内组装成完整的病毒粒子，当细胞破碎时，才从细胞内释放出来。提取病毒时，常用超声波或冻融裂解细胞。

3. 理化特性

BAV-3的分子量为（150~180）× 10^6 Da，在CsCl中的浮力密度为1.32~1.35 g/cm³。

BAV-3对酸抵抗力较强，能通过胃肠道而继续保持活性，适宜pH值为6~9，pH值为3~5时可耐受，pH值在2以下和10以上均不稳定。由于BAV-3无脂质囊膜，故对氯仿、乙醚等脂溶性溶剂具有抵抗力，但对丙酮较敏感。BAV-3在低温下非常稳定，36 ℃可存活7 d，22~23 ℃可存活14 d，4 ℃可存活70 d。BAV-3对热较敏感，50 ℃作用15 min可被灭活。

4. 抗原性与血清型

BAV分为BAV-1型至BAV-10型共10个血清型，其血清型通过中和试验来确定。病毒血凝素不相关（HI试验无交叉反应）或存在真正的生物物理或生物化学差异时，则可以定为一个新的血清型，否则作为同一血清型。若同源，其异源滴度指数在8~16；若不同源或一个血清型与另一个血清型不存在交叉反应异源滴度指数大于16，则可定为一个新型。

BAV抗原存在于病毒壳粒上，顶角与非顶角壳粒具有不同的抗原。根据与其他哺乳动物腺病毒是否存在相同的补体结合抗原可将BAV分成2个亚群。第一亚群具有相同的补体结合抗原，包括BAV-1、BAV-2、BAV-3、BAV-9和BAV-10；其他血清型则归属于第二亚群。BAV-3与其他哺乳动物腺病毒具有共同的群特异性补体结合抗原，属于第一亚群。

二、临床症状

与其他牛腺病毒相比，BAV-3致病力较强，主要与牛的呼吸道和胃肠道疾病有关。成年牛常呈隐性感染，犊牛常发生肺炎、肠炎、结膜炎或角膜炎，并常伴有虚弱犊牛综合征。

发病动物的临床症状表现为体温升高，食欲减退，咳嗽，气喘，呼吸次数增加，鼻炎，角膜结膜炎，鼻腔和眼结膜有分泌物，支气管炎，肺炎，呼吸困难，消瘦，轻度至重度卡他性肠炎。

三、病理变化

病理变化主要限于肺部，有增生和坏死性细支气管炎、支气管因阻塞而坏死、肺气肿与实变、肺泡萎缩、肺膨胀不全等。在脱落和坏死的上皮细胞内可以观察到典型的核内包涵体。给1周龄或1周龄以上的犊牛支气管内接种BAV-3，不会引起呼吸道或肠道症状。

四、诊断

由于BAV-3症状与其他疾病症状相似，且常常诱发混合感染和继发感染，仅凭临床症状对BAV-3感染进行诊断是很困难的，因此必须依靠实验室方法进行诊断。

1. 病毒的分离与鉴定

可用于病毒分离的病料有发病动物的血液、鼻液、粪便、病变组织匀浆及死亡胎儿的脑。分离牛腺病毒用牛睾丸细胞和牛肾细胞单层细胞交替接种，分离效果良好。分离的病毒，可用已知腺病毒做交叉中和试验或病毒基因分析进行鉴定，也可采取可疑感染该病动物的初期和恢复后的血清分别进行病毒抗体效价测定，如其抗体水平上升4倍以上，即可确诊为该病。

2. 血清学诊断方法

许多腺病毒可以凝集红细胞，故血凝－血凝抑制（HA-HI）试验多年来用于腺病毒感染的血清学诊断。由于腺病毒具有宿主的高度特异性，除少数例外，一般只能用天然宿主的细胞培养。此外，ELISA方法也有一定的辅助诊断作用。

3. 分子生物学诊断方法

目前，用于诊断腺病毒的分子生物学方法有检测牛腺病毒DNA位点杂交的方法，利用生物素化的探针检测鼻拭子中的腺病毒DNA，该方法与传统的病毒分离等方法符合率在97%以上，同时该方法仅耗时10 h左右，并且更加简单、经济。

PCR检测技术具有较高的敏感性和特异性，尤其对于较难分离和较难培养的腺病毒具有重要意义。目前，应用于直接诊断的PCR方法包括传统PCR、套式PCR和实时定量PCR技术。

五、类症鉴别

1. 牛副流行性感冒

相似点：病牛体温升高，食欲减退，咳嗽，气喘，呼吸增数、呼吸困难，结膜炎，鼻腔和眼结膜有分泌物。

不同点：牛副流行性感冒在各年龄牛均可表现出临床症状；牛腺病毒病多发于犊牛，成年牛呈隐性感染。副流行性感冒病牛泌乳量下降，妊娠牛可能流产；牛腺病毒病不发生此症状。副流行性感冒病牛病变主要在肺的间叶、心叶和膈叶，主要是肺间质增宽、水肿，病变部位呈灰色及暗红色，肺切面呈特殊斑状，见有灰色或红色肝变区，气管内充满浆液，肺门和纵隔淋巴结肿大；腺病毒病病牛病变为增生和坏死性细支气管炎，支气管因阻塞而坏死，肺气肿与实变，肺泡萎缩，肺膨胀不全。

2. 牛呼吸道合胞体病毒病

相似点：有传染性，寒冷季节多发，犊牛多发。病牛体温升高，食欲减退，咳嗽，呼吸急促、困难，鼻有分泌物。剖检见肺气肿，肺泡萎缩。

不同点：呼吸道合胞体病毒病病牛流泡沫样涎，张口呼吸，发出呻吟音，泌乳牛产奶量急剧下降或停乳，妊娠牛可能流产，部分病牛的皮下可触摸到皮下气肿，肺部听诊可听到多种声音；腺病毒病病牛不出现流产、皮下气肿等症状。呼吸道合胞体病毒病病牛见渗出性细支气管炎，支气管和小支气管有黏液脓性液体渗出，肺部弥漫性水肿或气肿，或有间质性肺炎灶，见大小不等的肝变区；腺病毒病病牛剖检见增生和坏死性细支气管炎，支气管因阻塞而坏死，肺部有实变。

3.牛支原体肺炎

相似点：有传染性，寒冷季节多发。病牛体温升高，食欲减退，咳嗽，呼吸急促、困难，眼、鼻有分泌物。

不同点：支原体肺炎病牛精神沉郁，并可伴有关节炎症状，表现为关节肿大、疼痛，跛行；腺病毒病病牛有角膜结膜炎和轻度至重度卡他性肠炎，无关节炎症状。支原体肺炎病牛气管有泡沫样脓液和坏死，肺局部有肉变，肺和胸膜轻度粘连，病情严重者肺部广泛分布有大小不一的干酪样或化脓性坏死灶，质地变硬，切面呈干酪样坏死；腺病毒病病牛有增生和坏死性细支气管炎，支气管因阻塞而坏死，肺气肿与肺实变，肺泡萎缩，肺膨胀不全。

六、治疗与预防

该病目前无可用的商业化疫苗。一旦发生该病，采取的措施包括：立即隔离病牛，做好环境消毒，对症治疗，防止并发症和继发感染。在生产过程中，应做好平时的饲养管理，改善饲养条件，减少应激，提高牛体抗病力以减少该病的发生。

第十一节　牛轮状病毒病

牛轮状病毒病是由牛轮状病毒引起的急性肠道传染病，临床以精神沉郁、食欲废绝、水样腹泻和脱水为特征，多发生于1~8周龄的犊牛。

一、病　原

1.分类与形态结构

牛轮状病毒（Bovine rotavirus, BRV）又称犊牛腹泻病毒，属于呼肠孤病毒科、轮状病毒属。牛轮状病毒于1968年首次用电镜在新生犊牛腹泻粪便中观察到，并证明为新生犊牛腹泻的病原，命名为NCDV株。1976年，国际病毒分类委员会正式将此病毒命名为轮状病毒（Rotavirus, RV）。随后，欧美各国以及澳大利亚、新西兰和日本等都发现了轮状病毒引起的犊牛腹泻，以后在各种幼龄动物，如犊牛、仔猪、羔羊、幼驹、乳鼠、兔、犬、猫和野生动物等腹泻粪便中均发现该病毒。

完整的轮状粒子略呈圆形，二十面体对称，有双层衣壳，无囊膜，中央有一电子致密的六角形核心，为轮状的芯髓，直径为37~40 nm；核心周围存在一个由60个表面钉状物组成的电子透明层，表面钉状物由此向外呈辐射状排列成内衣壳，因像车轮而得名；外层是由光滑薄膜构成的外衣壳，厚约20 nm（图4-11-1、图4-11-2）。其基因组由11个双股RNA片段组成，每个片段分别编码一种蛋白，故包括6种结构蛋白（VP1~VP4、VP6、VP7）和5种非结构蛋白（NSP1~NSP5）。

轮状病毒属分为A~G 7个不同的群。其中A群是各种幼龄动物病毒性腹泻的主要病原之一，在世界范围内流行。A群轮状病毒根据VP7抗原性差异可分为14个血清型，根据VP4差异可分为8个血清型；VP6蛋白的编码基因序列高度保守，由轮状病毒的第6段基因节段编码，由397个氨基酸组成，分子量为45 kDa，占病毒蛋白的51%，是病毒粒子中含量最多的结构蛋白，属内衣壳蛋白，抗原性和免疫原性较好，是轮状病毒的群及亚群抗原。在轮状病毒感染机体后，血清中针对VP6蛋白的抗体出现最早，持续时间最长，是用于检测轮状病毒的主要靶蛋白。

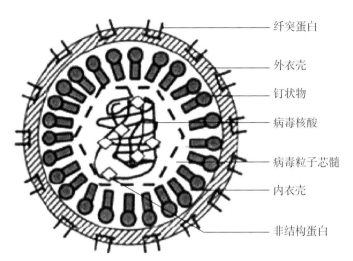

图 4-11-1　轮状病毒结构模式

纤突蛋白
外衣壳
钉状物
病毒核酸
病毒粒子芯髓
内衣壳
非结构蛋白

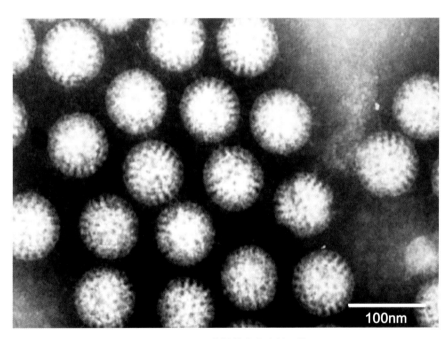

100nm

图 4-11-2　牛轮状病毒电镜照片

病毒11个RNA节段的聚丙烯酰胺凝胶电泳（PAGE）迁移不同，典型图谱为4∶2∶3∶2。电泳型与血清型无相关性，但可用于分子流行病学调查。

2. 培养特性

轮状病毒分离培养比较困难，需经胰蛋白酶等蛋白水解酶处理后才能感染细胞。轮状病毒的分离培养在最初多采用原代细胞，后来采用敏感细胞系非洲绿猴肾细胞Marc-145或恒河猴肾传代细胞MA-104已成功地分离到各种动物的轮状病毒并驯化得到3株细胞适应株。

3. 理化特性

轮状病毒有较强的稳定性，对酸碱度、温度、消毒剂和化学物质均有一定的耐受性。在pH值

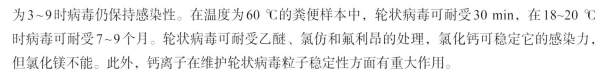
为3~9时病毒仍保持感染性。在温度为60 ℃的粪便样本中，轮状病毒可耐受30 min，在18~20 ℃时病毒可耐受7~9个月。轮状病毒可耐受乙醚、氯仿和氟利昂的处理，氯化钙可稳定它的感染力，但氯化镁不能。此外，钙离子在维护轮状病毒粒子稳定性方面有重大作用。

4. 抗原性及分型

病毒粒子表面有群抗原、中和抗原及血凝素抗原共3种抗原。内壳蛋白VP6为主要的群抗原，外壳糖蛋白VP7是主要的中和抗原。可被蛋白水解酶水解的外衣壳蛋白VP4是主要的血凝素抗原，但并不是所有的轮状病毒都有血凝素。例如，牛NCDV株能凝集人O型以及豚鼠、马、绵羊等红细胞。绵羊株和人株能凝集鸡、绵羊、兔、豚鼠及人的红细胞。

轮状病毒根据群抗原差异及病毒RNA指纹图可分为A~G群。其中A群为典型轮状病毒，具有一种相同的群抗原，绝大多数哺乳动物及禽类均易感染，是目前主要研究的轮状病毒群。B~F群为非典型轮状病毒，它们缺乏共同抗原，其中B群轮状病毒主要感染人、牛、绵羊、猪和大鼠，C群和E群主要在猪群中传播，而D群和F群主要感染禽类。禽轮状病毒与哺乳动物轮状病毒无抗原相关性。目前我国流行的牛轮状病毒主要是G6型和G10型。

5. 致病机制

轮状病毒通过粪－口或口－口途径传播，主要感染小肠下2/3处，病毒经口感染，进入小肠定植并使其绒毛缩短变平、柱状上皮细胞死亡。

二、临床症状

轮状病毒腹泻多突然发生，前驱症状不明显。潜伏期很短，人工感染为43~48 h，病程10 d左右，病死率约8%。自然发病的犊牛多为1~10日龄。病牛初期精神沉郁，食欲减少或废绝，体温正常或轻微升高。吮乳减少，随后很快出现严重腹泻，粪便呈水样，黄白色或绿色（图4-11-3），混有黏液，偶见便血。犊牛脱水，眼凹陷，四肢无力，卧地。病重者经4~7 d，由于严重脱水、酸碱平衡破坏、心脏衰竭而死亡。泌乳牛感染B群和C群轮状病毒可见到泌乳量减少。

图4-11-3　病牛腹泻

三、病理变化

主要变化在小肠和肠系膜淋巴结。剖检见肠壁变薄，肠内容物变稀，呈黄褐色、红色，甚至灰黑色，黏膜脱落，肠系膜淋巴结肿大；小肠黏膜条状或弥漫性出血。胃、结肠、肺、肝、脾和胰等器官一般不出现病变。组织学变化发现小肠黏膜病变最明显的是在空肠和回肠部，其变化是小肠绒毛萎缩，柱状上皮细胞脱落，被未成熟分化的立方上皮细胞所覆盖，固有层的圆细胞增加，淋巴细胞浸润。

四、诊 断

1.病原检测

（1）**直接电镜技术（DEM）。**DEM是最早用于粪便中轮状病毒（RV）的检测方法。利用急性腹泻时能排出大量病毒颗粒的原理，DEM可用于肠道活检、尸体组织或粪便沉淀的超切片检查，该法操作简便，可直接观察到RV颗粒，结果可靠。但须样品中有相当多的RV才易查见。然而，由于病毒颗粒易于降解常常影响正确诊断，并且需要专门设备和专门人才，一般基层单位无法普及，故电镜技术的应用大大受到限制。

（2）**分离培养技术。**常用的培养RV的细胞有恒河猴胚肾细胞系、原代非洲绿猴肾细胞系、非洲绿猴肾细胞系等。大量实验表明，体外分离培养RV难度大、周期长，多数RV需要经过胰蛋白酶及胰凝乳酶等蛋白水解酶处理后才能适应细胞生长，否则不能在细胞水平上反复传代出现病变。因此，想准确地应用分离培养这种方法对RV进行诊断，还需要结合其他的诊断方法。总之，轮状病毒分离培养具有很大的局限性，不利于大规模检测。

2.免疫学检测方法

（1）**免疫电镜法（IEM）。**IEM是将特异性抗血清与可疑粪便一起孵育，因围绕病毒颗粒形成一层抗体分子，导致RV聚集在一起，易于观察。本法检出率比直接电镜高10倍以上，与ELISA敏感性相似，并且检出的病毒形态完整，结构清晰容易辨认。

（2）**酶联免疫吸附试验（ELISA）。**ELISA是一种常用的固相酶免疫测定方法。ELISA方法由于操作简便、价格低廉、灵敏度和特异度高、无放射性污染、无须大型特殊仪器、设备等诸多优点，被世界卫生组织（WHO）推荐作为RV的检测手段。

3.分子生物学检测技术

（1）**核酸凝胶电泳（RNA PAGE）技术。**RNA PAGE是根据RV的RNA在聚丙烯酰胺凝胶电泳中可出现11条区带组成了RV稳定的电泳泳型的原理而进行的检测技术。它不仅可以鉴别人和动物的RV，对分析轮状病毒变异动态和发现新的病毒也是一种行之有效的方法。

（2）**RT-PCR技术。**RT-PCR技术不仅对于检测粪便标本中RV具有高度灵敏度和特异性，而且还可以检测血清、脑脊液等不同临床样本及环境样本中的RV。

（3）**反转录-环介导恒温扩增（RT-LAMP）技术。**与普通RT-PCR技术相比，该方法具有较短的检测时间、良好的特异性和较高的灵敏度等特点。RT-LAMP快速检测方法操作简便、无须昂贵设备、结果可视，适用于在基层快速检测轮状病毒。

五、类症鉴别

1.牛冠状病毒病

相似点：有传染性，寒冷季节多发，1～2周龄的新生犊牛最易感。病牛腹泻，粪便水样，呈黄白色或黄绿色，混有黏液或血液，后由于严重脱水死亡，奶牛发病时泌乳量明显下降或停止泌乳。剖检见小肠黏膜条状或弥漫性出血，肠壁菲薄，肠系膜淋巴结水肿，小肠绒毛萎缩。

不同点：牛冠状病毒病犊牛腹泻，粪便初为稀粪，严重者为水样，还可出现轻度的呼吸道症状，如鼻炎、喷嚏和咳嗽；牛轮状病毒病腹泻呈水样，不出现呼吸道症状。牛冠状病毒病成年牛腹泻时呈喷射状，粪便为淡褐色；牛轮状病毒病成年牛常呈隐性感染。冠状病毒病病牛肠内容物呈灰黄色；轮状病毒病病牛肠内容物呈黄褐色、红色，甚至灰黑色。

2. 牛副结核病

相似点： 有传染性。病牛出现下痢，粪便呈喷射状，带黏液或血液。剖检见肠系膜淋巴结肿大。

不同点： 牛副结核病潜伏期长，达数月甚至数年，慢性发生，单一感染体温一般不升高，食欲无明显变化，严重者下颌及垂皮水肿，经3~4个月最后因全身衰弱死亡；牛轮状病毒病潜伏期短，病牛精神沉郁，食欲减少或废绝，体温正常或轻微升高，吮乳减少，随后发生腹泻，不出现下颌及垂皮水肿，病重者经4~7 d因心脏衰竭而死亡。副结核病病牛极度消瘦，回肠黏膜增厚3~30倍，形成硬而弯曲的皱褶，呈脑回状外观，凸起皱襞充血，浆膜和肠系膜显著水肿；轮状病毒病病牛剖检见肠壁变薄，肠内容物变稀，呈黄褐色、红色，甚至灰黑色，小肠黏膜条状或弥漫性出血。

3. 牛空肠弯曲菌病

相似点： 病牛无明显前驱症状，突然发生腹泻，小肠黏膜出血。

不同点： 空肠弯曲菌病病牛排出恶臭水样棕黑色稀粪，粪便中伴有血液和血凝块，奶牛产奶量下降50%~95%，多数病牛体温、脉搏、呼吸、食欲正常；轮状病毒病病牛病初精神沉郁，食欲减少或废绝，随后腹泻，粪便呈黄白色或绿色。空肠弯曲菌病病牛剖检的主要特征是空肠和回肠的卡他性炎症、出血性炎症及肠腔出血；轮状病毒病病牛剖检见肠壁变薄，肠内容物变稀，呈黄褐色、红色，甚至灰黑色，肠系膜淋巴结肿大。

六、治疗与预防

1. 治疗

（1）纠正酸中毒。在20~30 min内静脉给予1 L等渗盐水，其中加入16 g碳酸氢钠，在接下来的4~6 h内再输3 L含有32 g碳酸氢钠的等渗溶液。

（2）补液。轻度脱水时犊牛可口服补液盐，但决不能用牛奶稀释口服补液盐，中度脱水时应静脉补液，补液量=犊牛体重×犊牛脱水量占体重的百分比。

（3）补碱。病牛仅胸骨卧地不能站立时，则碱缺乏15 mmol/L；若整个躯体不能站立时，则碱缺乏20 mmol/L。利用5%碳酸氢钠一次性补液量可这样计算：补液量（mL）=碱缺乏量×体重/3。

处方1： 氯化钠3.5 g、氯化钾1.5 g、碳酸氢钠2.5 g、葡萄糖20 g，加水1 000 mL，让牛自由饮用，此方适用于有食欲、能自吮的病牛。

处方2： 6%低分子右旋糖酐、生理盐水、5%葡萄糖注射液、5%碳酸氢钠注射液各250 mL、樟脑磺酸钠1~2 g，维生素C注射液10 mL，混溶后一次静脉注射。此方适用于无法自吮的病牛，轻症每日1次，重症每日2次。补液速度以30~40 mL/min为宜。

处方3： 输血治疗，可用于危重病牛。选择病犊牛的母牛血液，用2.5%枸橼酸钠溶液50 mL与450 mL全血混合，一次性静脉注射。

处方4： 调整胃肠功能，葡萄糖67.53%，氯化钠14.34%，甘氨酸10.3%，枸橼酸钾0.21%，磷酸二氢钾6.8%，称取上述制剂64 g，加水2 000 mL，喂药前停乳2 d，每日2次，每次1 000 mL。

处方5：下痢不止时可使用次硝酸铋5~10 g或活性炭10~20 g，还可用复方新诺明，每千克体重0.06 g，乳酸菌素片5~10片，食母生片5~10片，混合后一次口服，每日2次，连用2~3 d。

2. 预防

（1）**免疫接种**。给产前1~2个月的妊娠牛接种轮状病毒灭活疫苗或减毒疫苗，可使其原有的基础抗体水平显著升高，所产犊牛通过初乳可以获得高水平的母源抗体。

（2）**及早吃足高质量初乳**。应在犊牛出生后1 h之内吃足2 L初乳，把犊牛放在干燥、卫生、温暖的棚内。

（3）**及时隔离、消毒**。发现病牛应及时将其隔离到温暖、干燥、垫料舒适的牛圈中单独治疗。每日用0.25%甲醛溶液、2%苯酚溶液、1%次氯酸钠溶液等对圈舍彻底消毒。

第十二节 牛冠状病毒病

牛冠状病毒病也称新生犊牛腹泻，是由牛冠状病毒（Bovine coronavirus, BCV）引起的牛的传染病。新生犊牛和成年牛多发，临床上以出血性腹泻为主要特征。该病还可引起牛的呼吸道感染和成年奶牛冬季血痢。

1973年美国首次报道了牛冠状病毒感染，并用胎牛肾细胞培养分离到了牛冠状病毒，接着在德国、加拿大、日本、韩国、巴西等国也报道了该病。目前，牛冠状病毒病已经遍及全球。我国研究结果显示，大多数牛血清样本存在BCV抗体，平均阳性率达57.2%，说明BCV感染在我国部分牛群中普遍存在。

一、病 原

1. 分类与形态结构

牛冠状病毒属于套式病毒目、冠状病毒科、冠状病毒亚科、β冠状病毒属a亚群。

牛冠状病毒为单分子线状的单股正链RNA病毒，有囊膜。病毒粒子具有多形性，但基本呈球形，直径为65~210 nm。病毒包膜向外突出形成棒状结构，3种包膜突起分别由3种包膜糖蛋白构成，即膜蛋白（Membrane protein, M蛋白）、突起蛋白（Spike protein, S蛋白）和血凝素酯酶（Hemagglutinin esterase, HE）。病毒形态类似"皇冠"，因而被命名为冠状病毒。

2. 基因组

BCV基因组大小约为31kb，主要编码5种结构蛋白，N蛋白、M蛋白、E蛋白、S蛋白和HE蛋白。其中，N蛋白的基因高度保守，常被用于BCV的核酸检测和鉴定；M蛋白是组成病毒粒子的关键部分；E蛋白位于膜蛋白的内部，在病毒粒子包装时发挥重要作用；S蛋白主要负责与宿主细

胞受体相互作用，促进膜融合及诱导中和抗体；HE蛋白是由两个单体经二硫键连接形成的二聚体，可介导病毒粒子与多种动物的红细胞凝集。

3. 培养特性

一般说来，冠状病毒的分离培养比较困难，特别是初代分离培养，但细胞适应株可在传代细胞上良好增殖。初次分离时，最好多采用几种细胞进行病毒分离，因不同株的细胞对不同株的冠状病毒存在敏感性差异，可见动物冠状病毒具有较强的宿主特异性。大多数冠状病毒感染具有24 h的潜伏期，于感染后12~16 h产生大量的子代病毒。

4. 理化特性

本病毒对酸和胰酶不敏感，可耐受pH值为5的酸度，可耐受1%的胰酶，胰酶甚至可增强病毒的增殖能力。对乙二醇、乙醚和氯仿等有机溶剂敏感，可以被常用消毒剂（如甲醛）、热、紫外线等灭活，57 ℃热处理10 min可将病毒灭活，37 ℃作用数小时后其感染性消失。BCV对小鼠红细胞有血凝作用，但不能凝集豚鼠、鸡、猪及人O型红细胞。

5. 致病机制

BCV首先感染小肠近侧端，然后向下扩散至整个小肠和大肠。在肠道表面上皮样细胞和小肠远端肠绒毛上皮样细胞中复制。感染细胞发生死亡、脱落，被未成熟细胞代替，从而导致小肠绒毛生长受阻，相邻的小肠绒毛融合。在大肠致使结肠峭萎缩。肠表面积的减少和未成熟细胞的存在，使肠道吸收能力大大降低，阻碍了能使肠腔肠液容量增加的某些分泌物的分泌，同时未成熟的细胞不能分泌正常消化酶，致使肠道消化能力降低。未被消化的乳糖积聚，导致微生物活动增加，渗透作用失衡，致使更多的水分进入肠腔，从而导致腹泻，水分和电解质进一步丢失。

二、临床症状

BCV在新生犊牛上的潜伏期为1~2 d，成年牛为2~3 d。1~10日龄犊牛多发。犊牛感染病毒48 h后表现腹泻症状，排黄色或黄绿色稀粪，持续3~6 d，后期粪中常带有肠黏膜和血液，严重者排喷射状水样粪便，重症牛常在7 d内因急性脱水和代谢性酸中毒而衰竭死亡。慢性型多见于2~6周龄犊牛，多由急性型转化而来，常表现为持续性或间歇性腹泻，伴有腹痛表现。成年肉牛和奶牛表现为突然发病，腹泻，呈喷射状，粪便为淡褐色，粪便中有时含有黏液和血液。奶牛发病时泌乳量明显下降或停止泌乳。

此外，BCV能使各年龄段的犊牛发生呼吸道感染，通常是亚临床型的，常见于2~16周龄的犊牛。可出现轻度的上呼吸道症状，如鼻炎、喷嚏和咳嗽，也可侵害下呼吸道，造成肺脏轻度损害，通常不表现出临床症状。

三、病理变化

病理变化主要出现在小肠和大肠。病死犊牛消瘦脱水，肠壁菲薄、半透明，小肠黏膜条状或弥漫性出血，小肠绒毛萎缩，肠内容物呈灰黄色，肠系膜淋巴结水肿。组织学检查，小肠绒毛和结肠峭上的柱状上皮样细胞被立方上皮和鳞状上皮样细胞代替，感染严重的细胞可完全脱落，随之杯状细胞数量减少。扫描电镜发现细胞上的微绒毛的长度和大小差别显著。

四、诊 断

1. 病原学检测方法

病原学方法检测主要包括电镜观察、病毒的分离与鉴定、免疫电镜技术等。

（1）**电子显微镜观察**。电子显微镜（Electron Microscope, EM）观察病毒粒子是鉴定病毒的重要手段。一般用于实验室检测病毒粒子。电镜检测BCV结果准确、快速，不过高昂的设备及对检查者的专业要求限制了该方法的普及应用。

（2）**病毒的分离与鉴定**。病毒的分离一般需要比较长的周期才能获得结论性的结果。牛冠状病毒的基因组较大，在体外环境中不稳定。初代分离BCV极为困难，常需要特殊处理。

2. 血清学检测

（1）**血凝和血凝抑制试验**。血凝和血凝抑制（Hemagglutination/hemagglutination inhibition, HA/HI）试验是利用病毒能凝集某些动物的红细胞这一原理，判断样本中是否存在目标病毒，用来测病毒滴度。反过来，病毒相应抗体可抑制红细胞血凝，从而根据病毒的血凝抑制试验评价抗体的效价。HA/HI试验的弊端是要确保红细胞的新鲜。

（2）**中和试验**。中和试验是依据病毒与抗体的结合，使易感动物或细胞的致病力消失的原理，检测出血清中的中和抗体。然而该类试验的先决条件是BCV能在某些细胞系上（如HRT-18、Vero、MDBK等）增殖并产生细胞病变。

（3）**酶联免疫吸附试验**。酶联免疫吸附试验是用于BCV检测的最广泛的血清学检测方法。

此外，比起传统的病毒分离技术和电镜检测技术，反向被动血凝试验、荧光抗体技术、免疫荧光技术等其他血清学方法具有特异性好、灵敏度高、方法简单等优点。但血清学检测时，由于受到患病犊牛可从初乳中获得母源抗体及接种特异性疫苗的影响，检测阳性结果常常难以确定是不是野毒感染。若要确诊，需要发病初期以及发病10 d后各采集同群动物的双份血清进行对照检测，后者血清滴度比前者明显升高时即可判断为病毒感染。

3. 分子生物学检测

近年来，伴随着分子生物学技术的发展，出现了以下用于检测BCV的方法。

（1）**常规PCR技术**。常规PCR针对BCV的保守基因，设计一对BCV特异性引物，从病料或细胞中扩增BCV目的基因片段，以达到特异检测BCV感染的目的。

（2）**套式PCR技术**。套式PCR使用两对引物扩增基因片段。第一对引物与普通PCR引物相同，第一次PCR扩增也与普通PCR相似。第二对引物设计在第一对引物扩增片段的内部，称为套式引物，结果使得第二次PCR扩增片段短于第一次扩增。套式PCR的优势在于其特异性好，如果第一次扩增错误，则第二次扩增成功的概率极低。

（3）**多重PCR技术**。多重PCR是在同一反应中加入多对引物，扩增多个目的基因片段。可同时检测2种或多种的病毒核酸。运用多重PCR方法可以检测和区分产生相似症状的病原，并且具有较高的灵敏度。

（4）**实时荧光定量PCR技术**。实时荧光定量PCR是指在PCR反应体系中同时加入荧光基团，利用收集发出的荧光信号积累实时检测反应过程，最后通过标准曲线对未知模板进行定量分析的方法。与普通PCR相比，实时荧光定量PCR自动化程度高，不需要电泳检测，从而避免了试剂对人的伤害。该方法有良好的特异性和重复性。

（5）环介导恒温扩增（LAMP）技术。LAMP是一种在等温条件下特异、高效、快速的扩增靶序列的DNA扩增新技术。环介导恒温扩增是一种新颖的核酸分子扩增技术，该技术以敏感、特异、快速、简捷以及能在野外进行检测等优点，已经被广泛应用于细菌、病毒、寄生虫等多种病原体的检测。

五、类症鉴别

1. 牛轮状病毒病

相似点：有传染性，寒冷季节多发，1~2周龄的新生犊牛最易感。病牛腹泻，粪便水样，呈黄白色或黄绿色，混有黏液或血液，后由于严重脱水死亡，奶牛发病时泌乳量明显下降或停止泌乳。剖检见小肠黏膜有条状或弥漫性出血，肠壁菲薄，肠系膜淋巴结水肿，小肠绒毛萎缩。

不同点：轮状病毒病病牛初期精神沉郁，食欲减少或废绝，吮乳减少，随后出现严重腹泻；冠状病毒病病牛常突然腹泻。轮状病毒病成年牛常呈隐性感染；冠状病毒病成年牛腹泻，呈喷射状，粪便为淡褐色。轮状病毒病病牛肠内容物呈黄褐色、红色，甚至灰黑色；冠状病毒病肠内容物呈灰黄色。

2. 牛副结核病

相似点：病牛下痢，粪便稀薄，有的呈喷射状，粪便带有黏液或血液。剖检见肠系膜淋巴结肿大。

不同点：牛副结核病潜伏期很长，达数月甚至数年，慢性发生；牛冠状病毒病潜伏期为1~2 d。副结核病病牛粪便带泡沫，严重病例下颌及垂皮水肿，病程长至几个月之久；冠状病毒病病牛粪便呈黄色或黄绿色，不出现水肿现象。副结核病病牛极度消瘦，回肠黏膜增厚3~30倍，形成硬而弯曲的皱褶，呈脑回状外观，凸起皱襞充血，浆膜和肠系膜显著水肿；冠状病毒病病牛剖检见肠壁变薄，肠内容物呈灰黄色，小肠黏膜有条状或弥漫性出血。

3. 牛空肠弯曲菌病

相似点：病牛腹泻，粪便中有血液，奶牛泌乳量下降或停止泌乳，小肠出血。

不同点：空肠弯曲菌病病牛排恶臭水样棕黑色稀粪；冠状病毒病病犊牛排黄色或黄绿色稀粪，严重者排喷射状水样粪便，成年牛腹泻呈喷射状，粪便为淡褐色。空肠弯曲菌病病牛病变为空肠、回肠卡他性、出血性炎症及肠腔出血；冠状病毒病病牛肠壁变菲薄、半透明，肠内容物呈灰黄色。

六、治疗与预防

1. 治疗

该病尚无有效治疗药物，主要通过强心、补液等对症方法治疗，并用抗生素防止继发细菌感染。可采取常规方法，经口或静脉输液补充丢失的水和电解质，防止脱水和酸中毒。研究还发现，口服卵黄抗体可有效抵抗人工诱导的BCV引起的新生犊牛腹泻。

处方：氯化钠3.5 g、氯化钾1.5 g、碳酸氢钠2.5 g、葡萄糖20 g，加常水1 000 mL，让牛自由饮用；或用6%低分子右旋糖酐、生理盐水、5%葡萄糖注射液、5%碳酸氢钠注射液各250 mL，樟脑磺酸钠1~2 g，维生素C注射液10 mL，混溶后一次性静脉注射，每日1次。

2. 预防

（1）让犊牛吃足初乳。BCV防治的关键在于使牛体内产生特异性抗体，初生犊牛可通过吸吮初乳和常乳获得被动免疫。通过接种母牛产生高水平抗体，使犊牛产生被动免疫的同时，也防止了亚临床感染。

（2）及时隔离。对腹泻病牛采取隔离措施，保持圈舍温暖，垫料干净，加强饲养管理。

（3）免疫接种。目前，有些国家已经使用冠状病毒口服疫苗来预防该病，可使牛群的发病率和死亡率明显降低，但不能完全预防腹泻的发生。

第十三节　牛呼吸道合胞体病毒病

牛呼吸道合胞体病毒病是由牛呼吸道合胞体病毒（Bovine respiratory syncytial virus, BRSV）引起的一种急性、热性呼吸道传染病。临床上以发热和呼吸道症状为特征。该病发病率较高，但致死率低，导致治疗和饲养成本提高，对养牛业造成了严重的损失。

1956年Morris首次从黑猩猩体内分离到此病毒，1957年Chanock等证明该病毒与少年儿童呼吸道病病毒之间有密切亲缘关系。1978年Wellemant在比利时病牛上分离出此病毒，同年Paecaud等在瑞士也发现该病毒。自1971年起，该病已波及加拿大、美国、匈牙利、丹麦、荷兰、澳大利亚、挪威、苏丹、意大利及法国等。

一、病　原

1. 分类与形态特征

牛呼吸道合胞体病毒（Bovine respiratory syncytial virus, BRSV）属于副黏病毒科、肺病毒亚科、肺病毒属，为单股负链RNA病毒。病毒粒子有囊膜，具有多形性，呈球形及长丝状。

2. 结构特征

BRSV的病毒粒子对外界抵抗力较弱，囊膜表面有棒状纤突。基因组全长约1 500 bp，共翻译11种蛋白，其中9种为结构蛋白，2种为非结构蛋白。

3. 培养特性

在牛胎肾、睾丸和肺细胞培养，通过数代后可见到以细胞融合和嗜酸性细胞包涵体的形成为特征的细胞病变。最佳培养温度为33~34 ℃。

4. 理化特性

对热敏感，56 ℃加热10 min死亡。对酸敏感，保存的最佳pH值为7.5。对脂类溶剂如乙醚、氯仿敏感。

二、临床症状

潜伏期为2~3 d。温和型病牛出现高温和轻度沉郁，但很快消失。有少量的浆液性鼻液（图4-13-1），干咳，2周以后可康复。急性型病牛突然发病，精神沉郁和厌食，高热40~42 ℃，流泡沫样涎（图4-13-2）和浆液性鼻液，单纯呼吸频率加快（每分钟40~100次），呼吸急促，张口呼吸，发出呻吟音。泌乳牛产奶量急剧下降或停乳，妊娠牛可能流产。

除最轻型外，其他病型每次暴发都有部分病牛可触摸到皮下气肿，特别是靠近肩峰处。肺部

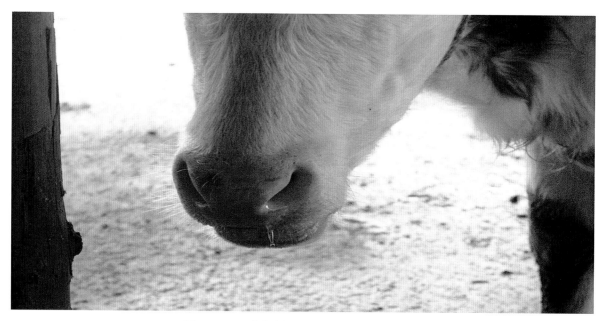

图 4-13-1 病牛流浆液性鼻液（郭爱珍 供图）

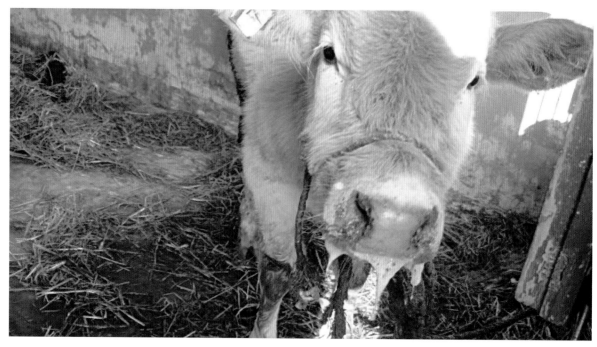

图 4-13-2 病牛流泡沫样涎和浆液性鼻液（郭爱珍 供图）

听诊可听到多种声音，如支气管水泡音增强、支气管音增强、因气肿而出现捻发音。而有些急性病牛，肺部听诊呈广泛性宁静或根本听不到声音，这与弥漫性间质水肿和气肿挤压小气道有关。

个别病牛可出现双相性，即经治疗初次症状改善后的数天或数星期出现十分严重的呼吸困难，现认为呼吸困难是由抗原抗体复合物介导的疾病，或者下呼吸道的超敏反应，常导致死亡，即使治疗，死亡率也达10%~30%。在不发生继发细菌感染的情况下，病程为10~14 d，死亡率很低。

三、病理变化

剖检可见支气管和小支气管有黏液脓性液体渗出，气管、支气管和纵隔淋巴结水肿，有时会有出血。肺脏出现弥漫性水肿或气肿，有的有间质性肺炎灶，病变不限于某一个肺叶，并见大小不等的肝变区。继发细菌性支气管肺炎时，肺前腹侧区域呈现暗红色、坚实、有纤维素覆盖和实变。

显微病变的主要特点是有渗出性细支气管炎，同时伴随肺泡萎陷，细支气管周围有单核细胞浸润。可以观察到上皮细胞坏死和凋亡，以及被邻近的巨噬细胞所吞噬。支气管、细支气管管腔和肺泡含有多种细胞的碎片，包括中性粒细胞、脱落上皮细胞、巨噬细胞，有时也会有嗜酸性粒细胞。固有层能够观察到嗜酸性粒细胞和淋巴细胞（CD4细胞，CD8细胞和WC1+ γ/δ T细胞）。

四、诊断

1. 病毒分离与培养

细胞分离培养鉴定是最直观的病毒鉴定方法。病料一般可是肺、鼻腔拭子以及支气管肺泡灌洗液。培养BRSV可以用Vero细胞、MDBK细胞或牛鼻甲骨细胞。将待检病料接种细胞后传代培养，第一代一般不出现细胞病变，随着传代次数增加，出现细胞病变的时间缩短，病变初期出现细胞融合，晚期聚集/圆缩，形成合胞体，细胞液可见轮廓明显嗜酸性包涵体。

2. 血清学诊断方法

（1）中和试验。中和试验是传统的病毒诊断方法，但诊断时间较长，对人工免疫后的动物无法诊断。

（2）酶联免疫吸附试验。ELISA作为一项血清学诊断技术，已在动物疫病诊断工作中得到了广泛应用。由于酶的高效催化作用使其对抗原抗体结合识别起到了放大作用，从而达到了快速、灵敏、高效的检测要求，因此ELISA是重要的疫病早期诊断方法。近些年，国内外还报道了斑点ELISA、夹心ELISA、多重ELISA及Luminex多元血清检测等方法，都显示出比传统检测方法更高的敏感性和更快的检测速度。

（3）直接免疫荧光抗体试验。将待检牛鼻拭子处理后固定在载玻片上，用可以与BRSV F蛋白特异结合的荧光标记物质孵育，培养后洗去未结合的荧光物质，在荧光显微镜下观察是否有荧光物质。这种方法敏感性高，速度快，但非特异性染色仍有待解决，结果判定客观性不足，试验操作比较复杂。

3. 分子生物学诊断方法

PCR技术通过扩增病毒基因片段来检测病毒，是近年来快速发展和应用的病原学检测方法，PCR以它特异性强、敏感性高、高效快速的特点已经成为实验室诊断最常用的方法。

五、类症鉴别

1. 牛副流行性感冒

相似点： 病牛高热（40~42 ℃），精神不振，食欲减退，流黏液性鼻液，呼吸急促，张口呼吸，泌乳牛产奶量下降，妊娠牛可能流产。剖检见纵隔淋巴结肿大，肺水肿，有肝变区。

不同点： 副流行性感冒病牛咳嗽，有脓性结膜炎，有时出现腹泻；呼吸道合胞体病毒病病牛不出现此症状。副流行性感冒病牛剖检可见病变主要在肺的间叶、心叶和膈叶，主要是肺间质增宽，病变部位呈灰色及暗红色，肺切面呈特殊斑状，见有灰色或红色肝变区，气管内充满浆液，肺门淋巴结肿大，心内外膜有出血点，胃肠道黏膜有出血斑点。

2. 牛传染性鼻气管炎

相似点： 有传染性，多发于秋冬寒冷季节。牛传染性鼻气管炎呼吸道症状与牛呼吸道合胞体病毒病相似。病牛高热（40~42 ℃），精神沉郁，食欲不振或废绝，鼻流鼻液，呼吸困难，张口呼吸。妊娠牛流产。

不同点： 传染性鼻气管炎病牛有多量黏液脓性鼻液，鼻黏膜高度充血，出现溃疡，鼻窦及鼻镜因组织高度发炎而称为"红鼻子"；呼吸道合胞体病毒病病牛流浆液性鼻液和泡沫样涎，鼻黏膜没有高度充血症状。传染性鼻气管炎病牛常伴发结膜炎、角膜炎和脑膜脑炎症状，表现结膜充血、水肿，并可形成粒状灰色的坏死膜，病犊共济失调，兴奋、惊厥、口吐白沫，最终倒地，角弓反张，磨牙，四肢划动，多归于死亡。剖检见呼吸道黏膜的炎症，其上覆盖灰色、恶臭、脓性渗出液，还有化脓性肺炎和脾脓肿，肝脏、肾脏包膜下有粟粒大、灰白色至灰黄色坏死灶散在。呼吸道合胞体病毒病病牛剖检见支气管和小支气管有黏液脓性液体渗出，肺脏出现弥漫性水肿或气肿，有的有间质性肺炎灶，并见大小不等的肝变区。

3. 牛支原体肺炎

相似点： 有传染性。病牛体温升高（40~42 ℃），精神沉郁，食欲不振，干咳，呼吸急促、困难，胸部听诊亦有哨笛样啰音。

不同点： 支原体肺炎病牛眼、鼻有黏液性化脓性分泌物，犊牛感染还可表现面部凸臌，并有关节炎症状，关节肿大、疼痛，跛行，最后衰竭死亡；呼吸道合胞体病毒病病牛仅鼻流浆液性鼻液，无关节炎症状。支原体肺炎病牛剖检见气管有泡沫样脓液和坏死，肺的尖叶、心叶和膈叶出现局部肉变，肺和胸膜轻度粘连，严重者肺部广泛分布有大小不一的干酪样或化脓性坏死灶，质地变硬，切面呈干酪样坏死，并可挤出脓液；呼吸道合胞体病毒病病牛见支气管和小支气管有黏液脓性液体渗出，肺脏出现弥漫性水肿或气肿，有的有间质性肺炎灶，见大小不等的肝变区。

4. 牛腺病毒病

相似点： 有传染性，寒冷季节多发，犊牛多发。病牛体温升高，食欲减退，咳嗽，呼吸急促、困难，鼻有分泌物。剖检见肺气肿，肺泡萎缩。

不同点： 腺病毒病病牛有角膜结膜炎，眼流分泌物，消瘦，伴发轻度至重度卡他性肠炎；呼吸道合胞体病毒病病牛不出现角膜结膜炎和肠炎症状。腺病毒病病牛剖检见增生和坏死性细支气管炎，支气管因阻塞而坏死，肺部有实变；呼吸道合胞体病毒病病牛见渗出性细支气管炎，支气管和小支气管有黏液脓性液体渗出，肺部弥漫性水肿或气肿。

5. 牛流行热

相似点：病牛高热稽留（40.0～42.2 ℃），精神沉郁，食欲减退；呼吸加快、促迫，肺部听诊有啰音；流泡沫样涎，流浆液性黏性鼻液；产奶量下降，妊娠牛流产。剖检见间质性或肺泡性肺气肿，肺肝变，气管、支气管内有黏稠或泡沫样液体。

不同点：流行热病牛肌肉僵硬，呆立不动，可能伴有跛行，关节肿胀，眼结膜充血，眼眶周围及下颌下组织会发生斑块状水肿，头歪向一边，胸骨倾斜；呼吸道合胞体病毒病病牛不出现此症状。流行热病牛肺泡膨胀气肿甚至破裂，肺间质增宽，胶样水肿，并有气泡，有大小不等的暗红色实变区，触摸肺部有捻发音，切面流出大量泡沫样暗紫色液体，关节内有浆液性、浅黄色液体，严重的病例可见关节内有纤维素样渗出，个别的关节面有溃疡；呼吸道合胞体病毒病病牛肺泡萎陷，肺部有大小不等肝变区，无关节病变。

六、治疗与预防

1. 治疗

目前尚无针对牛呼吸道合胞体病毒感染的有效治疗药物，只有采取对症治疗。如用抗生素或磺胺类药物防止细菌继发感染。

（1）**治疗流涎、气喘。**用麻黄碱注射液，每次 0.05～0.5 g。

（2）**抗过敏。**可的松，每次 250～750 mg，每日 2 次；或使用烟酸扑敏宁，肌内注射，每千克体重 1 mg，每日 2 次，有一定的效果。

2. 预防

（1）**加强饲养管理，搞好卫生消毒工作。**每日及时清理牛舍地面及运动场的粪便，同时对地面、用具、工作服等严格消毒。经常观察牛群，发现病牛立即隔离或淘汰。对外界引进的牛只，一律隔离、检疫，确诊无病才能入群。

（2）**免疫预防。**目前国内尚无有效的商业化疫苗用于防治 BRSV 感染。国外市场上有包括 BRSV 的牛呼吸疾病综合征多联疫苗。

第十四节　牛细小病毒病

牛细小病毒病是由牛细小病毒（Bovine parvovirus，BPV）引起牛的一种接触性传染病。该病主要临床特征是母牛生殖机能障碍和犊牛呼吸道、消化道疾病。

1959 年首次从健康犊牛粪便中分离出细小病毒。因其具有血细胞吸附性能，故又称血细胞吸附肠病毒（HADEN）。1973 年从日本分离出了与 HADEN 不同的另一种牛细小病毒，随后称前者为 1 型，后者为 2 型。近年来，随着高通量测序的发展，从牛血清及血浆中检测到新的牛细小病毒型，暂命名为3型和4型。但需要进一步研究证实。牛细小病毒1型和2型间有某些共同抗原成分，目前2型仅见于日本，且有血清学调查报道。该病在全球范围流行。

一、病 原

1. 分类与形态特征

国际病毒学分类委员会（International Committee on Taxonomy of Viruses，ICTV）将牛细小病毒划分到细小病毒科、博卡病毒属。病毒粒子外观呈球形或六角形，无囊膜，病毒粒子有2种形式存在，一种为完整病毒粒子，另一种仅有空衣壳粒子存在，这两种病毒粒子在氯化铯中的浮力密度分别为1.41 g/mL和1.31 g/mL，且都具有血凝活性，但空衣壳粒子不具有感染活性。

2. 培养特性

该病毒的细胞感染范围较窄，仅能在原代和次代胎牛的肾、肺、脾、睾丸和肾上腺细胞内良好增殖并可获高滴度的感染价，不能在牛传代细胞系中增殖。用鸡胚成纤维细胞、肾、肺以及豚鼠的胎肾、肺、睾丸等原代细胞继代病毒时，随代次增加，感染价逐渐下降，直至消失。BPV在培养条件上不同于本属其他成员的一个显著特点是，其不仅能在处于有丝分裂过程中的细胞内增殖，也能在已形成单层的细胞培养物内增殖。在接种病毒后3~4 d出现细胞病变，起初细胞内出现颗粒样变化，继之细胞圆缩，变成圆形、弯曲或细胞团块，直至完全溶解脱落。病毒细胞培养时细胞内的感染价高于细胞外的感染价。将病毒感染细胞染色，可以看出嗜酸性或嗜碱性的核内包涵体。

3. 理化特性

BPV具有高度耐热性，在56 ℃或60 ℃作用下6 h其感染价降低一个滴度。70 ℃作用2 h感染价下降不超过$100TCID_{50}$，100 ℃干热条件下，病毒失去活性时间与病毒冻干产物残余水分多少有关。于低温长期存放对其感染性无明显影响，并可在pH值为2~8范围内稳定存在。BPV对外界环境有非常强的抵抗力，在室温下保存4~6个月，感染性轻度下降，在粪便中可存活数月或数年。病毒能抵抗乙醚、氯仿、去氧胆酸钠、1 mol/L $MgCl_2$和1%蛋白酶的作用，而对甲醛、次氯酸钠、氧化剂和紫外线等敏感。

4. 血凝特性

BPV是本属病毒中血凝作用较强者之一，特别是对豚鼠、猪和人的O型红细胞，与其他动物如犬、马、绵羊、山羊、仓鼠、鸭、鹅和大白鼠等的红细胞也能发生凝集，但不凝集牛、兔、猫、小鼠和鸡的红细胞。因此，血凝和血凝抑制试验是牛细小病毒鉴定和血清学分析的参考指标。

二、临床症状

人工经口或静脉感染未吃初乳、体内不含抗体的新生犊牛时，均于感染后24~48 h发生腹泻，初期粪便呈黏液状，随后变为水样便，腹泻同时发生病毒血症，病毒血症可持续4~6 d。鼻腔内接种的病例呈现流鼻液、呼吸困难、呼吸数增加、咳嗽以及腹泻；经口感染的除有轻度呼吸道症状外，还可见到腹泻。

采用气管内、静脉或经口等不同方法给不含特异中和抗体的3月龄犊牛接种病毒，经2~3 d，动物表现体温升高达40 ℃、鼻腔黏膜充血、咳嗽、消化器官疾患等症状，初期呈现轻度障碍，继之剧烈腹泻，2~3 d后粪便呈浅灰色并含有多量黏液。感染动物经12~15 d后痊愈。

牛细小病毒可经胎盘传染，感染严重时影响繁殖，甚至引起流产或胎儿死亡。静脉感染妊娠3~4个月的母牛，或经羊膜感染妊娠5~6个月的母牛，分别于3~5周内流产或产出死胎，产出的胎儿全身性水肿，尤以胎龄小者为甚，不见畸形胎。

三、病理变化

剖检腹泻犊牛，可见鼻腔黏膜充血，气管黏膜部分充血。小肠有弥散性充血和出血，黏膜水肿，肠腔内有不同数量的浅色黏液，浆膜血管渗出，肠系膜血管严重充血，并可从鼻液、血、粪便中分离到病毒。犊牛在病毒感染第5天时，血清产生中和抗体。

四、诊 断

牛细小病毒感染的特征性临床症状和病理变化很少，因此在实际生产中不足以对BPV感染做出确切的诊断。目前已经研究出许多诊断BPV的检测技术，主要有电镜检查、病毒分离、血清学检测和分子生物学检测等。

1. 病原学诊断方法

（1）病毒分离。BPV对幼龄细胞或分裂旺盛期细胞有很强的亲和性，故需使用1~2日龄以内的原代细胞分离培养病毒。具体而言，胎牛肺和脾的原代细胞是最适分离病毒培养的细胞。

（2）电镜检查。电镜检查可分为直接电镜（DEM）检查和免疫电镜（IME）检查。用直接电镜法检查时，病初可见到大小均一、散的病毒粒子，在感染后期，由于肠道肠黏膜分泌抗体与病毒结合，病毒粒子呈聚集状态。IME比EM更加敏感。电镜检查敏感性、特异性强，但费时且成本较高。

2. 血清学检测

用于牛细小病毒诊断的血清学实验有血凝试验（HA）、血凝抑制试验（HI）、中和试验、琼脂扩散试验、免疫荧光试验和酶联免疫吸附试验（ELISA）等。

（1）血凝和血凝抑制试验。用处理好的豚鼠或猪的红细胞检查死产和木乃伊胎儿以及患病动物的粪便中是否含有该病毒，如有该病毒，二者将会发生凝集，即为HA阳性，继之再用已知的血清做HI试验，结果如果为阳性者，证明该病毒确为BPV。由于HA-HI检测方法具有操作简便、快速，不需要特殊设备等优点，因此该方法的应用较广泛。但其特异性不强、灵敏度低，需要采血洗红细胞，必须对被检样品做特殊处理且被检样品中存在非特异性血凝因子，影响结果的准确性，只能作为辅助诊断方法。

（2）血清中和试验。血清中和试验是最为经典、标准的血清学检测抗体的方法。该试验是以测定病毒$TCID_{50}$为基础，以病毒与血清中和后的剩余感染力为依据来判定血清中和病毒的能力。实验时须做标准阴性血清、阳性血清和病毒抗原的对照。SN比HI敏感，但操作比HI复杂得多，不适用于大批量的样本检测。

（3）琼脂扩散试验。用已知的BPV抗原与待检血清抗体作用，经一定的时间，若两者发生特异性结合，即可形成肉眼可见的沉淀，若无则为阴性；琼脂扩散试验也可以用BPV阳性血清来检测病料中的抗原。

（4）**免疫荧光技术。**免疫荧光技术主要用于检测BPV抗原和抗体，还可用于检测BPV在细胞中的增殖特性和规律。此法简便、快速、检出率高，但对被检病料来源有一定的局限性。

（5）**酶联免疫吸附试验。**ELISA是一种比较常规的方法，目前用于细小病毒诊断的ELISA方法主要有间接ELISA、双抗夹心ELISA、竞争ELISA、阻断ELISA等，可以检测组织悬液、粪便处理液或病毒细胞分离培养物中的细小病毒或监测动物种群中病毒的抗体水平及潜伏感染情况。该方法可以用于大规模样品的检测，检测结果与HI试验的结果一致，具有简便、快速的特点。

3. 分子生物学技术

（1）**PCR检测技术。**相对于免疫学方法耗时过长、对病料要求较高、容易出现假阳性等问题，PCR方法是一种快速、简便、特异的诊断方法，可以从病料或细胞培养物中扩增出病毒核酸，作为一种检测方法更具有优势。

（2）**荧光定量PCR技术。**近年来发展起来的荧光定量PCR技术以其灵敏度高、速度快、特异性强等优点在基因表达水平分析、病原体的定性和定量检测等方面得到广泛应用，并且已经成为当前病毒核酸定量的主要方法。

（3）**环介导等温扩增技术。**核酸检测技术操作简单，快速灵敏，安全性高，对样品宽容度大，而且敏感性远高于常规PCR方法，目前已有长足发展。

五、类症鉴别

1. 牛布鲁氏菌病

相似点： 有传染性，母牛流产，多为死胎，不见畸形胎。

不同点： 牛布鲁氏菌病在初产母牛中发生较多，病牛流产前阴唇和阴道黏膜红肿，从阴道流出灰白色或浅褐色黏液，流产后伴发胎衣不下或子宫炎，或从阴道流出红褐色分泌物，病公牛发生睾丸炎和附睾炎，睾丸肿大，还可表现关节炎，关节肿胀、疼痛、喜卧、跛行；牛细小病毒病母牛流产前无明显症状，公牛不出现睾丸炎、附睾炎症状。牛布鲁氏菌病病变主要存在于子宫、胎儿和胎衣，子宫绒毛膜间隙有污灰色或黄色胶样渗出物，绒毛膜上有坏死灶，并附有黄色坏死物或污灰色脓液，胎膜水肿而肥厚，呈黄色胶冻样浸润，表面附有纤维素或有出血，脐带呈浆液性浸润、肥厚；胎儿皮下及肌间结缔组织有出血性浆液性浸润，胸腔和腹腔有微红色液体，肾呈紫葡萄样，胃内有淡黄色或白色黏液絮状物。

2. 牛胎儿弯曲菌病

相似点： 有传染性，母牛流产。

不同点： 牛胎儿弯曲菌病通过交配或人工授精传播。感染母牛阴道表现卡他性炎症，阴道黏膜发红，阴道排出较多黏液，若胚胎早期死亡并被吸收，母牛不断虚情；牛细小病毒病母牛流产前无明显症状。牛胎儿弯曲菌病剖检流产胎儿见肝脏显著肿胀、硬固，多数呈黄红色或被覆灰黄色较厚的假膜，皮下和体腔血液浸润，母牛子宫颈潮红，胎盘水肿呈皮革样。

3. 牛衣原体病（牛衣原体性流产）

相似点： 有传染性，妊娠牛流产，不见畸形胎，流产前无明显症状。

不同点： 牛衣原体病初产妊娠牛发病率可达50%，公牛可见精囊腺、副性腺和睾丸出现慢性炎症，有的睾丸萎缩；牛细小病毒病公牛不出现明显症状。牛衣原体病病变限于胎衣和胎儿，胎衣增厚和水肿，胎儿皮肤和黏膜通常有斑点状出血，腹腔、胸腔积有黄色渗出物，肝肿大并有灰黄色突出于表面的小结节，各个器官可见有肉芽肿样损伤；牛细小病毒病流产胎儿全身水肿，胎盘水肿，绒毛坏死。

4. 牛副结核病

相似点：病犊牛腹泻。

不同点：牛副结核病呈慢性发生，病犊牛无食欲变化，精神状况良好，无呼吸道症状。病牛渐进性消瘦，粪便带泡沫、黏液或血液凝块，严重病例下颌及垂皮水肿，经3~4个月最后因全身衰弱死亡。细小病毒病病犊牛有流鼻液、呼吸增数、呼吸困难、鼻腔黏膜充血、咳嗽等呼吸道症状。副结核病病牛极度消瘦，回肠黏膜增厚3~30倍，形成硬而弯曲的皱褶，呈脑回状外观，凸起皱襞充血，浆膜和肠系膜显著水肿，肠系膜淋巴结肿大如索状；细小病毒病病牛小肠弥散性充血和出血，浆膜血管渗出，肠系膜严重充血。

5. 牛空肠弯曲菌病

相似点：犊牛腹泻。

不同点：牛空肠弯曲菌病腹泻症状可发生于各年龄牛；牛细小病毒病腹泻症状发生于犊牛。空肠弯曲菌病病牛排出恶臭水样棕黑色稀粪，粪便中伴有血液和血凝块，奶牛产奶量下降50%~95%，犊牛不见呼吸道症状，妊娠牛无流产症状，剖检的主要特征是空肠和回肠的卡他性炎症、出血性炎症及肠腔出血；细小病毒病犊牛剖检见鼻腔、气管黏膜充血，小肠弥散性充血、出血，黏膜水肿。

6. 牛轮状病毒病

相似点：病牛腹泻，剖检见小肠黏膜弥漫性出血。

不同点：牛轮状病毒病严重腹泻，粪便呈水样，呈黄白色或绿色，混有黏液，犊牛脱水，眼凹陷，四肢无力，卧地，病重者经4~7 d死亡，无呼吸道症状；牛细小病毒病犊牛粪便初呈黏液状，后为水样便，或仅呈浅灰色并含有多量黏液，病牛多痊愈。牛轮状病毒病剖检见肠壁变薄，肠内容物变稀，呈黄褐色、红色，甚至灰黑色；牛细小病毒病剖检见鼻腔黏膜充血，气管黏膜部分充血，浆膜血管渗出，肠系膜血管严重充血。

7. 牛冠状病毒病

相似点：病犊牛腹泻，粪便中混有黏液，有呼吸道症状，剖检见小肠黏膜弥漫性出血。

不同点：牛冠状病毒病腹泻症状可发生于各年龄的牛；牛细小病毒病腹泻症状仅发生于犊牛。冠状病毒病病犊牛排黄色或黄绿色稀粪，粪便中带有黏液和血液，严重者排喷射状水样粪便，重症牛常在7 d内死亡，成年肉牛和奶牛突然发病，腹泻，呈喷射状，粪便为淡褐色，泌乳牛泌乳量下降或停止。冠状病毒病病牛肠壁菲薄、半透明，肠内容物呈灰黄色；牛细小病毒病剖检见鼻腔黏膜充血，气管黏膜部分充血，浆膜血管渗出，肠系膜血管严重充血。

六、治疗与预防

目前还没有针对牛细小病毒感染的特异的治疗方法，主要通过补充电解质等方法缓解下痢，也可用抗菌药物控制继发感染。目前，我国尚无预防该病的商业化疫苗。主要是控制传染源，对进口牛只应进行严格的检疫，隔离饲养，确定无细小病毒感染后方能混群，并应坚持消毒、检疫、淘汰病牛等综合防控措施。

第十五节 牛 痘

牛痘（Cowpox）是牛的一种接触性传染病，典型的临床症状是乳房和乳头上呈现局部痘疹，并具有典型的丘疹、水疱、脓疱和结痂病程。

一、病 原

该病的病原是牛痘病毒（Cowpox virus, CPXV）或痘苗病毒，病毒在分类学上属于痘病毒科、脊椎动物痘病毒亚科、正痘病毒属。

牛痘病毒与痘苗病毒都具有痘病毒的典型形态，病毒颗粒呈卵圆形或砖形，长220~450 nm，宽140~260 nm，厚140~260 nm。病毒粒子由1个核心和2个侧体组成，外层为双层的脂蛋白包膜。

二、临床症状

两种病毒在自然条件下只侵害奶牛乳头和乳房的皮肤，潜伏期3~8 d。病牛初期体温可能略高，食欲降低，挤奶时乳头和乳房敏感，局部温度稍有升高。此后不久，在乳头和邻近的乳房皮肤上出现几个至10多个红色丘疹，1~2 d后变为豌豆大小的水疱，内含棕黄色或红色的淋巴液。随后几天，水疱中心塌陷，边缘隆起而呈脐状，并迅速化脓，最后结痂，整个病程约3周。痂皮脱落后形成白色凹陷的疤痕。有的水疱融合，常在挤奶时破裂，并形成鲜红色的创面，在无细菌继发感染时病牛常无全身症状。牛痘病毒一旦传入牛群，传播迅速，痊愈后可获得长达几年的免疫力。

三、诊 断

1. 诊断要点

该病可以根据流行病学、临床症状和病理变化做出初步诊断。感染后乳房和乳头皮肤上会依次出现丘疹—水疱—脓疱—结痂，可以作为诊断依据。确诊要结合实验室检验，可取水痘液进行电子显微镜（简称电镜）检查，也可用培养的细胞或鸡胚进行病毒分离。

2. 电镜检查

电子显微镜能通过原生皮肤活体、水疱液和病灶性结痂快速诊断牛痘病毒感染。两种病毒均有包膜，病毒粒子呈卵圆形或砖形，成熟的病毒颗粒直径约300 nm，在角质化细胞的细胞质中检测到典型两面凹的核心，具有痘病毒粒子的特征。

3. 免疫组织化学诊断

采用组织病理检查，固定组织样品，用石蜡包埋，苏木精和曙红染色。样品具有典型的组织病理学特征，坏死、嗜酸性的皮炎，胞质含有大量的嗜酸性包涵体，被视为CPXV感染的特殊诊断标志。

4.分子生物学诊断

PCR或荧光定量PCR等分子生物学方法均可用于该病的诊断，融合蛋白或生成血凝素（HA）基因的全部开放阅读框均可作为靶基因。

四、类症鉴别

1.牛副牛痘

相似点：病牛乳房和乳头疼痛敏感，出现红色丘疹，后发展为水疱，最后覆盖痂皮。

不同点：副牛痘病牛痊愈后短时间内即可复发；牛痘病牛痊愈后具有几年的免疫力。副牛痘病牛乳房水疱为圆形或马蹄形，随后结痂；牛痘病牛水疱为圆形或卵圆形，中心塌陷，边缘隆起呈脐状，而后化脓。电镜观察副牛痘病毒粒子为纺锤形，牛痘病毒粒子呈砖形或卵圆形。

2.牛溃疡性乳头炎

相似点：病牛乳房和乳头疼痛，有脓疱和结痂。

不同点：牛溃疡性乳头炎多发生于6—9月，无痘疹过程，乳头和乳房表面皮肤变软、脱落，形成不规则的深层溃疡；牛痘病牛乳房和乳头发生痘疹，皮肤不形成溃疡。溃疡性乳头炎病牛表皮细胞内出现嗜酸性核内包涵体；牛痘病毒感染的表皮细胞内出现嗜酸性胞质内包涵体。

五、治疗与预防

1.治疗

多数病例可不治而愈。治疗可用抗生素类软膏、硼酸、氧化锌等药物涂抹患处，减少继发感染和促使愈合。

2.预防

（1）**加强饲养管理。**加强饲养牛群养殖管理，保持养殖舍内环境清洁卫生，定期对养殖区域进行消毒处理，做好养殖舍内外吸血昆虫、猫、鼠的清灭工作。

（2）**规范挤奶操作。**挤奶工挤奶前做好清洁工作，接种牛痘疫苗伤口尚未痊愈的工作人员严禁参与挤奶。

（3）**做好引种疾病检疫工作。**确保引进种源无牛痘疫情方可引入，引入种源后隔离饲养30 d左右，经确诊无牛痘感染后，方可混群。

（4）**及时隔离治疗。**一旦发现病牛应及时隔离治疗，并安排专人看护管理。对于被污染的场地、用具等可使用10%石灰乳或2%氢氧化钠溶液进行消毒处理。污染场地内堆积的垫草、草料、污物等集中处理，做深埋或焚烧处理，粪便可堆积发酵。

第十六节　副牛痘

副牛痘（Pseudo cowpox）又叫伪牛痘，挤奶员被感染时称为挤奶员结痂病，是由副牛痘病毒引起的传染病。其临床特征是病牛的乳房和乳头皮肤上出现丘疹，水疱后期愈合时形成较厚痂皮。

副牛痘在世界各地均有发生，为奶牛常见病。该病在我国20世纪90年代有较多的发生和报道，但是近几年较少见，一旦发生，极易引起全场流行。

一、病 原

副牛痘病毒（Pseudo cowpox virus）为痘病毒科、脊椎动物痘病毒亚科、副痘病毒属成员，于1963年被Moscovici等分离到，属于DNA病毒。病毒粒子大小为190 nm×296 nm，呈两端圆形的纺锤样。病毒能在牛肾细胞培养物中产生细胞病变，在肾细胞中培养后，病毒能在人胚成纤维细胞中生长，不感染家兔、小鼠和鸡胚。病毒对乙醚敏感，在10 min内可被氯仿灭活。同属病毒之间存在血清学交叉反应，但PCR产物经过限制性内切酶处理后，根据电泳酶切产物的带型，可鉴别不同病毒。然而，仅从皮肤结节的形态难以判断其所感染的病毒种类。此病毒与牛痘病毒和痘苗病毒之间无交叉免疫性，因其具有与牛丘疹性口炎病毒相同的螺旋形结构，故两者很难区别。

二、临床症状

该病潜伏期为5~7 d。发病牛的乳房底部和乳头上出现红色丘疹，病变直径可达1~2 cm，呈圆形或马蹄形，后变成樱红色水疱，最后覆盖痂皮，经2~3周后在干痂下愈合，增生隆起，痂皮脱落（图4-16-1）。病变常发生于乳头上，造成挤奶疼痛，病牛躲避或踢挤奶工人，致使挤奶困难。由于乳房和乳头皮肤破损，常继发细菌感染，导致乳腺炎发病率大大升高。该病本身对牛机体影响轻微，几乎无全身性症状。

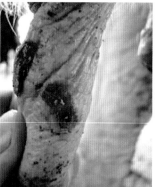

图4-16-1 病牛乳头出现水疱及结痂

三、病理变化

丘疹表皮棘细胞层显著增厚，棘细胞间距离加大，棘细胞空泡变性、形体肿大，胞核悬浮于中央或位于细胞一侧。浅层棘细胞变性更为严重，胞质透明，胞核固缩或消失，呈典型的气球样变，胞质内有大小不一的嗜伊红性包涵体。丘疹中央棘细胞层一处或多处坏死，有大量多形核白细胞和淋巴样细胞浸润。

四、诊 断

根据临床症状、流行病学调查可做出初步诊断，该病特征为乳头和乳房皮肤上出现丘疹—水疱—结痂，然后愈合，而且犊牛如果吸吮发病母牛的乳头，会产生与丘疹性口炎相似的病变。确切诊断仍需借助实验室检验。取组织或水疱液进行病毒分离，或对水疱液进行电镜观察。活检样本的典型病理组织学表现为包涵体在胞质内呈现，但是不能鉴定出确切的痘病毒种类。

五、类症鉴别

1. 牛痘

相似点： 病牛乳房和乳头疼痛敏感，出现红色丘疹，后变为水疱，最后覆盖痂皮。

不同点： 牛痘病牛痊愈后具有几年的免疫力；副牛痘病牛痊愈后短时间内即可复发。牛痘病牛水疱为圆形或卵圆形，中心塌陷，边缘隆起呈脐状，而后化脓，病毒粒子呈砖形或卵圆形；副牛痘病牛乳房水疱为圆形或马蹄形，不化脓，病毒粒子为纺锤形。

2. 牛溃疡性乳头炎

相似点： 病牛乳头疼痛敏感，有水疱和结痂。

不同点： 溃疡性乳头炎病牛上皮组织糜烂或坏死脱落，形成边缘不规则的溃疡，从真皮渗出大量浆液性液体，愈合缓慢，表皮细胞内出现嗜酸性核内包涵体；副牛痘病毒感染的表皮细胞内出现嗜酸性或嗜碱性胞质内包涵体。

六、治疗与预防

1. 治疗

（1）西药治疗。

处方1： 用0.3%洗必泰溶液、3%过氧乙酸溶液或次氯酸钠溶液、2%高锰酸钾溶液、1%醋酸溶液、2%硼酸等清洗乳房，做到一头牛用一条毛巾，防止相互感染。

处方2： 水杨酸6~10 g、5%碘酊10 mL、甘油10 mL、95%酒精70 mL，加常水至100 mL，浸泡病牛乳房。

处方3： 对患副牛痘病的奶牛，用0.1%高锰酸钾溶液冲洗乳房皮肤，用3%过氧化氢溶液清洗痘疱，然后涂上蜂蜜液或碘甘油、油剂青霉素，每日2次，一般3~5 d可痊愈。

处方4： 可用0.2%过氧乙酸溶液、10%新洁尔灭溶液、1∶400倍3221强力消毒液、0.03%百毒杀溶液药浴乳房。

（2）中药治疗。

方剂： 金银花50 g、连翘50 g、地丁50 g、紫草30 g、苦参30 g、浮萍草30 g、黄柏30 g、蒲公英40 g、生地30 g、牡丹皮30 g、甘草20 g，共研为末，每日1剂，连服3~4 d。同时，用0.2%过氧乙酸溶液洗浴乳房被感染区，每日2次，后用自行配制的药膏（凡士林100 g、链霉素2 g、环丙沙星2 g、病毒唑3 g、强的松1 g，调匀）涂抹于病区，每日2次。

2. 预防

（1）及时隔离。 病牛应隔离饲养，单独挤奶。加强挤奶卫生，对牛身上的病区应采取消炎、防腐等措施，促进愈合。

（2）规范挤奶操作。 人工挤奶时应做到勤换清洗乳房的水，擦拭乳房用的毛巾应每天进行消毒。挤奶后采用对皮肤刺激性小的消毒药液药浴乳头。机械挤奶时如挤过患牛痘病的奶牛时，乳杯需用消毒液清洗后方可挤下一头奶牛，以防传染其他牛。

第十七节　牛疙瘩皮肤病

牛疙瘩皮肤病（Lumpy skin disease, LSD）又称结节性皮肤病，是由疙瘩皮肤病病毒（Lumpy skin disease virus, LSDV）引起的牛病毒性传染病，病牛以发热，皮肤、黏膜、器官表面广泛性坚硬结节，消瘦、淋巴结肿大、皮肤水肿为特征。该病是《OIE陆生动物卫生法典》病种，《中华人民共和国进境动物检疫疫病名录》列为一类传染病。

牛疙瘩皮肤病于1926年在津巴布韦首次确诊，1943年传播至波扎那，然后传入南非，引起800万牛只发病。1957年在肯尼亚发生，1977年毛里塔尼亚、加纳、利比里亚均有该病的报道，1981—1986年，坦桑尼亚、肯尼亚、津巴布韦、索马里、喀麦隆均发生该病。1987年在我国河南省报道该病，但此后未发生扩散。1989年在以色列暴发流行。2015年希腊、俄罗斯、哈萨克斯坦相继报告发生该病。目前广泛分布于非洲、中东、中亚、东欧等地。2019年8月，在我国新疆伊犁哈萨克自治州察布查尔县、霍城县和伊宁县确诊暴发该病。

一、病　原

1. 分类与形态特征

该病病原为疙瘩皮肤病病毒（Lumpy skin disease virus, LSDV），属于痘病毒科、脊椎动物痘病毒亚科、羊痘病毒属（CaPV）成员之一，同属的成员还有山羊痘病毒（GPV）和绵羊痘病毒（Sheeppox virus, SPV），三者之间存在共同的抗原和广泛的交叉中和反应性抗原，在血清学上具有交叉中和反应。迄今分离的病毒株只有一个血清型。病毒无血凝素，不能凝集红细胞。

病毒粒子形态与痘病毒相似，呈砖块状或短管状，由1个核、2个侧体和2层脂质外膜组成，大小为290 nm×270 nm，属于较小的痘病毒，是在细胞质内复制的有囊膜的双股DNA病毒，代表株为南非Neethling株。

2. 培养特性

LSDV可在鸡胚成纤维细胞、犊牛或羔羊的睾丸或肾细胞、绵羊的肺和胚胎肾细胞等原代细胞，以及非洲绿猴肾细胞、牛肾细胞等传代细胞中增殖，并产生细胞病变。

3. 理化特性

病毒粒子可在pH值为6.6~8.6环境中可长期存活，在4 ℃甘油盐水和组织培养液内可存活4~6个月。在干燥病料中的病毒可存活1个月以上，在干燥圈舍内可存活数个月。病毒耐冻融，置−20 ℃以下保存，可保持活力达几年之久；在−80 ℃可保存10年。对热敏感，55 ℃作用2 h或65 ℃作用30 min可灭活。对阳光、酸、碱和大多数常用消毒药（酒精、升汞、碘酊、来苏尔、甲醛、石炭酸等）均较敏感，对氯仿和乙醚敏感。

二、临床症状

该病的自然宿主是牛，各类品种、性别和年龄的牛均可感染。传染源为患该病的病牛。病毒广泛存在于病牛的皮肤、真皮损伤部位、痂皮、唾液、鼻液、乳汁、精液、肌肉、脾脏、淋巴结等处。目前没有发现病原携带者。吸血昆虫在该病毒传播过程中起重要作用。

该病的潜伏期通常为7 d左右，在自然感染情况下为2~5周，实验感染情况下为4~12 d。易感牛的发病率高达100%，但病死率低，一般不超过1%~2%。患病犊牛的病死率可达10%。

感染初期，病牛发热，体温可高达40 ℃以上，并持续约7 d。病牛食欲不振、呼吸困难、精神委顿，出现结膜炎和鼻炎，鼻子和眼睛流出黏脓性分泌物，随后发展为角膜炎。病牛全身体表皮肤出现圆形隆起、硬实、直径20~30 mm的结节，界线清楚，触摸时病牛有痛感，并很快形成溃疡、结痂（图4-17-1）。皮肤结节首先出现在病牛的头部、颈部、背部、腹部、胸部、乳房、口腔、会阴和四肢等部位。

病牛体表淋巴结肿大，肩前、股前、后肢、腹股沟外和耳下淋巴结肿大较为明显。重度感染牛可出现肺炎。患病泌乳牛出现乳腺炎，导致产奶量大幅降低；妊娠牛可发生流产，公牛患病后4~6周内会出现不育现象，如果发生睾丸炎则可导致永久性不育。

三、病理变化

切开结节病变部位的皮肤，可发现切面有灰红色的浆液。随后切开结节，可见内有干酪样灰白色的坏死组织，有时会伴有血液或脓液。位于表皮和真皮上的结节大小不等，可以聚集成为形状不规则的肿块，最终可能完全坏死。病变的皮肤还可能自然硬固，持续几个月到几年时间。有时病牛

图4-17-1 病牛全身皮肤出现结节（陈荣贵 供图）

皮肤坏死后会吸引蝇虫叮咬，最后成为硬痂脱落，从而在牛皮上留下孔洞；也可能在被叮咬后继发蝇蛆病和化脓性细菌感染。

对病牛进行剖检，可发现病变主要出现在泌尿生殖系统、呼吸道和消化道等部位的黏膜上，其中病变特别明显的是气管、支气管、口、鼻、咽、肺部、包皮、阴道、皱胃、子宫壁等部位。病牛结缔组织、皮下组织和黏膜下组织具有黄色或红色的出血性或浆液性渗出液，在结节附近通常还会发现明显的炎症反应。

显微镜下，病变处的皮肤最初表现为上皮样细胞浸润、水肿和表皮增生，随后病变出现在成纤维细胞、浆细胞以及淋巴细胞中。真皮和皮下组织的淋巴管及血管形成栓塞，表现出淋巴管炎、血管周围炎以及血管炎，位于血管四周的细胞聚集成为套状。胞质内可观察到包涵体，为圆形或卵圆形，伊红染色为红色，主要位于浸润的巨噬细胞和淋巴细胞、平滑肌细胞、上皮细胞、皮腺细胞的胞质中。

四、诊 断

急性病例可根据临床症状做出初步诊断。亚急性和非典型病例以及一些与LSD具有相似临床症状的疾病，如牛疱疹性乳头炎、嗜皮菌病、癣、昆虫或蜱的叮咬、贝诺虫病、钱癣病、牛皮蝇叮咬、过敏性皮炎、牛丘疹性口炎、荨麻疹和皮肤结核等疾病之间，很难进行鉴别诊断，只能用实验室诊断方法进行确诊。

1. 病原分离鉴定

病料采集于病牛活体或死后的皮肤结节、肺脏、淋巴结等，用于病毒分离、培养和检测。常用牛、山羊及绵羊的原代及传代细胞培养分离病毒。透射电子显微镜观察样本中的负染病毒粒子是初步检查LSDV最直接快速的方法，基本操作方法如下。

将病料研磨制成悬浊液，滴1滴悬浊液在腊板上，1 min后，加1滴pH值为7.8的Tris/EDTA缓冲液作用20 s，然后滴加pH值为7.2的10 g/L的磷钨酸溶液，进行染色10 s，用滤纸吸干或自然干燥后镜检。该病毒粒子呈砖块状或短管状，大小为290 nm×270 nm。

2. 血清学诊断方法

OIE推荐的血清学诊断方法包括间接荧光抗体试验（IFAT）、病毒中和试验（VNT）、酶联免疫吸附试验（ELISA）和免疫转印法（Western blot assay）。

病毒中和试验较为常用且特异性高，但由于LSDV感染主要引起细胞免疫，产生中和抗体水平低，故其检测灵敏度也较低，但此方法可用于流行病学调查的初步诊断。

3. 分子生物学诊断方法

该类诊断方法相对于血清学诊断特异性较高。通过限制性片段长度多态性分析（PCR-RFLP），可用于鉴别血清学交叉的SPV、GPV和LSDV 3种病毒。

五、类症鉴别

1. 牛结核病

相似点：病牛体表可见局部肿硬变形，有时形成不易愈合的溃疡，常见于肩前、股前、腹股

较高，常引起群体发病，尤其是饲养密集的牛群。肉牛发病高于奶牛。

病牛是该病主要的传染源。一般经皮肤接触感染，接触病变部位或被污染的器具和器材为该病的传播方式。据认为，BPV可能与环境因素（如饲草中混有黑蕨类植物）协同致瘤，并且尿生殖道乳头状瘤常伴发地方性血尿症。

该病自然发病潜伏期多为1~6个月，真皮内接种则为3~5周。根据病毒的致病性和临诊症状，牛的乳头状瘤一般可分为如下5种类型。

1. 皮肤的纤维乳头状瘤

通常认为该类型乳头状瘤由BPV-2型引起，4~18月龄的牛易发病。病牛头、颈、垂肉和肩部的瘤体颜色灰白，直径从几毫米到10 cm不等，表面无毛生长，干燥、角化，有宽大基部与皮肤相连，有的呈菜花样（图4-18-1），易流血，并带恶臭味。严重时瘤体长满头、颈、肩部皮肤（图4-18-2）。多数病例在出现疣后4~8周，瘤体可自行脱落，也有的可持续很长时间。经过组织学检查可确定为纤维乳头状瘤。

图4-18-1　牛乳头状瘤瘤体呈菜花状

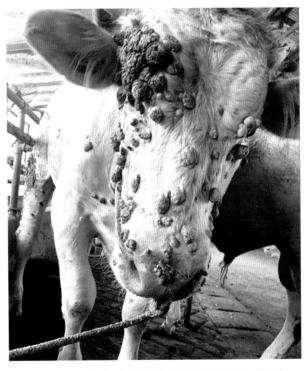

图4-18-2　牛头和颈部长满乳头状瘤（郭爱珍 供图）

2. 生殖系统纤维乳头状瘤

该类型乳头状瘤由BPV-1型病毒引起，呈典型的纤维乳头状瘤，主要侵害阴茎和阴门（图4-18-3），常在交配时传播。公牛阴茎乳头状瘤可生长于阴茎的不同部位，发病初期可见绿豆或黄豆大小的隆起，直径1~5 mm，表面光滑，颜色与正常组织无异。由于阴茎经常性勃起，局部血液供应充足，加上采精时与采精器具的摩擦刺激，导致增生物生长迅速，到后期可至鸡蛋大小，呈海藻状或菜花状病变，颜色与周围组织相近，呈粉红色，柔软，瘤体侧面紧密相连。伴随瘤体的迅速生长，采精逐渐困难且易出血，有时采精或与阴筒摩擦可导致出血，呈喷射状。如果瘤体过大，加上阴茎充血，有时无法正常回缩到阴筒内，瘤体在体外因摩擦容易导致出血和溃疡。青年公牛多

图 4-18-3　牛生殖系统纤维乳头状瘤

发，无明显的全身症状，采食、呼吸、体温等生理指标无异常，精神状态良好。

患有阴道纤维乳头状瘤的犊牛除非疣长得特别大，通常不会被发现。经过组织学检查可确定为纤维乳头状瘤。

3. 乳腺和乳头的乳头状瘤

该类型瘤通常认为是由 BPV-1 型和 BPV-5 型感染所致。病牛的乳头和乳腺长出的疣经常是多形的（图 4-18-4）。该病多发生于成年牛，不侵害乳管，有肉茎的蕨形乳头状瘤壁比皮肤发生的外形较小，有些发生在乳腺的病变，往往扩散成扁平状。单独由 BPV-5 型引起的乳头状瘤，在乳头可形成米粒状病变，偶尔侵害病牛乳腺，一般可侵害 1 个或几个乳头，有的呈典型

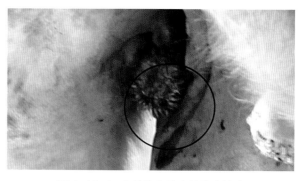

图 4-18-4　牛乳腺和乳头的乳头状瘤

上皮凸起的乳头状瘤或纤维乳头状瘤的疣生长尤为旺盛，对挤奶和奶品质的影响较为严重，特别是生长于乳头末端的疣，成年牛的米粒状乳头状瘤可持续数个月或者数年。

4. 消化系统的乳头状瘤

该类型瘤主要由 BPV-3 型和 BPV-4 型引起，主要侵害牛的食管、前胃、口腔等处，无明显症状，偶尔会影响牛嗳气，从而引起迷走神经性消化不良。BPV-4 型引起的消化道损伤可能恶变为恶性肿瘤。BPV-1 型和 BPV-2 型也可引起牛只消化系统的纤维乳头状瘤，多在屠宰后才能发现。

5. 非典型性皮肤乳头状瘤

此类肿瘤可在牛群中暴发，并且是持续性的。根据临诊经验得知，某些病例可自行脱落，也可在同种动物再发。乳头状瘤外观为扁平的圆形病变，有宽的基部，镜下可见过度角化的棘皮症，可扩散到真皮浅层，但许多真皮的附属结构仍可维持其功能。

三、病理变化

纤维乳头状瘤形状各异，有小结节样的，也有菜花样的。该病病灶在纤维增殖区浅层形成表皮角化症或棘皮病，主要症状表现为上皮肥而厚，皮肤乳头变长。表皮颗粒细胞层和未角化细胞变性

和空泡化，空泡细胞核内有嗜酸性的核内包涵体。

传染性乳头状瘤通常是多型性的，通常可分为纤维型和鳞状型。纤维型常在牛的皮肤上发生，初期形成疣，组织学检查，病变部位出血水肿，有细胞浸润和成纤维细胞反应的肉芽肿反应。1周后，肉芽肿反应变为纤维增殖，成纤维细胞浸润到真皮乳头层替代正常的真皮等。通常在发生后4~6周，在纤维增殖区域的浅层出现上皮增殖和棘皮症；60~90 d后形成真皮纤维瘤，其上覆有增殖的上皮。鳞状型乳头瘤可发生在病牛的不同部位，表现为表皮增厚。

四、诊 断

该病具有典型的临床症状，一般根据流行特点、临床症状及病理组织学变化，即可做出诊断。

五、类症鉴别

牛疙瘩皮肤病与牛皮肤乳头状瘤症状相似，病牛皮肤表面均出现大小不等的结节。

不同点是牛疙瘩皮肤病的皮肤结节直径不低于20 mm，边界清晰，凸起，不呈菜花状，结节很快溃疡。严重病例在颊内面和牙床有肉芽肿性病变，淋巴结肿大；切开病变部位的皮肤，可发现切面有灰红色的浆液；切开结节，能看见内有干酪样灰白色的坏死组织，有时会伴有血液或脓液。牛皮肤乳头状瘤瘤体直径从几毫米到10 cm不等，瘤体灰白色，表面无毛生长，有的呈菜花样。

六、治疗与预防

1.治疗

（1）结扎法。结扎法适用于瘤体较大且有蒂的瘤，用缝合线拴系在瘤基底部，阻断瘤体的血液供应，一般1~2个月即可坏死脱落。

（2）外科手术切除法。手术切除可缩短病程，减少经济损失。对于严重病例必须采取细致的外科手术切除。六柱栏站立保定，将两后肢固定，肌内注射静松灵10 mL。术前用消毒绷带在瘤体近端固定并起止血作用。检查瘤体根部血管，对较粗的血管进行结扎，用手术刀从瘤体基底部切除。对于创口较小、出血不严重的病例，可压迫止血后涂布云南白药或撒上高锰酸钾粉（图4-18-5）。

对根部宽大出血不止的病例，可采用棉球蘸取液氮进行冷冻处理，或采用液氮低温治疗仪，用冷冻头在病变部位上点冻，每次2~3 s，将组织冻成霜白色为止（-30 ℃）。创面用10%碘酊或碘伏涂抹。为防止术后感染，可用青霉素每千克体重1万~2万IU、链霉素每千克体重10~15 mg，肌内注射，每日2次，连用3 d；每日局部用0.1%高锰酸钾溶液冲洗。出血时可肌内注射50 mL止血敏。术后单独饲养，防止受到刺激引起局部出血和感染。

（3）烧烙法。病牛保定后，用高锰酸钾溶液把发生流血、溃疡或脏污严重的创口周围清洗干净，后将肿瘤部位用5%碘酊消毒。沿基底部位将高出皮肤的增生部分用手术刀切除，以达到结缔组织为宜，伤及细血管出血时，可用止血钳止血。视创伤面大小选择烙铁头大小。烙铁烧红后，从火内取出，火候呈白色为宜，将瘤状物烧烙至微黄色或金黄色为度。烙好后用碘酊棉球擦净烙伤周围的焦毛杂物，解除保定，站立休息。

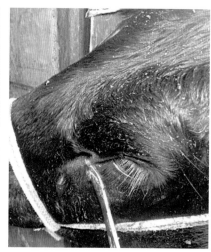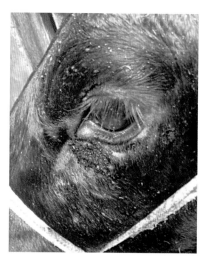

图 4-18-5　牛乳头状瘤的切除手术（张继才 供图）

（4）**中药治疗**。明矾3份、绿矾2份、鸦胆子1份。将明矾和绿矾置于小锅内炒成白色块状后研成粉末；将鸦胆子去皮研成粉末。挖除瘤体，将药粉用水调成糊状，用刀柄挑少许填入手术创小坑内，然后用一块薄药棉或双层纱布盖好，周围涂温那氏胶固定。

2. 预防

该病是接触传染性疾病，针对其流行病学特点，应采取综合性的预防措施，包括加强饲养管理、隔离病牛和环境消毒等。

（1）**加强饲养管理**。加强营养，提高牛群的免疫力及整体健康水平。公牛单栏饲养，避免互相爬跨。及时清除可能被污染的物品或圈舍内锋利的器具。隔离病牛，对感染乳头状瘤病的牛应进行隔离饲养和治疗，病牛的用具与健康牛的分开，不要混用。对病牛接触过的用具、垫料应进行彻底消毒。

（2）**加强消毒**。加强环境消毒和卫生工作，消灭蚊蝇、减少传播途径。冬季勤换垫草，保持圈舍干燥。收集污染物，加强圈舍和台牛的消毒工作，定期用甲醛或2%氢氧化钠溶液对圈舍、牛栏进行彻底消毒，消毒后用清水冲洗干净，台牛每次使用后用手持喷雾器进行消毒。外科器械、采精器具等在使用前应做灭菌处理或可用杀灭病毒的消毒液消毒。空置的圈舍在使用前进行彻底消毒。

（3）**加强采精管理**。对采精器械进行严格的消毒，每次使用台牛后进行消毒处理。加强采精技术培训，减少采精过程中对阴茎上皮的损伤。采精人员要加强观察，一旦发现阴茎感染乳头状瘤，应立即停止采精，因为反复的采精摩擦，加上阴茎血液供应充足，可促使瘤体快速生长，为后期的治疗增加难度。

（4）**接种疫苗**。接种疫苗可预防该病的发生。

第十九节　牛溃疡性乳头炎

牛溃疡性乳头炎又称牛疱疹性乳头炎，是发生在牛身上的一种病毒性传染病，主要表现为乳头和乳房周围皮肤发生溃疡。

1960年，Huygelen等首先在非洲的乌干达、布隆迪发现该病毒，随后又相继在欧洲、美洲和澳大利业发现。1982年，杨盛华等从沈阳地区某畜牧场分离获得该病毒。

一、病 原

牛疱疹乳头炎病毒（Bovine herpes mammillitis virus, BHMV），属于疱疹病毒科、疱疹病毒甲亚科、单纯疱疹病毒属，牛疱疹病毒2型（Bovine herpes virus 2, BHV 2）成员。BHMV是一种典型的在核内装配的DNA病毒，病毒粒子形态为圆形或卵圆形，有囊膜，直径为180~250 nm，呈二十面体立体对称。在牛源细胞培养中可形成多核巨细胞，虽与单纯疱疹病毒的抗原存在中和交叉反应，但二者的核酸仅有15%的同源性。

二、临床症状

该病自然宿主为牛、水牛，多发于奶牛，以初产母牛最常发。非洲野牛和长颈鹿等野生动物也可以感染该病毒。病牛和带毒牛为传染源，病毒大量存在于病变部位。该病主要通过吸血昆虫传播，挤奶行为也可传播该病。多发生于6－9月。该病在牛群中急速传播，且以隐性感染为主，但大多数犊牛和妊娠牛感染后有临床症状。

潜伏期3~7 d，奶牛乳头或乳房皮肤形成溃疡。病初，病牛乳头皮肤肿胀、疼痛，有时乳头有水疱，继而患病部分皮肤表面变软、脱落，形成不规则的深层溃疡，有疼痛感，不久结痂，经2~3周后愈合。部分病牛可发生乳腺炎和淋巴结炎，但多数奶牛可发生隐性感染。

三、病理变化

病牛一般不呈现体温变化和全身症状，早期病变的类型各不相同，但可以概括为水疱、水肿和结痂。主要是乳头皮肤发生溃疡。急性病例发病突然，整个乳头肿胀疼痛，皮肤产生水疱、水肿，继而病变部皮肤脱落，形成溃疡，裸露的皮下组织不断渗出液体。水疱皮脱落，接着发生坏疽。在皮肤病变出现后5~6 d，深部溃疡区形成棕色结痂，一般14 d后痂块脱落而愈合。严重的病例，溃疡面积几乎波及整个乳头，可发生无法治愈的乳腺炎。有的病例，在乳头皮肤内形成无痛的肿块，肿块部的皮肤呈蓝黑色，表面有溃疡，有时相邻的溃疡灶可能发生融合，使病灶扩大。溃疡表面和皮肤脱落后留下疤痕，局部色素消失。严重病例可继发乳腺炎，使产奶量严重下降。轻症约10 d痊愈，重症可长达几个月。个别因乳头病变严重无法挤奶而淘汰。

四、诊 断

根据流行特点和临床症状可做出初步诊断。但确诊必须进行实验室诊断，可采用荧光抗体染色或病毒分离法。该病特征为病变周围组织细胞可发现融合和形成核内包涵体。可用电子显微镜观察病变部位或水疱液中的病毒粒子，或从病变组织或水疱液中提取DNA，经PCR检测病毒核酸，或进行病毒分离等，也可用中和试验诊断该病。

五、类症鉴别

1. 牛痘

相似点： 病牛乳房和乳头疼痛，有水疱和结痂。

不同点： 牛痘病牛乳房和乳头病变经历丘疹－水疱－脓疱－结痂过程，皮肤不形成溃疡；牛溃疡性乳头炎无痘疹过程，乳头和乳房表面变软、脱落，形成不规则的深层溃疡。牛痘病毒感染的表皮细胞内出现嗜酸性胞质内包涵体；溃疡性乳头炎病牛病变组织表皮细胞内出现嗜酸性核内包涵体。

2. 副牛痘

相似点： 病牛乳头敏感疼痛，有水疱和结痂。

不同点： 副牛痘病牛乳腺和乳头病变经历丘疹－水疱－结痂过程，皮肤不形成溃疡；溃疡性乳头炎病牛上皮糜烂或坏死脱落，形成边缘不规则的溃疡，从真皮渗出大量浆液性液体，愈合缓慢。副牛痘病毒感染的表皮细胞内出现嗜酸性或嗜碱性胞质内包涵体；溃疡性乳头炎病牛的表皮细胞内出现嗜酸性核内包涵体。

六、治疗与预防

1. 治疗

治疗该病时，若能控制继发感染，病牛可自愈。

处方1： 肌内注射5%病毒灵注射液50 mL，每日2次，连用3~5 d。

处方2： 板蓝根粉60 g，病毒灵片50片（每片含0.1 g）加水适量灌服，每日1次，连用3~5 d。

处方3： 为了预防细菌感染，可使用头孢类等抗生素。

处方4： 对病牛患部乳头涂抹红霉素眼药膏或鱼石脂软膏，每日2次。

用以上方法治疗，一般于3~5 d可治愈。

2. 预防

预防该病的方法主要是加强饲养管理，挤奶时严格执行无菌操作，保持牛舍卫生，提供均衡日粮，增强机体抵抗力；定期消毒牛舍、场地等；消灭蚊、蝇等吸血昆虫，保护牛体不被昆虫叮咬，特别在母牛妊娠前后；防止引入病牛和带毒牛。

第二十节　牛白血病

牛白血病又称牛淋巴细胞增生病和牛淋巴细胞瘤病，其特征是持续性淋巴细胞增生和淋巴肉瘤的形成，又称为地方流行性牛白血病（Enzootic bovine leukosis, EBL），是由牛白血病病毒（Bovine Leukemia Virus, BLV）引起的牛的肿瘤性传染病，主要发生于成年牛。

EBL最早于1871年发现于德国，随后，相继在欧洲、美洲、亚洲和大洋洲的一些国家发生，现在几乎已遍布世界各地。1969年Miller等首次分离到牛白血病病毒，随后确定该病毒是EBL的病原。1974年我国首次发现该病，继而在安徽、江苏、陕西、北京、辽宁、黑龙江、江西等省（市）发生。目前该病的临床病例在我国已很少见，但有在鲜奶或血清中检出牛白血病病毒基因的零星报道。有报道在妇女乳腺组织中检出牛白血病病毒的核酸和蛋白，因此该病毒具有公共卫生学意义。该病是《OIE陆生动物卫生法典》病种之一，也是《中华人民共和国进境动物检疫疫病名录》中的二类传染病。

一、病 原

1. 分类与形态结构

牛白血病病毒属于反转录病毒科、δ 反转录病毒属成员，与人嗜T细胞白血病病毒（Human T-cell leukemia virus，HTLV）密切相关。

牛白血病病毒呈C型病毒粒子的典型形态，病毒粒子基本呈球形，也有呈杆状的，直径90~120 nm，电镜下可见有双层膜，外层膜即囊膜，囊膜上有纤突，纤突长10~15 nm，核衣壳呈二十面体对称，膜内含有丝状和点状结构。芯髓由核芯和芯壳组成，芯髓直径60~90 nm。在核芯与囊膜之间有一透明区，核芯电子密度大，通常为电子散射力强的物质构成，但也有的是电子散射力低的中空结构，还有的似乎呈双核芯存在于病毒囊膜内。核芯壳形态多为圆形，也有杆形或椭圆形，中心是由两条35S RNA组成的倒置二聚体，呈螺旋状卷曲（图4-20-1）。

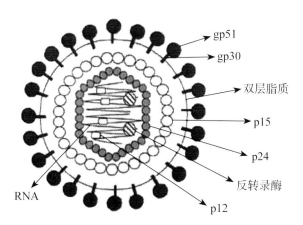

图 4-20-1　牛白血病病毒粒子模式

2. 理化特征

牛白血病病毒在蔗糖中的浮密度为1.16~1.17 g/cm³。病毒RNA的沉降系数为60~70 S。前病毒DNA基因组全长约8 700 bp。BLV的遗传性稳定，迄今尚未发现分离株间有很大的差异。

此病毒对外界环境的抵抗力较弱，低pH值、加热、紫外线照射、反复冻融、普通消毒药以及低浓度的甲醛溶液等对病毒均有较强的灭活作用。BLV对温度较敏感，56 ℃作用30 min大多数毒株被灭活，60 ℃以上迅速失去感染力，用巴氏消毒法可杀灭牛奶中的病毒；pH值为4.5也能使其失去活性；BLV对去污剂等脂溶剂比较敏感，甲醛、β-丙内酯、氧化剂、乙醚、脱氧胆酸钠、羟胺、十二烷基硫酸钠离子能迅速破坏其传染性；各种消毒药物杀死BLV的最低浓度分别为苯酚2%、消毒灵0.01%、氢氧化钠1%、漂白粉0.5%、高锰酸钾0.02%、二氯异氰尿酸钠0.01%、百毒杀0.05%、新洁尔灭0.05%、4%中性甲醛溶液、过氧乙酸0.02%。

二、临床症状

　　该病主要发生于牛，绵羊、瘤牛、水牛和水豚也能感染。主要见于成年牛，尤以4~8岁的牛最常见。感染病牛终生带毒，成为传染源。传播方式有垂直传播和水平传播2种。前者包括先天性传染，母牛可通过子宫胎盘将病毒传递给胎儿或通过胚胎移植传播病毒；后者则可能通过血源性传播、分泌物性传播、接触性传播、寄生昆虫的传播、精液性传播、生物制剂的应用而传播；新生犊牛则可通过母牛初乳和常乳及其制品等传染该病。

　　该病潜伏期长，可达2~10年。临床经过一般发展比较缓慢，多发生在3岁以上的成年牛。大多数感染牛临床症状不明显，但出现明显临床症状时，病牛常维持数周或数月而死亡。

　　感染牛白血病的牛群，一般约有1/3发生持续性淋巴细胞增生症，1%~5%发展为B淋巴细胞肿瘤。因为病毒基因整合到牛靶细胞的染色体上，所以所有感染牛终生都是持续感染者和病毒携带者。肿瘤块往往不连续形成或者弥漫性地浸润到各种脏器及组织中，主要表现体表淋巴结肿大（图4-20-2，图4-20-3），触摸不发热、无痛感，常能滑动。贫血，可视黏膜苍白，精神衰弱，食欲不振，体重减轻，产奶量下降。有报道称，血清学阳性牛产奶量可下降10.5%，淋巴肉瘤期产奶量下降可达13.4%。心脏受损时表现心动过速，呼吸促迫，心音异常，后肢麻痹；皱胃发生浸润时，形成溃疡、出血，排出黑色粪便，有时形成周期性便秘或腹泻；个别牛由于眼眶内淋巴

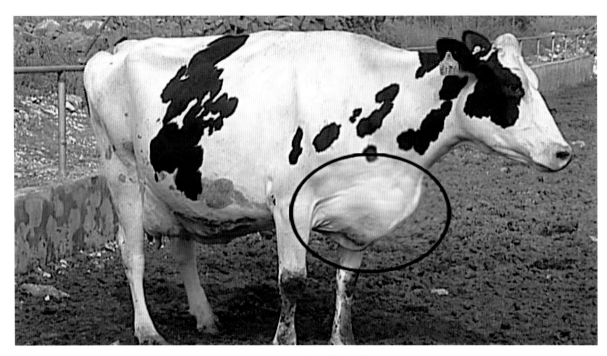

图4-20-2　病牛胸前肿大

图4-20-3　病牛颈部出现肿块

结肿大，将病牛眼球挤出眼眶外，造成眼球突出；直肠检查，可发现腹腔内有许多淋巴结肿大，可造成排尿困难、跛行、瘫痪、子宫肿瘤。病牛发生流产、难产或屡配不孕；症状出现后2~3周或数月，多数牛趋于致死经过，心脏有病变的牛，往往外观呈良好状态，但有时急剧恶化而死亡。

三、病理变化

1. 剖检变化

主要为全身或部分淋巴结肿大，一般较正常的大3~5倍。淋巴结质地坚硬或呈面团样，外观灰白色或淡黄色，切面呈鱼肉状，常伴有出血或坏死。肿瘤早期有假膜，后期则彼此融合。

内脏器官的淋巴肉瘤有2个型：即结节型和浸润型。前者在器官内形成大小不等的灰白色淋巴肉瘤结节（图4-20-4），与周围组织似有分界面，切面可见无结构的肿瘤组织。后者由于肿瘤细胞在正常细胞之间弥漫性浸润，导致器官显著肿大或增厚，不见肿瘤结节。心房和心室的肌肉可发现以上两型的淋巴肉瘤，尤以心房多见。心脏肿大（图4-20-5），子宫壁由于肿瘤侵害而肿大，有的在其表面有肿瘤结节。肾、脾也发现上述两型肿瘤。病程严重的牛，肾小球和肾小管重度变性，上皮细胞脱落、溶解，被膜下皮质部特别是皮髓交界处可见大量的淋巴细胞，呈局灶性或弥散性浸润或积聚，间质显著增宽，肾小球、肾小管被挤压分散，充血、出血；肝窦扩张，充满淡伊红着色物质，实质细胞萎缩、混浊肿胀或空泡变性。但在肺、皮肤、骨髓或其他部位常为结节型肿瘤。皱胃壁或十二指肠前端常增厚，皱胃壁的大部分弥漫性增厚，其黏膜能发生溃疡。中枢神经系统主要在脊柱后部包膜上发生肿瘤。

2. 组织学变化

器官的正常组织结构被破坏，由大量不成熟的肿瘤细胞代替。根据病变的程度变化可分为淋巴

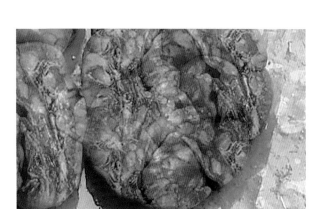
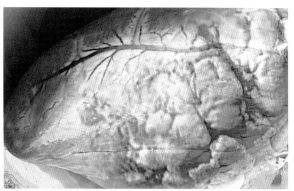

图 4-20-4　病牛剖检见灰白色淋巴肉瘤结节　　　　　　图 4-20-5　病牛剖检见心脏肿大

细胞型淋巴肉瘤、淋巴母细胞型淋巴肉瘤、网状细胞型淋巴肉瘤和干细胞型淋巴肉瘤等。肿瘤细胞呈多型性、细胞核多偏于一端，胞质较少，外围呈不规则圆形，胞核占细胞大半部分。强嗜酸性，染色质丰富，常见核分裂相，核仁常被染色质覆盖。

3. 血液变化

血液变化是病牛的特点之一。典型病牛血液中白细胞数可达3万～18万个/mm³，淋巴细胞比例为90%～98%。按早期的牛白血病血液学判定标准，3岁以上的牛，每立方毫米血液中白细胞在8 000个、淋巴细胞占70%以上的为白血病阳性牛，但约2/3的感染牛在整个病程中都不出现白细胞增多症。

四、诊　断

1. 病毒的分离鉴定

牛白血病病毒主要存在于感染牛的血液淋巴细胞，经过处理后的血样，可以分离出单核细胞。病毒可引起细胞融合而形成合胞体，通过电镜即可观察到。

合胞体是逆转录病毒致细胞病变的主要形态学特征之一，是病毒感染细胞通过膜上的糖蛋白而相互融合形成的。BLV特异性诱导合胞体形成，使合胞体试验成为早期人们检测EBL的主要方法之一。即将病牛外周血淋巴细胞与代谢旺盛的指示细胞共同培养，检测培养细胞的多核病变，进行EBL的诊断（图4-20-6）。

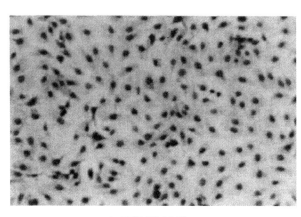
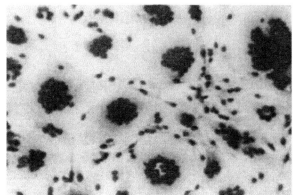

A. 正常 F81 细胞　　　　　　　　　　　　　　B. F81 细胞接种 BLV 并作用 24 h

图 4-20-6　BLV 接种 F81 细胞病变

2.血液学检查

血液学方法是以检查外周血液中白细胞数增多为基础，一般间隔2~3个月进行1次补充的血液学分析，直到获得连续2次相同的高于正常血液学的数据为止。国际上一般采用Bendixen氏检索表进行凝似白血病（BL）患牛血液学检查。国内提出的血检诊断标准除了淋巴细胞绝对数增多外，还检测是否出现成淋巴细胞或前淋巴细胞等肿瘤细胞及核分裂等现象，进行综合判断。

3.血清学诊断方法

血清学方法主要以免疫琼脂扩散技术检测BLV沉淀抗体，此抗体能在感染后2个月出现，并保留终生。其他的方法主要包括免疫荧光抗体法、补体结合反应、酶联免疫吸附试验、放射免疫测定法、血凝试验、病毒中和试验、对流免疫电泳技术、单克隆抗体技术、免疫印迹技术、亲和素－生物素过氧化物酶系统测定等方法。若检出白血病抗体，即可确诊为病毒感染。

（1）单克隆抗体技术（McAb）。单克隆抗体技术主要是用来检测BLV抗原。相对于其他几种操作烦琐的检测方法，单克隆抗体（mAb）的相关技术更加易于推广。

（2）酶联免疫吸附（ELISA）。采用酶联免疫吸附检测血清主要针对的是抗gp51和p24抗体。间接法是先将提纯的抗原包被到固相载体，再加试验血清和特异性IgG结合物；阻断法是利用试验血清中的抗体干扰或阻断标准抗原－抗体反应。

4.分子生物学检测方法

（1）常规PCR技术。聚合酶链式反应是比较灵敏的直接检测BLV前病毒的方法之一。参照BLV前病毒核苷酸序列设计合成寡核苷酸引物和杂交探针，进行PCR试验。

（2）巢式PCR技术（Nested PCR）。利用2套PCR引物（巢式引物）进行2轮PCR扩增反应，检测敏感性和特异性均提高。

（3）荧光PCR技术。采用LUX™新型荧光PCR技术原理，设计并合成1对单标记LUX™荧光引物，建立了LUX™荧光PCR和RT-PCR方法，可快速检测BLV前病毒DNA和病毒RNA。检测敏感性显著高于常规PCR和巢式PCR。

五、类症鉴别

牛白血病皮肤型与牛型放线菌病症状相似，病牛颈部均出现肿块。

不同点是牛放线菌病皮肤肿块局限于头、颈、颌下等部位；病重牛牙齿变形、咬合不齐或牙齿松动、脱落；肉芽肿发生在咽喉和舌部时，舌变硬，活动不灵活，称为"木舌病"，病牛出现呼吸、咀嚼、吞咽困难，流涎增多；皮肤上有些肿块坏死、化脓而形成脓肿，切开脓疱可见脓肿中含有乳黄色脓液和硫黄样颗粒，舌上形成圆形、质地柔软呈黄褐色的蘑菇状生长物。牛白血病皮肤肿块发生于成年牛颈、背、臀及大腿等处，皮肤结节呈灰白色，与周围组织似有分界面，切面可见无结构的肿瘤组织，是一种淋巴细胞瘤。

六、治疗与预防

1.治疗

感染牛没有治疗价值，宜采用"检疫淘汰"措施净化该病。

2. 预防

完善牛场的生物安全体系，提高生物安全水平。主要包括：定期普查或抽检，及时按国家相关规定淘汰阳性牛。实施母犊隔离，犊牛人工喂乳，初乳和常乳均经巴氏消毒后再饲喂。由外地购入或进口牛只，必须严格进行产地检疫，确定为EBL阴性才可引进；并做45 d隔离观察和再次检测，防止病毒感染牛传入。定期消毒牛舍和用具，做好杀虫灭蝇工作。进出牛舍或牛场的人员，必须更换洁净工作服，并做好消毒措施。

第二十一节 牛茨城病

茨城病（Ibaraki disease, IBAD）是由茨城病病毒（Ibaraki virus, IBAV）引起的牛的急性、热性传染病，是一种经库蠓传播的虫媒性病毒病，又称类蓝舌病。

1961年，Omori首次从日本茨城县的病牛分离到了该病毒，并命名为茨城病毒。1991年国际病毒分类学委员会会议上予以确认。茨城病从被发现到现在，在东南亚和美洲等地区多次暴发，给养牛业造成了一定的经济损失。我国台湾地区也存在茨城病。《中华人民共和国进境动物检疫疫病名录》中将其列为其他传染病。

一、病原

1. 分类与形态结构

茨城病病毒（Ibaraki virus, IBAV）属于呼肠孤病毒科、环状病毒属、流行性出血热病毒群。与其他环状病毒相似，茨城病病毒颗粒呈二十面体对称球形，直径50~55 nm。病毒粒子不具有囊膜，但在感染的细胞中偶见1个或多个病毒粒子包裹在一个假囊膜中。茨城病病毒粒子的结构很复杂，具有双层同心衣壳。VP2和VP5两种蛋白构成病毒的外衣壳，在病毒进入宿主细胞时脱去。VP2位于病毒粒子的最外层，形成三角蛋白复合体突出于病毒粒子形成"帆"状刺突。IBAV的基因组为双链、分节段RNA，以高度有序的形式存在于核心中。10个独立的RNA节段分别命名为

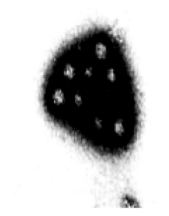

图4-21-1　茨城病病毒电镜照片

L1~L3、M4~M6、S7~S10，除S10节段外，每个节段编码一种蛋白（图4-21-1）。

2. 培养特性

茨城病病毒可在BHK-21、BHK-KY、EFK-78和HmLu-1等传代细胞以及牛肾原代细胞上繁殖，并能产生细胞病变反应；同时，该病毒还可在哺乳小鼠和哺乳土拨鼠脑内增殖，可用这两种方法分

离病毒。

3. 理化特性

病毒对氯仿、乙醚有抵抗力，对pH值为5.2以下的酸性环境敏感。56 ℃作用30 min或60 ℃作用5 min，病毒的感染力明显下降，但并不完全失活。病毒在常温或4 ℃条件下很稳定，但–20 ℃冰冻时迅速丧失感染力。茨城病病毒还具有红细胞凝集性，能迅速吸附在置于37 ℃、22 ℃和4 ℃高渗稀释液（0.6 mol/L NaCl，pH=7.5）中的牛红细胞上。

二、临床症状

各品种的牛对茨城病病毒均易感，鹿和绵羊也可感染该病毒，但1岁以下的牛一般不发病。病牛和带毒牛是该病的主要传染源。茨城病病毒通过库蠓叮咬传播，蠓吸食病畜的血后，病毒在其唾液腺和血腔细胞内繁殖。7~10 d后，病毒就能在唾液腺中排泄，通过叮咬易感动物就可以传播病毒。该病的发生季节和地理分布与气候条件以及节肢动物的繁殖生长规律密切相关。热带地区气候适宜蠓的生存，是该病的高发地区。我国一些地区的牛场已检出茨城病病毒抗体阳性牛，包括广东、湖南、浙江、上海、深圳、北京。

该病多为隐性感染，发病率为20%~30%，其中有20%~30%的病例出现咽喉麻痹症状。

该病潜伏期3~7 d。临床上表现的症状为突然发热，达40 ℃以上，持续2~3 d，少数可达10 d，精神沉郁、食欲减退、反刍停止、眼结膜充血肿胀、流泪和有脓样分泌物，流泡沫样口涎，最初流水样鼻液，后为脓性。轻症病例多在2~3 d即恢复健康。重症病例发病初期，鼻镜、鼻黏膜、口腔及唇部充血，随病情发展出现淤血，最后部分组织发生坏死，并形成糜烂、溃疡。另外，在蹄冠、乳房和外阴也可能形成溃疡。四肢疼痛、关节肿胀、跛行或易跌倒，部分牛只出现肌肉震颤等神经症状。

在如上所述初期病变大致恢复或正在恢复时，或者在没有初期症状表现的情况下，部分牛只突然出现该病的特征性症状——咽喉麻痹。表现为舌头伸出口腔，逐渐形成不能收复的露舌现象，出现吞咽障碍，饮水从口、鼻逆流，由于误咽性肺炎或脱水死亡。某些毒株还可引起妊娠牛的非正常生产。

三、病理变化

病死牛可见皮下组织较干燥，腹水消失。腭凹等局部呈胶状水肿，咽喉、舌出血，横纹肌坏死。食道从浆膜至肌层均见有出血、水肿。吞咽障碍病牛食道壁弛缓，横纹肌横纹消失，呈玻璃样病变，并可见修复性成纤维细胞、淋巴细胞和组织细胞增生。第一至第三胃内容物干涸，粪便呈块状。第四胃黏膜充血、出血、水肿、腐烂、溃疡的发生率很高。另外，还可见有心脏内外膜出血、心肌坏死、肾出血，肝脏也可见发生出血性坏死。

四、诊　断

临床症状易与口蹄疫、牛流行热和蓝舌病等牛病之间发生误诊。该病口腔和鼻镜的病变与口蹄疫病毒、牛疱疹病毒Ⅰ型和牛病毒性腹泻病毒感染症状相似，流泪、关节疼痛和肌肉震颤的症状与牛流行热相似，但与口蹄疫、牛疱疹病毒Ⅰ型感染和牛病毒性腹泻的流行病学特征不同，茨城病的发生存在明显的季节性和地区性。牛流行热突然高热、呼吸促迫、流行比较剧烈等症状区别于该病。另外，牛流行热的致死率较低，一般不超过1%，而茨城病的致死率一般可达到10%。对于症状、流行特点和病理学特征都非常相似的蓝舌病，可根据病原和血清学特征做进一步确诊。

1. 病毒的分离鉴定

（1）**病毒的分离**。在24孔培养板中接种BHK-21细胞，长成单层。用PBS清洗细胞后接种0.2 mL疑似病畜的脏器乳剂上清液，37 ℃吸附30 min。将悬液吸出，加入含2%胎牛血清的完全培养液1 mL，37 ℃培养，并逐日观察是否有细胞病变发生直至第7日。初代分离若没有病变产生，必须再传代2~3次。有细胞病变者则可进行显微镜检测或进行血清中和试验作为诊断依据。

（2）**电子显微镜观察**。取接种乳剂产生病变的细胞培养上清，3 000 r/min离心30 min去除杂质，然后再超速离心10 min（90 000 r/min）。取沉淀复染，电子显微镜检测有无病毒颗粒。茨城病病毒形态为球形，病毒粒子直径为50 nm。

（3）**血清中和试验**。将分离的病毒进行连续10倍稀释，加入抗茨城病病毒的标准血清进行中和试验，根据病毒是否受标准阳性血清中和判定分离的病毒是否为茨城病病毒。

2. 血清学诊断方法

牛只一旦受到茨城病病毒感染，体内会产生针对病毒的特异性抗体，检测牛血清中是否有特异性抗体就可以检测其是否受到感染。用已知病毒与急性期及恢复期双份血清进行中和试验和血凝抑制试验进行鉴定，也可用补体结合试验、琼脂免疫扩散试验、酶联免疫吸附试验等进行血清学诊断。

3. 分子生物学诊断

OHASHI.S等设计了针对牛虫媒病毒的PCR检测方法，可以在同一个反应中检测包括茨城病病毒在内的数种牛虫媒病毒。

五、类症鉴别

1. 牛口蹄疫

相似点：有传染性。病牛发热（40 ℃以上），精神沉郁，食欲减退，泡沫样流涎，反刍停止，口腔、鼻镜和唇发生糜烂或溃疡。

不同点：口蹄疫病牛唇内、齿龈、口腔、颊部黏膜、蹄趾间和蹄冠部柔软皮肤，甚至乳房皮肤出现黄豆甚至核桃大的水疱，破溃后形成糜烂、溃疡。茨城病病牛鼻镜、鼻黏膜、口腔及唇部充血，随后淤血，最后发生坏死，形成糜烂、溃疡。口蹄疫病牛剖检可见咽喉、气管、支气管和胃黏膜都有水疱、溃烂，而且出现黑棕色痂块；病牛胃部和大小肠黏膜出现血性炎症，肺呈浆液性浸润；心包内有大量混浊和黏稠液体，心包膜弥漫性点状出血，心肌有灰白色或浅黄色如同虎皮状斑纹，俗称"虎斑心"。牛茨城病病牛剖检见咽喉出血，第一至第三胃内容物干涸，第四胃黏膜充血、出血、水肿、腐烂、溃疡和心内、外膜出血。

2. 牛瘟

相似点：病牛发热、精神沉郁、食欲减退、眼结膜充血，眼、鼻有分泌物，流涎，口腔、唇部黏膜充血、坏死。

不同点：牛瘟病牛开始时损伤口腔黏膜，出现小的坏死灶、浅表腐烂和毛细血管出血，尤以下齿龈和口腔乳头的顶部明显，逐渐发展到唇部、上齿龈、硬腭和舌的下表面，随后这些小的病灶扩大融合形成坏死性腐烂，并有特征性的恶臭，出现腹泻，开始为水样，后为痢疾，排泄物呈暗褐色，含有肠道黏膜碎片。牛瘟病牛剖检见消化道、口腔黏膜（除舌背前部）、鼻腔、气管黏膜、咽喉部见充血、烂斑、假膜，皱胃特别是幽门部呈砖红色、暗红色和紫红色等不同色调，黏膜肿胀，含有圆形或条状小出血，后期皱襞顶部有扁豆大且覆盖有假膜的烂斑，大肠、小肠黏膜高度潮红，有时表面坏死及点状或条状出血，直肠高度肿胀呈暗红色，肝脏呈黄褐色。

3. 牛恶性卡他热

相似点：病牛发热（40 ℃以上），精神沉郁，厌食，流泡沫样涎，眼、鼻有脓性分泌物，眼结膜充血、水肿；口腔黏膜、鼻镜和唇黏膜发生糜烂、溃疡，流大量泡沫样涎。剖检见咽喉周围出血，皱胃出血，心内、外膜出血。

不同点：牛恶性卡他热病牛眼结膜高度充血，角膜混浊，严重者形成溃疡，甚至穿孔致使虹膜脱出，脑和脑膜发炎，有时表现磨牙、吼叫、冲撞、头颈伸直、起立困难、全身麻痹；牛茨城病无严重的眼部症状和脑膜脑炎症状。牛恶性卡他热病牛的淋巴结出血、肿大，其体积可增大2~10倍，喉头、气管和支气管黏膜常覆有假膜，脑膜充血，有浆液性浸润；牛茨城病牛无此症状。

六、治疗与预防

我国尚未发生过该病。如有发生，应该按重要疫病扑灭的应急措施进行灭源处理，包括隔离、扑杀和消毒等相关措施。

第二十二节　牛赤羽病

赤羽病又名阿卡斑病（Akabane disease），是一种由阿卡斑病毒（Akabane virus, AKAV）所引起的牛、羊传染病，以流产、早产、死胎、先天性关节弯曲及积水性无脑症（Arthrogryposis–Hydraencephaly, AH）等为主要临床特征。

该病首次于1949年在日本群马县赤羽村发生，但病因一直不明。直至1959年才首次从该地采集的金色库蚊和三带缘库蚊体内分离到病毒，故命名为阿卡斑病毒。此后在澳大利亚、肯尼亚、南非和以色列等国家也相继分离到病毒。1994年，李昌琳等根据流行病学调查证实该病在我国陕西、内蒙古、湖南、河北、北京、上海、山东、安徽、吉林、甘肃、江苏、浙江、福建和湖北部分地区均有流行。目前，已经证实赤羽病广泛分布于澳大利亚、东南亚、亚洲东部、中东和非洲的热带和温带地区，由蚊虫、库蠓、螨类等节肢动物传播，其中库蠓为主要传播媒介。该病在《中华人民共和国进境动物检疫疫病名录》为二类传染病。

一、病 原

1.分类与形态特征

阿卡斑病毒（Akababe virus, AKAV）属于布尼亚病毒科（Bunyaviridae）、布尼亚病毒属（*Bunyavirus*）、辛波（Simbu）病毒群成员。该病毒粒子的直径为70~130 nm，近似于球形，有囊膜和糖蛋白纤突，为负链单股RNA病毒，由L、M、S 3个核酸节段组成，分别编码RNA聚合酶L、囊膜糖蛋白G1、G2、NSm和核衣壳蛋白N、NSs，其中NSm和NSs为非结构蛋白。

2.培养特性

AKAV可感染牛、羊、猪、仓鼠肾细胞以及Vero、PK-15、BHK-21、RH-13、MDBK等传代细胞。其中以Vero和BHK-21细胞最易感，可产生明显的细胞病变并形成噬斑。AKAV也可感染鸡胚产生积水性无脑症症状。

3.理化特性

AKAV相对分子质量为（3~4）×10^8 Da，沉降系数350~475 S，在氯化铯中的浮密度为1.2 g/cm³。不耐热，56 ℃时迅速灭活，对乙醚、氯仿及0.1%脱氧胆酸钠等敏感，在pH值为6~10的范围内稳定，在pH值为3时不稳定，对紫外线敏感，不能被硫酸盐、鱼精蛋白沉淀。具有红细胞凝集性（HA）和溶血性（HL），在适当盐浓度和pH值条件下，可凝集鸽、鹅的红细胞，与鸽的红细胞凝集后可发生溶血现象，不凝集牛、羊、兔、豚鼠、鼠及1日龄鸡的红细胞，也不溶血。溶血活性受温度影响明显，37 ℃时最高，0 ℃时无溶血性。

二、临床症状

牛、绵羊、山羊对该病毒易感，其中妊娠牛最易感。马、水牛、骆驼也可感染，人和猪有较低的易感性。野牛、旋角大羚羊、高角羚、河马、长颈鹿、非洲野猪、非洲疣猪、象、大羚羊、薮羚、转角牛羚、东非狷羚、非洲大羚等16种野生动物也检测到AKAV抗体。病畜和带毒动物为该病传染源。主要通过吸血昆虫传播，主要传染媒介是蚊、库蠓和螨类，也可通过母体垂直传播。该病的发生具有明显的季节性和地区性，其季节性可能与传播媒介的季节性有关。

除子宫感染AKAV外，成年牛几乎不表现临床症状。妊娠畜感染后主要表现为流产、死胎（包括胎儿干尸化）、早产或弱产，但在妊娠期间一般看不出异常；病毒直接侵害胎儿，引起先天性关节弯曲或积水性无脑症。由于胎儿畸形，可能出现分娩时胎位、胎势不正而引起难产，进而可能造成产道损伤和胎衣不下、子宫炎等。

犊牛出生后不运动时与正常牛犊相似，但后肢运动时，两前肢腕关节不能伸展，行走十分困难。有的病犊牛生后角膜混浊，或有溃疡，或失明；下腭门齿发育不全；有的舌咽部麻痹，吞咽困难；有的头骨变形，或脑过小、大脑缺损。

三、病理变化

该病主要的眼观病变主要是胎儿形体异常（关节弯曲、颈椎弯曲），大脑缺损或发育不全，脑室积液，脑内形成囊泡状空腔，躯干肌肉萎缩、变性、呈白色或黄色。流产胎牛和畸形犊牛的病理变化以中枢神经和躯干肌肉最明显。流产胎儿胎衣上有许多白色混浊斑点，直径2~3 mm，胎儿头部和臀部出血。畸形胎儿的四肢、腹部或颈部皮下脂肪、肌膜及肌间呈白色，无弹性，有水肿和胶样变性，肌束萎缩短小。病变肌肉组织为多发性肌炎变化，中枢神经系统为非化脓性脊髓炎变化。

AKAV引起的病变过程可分为5个阶段：第一阶段，犊牛出生后运动失调，组织学病变为轻度到中度的非化脓性脑脊髓炎；第二阶段，犊牛运动失调和轻度关节弯曲，组织学病变除背索外，脊髓所有区域都有轻度到中度的急性华勒氏变性（Wallerian degeneration, WD），病变过程包括髓鞘脱失、胶质增生，并伴有不对称萎缩；第三阶段，犊牛关节弯曲，组织学病变可见脊髓的感染区内外侧及腹侧索的髓神经细胞有显著变性和消失，并有中度到重度的骨骼肌系统萎缩，出现短小的肌纤维走向不连续、变细，纤维间质增宽变疏，间质脂肪组织增生并见出血、水肿；第四阶段，犊牛积水性无脑，大多数情况下大脑半球被积液的空洞完全代替，有时伴有关节弯曲；第五阶段，犊牛脑过小、积水性无脑，有时关节弯曲，脑干前部及中部缺损，小脑穿孔。上述不同阶段的症状有交叉表现。

四、诊 断

1. 病原学诊断方法

（1）**直接镜检**。取病牛肺、肝和脾及胎儿、胎盘和脑组织材料制成超薄切片负染，在电镜下检查病毒并观察其形态特征。Vero细胞感染可见典型细胞病变。

（2）**病毒分离**。病毒分离最敏感的方法是脑内接种乳鼠。通常首先从流产的胎儿和死胎中分离病毒。经过处理后脑内接种1~2日龄乳鼠，连续观察10 d，出现神经症状时收获病毒，同时进行第二次传代分离病毒。对分离物用中和试验进行鉴定。如有病毒则可引起鸡胚发生大脑缺损、积水性无脑、发育不全和关节弯曲等异常，可从鸡胚中分离到病毒。

2. 血清学诊断方法

AKAV与辛波（Simbu）病毒群中的其他成员在交叉补体结合试验中表现有共同的群抗原，但在中和试验、血凝抑制试验和溶血抑制试验中具有很高的特异性，不出现交叉反应。

（1）**血凝抑制试验**。血清用高岭土或丙酮预处理，在56℃下灭活30 min，用4个血凝单位蔗糖或丙酮酸提取的鼠脑抗原、0.3%红细胞和硼酸盐（pH=9）进行血凝抑制试验。

（2）**琼脂凝胶免疫扩散试验**。利用赤羽病病毒制备琼脂免疫扩散试验的抗原和高免阳性血清，建立赤羽病琼脂免疫扩散试验诊断方法。此法虽然操作简便，能很快得到试验结果，但由于所用的AKAV抗原也能够检出Aino、Tinaroo和Peaton病毒抗体，因此该方法的特异性较差，敏感性也较低。

（3）**微量血清中和试验**。康复动物及新生而未吃初乳的犊牛血清中存在能中和AKAV的抗体。将已知AKAV与可疑动物血清混合后接种于1~2日龄小鼠脑内或7~9日龄鸡胚的卵黄囊内，该试验也可在Vero和BHK-21等敏感细胞上进行。该法为目前我国进口种畜AKAV检测的主要方法，系农业农村部行业标准。但也存在病毒中和试验中细胞易受污染、检测周期较长等问题。

（4）**间接荧光抗体试验**。以兔抗赤羽病毒重组核蛋白血清作一抗，利用间接荧光抗体法在AKAV感染的BHK-21培养细胞和攻毒的乳鼠脑组织中特异性地检测AKAV抗原，此法特异性高且操作时间短。

（5）**补体结合试验**。可用常规的补体结合试验来检测AKAV的特异补体结合抗体。该方法主要用于辛波病毒群之间关系的比较，确定布尼亚病毒群血清学亚群。

（6）**酶联免疫吸附试验**。用重组核蛋白代替完整病毒作为ELISA检测用的标准抗原，克服了全病毒所带来的生物安全隐患。该法具有较高的特异性和敏感性，已经作为我国进口种畜AKAV的检测方法。

（7）**胶体金免疫层析技术**。以亲和层析原理为基础，将提纯的AKAV抗原包被在硝酸纤维膜上，利用胶体金标记SPA显色，建立诊断赤羽病抗体的斑点免疫金渗滤法（DIGFA）。该方法特异性良好，与牛病毒性腹泻病毒、牛传染性鼻气管炎病毒、牛白血病病毒、口蹄疫病毒、蓝舌病病毒等阳性血清不发生交叉反应，而其检测的敏感性与ELISA基本相同。该方法不需要特殊设备，操作简单，结果易于判断，适用于进出口检疫及基层动物防疫。

3. 分子生物学诊断方法

AKAV核酸检测以其快速、特异等特点而成为病毒检测的一个重要发展方向。

（1）**常规RT-PCR技术**。根据AKAV的sRNA序列设计引物，建立的AKAV RT-PCR技术，扩增产物850 bp，序列与已知序列同源性99%以上，即为阳性样品。

（2）**实时RT-PCR技术**。该方法与套式RT-PCR技术一样敏感特异，而且无须电泳检测，不使用溴化乙锭，且在检出时间上比普通RT-PCR技术提前2~3 h得出结果，可为AKAV的诊断及流行病学调查提供有力的技术支持。

（3）**套式PCR技术**。根据GenBank中已发表的AKAV的S基因序列，设计了3条特异性引物，建立了检测AKAV的套式RT-PCR技术。该方法敏感性特异性较好，为AKAV的检测提供了一种快速有效的技术手段。

（4）**RT-LAMP技术**。根据AKAV S基因的6个特异区域设计了2对引物，建立AKAV环介导等温扩增（LAMP）检测技术，灵敏性和特异性好，为AKAV的一种新型检测方法，可用于出入境牛、羊赤羽病的快速检测。

《OIE陆生动物诊断试验与疫苗手册》中推荐了血凝抑制试验、血清中和试验和ELISA等3种检测方法。

五、类症鉴别

1. 牛布鲁氏菌病

相似点： 有传染性，妊娠牛感染后发生流产。

不同点： 牛布鲁氏菌病一年四季均可发生，牛赤羽病发病有明显的季节性，多发于8月至翌年3月。牛布鲁氏菌病母牛流产前阴唇和阴道黏膜红肿，从阴道流出灰白色或浅褐色黏液。牛赤羽病母牛流产前无明显症状。牛布鲁氏菌病胎儿表现脐带浆液性浸润，胎衣水肿，呈胶冻样浸润，有些部位有纤维素絮片和脓液；胎儿皮下水肿，呈出血性浆液性浸润，关节腔积液，胸腹腔积液，肾呈紫葡萄样，胃内有淡黄色、白色黏液絮状物，皱胃最明显。而牛赤羽病胎衣上有白色混浊斑点，胎儿形体异常（关节弯曲、颈椎弯曲），大脑缺损或发育不全，脑室积液，脑内形成囊泡状空腔，躯干肌肉萎缩、变性、呈白色或黄色。牛布鲁氏菌病公牛可表现睾丸炎，精囊内可能有出血点和坏死灶，睾丸和附睾可能有炎性坏死灶和化脓灶。

2. 牛生殖道弯曲菌病

相似点：有传染性，妊娠牛流产，公牛无明显病变。

不同点：牛生殖道弯曲菌病发病无明显季节性，牛赤羽病发病有明显的季节性，多发于8月至翌年3月。牛生殖道弯曲菌病母牛发生阴道卡他性炎症，阴道黏膜发红，黏液分泌增加，继而发生子宫内膜炎、输卵管炎，流产多发生于妊娠中期；牛赤羽病母牛流产前无明显症状，流产时被胎儿损伤子宫可能发生子宫内膜炎。牛生殖道弯曲菌病胎盘水肿，巨噬细胞浸润，呈皮革样，胎盘绒毛坏死呈黄色，流产胎儿皮下和体腔有血样浸润；牛赤羽病胎衣上有白色混浊斑点，胎儿形体异常（关节弯曲、颈椎弯曲），大脑缺损或发育不全，脑室积液，脑内形成囊泡状空腔，躯干肌肉萎缩、变性、呈白色或黄色。

3. 牛衣原体病（牛地方流行性流产）

相似点：有传染性，妊娠牛流产，产死胎或弱胎，流产前无明显症状。

不同点：牛衣原体病发病没有明显的季节性，牛赤羽病发病有明显的季节性，多发于8月至翌年3月。牛衣原体病感染公牛表现精囊炎、附睾炎、睾丸炎，有的睾丸萎缩；牛赤羽病公牛无明显症状。牛衣原体病胎衣增厚、水肿，胎儿贫血，皮肤、黏膜有斑点状出血，皮下组织水肿，结膜、咽喉、气管黏膜有点状出血，胸、腹腔有黄色积液，肝肿大、有灰黄色小结节，各器官有肉芽肿样损伤；牛赤羽病胎衣上有白色混浊斑点，胎儿形体异常（关节弯曲、颈椎弯曲），大脑缺损或发育不全，脑室积液，脑内形成囊泡状空腔，躯干肌肉萎缩、变性、呈白色或黄色，其他器官不见明显病变。

4. 牛细小病毒病

相似点：有传染性，妊娠牛流产、产死胎。

不同点：牛细小病毒病发病无季节性，牛赤羽病发病有明显的季节性，多发于8月至翌年3月。牛细小病毒病母牛流产以死胎为主，无畸形胎儿，产出的胎儿全身水肿；牛赤羽病母牛流产可见畸形胎，胎儿先天性关节弯曲或有积水性无脑症。牛细小病毒病犊牛发生严重腹泻，粪便呈黏液状或水便状，可能呈浅灰色且含有多量黏液，并有流鼻液、呼吸困难、呼吸数增加、咳嗽等呼吸道症状，剖检见鼻腔、气管黏膜充血，肠黏膜水肿、出血，肠系膜血管严重充血；牛赤羽病不见犊牛有腹泻和呼吸道症状。

5. 牛柯克斯体病（Q热）

相似点：有传染性，妊娠牛发生流产。

不同点：牛柯克斯体病一年四季均可发生，牛赤羽病发病有明显季节性，多发于8月至翌年3月。牛柯克斯体病突然发病，表现为发热、乏力以及各种痛症，少数病例出现结膜炎、支气管肺炎、关节肿胀、乳腺炎等症状；牛赤羽病母牛除流产、产死胎外不表现其他明显症状。牛柯克斯体进入血液后形成立克次氏体血症，波及全身组织、器官，造成血管内皮肿胀、血栓，小支气管肺泡中有纤维素、淋巴细胞、大单核细胞组成的渗出液，肝脏有广泛的肉芽肿样浸润；牛赤羽病不出现以上的特征性症状，病理变化主要表现为胎儿的先天性关节弯曲或积水性无脑症。

6. 牛中山病

相似点：可通过库蠓传播，多流行于8月至翌年2月。妊娠牛感染后表现异常分娩，表现为流产、早产、产死胎或畸形胎。成年牛呈隐性感染，不表现明显的临床症状。新生犊牛可能表现角膜混浊，胎儿积水性无脑症，脑室扩张积水，大脑缺损或发育不全。

不同点： 牛中山病新生犊牛体温升高、视力减弱、听力丧失、痉挛、旋转运动或不能站立，小脑缺损或发育不全；牛赤羽病则表现为肢体异常，两前肢腕关节不能伸展，行走十分困难。牛中山病流产胎儿不见关节屈曲不展和脊柱弯曲等形体异常表现，畸形胎儿剖检不见肌肉病变；牛赤羽病畸形胎儿的四肢、腹部或颈部皮下脂肪、肌膜及肌间呈白色，无弹性，有水肿和胶样变性，肌束萎缩短小。

7. 牛爱野病毒病

相似点： 可通过库蠓传播，多发生于8—9月。感染牛出现早产、产死胎和木乃伊胎、胎儿畸形，死胎可表现四肢关节屈曲、斜颈、脊柱弯曲等体形异常，弱犊体形异常，不能站立。剖检见畸形胎儿无脑、颅腔积液，屈曲不展的关节部位肌肉变短变小，甚至变性。

不同点： 牛爱野病毒病畸形胎儿小脑形成不全的发生率很高；牛赤羽病主要发生于大脑。

六、治疗与预防

1. 治疗

该病暂无特效疗法，因胎儿体形异常引起的母牛难产可做截胎手术。

2. 预防

（1）**加强饲养管理与进口检疫。** 由于该病主要由吸血昆虫引起，因此要消灭牛舍内的蚊子、库蠓等吸血昆虫及其滋生地。同时，加强进口检疫，以防该病的传入。

（2）**免疫接种。** 制订计划定期进行疫苗接种，在流行期之前对妊娠家畜及预定配种的家畜进行赤羽病疫苗接种，可得到充分的免疫力。在流行季节来临之前，给妊娠牛和计划配种牛接种2次，免疫效果良好。

第二十三节　牛伪狂犬病

伪狂犬病（Pseudorabies, PR）又名奥耶斯基氏病、奇痒病，是由伪狂犬病毒（Pseudorabies virus, PRV）引起的能够导致多种家畜及野生动物感染的急性传染病。临床上主要表现为发热、奇痒及脑脊髓炎和神经炎综合征。

伪狂犬病主要发生于猪。1813年在美国的牛群中最早发现，但直到1902年，匈牙利学者Aujeszky才首次将其与狂犬病区分开，确定为一种独立的疾病，称为Aujeszky disease（AD）。随后Schrniedhofer于1910年通过滤过试验证实该病病原是一种病毒。最终由Sabin和Wrght于1934年进一步明确了该病毒为一种疱疹病毒。该病广泛分布于世界各国，报道有40余种动物感染发病，目前主要流行于欧洲和非洲，仅美国、德国、法国等少数国家尚无伪狂犬病发生的报道。近年有人感染猪伪狂犬病毒出现严重神经症状的病例，增加了病毒的公共卫生学意义。

一、病 原

1. 分类及形态结构

伪狂犬病毒（PRV）又名猪疱疹病毒Ⅰ型，属于疱疹病毒科、疱疹病毒甲亚科。目前认为该病毒只有1个血清型，但是各分离株在毒力和所致病理变化方而存在较大差异。该病毒具有典型的疱疹病毒粒子结构，呈圆形或椭圆形，核酸为线性双链DNA分子，病毒粒子直径为110~180 nm，病毒粒子结构依次由纤突、囊膜、核衣壳、核酸和皮层组成。纤突位于囊膜的表面，呈放射状排列，长度为8~10 nm，数量和配置情况尚不清楚。核衣壳壳粒的长度约为12 nm，宽约为9 nm，其空心部分的直径约为4 nm，此层外衣壳下还有2层以上的蛋白质膜。

2. 培养特性

PRV的培养方法主要有鸡胚培养和细胞培养2种。PRV可以通过多种方式传染给鸡胚，适宜后很容易传代。采用鸡胚培养时，强毒接种9~11日龄的鸡胚，3~4 d在绒毛尿囊膜表面上出现隆起的灰白色痘疱样病变、溃疡等；随后病毒严重侵入中枢神经系统，导致鸡胚死亡，主要特征为弥漫性出血、水肿等，尤其以胚胎头盖部表面皮肤出血最为突出。尽管鸡胚对PRV不是很敏感，但应用鸡胚绒毛尿囊膜接种是最早用于该病毒的增殖和培养途径。此外，卵黄囊和尿囊腔接种方式，也可用于该病毒的增殖和传代。

PRV具有泛嗜性，可在多种细胞中增殖，多数研究者采用传代细胞系如PK-15、SK6.PS、IBRS-2、BHK-21，牛的原代肾细胞、人的Hela细胞、猴的GMK细胞和鸡胚成纤维原代细胞等都可用于PRV的增殖。虽然以上细胞都可用于PRV的增殖，但是它们所表现出的敏感度不同，尤以兔肾和猪肾的原代、传代细胞和鸡胚的成纤维原代细胞被证实最适用于PRV的增殖。细胞被PRV感染后，感染细胞会变圆形成合胞体，或是细胞变圆不形成合胞体。合胞体形成与否由病毒毒株毒力所决定，病毒毒株的毒力越强，所形成的合胞体就越多。

3. 理化特性

PRV保存的最适pH值为6~8，过酸或过碱都将使PRV很快灭活。保存在50%甘油生理盐水中，−20 ℃下可存活154 d，且滴度几乎不降低。在4 ℃环境中保存24 h，活力无明显降低，在37 ℃保存，则会下降0.6个对数单位。在−13 ℃、各种pH值条件下，病毒都会很快失活。−80 ℃温度下可长期保存，短期保存时，4 ℃较−15 ℃和−20 ℃更好。

PRV的抵抗力较强，在不同的液体和物体表面至少可存活7 d，在牛舍内的干草中，夏季可存活30 d，冬季可存活46 d。该病毒在56 ℃高温下30 min可被灭活。胃蛋白酶和胰蛋白酶在pH值为7.6时，90 min可破坏该病毒。此外，该病毒对脂溶剂如乙醚、丙酮、氯仿和酒精等高度敏感，对消毒剂无抵抗力。0.5%次氯酸钠溶液和3%酚类溶液10 min可使病毒灭活；在0.6%甲醛溶液中1 h可灭活；5%石灰乳、0.5%~1% NaOH均可将其杀死。此外，碘酊、季铵盐及酚类复合物也能迅速有效地杀灭PRV。

4. 致病机理

病毒进入体内18 h后，在扁桃体、咽部黏膜增殖，再经嗅神经、三叉神经和吞咽神经到达脊髓和脑。病毒亦可以经呼吸道进入肺泡，引起呼吸症状。病牛在病毒血症后，常发生中枢神经系统的炎症，主要表现为皮肤感觉过敏，发生不可耐受的发痒。

二、临床症状

自然感染见于牛、绵羊、山羊、猪、猫、犬以及多种野生动物，鼠类也可自然发病。实验动物以兔最易感，其次为小鼠、大鼠、豚鼠等。病畜和带毒家畜，或带毒鼠类为该病的主要传染源。感染猪和带毒鼠类是伪狂犬病毒重要的天然宿主。主要通过消化道和皮肤创伤感染。病牛常因接触病猪而发病，但病牛不会传染其他牛。该病多在春、冬季节发病，在我国多发生于3—7月。牛感染后致死率很高，几乎高达80%～90%。

该病的潜伏期一般不超过10 d，多数为3~6 d。牛感染该病后通常呈致死性。病牛体温升高达41 ℃，食欲减退，反刍减少，继而出现神经症状，磨牙，狂躁不安，遇刺激惊恐，头颈肌肉痉挛，四肢共济失调，后肢强拘，走路摇摆。经典症状是一些部位奇痒，病牛用舌舔或口咬发痒部位，引起皮肤脱毛、充血，部位多在鼻、乳房、后肢和后肢间的皮肤。剧痒可使病牛狂躁不安、号叫、啃咬发痒部位。随着病程发展而症状加剧，后期则表现为体弱，呼吸和心跳加快，吞咽麻痹，大量流涎，全身强直性痉挛，一般在2 d内死亡。

三、病理变化

病牛剖检一般无眼观病变，或见脑膜充血，伴有过量的脑脊髓液。

四、诊 断

1.病原学诊断方法

（1）病毒分离（VI）。它是诊断该病最确切的一种方法。采取病牛的脑组织（中脑和脑桥含毒量最高）、扁桃体、淋巴结等组织分离病毒。一般情况下，2~5 d即可分离到病毒。PRV的细胞感染谱很广，IBRS-2、BHK-21、Vero、Hela、原代鸡胚成纤维细胞和原代犊牛睾丸细胞等均可用于病毒分离。

（2）动物接种试验。取分离的病毒上清液，于家兔腹侧皮下注射（有时也可用1~4周龄小鼠做接种试验，但家兔对PRV最为敏感），2~3 d，注射局部出现奇痒症状（啃咬注射部位），致使皮肤破损出血；随即后肢麻痹，卧地不起，不时出现痉挛，角弓反张，1~2 d抽搐死亡。或是将强毒接种9~11日龄鸡胚，3~4 d在绒毛尿囊膜表面出现较大的隆起的白色痘疱样病变和溃疡，随后因病毒严重侵袭神经系统导致鸡胚死亡。鸡胚死亡的主要变化为弥漫性出血和水肿，尤其以头盖部表面皮肤的出血最为突出。

2.血清学检测方法

（1）反向间接血凝试验（RPHA）。目前已经建立RPHA、ELISA和FA等3种方法检测PRV抗原，通过与VI比较，发现FA和RPHA不仅与VI有同等的阳性检出率而且特异性更强，同时RPHA试验设备要求低，操作简便，结果直观，更适于基层应用。

（2）免疫荧光技术（FA）。利用该技术对不同病料进行检测，发现扁桃体和淋巴结的检出率最高。经过检测表明，该法特异性强，不与猪细小病毒、腺病毒、血凝性脑炎病毒及肠道病毒发生交叉反应，病毒抗原最低检出量为$10^{1.3}$ TCID$_{50}$/g。在对野外病料的检测中，与病毒分离（VI）相比，IFA和VI两种方法的检测敏感性相似，符合率达98.7%。

（3）免疫组化技术。用免疫过氧化物酶技术检测或用酶标SPA进行免疫过氧化物酶蚀斑染色，可对PRV进行定量分析。

（4）酶联免疫吸附试验。双抗体夹心ELISA是PR临床诊断和进出口检疫的一种简便而可靠的方法。利用双抗体夹心ELISA对人工感染兔和自然感染牛的组织脏器进行检测，结果发现扁桃体、脑和肺的病毒检出率最高，其次为心、肝、脾和肾等组织。

3. 分子生物学检测方法

（1）核酸探针技术。由于核酸探针具有特异性强、敏感性高等特点，现已应用于PRV的诊断。核酸杂交技术不仅可以检测到血清学诊断阳性的病料，还可以检测出呈潜伏感染状态的病毒DNA。在PCR出现之前，原位杂交是短时间检查PRV潜伏感染最敏感的方法。

（2）聚合酶链式反应技术。该技术是20世纪80年代建立起来的一项体外酶促扩增DNA新技术，可用于PRV DNA的扩增，也适用于检测PRV潜伏感染牛，快速鉴别伪狂犬病疫苗毒与野毒。该法灵敏度高，特异性强，方便病料采取。

五、类症鉴别

1. 牛狂犬病

相似点：病牛食欲减退，吞咽麻痹，流涎，磨牙，鸣叫，脑膜充血。

不同点：牛狂犬病一般通过病畜咬伤感染，病牛阵发性兴奋，表现冲撞墙壁、转圈、性欲亢进，无瘙痒症状；伪狂犬病病牛四肢共济失调，后肢强拘，肌肉痉挛，皮肤奇痒，不停蹭痒、啃咬。狂犬病病牛大脑、小脑、延髓的神经细胞胞质内出现特征性的内氏小体。

2. 牛海绵状脑病

相似点：病牛有兴奋不安、磨牙、肌肉震颤等精神症状，共济失调，步态不稳。

不同点：牛海绵状脑病病程较长，一般为14～90 d；牛伪狂犬病病程短，病牛一般在2 d内死亡。牛海绵状脑病临床症状多样化，病牛恐惧、震惊或沉郁，感觉或反应过敏，对光线、声音、触碰及其敏感，耳对称性活动困难，常一只耳伸向前，另一只耳伸向后或保持正常；牛伪狂犬病表现奇痒、流涎，无感觉极度过敏症状。

3. 牛单增李斯特菌病

相似点：病牛平衡失调，转圈，流涎，咽喉麻痹，最后不能站立，发病后2 d内死亡。

不同点：李斯特菌病病牛斜颈，耳郭下垂，最后昏睡死亡，无奇痒和强制性痉挛症状；伪狂犬病病牛头颈肌肉痉挛，共济失调，走路摇摆，有奇痒症状。

六、治疗与预防

1. 治疗

目前对该病尚无特异性疗法，只能采取综合防治措施。在潜伏期或前驱期用伪狂犬病免疫血清或病愈家畜的血清治疗，可获得一定的效果。

2. 预防

（1）加强饲养管理。防止犬、猫等进出圈舍，做好灭鼠工作，严禁牛、猪混养，加强饲养管理，圈舍定期消毒。

（2）**疫苗接种**。对疫区和受威胁区所有易感动物进行预防接种。可使用伪狂犬基因缺失疫苗或牛羊伪狂犬病氢氧化铝甲醛灭活疫苗定期对牛群进行免疫接种。

（3）**消毒及无害化处理**。一旦发现牛感染伪狂犬病，必须对患病牛进行扑杀深埋处理，并对同群牛进行紧急预防注射，对场地及设施严格消毒，对同群牛隔离观察。

（4）**严格引种**。引种时严格检疫，扑杀、销毁阳性牛。同群牛隔离观察30~60 d，证实无病后，方可混群饲养。

第二十四节　牛狂犬病

狂犬病（Rabies）是一种由狂犬病毒属病毒引起的所有温血动物都易感的一种急性接触性传染病，以侵害中枢神经系统、表现神经症状为特征，一旦发病，难免死亡。

一、病　原

1. 病毒分类

狂犬病的病原为狂犬病毒（Rabies virus），属于单股负链RNA病毒目、弹状病毒科、狂犬病毒属。

2. 结构特征

狂犬病毒形态似子弹状，长180 nm，直径75 nm，病毒颗粒是由外壳（Envelope）和核心两部分组成（图4-24-1）。外壳为一紧密而完整的脂蛋白双层包膜，其外镶嵌有1 072~1 900个8~10 nm长的糖蛋白（Glycoprotein，简称G）纤突（Spike），病毒脂蛋白双层包膜的内侧主要是膜蛋白，亦称基质蛋白（Matrix，简称M）是狂犬病毒的最小结构蛋白。病毒的中央是一个直径为40nm的核衣壳核心。病毒的核衣壳（Nucleocapsid）由病毒核酸和包裹在核酸外部的核蛋白（Nucleoprotein，简称N）组成，由30~35个卷曲构成紧密的连续性螺旋结构。每个病毒颗粒约有1 800个紧密排列的核蛋白。另外两种核衣壳核心的蛋白为大转录酶蛋白或称RNA多聚酶（Polymerase，简称L）和磷蛋白（Phosphoprotein，简称P）。N、P和L 3种蛋白总称为核糖核酸蛋白（Ribonucleoprotein，简称RNP）（图4-24-2）。

3. 培养特性

狂犬病毒可在鸡胚绒毛尿囊膜、原代鸡胚成纤维细胞、地鼠肾细胞、小鼠上皮样细胞中增殖，并在适当条件下可形成蚀斑。病毒能在细胞胞质内形成1个至多个圆形或卵圆形的狂犬病毒特异的包涵体，称为内氏小体。

4. 理化特性

病毒对外界抵抗力不强。不耐湿热、高温，50 ℃作用15~60 min、70 ℃作用15 min、100 ℃作用2~3 min均可将其灭活。紫外线和X射线照射也能将其灭活。在冻干或冷冻状态下可长期保存，

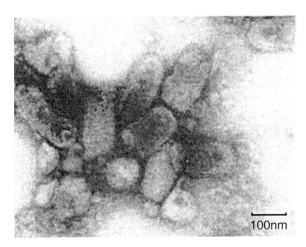

图 4-24-1　电镜下观察到的狂犬病毒粒子

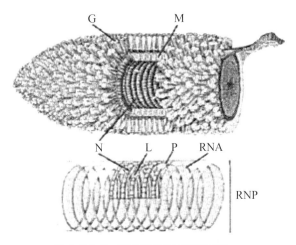

图 4-24-2　狂犬病毒粒子结构示意

在50%甘油溶液或4 ℃下存活数月至1年。对过氧乙酸、高锰酸钾、新洁尔灭、来苏尔等消毒液敏感。1%～2%肥皂水、43%～70%酒精、0.01%碘液、丙酮和乙醚等亦可灭活病毒。

5. 致病机制

狂犬病毒为高度嗜神经性病毒，可引起中枢神经系统急性感染。主要传播途径为被带毒动物咬伤，病毒在伤口附近的肌细胞内复制，通过运动神经末梢侵入外周神经系统，沿神经轴索上行至中枢神经系统，在脑的边缘系统大量复制，从而出现神经症状。发病时间与被咬伤的部位、咬伤程度以及带毒动物的种类有密切关系。因此，狂犬病毒的体内移行可分为3个阶段：病毒在外周组织复制、病毒从外周神经侵入中枢神经系统和病毒从中枢神经系统向各器官扩散。病毒自中枢神经系统向外周扩散的过程中，动物出现临床症状。

二、临床症状

人和各种畜禽及野生动物易感染该病原，牛发病较少。患病的家犬、病牛及带毒的野生动物是该病的主要传染源。患病动物唾液中含有大量病毒，通过咬伤而使病毒进入动物体内，侵害中枢神经系统、表现为神经症状。

病牛体温达40 ℃左右，有的可达41 ℃，初期精神不振，反刍减少，食欲减退，不久废绝。继而表现不安，前肢搔地，阵发性兴奋，表现冲撞墙壁（图4-24-3）、转圈、磨牙、性欲亢进、流涎（图4-24-4）、鸣叫、目露凶光，但很少攻击人畜。随后出现麻痹，如吞咽麻痹、伸颈、臌气。最后倒地不起，衰竭而死。

三、病理变化

剖检脑及脑膜肿胀、充血和出血（图4-24-5），其他器官无典型的肉眼可见变化。

四、诊断

根据有无被病犬、病畜咬伤的病史以及典型临床症状，一般可做出正确的临床诊断。

图 4-24-3　病牛阵发性兴奋并冲撞墙壁（郭爱珍 供图）

图 4-24-4　病牛转圈、磨牙、性欲亢进、流涎（郭爱珍 供图）

1. 生物学诊断方法

（1）**内氏小体检查**。大脑、小脑、延髓的神经细胞胞质内出现该病特征性的内氏小体（图4-24-6），但检出率一般为66%~93%。内氏小体为病毒集落，呈圆形或椭圆形，直径3~10 μm，最常见于感染动物的海马及小脑普尔金组织的神经细胞内。还可以采集患病动物的脑脊髓液或唾液直接涂片、病人的角膜印片或咬伤部位皮肤组织印片或冷冻切片，再用免疫荧光染色技术检测病毒抗原，或者将收集到的脑标本涂片或印片进行锡勒氏染色。锡勒氏染色时，趁玻片上的组织仍湿润时迅速将其浸在染色液中1~5 s，时间的长短取决于组织的厚度。将染色后的玻片在自来水中快速浸洗后空气干燥。阳性标本在油镜下观察：神经细胞被染成蓝色，间质组织染成粉色，内氏小体被

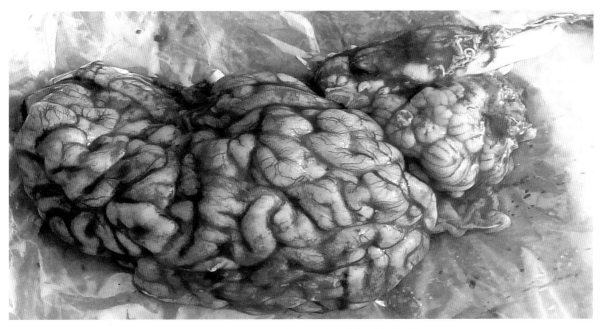

图4-24-5 脑及脑膜肿胀和充血（郭爱珍 供图）

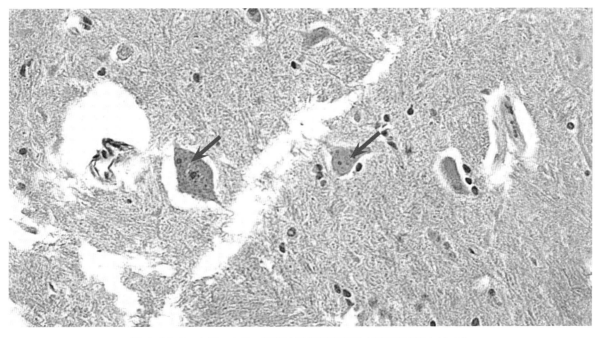

图4-24-6 大脑、小脑、延髓的神经细胞胞质内出现特征性内氏小体

染成红色并带有明显的黑蓝色或黑色嗜碱性颗粒的包涵体。

（2）细胞培养法分离病毒。将唾液、脑脊液、皮肤或脑组织标本研磨后，用PBS或MEM制成30%悬液，4 ℃ 2 000 r/min离心20 min，取上清接种在单层敏感细胞（鼠神经瘤传代细胞、Vero细胞或BHK-21细胞）上，吸附2 h后补加含2%血清的维持液，37 ℃ 5% CO_2孵育4~5 d，用抗狂犬病毒单克隆抗体观察特异性荧光包涵体判断结果。阳性时吸取上清至一无菌容器内-70 ℃保存备用或继续传代。病毒通过细胞的多次传代可以适应细胞。

（3）乳鼠脑内接种试验（MIT）。将病羊脑组织研碎，用肉汤或生理盐水制成10%乳剂，低速离心15~30 min，取上清，按每毫升加青霉素1 000 IU、链霉素1 mg处理，1 h后，接种1~2日龄乳鼠脑内；接种后的乳鼠应饲养在具有高效滤过装置的负压饲养柜。如有狂犬病毒存在，一般在注射后9~11 d死亡，死亡前1~2 d表现兴奋及麻痹等症状。如为了及早诊断，可于5~7 d各杀死小鼠1只，检查内氏小体，其余继续观察；若9~11 d补饲，应继续观察到21 d。

2. 免疫学诊断方法

直接免疫荧光检测（FAT）和 MIT 为 WHO 和 OIE 在狂犬病病原检测和病毒分离时推荐采用的标准方法。FAT 是诊断狂犬病的"金标准"。取脑脊髓液或唾液的涂片、角膜印片或咬伤部位皮肤组织/脑组织印片或冷冻切片，经丙酮固定后用抗狂犬病毒特异性荧光抗体直接染色，获得结果。其原理是直接把荧光色素（如绿色荧光蛋白）标记在已知的特异性抗体上，与玻片上的未知抗原起反应，从而鉴定未知的抗原（图4-24-7）。

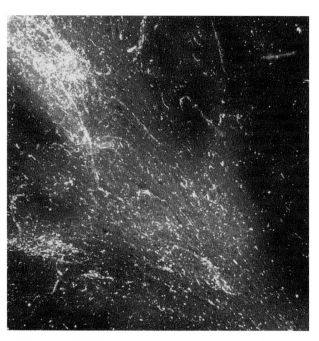

图 4-24-7　鼠接种狂犬病毒病料后脑组织直接免疫荧光检测，狂犬病毒抗原染成荧色荧光（彭清洁 供图）

3. 分子生物学诊断方法

（1）RT–PCR 技术。使用伴有自动测序半套式 RT-PCR 方法，在出现临床症状36 h之内送交的狂犬病人的唾液和皮肤样品中，证实了古典型 RV 的存在。近年来荧光定量 PCR（Q-PCR）技术的不断发展，已成为 RNA 型病毒研究的重要手段。对于 RV，细胞培养系统中活毒的滴定、实验小鼠体内疫苗效价的测定、病毒致病机制研究以及病毒在实验动物体内的分布和载量分析等，Q-PCR 将成为病毒定量分析不可替代的方法。

（2）原位杂交法（ISH）。ISH 可检测 RV 抗原和特异性 RNA。用于病毒检测的单链 RNA 探针，其靶基因是编码1个或5个全部的病毒结构蛋白的基因组 RNA 或 mRNA。Nadin 等研制了基因型特异性探针（Genotype-specific probes），用于对甲醛固定的感染组织中 RV 的基因分型，其优点是不仅可以检测病毒基因组 RNA，还可检测 mRNA 以确定病毒是否复制。本方法特异性和敏感性均较高。

五、类症鉴别

见本章第二十三节"类症鉴别"内容。

六、治疗与预防

1. 治疗

牛被患有狂犬病或可疑患病动物咬伤时，按照相关规定淘汰。

2. 预防

预防该病的关键在于防止牛被病犬咬伤。对牛要定期进行狂犬病疫苗的免疫预防，推荐用灭活疫苗，同时要根据当地狂犬病的危害程度，对受威胁的牛接种畜用疫苗，一般有1年的免疫期。

第二十五节　牛海绵状脑病

牛海绵状脑病（Bovine spongiform encephalopathy, BSE）俗称疯牛病（Mad Cow Disease），是由朊病毒（Prions）引起的一种慢性、传染性、致死性的人兽共患病，是众多动物传染性海绵状脑病（Transmissible spongiform encephalopathy, TSE）的一种，属于OIE疫病名录病种，我国农业农村部规定该病为一类传染病。该病以潜伏期长、病情逐渐加重、中枢神经系统退化、最终死亡为特征。临床症状主要表现为行为反常、神经紧张或焦躁不安、恐惧、惊跳反射加强，具有攻击性，肌肉震颤、共济失调等神经症状。剖检可见脑灰质海绵样水肿和神经元空泡。

1985年4月，疯牛病首次在英国南部阿什福镇被发现，医学专家开始对这一世界始发病例进行组织病理学检查，于1986年11月将该病定名为BSE，并在英国报刊上报道。此后，该病迅速在英国牛群中蔓延，到1995年5月，英国已发现148 200头牛感染该病，并波及整个欧洲。进入21世纪，BSE开始蔓延到欧洲以外的地区，日本（2001年）、以色列（2002年）、加拿大（2003年）和美国（2005年）相继发现本土BSE病例；2012年巴西也发现了本土BSE病例。据OIE统计，截至2014年5月20日，全球共有欧洲、亚洲、北美洲和南美洲四大洲共26个国家报告发生BSE，总病例达190 652例。

一、病　原

1. 形态结构

该病的病原体为一种被称为朊病毒的具有传染性的蛋白质颗粒（Proteinaceous infectious particle），也称为朊粒、朊蛋白、朊毒体。朊病毒属于一种亚病毒因子，它既不同于一般病毒，也不同于类病毒，即不含任何种类的核酸，是一种特殊的具有致病能力的糖蛋白，用PrP表示。

朊病毒体蛋白（Prion protein, PrP）有2种形式，即分子量33~35 kDa的PrPC和分子量27~30 kDa的PrPSC。PrPC是正常细胞具有的糖蛋白，对蛋白酶敏感，存在于细胞表面，无感染性；PrPSC是由PrPC翻译后修饰而来的异构体，仅见于感染动物或人的脑组织中，对蛋白酶有一定的抵抗力，具有感染性。两者蛋白质氨基酸序列完全相同，但二级结构差异巨大，PrPC含42%的α螺旋和仅3%的β折叠，而PrPSC含有30%的α螺旋和多达43%的β折叠。

2. 培养特性

目前朊病毒尚无成功的培养方法。Prusiber等认为朊病毒的增殖是一个指数增长的过程。PrPSC首先与PrPC结合形成一个PrPSC-PrPC二聚体，随后转变为2个分子的PrPSC。在下一个周期

2分子PrPSC与2分子PrPC结合，随后形成4分子PrPSC。PrPSC与PrPC互相作用，从而复制出越来越多的PrPSC分子。

3. 理化特性

朊毒体的理化性质极其稳定。对核酸酶、蛋白酶有抗性；对乙醇、氯仿、丙酮、过氧化氢、甲醛、戊二醛、EDTA等一般化学消毒剂均不敏感；对紫外线照射、离子辐射、超声波、煮沸等物理消毒有抵抗力，134~138 ℃高压蒸汽1 h只能降低其传染性而不能将其完全灭活。

二、临床症状

海绵状脑病有2种类型，一种是经典型海绵状脑病（Typical BSE），是由摄取了由朊病毒污染的饲料所致，平均潜伏期5年；另一种是非典型性海绵状脑病（Atypical BSE），目前认为所有牛群均可自发、低频率出现的疯牛病，是由正常朊蛋白突变成异常的致病性朊蛋白所致。

有证据表明，牛海绵状脑病病原无宿主特异性，除牛以外，也可使其他反刍动物以及部分灵长类动物发病。牛通常在2~5岁感染，4~6岁发病，2岁以下和6岁以上牛很少发生。奶牛发病率显著高于肉牛，品种、性别和遗传因素与BSE的感染性无关。传染源为患病动物的下脚料及肉骨粉饲料。该病不仅可经消化道或经脑内接种发生水平传播，还可以通过妊娠牛的胎盘垂直传播给子代。发病无季节性，病死率可达100%。

病牛食欲正常，体温升高，呼吸频率增加。最常见的神经症状是精神失常、运动障碍和感觉障碍（图4-25-1）。表现为焦虑不安、恐惧、神志恍惚、磨牙；耳对称性活动困难，常一只耳伸向前，另一只耳伸向后或保持正常；运动异常，步态呈鹅步状，共济失调，四肢伸展过度，低头伸颈呈痴呆状；病牛由于胆怯恐惧而攻击靠近它的人，对触摸和声音过度敏感而表现惊恐甚至跌倒。绝大多数病牛食欲良好，但有79%的病例膘情下降或体重减轻，最后衰竭死亡，血液学和生化检查无异常。

图4-25-1　病牛精神沉郁

三、病理变化

病牛脑干灰质两侧呈对称性病变，中枢神经系统的脑灰质部分出现大量的海绵状空泡，神经纤维网出现不连续的中等数量的球形和卵形空洞，细胞质减少，神经细胞肿胀呈气球状。此外，还出现明显的神经细胞变性及坏死状况。

四、诊断

1. 病原学诊断

虽然在电镜下观察不到病毒颗粒，但Wells等已从BSE病牛脑乳剂中分离出具有异常病毒感染特征的痒病相关纤维（SAF）。SAF的形态已通过电镜确认，因此SAF检查也是BSE的特异诊断方法之一，在被检材料不适合做组织病理学检查时尤为重要。通常以冰冻保存的脑和脊髓作为被检材料，死后已发生自溶的组织也可使用。被检材料经免疫电镜负染后，如发现病毒的管丝状颗粒含有单股DNA，中心有一螺旋状的原纤维核，这种原纤维核即为SAF，检测结果为阳性。

2. 免疫学诊断方法

（1）**组织印迹技术**。组织印迹（Histoblot）技术是将灵敏的蛋白检测技术和解剖学组织保存技术结合起来，用于检测组织中微量的PrPSC，其灵敏度较高，甚至可以超过一般的免疫印迹，已被广泛地用于朊蛋白的研究。

（2）**斑点印迹技术**。斑点印迹法灵敏度较低，但操作简便，对仪器设备要求低，适合大批量标本的筛查，易于普及推广。

（3）**免疫印迹技术**。该技术主要用于脑组织中PrPSC检测，可测出PrPSC的相对分子质量及其糖基化情况，PrPSC的糖基化类型可用于区分不同类型的传染性海绵状脑病。因此该方法不仅可以检测PrPSC，而且可对传染性海绵状脑病进行分型。由于样品需要蛋白酶K预处理，所以会不可避免地造成PrPC和少量PrPSC降解，从而影响了该方法的敏感性。免疫印迹（Immunoblot, Westernblot）技术简便、快速，对仪器设备要求低，而且不受组织自溶的影响，能在组织病理学结果阴性或可疑的情况下检出PrPSC。目前，已成为朊蛋白研究中最常用的检测方法之一。

（4）**免疫组化技术**。免疫组化（Immunohistochemical）是利用特异性抗体直接显示组织切片上PrPSC。由于可以对PrPSC的沉积进行精确的解剖学定位，这为临床病理学诊断提供翔实的客观依据。因此，具有很高的临床诊断价值。免疫组化可以检测甲醛固定、石蜡包埋的组织标本，应用面较广。

（5）**酶联免疫吸附试验**。该方法具有灵敏、特异、简便、快速、可定量和自动化等特点，非常适合大批量标本的普查筛选工作。目前报道的用于检测PrPSC的ELISA方法有2种：一种是间接法，另一种是双抗体夹心法。检测的灵敏度和特异性都较高，适合于大规模自动化检测。

五、类症鉴别

见本章第二十三节"类症鉴别"内容。

六、防控

对于牛海绵状脑病，目前尚无有效的治疗方法，也无疫苗。为了防控该病，主要采取以下综合防控措施。

1. 禁止从发病国家或地区进口活牛以及反刍动物源性肉骨粉、骨粉和饲料等风险物质

这是防范BSE传入的首要关口。英国发生BSE后，正是由于英国向许多国家输出了感染的肉骨粉，才导致了BSE在欧洲蔓延。随后，欧盟规定禁止英国的活牛及其产品进入其他欧盟成员国或第三国。目前，全球各国的做法是，在进口风险分析的基础上，根据《OIE陆生动物卫生法典》要求进口相关动物及其产品，并进行严格的入境检疫。

2. 发布并严格执行饲料禁令

自调查表明饲喂反刍动物肉骨粉是BSE传播的基本途径后，不论BSE发病国家还是未发病国家都先后发布并执行了反刍动物饲料禁令（禁止反刍动物蛋白饲喂反刍动物），并适时进行了修订，其中欧盟饲料禁令最严格。例如，1994年7月，欧盟禁止哺乳动物蛋白饲喂反刍动物；2001年1月，欧盟引入完全饲料禁令，禁止加工动物蛋白（PAP）饲喂农场饲养动物。美国1997年发布饲料禁令，禁止大多数哺乳动物蛋白用于反刍动物饲料生产；2008年又发布了加强的饲料禁令，在所有动物饲料中禁止使用特定牛源性物质。

3. 剔除特殊风险物质（SRM）

这也是防控BSE主要措施之一。OIE规定的SRM范围为：扁桃体、回肠末端、脑、眼、脊髓、头颅、脊柱等，且根据国家的BSE风险等级不同，范围也略有不同。欧盟从2001年10月起，要求剔除和销毁SRM，不准其进入食品和饲料链。目前，欧盟规定牛科动物的SRM包括：12月龄以上动物的颅骨（不包括下腭骨）、脑、眼睛和脊髓，30月龄以上动物的脊柱（背根神经节），以及所有年龄动物的扁桃体、肠（从十二指肠到直肠）及肠系膜。

4. 开展 BSE 监测

监测是发现、控制和扑灭BSE的基础。OIE在20世纪90年代就制定了BSE监测指南，并不断修订，目前已经建立了以BSE风险状态为基础的监测体系，将监测牛群分为正常屠宰牛、临床疑似牛、死牛和紧急屠宰牛4类。全球各国都是以OIE关于BSE的监测要求为基础来制定本国BSE监测计划，开展BSE的主动监测和被动监测。例如，欧盟从1998年开始进行BSE的主动监测，并对正常屠宰牛的检测月龄不断调整，从2013年开始已不对正常屠宰牛进行BSE检测。

第五章

牛细菌病

第一节　牛炭疽病

　　炭疽是由炭疽芽孢杆菌引起的急性、热性、败血性人兽共患传染病。以天然孔出血、血液呈煤焦油样凝固不良、皮下及浆膜下结缔组织出血性浸润、脾脏显著肿大为主要病变特征。

　　1849年，达韦纳和波伦德首次在病死牛的血液中发现炭疽芽孢杆菌。1876年，柯赫人工培养炭疽芽孢杆菌获得成功。1881年，巴斯德成功制备炭疽芽孢杆菌弱毒疫苗，同时完成了免疫预防注射试验。炭疽散布于世界各地，尤以南美洲、亚洲及非洲等地牧区较多见。目前，大约有82个国家发现过动物炭疽病。该病是《OIE陆生动物卫生法典》病种，《中华人民共和国进境动物检疫疫病名录》规定为二类传染病。同时，炭疽杆菌芽孢被认为是一种重要的生物材料，因此也是防生物战医学的重要研究对象。

一、病　原

1. 分类与形态特征

　　炭疽芽孢杆菌（Bacillus anthracis）属于芽孢杆菌科、芽孢杆菌属，为革兰氏阳性大杆菌，大小为（1.0~1.2）μm×（3.0~5.0）μm。菌端平直呈刀切状；无鞭毛，不运动，芽孢为椭圆或圆形，位于菌体中央或略偏于一端，芽孢囊大于菌体，可形成荚膜。DNA的（G+C）mol%为32.2~33.9。在动物血液和组织中呈单个、成对或少数为2~5个菌体相连的短链，菌体矢直，相连的菌端平截而呈竹节状（图5-1-1）。炭疽芽孢杆菌荚膜抗腐败能力较强，当菌体因腐败而消失之后，荚膜仍可残留，称为"菌影"。菌体在病牛体内不形成芽孢，但暴露于空气中，于12~42℃条件下可形成芽孢。

2. 生化与培养特性

　　炭疽芽孢杆菌为需氧和兼性需氧菌，厌氧条件下生长不良。生长温度范围为15~44℃，最适生长温度30~37℃，最适pH值为7.2~7.6。对营养要求不高，普通培养基上生长良好。强毒菌株在普通琼脂平板上生长成灰白色不透明、大而扁平、表面粗糙、边缘呈卷发状的粗糙型（R）菌落，37℃ 24 h后，菌落外观如"玻璃毛"，低倍镜下像波浪形的发束（图5-1-2）。无毒或弱毒菌株则形成稍小而表面隆起、较为光滑湿润、边缘较整齐的光滑型（S）菌落。在50%血清琼脂上，含10%~20%二氧化碳培养时可产生光滑黏稠的菌落，并产生荚膜。血琼脂上一般不溶血，个别菌株产生狭窄的轻微溶血带。初次分离菌在血琼脂上形成黏性、圆形、整齐、光滑的菌落，由于有荚膜形成，菌落易粘于接种环上，移动时形成长线状。炭疽芽孢杆菌可发酵葡萄糖产酸、但不产气，不

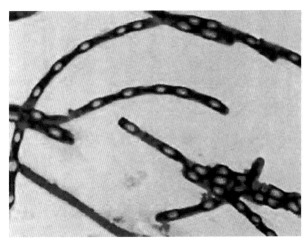

图 5-1-1　炭疽芽孢杆菌的椭圆形芽孢位于菌体中间

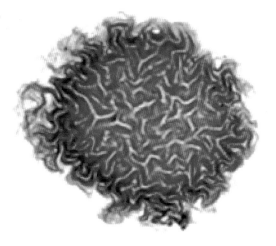

图 5-1-2　炭疽芽孢杆菌粗糙型（R 型）菌落

发酵阿拉伯糖、木糖和甘露醇；能分解淀粉、明胶和酪蛋白；VP试验阳性，不产生吲哚和硫化氢，能还原硝酸盐；不能或微弱还原亚甲蓝。该菌具有缓慢地发酵水杨苷，液化明胶，使石蕊牛乳凝固、褪色并胨化，以及缓慢地使亚甲蓝还原等特性，这些特性在与其他类似细菌体的鉴别上有参考作用。

3. 抗原与致病性

该菌有荚膜抗原、菌体抗原、保护性抗原和芽孢抗原4种主要抗原成分。其中荚膜抗原仅见于有毒菌株，与细菌毒力有关；芽孢抗原是芽孢的外膜层含有的抗原决定簇，其与皮质一起组成炭疽芽孢的特异性抗原，具有免疫原性和血清学诊断价值。病畜的致病与死亡是由菌体释放的外毒素蛋白复合物作用所致。外毒素蛋白复合物由3种成分组成：水肿因子（EF）、保护性抗原（PA）及致死因子（LF）。牛等草食动物炭疽多表现为急性败血症症状；猪炭疽多为慢性咽喉局部感染；犬、猫和肉食动物多表现为肠炭疽；人类对炭疽的易感性介于草食动物与猪之间，可引起脑膜炎、咽喉炭疽和毒血症。

4. 理化特性

该菌繁殖体的抵抗力不强，60 ℃经30~60 min或75 ℃作用5~15 min即可死亡。对常用浓度的一般消毒剂敏感，如1∶5 000倍洗必泰或消毒净溶液、1∶10 000倍新洁尔灭、1∶50 000倍度米芬溶液在5 min内即可将其杀死，其他消毒剂如新配20%石灰乳、20%漂白粉溶液、2%~4%甲醛溶液、0.5%过氧乙酸溶液、4%高锰酸钾溶液、1%活性氯胺溶液、0.1%升汞溶液和0.04%碘液等也可用于消毒灭菌。繁殖体对青霉素、先锋霉素、四环素、卡那霉素、庆大霉素、金霉素、强力霉素及磺胺类药物敏感，其中以青霉素为首选药物。

然而炭疽芽孢杆菌的芽孢抵抗力特别强，干燥状态下可存活32~50年，在土壤中可保持传染性达20年以上。芽孢经蒸汽或100 ℃煮沸25 min、干热160 ℃作用60 min、121 ℃高压15 min可被杀灭。芽孢对碘敏感，0.04%碘液作用10 min可被灭活。特别应注意的是，一般染色制片方法，如加热固定，不能杀死芽孢。

5. 致病机理

炭疽芽孢杆菌的毒力主要取决于荚膜多糖和炭疽毒素。炭疽杆菌或芽孢侵入机体后，首先在侵入部位增殖或出芽繁殖，并引起炎症反应，同时获得荚膜。荚膜可以保护菌体不受白细胞的吞噬和溶菌酶的破坏作用。炭疽芽孢杆菌外毒素蛋白的3种成分单独均无毒性作用，至少要有2种相关成分协同，才能发挥相应的毒性作用。水肿因子可以导致局部水肿，菌体可在水肿液中繁殖，并经淋巴管进入局部淋巴结繁殖，进一步扩散至血液循环，发生败血症。毒素的整体作用是损害和杀死吞噬细胞，激活凝血酶原，发生弥漫性血管内凝血，损伤毛细血管上皮使液体漏出，血压下降，使病畜陷入休克状态。毒素蛋白复合物亦能抑制补体的活力，使吞噬作用低下。毒素蛋白复合物对动物的最终作用是水肿、休克及死亡。这种毒性作用可用特异性抗血清中和。

二、临床症状

各种家畜、野生动物都有不同程度的易感性。牛等草食动物最易感，其次是杂食动物，再次是肉食动物，家禽一般不感染。人易感。

该病主要经消化道、呼吸道和皮肤感染，吸血昆虫叮咬可传播该病。虽无严格的季节性，但多发生于炎热、多雨和潮湿的夏季，在吸血昆虫多、雨水多、江河泛滥时容易发生传播。病畜是该病的主要传染源，病菌可随粪便、尿液、唾液以及天然孔出血排出体外。同时，当病畜尸体处理不当，形成芽孢，污染土壤、水源、放牧地等，可成为长久的疫源地。过去多呈地方流行性，现多为散发。

牛炭疽病自然感染者潜伏期1~3 d，部分可达14 d。按临床表现可分为最急性、急性、亚急性和慢性等4种类型，但慢性很少，仅表现为逐渐消瘦，病程可长达2~3个月。

1. 最急性型

病程为数分钟至几小时。病牛突然倒地，全身战栗，呼吸高度困难，黏膜发绀呈青紫色，口腔、鼻腔流血样泡沫，肛门和阴门流凝固不全的暗色血液，最后昏迷死亡。

2. 急性型

病牛多呈急性型，病程一般1~2 d。病牛体温升高达40~42 ℃，食欲减退或废绝，呼吸加快，反刍停止，产奶量减少，妊娠牛可发生流产。病情严重时，病牛惊恐、哞叫，随后变得精神沉郁，呼吸困难，肌肉震颤，步态不稳，黏膜发绀呈青紫色。初期便秘，后期腹泻、便血，有血尿，尿液呈暗红色。病牛天然孔出血，抽搐痉挛。濒死期体温迅速下降，因高度呼吸困难而窒息死亡。

3. 亚急性型

病牛症状较轻微，病程为2~5 d，甚至1周以上。体温升高，食欲减退，在皮肤（颈部、胸前、下腹、肩胛部）、直肠或口腔黏膜出现局部炎性水肿，初期较硬，有热痛，后变冷而无痛，最后中心部位发生坏死，即所谓的"炭疽痈"。

三、病理变化

病牛尸体迅速腐败而膨胀，尸僵不全，天然孔流暗红色血液；血液黏稠如焦煤样，凝固不全。皮下与肌间结缔组织、肾组织、舌筋、肠系膜、膈、各部浆膜和黏膜，以及各实质器官等均有大量出血点或出血斑。皮下组织胶冻样浸润，常见于颈、肩胛、胸前、下腹及外生殖器等部位。除最急性病例外，脾脏明显肿大至正常脾脏的2~3倍，呈暗红色，软化如泥状，脾髓呈暗红色如煤焦油样。肝、肾脏充血肿胀，质软易脆；心肌松软呈灰红色，心内、外膜出血；呼吸道黏膜及肺脏充血、水肿；全身淋巴结肿大、出血、水肿，切面呈黑红色有出血点；消化道黏膜有出血性坏死性炎症变化。

四、诊 断

1.诊断要点

病牛突发高热死亡，或体表出现"炭疽痈"，濒死期天然孔流出凝固不全的血液，应首先怀疑是炭疽病。死于疑似炭疽病的病畜尸体严禁解剖，只能自耳根部采取血液，必要时可通过穿刺或切开肋间采取脾脏。

2.细菌学诊断方法

按国家规定，实验室病原学诊断必须在相应级别的生物安全实验室进行。大量活菌操作应在生物安全三级实验室进行，动物感染试验应在动物生物安全三级实验室进行，临床样本检测应在生物安全二级实验室进行。

（1）**直接染色镜检**。取疑似病牛耳缘血液、病变部位水肿液或渗出液等直接涂片，经碱性亚甲蓝染色、瑞氏染色或吉姆萨染色镜检，如发现有荚膜的竹节状大杆菌，即可做出初步诊断。

（2）**细菌分离**。取疑似病牛的耳部血液、渗出液或组织器官，可用普通琼脂或血琼脂平板进行分离培养。血琼脂平板在接种前应放在37 ℃孵箱中，将表面烘干，接种后培养12 min，最长不得超过15 min，取出观察早期菌落特征和溶血性。如培养时间过长，菌落过大，会影响观察。如接种戊烷脒血琼脂平板，虽可抑制其他杂菌生长，但炭疽杆菌也会受到轻度抑制，菌落生长较慢、较小，但仍保持狮子头状和不溶血的特征。根据菌落特征和溶血反应，挑选可疑炭疽杆菌菌落，接种于增菌肉汤中，进行纯培养，再将分离到的纯菌进行鉴定。

（3）**动物接种试验**。小白鼠、豚鼠和家兔是最为常用的试验动物。首先将病料或培养物用生理盐水制成5~10倍乳剂，小白鼠腹部皮下注射0.2 mL，豚鼠皮下注射0.5 mL，家兔皮下注射1.0 mL。12 h后试验动物注射部位局部水肿，小白鼠于24~36 h、豚鼠和家兔于2~4 d死于败血症，剖检可见注射部位胶样浸润及脾脏肿大（图5-1-3）等典型的病理变化。如涂片镜检发现有荚膜的竹节状

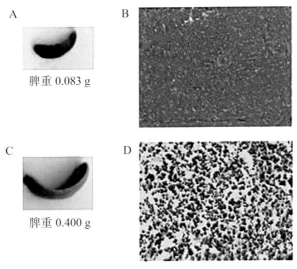

A

脾重 0.083 g

B

C

脾重 0.400 g

D

图 5-1-3 小白鼠注射炭疽毒素导致的脾肿大和脾组织学变化
小鼠注射炭疽毒素后，脾脏肿大导致重量增加4.8倍。组织学观察发现脾组织结构紊乱，
脾细胞严重消失（HE 染色，400倍放大）

大杆菌时即可确诊。

（4）阿斯卡利试验。当病料已经腐败或不能从培养物中分离出炭疽杆菌时，以及检查大量畜产品时，可用该方法。炭疽杆菌沉淀抗原具有很高的耐热性和耐腐败性，死后1.5年以上的腐败炭疽尸体仍可出现阳性反应。炭疽尸体以脾脏含沉淀原量为最高，其次为血液，再次为肝、肺、肾等，皮肤和肌肉的含量很低。因此，采取病料以肝、脾、肾、血液为宜。具体步骤为：将被检血液或脏器研磨后，用生理盐水稀释5~10倍，煮沸15~20 min，取浸出液用中性石棉滤过，用毛细管吸取透明滤液，然后缓慢地将其装入小试管内的沉淀素血清上，1~5 min内如接触面出现清晰的白色沉淀环（白轮），即为阳性。

（5）荚膜肿胀试验。该方法的原理是利用抗炭疽荚膜血清与炭疽荚膜抗原发生反应，使得荚膜增厚，镜检时，在炭疽杆菌的周围可以看到折光性强的荚膜。具体方法是，待测液首先涂布于载玻片，然后滴加1滴抗炭疽荚膜血清，混匀，制成湿片，镜下观察，如在大杆菌周围可见边缘清晰、厚薄不等的荚膜，即为阳性。

3. 免疫学诊断方法

（1）酶联免疫吸附试验。该方法灵敏性高，重复性好，试剂制备容易，有效期长，仪器设备简单。据认为用PA的间接ELISA检测血清中的抗PA IgG具有高敏感性（98.6%），但特异性较低（约80%），需进一步PA竞争ELISA进行确诊。将磁性微球等新材料用于捕获靶细菌的抗原或抗体，可提高ELISA的灵敏度和特异性。

（2）放射免疫法（Radioimmunoassay, RIA）。灵敏度高，检测限可达皮克，特异性好，样品用量少，操作方法易标准化。缺点主要在于同位素引入增加了对实验人员的不安全性。

4. 分子生物学诊断方法

（1）质粒电泳图谱分析。炭疽杆菌的2种质粒分别编码其毒素和荚膜，性能稳定，且能根据所含质粒判断菌株的毒力强弱，所以质粒电泳图谱分析法可用于分析和鉴定疑难菌株。

（2）聚合酶链式反应。应用PCR检测炭疽杆菌，采用蜡样的杆菌群进行细菌DNA提取，在临床实践中应选择合适的DNA片段作为模板，设计引物进行扩增。该方法特异性高、快速、敏感性明显高于其他常规方法。

（3）基因探针技术。它是从分子遗传学角度对强毒炭疽杆菌做检测的一种技术，基因探针对强毒炭疽芽孢杆菌非常特异、高度敏感。研究者对炭疽芽孢杆菌的全基因序列进行了分析，利用主基因组特异性序列的片段（GS）和以毒力岛*pagA*基因序列为靶基因，开发了快速、准确、特异检测炭疽芽孢杆菌的*TaqMan*探针检测体系，能够明确区分出炭疽杆菌的强毒株和弱毒株。

五、类症鉴别

1. 牛肺炎链球菌病

相似点：最急性型病牛突然发病，呼吸困难、黏膜发绀、全身战栗、数小时内死亡。病牛体温升高（40 ℃以上），呼吸加快、困难，反刍停止，黏膜发绀，腹泻，便血。剖检见全身浆膜、黏膜、肌间出血，脾脏充血、肿大，脾髓呈暗红色，肝、肾充血。

不同点：3月龄以下犊牛多发。病牛有咳嗽，初期干咳，后变为湿咳；流涎、流浆液性或脓性鼻液；肺部听诊，肺泡呼吸音粗粝，肺前下部有啰音，触诊气管表现敏感、不安。肺心叶、尖叶、间叶充血，呈暗紫色，质地坚硬，切面流出淡红色液体，膈叶有不同程度的肺炎灶；有病变的肺叶质地不均，切面弥散性大小不等的脓肿，有的出现大面积坏死灶。脾质韧如硬橡皮，即所谓的"橡皮脾"；肝、肾有脓肿；胸腔渗出液明显增量并积有血液。

2. 牛巴氏杆菌病

相似点： 由牛多杀性巴氏杆菌引起的牛出血性败血症（简称"牛出败"）伴发水肿型与牛炭疽病症状相似。最急性型病牛突然倒地死亡，天然孔流血。病牛体温升高（41~42 ℃），精神不振，食欲废绝，呼吸加快，肌肉震颤，初期便秘，后期腹泻、便血，体表有局部炎性水肿，呼吸极度困难，皮肤和黏膜发绀。剖检见病牛全身黏膜、浆膜以及肺、舌、皮下组织和肌肉有出血点，颈部、胸前等部位皮下胶样浸润，心外膜充血、出血。

不同点： 出血性败血病病牛鼻镜干裂，眼结膜潮红、肿胀、流泪，有时咳嗽或呻吟，泌乳减少或停止；炭疽病病牛不出现此症状。出血性败血病病牛胸腔积液，淋巴结水肿，脾脏有小出血点；炭疽病病牛全身淋巴结肿大、出血、水肿，切面呈黑红色，有出血点，脾脏肿大至正常脾脏的2~3倍，呈暗红色，软化如泥状，脾髓呈暗红色如煤焦油样。

3. 牛恶性水肿

相似点： 牛恶性水肿与牛炭疽病亚急性型症状相似。病牛体温升高，食欲减退，呼吸困难，高热，眼结膜充血、发绀，病牛身体局部有肿胀，初期有热痛，后期无热无痛，天然孔流暗红色血液。

不同点： 牛恶性水肿多为散发，经创口感染；牛炭疽病多呈地方性流行，经消化道、呼吸道和皮肤感染。恶性水肿病牛的肿胀部位后期手压柔软、有捻发音；牛炭疽病肿胀部位后期中心部位发生坏死，即"炭疽痈"。恶性水肿病母牛若经分娩感染，阴道流出不洁的红褐色恶臭液体，阴道黏膜潮红、增温、会阴水肿；公牛因去势感染时，阴囊、腹下发生弥漫性气性炎性水肿。恶性水肿病牛剖检可见发病局部皮下和肌肉间结缔组织有污黄色液体浸润，含有气泡，其味酸臭，肌肉呈白色，有的呈暗褐色，肝脏气性肿胀，肾脏混浊变性，其被膜下有气泡，呈海绵状，心包、胸腔和腹腔有多量血样积液，脾脏、淋巴结肿大，偶有气泡；炭疽病病牛全身皮下黏膜、浆膜、肌间、各实质器官等有大量出血斑点，肝、肾脏充血肿胀，脾脏肿大2~3倍，呈暗红色，软化如泥状，脾髓呈暗红色如煤焦油样，全身淋巴结肿大、出血、水肿，切面呈黑红色，有出血点。

4. 牛气肿疽

相似点： 病牛体温升高，食欲废绝，颈部、胸前、下腹、肩胛部、口腔等处出现炎性水肿。病死牛天然孔流带泡沫的血液，尸体迅速腐败而膨胀。

不同点： 牛气肿疽肿胀部位皮肤干硬而呈暗黑色，穿刺或切面有黑红色液体流出，内含气泡；牛炭疽病肿胀中心部位发生坏死。牛气肿疽病牛患部肌肉呈黑红色，有血样胶冻样浸润，肌肉间充满气体，呈疏松多孔的海绵状，有酸败气味；胸腔和腹腔积有血样渗出物；局部淋巴结充血、出血或水肿；肝、肾呈暗黑色，常因充血稍肿大，还可见到豆粒大至核桃大的坏死灶，切面有带气泡血液流出，呈多孔海绵状。

六、治疗与预防

1. 预防

疫区牛群每年应定期注射无毒炭疽芽孢苗或者Ⅱ号炭疽芽孢苗。牛体注射疫苗后，15 d左右即可产生免疫力，免疫期1年。Ⅱ号炭疽芽孢苗不论大小牛均可皮下注射1 mL，1岁以下牛皮下注射0.5 mL。

2. 疫情暴发和处理

一旦发生疑似炭疽疫情，应按国家《家畜炭疽防治技术规范》（DB65/T 4122—2018）的要求进行处理，包括报告、划定疫区、隔离封锁、诊断、扑杀、消毒、受威胁区的健康牛群及其他敏感动物紧急免疫接种。严禁疫区进行畜禽及产品的交易以及人畜车辆的往来。疫区必须在最后一头病牛痊愈或者死去、扑杀以后，经过20~30 d再没有病例发生，彻底消毒后方可解除封锁。

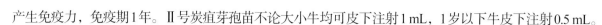

第二节　牛结核病

牛结核病（Bovine tuberculosis）是由牛分枝杆菌和结核分枝杆菌引起的一种慢性消耗性人兽共患传染病，临床上以被感染的组织和器官形成特征性结核结节和干酪样坏死为特征。

早在14世纪，人们对牛结核病就有一定的关注。1865年，由法国军医维尔曼将死于结核病的人肺内化脓性液体接种到兔体内，证明了结核病的传染性；1882年，德国科学家科赫发现了结核病的病原菌是结核分枝杆菌，并因此于1905年获得诺贝尔奖。1898年，史密斯通过培养特征的差异将结核分枝杆菌和牛分枝杆菌区分开来，并发现牛分枝杆菌对实验动物具有致病性。牛结核病被OIE列入动物疫病名录，在我国属二类动物疫病和优先控制疫病，是重要的人兽共患病，采取"检疫扑杀"策略进行控制和净化。

一、病 原

1. 分类与形态特征

牛结核病主要由牛分枝杆菌引起。近年来，从牛结核病灶中分离到结核分枝杆菌的报道逐渐增多，关于结核分枝杆菌对牛的致病性证据也越来越多，但尚未完全定论。禽结核分枝杆菌感染牛可干扰牛结核菌素皮内变态反应等。

牛分枝杆菌为专性需氧菌，是一种细长而稍弯曲的杆菌，长1.5~4 μm，宽0.2~0.5 μm，无鞭毛，无运动性，不形成芽孢，无荚膜，不产生内、外毒素，革兰氏染色阳性但着色不佳。常用染色方法为齐尼（Ziehl-Neelsen）抗酸染色法，指以5%石炭酸复红加温染色后可以染上，但用3%盐酸乙醇不易脱色，导致牛分枝杆菌染成红色（图5-2-1）。若再加用亚甲蓝复染，则牛分枝杆菌呈红色，而其他细菌和背景中的物质为蓝色（图5-2-2）。

该菌为专性需氧菌，对营养要求严格。最适pH值为6.4~7，最适温度为37~37.5 ℃。需特殊营养物质，生长缓慢，需要生长4周左右才能看见菌落。常用罗杰培养基，含有蛋黄、甘油、马铃薯、无机盐和孔雀绿等特殊成分；还可用Middle Brook 7H11培养基、丙酸培养基和小川培养基等。菌落粗糙、隆起、不透明、边缘不整齐，呈颗粒状、结节状或花菜状，乳白色或米黄色（图5-2-3）。

2. 理化特性

由于分枝杆菌富含类脂和蜡脂，因此对外界环境抵抗力强。阴湿处可生存5个月以上，0 ℃可

图 5-2-1　牛分枝杆菌纯培养物抗酸染色
（郭爱珍 供图）

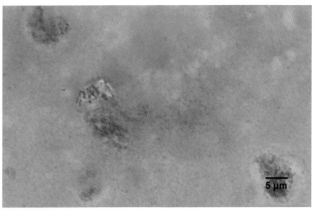

图 5-2-2　牛分枝杆菌感染组织触片抗酸染色
（郭爱珍 供图）

生存 4~5 个月。对紫外线敏感，阳光暴晒 2 h、62~63 ℃持续 15 min、85 ℃持续 5 min 或 90 ℃持续 1 min 均可将其杀死。该菌与 70%~75% 酒精接触 2 min 即可被杀灭，0.5% 碘酊、3 000 mg/L 有效氯消毒剂、2% 戊二醛溶液、6% 过氧乙酸溶液、5% 石炭酸溶液、5% 来苏尔溶液可用于污染表面和污染物的消毒。但对常用消毒剂不敏感，能抵抗 4% 氢氧化钠溶液、3% 盐酸溶液和 6% 硫酸溶液、1∶75 000 倍结晶紫溶液、1∶13 000 孔雀绿溶液、苯扎溴铵溶液、氯己定等。

该菌对常用多种抗生素和磺胺类药物不敏感，对链霉素、异烟肼、利福平、乙胺丁醇、对氨基水杨酸、丙嗪酰胺、喹诺酮类药物敏感。但

图 5-2-3　罗杰培养基（左）和 Middle Brook 7H11 培养基（右）上的菌落（郭爱珍 供图）

由于牛结核病采用检疫扑杀策略进行控制和净化，故对检疫阳性牛和病牛均不进行治疗。

二、临床症状

牛分枝杆菌主要感染牛，奶牛尤为敏感，其他家畜和野生反刍动物及人均可感染，对家禽无致病性。该病主要通过呼吸道传播，其次为消化道。一年四季均可发生。潜伏期一般为 16~45 d，长可达数月，甚至数年。病牛的临床症状随患病器官的不同而异，共同的表现是渐进性消瘦和贫血。

1. 肺结核

它最为常见，病牛表现顽固性咳嗽，尤其在清晨最易见。后期表现呼吸促迫、困难，鼻孔有干酪样鼻液，咳嗽加重，肺音粗粝，有啰音，有时可见摩擦音。

2. 乳房结核

病牛乳房淋巴结肿大，乳房硬肿，于乳房中可摸到无热无痛的硬结，泌乳量减少甚至停乳，乳汁稀薄，有时混有脓块。

3. 肠结核

多见于犊牛，表现为消化不良，精神萎靡，食欲不振，便秘与下痢交替出现或顽固性下痢。

4. 淋巴结核

各种淋巴结都可能发生，多发生于病牛的体表，可见局部肿硬变形，无热痛。有时有破溃，形成不易愈合的溃疡。常见于肩前、股前、腹股沟、颌下、咽及颈淋巴结。

三、病理变化

病畜的肉尸通常比较消瘦。器官或组织形成结核结节是结核病的特征病变。单个的结核结节其大小如帽针头至粟粒大，呈半透明灰白色圆形，随着病程发展，其中心区多陷于坏死，因而变成混浊的微黄色干燥物。最后发生钙化。结核结节也可能继续增长变大，或几个相互融合成外形和大小不一的结核病变。这种增生型的结核结节多呈局灶性，但有时也表现为灰白色、多汁、半透明、软而韧的绒毛状肉芽组织的弥漫性增生，其间散布着黄色小结节，部分为坚硬的圆形构造，犹如葡萄状肉疣。随后在部分结节或肉疣的组织中也形成干酪样或灰浆状物质，此种现象多见于浆膜，称为"珍珠病"（图5-2-4），对诊断有一定的价值。该病变可发生在任何器官和淋巴结，以牛的胸膜、支气管和纵隔淋巴结最为多见，消化器官的淋巴结、腹膜和肝也常发病。

图5-2-4　牛结核病又被称为"珍珠病"（郭爱珍 供图）

1. 肺结核

常发生于胸腔器官，尤其是肺。肺粟粒性结核具有多数如粟粒大的小结节，呈黄白色，坚硬而透明。后期结节增大，并被覆纤维素性包膜。肺部病灶如与支气管连接，则有脓样内容物（图5-2-5）随痰液咳出，而病灶处留有空洞。肺结核结节的内容物也可形成黄色干酪样坏死物（图5-2-6）。

图5-2-5　结核结节内有化脓灶
（郭爱珍 供图）

图5-2-6　结核结节内有干酪样坏死物
（郭爱珍 供图）

2. 胸、腹膜结核

胸、腹膜的浆膜上常出现特殊的结核性增殖，形成许多灰白色至粉红色且有光泽的坚硬结节，切面有干酪样或石灰样变性。珍珠样小结节常集合成丛，形似葡萄状或疣状团块。

3. 乳房结核

常见于乳房后部，一侧或两侧乳房增大；乳腺内有坚硬结节，含干酪样或钙化内容物。乳房上淋巴结肿大、硬化。

4. 肠结核

多见于小肠和盲肠，形成大小不一的外口狭窄内腔膨大的囊形溃疡，内有黏液脓状物，底部有细小的肉眼可见的小结节。

5. 淋巴结核

淋巴结肿大多汁，内含灰白色、半透明、结节状的结核灶及各种大小的干酪样变性和钙化灶。

四、诊 断

1. 细菌学诊断方法

按国家规定，实验室细菌学诊断必须在相应级别的生物安全实验室进行。大量活菌操作应在生物安全三级实验室进行，动物感染试验应在动物生物安全三级实验室进行，临床检本检测应在生物安全二级实验室进行。

一般采取病牛的病变组织、口咽液、粪便、尿液、乳汁及其他分泌物等，做涂片镜检、细菌培养和动物接种试验等细菌学检测。涂片镜检法检出阳性率不高，且无法区分死菌和活菌，但该方法所需设备简单，操作简便，能为进一步检测提供早期依据。细菌培养在牛结核病诊断方面虽然具有决定性的意义，但由于其生长对营养要求较苛刻，生长缓慢，一般培养需30 d左右才能看到菌落，且培养检出率低，敏感性差，需要在生物安全二级以上实验室内进行。

2. 免疫学诊断方法

（1）结核菌素皮试法（Tuberculin skin test, TST）。TST是OIE和各国的牛结核病法定诊断方法。该方法是用牛结核菌素（Purified protein derivative, PPD）进行颈部或尾皱皮内接种，72 h后观察皮皱厚度增加值。只注射牛结核菌素的皮试法称为单皮试，同时注射牛结核菌素和禽结核菌素的皮试法称为比较皮试法。

颈部单皮试的基本操作流程是：于颈部1/3的中间位置，剃毛，测量皮皱厚度，注射牛结核菌素（不少于2 000 IU/0.1 mL），72 h后再测量皮皱厚度，根据接种部位皮皱厚度增加值，判断是否为阳性、阴性或可疑。同时，观察接种部位的临床症状，如水肿、渗出、坏死等（图5-2-7）。当接种部分出现临床症状时判断为阳性；或皮褶厚度增加值≥4 mm时判为阳性，2~4 mm判为可疑，≤2 mm判为阴性。可疑牛在45 d后复检，复检结果≤2 mm判为阴性，其余情况判断为阳性。该方法敏感性较高，但特异性较差。干扰牛结核病检疫的因素很多，如环境分枝杆菌感染导致的非特异性反应，皮厚度测量和判定的主观误差，PPD的质量，不同年龄和品种间的皮厚度差异、结核病不同阶段的反应性差异等，给基层诊断工作带来困难。

颈部比较皮试反应是在颈中部相隔12~15 cm间距的2个位置，剃毛、测量皮皱厚度、分别注射牛结核菌素和禽结核菌素（不少于2 500 IU/0.1 mL），72 h后再测量皮皱厚度。分别计算牛结核菌

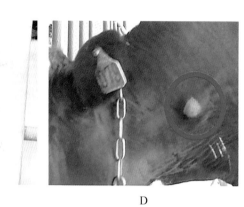

A   B   C   D

A. 将牛保定，在颈部剃毛；B. 测量皮皱厚度；C. 注射牛结核菌素；
D. 72 h后再量皮皱厚度，当皮皱厚度增加值≥ 4 mm时判为牛结核阳性。
图5-2-7　颈部牛结核菌素单皮试示意（郭爱珍　供图）

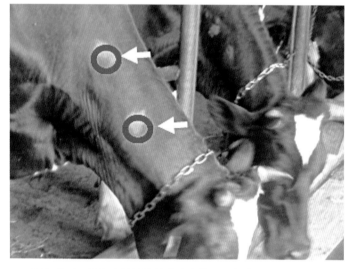

图5-2-8　颈部牛结核比较皮试法位置示意（郭爱珍　供图）

素和禽结核菌素注射部位皮皱厚度增加值，比较牛结核菌素相对于禽结核菌素所致的皮皱厚度增加值的差值。当差值≥ 4 mm时判为牛结核病阳性，当差值≤ 0 mm时判为牛结核病阴性，当差值为 0~4 mm时，判为可疑（图5-2-8）。

皮试法也可在尾褶进行，判断标准如下：如果出现肉眼可见或触摸到注射部位明显肿大，判为阳性；或注射部位的皮皱厚度较对侧相同部位的皮皱厚度差值≥ 4 mm时判为阳性；或注射部位的皮皱厚度≥ 8 mm时判为阳性。

（2）酶联免疫吸附试验。ELISA是用酶来标记抗原或抗体，通过显色反应来检测相应抗体或抗原的一种方法，简单、方便、特异性高和敏感性较高，可实现高通量和自动化检测。目前国内外市场上均有试剂盒供应，可用于检测血清和牛奶中的抗结核分枝杆菌抗体。

（3）免疫胶体金试纸。免疫胶体金试纸诊断方法以其简便快速、特异性强、敏感性较高、肉眼判读、试验结果易保存、无须特殊仪器设备和试剂等优点，被广泛应用于兽医临床疾病诊断和检验检疫中。目前国内外市场上均有试剂盒供应。

（4）体外γ–干扰素（IFN-γ）检测方法。牛结核病体外IFN-γ释放检测法是1990年由伍德等建立，其原理是牛分枝杆菌感染牛的致敏外周血淋巴细胞在体外培养条件下，接受特异性抗原刺激而活化，表达并分泌IFN-γ，通过定量测定培养上清中释放的IFN-γ浓度的升高值判断是否感染了牛结核病。IFN-γ检测方法已经在多个发达国家使用，如澳大利亚、新西兰、美国和加拿大等。特异性刺激抗原包括牛型结核菌素（PPD）和可区分卡介苗（BCG）免疫和自然感染的特异性抗原蛋白（如ESAT-6-CFP10多肽抗原）。IFN-γ检测法的优点是灵敏度和特异性均高，缺点是成本较ELISA高，效率较ELISA低，且全血细胞的抗原刺激最好在采血后12 h内进行。

（5）淋巴细胞增生试验。牛分枝杆菌感染牛的致敏外周血淋巴细胞在特异性抗原（如PPD、

ESAT-6-CFP10、MPB70等）刺激下，其中抗原特异性T淋巴细胞亚群发生增生反应。利用同位素或5-溴脱氧尿苷（BrdU）标记新合成DNA，然后利用同位素检测或流式细胞仪检测荧光标记抗BrdU抗体阳性细胞，测定外周血循环中的增生淋巴细胞的比例，间接确定牛体对牛分枝杆菌的感染状态。该方法由于操作复杂，成本高，仅仅用于野生动物及动物园动物牛结核病的检测。

3. 分子生物学方法

相对于传统的检测方法，PCR检测具有快速、敏感及特异的优点，尤其适合于生长缓慢、难以培养的病原体的检测。据报道用于牛结核检测的基因包括 *MPB70* 和 *pncA* 等。新方法包括逆转录PCR法、巢式PCR法、单管巢式逆转录PCR法、实时荧光定量PCR、酶联PCR等，检测敏感性和特异性进一步提高。分子生物学方法不但用于生物样本的牛结核病快速检测，而且可以用于细菌定型，区别结核分枝杆菌群不同成员及非典型结核分枝杆菌，其敏感性和特异性都高。

4. 噬菌体测定法

噬菌体测定技术是近几年发展起来的一种间接检测样本中牛分枝杆菌活菌的快速诊断技术。该方法的基本原理是借助特殊噬菌体在适宜条件下感染标本中活的牛分枝杆菌并增殖，在24 h内可形成清晰的噬菌斑。由于噬菌体不能感染死的牛分枝杆菌，因而可以区别牛分枝杆菌是活菌或是死菌。从收集样本进行前处理到检测出结果仅需48 h，无须特殊仪器，成本低廉。国外已有商品化试剂盒生产。

5. 对菌体成分的检测

利用薄层层析技术（Thin-layer chromatography, TLC），通过分析牛分枝杆菌的脂质成分酚糖脂（PGL）和巯基乙酸二乙醇酯（PDIM），可以快速检测和鉴定牛分枝杆菌，仅需10~15 mg的细菌培养物即可，具有简便、快速的优点，可以成为传统生化鉴定的替代方法。也可用酶标记单克隆抗体检测牛分枝杆菌特异性抗原，其优点是检测速度快、成本低、操作简便，在检测分枝杆菌混合感染时尤其出色，缺点是结果易受标本采集和病程影响，检出率较低。

五、类症鉴别

1. 牛放线菌病

相似点： 牛放线菌病症状与牛淋巴结核症状相似，病牛体表皮肤均有硬肿。

不同点： 放线菌病病牛在下颌骨处形成坚实的硬块，病重牛牙齿变形、咬合不齐或牙齿松动、脱落。肉芽肿发生在咽喉和舌部时，舌变硬，活动不灵活，称为"木舌病"，病牛出现呼吸、咀嚼、吞咽困难，流涎增多，皮肤上有肿块坏死、化脓而形成的脓肿，脓肿破溃或切开脓疱可见脓肿中含有乳黄色脓液和硫黄样颗粒，舌部组织感染时，舌上形成圆形、质地柔软呈黄褐色的蘑菇状生长物，病程长久者肿块有钙化。淋巴结核病牛剖检见淋巴肿大多汁，内含灰白色半透明结节状的结核灶及各种大小的干酪样变性和钙化灶。

2. 牛白血病

相似点： 病牛体表淋巴结肿大，体表出现肿块。剖检见淋巴结肿大，内脏有灰白色结节。

不同点： 白血病病牛淋巴肉瘤有结节型和浸润型2个类型，心、肾、脾均可发现有上述两型肿瘤，子宫壁由于肿瘤侵害而肿大。结核病病牛肺、胸腹膜浆膜上有灰白色、黄白色坚硬的结核结节。

六、治疗与预防

国家规定牛结核病采用"检疫扑杀"策略进行控制和净化。具体包括定期检疫、扑杀阳性牛、消毒和移动控制等措施。

1. 定期检疫

牛结核一般在春、秋季进行两次检疫。具体检疫频率与流行率高低、控制和净化目标等因素有关。

根据牛结核病净化过程可将牛群分为6个阶段，即感染群、控制群、暂时清洁群、确定无疫群、认证无疫群、维持无疫群。犊牛6周龄以上就可以进行检测。感染群每3~4个月检疫1次，淘汰阳性牛。当获得一次全群阴性后，牛群即成为控制群，可将检测间隔延长至6个月，及时淘汰阳性牛。当2次全群阴性后，牛群成为确定清洁群，检测间隔延长至6~12个月。当第三次全群阴性时，达到确定无疫群阶段。认证抽检阴性，达到认证无疫群阶段。此后在保证生物安全和全群阴性条件下，检测间隔时间可进一步延长，确保维持无疫状态。

2. 严格引种

牛场进牛时，要严格进行隔离、检疫。引入牛隔离，间隔30 d以上检疫2次，2次全为阴性时，确认无牛结核病，可进行混群饲养。在牛繁殖方面，要选用来源可靠、品质优良、无结核病牛群的精液或胚胎，避免输入性牛结核病的发生。

3. 严格隔离、消毒

对于阳性牛群要严格隔离，及时扑杀。结核病病牛要按规定进行无害化处理，防止疫情扩散。牛舍设计应符合环境卫生学要求；要做好消毒工作，每季度要进行大消毒，消毒液可用10%漂白粉溶液、3%中性甲醛溶液和3%~5%来苏尔溶液。

第三节　牛布鲁氏菌病

布鲁氏菌病（Brucellosis）简称"布病"，是由布鲁氏菌（Brucella）引起的一种急性或慢性人兽共患传染病，临床上以流产和发热为主要特征，主要影响家畜的生殖系统，导致生殖器官和胎膜发炎，引起流产、不孕不育、关节炎、睾丸炎和各种组织的局部病灶。

1887年，苏格兰陆军医生David Bruce从一名死于发热性疾病的英国士兵脾脏中首次发现了一种球形细菌，并将该菌命名为羊种微球菌（*Micrococcus meliensis*），从此确定了布鲁氏菌的存在。1905年Themistocles从山羊奶中分离出羊种布鲁氏菌，人们才对布鲁氏菌病有了进一步的了解。

布鲁氏菌病在《OIE陆生动物卫生法典》中，属多种动物具患疫病，在我国属二类传染病和优先控制净化病种，是重要的人兽共患病，采取"免疫－检疫－扑杀"策略进行控制和净化。

一、病 原

1. 分类与形态特征

布鲁氏菌为变形菌门、a-变形菌纲、根瘤菌目、布鲁氏菌科、布鲁氏菌属细菌，是一类兼性细胞内寄生的革兰氏阴性球杆菌，不产生芽孢，无孢子和鞭毛，不运动，但却含有所有合成鞭毛的基因。一般无荚膜，毒力株可有菲薄的荚膜。初次分离时多呈球状、球杆状和卵圆形，该菌传代培养后渐呈短小杆状。布鲁氏菌的细胞膜为双层膜结构，膜的内层为细胞膜外膜，称为外周胞膜，外层膜称为外膜。外膜与肽聚糖（Peptidoglycan, PG）层紧密结合构成细胞壁，外膜含有脂多糖（Lipolpolysaccharide, LPS）、蛋白质和磷脂层。

布鲁氏菌属根据致病性、宿主特异性和表型差异分为11个种，包括牛种布鲁氏菌（又称流产布鲁氏菌）、羊种布鲁氏菌（又称马耳他布鲁氏菌）、猪种布鲁氏菌、绵羊附睾种布鲁氏菌、犬种布鲁氏菌和沙林鼠种布鲁氏菌共6个经典种，前3种又分为不同生物型，其中牛种布鲁氏菌含有1型、2型、3型、4型、5型、6型和9型共7个生物型。后来，又发现5个新种，包括2007年从海洋哺乳动物中分离到的鲸型布鲁氏菌和鳍型布鲁氏菌2种新的布鲁氏菌。2008年又从田鼠身上分离到了田鼠布鲁氏菌，2010年报道从人的乳腺移植物中分离到了 *B. inopinata*，2014年报道从产死胎的狒狒中分到 *B. papionis*。

2. 培养特性

布鲁氏菌属需氧菌或微需氧菌，对营养条件要求较为苛刻，生长液中一般需要大量维生素 B_1，在含有少量血液、血清（牛血清除外）、肝浸液、马铃薯浸液、甘油、胰蛋白酶时生长良好，故常用肝汤、肝琼脂、胰蛋白酶和马铃薯琼脂等培养基培养布鲁氏菌。该菌所需pH值范围为6.1~8.4，以pH值在6.6~7.4最适宜。在20~40 ℃范围内均生长，最适培养温度是37 ℃。初代分离培养时，需在含有血液、血清、肝汤、马铃薯浸液和葡萄糖的培养基中才能较好地发育，而且生长缓慢，一般需要7~14 d或更长时间才能长出肉眼可见的菌落。多次传代后，生长速度变快（2~3 d即长出菌落），且对营养要求降低，在普通琼脂上也能生长。布鲁氏菌在血清肝汤琼脂上能够形成湿润、无色、圆形、闪光、表面隆起、边缘整齐的小菌落。在高层血清琼脂做振荡培养3~6 d，牛及绵羊附睾布鲁氏菌于培养基表面0.5 cm处呈带状生长，在马铃薯斜面上生长2~3 d长出水溶性微棕黄色菌苔。该菌分解糖类的能力因种类而不同，一般能分解葡萄糖产生少量酸，不分解甘露糖。不能产生靛基质，不液化明胶，VP试验及MR试验均为阴性。有些菌型能分解尿素和产生硫化氢。

布鲁氏菌菌落有光滑型（S）和粗糙型（R）2种。在不利的生长环境中，该菌易由光滑型（S）变为粗糙型（R）。在平板琼脂上培养48~72 h，出现细小、圆形、隆起的菌落，表面光滑湿润，边缘整齐。该菌在理化、生物和自然因素作用下易发生变异，长期培育常发生S-R变异，引起毒力和抗原性的改变。

3. 理化特性

布鲁氏菌为细胞内寄生菌，在自然界中分布广泛且抵抗力较强。在水中能存活70~100 d，在土壤中能存活20~120 d，在粪便和尿液中能存活45 d，在肉、乳类食品中可存活60 d，在动物毛皮上能存活150 d。但布鲁氏菌对理化因素的抵抗力较差，阳光直射0.5~4 h、室温干燥5 d、50~55 ℃作用60 min、60 ℃作用30 min或70 ℃作用10 min即可灭活，煮沸立即灭活。除高温高热外，布鲁氏菌还对多种消毒液和抗生素极敏感，2%甲醛溶液作用180 min灭活，5%石灰乳作用120 min灭活，

2%石炭酸和来苏尔溶液、0.1%升汞溶液作用60 min可灭活，0.01%苯酚溶液、0.5%洗必泰溶液作用5 min灭活。

4.抗原性

布鲁氏菌有种抗原G3和A、M，共同抗原为G。一般牛种布鲁氏菌以A抗原为主，A抗原与M抗原之比为20：1；猪种布鲁氏菌A：M为2：1；羊种布鲁氏菌以M抗原为主，M：A为20：1。制备单价A、M抗原可用其鉴定菌种。布鲁氏菌的抗原与沙门氏菌、霍乱弧菌、伤寒杆菌等的抗原有部分共同成分。布鲁氏菌致病力与各型菌新陈代谢过程中的酶系统有关，该菌死亡或裂解后释放的内毒素是重要的致病物质。

5.致病机制

布鲁氏菌侵入机体后，几天内就可侵入邻近的淋巴结，被吞噬细胞吞噬。若吞噬细胞不能杀死该菌，布鲁氏菌则会在细胞内生长繁殖，形成部分原发病灶。此阶段为淋巴源性迁徙阶段，等同于潜伏期。布鲁氏菌在吞噬细胞内大量繁殖导致吞噬细胞破裂，随即大批布鲁氏菌进入血液形成菌血症，感染病畜体温升高。经过一段时间后，菌血症消失，但经过长短不等的间歇后，可再度发生菌血症，侵入血液中的布鲁氏菌会蔓延到各器官中，从而在停留的器官中引发病理变化，同时布鲁氏菌也会随粪便、尿液排出。但有些布鲁氏菌被吞噬细胞吞噬而死亡。布鲁氏菌进入绒毛膜上皮细胞内增殖，产生胎盘炎，并在绒毛膜与子宫膜之间扩散，产生子宫内膜炎。同时，此菌进入胎衣中，随羊水进入胎儿引起病变，由于胎儿胎盘与母体胎盘之间松离，引发胎儿营养障碍和胎儿病变，从而导致母牛流产。此菌侵入睾丸、乳腺、关节等也可引起病变。

二、临床症状

该病可感染多种动物，家畜中以牛、山羊、绵羊、猪易感性较高，其他动物如水牛、牦牛、羚羊、鹿、骆驼、猫、狼、犬、马、野兔、鸡、鸭及一些啮齿类动物等都可以自然感染。实验动物中，以小鼠、豚鼠、幼猫和鸽最易感，家兔次之。病畜及带菌动物是该病的主要传染源，被污染的饲料、畜产品、水、乳汁均可成为传染源。该病主要经消化道感染，也可经皮肤黏膜和呼吸道感染；另外，可通过吸血昆虫传播。布鲁氏菌病一年四季均可发生，但多发生于母畜妊娠季节，即每年的3—8月。

妊娠牛最主要的症状是流产，通常发生在妊娠的中后期（5~7个月），因为出现大量流产而被称为"流产风暴"。流产前一般体温不高，主要表现阴唇和阴道黏膜红肿，从阴道流出灰白色或浅褐色黏液，乳腺肿胀，产奶量减少，继而发生流产；有时不表现任何症状，突发流产，流产胎儿多为死胎（图5-3-1、图5-3-2）。多数病牛流产后伴发胎衣不下或子宫炎，或从阴道流出红褐色分泌物（图5-3-3），有时有恶臭味，往往持续1~2周，如不伴发子宫炎，常可自愈。当发生胎衣不下而处理不及当时则可能继发慢性子宫炎，引起不孕。如流产后胎衣很快排出，则病母牛很快恢复，能正常发情受孕，但也可能发生再次流产。初次发病牛群，病情急剧，经过1~2次流产的病母牛妊娠后一般不再流产。

公牛感染该病时可发生睾丸炎和附睾炎，表现为睾丸肿大，有热痛，后逐渐减轻，无热痛，触之质地坚硬，配种能力降低。

部分病牛还可发生关节炎，表现为关节肿胀、疼痛，喜卧，常为膝关节和腕关节发病，表现为跛行。

图 5-3-1　母牛流产胎龄较小的死胎（郭爱珍 供图）　　图 5-3-2　母牛流产胎龄较大死胎（郭爱珍 供图）

图 5-3-3　流产牛的阴道分泌物（郭爱珍 供图）

三、病理变化

病变主要存在于子宫、胎儿和胎衣。在子宫绒毛膜间隙有污灰色或黄色胶样渗出物，绒毛膜上有坏死灶，并附有黄色坏死物或污灰色脓液。胎膜水肿而肥厚，呈黄色胶冻样浸润，表面附有纤维素或有出血。脐带呈浆液性浸润、肥厚。

胎儿皮下水肿，皮下及肌间结缔组织有出血性浆液性浸润，黏膜和浆膜有出血斑点，关节腔积液，胸腔和腹腔有微红色液体，肝、脾和淋巴结有不同程度的肿大，肾呈紫葡萄样。胎儿胃内有淡黄色或白色黏液絮状物，以皱胃最明显。

公牛睾丸肿大，被膜与外层浆膜粘连，阴茎红肿，其黏膜上可见小而硬的结节，睾丸、附睾或精囊有炎症和坏死灶或化脓灶。

病理组织学病变特征为脾脏、肝脏、淋巴结、胎盘、子宫、乳腺和睾丸等器官出现结节性肉芽肿。结节中心聚集了大量大而透明的类上皮样细胞，其外围为大量的淋巴细胞。结节中心杂有成纤维细胞，有时见到坏死和细菌团块。

四、诊　断

1. 细菌学诊断方法

按国家规定，实验室细菌学诊断必须在相应级别的生物安全实验室进行。大量活菌操作应在生物安全三级实验室进行，动物感染试验应在动物生物安全三级实验室进行，临床样本检测应在生物安全二级实验室进行。

（1）**直接涂片镜检。**取流产胎儿胃内容物或阴道分泌物等材料制成涂片，干燥、火焰固定后，用沙黄—孔雀绿染色法染色，布鲁氏菌被染成淡红色，为小球状杆菌，其他细菌或细胞被染成绿色或蓝色。也可观察其培养特性。

（2）**分离培养。**细菌的分离培养是布鲁氏菌病诊断的"金标准"，主要是从组织脏器、阴道分泌物、血液、牛奶中分离布鲁氏菌。一般根据布鲁氏菌的形态特征和生化特性进行初步判定。细菌的分离、生化试验、噬菌体检测等，需要专业的设备和操作人员。

（3）**动物接种试验。**当病料内细菌不多时可取病畜的子宫分泌物、乳汁、流产胎儿胃内容物、羊水、精液或病变组织，制成混悬液，给2只体重350~400 g的豚鼠皮下或腹腔接种，一般为每只0.5~2.0 mL，接种后第2周开始采血，以后每隔7~10 d采血1次，测定血清抗体，如凝集效价达1：5以上时，即认为是阳性反应，证明已感染了布鲁氏菌。此时，可从豚鼠心血中分离培养细菌。通常一只在接种后第3周剖杀，另一只在第6周剖杀，如见到鼠蹊淋巴结与腰下淋巴结肿大、脾肿大、表面粗糙，有结节状病灶，肝脏有灰白色细小平坦的坏死小结节时，更可进一步证实试验的阳性结果；若注射的豚鼠不发病，剖检无病变，脏器分离培养阴性，则可报告为阴性。如为公豚鼠，腹腔接种时可引起睾丸炎。如在接种3个月后，豚鼠不发病，未死亡，血清反应仍为阴性，可报告为阴性。

2. 血清学诊断方法

（1）**凝集试验。**传统凝集试验包括试管凝集试验和虎红平板凝集试验（图5-3-4）。全乳环状试验（MRT）被用作检测牛奶中的布鲁氏菌抗体（图5-3-5）。凝集试验由于抗体交叉反应容易出现假阳性结果。

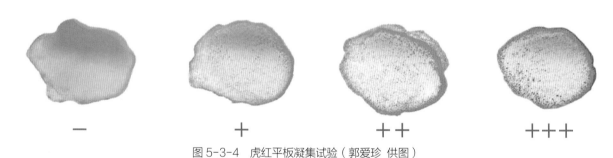

$-$ $\quad$ $+$ $\quad$ $++$ $\quad$ $+++$

图5-3-4　虎红平板凝集试验（郭爱珍 供图）

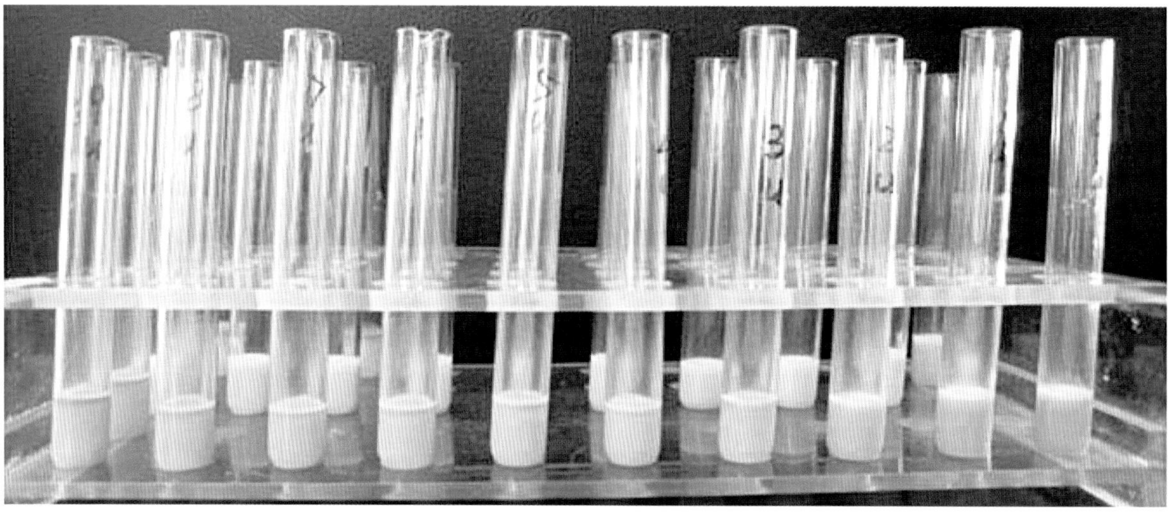

图5-3-5　全乳环状试验（郭爱珍 供图）

（2）补体结合试验。至今布鲁氏菌病的重要诊断方法仍然是补体结合试验，主要是用于牛种布鲁氏菌病、羊种布鲁氏菌病以及绵羊附睾种布鲁氏菌病的诊断。因为猪的补体会干扰结合试验，使得敏感性降低38%~49%，因此该诊断方法不适合猪的个体诊断。

（3）荧光偏振分析技术。它是一种简单的用于检测抗原抗体相互作用的技术，是国际贸易中指定的检测方法之一，具有较高的敏感性和特异性。改良后的荧光偏振分析技术可用于牛奶中布鲁氏菌抗体的检测，并能够区分S19疫苗免疫与自然感染。

（4）酶联免疫吸附试验。ELISA方法为OIE指定的诊断方法，操作简单方便。既能够用于血清学方面的诊断，还能用于乳汁的检查，敏感性高于SAT和CFT。

3. 分子生物学诊断方法

（1）PCR技术。PCR作为一种快速灵敏的基因诊断技术已广泛应用于科学研究和疾病的诊断，不仅可以区分不同的布鲁氏菌种，而且可以对野毒株和疫苗株进行鉴别诊断。

（2）核酸探针。依据核苷酸的严格配对发展起来的核酸探针杂交技术具有灵敏度高、特异性好、一次性可以检测大量样本的优点。该方法操作简便，不需要特殊的仪器设备，能够进行不同生物型的鉴定，适合用于临床样本的检测和流行病学调查。

（3）环介导等温扩增技术。LAMP和PCR一样也是通过扩增布鲁氏菌的特异序列对病原做出诊断。但该方法在一般保温设备条件下进行，是一种可视化方法，无须特定的仪器设备，灵敏性和特异性均比较高，可通过肉眼观察颜色反应判定结果，适合在基层广泛推广应用。缺点是容易污染而出现假阳性。

五、类症鉴别

1. 牛赤羽病

相似点： 有传染性，妊娠牛感染后发生流产。

不同点： 牛赤羽病由蚊、蠓传播，有明显季节性；牛布鲁氏菌病一年四季均可发生。牛赤羽病母牛流产前无明显症状；牛布鲁氏菌病母牛流产前阴唇和阴道黏膜红肿，从阴道流出灰白色或浅褐色黏液。牛赤羽病胎儿形体异常（关节弯曲、颈椎弯曲），大脑缺损或发育不全，脑室积液，脑内形成囊泡状空腔，躯干肌肉萎缩、变性，呈白色或黄色；牛布鲁氏菌病无脑异常和肌肉病变。

2. 牛细小病毒病

相似点： 有传染性，发病无明显季节性。妊娠牛流产、产死胎。

不同点： 牛细小病毒病流产胎儿全身水肿；牛布鲁氏菌病流产胎儿无全身水肿症状。牛细小病毒病犊牛发生严重腹泻，粪便呈黏液状或水状，可能呈浅灰色且含有多量黏液，并有流鼻液、呼吸困难、呼吸数增加、咳嗽等呼吸道症状，剖检见鼻腔、气管黏膜充血，肠黏膜水肿、出血，肠系膜血管严重充血；牛布鲁氏菌病不见犊牛有腹泻和呼吸道症状。牛细小病毒病公牛无明显症状，牛布鲁氏菌病公牛发生睾丸炎和附睾炎。

3. 牛衣原体病（牛衣原体性流产）

相似点： 有传染性，发病没有明显的季节性。妊娠牛流产，产死胎或弱胎，流产前阴道流分泌物。公牛发生睾丸炎和附睾炎。胎膜增厚、水肿。胎儿皮下水肿，黏膜有出血斑点，肝脏、淋巴结肿大。各器官可见肉芽肿样损伤。

不同点：牛衣原体病母牛流产前阴道流黄色分泌物；牛布鲁氏菌病母牛流产前阴道流灰白色、浅褐色黏液。牛衣原体病流产胎儿贫血，结膜、咽喉、气管、舌、胸腺和淋巴结有斑点状出血，胸、腹腔有黄色渗出物；牛布鲁氏菌病流产胎儿结膜、咽喉、气管、舌、胸腺和淋巴结无出血点，胸、腹腔积有红色渗出物。

六、治疗与预防

我国牛布鲁氏菌病的控制策略是分区管理、分类指导。按流行率高低，我国分为3个区。一类区包括北京、天津、河北、山西、内蒙古、辽宁、吉林、黑龙江、山东、河南、陕西、甘肃、青海、宁夏、新疆等；二类区包括上海、江苏、浙江、安徽、福建、江西、湖北、湖南、广东、广西、重庆、四川、贵州、云南、西藏。一类区为严重流行区，采用"免疫－检疫－扑杀"策略进行控制和净化；二类区为轻度流行区，采用"检疫－扑杀"策略进行控制和净化；三类区（海南岛）为无疫区，采用"检疫－扑杀"策略维持无疫状态。但是，随着国内外牛群贸易的日益频繁，布鲁氏菌跨区移动风险日益增加。同时，种畜禁止免疫，奶用畜原则上不免疫。

1. 疫苗接种

根据农业农村部印发的《2019年国家动物疫病强制免疫计划》，在布鲁氏菌病一类地区，对除种畜外的牛、羊进行布鲁氏菌病免疫；种畜禁止免疫；各省（自治区、直辖市）根据评估结果，自行确定奶畜是否免疫，确需免疫的，养殖场可向当地县级以上兽医主管部门提出免疫申请，经县级以上兽医主管部门报省级兽医主管部门备案后，以场群为单位采取免疫措施。在布鲁氏菌病二类地区，原则上禁止对牛、羊免疫；牛的个体检测阳性率≥1%或羊的个体检测阳性率≥0.5%的养殖场，需采取免疫措施的，养殖场可向当地县级以上兽医主管部门提出免疫申请，经县级以上兽医主管部门报省级兽医主管部门批准后，以场群为单位采取免疫措施。

目前我国牛布鲁氏菌病疫苗可选用A19和S2疫苗。其中，A19疫苗保护率高、免疫期长、抗体反应强，但对妊娠牛不安全，需减量使用。S2疫苗安全性好，妊娠动物可进行口服免疫，抗体反应弱，但保护率略低于A19，需每年免疫1次。具体免疫方案遵照产品说明书。疫苗免疫抗体只能维持较短的时间。能进行鉴别诊断的标记疫苗（如A19）已有产品上市。疫苗免疫可有效降低临床发病，主要通过细胞免疫产生保护作用，血清抗体转阳虽是疫苗诱导免疫反应的标识，但与免疫保护反应高低不相关。另外，由于以上疫苗均为弱毒力活疫苗，对人有一定的感染力，因此免疫过程中需要注意个人防护。

2. 定期检疫

对于非免疫牛群，牛布鲁氏菌病一般在春、秋季进行2次检疫。

根据牛布鲁氏菌病流行率高低，可采用更短或更长的检疫间隔。根据牛布鲁氏菌病净化程序可将牛群分为重度流行群、轻度流行群、控制群、稳定控制群及净化群。重度流行群和轻度流行群可采用以下检疫程序：每3个月检疫1次，淘汰阳性牛。当获得一次全群阴性后，牛群达到控制群阶段，可将检测间隔延长至6个月，及时淘汰阳性牛。当2次全群阴性后，牛群达到稳定控制群阶段，检测间隔延长至6~12个月，当第三次全群阴性时，达到确定净化群。认证抽检阴性，达到认证无疫群。此后检测间隔延长至12个月以上，但要保持良好的生物安全，监督检测阴性，维持无疫状态。考虑布鲁氏菌病的特殊性，可只检测全部性成熟动物。从犊牛开始培育健康牛群，可以与培养无布鲁氏菌牛群结合进行。

对于牛布鲁氏菌病，应保证每年进行2次彻底的相关方面的检疫，检疫报告如显示为阳性牛，应马上进行处理淘汰，可采用焚烧或深埋的方法；对于检测为阳性的牛群，应在第一次检疫后间隔30~40 d进行第二次检疫，以后每隔30~45 d进行1次检疫。

3.严格隔离、消毒

对于发病牛群严格隔离，防止疫病扩散，牛舍设计应符合环境卫生学要求；要做好消毒工作，每季度要进行大消毒，对阳性牛要及时隔离扑杀。对被病牛或阳性牛污染的场所、用具和物品要进行严格消毒。饲养场的金属设施、设备可采取火焰、熏蒸等方式消毒。家畜养殖场地可采用20%石灰乳、10%漂白粉乳剂消毒，圈舍可用3%来苏尔溶液喷洒消毒。

4.严格引种、繁殖

在牛繁殖方面，要选用来源可靠、品质优良的精液和胚胎。严禁从疫区引牛，必要时请兽医到现场了解牛群的检疫和免疫情况。购入后，隔离饲养1个月，观察其有无异常。经过2次临床检查和实验室检验，阴性牛方能与本场饲养的健康牛混群，以后对牛群定期进行抗体监测。

第四节　牛副结核病

副结核病（Paratuberculosis）又称为副结核性肠炎、Johne's病，是由禽分枝杆菌副结核亚种（MAP）引起的一种慢性消耗性传染病。

副结核病于1825年首次在维多利亚被诊断，1895年，Johne和Frothingham最先从病牛组织中发现了MAP，开始误认为是禽型结核菌，并认为是非典型的结核病。直到1906年Bang用病牛肠饲喂犊牛感染成功，证实了副结核病是一种不同于结核病的独立疾病，并将其命名为约内氏病（即Johne's病）。1910年，Twort首次成功分离出该病的病原体，1973年，我国学者韩有库首次研究此病，并首次在我国分离出MAP。副结核病潜伏期长，病畜长期大量排菌，易于传染，无可靠的治疗方法和疫苗，很难控制，严重危害畜牧业的发展。另外，该病还与人类的克罗恩病密切相关，对人类健康存在潜在的威胁，具有公共卫生学意义。

一、病　原

1.分类与形态特征

禽分枝杆菌副结核亚种属于分枝杆菌科、分枝杆菌属、非结核分枝杆菌复合群。该属细菌为平直微弯的杆菌，因有分枝生长的趋势而得名。该菌属最显著的特性是胞壁中含有大量的类脂，可达菌体干重的40%左右。MAP为抗酸染色阳性、革兰氏染色阳性、不能运动的短杆菌，大小为（0.5~1.5）μm×（0.2~0.5）μm，在病料和培养基上，镜检呈短杆状，成丛排列（图5-4-1），无鞭毛和芽孢。

2. 培养特性

MAP属于需氧菌，培养最适温度为37 ℃，最适pH值为6.8~7.2，初次分离培养很困难，在人工培养基上生长缓慢且依赖分枝杆菌素，初代培养经6周后，细菌在培养基上多形成坚硬、粗糙的白色小菌落（图5-4-2），偶尔产生黄色素。粪便分离率较低，而病变肠段及肠系膜淋巴结分离率较高。将病料先用4% H_2SO_4或2% NaOH处理，经中和后再接种选择培养基，如Herrald卵黄培养基、小川氏培养基、Dubos培养基或Waston-Reid培养基。

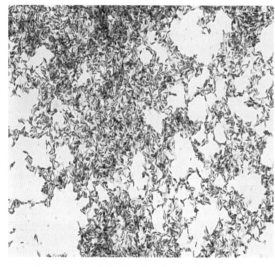

图 5-4-1　禽分枝杆菌副结核亚种抗酸染色（400倍放大）（郭爱珍 供图）

图 5-4-2　禽分枝杆菌副结核亚种在 Herrald 卵黄培养基上长出的菌落（郭爱珍 供图）

3. 理化特性

该菌对自然环境的抵抗力很强，在河水中可存活163 d，在粪便和土壤中可存活11个月，在70 ℃温度下3~51周仍可维持活力，但对热敏感，63 ℃作用30 min、70℃作用20 min、80 ℃作用1~5 min均可杀死该菌。抗强酸强碱，在5%草酸溶液、5%硫酸溶液、4%氢氧化钠溶液中可保持活力30 min。在5%来苏尔溶液、5%福尔马林、25%石炭酸溶液中10 min内可将其杀灭。

4. 致病机理

MAP进入机体后，到达小肠后段、盲肠和结肠生长繁殖，因为这些部位肠液分泌较少，黏液分泌较多，酶含量少，理化环境较单纯，适于该菌的生存。MAP不产生强大的毒素，因此不引起肠黏膜的中毒性坏死和明显的败血症，而仅在局部肠黏膜引起慢性增生性炎症。在固有层和黏膜下层有大量淋巴细胞、巨噬细胞和上皮样细胞增生，嗜酸性粒细胞、浆细胞和肥大细胞增多，胶原纤维也发生变性。增生的淋巴细胞主要为T细胞，机体首先产生细胞免疫，随后体液免疫逐渐增高，所以这种慢性肠炎是以细胞免疫为主的IV型变态反应。在严重病例，黏膜固有层、黏膜下层都充满上皮样细胞和巨噬细胞，所属淋巴管和淋巴结也会明显受害。肠绒毛的损害，肠腺的萎缩，淋巴管与血管的受压，可造成肠的吸收、分泌、蠕动等功能障碍，从而导致腹泻、营养不良和慢性消瘦。

二、临床症状

该病潜伏期很长，达数月甚至数年。慢性发生，单纯感染体温一般不升高，食欲无明显变化。

病牛出现顽固性腹泻、渐进性消瘦（图 5-4-3）。起初为间歇性下痢，后发展为经常性顽固性下痢。粪便稀薄，有的呈喷射状，恶臭，带有泡沫、黏液或血液凝块（图 5-4-4），尾根及会阴部常混有粪污，严重的下颌及垂皮水肿，随着病程的进展，病畜消瘦，营养高度不良，最后经 3~4 个月因全身衰弱而死亡。副结核阳性妊娠牛多在产后 60 d 内发生腹泻，最后可能因脱水衰竭而被淘汰或死亡。一般药物很难控制腹泻，病程长至几个月之久。感染牛群的病死率可高达 10%。

图 5-4-3　病牛渐进性消瘦（吴心华 供图）

图 5-4-4　病牛的稀薄粪便（吴心华 供图）

三、病理变化

病牛黏膜苍白，主要病理变化在消化道和肠系膜淋巴结；回肠、空肠和结肠前段发生慢性卡他性肠炎，回肠黏膜增厚 3~30 倍，形成硬而弯曲皱褶，呈脑回状外观（图 5-4-5），凸起皱襞充血。肠黏膜呈黄白或灰黄色，附混浊黏液，但无结节、坏死和溃疡。浆膜下和肠系膜淋巴管扩张，浆膜和肠系膜显著水肿，肠系膜淋巴结肿大如索状，切面湿润有黄白色病灶，但无干酪样变化。

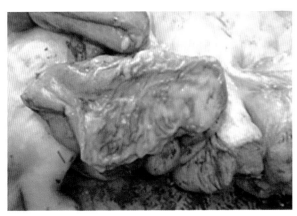

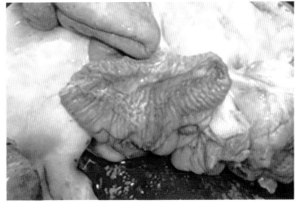

图 5-4-5　病牛肠黏膜形成脑回状的弯曲皱褶（吴心华 供图）

四、诊　断

1. 细菌学检测方法

采集可疑病牛的直肠刮取物或粪便黏液，加入 4~5 倍的去离子水充分混匀、过滤，离心后取沉淀制成涂片、染色、镜检，该菌为革兰氏阳性短杆菌，抗酸染色阳性，即为红色成丛或成堆的两端

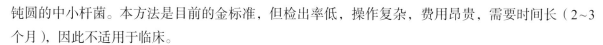

钝圆的中小杆菌。本方法是目前的金标准，但检出率低，操作复杂，费用昂贵，需要时间长（2~3个月），因此不适用于临床。

2. 变态反应

牛副结核病的变态反应与牛结核病操作类似，将 0.1 mL 提纯的副结核菌素或禽型结核菌素（PPD）（0.5 mg/mL）进行皮内注射，接种于牛颈侧中 1/3 处，72 h 后时观察注射部位的红、肿、热、痛等炎性变化，并再次测量皮皱厚度和统计注射前后皮皱厚度差。由于临床上禽分枝杆菌感染对副结核病变态反应的干扰严重，该方法的结果判定在国际上并无确定标准（皮厚度差≥4 mm、≥3 mm甚至≥2 mm 则判定为阳性的均有报道），因此很多国家已不再使用这一方法。

3. 血清学诊断方法

（1）**补体结合试验（CFT）**。CFT 为 OIE 推荐使用的诊断牛副结核病的血清学方法，同时也是国际贸易中用于进口牛时副结核病检测的推荐方法。病牛在出现临床症状之前即对补体结合反应呈阳性反应，因此适用于临床疑似感染个体及临床病例的确诊。由于 CFT 存在非特异性反应，对有些未感染牛可出现假阳性反应；对潜伏感染病例效果不佳，因此不适于用作筛选和鉴定亚临床感染的检测。

（2）**琼脂免疫扩散试验（AGID）**。AGID 也是 OIE 推荐用于牛副结核病诊断的方法。操作简便，具有较好的特异性，结果判读容易。但该方法敏感性较低，因此不适宜用作筛选和鉴定亚临床感染病例。

（3）**酶联免疫吸附试验（ELISA）**。ELISA 是目前用于抗体检测敏感性及特异性均最高的方法，为 OIE 推荐使用方法。虽然该方法敏感性与 CFT 相当，但能更为有效地对亚临床感染牛进行诊断，故适用于临床。

（4）**全血γ–干扰素检测法**。全血 IFN-γ 检测法与变态反应一样是基于细胞免疫反应的检测方法，为 OIE 推荐的检测方法之一。其原理是动物感染副结核分枝杆菌后，其外周血淋巴细胞被副结核分枝杆菌抗原致敏，如果感染牛获得的致敏淋巴细胞体外再次遇到相同抗原后，致敏的淋巴细胞会释放 IFN-γ，通过 ELISA 方法对所释放的 IFN-γ 进行定量检测后，通过分析其释放量对结果进行判定。

4. 分子生物学诊断方法

（1）**核酸探针检测方法**。核酸探针检测方法在 MAP 的检测方面有一定的应用，能够对分离的病原进行快速鉴定，因此常用于 MAP 与其他分枝杆菌的鉴别。该方法简便、快速、特异、敏感，但对菌量要求较高，其高检测成本和技术的复杂性也在一定程度上限制了其应用范围。

（2）**常规 PCR 技术**。PCR 技术具有快速、敏感和特异性强等特点。通过 PCR 扩增副结核分枝杆菌独有的基因，可对临床分离病原进行快速鉴定。据报道，PCR 方法检测不同来源的样品中副结核分枝杆菌阳性率比涂片镜检高 0%~42.3%，绝大多数高出 10%，比常规的细菌培养高 0%~31.7%，多数高出 6%，由此可见 PCR 方法比传统方法具有更高的检出率且快速，近年来国外用 PCR 方法诊断副结核病的报道也有很多，PCR 检测将成为副结核病的一种实用而可靠的检测手段。

（3）**实时 PCR 技术**。实时 PCR 现在已逐渐应用于血样、奶样、组织样及环境样本中细菌的检测，具有灵敏快速的优势。但由于该方法需要对核酸进行提取，因此不适于临床推广应用。

（4）**巢式 PCR 技术**。近几年巢式 PCR 技术也得到了发展。用此方法检测副结核分枝杆菌的报道也日益增多，目前的研究结果显示该方法具有很高的敏感性，而且可以确定 PCR 产物的特异性，可以用于副结核分枝杆菌的早期诊断。

五、类症鉴别

1. 牛轮状病毒病

相似点：有传染性。病牛出现下痢，粪便呈喷射状，带有黏液或血液。剖检见肠系膜淋巴结肿大。

不同点：牛轮状病毒病潜伏期短，病牛精神沉郁，食欲减少或废绝，体温正常或轻微升高，吮乳减少，随后发生腹泻；牛副结核病潜伏期长，达数月甚至数年，慢性发生，无体温、食欲变化。轮状病毒病病牛粪便呈水样，为黄白色或绿色，病牛脱水，眼凹陷，四肢无力，卧地，病重者经4~7 d因心脏衰竭而死亡；副结核病病牛经3~4个月因全身衰弱而死亡。轮状病毒病病牛剖检见肠壁变薄，肠内容物变稀，呈黄褐色、红色，甚至灰黑色，小肠黏膜条状或弥漫性出血；副结核病病牛极度消瘦，回肠黏膜增厚3~30倍，形成硬而弯曲的皱褶，呈脑回状外观，凸起皱襞充血，浆膜和肠系膜显著水肿。

2. 牛冠状病毒病

相似点：病牛下痢，粪便稀薄，有的呈喷射状，粪便带有黏液或血液。剖检见肠系膜淋巴结肿大。

不同点：牛冠状病毒病潜伏期为1~2 d；牛副结核病潜伏期很长，达数月甚至数年，慢性发生。冠状病毒病病牛粪便为黄色或黄绿色，奶牛发病时泌乳量明显下降或停止泌乳，犊牛有呼吸道症状，如鼻炎、打喷嚏和咳嗽；副结核病病牛粪便中带泡沫，不出现呼吸道症状。冠状病毒病病牛肠壁菲薄、半透明，小肠黏膜条状或弥漫性出血，小肠绒毛萎缩，肠内容物呈灰黄色；副结核病病牛极度消瘦，回肠黏膜增厚3~30倍，形成硬而弯曲的皱褶，呈脑回状外观，凸起皱襞充血，浆膜和肠系膜显著水肿。

3. 牛空肠弯曲菌病

相似点：病牛腹泻，粪便稀薄，带有血液凝块，多数病牛体温、呼吸、食欲、精神状况正常。剖检见空肠和回肠有卡他性炎症。

不同点：牛空肠弯曲菌病突然发病，2~3 d内可波及80%的牛；牛副结核病潜伏期很长，达数月甚至数年，呈慢性发生，病程可达3~4个月。空肠弯曲菌病病牛排出恶臭水样棕黑色稀粪，粪便中伴有血液和血凝块，奶牛产奶量下降50%~95%；副结核病病牛粪便中带有泡沫、黏液或血液凝块，下颌及垂皮水肿，营养高度不良。空肠弯曲菌病病牛空肠和回肠有出血性炎症及肠腔出血；副结核病病牛回肠黏膜增厚3~30倍，形成硬而弯曲的皱褶，呈脑回状外观，凸起皱襞充血，浆膜和肠系膜显著水肿，肠系膜淋巴结肿大如索状。

六、治疗与预防

1. 治疗

该病尚无有效的治疗药物，一般采取对症治疗，如止泻、补液、补盐等，但只能减轻症状，一旦停药常常复发。

2.预防

（1）检疫。认真对待引种工作。引种不慎往往是导致发病的主要原因。引进的牛必须来自清洁的牛场，引种应进行严格的检疫，隔离1个月前后2次检疫为阴性时，方可混群饲养。对疫区牛群每年进行3~4次检疫，淘汰阳性牛，建立健康牛群。

（2）免疫。目前国外市场有商业化牛副结核病弱毒疫苗及灭活疫苗，对牛副结核病具有一定的预防作用。我国市场上尚无牛副结核病疫苗。

第五节　牛沙门氏菌病

牛沙门氏菌病，俗称犊牛副寒伤，是由沙门氏菌属菌引起的一种临床上以败血症和肠炎为主要特征的传染病，主要侵害幼龄犊牛，有的可引起妊娠牛发生流产。

一、病　原

1.分类与形态特征

该病的病原体主要有鼠伤寒沙门氏菌、都柏林沙门氏菌、纽波特沙门氏菌，均属于肠杆菌科沙门氏菌属成员。

沙门氏菌大小为（0.7~1.5）μm×（2~5）μm，为两端钝圆的直杆状菌（图5-5-1）。该菌不产生芽孢，一般无荚膜，都有周鞭毛（除鸡白痢沙门氏菌等外），能运动，绝大多数有菌毛，可吸附于宿主细胞表面和凝集细胞，革兰氏染色为阴性。

2.培养与生化特性

沙门氏菌为需氧或兼性厌氧菌，最适生长温度为35~37 ℃，最适pH值为6.8~7.8。该菌对营养要求不高，能在普通平板培养基上生长。经37 ℃ 24 h培养，在普通平板上能形成肉眼可见圆形菌落，直径2~3 mm、光滑、湿润、无色、半透明、边缘整齐。鼠伤寒沙门氏菌有时可出现侏儒型菌落。有

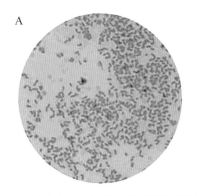
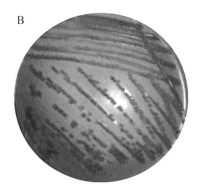

图5-5-1　牛沙门氏菌的菌体形态（A）和菌落形态（B）（彭清洁 供图）

的沙门氏菌在SS琼脂培养基上形成圆形、隆起、光滑、边缘整齐，中心带黑色的菌落（图5-5-1B）。DNA中（G+C）mol%为50~53。沙门氏菌属（除亚利桑那沙门氏菌分解乳糖外）不分解乳糖、蔗糖、侧金盏花醇和水杨苷，分解葡萄糖产酸产气（伤寒沙门菌产酸不产气）。多数能利用枸橼酸盐，能还原硝酸盐为亚硝酸盐，在氰化钾培养基中不生长，无苯丙氨酸脱胺酶。

3. 抗原特性与血清型

沙门氏菌抗原分为菌体抗原（O抗原）、表面抗原（K抗原，即荚膜或包膜抗原）、鞭毛抗原（H抗原）、菌毛抗原4种。O抗原是细菌细胞壁表明的耐热多糖抗原，100 ℃煮沸2.5 h不被破坏。K抗原又包括Vi、M和S 3种抗原，Vi抗原位于菌体表面，因最初发现与细菌毒力有关而得名；M抗原位于荚膜层，是沙门氏菌的黏液型菌株的一种黏液抗原；S抗原源于O抗原。H抗原是一种蛋白质性鞭毛抗原。许多类型的沙门氏菌都具有产生毒素的能力，尤其是肠炎沙门氏菌、鼠伤寒沙门氏菌和猪霍乱沙门氏菌。毒素耐热，75 ℃经1 h仍有毒力，可使人发生食物中毒。

4. 理化特性

沙门氏菌对干燥、腐败、日光等因素具有一定的抵抗力，在外界环境中可生存数周或数月。在60 ℃经1 h、70 ℃经20 min、75 ℃经5 min会死亡。对化学消毒剂的抵抗力不强，常用的消毒药均能将其杀死。

5. 致病机制

该病的发生和流行取决于细菌的数量、毒力、动物机体状态和外界环境等多种因素。病原菌常经消化道感染，从肠黏膜上皮入侵，到达血液和网状内皮细胞，引起心血管系统、实质器官和肠胃等病理变化。病变的发生同沙门氏菌具有多种毒力因子有关，其中主要的有脂多糖（LPS）、肠毒素，如霍乱毒素（CT）样肠毒素、细胞毒素与毒力基因等。脂多糖可防止巨噬细胞的吞噬与杀伤作用，并引起宿主发热、黏膜出血、白细胞减少继以增多、弥散性血管内凝血（DIC）、循环衰竭等中毒症状，甚至休克死亡，因此是发生败血症的主要原因。而毒力基因和细胞毒素则可促使病原菌入侵肠黏膜上皮并使其受损坏死。肠毒素可引起机体前列腺素合成与分泌增加，后者能刺激黏膜腺苷酸环化酶的活性，使血管内的水分、碳酸氢根和氯离子向肠腔渗出，中性粒细胞也大量渗出，故导致肠炎和腹泻的发生。

二、临床症状

各年龄的牛均易感，且以10~40日龄的犊牛最为易感。病牛和带菌牛是该病的主要传染源。细菌随粪便、尿液、乳汁以及流产的胎儿、胎衣和羊水排出，污染水源和饲料，经消化道感染健康牛；病牛和健康牛交配或用病牛的精液人工授精也可发生感染。该病一年四季均可发生，成年牛多于夏季放牧时发生。在犊牛中多传播迅速，呈流行性发作；成年牛多为散发性感染。

1. 犊牛

犊牛随着感染菌的种型不同，病情也不同，3周龄左右多发。经2 d或数天潜伏期后，呈现食欲不振、拒食、发热、卧地不起、脱水、消瘦、迅速衰竭（图5-5-2）。急性病例常于2~3 d内死亡，尸检无特殊变化，但从血液和内脏器官可分离出沙门氏菌。

多数犊牛在出生后10~14 d发病，临床症状表现为体温骤升至41 ℃，1 d后排出恶臭水样稀便，粪便内混有黏液和血丝，常在1周后病死，死亡率高达50%。总之，一般病程在1周左右，稍微长

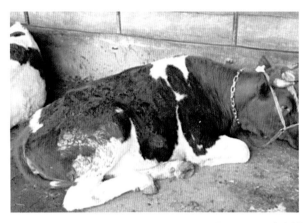

图 5-5-2　病牛精神沉郁，极度消瘦

的可伴有腕关节、跗关节肿大，有的还伴有严重的支气管炎和肺炎。

2. 成年牛

成年牛感染后，表现出40 ℃左右的高热症状，伴有食欲废绝、脉搏紊乱、呼吸困难、心力衰竭、昏迷不醒等症状。大部分牛在染病后12~24 h，表现出腹泻症状，粪便中含有血块、黏液、纤维素絮片，并伴有恶臭味，母牛有的出现流产。下痢后体温降至正常或略高，病牛可在1~2 d内死亡，多数在1~5 d内死亡。病程稍长的会出现严重的脱水症状，眼窝下陷，结膜充血（图5-5-3、图2-5-4）。

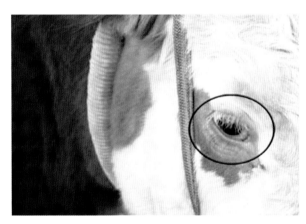
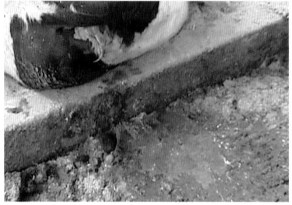

图 5-5-3　病牛脱水，眼窝下陷，水样腹泻

图 5-5-4　病牛粪便中带血，有的出现流产

三、病理变化

1.犊牛

急性病例可见心壁、腹膜、腺胃、小肠和膀胱黏膜有小出血点。脾充血肿胀，肠系膜淋巴结水肿，有出血。病程长的病例，肝色泽变淡，肝、脾和肾有时可见坏死灶，胆汁黏稠而混浊。有时有肺炎病变，肺有肺炎区。关节腔和腱鞘含有胶样液体。

2.成年牛

剖检可见胃黏膜、肠黏膜潮红、有出血。大肠黏膜脱落，有局限性坏死区。肠系膜淋巴结水肿、出血。肝脂肪性变或灶性坏死。胆囊壁增厚，胆汁混浊，呈黄褐色。脾充血、肿大。

四、诊断

1.细菌学诊断

（1）**涂片镜检**。无菌采取病（死）牛的肝、脾、心血、粪便、肠系膜淋巴结等组织病料。制备涂片，自然干燥后，用革兰氏染色法染色、镜检。该菌革兰氏染色呈阴性，为两端钝圆或卵圆的小杆菌，不形成荚膜。

（2）**分离培养**。将采取到的上述病料，接种于沙门氏菌增菌培养基上（亚硒酸盐胱氨酸增菌液或四硫黄酸钠煌绿增菌液）或直接用病料划线于沙门氏菌属、志贺氏菌属琼脂培养基、胆硫乳琼脂培养基等培养基上，同时再接种到麦康凯鉴别培养基上，经过37℃培养24 h。沙门氏菌的菌落一般为无色透明或半透明，中等大小，边沿整齐、光滑、湿润，中心稍隆起，有的菌株因产生硫化氢而在沙门氏菌属、志贺氏菌属琼脂培养基、胆硫乳琼脂培养基等琼脂上形成中心黑色菌落。

（3）**生化试验**。挑选可疑菌落接种于三糖铁琼脂（TSI）上，经37℃培养24 h后，若斜面不变色，仅试管底层产酸或产酸产气，或底层产硫化氢（变黑），可初步确定为沙门氏菌。

2.免疫学诊断方法

（1）**乳胶凝集试验**。该试验是将特异性的抗体包被在载体颗粒上，通过抗体与相应的细菌抗原结合，产生肉眼可见的凝集反应进行鉴定。该方法能够用于检测牛、羊淋巴结中的沙门氏菌，试验操作简便、快速、敏感性高、特异性强。

（2）**胶体金免疫层析**。该方法的原理是利用氯金酸在还原剂作用下，可聚合成一定大小的金颗粒，形成带负电的疏水胶溶液，由于静电作用而成为稳定的胶体状态。胶体金标记，实质上是蛋白质等高分子被吸附到胶体金颗粒表面的包被过程。目前广泛应用于快速检测行业，一般约10 min就能完成，简便快速。

（3）**快速触酶法**。该法的原理是将传统的细菌分离与生化反应有机结合起来，在培养基中添加与细菌特异性酶作用的底物和指示剂，通过细菌在培养基上出现的颜色变化，快速检测细菌，也就是日常所说的显色培养。由于该技术检测结果直观准确，已被列入沙门氏菌检测的国家标准。

3.分子生物学诊断方法

（1）**聚合酶链式反应**。PCR应用于沙门氏菌的快速检测在国内外已有大量报道，绝大部分是针对沙门氏菌的*invA*靶基因、*hilA*靶基因、*fimA*靶基因和*stn*靶基因等进行检测，但由于日常样品检测中影响PCR反应结果的因素太多，目前国内外尚无统一的检测标准，除了常规PCR技术外，多重 PCR 技术、荧光定量 PCR 技术的应用也很普遍。

（2）**核酸探针技术。**核酸探针是能识别特异碱基序列的一段单链 DNA 或 RNA 分子。利用美国分析化学家协会认可的 GENE-TARK 沙门氏菌探针分析法，对 239 株沙门氏菌检出率为 100%，假阳性率为 0.8%。Almeida 等利用核酸探针检测沙门氏菌，检测低限为 1CFU/10g（mL），方法特异性和敏感性均为 100%。

（3）**环介导等温扩增核酸技术。**等温扩增核酸检测技术也是基于 PCR 原理，目前主要分为 5 类：环介导的等温扩增、链替代扩增、转录介导的扩增、依赖核酸序列的扩增、滚环扩增。其中环介导等温扩增（LAMP）广泛应用于沙门氏菌的快速检测。

五、类症鉴别

1. 牛副结核病

相似点：病牛腹泻，粪便恶臭，粪便中混有黏液或血液。病牛消瘦，肠系膜淋巴结肿大。

不同点：牛副结核病病程长至几个月之久，死亡率约 100%；牛沙门氏菌病病程为数周，犊牛病死率约 50%。副结核病病牛体温、食欲无明显变化，腹泻，粪便中带有泡沫，严重的下颌及垂皮水肿；沙门氏菌病病牛食欲不振、拒食、发热。副结核病病牛极度消瘦，黏膜苍白，主要病理变化在消化道和肠系膜淋巴结，尤其见于回肠、空肠和结肠前段，为慢性卡他性肠炎，回肠黏膜增厚 3~30 倍，形成硬而弯曲的皱褶，呈脑回状外观，凸起皱襞充血。肠黏膜呈黄白色或灰黄色，被覆混浊黏液，但无结节、坏死和溃疡。沙门氏菌病病牛小肠、大肠黏膜充血、出血，无肠黏膜增厚症状。

2. 牛冠状病毒病

相似点：病牛腹泻或排水样粪便，粪便中带有黏膜和血液。腹痛，消瘦，脱水，肠系膜淋巴结水肿，小肠黏膜出血。

不同点：冠状病毒病病牛无明显前驱症状，突然表现腹泻症状，各年龄段的犊牛均发生呼吸道感染，如鼻炎、打喷嚏和咳嗽，剖检见病牛肠壁菲薄、半透明，肠内容物呈灰黄色；沙门氏菌病病牛高热，1 d 后腹泻，犊牛无呼吸道症状，剖检见脾充血肿胀，肝脏变性、坏死。

3. 牛空肠弯曲菌病

相似点：病牛腹泻，粪便中伴有血液，肠黏膜出血。

不同点：牛空肠弯曲菌病突然发病，一夜之间可使牛群中 20% 的牛发生腹泻，2~3 d 内可波及 80% 的牛，病死率低，病牛排出恶臭水样棕黑色稀粪，奶牛产奶量下降 50%~95%；牛沙门氏菌病犊牛病死率可达 50%，病牛体温升高（40~41 ℃），食欲废绝，1~2 d 才表现腹泻症状。

4. 牛轮状病毒病

相似点：病牛腹泻，粪便水样且混有黏液或血液，脱水，眼凹陷，四肢无力，卧地，衰竭死亡，小肠黏膜出血，肠系膜淋巴结肿大，其他器官一般不出现病变。

不同点：牛轮状病毒腹泻多突然发生，前驱症状不明显，病死率 8% 左右，粪便呈黄白色或绿色，剖检见肠壁变薄，肠内容物变稀，呈黄褐色、红色，甚至灰黑色；牛沙门氏菌病犊牛病死率可达 50%，病牛体温升高（40~41 ℃），急性病例常于 2~3 d 内死亡，剖检可见脾充血肿胀，肝、脾和肾有时可见坏死灶，胆汁混浊。

六、治疗与预防

1. 治疗

（1）**西药治疗**。抗生素治疗可选用以下药物：庆大霉素每千克体重1~1.5 mg，肌内注射，每日2次；磺胺甲基嘧啶每千克体重0.08~0.2 g，口服，每日2次；链霉素每千克体重10 mg，肌内注射，每日2次；磺胺脒每千克体重0.1~0.3 g，肌内注射，每日2次。

在应用上述药物治疗的同时，配合调整肠胃功能，将葡萄糖（含量67.53%）、氯化钠（含量4.34%）、甘氨酸（含量10.3%）、枸橼酸（含量0.81%）、枸橼酸钾（含量0.21%）、磷酸二氢钾（含量6.8%）混合调配，取混合药物64 g，加入2 000 mL水，停乳2 d，口服饮用，每日2次，每次1 000 mL。

对流产母牛，还需用0.5%高锰酸钾溶液冲洗阴道和子宫。伴发子宫内膜炎时，可用长效土霉素子宫灌注。

（2）**中药治疗**。对重症牛可配合中药治疗，采用黄连解毒汤加减白头翁汤。

方剂：黄连100 g、黄芩60 g、金银花120 g、连翘100 g、黄柏60 g、地榆70 g、诃子80 g、车前子60 g、泽泻60 g、白头翁70 g、秦皮70 g、猪苓60 g、焦三鲜150 g、建曲150 g、麦芽150 g，煎汤1 000 mL，每次灌服100 mL，每日2次，连用3 d。

2. 预防

（1）**免疫接种**。定期进行免疫接种，如肌内注射牛副伤寒氢氧化铝疫苗，1岁以下每次1~2 mL，2岁以上每次2~5 mL。

（2）**加强饲养管理**。加强母牛及犊牛的饲养管理，消除各种致病诱因。及时清扫牛舍，彻底清除舍内的污物及粪便，定期组织消毒，破坏细菌滋生的外部条件。定期检查饮水及所用饲料质量状况，保证食源洁净卫生。

（3）**及时饲喂初乳**。保证犊牛尽早吃上初乳，尽快获得母源抗体，抵御疾病袭击。

（4）**加强检疫**。加强疾病检疫工作，及时检出患病牛及带菌牛。根据疫病检疫结果，对有治疗价值的病牛，应进行隔离治疗。病重牛可予以淘汰，病死牛应进行无害化处理，深埋或焚烧，不能食用。

第六节　牛大肠杆菌病

牛大肠杆菌病是由致病性大肠埃希菌引起的新生犊牛的一种急性传染病，主要临床症状为腹泻，排出灰白色稀便，故又称犊牛白痢。该病主要发生于10日龄以内的犊牛，特别是1~3日龄的犊牛最易感。该病一年四季均可发生，且以冬春两季多见。

一、病　原

1. 分类与形态特征

该病的病原为大肠埃希菌（*Escherichia coli*），俗称大肠杆菌，属于肠杆菌科、埃希菌属成员。

大肠埃希菌（*E. coli*）为直杆菌，菌体大小为（0.4~0.7）μm×（2~3）μm，单在或成对排列。多数致病菌株有荚膜，多数菌株有周身鞭毛，一般为4~6根（图5-6-1），能运动（也有少数无鞭毛、不运动的变异株），通常不形成芽孢。革兰氏染色为阴性，碱性染料对该菌有良好的着色性，菌体两端偶尔略深染。

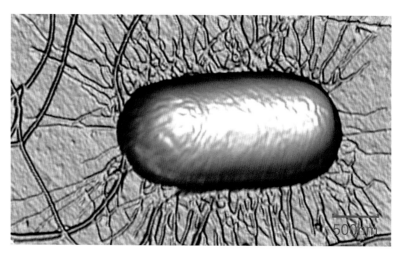

图5-6-1 菌体呈短杆状并具有周身鞭毛

2. 培养及生化特性

E. coli 为需氧或兼性厌氧，有呼吸和发酵2种类型。在普通培养基上生长良好，最适生长温度为37 ℃，最适生长pH值为7.2~7.4，可见到3种常见菌落。

（1）光滑型。大多数为该型，边缘整齐、湿润，呈灰色，表面有光泽，在生理盐水中容易分散。

（2）粗糙型。新分离的菌株中多见，菌落扁平、干涩、边缘不整，在生理盐水中已发生自家凝集。

（3）黏液型。有荚膜的菌株常见，培养基中含有糖类或在室温中放置易出现。在麦康凯和远藤琼脂培养基生长良好，可形成红色菌落；伊红－亚甲蓝琼脂上产生黑色带金属闪光的菌落；SS琼脂上一般不生长或生长较差，生长者呈红色，菌落较小。吲哚形成试验、甲基红反应、VP试验和枸橼酸盐利用4项试验（*IMVIC*试验）是卫生细菌学中常用的检测指标。凡能发酵乳糖产酸产气，并IMVIC试验为"+、+、－、－"者为典型的大肠埃希菌。

3. 抗原与血清型

大肠埃希菌的抗原构造及其血清型极其复杂，抗原主要有：菌体（O）抗原，荚膜（K）抗原和鞭毛（H）抗原。O抗原由多糖、磷脂和蛋白质组成，在大肠杆菌病的诊断和流行病学调查中十分有用。K抗原是多糖或蛋白质，存在于荚膜、被膜或菌毛中，与细菌毒力有关。H抗原为蛋白质，具有良好的抗原性。迄今已确定的大肠埃希菌O抗原有171种，K抗原有80种，H抗原有56种。其中K抗原又可分为L型、A型和B型3型。

4. 理化特性

常用消毒药在数分钟内即可杀死该菌。在潮湿、阴暗而温暖的外界环境中，存活不超过30 d，在寒冷而干燥的环境中存活较久。各地分离的大肠埃希菌菌株对抗菌药物的敏感性差异较大，且易产生耐药性。

5. 致病机制

大肠埃希菌能够在宿主体外较低温度环境下生产，并大量表达侵袭素。当感染机体后，细菌能够进入回肠及大肠的非吞噬性上皮细胞内，在黏膜和黏膜下层可遇到吞噬细胞并被吞噬，诱导表达表面蛋白质抵抗吞噬细胞的杀伤，从而实现细菌的存活及繁殖。

二、临床症状

该病主要发生于20日龄以内的犊牛，最常见于10日龄以内的犊牛，吃过初乳和2周龄以上者很少发生。患病犊牛和带菌牛是该病的主要传染源。主要通过消化道感染，有时也可经产道或脐带垂直感染。一年四季均可发生，但冬、春舍饲季节多发生，放牧季节发生很少，呈散发性或地方流行性。

多数人将大肠杆菌病分为3种类型，即败血型、中毒型和肠炎型。

1. 败血型

常发于2~3日龄的新生犊牛，呈急性败血性症状，潜伏期短，有些临床病例没有见到任何症状就出现死亡。急性病例主要特征有体温升高，可达40 ℃左右，精神萎靡，数小时后可出现下痢（图5-6-2、图5-6-3），厌食或拒食，有些可并发关节炎、肺炎和胸膜炎，或卧地不起，伴随神经症状和呼吸困难，若不及时治疗，就会出现高达80%的死亡率。耐过的病犊牛发育不良，恢复非常缓慢。

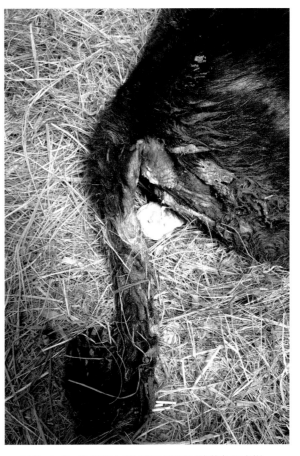

图5-6-2 败血型大肠杆菌病粪便呈淡黄色稀粥样，有恶臭味A（胡长敏 供图）

图5-6-3 败血型大肠杆菌病粪便呈淡黄色稀粥样，有恶臭味B（胡长敏 供图）

2. 中毒型

该种类型相对比较少见，是由于大肠杆菌在小肠内大量繁殖所产生的毒素造成的，部分牛可能在出现典型临床症状前就急性死亡，病程较长者会出现典型的中毒型症状，先兴奋不安，接着会出现沉郁、昏迷甚至死亡。

3.肠炎型

多发于1~2周龄的犊牛，典型症状为腹泻，体温略有升高。发病初期粪便呈淡黄色水样，有恶臭味（图5-6-4）；后呈水样，颜色呈淡灰白色，混有血丝、气泡和血凝块。严重病例会出现卧地不起、脱水，治疗不及时会出现虚脱而死。后期病牛肛门失禁，常有腹痛。

图 5-6-4　肠炎型牛大肠杆菌病初期粪便呈淡黄色水样，有恶臭味
（郭爱珍 供图）

三、病理变化

剖检急性（突然）死亡病例往往看不到明显的病理变化。腹泻病例可见病牛尸体消瘦，在皱胃中可见凝血块或凝乳块，胃黏膜有水肿、充血、出血现象，并有胶状黏液。在肠内容物中常常混有气泡和血液，有恶臭味。肝和肾呈现苍白色，肾乳头有针尖大小的出血点和坏死灶，气管有出血性炎症。肠系膜淋巴结肿大，切面多汁，有些病例充血。胸、腹腔及心包多积液，有些病例在胸腔内有纤维素样物沉积。心肌变性，有出血点（图5-6-5）。有些病例出现肺脏肿大，有些出现关节肿大（图5-6-6）。

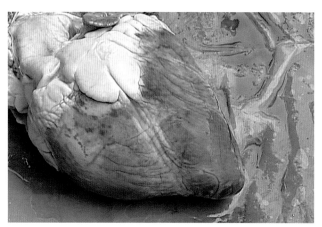

图 5-6-5　病牛心肌变性，有出血点

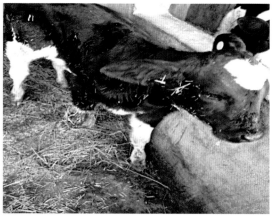

图 5-6-6　病牛关节肿大

四、诊　断

1.诊断要点

根据发病情况、发病日龄、临床症状和实验室诊断（采取新鲜粪便制作触片，革兰氏染色后镜检可见两端钝圆、中等大小、无芽孢的阴性杆菌）可做出初步判定。也可无菌采取病死犊牛的内脏如肝、肾、脾、肠系膜淋巴结涂片染色后镜检进行观察。

2.细菌培养

无菌取病料接种于血液琼脂平板，在厌氧和有氧的条件下分别于37 ℃培养24 h，均能长出浅灰色、透明而光滑的菌落，呈 β 型溶血。将疑似菌落挑取后接种于麦康凯培养基，在37 ℃培养24 h，可长出红色菌落。如果接种于伊红亚甲蓝培养基中在37 ℃培养24 h，可长出有金属荧光的菌落。将菌落涂片后革兰氏染色，在显微镜下可见革兰氏阴性、无荚膜、两端钝圆、中等大小的杆菌，与病料涂片镜检的结果相一致。

3. 生化试验

该菌能发酵葡萄糖、乳糖、甘露醇和麦芽糖使其产酸、产气，能使蔗糖少量产酸、产气。MR试验、吲哚试验均为阳性，VP试验阴性，赖氨酸脱羧酶及尿素酶试验为阴性，能还原硝酸盐，不利用枸橼酸盐。

五、类症鉴别

大肠埃希菌所导致的腹泻在临床上难以与其他腹泻性疾病相区分，通常需要配合实验室检测进行病原分离及鉴定后确诊。

六、治疗与预防

1. 治疗

大肠杆菌病的治疗主要采用抗菌治疗配合其他对症治疗，如适时止泻、强心补液和调整、改善胃肠功能。

（1）**抗生素治疗**。常用的药物有以下4种，为了在生产实际中更为有效地防治大肠杆菌病，建议尽可能先做药敏试验，然后有针对性地进行用药。

处方1：庆大霉素，剂量为每千克体重1~1.5 mg，肌内注射，每日2次。

处方2：磺胺甲基嘧啶，剂量为每千克体重0.08~0.2 g，口服，每日2次。

处方3：链霉素，剂量为每千克体重10 mg，肌内注射，每日2次。

处方4：磺胺脒，剂量为每千克体重0.1~0.3 g，肌内注射，每日2次。

（2）**补液**。补液的剂量依据脱水的程度来定，若有食欲或能自吮，可以口服补液盐，不能自吮时静脉注射补液。

处方1：口服补液盐的配方为氯化钠3.5 g，氯化钾1.5 g，碳酸氢钠2.5 g，葡萄糖20 g，加水1 000 mL，也可以购买商品补液盐，配成水溶液，全天自由饮用以防脱水。

处方2：不能自食时可用5%糖盐水或复方氯化钠液1 000~1 500 mL，静脉注射。发生酸中毒时，可用5%碳酸氢钠注射液80~100 mL缓慢静脉注射。

（3）**调整肠胃功能**。

处方1：将葡萄糖（含量67.53%）、氯化钠（含量4.34%）、甘氨酸（含量10.3%）、枸橼酸（含量0.81%）、枸橼酸钾（含量0.21%）、磷酸二氢钾（含量6.8%）混合调配，取混合药物64 g，加入2 000 mL的水，停乳2 d，每次灌服1 000 mL，每日2次。

处方2：用乳酸2 g、鱼石脂20 g，加水90 mL调匀，每次灌服5 mL，每日2~3次。

也可口服保护剂和吸附剂，如次硝酸铋5~10 g、白陶土50~100 g、活性炭10~20 g等，以保护肠黏膜，减少毒素吸收，促进早日康复。

（4）调整肠道微生态平衡。病情有所好转时，可停止应用抗菌药物，口服调整肠道微生态平衡的生态制剂。如促菌生6~12片，配合乳酶生5~10片，每日2次；或健复生1~2包，每日2次；或其他乳杆菌制剂。

（5）中药治疗。

方剂1：地榆、辣蓼、翻白草、马齿苋、凤尾草、黄柏各150 g，陈皮、山楂、仙鹤草各25 g，金银花100 g，黄连、神曲各400 g，加水煎煮2次，合并药液，浓缩至1 500 mL，犊牛每次灌服50~100 mL，每日1~2次。

方剂2：白头翁20 g、黄连20 g、秦皮24 g、生山药60 g、山茱萸24 g、诃子20 g、茯苓20 g、白术30 g、白芍20 g、干姜10 g、甘草10 g，煎汤1 000 mL，每次灌服100 mL，每日2次，连用3 d。

方剂3：黄芩20 g、黄柏20 g、黄连15 g、白头翁15 g、枳壳10 g、砂仁10 g、泽泻10 g、猪苓10 g，煎汤灌服，每日1次，连用3~5 d。

2. 预防

（1）加强妊娠牛的饲养管理。供给合理饲料，保证丰富的蛋白质、维生素和矿物质，给予优质干草，适量运动。搞好产房的卫生和消毒。产房要保持通风、干燥、宽敞、光线充足，及时清除污物并经常消毒。地面每天要用清水冲洗，每周用碱溶液清洗地面和食槽。护栏、犊牛床、运动场等可用2%来苏尔溶液等常用消毒液全面消毒，勤换垫草。

（2）加强犊牛的护理。应给新生犊牛创造一个干净和干燥环境，环境温度低时应增加保温措施。冬天尤其应注意保暖，不能有冷风或贼风直吹。接产时，接产用具等以及母牛的外阴部均需用新洁尔灭溶液（1%）清洗消毒，助产人员用0.1%新洁尔灭溶液清洗消毒手臂。脐带断口应距离犊牛腹部5 cm，并用碘酊（10%）浸泡1 min。接产、断脐时要力求无菌操作。乳头要保持洁净，防止新生犊牛接触到污水和粪尿。出生后的犊牛应及时吃到初乳（1 h内），这样可以使其尽早获得母源抗体，增强体质。断奶期避免突然改变饲料，要逐渐过渡。若发现犊牛患病，需及时隔离，地面和垫草用生石灰全面消毒，对患病犊牛及时进行有效治疗。

第七节 牛出血性败血症

牛出血性败血症又称牛出败，主要是由多杀性巴氏杆菌（*Pasteurella multocida*）B型引起的急性、热性传染病，临床可表现以纤维素性大叶性胸膜肺炎为特征的肺炎型和全身皮下、脏器黏膜、浆膜点状出血的败血型以及头部、胸部水肿的水肿型3种类型。

一、病 原

1. 分类与形态特征

多杀性巴氏杆菌属于巴氏杆菌科、巴氏杆菌属。该菌为两端钝圆、中央微凸的短杆菌，大小为

（0.25~0.4）μm×（0.5~2.5）μm，单个存在，无鞭毛，无芽孢，无运动性，产毒株有明显的荚膜。革兰氏阴性，用亚甲蓝或瑞氏染色呈明显的两极浓染，但陈旧的培养物或多次继代的培养物两极着色不明显。

2. 生化特性

该菌在48 h内，可分解葡萄糖、单奶糖、甘露醇和蔗糖，产酸不产气。大多数菌株可发酵甘露醇、山梨醇和木糖。一般对乳糖、鼠李糖、杨苷、山梨醇、肌醇、菊糖、侧金盏花醇等不分解。来自畜类的菌株分解木糖，不分解阿拉伯糖，来自禽类的菌株则正好相反。该菌可形成靛基质，接触酶和氧化酶均为阳性，硫化氢阳性，MR试验、VP试验、石蕊牛乳试验均为阴性，不液化明胶等。

3. 培养特性

该菌为需氧或兼性厌氧，最适pH值为7.2~7.4，最适生长温度为37 ℃。在普通培养基上能够生长，但生长不佳，在麦康凯培养基上不生长。在加有血液、血清、微量血红素或葡萄糖等的培养基中生长旺盛。在液体培养基呈轻度混浊，时间稍长则有黏性沉淀出现，轻轻振摇则形成小辫样的盘旋。在加有血清的固体培养基上，菌落为圆形、隆起、光滑、湿润、边缘整齐、灰白色的中等大小菌落，并有荧光性。在血液培养基上不溶血，在生理盐水中可出现自溶现象。

4. 细菌分型

根据菌落形态的不同，多杀性巴氏杆菌可被分为3个型，即光滑型（S）、粗糙型（R）、黏液型（M）。S型为中等大小菌落，对小鼠毒力强；R型则菌落小，对鼠几乎无毒力；M型则介于两者之间。新分离的强毒菌，在血琼脂平皿上培养，45°折光观察，菌落表面呈现不同程度的荧光。据有无荧光及荧光的颜色，又可将多杀性巴氏杆菌分Fg、Fo和Nf 3型。Fg型呈橘红色带金光，边缘有乳白色光带，对猪、牛等家畜是强毒菌，对禽类毒力弱；Fo型呈蓝绿色而带金光，边缘有狭窄的红黄光带，对禽类为强毒株，对猪、牛则毒力微弱；Nf型无荧光，为无毒力型菌株。

根据多杀性巴氏杆菌荚膜（K）抗原的交互保护性可将其分为A、B、D、E和F 5种荚膜型（或血清群）；根据菌体（O）抗原性的不同，又可将多杀性巴氏杆菌分为16个菌体型。其中A、B和D荚膜型和3、5菌体型菌株是牛出血性败血症的病原菌。A:3型菌株广泛存在，多散发和慢性经过，多与其他病混合感染；D:3型菌株报道较少，多慢性经过；B荚膜型菌株多呈最急性和急性经过，存在于中国、印度和东南亚地区。牛出血性败血症的主要病原菌为B荚膜型菌株。

5. 理化特性

该菌的抵抗力不强，在自然界中生长的时间不长，在浅层土壤中可存活7~8 d，在粪便中可存活14 d。一般消毒药在数分钟内均可将其杀死。该菌对青霉素、链霉素、土霉素、磺胺类药物及许多新的抗菌药物敏感。

二、流行病学

1. 易感动物

多杀性巴氏杆菌对多种动物和人均有致病性，以猪、牛、兔、鸡、鸭、火鸡最为易感；绵羊、山羊、鹿和鹅次之。各种年龄、品种的牛均可感染，而水牛易感性更高。

2. 传染源

病畜和带菌动物是该病的传染源，尤其是带菌动物，包括健康带菌和病愈后带菌。病牛体内带有毒力的病菌会随其排泄物、分泌物不断排出，从而污染饲料、饮水、用具和外界环境，成为新的传染源。

3. 传播途径

该病可通过直接接触和间接接触传播，如水牛往往因饮用病牛饮过的水洼及抛弃病畜尸体河川的水而感染，外源性传染多经消化道，其次是呼吸道，偶尔可经皮肤黏膜的损伤或吸血虫的叮咬而传播。

4. 流行特点

该病的发生无明显季节性，常见于春、秋季，当出现气温剧变、冷热交替、潮湿、闷热、多雨的气候时易发病。该病呈散发性，有时呈地方性流行。牛群中发生巴氏杆菌病时，很难查出传染源，大都认为牛在发病前就已经带菌。牛在通风不畅、闷热、潮湿、拥挤的恶劣环境下饲养，外加气候剧变、寒冷、饲料霉变、过度劳累、发生寄生虫病、营养不良等诱因而导致机体抵抗力降低时，病菌即可侵入牛体，经淋巴液而进入血液，发生内源性传染，导致该病的发生。

三、临床症状

该病潜伏期为2~5 d，根据临床表现可分为败血型、水肿型和肺炎型。

1. 败血型

败血型以猝死为典型特征。最急性病例在出现明显临床症状前突然死亡。亚急性型病例表现为体温升高至41~42 ℃，继而出现全身症状，精神不振，低头拱背，被毛粗乱、无光泽、肌肉震颤，机体衰竭，鼻镜干裂，结膜潮红（图5-7-1），有时咳嗽或呻吟。皮温不整，呼吸和心跳加速，食欲减退或废绝，泌乳减少或停止。病初病牛便秘，之后转为腹泻，粪便呈粥样或液状并混有黏液、黏

图5-7-1 病牛鼻镜干裂，结膜潮红

膜片和血液（图5-7-2），恶臭，并有腹痛。濒死期病牛眼结膜、天然孔出血。不久后，病牛体温下降，在12~24 h内因虚弱而死亡。

2. 水肿型

在病牛的头颈部、咽喉部及胸前的皮下结缔组织出现扩张性炎性水肿（图5-7-3），触之有热痛感；同时舌部及周围组织有明显肿胀，呈暗红色（图5-7-4），呼吸极度困难，出现急性结膜炎，皮肤和黏膜发绀、眼红肿、流泪；有的病牛出现下痢，病程多为12~36 h，后因呼吸障碍而死亡。

3. 肺炎型

病牛主要表现为急性纤维素性胸膜肺炎症状。病牛体温升高至41~42 ℃，精神不振，食欲减退或废绝，呼吸促迫，继而呼吸极度困难，干咳且痛，流泡沫样鼻液，有时带血，后呈黏液脓性（图5-7-5）。胸部叩诊有痛感，有实音区；胸部听诊有水泡性杂音，有时可听到胸部摩擦音。病初便秘，后期下痢并带有黏膜和血液，恶臭。病程为3~7 d。

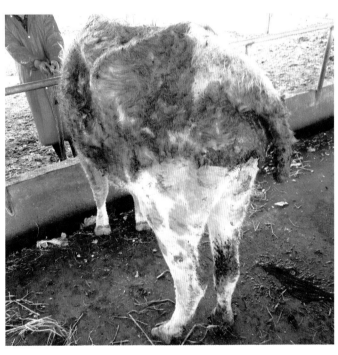

图5-7-2　病牛粪便呈粥样或液状并混有黏液、黏膜片和血液

图5-7-3　病牛头颈部出现扩张性炎性水肿

图5-7-4　病牛舌部及周围组织有明显肿胀，呈暗红色

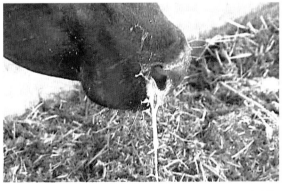

图5-7-5　病牛流泡沫样鼻液，有时带血，后呈黏液脓性

四、病理变化

1. 败血型

病牛全身黏膜、浆膜以及肺、舌、皮下组织和肌肉有出血点和渗出液（图5-7-6），心外膜充血、出血，胸膜腔积液（图5-7-7），淋巴结水肿，脾脏有小出血点，但不肿胀。

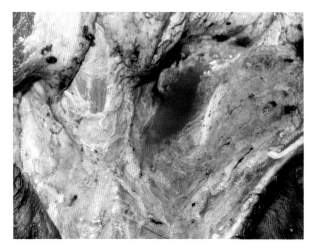 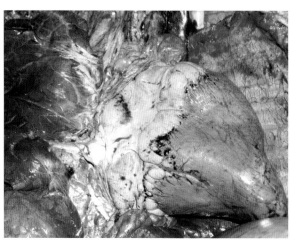

图5-7-6 病牛颈部皮下水肿伴有夹杂
少量血液的淡黄色渗出液（彭远义 供图）

图5-7-7 病牛心肌、
心冠脂肪及心耳出血（彭远义 供图）

2. 水肿型

病牛除全身症状外，主要是咽部、头部和颈部、胸前部皮下有胶样浸润，切开后流出黄色至深黄色的液体，出血，咽周围组织发生相同的病变，咽淋巴结和颈淋巴结高度肿胀。

3. 肺炎型

病牛胸、腹腔有大量浆液性纤维素性渗出液，肺脏和胸膜有小出血点并附着一层纤维素性薄膜。肺脏有不同时期的肝变，小叶间结缔组织水肿增宽，切面呈大理石状外观（图5-7-8），有的病例坏死灶呈灰色或暗褐色。有的病例有纤维素性心包炎和胸膜炎，心包和胸膜粘连。肝与肾发生实质变性，肝脏常见有小坏死灶。支气管淋巴结、纵隔淋巴结等显著肿大。部分病牛胃出血（图5-7-9），气管充血并伴有大量渗出性黏液（图5-7-10），肠及肠系膜出血（图5-7-11），肝脏出血呈土黄色（图5-7-12）。

五、诊断

1. 细菌学检查

（1）分离培养。无菌采集病死牛的肝脏、脾脏、淋巴结等病料，分别接种马丁血琼脂平板，置于37 ℃培养箱中培养18~24 h，长出圆形凸起、米粒大小、灰白色、半透明的菌落。将分离菌涂片、染色，镜检可见革兰氏阴性短杆菌，亚甲蓝染色为两极浓染的椭圆形小杆菌。

（2）生化特性。该菌接触酶和氧化酶、靛基质、硫化氢和硝酸盐还原试验均为阳性。MR试验和VP试验均为阴性。发酵葡萄糖、木糖、蔗糖、甘露醇、山梨醇，产酸不产气。不发酵乳糖、鼠李糖、菊糖、肌醇、侧金盏花醇、棉籽糖等。

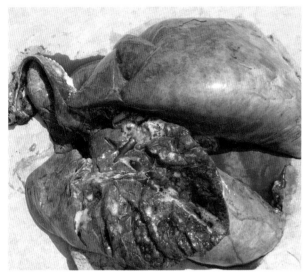

图 5-7-8　病牛肺脏肝变、小叶间结缔组织水肿增宽
（彭远义 供图）

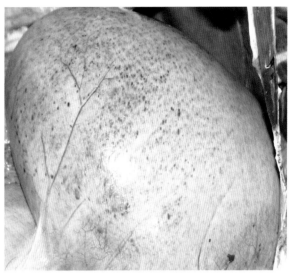

图 5-7-9　牛巴氏杆菌病败血型病牛胃出血
（彭远义 供图）

图 5-7-10　病牛气管充血并伴有大量渗出性黏液
（彭远义 供图）

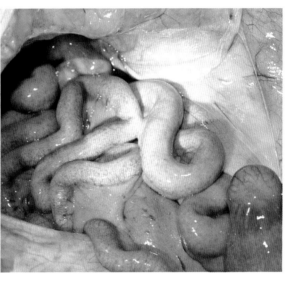

图 5-7-11　病牛肠及肠系膜出血
（彭远义 供图）

（3）**动物试验**。用病料组织的研磨乳剂
0.2 mL，皮下接种小鼠，在 72 h 内死亡，并从死
亡小鼠心血或实质器官涂片分离培养到形态、着
色与上述相同的小杆菌。

2. 血清学诊断方法

（1）**琼脂扩散试验**。该方法可以用于鉴定
菌体血清群。具体方法是首先将待检菌株接种
于葡萄糖淀粉琼脂平板，培养 18 h，将浓厚的菌
体悬液悬浮于 1 mL 的 0.3% 甲醛生理盐水中，在
100 ℃水浴中处理 1 h，离心沉淀，上清液作为抗

图 5-7-12　病牛肝脏出血呈土黄色（彭远义 供图）

原。试验时标准抗血清滴在外围孔，待检抗原滴在中间孔，加样完毕后置于37 ℃条件下24~28 h，然后进行结果判定，有明显线的判为阳性。

（2）间接血凝试验。主要用来鉴定菌体荚膜物质，将待检菌株接种于血清琼脂或马丁琼脂上，用3~4 mL生理盐水洗下培养物，经56 ℃水浴处理30 min，离心取上清液（荚膜提取液）作为致敏红细胞抗原。若为黏液状菌落，可先用透明质酸酶处理，即用pH值为6、浓度为0.1 mol/L的PBS清洗菌落，在悬液中加内含15 IU的睾丸透明质酸酶1mL，置于37 ℃水浴3~4 h。然后56 ℃水浴30 min，离心分离取上清液作为致敏红细胞抗原。按常规方法进行抗原致敏红细胞，然后用生理盐水配制成0.5%悬液。正式试验是用生理盐水将A、B、D和E抗血清在试管内分别按1∶10、1∶20、1∶40、1∶80、1∶160、1∶320和1∶640的比例，充分混合，室温静置2 h，首次观察结果。将试管再置于室温过夜，再次观察结果。阳性反应会出现明显的凝集。

六、类症鉴别

1. 牛肺炎链球菌病

相似点： 与败血型巴氏杆菌病相似。最急性病例常猝死。病牛体温升高（40 ℃以上），精神沉郁，食欲减退或废绝，眼结膜发绀，呼吸困难，咳嗽；腹泻，排带有黏液、血液的粪便。剖检见全身浆膜、黏膜出血，胸腔积液。

不同点： 最急性病例有抽搐、痉挛等神经症状。病牛流涎，后期严重病例表现为口腔有白沫、目光呆滞、发育迟滞、眼窝下陷、日渐消瘦，末期表现为严重的呼吸、吞咽困难。剖检见病变的肺叶切面弥散大小不等的脓肿；脾充血、肿大，脾髓呈黑红色，质韧如硬橡皮；肝、肾有脓肿，胸腔渗出液明显增量并积有血液。

2. 牛炭疽病

相似点： 败血型伴发水肿型病例与牛炭疽病症状相似。最急性型病牛突然倒地死亡，天然孔流血。病牛体温升高（41~42 ℃），精神不振，食欲废绝，呼吸加快，肌肉震颤，初便秘，后期腹泻、便血，体表有炎性水肿，呼吸极度困难，皮肤和黏膜发绀。剖检见病牛全身黏膜、浆膜以及肺、舌、皮下组织和肌肉有出血点，颈部、胸前等部位皮下胶样浸润，心外膜充血、出血。

不同点： 炭疽病泌乳牛产奶量减少，妊娠牛可流产，有血尿，尿液暗红色，水肿区后期中心部位发生坏死，即"炭疽痈"；出血性败血症病牛眼红肿、流泪，病程长的有纤维素性胸膜肺炎症状。炭疽病病牛剖检见尸体迅速腐败而膨胀，尸僵不全，血液黏稠似焦煤样，凝固不全，脾脏肿大，呈暗红色，软化如泥状，脾髓暗红色如煤焦油样，全身淋巴结肿大、出血、水肿，切面呈黑红色有出血点；出血性败血症病牛无此特征性病变。

3. 牛传染性鼻气管炎

相似点： 出血性败血症肺炎型与牛传染性鼻气管炎呼吸道型症状相似。病牛体温升高（41~42 ℃），精神不振，食欲废绝，呼吸促迫、困难，咳嗽，流黏液脓性鼻液。

不同点： 牛出血性败血症死亡率高，可达80%；牛传染性鼻气管炎病死率低，在10%以下。传染性鼻气管炎病牛鼻黏膜高度充血，出现溃疡，鼻窦及鼻镜组织高度发炎，奶牛泌乳量下降或停止；牛出血性败血症肺炎型无鼻黏膜症状。传染性鼻气管炎病牛特征性病变为呼吸道黏膜上覆盖灰色恶臭的脓性渗出液，肝脏、肾脏包膜下有粟粒大、灰白色至灰黄色坏死灶散在；出血性败血症病牛剖检主要表现纤维素性胸膜炎和肺部病变。

4. 牛流行热

相似点： 牛流行热与牛出血性败血症肺炎型症状相似。病牛体温升高，精神沉郁，食欲下降，鼻流黏液性鼻液。

不同点： 流行热病牛肌肉僵硬，呆立不动，可能伴有跛行，关节肿胀，眼结膜充血，眼眶周围及下颌下组织会发生斑块状水肿，头歪向一边，伴有胸骨倾斜；牛出血性败血症无此症状。流行热病牛肺部尖叶、心叶和膈叶前缘形成间质性肺气肿，肺实质充血、水肿，肺泡膨胀、气肿甚至破裂，肺间质明显增宽，胶样水肿，并有气泡，有大小不等的暗红色实变区，触摸肺部有捻发音，切面流出大量泡沫样暗紫色液体。关节内有浆液性、浅黄色液体，严重者见有纤维素样渗出，或关节面有溃疡。

5. 牛副流行性感冒

相似点： 病牛体温升高（41 ℃以上），精神不振，食欲减退，呼吸促迫、困难，流黏液性鼻液；剖检肺部有灰色、红色肝变区，间质增宽水肿，纵隔淋巴结肿大。

不同点： 牛副流行性感冒发病率不超过20%，病死率一般为1%~2%。副流行性感冒病牛产奶量下降，流泪，有脓性结膜炎，咳嗽；牛出血性败血症无此症状。副流行性感冒病牛气管内充满浆液，肺部病变主要表现在肺的间叶、心叶和膈叶，胸、腹腔无纤维素渗出和纤维素覆盖肺部。

七、防治措施

1. 预防

（1）**加强管理。** 发现病牛和疑似病牛，应及时隔离检查治疗，以抗菌消炎、对症治疗为原则，并加强饲养管理，避免牲畜拥挤、受寒等应激因素。增强机体抗病力，尽量消除可能降低抗病力的因素。

（2）**严格消毒。** 牛舍、饲喂用具等用10%石灰乳或5%氢氧化钠溶液进行严格消毒。对垫草等污染物进行焚烧处理。粪便堆积后用5%氢氧化钠溶液表面消毒后再进行生物热处理。对尸体应先消毒外表后再深埋。

（3）**定期接种。** 发病地区，每年定期接种牛出血性败血症氢氧化铝疫苗，体重100 kg以上的牛注射6 mL，体重100 kg以下的小牛注射4 mL，皮下或肌内注射。

（4）**紧急接种。** 注射牛出血性败血症疫苗，体重在100 kg以上的牛肌内注射6 mL，体重在100 kg以下的牛肌内注射4 mL。

2. 治疗

（1）**重症治疗。**

处方1： 用5%葡萄糖注射液500 mL、青霉素钠盐800万IU、0.5%氢化可的松注射液500 mg、40%乌洛托品注射液80 mL，静脉注射，每日2次。

处方2： 10%磺胺嘧啶钠注射液200 mL、40%乌洛托品注射液80 mL、生理盐水500 mL、10%维生素C注射液40 mL，静脉注射，每日2次。

处方3： 呼吸困难者用氨茶碱注射液20 mL、5%葡萄糖注射液500 mL、新胂凡纳明3 g，混合后避光静脉滴注，每日1次。

（2）轻症治疗。

处方1： 肌内注射青霉素400万IU、链霉素500万IU，每日3次。

处方2： 取20%磺胺注射液100 mL，加入500 mL 5%葡萄糖注射液内静脉注射，每日2次。

（3）肠炎治疗。

该类病牛在用上述方法治疗的同时，再加盐酸黄连素注射液20 mL，每日3次。

（4）中药治疗。

金银花50 g、连翘60 g、射干60 g、山豆根60 g、天花粉60 g、桔梗60 g、黄连50 g、黄芩50 g、栀子50 g、茵陈50 g、马勃50 g、牛蒡子30 g，水煎取汁，1次灌服。

第八节　牛生殖道弯曲菌病

　　牛生殖道弯曲菌病（Bovine genital campylobacteriosis）是由胎儿弯曲菌引起的一种以不育、胚胎早期死亡及流产为特征的人兽共患传染病。胎儿弯曲菌分为胎儿亚种和性病亚种。胎儿亚种可以引起牛散发性流产，也可感染人，引起流产、早产、败血症以及类似布鲁氏菌病的症状。

　　1913年有学者自流产绵羊胎儿体内分离出某些生物学特性与弧菌相似的细菌，1919年将其命名为胎儿弧菌（Vibrio fetus）。1957年根据来源及培养温度将该菌分为2个群，即25~37 ℃生长、42 ℃不生长者为胎儿弧菌；25 ℃不生长、37 ℃及42 ℃生长者为相关弧菌。1973年有学者发现这些弧菌不发酵葡萄糖，DNA组成及含量不同于弧菌属，故将其更名为弯曲菌（Campylobacter）。在欧洲、美洲、大洋洲、非洲及亚洲均有胎儿弯曲菌分离和致病的报道。

一、病　原

1. 分类与形态特征

胎儿弯曲菌属于弯曲杆菌属，包括胎儿弯曲菌胎儿亚种和胎儿弯曲菌性病亚种2个亚种。

胎儿弯曲菌为革兰氏阴性杆菌，细长弯曲，呈撇形、"S"形和海鸥展翅形。有鞭毛，在老龄培养物中呈螺旋状长丝或圆球形，运动力强。

2. 培养特性

胎儿弯曲菌是微需氧菌，普通条件下无法生长；在体积比为5%氧气、10%二氧化碳、85%氮气的气体环境中生长良好。该菌生长缓慢，在培养基上需要生长2~3 d。于培养基内添加血液、血清有利于初代培养，对1%牛胆汁有耐受性，这一特性可用于纯菌分离。

3. 理化特性与血清型

胎儿弯曲菌的抵抗力不强，干燥、直射阳光及一般消毒剂均可将其杀死。应用热处理菌体法（100 ℃作用2 h）将胎儿亚种可划分为血清型A-2和B，有些菌株具有2种抗原（A-B-2），这些血清型含有热稳定的表面抗原A和B。胎儿弯曲菌性病亚种可分为血清型A-1和A-亚1，这些血清型均含有热稳定的抗原A。醋酸铅纸条法测定硫化氢产生，以区别血清型A-亚1与血清型A-1。

二、流行病学

1. 易感动物

病菌的主要宿主是牛和羊，人也可以被感染。成年母牛和公牛均有易感性，未成年牛稍有抵抗力，公牛感染后不表现临床症状，但可带菌数月或更长时间。

2. 传染源

病母牛和带菌的公牛及康复后的母牛是最主要的传染源。母牛感染后1周即可从子宫颈、阴道黏液中分离出病原菌，感染后3周至3个月菌量最多，被感染公牛精液中含有胎儿弯曲菌。

3. 传播途径

该病主要通过自然交配和人工授精传播，带菌公牛精液中存在胎儿弯曲菌，经人工授精可造成该病的传播和蔓延。

4. 流行特点

该病多见于放牧、自然交配的牛群中。

三、临床症状

公牛感染该病一般没有明显症状，精液正常，但带菌，有时可见包皮黏膜发生暂时性潮红。母牛在交配感染后，病菌在阴道和子宫颈繁殖，引起阴道的卡他性炎症，阴道黏膜发红，阴道排出较多黏液，黏液清澈，偶尔稍混浊，有时可持续3~4个月。至妊娠期，病菌侵入子宫和输卵管，引起子宫内膜炎和输卵管炎，可持续数周至数月不等，致使胚胎早期死亡并被吸收。牛生殖道弯曲菌感染可导致妊娠牛流产，流产多发生在妊娠中期（4~7个月），流产率为5%~10%。早期流产胎膜常可自动排出，如发生在妊娠后期，则易发生胎衣滞留。感染后有些牛发情周期不规律，至感染后6个月，大多数牛才可再次妊娠，感染牛群的受胎率降低10%~20%。

四、病理变化

流产胎儿的肝脏显著肿胀、硬固，多数呈黄红色或被覆灰黄色较厚的假膜。皮下和体腔血液浸润，胸水、腹水增多。眼观可见母牛子宫颈潮红，子宫内有轻度黏液性渗出物。胎盘水肿并伴有巨噬细胞浸润而不透明，常呈皮革样，胎盘绒毛坏死，呈黄色。

五、诊　断

1. 诊断要点

该病的临床表现不明显，单个病例难以通过临床症状加以诊断。自然交配的繁殖母牛群受胎率降低、发情不规则以及妊娠中期流产时，或者使用某头公牛的精液所配母牛群的受胎率降低时，可以怀疑该病。

2. 细菌分离培养

分离该菌一般采用高选择性含血液培养基，常用的有Camp-BAP弯曲菌选择培养基、Shiwow血液琼脂和Butzler血液琼脂，在85%氮气、10%二氧化碳、5%氧气的微需氧环境中42℃培养48 h。如无厌氧罐和气体钢瓶，也可用烛缸法代替。也有学者采用强还原剂连二亚硫酸钠（在一定条件下有吸收氧作用）与碳酸氢钠制成减氧产气试剂，使之产生微氧环境，与烛缸法比较效果较好，与换气结果几乎无异，且该法简便易行，便于基层实验室使用。以上几种培养基中均需添加一定含量的动物血液。为降低操作难度，多种无血培养基（如WCG、FBPCA）也都逐渐被研发出来。

3. 血清学诊断方法

（1）ELISA。ELISA操作简便、灵敏度高、特异性强，适于大量标本的检测，易于推广和应用。ELISA依赖于抗原抗体反应的特异性，由于该菌血清型复杂，抗血清中多克隆抗体存在许多交叉反应，应用单一或多个菌株制备的多克隆抗体检测，检出率受易限制，基于单克隆抗体的ELISA快速检测法被认为能够有效提高检测的准确性，且降低检测时间。

（2）SPA协同凝集试验。该方法目前正处于研发阶段，利用SPA的放大效应，使特异性的抗原抗体反应得以扩大，便于肉眼观察，具有特异、敏感、快速、简便的特点，便于推广。

六、类症鉴别

1. 牛布鲁氏菌病

相似点： 母牛阴道黏膜红肿，排出较多黏液，流产，产出的胎儿多为死胎。流产胎儿皮下和体腔血液浸润。

不同点： 牛布鲁氏菌病母牛阴道分泌物为灰白色或浅褐色，流产后伴发胎衣不下或子宫炎，或从阴道流出红褐色分泌物，公牛发生睾丸炎和附睾炎，睾丸肿大，部分病牛还可表现关节炎，关节肿胀、疼痛，跛行；牛生殖道弯曲菌病母牛阴道分泌物多清澈，偶尔混浊，公牛一般无明显症状，无关节炎症状。牛布鲁氏菌病病变主要存在于子宫、胎儿和胎衣，子宫绒毛膜间隙有污灰色或黄色胶样渗出物，绒毛膜上有坏死灶，并附有黄色坏死物或污灰色脓液，胎儿肾呈紫葡萄样，胃内有淡黄色或白色黏液絮状物，公牛睾丸肿大，被膜与外层浆膜粘连，阴茎红肿，其黏膜上可见小而硬的结节；牛生殖道弯曲菌病胎盘水肿呈皮革样，胎盘绒毛坏死，呈黄色，胎儿的肝脏显著肿胀、硬固，多数呈黄红色或被覆灰黄色较厚的假膜。

2. 牛赤羽病

相似点： 有传染性。妊娠牛流产，公牛无明显病变。

不同点： 赤羽病病牛流产前无明显症状，产下先天性关节弯曲或积水性无脑症畸形胎，剖检见胎儿形体异常（关节弯曲、颈椎弯曲），大脑缺损或发育不全，脑室积液，躯干肌肉萎缩、变性、呈白色或黄色，胎衣上有许多白色混浊斑点；牛生殖道弯曲菌病母牛流产前有阴道炎、子宫内膜炎和输卵管炎，流产胎儿不见形体异常和缺脑症。

3. 牛衣原体病（牛衣原体性流产）

相似点： 有传染性。妊娠牛流产，妊娠中期流产多发，产出的胎儿多为死胎。

不同点： 牛衣原体病母牛流产前无特殊症状，初产母牛发病率可达50%，公牛有精囊腺、副性腺和睾丸慢性炎症；牛生殖道弯曲菌病母牛流产前有阴道炎、子宫内膜炎和输卵管炎，阴道黏膜发红，阴道排出较多清澈黏液，公牛无明显症状。牛衣原体病病变包括皮下组织水肿，腹腔、胸腔积有黄色渗出物，肝肿大并有灰黄色突出于表面的小结节，淋巴组织肿大，各个器官可见有肉芽肿样损伤；牛生殖道弯曲菌病流产胎儿皮下和体腔血液浸润，肝脏显著肿胀、硬固，多数呈黄红色或被覆灰黄色较厚的假膜。

4. 牛细小病毒病

相似点：母牛流产，产死胎。

不同点：牛细小病毒病母牛流产前无明显症状，病犊牛有流鼻液、呼吸困难、呼吸数增加、咳嗽等呼吸道和腹泻症状；牛生殖道弯曲菌病母牛流产前有阴道炎、子宫内膜炎和输卵管炎，阴道黏膜发红，阴道排出较多清澈黏液，犊牛无呼吸道和腹泻症状。牛细小病毒病剖检腹泻犊牛，可见鼻腔黏膜充血，气管黏膜部分充血。小肠有弥散性充血和出血，黏膜水肿，肠腔内有不同数量的浅色黏液，浆膜血管渗出，肠系膜血管严重充血。

七、防治措施

1. 预防

目前市面上尚无预防弯曲菌感染的疫苗。对于该病的预防，只能针对其流行病学特点采取相应的措施。

加强动物的饲养管理，严格执行兽医卫生措施，定期进行消毒。饮用清洁水，不喂被污染的饲料。引进种畜要严格检疫，淘汰带菌动物，积极开展人工授精。污染场地及环境要用3%来苏尔溶液、20%漂白粉溶液或3%氢氧化钠溶液进行定期彻底消毒。

2. 治疗

（1）清洗子宫。病牛出现流产症状时，可待母牛排出炎性渗出液后，用浓度为0.1%的高锰酸钾溶液或0.02%的新洁尔灭溶液对子宫进行清洗，排出清洗液后，可向子宫内投入链霉素或金霉素胶囊进行治疗，一般连续治疗1周可基本痊愈。

（2）公牛治疗。对于公牛，可使用药物麻醉，之后强行拉出阴茎，用青霉素、链霉素、土霉素等混合制成的多抗生素消毒软膏，对阴茎及其包皮进行涂抹治疗，5 d可有效缓解症状。

（3）全身治疗。四环素，肌内注射，剂量为每千克体重30~50 mg，每日2次。

第九节　牛空肠弯曲菌病

牛空肠弯曲菌病又称牛冬痢、牛黑痢，是由空肠弯曲菌引起的人兽共患传染病，临床上以各年龄的牛发生水样腹泻为特征。

自1973年该菌首次从急性肠炎患者粪便中被分离并确定其致病性以来，现已发现该菌除引起人类发热、急性肠炎和格林—巴利综合征外，还可引起牛和绵羊流产，火鸡的肝炎和蓝冠病，童子鸡和雏鸡坏死性肝炎，雏鸡、犊牛和仔猪的腹泻等多种疾病。

一、病 原

1. 分类与形态结构

空肠弯曲杆菌属于弯曲杆菌属。空肠弯曲杆菌为革兰氏阴性的弯曲短杆菌，长 1.5~5μm，宽 0.2~0.5μm，末端逐渐变细，颇似逗点，也有呈 S 形或螺旋形者，3~5 个成串或单个排列。多次传代后，则变成球杆状或球形。在电镜下，菌体两端各有一根鞭毛，长度可超过菌体 2~3 倍，该菌运动活泼，能做快速直线或螺旋体状运动，无荚膜。

2. 培养特性

空肠弯曲杆菌生长需要 85% 氮气、10% 二氧化碳、5% 氧气的微需氧环境。少量的氢气有助于该菌从初级培养物中分离和生长。在 42 ℃ 生长最为旺盛，在 25 ℃ 不生长，最适宜 pH 值为 7。普通培养基上一般生长不良，生长需要含有万古霉素、多黏菌素 B 和甲氧苄啶等抗菌药物的血液琼脂培养基。空肠弯曲杆菌菌落有 2 种形态，一种较小，色灰白而扁平，有光泽与湿润感，犹如水滴，其边缘有从分离线向外扩散的倾向。另一种直径 1~2 mm，略呈灰红色，正圆形，较凸起，发亮，边缘较整齐。转种后光滑型变成黏液型，有的呈玻璃断面样的折光。两种菌落均不溶血，亦不产生色素。

3. 生理生化特性

空肠弯曲杆菌生化反应不活泼，一般不发酵碳水化合物。氧化酶和过氧化氢酶阳性。硫化氢在 TSI 斜面上，醋酸铅纸条变黑，培养基底部不变黑，对萘啶酸试验敏感，对甘氨酸耐受力试验阳性，对 3.5% 氯化钠耐受性试验不生长，TTC 试验菌苔为紫色。对庆大霉素、红霉素、四环素和氟苯尼考较敏感，而对磺胺类药物、呋喃类药物及青霉素几乎都不敏感。空肠弯曲杆菌抵抗力不强，58 ℃ 作用 5 min 可将其杀死。

空肠弯曲杆菌在潮湿、少量氧的情况下，可以在 4 ℃ 存活 3~4 周；在水、牛奶中存活较久，在粪便中存活也久，在鸡粪中保持活力可达 96 h，在尿液中可存活 5 周，在人粪中如每克含菌数为 10^8 个，则保持活力达 7 d 以上。在 -20 ℃ 存活 2~5 个月，在含 10% 马血清的培养基中，-70 ℃ 能存活 2 年，但在室温下只能存活几天。细菌对酸碱有较大耐力，故易通过胃肠道生存，对物理和化学消毒剂均敏感。

二、流行病学

1. 易感动物

牛、绵羊、猪等家畜，鸡、鸭、鹅、火鸡等家禽，新生鼠、兔、仓鼠等实验动物，犬、猫以及野生动物猿猴、雪貂等对该菌均易感。一般认为各年龄的牛均可感染，但成年牛病情较重。

2. 传染源

空肠弯曲杆菌作为共生菌大量存在于各种野生或家养动物的肠道内，患病动物和带菌动物是主要传染源，其分泌物可污染周围的环境、水和牛奶。

3. 传播途径

该病一般认为经粪-口传播，通过粪便排出的细菌污染的食品和水源，经消化道感染。

4. 流行特点

该病主要发生在秋、冬季节，不良的气候和饲养管理不当可诱发该病。常呈地方流行性发生。

流行期3 d至2周，发过病的牛群有一定的免疫力，因此在一次流行后3~4年内很少再发生。

三、临床症状

该病的潜伏期为2~3 d，突然发病，一夜之间可使牛群中20%的牛发生腹泻，2~3 d内可波及80%的牛。病牛排出恶臭水样棕黑色稀粪，粪便中伴有血液和血凝块。奶牛产奶量下降50%~95%。多数病牛体温、脉搏、呼吸、食欲正常，少数严重病牛表现精神委顿、食欲不振、弓背寒战、虚弱无力、脱水、不能站立。若能及时治疗，很少死亡。

四、病理变化

剖检的主要特征是空肠和回肠的卡他性炎症、出血性炎症及肠腔出血。

五、诊 断

该病的诊断方法与牛生殖道弯曲菌病类似，可作为参考。

六、类症鉴别

1. 牛副结核病

相似点：病牛腹泻，粪便稀薄，带血液凝块，多数病牛体温、呼吸、食欲、精神状况正常。剖检见空肠和回肠有卡他性炎症。

不同点：牛副结核病潜伏期很长，达数月甚至数年，呈慢性发生，病程可达3~4个月；牛空肠弯曲菌病突然发病，2~3 d内可波及80%的牛。副结核病部分病牛呈喷射状腹泻，粪便中带有泡沫、黏液，严重病例下颌及垂皮水肿，极度消瘦；空肠弯曲菌病病牛排棕黑色粪便。副结核病病牛回肠黏膜增厚3~30倍，形成硬而弯曲的皱褶，呈脑回状外观，凸起皱襞充血，浆膜和肠系膜显著水肿，肠系膜淋巴结肿大如索状；空肠弯曲菌病病牛见空肠和回肠的卡他性炎症、出血性炎症及肠腔出血。

2. 牛冠状病毒病

相似点：病牛腹泻，粪便中有血液，奶牛泌乳量下降或停止泌乳，小肠出血。

不同点：牛冠状病毒病犊牛排黄色或黄绿色稀粪，严重者表现为排喷射状水样粪便，成年肉牛和奶牛表现为突然发病，腹泻，呈喷射状，粪便为淡褐色，犊牛还有鼻炎、打喷嚏和咳嗽等呼吸道症状；空肠弯曲菌病病牛排恶臭水样棕黑色稀粪，犊牛无呼吸道症状。冠状病毒病病牛肠壁薄、半透明，肠内容物呈灰黄色；空肠弯曲菌病病牛空肠、回肠有卡他性、出血性炎症。

3. 牛轮状病毒病

相似点：病牛无明显前驱症状，突然发生腹泻，小肠黏膜出血。

不同点：轮状病毒病病牛病初精神沉郁，食欲减少或废绝，随后腹泻，粪便呈黄白色或绿色，犊牛脱水，眼凹陷，四肢无力，卧地；空肠弯曲菌病多数病牛无体温、呼吸、食欲、精神症状，粪便呈水样棕黑色。轮状病毒病病牛剖检见肠壁变薄，肠内容物变稀，呈黄褐色、红色，甚至灰黑

色，肠系膜淋巴结肿大。

七、防治措施

1. 预防

平时应加强饲养管理，保持饲料、饮水清洁卫生，增强机体抵抗力；搞好环境卫生，定期对圈舍、运动场地及用具消毒，可用5%漂白粉溶液或10%石灰乳消毒。控制传染源及切断传播途径，加强粪便管理及无害化处理，不让粪便污染饲料及水源。

2. 治疗

（1）西药治疗。

处方1：磺胺脒，每头50 g，灌服1~2次。

处方2：口服松节油和克辽林的等量混合剂，每次25~50 mL，每日2次。

处方3：病情严重者及时补液，用5%糖盐水2 000~3 000 mL，维生素C注射液100 mL，1.1%氯化钠溶液100 mL，混匀，一次性静脉注射。

（2）中药治疗。

方剂1：黄连60 g、黄芩60 g、黄柏60 g、白头翁60 g、栀子30 g、大黄30 g、地榆30 g、苦参30 g、郁金30 g、白芍15 g、诃子15 g，煎药灌服，连续使用3 d。若粪稀不臭，但腹泻不止，则大黄减半，诃子加为45 g；若热毒未解、里急后重，则加大黄用量为45 g，暴泻者则加大苦参用量至45 g，同时加大白芍用量至30 g。

方剂2：白术40 g、党参30 g、干姜20 g、茯苓25 g、炙甘草10 g、小茴香15 g，水煎，待凉灌服，每日2次。

第十节　牛气肿疽

气肿疽（Clostridium chauvoei infection）又称黑腿病或鸣疽，是由气肿疽梭菌（*Clostridium chauvoei*）引起的反刍动物的急性、败血性传染病。气肿疽呈散发或者地方性流行，以败血症及深层肌肉发生气肿性坏疽为特征，病畜肌肉丰满的部位发生炎性肿胀，按压肿胀部位有捻发音，常伴有跛行。

1875年该病首次被发现，随后气肿疽梭菌被认定为气肿疽的病原体，1887年气肿疽梭菌首次培养成功。目前世界范围内所有养牛的国家均有该病的发生，中国近20个省（自治区、直辖市）出现过该病病例，尤其在老疫区发病率频繁高涨，并于2008年及2012年被报道人感染该病并导致死亡。

一、病　原

1. 分类与形态特征

气肿疽梭菌又名肖氏梭菌、费氏梭菌，俗称黑腿病杆菌，属芽孢杆菌科、梭菌属，专性厌氧。该菌为菌端圆形的杆菌，大小为（0.5~1.7）μm×（1.6~9.7）μm，有时出现多形性菌，如柠檬形等。在组织中和新鲜培养物中为革兰氏阳性，在陈旧培养物中可染成阴性。不形成荚膜，有周围鞭毛，能运动，偶然出现不运动的变种。在体内外均可形成圆形芽孢，比菌体宽，位于菌体中心或偏端，在液体和固体培养基中很快形成呈纺锤状。在被接种豚鼠腹腔渗出物中，单个存在或呈3~5个菌体形成的短链，这是与能形成长链的腐败梭菌在形态上的主要区别之一。

2. 培养特性

气肿疽梭菌是专性厌氧菌，在普通培养基上生长不良，加入葡萄糖或肝浸液能促进生长。在血液琼脂平皿表面的菌落呈β溶血，为圆形、边缘不大整齐、扁平、直径0.5~3 mm灰白色纽扣状，有时出现同心环，有时中心凸起。在厌气肉肝汤中生长时培养基混浊、产气，然后菌体下沉呈絮状沉淀。能分解葡萄糖、蔗糖，产酸产气，不分解水杨苷和甘露醇，最适生长温度为37 ℃。

3. 抗原性

气肿疽梭菌有鞭毛抗原（H）、菌体抗原（O）及芽孢抗原，所有的菌株都具有一个共同的菌体抗原，而按鞭毛抗原又分成2个型。该菌与腐败梭菌有一个共同的抗原。在适当的培养基中培养产生α、β、γ和δ4种毒素，α毒素是耐氧的溶血素，溶解牛、绵羊和猪的红细胞，但不溶解马和豚鼠的红细胞；也是神经毒素，能引起皮肤坏死和纤维溶解。γ毒素是透明质酸酶，β毒素是脱氧核糖核酸酶，δ毒素是对氧敏感溶血素。

4. 理化特性

该菌的繁殖体对理化因素抵抗力不强，但芽孢抵抗力很强，病原菌一旦在菌体周围形成芽孢，则对消毒药、湿热及寒冷等各方面都具有非常强的抵抗力。在泥土中能存活5年以上，在干燥病料内于室温中可以生存10年以上，在液体中可耐20 min煮沸。3%甲醛溶液作用15 min、0.2%升汞溶液作用10 min可杀死芽孢；液体或组织内的芽孢经煮沸20 min方能杀死。在盐腌肌肉中可存活2年以上，在腐败的肌肉中可存活6个月。该菌产生的毒素不耐热，52 ℃作用30 min可被破坏。

5. 致病机制

芽孢被牛吞食后进入内含腐败物质的无氧肠腺中繁殖，经淋巴和血液循环到达肌肉和结缔组织，在受损的部位繁殖并引起病变。气肿疽梭菌在受损肌肉组织繁殖的过程中，不断产生毒素、透明质酸酶和DNA酶，这些毒素可使红细胞溶解、间质透明质酸分解、血管通透性增强、组织细胞坏死，因此局部发生高度充血、出血、溶血、浆液渗出和肌肉变性、坏死。肌肉组织的蛋白质和糖原被分解，产生有酸臭气味的有机酸和气体，即形成该病特有的气性坏疽。由于蛋白质分解产生的大量毒素和有毒产物，故可引起毒血症，病牛常因中毒和休克而死亡，动物死亡后，细菌还能借尸体温度繁殖，分解实质器官的碳水化合物与蛋白质。肝脏糖原丰富，因此这种分解过程更为强烈，少数康复动物可产生保护性抗体。

二、流行病学

1. 易感动物

该病主要发生于各种牛，常见于3个月至4岁的牛，其中黄牛最易感染，黄牛的发病年龄一般为0.5~5岁，1~2岁时较普遍。绵羊、山羊、骆驼和鹿发病很少，气肿疽疫区的猪偶见发病，人也可以感染。马属动物、肉食动物不感染。在实验动物中，豚鼠最易感染气肿疽。

2. 传染源

该病不通过空气直接传播感染，主要是通过病畜的分泌物、排泄物及对病死动物的尸体处理不当，使病原菌污染饲料、水源及土壤，芽孢在泥土中长期生存，将成为长期的疫源地。

3. 传播途径

该病主要通过口腔、食道及胃、肠黏膜传染，也可经伤口（如创伤、去势和分娩）进行传染。该病的传播与蚊、虫、蛇叮咬有一定的关系。

4. 流行特点

该病呈地方性流行，一年四季都可发生，但以洪水泛滥或温暖多雨季节和地势低洼地区发生较多。

三、临床症状

潜伏期一般为2~7 d，黄牛常呈急性经过，病程1~3 d。体温升高、不食、反刍停止、呼吸困难、脉搏快而弱，体温达41~42 ℃，轻度跛行；肌肉丰满部（如臀、大腿、腰、荐、颈、胸、肩部）发生肿胀、疼痛。病变也可发生于腮部、颊部或舌部，局部组织肿胀有捻发音。肿胀部位皮肤干硬而呈暗黑色，按压有捻发音，叩之有鼓音，穿刺或切面有黑红色液体流出，内含气泡，有特殊臭气，周围组织水肿，局部淋巴结肿大，严重者呼吸增速，脉搏细弱而快，病程1~2 d。

四、病理变化

尸体因迅速腐败而高度膨胀，口、鼻、肛门、阴道等天然孔常有带泡沫的血样液体流出，患部肌肉呈黑红色（图5-10-1），有血样胶冻样浸润，肌肉间充满气体，呈疏松多孔海绵状，有酸败气味；胸腔和腹腔积有血样渗出物；局部淋巴结充血、出血或水肿；肝、肾呈暗黑色，常因充血稍肿大，还可见到豆粒大至核桃大的坏死灶，切面有带气泡的血液流出，呈多孔海绵状；心内、外膜有出血点，心肌变性；膀胱有出血点，脾脏不肿大。

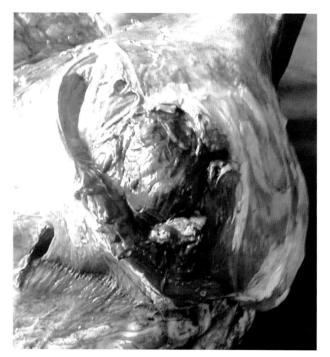

图 5-10-1　病牛肌肉呈黑红色

五、诊 断

1. 诊断要点

根据流行特点、典型症状及病理变化可做出初步临床诊断，其病理诊断要点为：一是丰厚肌肉有气性坏疽和水肿，有捻发音；二是丰厚肌肉切面呈海绵状，且有暗红色坏死灶；三是丰厚肌肉切面有含泡沫的红色液体流出，并散发酸臭味。

2. 细菌学诊断方法

（1）涂片镜检。取心、肝、脾和肿胀部位的肌肉或水肿液制备触片，染色后镜检。可见单在或成链，有芽孢或无荚膜，革兰氏染色阳性两端钝圆的大杆菌。

（2）细菌分离。将病料研磨后用无菌生理盐水稀释成1∶10乳液，然后接种于厌氧肉肝汤和血液琼脂平板，37 ℃培养24~48 h，挑选典型菌落，再移植到厌氧肉肝汤中进行纯培养。用纯培养作毒力测定。

（3）实验动物接种。取上述制备的1∶10乳液接种豚鼠，肌内注射0.25~0.5 mL，在6~60 h内死亡。再采取实质脏器分离细菌进行生化试验，如为阳性反应则可做出判定。

3. 血清学诊断方法

（1）琼脂扩散试验。琼脂扩散试验使用较广泛，该方法可以对血清中的抗体或病料中抗原进行检测，不仅特异性高而且操作较简便，但存在灵敏度低的缺点。

（2）间接血凝试验（IHA）。现有一种以超声波处理的浸出液为抗原的间接血凝试验，可用于测定气肿疽梭菌的抗体。

六、类症鉴别

1. 牛出血性败血症

相似点：病牛体温升高达41~42 ℃，食欲废绝、反刍停止、呼吸困难；胸部、头颈部、面部水肿、疼痛；舌部及周围组织肿胀，呈暗红色；天然孔流血，剖检见病牛局部淋巴结水肿。

不同点：病牛肌肉震颤，鼻镜干裂，结膜潮红，有时咳嗽或呻吟，皮温不整，泌乳牛泌乳减少或停止；病牛病初便秘，之后转为腹泻，粪便呈粥样或液状并混有黏液、黏膜片和血液、恶臭，并有腹痛；急性结膜炎，皮肤和黏膜发绀，眼红肿，流泪。肿胀多在咽喉部、不产生气体和无捻发音。剖检见病牛全身黏膜、浆膜以及肺、舌、皮下组织和肌肉有出血点，咽部、头部和颈部、胸前部皮下有胶样浸润，切开后流出黄色至深黄色的液体。病程长的病牛有急性纤维素性胸膜肺炎症状，呼吸极度困难，干咳且痛，流泡沫样鼻液；剖检见肺脏、胸膜附着一层纤维素性薄膜，肺脏有不同时期的肝变，小叶间结缔组织水肿增宽，切面呈大理石状外观，肝与肾发生实质变性，有的病例心包和胸膜发生粘连。

2. 牛恶性水肿

相似点：病牛体温升高，食欲减退，身体局部发生肿胀，触诊有捻发音，呼吸困难，天然孔出血。剖检见肌肉呈暗红色，胶冻样浸润，含有酸臭的泡沫样液体；肝脏、肾脏切面含有泡沫，呈海绵状；淋巴结肿大、出血；胸腔和腹腔积有血样渗出物；心肌变性，内、外膜出血。母牛经分娩感染，在2~5 d内阴道流出不洁的红褐色恶臭液体。

不同点：牛恶性水肿常呈散发，病牛有皮肤损伤的病史，从伤口周围开始发生气性炎性肿胀，因此发病部位不定。剖检肌肉无海绵状病变，有的呈白色水煮样。取病变组织涂片或触片染色镜检，见长丝状菌体。

3. 牛炭疽病

相似点：病牛体温升高，食欲废绝，颈部、胸前、下腹、肩胛部、口腔等处出现炎性水肿。病死牛天然孔流带泡沫血液，尸体迅速腐败而膨胀。

不同点：牛炭疽病局部肿胀为水肿性，不产生气体，按压无捻发音。剖检见病牛血液黏稠似煤焦油样，凝固不全。全身浆膜、皮下、肌间、咽喉及肾周围结缔组织有黄色胶冻样浸润。脾脏显著肿大2~5倍，软如泥状，切面脾髓暗红色。肝、肾充血肿胀，不呈海绵状。心肌呈灰红色，全身淋巴结肿大，切面黑红色。

七、防治措施

1. 预防

（1）**免疫接种**。在流行的地区及其周围，每年春、秋两季进行气肿疽甲醛疫苗或明矾疫苗预防接种。气肿疽明矾疫苗，不论年龄大小的牛，一律皮下注射5 mL。6月龄以下的牛待长到6月龄时，应再注射1次。注射14 d后产生可靠的免疫力，免疫期为6个月。

（2）**及时隔离**。划定疫区，严禁疫区牛外流；隔离病牛，病死牛和重病牛严禁剖检，应焚烧或深埋。

（3）**加强环境消毒**。在疫区进行灭厩蝇和牛虻活动，用80%敌敌畏乳油按1∶400配制成溶液喷雾环境，牛体表用灭害灵喷雾；无害化处理粪便、垫草，用3%煤酚皂溶液、10%氢氧化钠溶液、碘伏或20%漂白粉溶液定期消毒牛舍、地面、墙壁、饲养用具。

2. 治疗

（1）**西药治疗**。

处方1：抗气肿疽血清150~200 mL，早期静脉注射，必要时12 h后再补充注射1次；同时结合使用青霉素200万~300万IU，第一次静脉注射，以后每日肌内注射2~3次；10%磺胺嘧啶注射液100~200 mL，静脉注射，每日2次。上述处方根据病牛发病阶段和症状轻重程度可以单独使用，也可以合并使用，合并使用效果更好。

处方2：青霉素320万IU、安痛定注射液20 mL，肌内注射，每日2次；10%磺胺嘧啶钠注射液200 mL，静脉注射，每日1次。

处方3：5%糖盐水2 000~3 000 mL，樟脑酒精葡萄糖注射液200~300 mL，5%碳酸氢钠注射液500~800 mL，混合后一次性静脉注射。

处方4：肿胀局部早期，于肿胀部位周围分点皮下或肌内注射3%过氧化氢溶液或0.25%~0.5%普鲁卡因青霉素注射液。到中后期，在防散毒的条件下切开，除去坏死组织，用2%高锰酸钾溶液或3%过氧化氢溶液充分冲洗。

（2）**中药治疗**。

方剂1：当归40 g、赤芍40 g、连翘45 g、金银花60 g、蒲公英120 g、甘草15 g。研末，开水冲调，候温灌服，每日1剂，连续使用3 d。

方剂2：蒲公英、金银花各120 g，地丁、生地各100 g，甘草、牡丹皮、赤芍、防风、山豆根、白板蓝根、苦参、远志各50 g，连翘、黄连、黄柏、栀子、黄芩各60 g，全部研成细末，混合均匀后用开水冲服，每日1剂，连续使用3 d。

方剂3：三棵针100 g、甘草30 g、棘黄连80 g、紫草70 g、夏枯草50 g、金钱草50 g、栀子30 g、马鞭草50 g、土大黄50 g、黄连30 g、苦胆草50 g、生姜20 g，加水熬煮后取500 mL，灌服，每日1次，连用3 d。

第十一节　牛恶性水肿

牛恶性水肿是由腐败梭菌为主的多种梭菌引起的急性传染病，多种家畜均可经创伤感染，临床以局部发生炎性水肿并伴有产酸产气为特征，还常伴有发热和全身性毒血症。

一、病　原

1. 分类与形态特征

恶性水肿的病原主要是梭菌属中的腐败梭菌，其次是产气荚膜梭菌和诺维梭菌等。

腐败梭菌菌体两端钝圆，大小为（0.6~1.9）μm×（1.9~35.0）μm，DNA的（G+C）mol%含量为24，菌体形态呈多形性，单在或两菌相连。不形成荚膜，有鞭毛，能运动；在体内外均易形成芽孢，芽孢为椭圆形，在菌体中央或近端，宽于菌体，当芽孢位于菌体中央时，菌体呈梭形。该菌在动物体的腹膜或肝脏表面常形成无关节微弯曲的长丝或有关节的链条，但在培养物和病理材料中的菌体多单在，偶成短链。革兰氏染色为阳性。

2. 培养特性

腐败梭菌为严格厌氧菌，在普通培养基上生长良好，形成半透明、边缘不整齐、薄的菌苔，一般不形成单个菌落；高层琼脂上形成棉花状或丝状菌落；在血琼脂平板上，菌落周围有微弱的溶血带环绕；在疱肉培养基和脑－肝培养基中生长良好，但没有消化作用，色泽也不变黑。该菌能液化明胶，形成少量气泡，使石蕊牛乳凝固，凝块中可能有气体产生。凝固的血清和凝血的卵白蛋白均可被该菌消化。该菌能发酵葡萄糖、果糖、半乳糖、麦芽糖、乳糖和水杨苷，产酸产气，不发酵蔗糖和甘露醇。

3. 血清型和致病性

凝集试验可将腐败梭菌分为不同的型，按菌体抗原（O抗原）可分为4个型，根据鞭毛抗原（H抗原）又可分为5个亚型，但没有毒素型的区分。不同的O抗原之间没有共同的保护性抗原。腐败梭菌产生4种毒素，即 α、β、γ、δ。α 毒素为卵磷脂酶，具有坏死、致死和溶血作用；β 毒素为脱氧核糖核酸酶，有杀白细胞作用；γ 和 δ 毒素分别具有透明质酸酶和不耐氧的溶血素作用。这些毒素使血管壁通透性增强，导致炎性渗出，引起肌肉坏死并使感染沿肌肉的筋膜面扩散。毒素吸收后2~3 d内引起致死性毒血症。

4. 理化特性

恶性水肿的主要病原菌均能在体内外形成芽孢。芽孢的抵抗力很强，在腐败尸体中可存活3个月；在土壤中可保持活力20年。1∶500倍升汞溶液、3% 福尔马林溶液、20% 漂白粉溶液、3%~5% 氢氧化钠溶液、3%~5% 硫酸或石炭酸溶液等能将其杀死。

5.致病机制

病原体的芽孢经创伤侵入机体时，如具备机体抵抗力弱、创伤深且缺氧等适宜条件，则芽孢变为繁殖型，并迅速繁殖产生外毒素，使组织发炎、坏死，血管壁的完整性被破坏，通透性增强，致使血浆蛋白及水分外渗，局部组织发生水肿。同时，细菌在新陈代谢过程中，在其酶的作用下，使病变部肌肉的肌糖和蛋白质发生水解，产生具有酸败气味的有机酸及气体，此种气体聚集于组织内，使病变部位呈气性炎性肿胀，并有捻发音。当细菌侵入循环系统时，在其他器官可能发生转移性炎性水肿。

细菌毒素和坏死组织的有毒产物被吸收入血液后，可引起全身性毒血症。表现发热、呼吸困难、可视黏膜发绀、心脏衰弱等，如不及时治疗，可因缺氧、心力衰竭而死亡。

二、流行病学

1.易感动物

自然条件下，绵羊、马发病较多见，牛、猪、山羊也可发生，犬、猫不能自然感染，禽类除鸽子外，即使人工接种也不发病，实验动物中的家兔、小鼠和豚鼠均易感。发病与动物年龄无关。

2.传染源

该病的病原体广泛存在于自然界和草食动物肠道中，均可成为传染源。

3.传播途径

该病主要经创伤（如去势、断尾、分娩、外科手术、注射等）感染，尤其是较深的创伤并形成缺氧条件时更易发病。除绵羊和猪外，其他动物通过饲料和饮水不会感染该病。

4.流行特点

该病多为散发。

三、临床症状

该病的潜伏期为12~72 h。病初牛减食，体温升高，在伤口周围发生炎性水肿，迅速弥散扩大，尤其在皮下疏松结缔组织处更明显。病变部初期坚实、灼热、疼痛，后期变为无热、无痛，手压柔软、有捻发音。切开肿胀部，皮下和肌间结缔组织内有多量淡黄色或红褐色液体浸润并流出，有少数气泡，具有腥臭味，创面呈苍白色，肌肉呈暗红色。病程发展急剧，病牛全身症状加重，多有高热稽留，呼吸困难，脉搏细速，眼结膜充血、发绀，偶有腹泻，多在1~3 d内死亡。

母牛若经分娩感染，则在2~5 d内阴道流出不洁的红褐色恶臭液体，阴道黏膜潮红、增温，会阴水肿并迅速蔓延至腹下、股部，以至发生运动障碍和前述全身症状。

公牛因去势感染时，多在2~5 d内阴囊、腹下发生弥漫性气性炎性水肿，疝痛，腹壁知觉过敏，同时也伴有前述全身症状。

四、病理变化

剖检可见发病局部弥漫性水肿，皮下和肌肉间结缔组织有污黄色液体浸润，含有气泡，其味酸臭。肌肉呈白色煮肉样，易于撕裂，有的呈暗褐色。肝脏气性肿胀，肾脏混浊变性，其被膜下有气泡，呈海绵状。心包、胸腔和腹腔有多量血样积液。脾脏、淋巴结肿大，偶有气泡。急性死亡病例有时可见天然孔出血。

五、诊 断

1. 诊断要点

根据临床特点，结合外伤情况及剖检变化，一般可做出初步诊断。诊断要点为：一是发病前常有外伤史；二是病变部明显水肿，水肿液内含气泡；三是病变部肌肉变性、坏死；四是若为产后发病，则子宫及其周围组织（结缔组织、肌肉等）明显水肿，内含气泡；五是若为去势后发病，则阴囊、腹部发生弥漫性炎性水肿。

2. 细菌学诊断方法

（1）采集病料。病牛采用局部穿刺抽出水肿液，病死牛则直接采取局部水肿液及坏死组织，同时取其肺、肝、脾、肾和心脏血液。

（2）涂片镜检。将采取的水肿液、心血或脏器等涂片，肝脏表面作触片，自然干燥、火焰固定后，用革兰氏染色法染色镜检。在肝表面及浆膜触片染色标本中，菌体形成微弯曲的长丝状。其芽孢较菌体大，呈卵圆形，位于菌体中央，能运动，无荚膜，革兰氏染色阳性。

（3）细菌分离培养。将水肿液等材料放于肝片肉汤中，置于37 ℃恒温箱中培养24 h，肝片肉汤呈现混浊，有沉淀。经3~4 d，取其沉淀物0.1~0.5 mL，接种于肝片肉汤中，置于80 ℃温水中30 min后取出，冷却后置于37 ℃温箱中培养，待充分发育后利用普通琼脂斜面培养，经证明无须氧菌混杂时，利用血液葡萄糖琼脂平板进行厌氧分离培养，如见有呈卷曲长丝状、柔嫩花边样菌落，并有溶血环时，可以初步认为是腐败梭菌。

（4）动物感染试验。将水肿液或内脏组织制成5~10倍悬液，或用肝片肉汤培养物0.1~0.2 mL，豚鼠股部肌内注射，18~24 h豚鼠死亡，注射部位发生严重出血性水肿，肌肉湿润，呈鲜红色，局部水肿液涂片镜检，发现有两端钝圆的大杆菌。肝表面触片镜检见有长丝状大杆菌时，即可确诊。

六、类症鉴别

1. 牛气肿疽

相似点：病牛体温升高，食欲减退，身体局部发生肿胀，触诊有捻发音，呼吸困难，天然孔出血。剖检见肌肉呈暗红色，胶冻样浸润，含有酸臭、泡沫样液体；肝脏、肾脏切面含有泡沫，呈海绵状；淋巴结肿大、出血；胸腔和腹腔积有血样渗出物；心肌变性，内、外膜出血。

不同点：牛气肿疽呈地方流行性，4岁以下牛多发。肿胀部位皮肤干硬而呈暗黑色，尸体因迅速腐败而高度膨胀，剖检见患部肌肉呈黑红色，有血样胶冻样浸润，肌肉间充满气体，呈疏松多孔海绵状；肝、肾呈暗黑色。

2. 牛炭疽病

相似点：病牛体温升高，食欲减退，身体局部有肿胀，初期有热痛，后期无热无痛，天然孔流暗红色血液。

不同点：牛炭疽病常呈地方性流行。病牛体表肿胀部位后期中心部位发生坏死。剖检见病牛尸体迅速腐败而膨胀，尸僵不全；血液黏稠似煤焦油样，凝固不全；全身浆膜、皮下、肌间、咽喉及肾周围结缔组织有黄色胶冻样浸润。脾脏显著肿大2～5倍，软如泥状，切面脾髓暗红色；肝、肾充血、肿胀，不呈海绵状；心肌呈灰红色；全身淋巴结肿大，切面呈黑红色。

3. 牛出血性败血症

相似点：病牛体温升高，食欲废绝，呼吸困难，身体局部发生肿胀，触之有热痛，眼结膜充血、发绀，天然孔流血，有的牛有腹泻症状。

不同点：出血性败血症急性病例病牛肌肉震颤，鼻镜干裂，结膜潮红，有时咳嗽或呻吟，皮温不整，泌乳牛泌乳减少或停止；病初病牛便秘，之后转为腹泻，粪便呈粥样或液状并混有黏液、黏膜片和血液，恶臭，并有腹痛；眼红肿、流泪。肿胀多在咽喉部，不产生气体和无捻发音。剖检见病牛全身黏膜、浆膜以及肺、舌、皮下组织和肌肉有出血点，咽部、头部和颈部、胸前部皮下有胶样浸润，切开后流出黄色至深黄色的液体。病程长的病牛有急性纤维素性胸膜肺炎症状，呼吸极度困难，干咳且痛，流泡沫样鼻液；剖检见肺、胸膜附着一层纤维素性薄膜，肺有不同时期的肝变，小叶间结缔组织水肿增宽，切面呈大理石状外观，肝与肾发生实质变性，有的病例心包和胸膜粘连。

七、防治措施

1. 预防

（1）**疫苗接种**。在梭菌病常发地区，常年注射多联疫苗，可有效预防该病发生。可用中国兽药监察所研制的多联疫苗，并按照说明书进行免疫。

（2）**加强管理**。预防的关键是避免外伤，发生外伤后要及时进行消毒和治疗，还要做好各种外科手术、注射等无菌操作和术后护理工作。

（3）**彻底消毒**。病死动物不可利用，必须深埋或焚烧处理，污染物品和场地要彻底消毒防止感染。

2. 治疗

（1）**西药治疗**。

处方1： 0.1%高锰酸钾溶液或3%过氧化氢溶液适量，扩创冲洗，清创后撒入30 g碘仿磺胺合剂。青霉素240万IU、链霉素300万IU、注射用水50 mL，病灶周围分点注射。

处方2： 病程早期使用，每千克体重用青霉素0.5万～1万IU、链霉素10 mg，混合肌内注射，每日3次，连用7 d。

处方3： 病程早期使用，每千克体重用土霉素5～10 mg，用5%葡萄糖注射液配制成0.5%浓度的土霉素注射液肌内注射，每日2次，连用7 d。

处方4： 四环素250万～500万IU、5%葡萄糖注射液300 mL或10%磺胺嘧啶钠注射液100～200 mL，静脉注射，每日2次，直至痊愈。

处方5： 酸中毒用5%碳酸氢钠注射液500 mL；补液用25%糖盐水500 mL，一次性静脉注射，每日1次，连用3 d。

（2）中药治疗。

方剂1： 蒲公英120 g、金银花60 g、当归30 g、赤芍30 g、连翘30 g，研为细末，开水冲调，候温，一次性灌服。

方剂2： 猪苓、茯苓、泽泻、白术、黄芩、金银花、黄柏各30 g，桂枝15 g，水煎，每日1剂，分2次灌服。

第十二节　牛李斯特菌病

李斯特菌病（Listeriosis）是由单核细胞增生性李斯特菌引起的一种人兽共患散发性传染病，家畜和人以脑膜炎、败血症、流产为临床特征。WHO将其定为四大食源性疾病致病菌（致病性大肠杆菌、嗜水气单胞菌、单核细胞增生性李斯特菌、肉毒梭菌）之一。

1926年该菌首先从兔体内被分离。由于该菌可引起家兔及豚鼠发生以单核细胞增多为特征的全身感染，故将其称为单核细胞增生性杆菌，后更名为单核细胞增生性李斯特菌。

一、病 原

1. 分类与形态特征

单核细胞增生性李斯特菌（LM）属于李斯特菌属成员。李斯特菌属共包括7个种，除单核细胞增生性李斯特菌外，还包括伊氏李斯特菌、无害李斯特菌、韦氏李斯特菌、塞氏李斯特菌、格氏李斯特菌和莫氏李斯特菌，其中LM是人和动物的主要致病菌。

单核细胞增生性李斯特菌菌体呈规则的短杆状，两端钝圆。无芽孢，不形成荚膜，有鞭毛，大小为（0.4~0.5）µm×（0.5~2.0）µm，多单在存在，有时排列成"V"字形、短链。老龄培养物或粗糙型菌落的菌体可形成长丝状，长达100 µm，革兰氏染色为阳性。20~25 ℃培养可产生周身鞭毛，在37 ℃很少产生鞭毛。

2. 抗原及血清型

李斯特菌具有菌体抗原（O）及鞭毛抗原（H），不同O抗原及H抗原可组合成16个血清型。单核细胞增生性李斯特菌具有13个血清型，即1/2a、1/2b、1/2c、3a、3b、3c、4a、4ab、4b、4c、4d、4e和7型。

3. 生化与培养特性

LM是为数不多的几种嗜温好冷菌之一。这种细菌在37 ℃的温度中生长良好，但也可在2.5 ℃的温度中生长。冷藏温度通常为4~5 ℃，单核细胞增生性李斯特菌可在冷藏条件下良好生长，因此也称为"冰箱菌"。

该菌对营养需求不高，需氧或兼性厌氧，最适生长温度是30~37 ℃。在普通琼脂培养基上，通常于72 h内开始生长，一般在斜面的基部或培养基的边缘生长。将其移植于琼脂平板上培养24~

48 h后，呈中等大小的扁平菌落，表面光滑、边缘整齐、呈半透明状，在透光检查时呈淡蓝色或浅灰色，做反射光线检查时呈乳白色。在普通肉汤中培养24 h后，肉汤呈均一的轻微混浊，有少量黄色颗粒状沉淀，振摇试管时呈发辫状浮起，不形成菌环及菌膜。在肝汤葡萄糖琼脂中形成圆形、光滑、平坦、黏稠、透明的菌落，在反射光线观察时，菌落呈乳白色。在血液亚碲酸钾培养基中形成黑色菌落，有明显的 β 型溶血现象。半固体培养基内培养24 h，可出现倒伞形生长。但该菌在麦康凯琼脂上不生长。

该菌在24 h内可发酵葡萄糖、果糖、蕈糖和麦芽糖，产酸不产气；在3~10 d内，可发酵阿拉伯糖、乳糖、蔗糖等，产酸不产气；不发酵侧金盏花醇、木糖、甘露醇和菊糖，不产生硫化氢及靛基质，不还原硝酸盐；触酶反应阳性；MR和VP反应阳性。

4. 理化特性

该菌生存力较强，在青贮饲料、干草、干燥土壤和粪便中能长期存活。对碱和盐的耐受性较大，在pH值为9.6的10% NaCl溶液中能生长，在20% NaCl溶液中可长期存活，能抵抗25% NaCl溶液。菌液在60~70 ℃条件下经5~10 min可被杀死。在潮湿的泥土中能存活11个月以上，在湿粪中可存活16个月，在干燥的泥土和干粪中可存活2个月以上，在垫草和厩肥中可存活4~6个月或以上，在淤泥中可存活达300 d，在饲料中可存活6~26周。

该菌对热和一般消毒药抵抗力不强，一般消毒药可使之灭活，2.5%石炭酸溶液、70%酒精作用5 min，2.5%氢氧化钠溶液、2.5%福尔马林作用20 min可杀死该菌。该菌对链霉素、氨苄青霉素、四环素和磺胺类药物敏感，对土霉素等敏感性差，对磺胺、枯草杆菌素和多黏菌素有抵抗力。

5. 致病机理

该菌侵入机体后，首先在入侵部的上皮细胞（如结膜、肠道和膀胱等）内增殖并破坏细胞，继而突破机体的防御屏障进入血液而引起菌血症。该菌能寄居于吞噬细胞内进而被带至机体各部位。由于单核细胞增生性李斯特菌能产生类似溶血素的外毒素，它一方面可导致血液中单核细胞增多（反刍动物和马则为嗜中性粒细胞增多），另一方面可使内脏发生细小坏死灶，从而引起隐性的败血性李斯特菌病。若病原菌随血液突破血脑屏障侵入脑组织，则可引起脑膜脑炎。据报道，脑膜脑炎还可由下述途径引起：病原菌随同污染的饲料经口腔黏膜的损伤侵入，继而进入三叉神经的分支，沿神经鞘或在轴突内向心性运动，上达三叉神经根，最后侵入延髓，引起脑膜脑炎。研究证明，单核细胞增生性李斯特菌能通过胎盘而到达胎儿肝脏，并进行增殖，导致胎儿死亡。

二、流行病学

1. 易感动物

该病的易感动物极其广泛，已知42种哺乳动物和22种鸟类都对该病易感。家畜以绵羊、猪和家兔最易感，牛、山羊次之，马、犬、猫很少；在家禽中以鸡、火鸡、鹅发病较多，鸭较少；野兽、野禽和鼠类也易感；人亦易感。

2. 传染源

患病动物和带菌动物是该病的传染源，细菌主要存在于粪便、尿液、乳汁、流产胎儿、子宫分泌物、精液、眼和鼻分泌物中。同时，该菌为腐生菌，广泛存在于土壤和腐烂植物中，也存在于牧草、青贮饲料、污泥和河水中。

3. 传播途径

该病主要经消化道感染，被污染的食品、饲料和水源是该病主要的传播媒介，易感动物接触了被污染的饲料和饮水，从而感染该病。该菌还可通过呼吸道、眼结膜和损伤的皮肤感染，吸血昆虫是重要的媒介。

4. 流行特点

该病冬、春季节多发，呈散发性，偶尔可见地方性流行，病死率高。各种年龄动物都可发病，以幼龄较易感染，发病较急，妊娠母畜也较易感，感染后常发生流产。天气骤变、缺乏青饲料、内寄生虫或沙门氏菌感染时可诱发该病发生。

三、临床症状

自然感染的病例潜伏期为2~3周，有的潜伏期只有数天，也有的长达2个月。

成年牛可发生脑膜脑炎症状，病初轻度发热，舌头麻痹，采食、咀嚼、吞咽困难、流涎，头颈一侧性麻痹，弯向对侧，该侧耳下垂，眼半闭。沿头的方向旋转，或做圆圈运动，遇障碍物则以头抵靠而不动。颈项强硬，背部肌肉抽搐，角弓反张。后期卧地，呈昏迷状，以至死亡。病程短的2~3 d，长的1~3周或更长。

犊牛多发败血症，表现体温升高1~2 ℃，不久降至常温，精神沉郁，呆立、低头垂耳、流涎、流泪、不愿行动、不听驱使、咀嚼吞咽迟缓。病程后期常伴有神经症状。

妊娠牛发生流产，但不表现脑炎症状。

四、病理变化

剖检无特殊的典型病变。有脑膜脑炎者剖检可见脑膜和脑实质炎性水肿，脑脊液增加且稍混浊。病理组织学变化是在脑干和延髓组织中有小胶质细胞和中性粒细胞增生的小结节，其中心部位有化脓灶，血管周围有以单核细胞为主的细胞浸润。有败血症症状的剖检可见肝、脾肿大，肝脏有坏死灶，血液中单核细胞明显增多。流产的母牛可见子宫内膜充血，广泛性坏死，胎盘子叶有出血和坏死。

五、诊 断

1. 细菌培养鉴定

脑膜脑炎病例取脑脊液或脑实质；败血症病例主要取肝、脾和血液；流产病例取流产胎儿的肝脏、脾脏、子宫和阴道分泌物。

（1）**琼脂平板培养**。将材料划线接种于血液（羊或兔）琼脂平板上，置于10% CO_2 环境中37 ℃孵育24~48 h，可见露珠状针头大菌落，继续培养48 h，形成米粒大扁平或边缘略高的菌落，呈灰蓝色或淡黄色，菌落周围有明显的 β 型溶血环。

（2）**亚碲酸钾血琼脂培养基**。由于LM对亚碲酸钾具有一定的抵抗力，而多数革兰氏阴性菌的生长被抑制，故在培养基上形成易于辨认的黑色、细小的 β 型溶血菌落。

（3）肉汤培养。将病料接种于相应的肉汤培养基中，置于37 ℃条件下培养24 h，呈轻微均匀混浊，48 h有颗粒状物质见于管底，摇动时有发辫状浮起，无菌膜和菌环。

（4）组织压片镜检。在细胞内外可见革兰氏阳性小杆菌或球杆菌，幼龄培养物抹片，可见细菌呈"V"字形排列；人工培养物染色镜检，可见粗糙型菌形成短链或丝状，无芽孢、无荚膜、有鞭毛，能做滚动运动。

（5）生化试验。该菌能发酵葡萄糖、乳糖、麦芽糖、鼠李糖、水杨苷，产酸不产气；能发酵蔗糖和糊精，但很慢。该菌不发酵阿拉伯糖、棉籽糖、木糖、卫矛醇、甘露醇；MR和VP试验常为阳性。

（6）动物接种试验。

Anton氏试验：取24 h后的菌体纯培养物1滴，滴入兔、豚鼠的眼结膜囊内，另一侧作对照。兔经24~38 h出现化脓性结膜和角膜炎，豚鼠4 d后出现化脓性结膜炎。

幼兔耳静脉接种：取3亿个菌/mL的菌液0.5 mL，接种于幼兔耳静脉内，3~7 d内兔体温升高，血液中单核细胞增多（40%以上），大剂量接种则出现脑炎症状，可能在7 d内死亡。剖检有多发型灶性坏死，偶见心肌脓肿和脑膜脑炎症状。腹腔接种后可引起浆液性、化脓性和纤维素性腹膜炎，妊娠兔并发子宫内膜炎及流产。

2. 血清学诊断方法

利用抗原抗体特异性反应来进行细菌鉴别已经有半个多世纪的历史。基于细菌菌体和鞭毛抗原，在此基础上建立了一些快速的检测方法。目前，LM检测的免疫学方法主要有免疫荧光试验（IFA）和酶联免疫吸附法（ELISA）。

（1）免疫荧光试验。首先将LM接种TSA-YE培养基，37 ℃条件下培养18 h，以PBS缓冲液制成10^8个细菌（CFU）/mL悬液；或经TSB-YE培养基培养，离心沉淀后，用PBS（10^8 CFU/mL），取上述菌液涂片，室温干燥，用–20 ℃丙酮固定15 min，应用荧光抗体作直接法染色，LM在菌液涂片内呈现具有荧光的球菌状与双球菌状特征。

（2）ELISA。该方法早在1987年已有报道，通过硝酸纤维素膜滤过被污染的动物性食品，然后滤膜置于改良的McBride李斯特菌分离培养基上，30 ℃下培养48 h后移去膜，用LM特异的单抗酶联免疫法检验，该法可在2~3 d内从自然污染样品中检出LM。目前，随着ELISA试剂盒的开发，其在食源性致病菌的快速检测中被广泛运用。ELISA方法检出LM的极限范围在10^5~10^6 CFU/mL，而且操作简便，可在同一时间内检测大量样品，并可将纯肉汤培养物中的分离物进行属的鉴定。但该方法也有不足之处，主要是由于菌体及鞭毛抗原存在交叉反应，难以进行李斯特菌种间特异分析。同时，LM等李斯特菌与猪链球菌等多种属细菌有广泛的共同抗原，给LM的单抗研制增加了不少困难。

3. 分子生物学方法

随着分子生物学的快速发展，许多分子生物学技术已被用于LM的快速检测。

目前，根据LM已知的致病因子如溶血素O（Listeriolysin O, LLO）、内化素、磷脂酶等特异的毒力基因序列设计引物，均可用于LM的PCR检测。16S rRNA也可以作为靶基因鉴定李斯特菌属特异性和LM种特异性，能够在1 d内检测出食品中的李斯特菌属和LM污染。针对不同的目的基因有不同的引物，但是不同的引物之间有很大的差异，因此做实验之前要做比对和筛选。

此外，为避免常规PCR法产生的假阳性，多重PCR法也有一定程度的应用。

该方法能够达到一次反应，检测多个目的片段的效果，可以充分节省模板DNA、节约时间、减少费用。

六、类症鉴别

1.牛狂犬病

相似点：呈散发型。病牛体温升高、转圈运动、流涎、咽喉麻痹、倒地死亡。

不同点：牛狂犬病通过被患病动物咬伤感染，病牛兴奋不安、冲撞墙壁，大脑、小脑、延髓的神经细胞胞质内出现该病特征性的内氏小体；李斯特菌病病牛遇障碍物以头抵靠而不动，颈侧弯，耳下垂，角弓反张。

2.牛伪狂犬病

相似点：病牛平衡失调、转圈、流涎、咽喉麻痹，最后不能站立，发病后2 d内死亡。

不同点：伪狂犬病病牛四肢共济失调，后肢强拘，走路摇摆；身体一些部位奇痒，病牛用舌舔或口咬发痒部位，引起皮肤脱毛、充血；李斯特菌病病牛无共济失调和奇痒症状。

3.牛海绵状脑病

相似点：病牛精神恍惚、呆滞，转圈运动，卧地死亡。

不同点：海绵状脑病病牛不安、恐惧、磨牙，耳对称性活动困难，常一只耳伸向前，另一只耳伸向后或保持正常；运动异常，步态呈鹅步状，共济失调，四肢伸展过度，对触摸和声音过度敏感而表现惊恐；脑干灰质两侧呈对称性病变，中枢神经系统的脑灰质部分出现大量的海绵状空泡；李斯特菌病病牛一侧耳下垂，不表现知觉敏感。

七、防治措施

1.预防

（1）**加强饲养管理。**圈舍要及时进行清扫，对污物采取严格处理，定期进行消毒，确保舍内环境保持清洁卫生。此外，牛群要定期驱虫，彻底消灭疾病传染源以及切断传播途径。

（2）**疾病监测。**严格进行引种管理，不允许在疫区引进携带细菌或者病毒的牛。只要发现有牛感染该病，马上封锁染病区，对病牛进行隔离，并采取积极的治疗，如果症状严重，已经没有治疗价值，则必须进行淘汰。病死牛尸体要集中在某地采取无害化处理，避免病菌扩散。病牛污染的养殖场以及全部工具等都要使用漂白粉进行严格消毒。对于需要与病牛尸体进行接触的工作人员，必须加强自身防护措施。

（3）**药物预防。**对于牛舍内其他还没有表现出病症的健康牛，可注射适量的磺胺嘧啶钠溶液，能够很好地预防该病，通常连续使用3 d，然后改成口服长效磺胺，每周1次，连续使用3周。在该病流行前，也可使用该方法进行预防。

2.治疗

（1）**西药治疗。**

处方1：链霉素，每千克体重10 mg，肌内注射，连用5 d；氨苄青霉素，每千克体重4~15 mg，连用3 d为1个疗程，肌内注射，2个疗程有疗效；庆大霉素，每千克体重1~1.5 mg，肌内注射，每日2次；磺胺嘧啶钠溶液，浓度为20%，肌内注射，每日2次，犊牛每次10 mL，成年牛每次20 mL。

　　处方2： 静脉注射1 000 mL 10%~25%葡萄糖注射液、12 mL三磷酸腺苷以及1 g辅酶A。

　　处方3： 静脉注射1 000 mL 5%葡萄糖注射液、200 mL 20%磺胺嘧啶钠注射液以及200 mL硫酸镁注射液，每日2次。

　　处方4： 静脉注射500 mL 5%糖盐水、50 mL乌洛托品注射液、50 mL维生素B$_1$注射液、50 mL维生素C注射液。

　　处方5： 病牛兴奋过度且狂躁不安时，可肌内注射20 mL 2.5%氯丙嗪注射液或2~3 mL速眠新。

　　（2）**中药治疗。** 治疗原则是镇痉安神、祛风解毒，可使用天麻散加减。

　　党参50 g、薄荷30 g、甘草30 g、菖蒲30 g、天竺黄30 g、防风30 g、黄连40 g、虫衣20 g、荆芥30 g、郁金30 g、天麻30 g、黄芩50 g、朱砂10 g、川芎30 g、栀子30 g，混合后研成细末，用开水冲调，待温度适宜后给病牛灌服，每日1剂。

第十三节　牛传染性角膜结膜炎

　　牛传染性角膜结膜炎（Keratoconjunctivitis infectiosa）又称牛红眼病，是危害牛的一种急性高度接触性传染病。临床以羞明、流泪、结膜炎和不同程度的角膜混浊及溃疡为特征。

一、病　原

　　该病被认为是多病原的传染病，牛摩勒氏菌、立克次氏体、支原体、衣原体和某些病毒均曾被报道为该病的病原，近年认为牛摩勒氏菌是该病的主要病原菌，太阳紫外光照射为诱因。牛摩勒氏菌于1896年被检出，并命名为摩勒氏菌。后又从患牛传染性角膜结膜炎的牛眼分泌物中分离出一种两端钝圆的双杆菌，命名为牛嗜血杆菌，因其不需V或X生长因子，后改名为牛摩勒氏菌。

　　1. 分类与形态特征

　　牛摩勒氏菌属于奈瑟氏菌科、摩勒氏菌属，革兰氏阴性菌，大小为（2~2.5）μm×（1~1.5）μm，两端钝圆，成双排列，两端相接，常可见短链状。

　　该菌菌落有明显的多形性和易变性。初次分离培养48 h菌落形态为圆形扁平或微凸，直径多在1 mL左右，灰白色或半透明。菌落质地一般较脆。

　　电镜下可见粗糙型菌落的细胞有菌毛，菌毛大小一致、长度不同。可能与致病性、遗传转化能力等有相关，反复而频繁地传代可致菌毛和相应特性的丧失。

　　2. 生理生化特性

　　该菌生长的营养要求较高，初次分离时需添加血液，实验室培养数代后，可适应在加富培养基（如含5%血清的营养琼脂）上生长。最适生长温度为33~35 ℃。在生理盐水中有高度的自凝性，生化反应不太活泼，一般不发酵糖，苯丙氨酸或色氨酸脱氨反应均为阴性，不产生尿素酶，但可液化明胶和吕氏血清。对抗生素的敏感性表现不一，多数菌株对青霉素敏感。该菌和摩勒氏菌的其他种一样，为氧化酶阳性。

二、流行病学

1. 易感动物

奶牛、黄牛、水牛、山羊、骆驼等都为易感种群。不同发育的年龄阶段都有易感性，尤以幼龄期动物感染机会更大一些，特别是2岁以下的幼畜，接触感染的机会更高一些。

2. 传染源

主要传染源为病患牛及带菌牛，但需在强烈的太阳紫外光照射下才产生典型的特征症状。细菌学检查可见其眼、鼻等处分泌物中含有大量的病原菌，可在外界环境中存活数月。

3. 传播途径

目前，关于自然传播途径尚不明确，大多数学者一致认为，同种动物之间的相互接触感染为感染主要途径。此外，蝇虫、飞蛾等携带病菌也可机械传播。

4. 流行特点

该病多见于天气炎热、温度和湿度较高的夏秋季节，相比较而言，其余季节发病率都较低。多表现为地方性流行。养殖密度集中、强光照射、尘土飞扬等，都可加剧该病感染程度。

三、临床症状

该病潜伏期一般为3~7 d。病初患眼羞明、流泪、眼睑肿胀、疼痛，其后角膜凸起，角膜周围血管充血、舒张，结膜和瞬膜红肿，或在角膜上发生白色或灰色小点。严重者角膜增厚，并发生溃疡，形成角膜瘢痕。有时发生眼前房积脓或角膜破裂，晶状体可能脱落（图5-13-1）。多数病例先为一侧眼患病，后为双眼感染。病程一般为20~30 d。病牛无全身症状。如眼球化脓时可伴有体温升高、食欲减退、精神沉郁和乳量减少等症状。多数牛可自愈，但往往导致角膜白斑和失明。

四、病理变化

结膜高度充血、水肿，呈白色混浊或白斑状；角膜可呈现突出型、白色混浊型（上皮增生，固有层弥漫性玻璃样变性）、白斑型（固有层局限性胶原纤维增生和纤维化）及凹陷或隆起型。

五、诊 断

1. 诊断要点

该病可根据流行病学和临床症状做出初步判断。主要发生于天气炎热、湿度较高和强烈日光照射的夏秋季节，其他季节发病率较低。一旦发病，传播迅速，多呈地方流行性或流行性。引进病牛或带菌牛，是牛群暴发该病的一个常见原因。确诊需要进行病原学和血清学诊断。

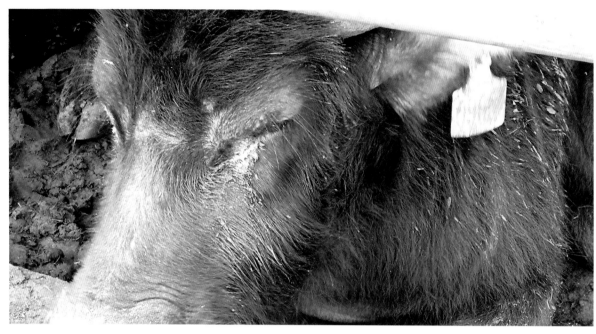

图 5-13-1　水牛传染性角膜结膜炎（彭清洁 供图）

2. 实验室诊断

（1）**病料采集**。发病初期，用无菌棉拭子采集结膜囊内的分泌物、鼻液作为病料，置于肉汤中立即送检。

（2）**染色镜检**。病料涂片用吉姆萨染色及革兰氏染色镜检。

（3）**分离培养**。用接种环勾取少量病料标本，划线或涂布接种于巧克力琼脂平板或其他适宜培养基，置于37 ℃条件下培养24~48 h。该菌可生长形成圆形、边缘整齐、光滑、半透明、灰白色的菌落，如接种于鲜血琼脂平板，呈 β - 溶血，需进一步进行生化试验和血清学试验以鉴定分离菌株。

（4）**动物接种试验**。病料标本或培养物涂擦于牛或小鼠的结膜囊内，经2~3 d，接种动物发生结膜炎。或用纯培养物静脉或肌内注射小鼠或豚鼠，2~6 d，注射局部发生坏死，同时发生结膜炎和休克。

（5）**血清学试验**。常用血清凝集试验、琼脂扩散试验、间接血凝试验以及荧光抗体技术等对该病进行诊断和分离菌株的鉴定。

六、类症鉴别

1. 牛传染性鼻气管炎

相似点： 牛传染性鼻气管炎眼炎型与牛传染性角膜结膜炎症状相似。病牛流泪，结膜充血、水肿，或在结膜、角膜上有白色或灰色小点。

不同点： 牛传染性鼻气管炎病牛除有眼结膜充血外，还有鼻流浆液性分泌物，通常伴随呼吸道型一同出现，病牛鼻黏膜充血、溃疡，呼吸困难，咳嗽；牛传染性角膜结膜炎除结膜充血外，严重病例角膜增厚，并发生溃疡，形成角膜瘢痕。

2.牛恶性卡他热

相似点：病牛双眼羞明、流泪，眼睑肿胀，眼结膜充血，严重者角膜溃疡。

不同点：牛恶性卡他热病牛体温升至40~41 ℃，鼻黏膜高度潮红、水肿、出血、溃疡，流腥臭脓性鼻液，鼻镜干燥，常见糜烂或大片坏死干痂，口腔黏膜潮红、干燥、发热，流大量泡沫样涎，发生糜烂或溃疡；牛传染性角膜结膜炎无全身症状，鼻黏膜、口腔黏膜无病变。

七、防治措施

1.预防

（1）检疫。在引进种牛过程中，避免带菌牛混入牛群。切勿从疫区引进牛、饲料及动物产品，引进的牛要隔离观察3~7 d，严格消毒圈舍、器具，观察无病的方可入群。

（2）卫生消毒。坚持每天清扫圈舍，定期消毒，营造良好的养殖环境。消灭蚊虫，尤其是消灭各种吸血昆虫。加强环境护理，避免牛只接受强光刺激。

（3）加强免疫。国外有研究使用具有菌毛和血凝性的菌株研制的多价疫苗用于疾病防治，效果较好，通常情况下，用于犊牛免疫注射，30 d后可产生很好的免疫效力。

（4）及时隔离。日常饲养管理过程中，一旦有疑似病症出现，立即进行隔离治疗。发病区域立即划定为疫区，严禁疫区牛只随意出入。被污染区域立即进行全面、彻底、严格地消毒处理。病牛要早诊断、早治疗，避免强烈阳光刺激。

2.治疗

（1）西药治疗。

处方1：清洗眼部。常用浓度为2%~4%的硼酸溶液，待到拭干之后，可在结膜囊内滴入浓度为3%~5%的弱蛋白银溶液，每日2~3次。

处方2：将80万IU（或160万IU）的青霉素用生理盐水稀释，与地塞米松的配比为5∶1，注意要控制地塞米松用量，一般采用1 mL地塞米松，将青霉素稀释至5 mL，每只患眼用2.5 mL，每日1次，4 d为1个疗程。

处方3：黄降汞软膏。临床发现有角膜混浊症状，可使用黄降汞软膏，药用浓度1%~2%。

（2）中药治疗。

方剂1：硼砂6 g、白矾6 g、荆芥6 g、防风6 g、郁金3 g，水煎后去渣，用温液洗眼，每日1次至康复。

方剂2：菊花30 g、连翘30 g、栀子30 g、柴胡30 g、车前子30 g、泽泻30 g、生地30 g、甘草15 g、防风6 g，煎服，每日1剂，3 d为1个疗程。

方剂3：炉甘石30 g、硼砂30 g、青盐30 g、黄连30 g、铜绿30 g、硇砂10 g、冰片10 g，共研极细末，过筛，装瓶备用。使用时取一3 mm的塑料管，一端蘸取药末，将其吹入眼内或点入眼内，每次5~10 g，每日2次，连用5 d。

方剂4：龙胆草（酒炒）45 g、黄芩（炒）30 g、栀子（酒炒）30 g、泽泻30 g、木通30 g、车前子20 g、当归（酒炒）25 g、柴胡30 g、甘草15 g、生地（酒洗）45 g，煎汤取汁，取汁后的药渣趁热装入小纱布袋，先温敷于患眼10 min。然后灌服药汁，每日1剂，连用5 d。

第十四节　牛放线菌病

牛放线菌病（Bovine actinomycosis）又称大颌病（Lumpy jaw），是由牛型放线菌和林氏放线杆菌引起的亚急性、慢性、非接触性传染病，以头部硬组织（骨）以及颈部、颌下和舌淋巴组织内形成硬的结节肿胀和慢性化脓灶为特征。

放线菌病曾泛指牛放线菌和林氏放线杆菌或葡萄球菌感染而引起的能产生硫黄样颗粒的肉芽肿病。但近年来有人认为，牛放线菌在分类上属于放线菌科的放线菌属，主要侵害硬组织；而林氏放线杆菌在分类上属于巴氏杆菌科的放线杆菌属，主要侵害软组织，因此前者致病称为牛放线菌病，而后者致病则应该称为牛放线杆菌病。放线菌病在我国为三类动物传染病，属人兽共患病。

一、病　原

1. 分类地位

该病病原为牛放线菌和林氏放线杆菌，牛放线菌在分类上属于放线菌科、放线菌属，林氏放线杆菌在分类上属于放线杆菌属。

牛放线菌主要引起牛体内的骨骼产生病变，林氏放线杆菌主要造成牛皮肤和体内柔软器官发生病变，金黄色葡萄球菌是继以上细菌感染之后，进一步加重了炎症的发展。

2. 形态特征

牛放线菌为革兰氏阳性菌，菌体呈细丝样分枝状或短棒状，不能运动，可形成孢子，但无芽孢，属于兼性厌氧菌。在带菌组织中，该菌呈现为颗粒性聚集物，并具有辐射状的菌丝，外观如质地柔软或坚硬的硫黄颗粒样，呈微棕色、灰黄色或灰色。在载玻片上将该硫黄样的颗粒压平后，在显微镜下表现为菊花状，菌丝向周围放射排列，末端膨大，对其进行革兰氏染色，可见中央部分被染为紫色（革兰氏阳性菌），周围的放射状菌丝被染为红色（革兰氏阴性菌）。

林氏放线杆菌为革兰氏阴性菌，不形成芽孢和荚膜，不能运动。在带菌组织中，该菌可形成菌块，但没有显著呈放射状的菌丝。对其进行革兰氏染色，中心部位和周围均被染成红色。

3. 培养与理化特性

牛放线菌对外界环境的抵抗力较弱，在培养基中培养十几天之内即死亡。牛放线菌对红霉素、青霉素、氟苯尼考、林可霉素、四环素较为敏感。一般消毒药均可杀灭该菌。

林氏放线杆菌在含血清或血液的培养基上生长良好，37 ℃培养2~3 d形成直径约1 mm的菌落。林氏放线杆菌对外界环境的抵抗力不强，60 ℃作用15 min、常用消毒剂、日光、干燥等均可杀死该菌。林氏放线杆菌对磺胺类药物（磺胺二甲嘧啶、磺胺嘧啶）及链霉素较为敏感。

4. 致病机制

病原体可在牛机体的受害组织中引起以慢性传染性肉芽肿为形式的炎症过程，在肉芽中心可见含有放线菌菌丝的化脓灶（脓肿）。有时在炎症的发生过程中出现结缔组织显著增生，而不发生化脓。结缔组织增生会发展成为肿瘤样赘生物——放线菌肿。当舌组织被侵害时，增生组织常突破黏膜而形成溃疡。骨内肉芽增殖则破坏骨组织，引起骨骼崩解，由于骨质的不断破坏与新生，以致质地疏松、体积增大。另外，在组织内由于白细胞的游走，组织液内含有的硫黄样颗粒以及化脓菌繁殖而形成脓肿或瘘管。

二、流行病学

1. 易感动物

该病主要感染牛，以2~6岁牛最易感，特别是奶牛换牙和天气炎热时容易感染。绵羊、山羊、猪、马也可感染。

2. 传染源

病牛是该病主要的传染源，病牛的口腔、鼻腔和气管以及破溃的发病部位均有该菌存在。

3. 传播途径

放线菌病的病原菌存在于污染的土壤、饲料、垫料、饮水和使用的用具中，同时作为一种寄生菌经常寄生在牛的口腔、鼻腔和气管内，当口腔、鼻腔和气管以及皮肤发生破损时，放线菌侵入其中，并不断繁殖，造成发病。

4. 流行特点

牛放线菌病的潜伏期为3~21个月，一年四季都可以发生，无明显季节性，呈散发性。放线菌病的主要病原菌存在于污染土壤、饲料、垫料、饮水和使用的用具中，也寄生于口腔黏膜和上呼吸道黏膜。因此，放牧于低湿地区的动物较多感染该病，而且病变常位于口腔周围的组织器官。

三、临床症状

病牛常见上、下颌骨肿大，界线明显，随着病程的推移，在下颌骨处形成坚实的硬块（图5-14-1），肿部初期疼痛，晚期无痛觉，这种病变进展缓慢，一般经6~18个月。有时肿大发展很快，牵连头、

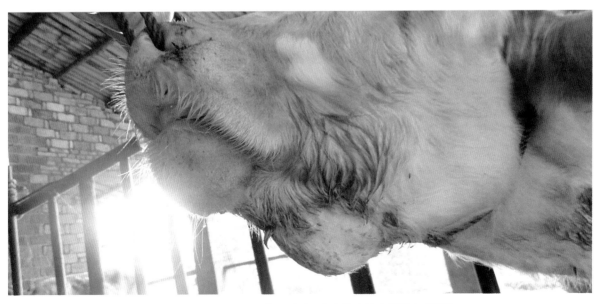

图5-14-1　病牛上、下颌骨肿大呈坚实的硬块（郭爱珍 供图）

颈、下颌等部位的软组织。重病牛牙齿变形、咬合不齐或牙齿松动、脱落，吃料困难。肉芽肿发生在咽喉和舌部时，舌变硬，活动不灵活，称为"木舌病"，病牛出现呼吸、咀嚼、吞咽困难，流涎增多，营养吸收受到影响而迅速消瘦。皮肤上有些肿块坏死、化脓而形成脓肿，脓肿破溃，流出脓液，有时穿透皮肤而形成瘘管，从瘘管流出含硫黄样颗粒的黏稠的黄绿色脓液，久治不愈。乳房感染时，呈弥散性肿大或局灶性硬结，乳汁黏稠混有脓液。

四、病理变化

临床上可见的放线菌肿均为脓肿和肉芽肿，切开脓疱可见脓肿中含有乳黄色脓液和硫黄样颗粒。当致病菌侵入骨骼时，可致骨质稀疏和再生性增生，形状似蜂窝。舌部组织感染时，舌上形成圆形、质地柔软呈黄褐色的蘑菇状生长物，病程长久者肿块有钙化。

五、诊 断

1. 诊断要点

放线菌病无发热等全身反应。病的特征是肉芽肿型无痛硬结，几乎局限于头部和颈部。在下颌骨，特别是在第三或第四臼齿处发生进展缓慢的肿胀，并有波动性脓肿或瘘管时，可怀疑为该病。

2. 实验室诊断

（1）解剖镜观察。用无菌注射器穿刺于按压呈波动状的部位，抽取脓液置于无菌培养皿中加少许生理盐水稀释，用解剖镜观察，找出直径1 mm以下的灰色或硫黄样颗粒，用接种环挑至玻片上，加盖盖玻片，轻轻挤压，有必要时可将小硫黄样颗粒用10%氢氧化钠或氢氧化钾溶液2~3滴处理，使外表的黏附物消化，以便除去钙质而易于检查。玻片置于低倍镜下观察，光线为暗视野，最后调为高倍镜观察其结构，可见中央颜色较为深暗，系菌丝交叉缠绕的结果，此种菌丝的末端排列成放线状，颇为紧密，终末部分较粗。直接镜检完毕后用镊子小心地把盖玻片揭去，待标本干燥后进行革兰氏染色镜检。

（2）分离培养。用无菌方法将含有小颗粒的脓液在乳钵内研碎，研碎后接种于血清LB琼脂和血清LB肉汤中，各自分别做10% CO_2的厌氧和需氧培养。37 ℃培养24 h，两者都可生长，但厌氧条件下生长较好；琼脂平板上可见灰色、圆形、边缘略透明、黏稠的、深入培养基内而不易挑出的细小菌落和湿润、光滑、隆起的圆形大菌落；肉汤中可见混浊、细小、绒球样的絮状物沉淀于试管底部；巧克力液体培养基试管底部可见到彩色的毛球状菌团。取培养物革兰氏染色镜检。

（3）革兰氏染色镜检。标本干燥后染色镜检，可见中央菌体呈紫色，向周围放射状排列的菌丝呈红色，末端膨大，如同菊花，即可确认为放线菌病。分离培养菌液和菌落分别做涂片、染色，可确诊大菌落为葡萄球菌，小菌落可见革兰氏阳性的细分支菌丝和菌丝的断片。

六、类症鉴别

1. 牛白血病（皮肤型）

相似点：牛白血病皮肤型与牛型放线菌病症状相似，病牛颈部均出现肿块。

不同点: 牛白血病皮肤肿块发生于成年牛颈、背、臀及大腿等处,幼龄牛皮肤出现荨麻疹样皮疹,以真皮层形成肉瘤为主;牛放线菌病皮肤肿块局限于头、颈、颌下等部位。

2. 牛结核病

相似点: 牛淋巴结核病症状与牛放线菌病症状相似,病牛体表皮肤均有硬肿。

不同点: 牛淋巴结核病淋巴结肿大多汁,内含灰白色、半透明、结节状的结核灶及各种大小的干酪样变性和钙化灶;牛放线菌病有些肿块坏死、化脓而形成脓肿,切开可见脓肿中含有乳黄色脓液和硫黄样颗粒。

七、防治措施

1. 预防

该病一般是从损伤的口腔黏膜侵入组织而致病的。为了预防该病的发生,应注意清除饲料中的金属异物和硬的谷物芒刺等。舍饲时最好将干草、谷糠等饲草浸软后再饲喂,避免刺伤口腔黏膜。还要防止皮肤、黏膜发生损伤,如有伤口,应及时处置。发现病牛要立即隔离治疗,并对污染的用具进行严格消毒。此外,还应避免在低洼湿地放牧。

2. 治疗

(1)**外科手术治疗。**用外科手术切除肿块,若有瘘管形成要连同瘘管彻底摘除,摘除后新创口用3%过氧化氢溶液清洗干净,切除后的新创腔,用碘酊或碘甘油浸润过的纱布填塞引流,24~48 h更换1次。然后再肌内注射止血药和消炎药,消炎药要连用3 d。手术治疗时要注意避开大血管,如肿块长在颈静脉等大血管上,宜选择药物疗法。

(2)**药物治疗。**

处方1: 用普鲁卡因青霉素在肿块周围选择4~6点作封闭注射,然后再大剂量肌内注射消炎药物,每日2次,连用5 d或待肿块缩小为止。同时,口服碘化钾,成年牛每日5~10 g,犊牛每日2~4 g,连用15 d。重症者可静脉注射10%碘化钠溶液50~100 mL,隔日1次,连用5次,在用药过程中如出现碘中毒现象(皮肤发疹、流泪、脱毛、消瘦和食欲减退等),应暂停用药5~6 d或减少剂量。

处方2: 消瘦脱水者应静脉滴注5%糖盐水和10%葡萄糖注射液1 500~3 000 mL,同时配用维生素C和维生素A、维生素B$_1$等辅助药物。

(3)**中药治疗。**

方剂1: 用石蒜5颗、生石灰250 g捣碎,拌白酒250 g制成糊状,涂于放线菌肿块上,每日1次,使用1~3d。

方剂2: 黄连、黄芩、大黄、连翘、郁金、玄参、栀子、生地各25~40 g,甘草20 g,芒硝50 g,煎熬成汤剂,候温后灌服,也有一定效果。

处方3: 芒硝90 g(后冲)、黄连45 g、黄芩45 g、郁金45 g、大黄45 g、栀子45 g、连翘45 g、生地45 g、玄参45 g、甘草24 g,水煎,1次灌服。

处方4: 砒霜15 g、白矾60 g、硼砂30 g、雄黄30 g,共研细末,与黄蜡油混合,均匀地涂在纱布条上,塞入创口。

第十五节　牛嗜皮菌病

嗜皮菌病是由刚果嗜皮菌引起的一种人兽共患的皮肤性传染病，临床上以浅表的渗出性、脓疱性皮炎以及局限性的痂块和脱屑性皮疹为特征。

该病于1915年在刚果首次被发现，当时被称为"皮肤接触性传染病"，1964年更名为"刚果嗜皮菌"。后来在尼日利亚、英国、澳大利亚、阿根廷、美国、加拿大、印度等多个国家均有报道。我国于1969年首先在甘肃省的牦牛中发现，1980年之后，相继在四川省、青海省的牦牛和贵州省、云南省的水牛中发现该病，并分离到病原菌。研究人员又分别从绵羊、牦犊牛分离鉴定出刚果嗜皮菌。

一、病　原

1. 分类与形态结构

刚果嗜皮菌（*Dermatophilus congolensis*）属于放线菌目、嗜皮菌科、嗜皮菌属。嗜皮菌属中的一个新种是1995年在海龟体内分离得到的龟嗜皮菌。因此，到目前为止，嗜皮菌属的成员有刚果嗜皮菌和龟嗜皮菌。

刚果嗜皮菌为革兰氏染色阳性菌。用电子显微镜观察细菌涂片，呈现出一种特殊的形态结构，一般呈丝状或球状的多形性。新培养的菌体多为丝状，称为菌丝期，随着培养时间的增加，菌丝不断生长发育，菌丝末端连续地生成横隔，由纵横方向垂直分裂，并形成横隔膜，最终形成分枝，远端逐渐形成由球状细胞连在一起的类似八叠球菌状或桑葚状，在这个阶段菌丝细胞团包裹在凝胶状的基质中，这些基质有可能是后来形成孢子囊的组成部分。菌体成熟后，球状细胞断裂成具有丛生鞭毛的游动孢子，称为孢子期。孢子为近圆形，可以用透射电镜观察到有鞭毛的粗糙型和无鞭毛的平滑型。游动孢子为感染阶段，游动的孢子停止运动后开始萌发，再生长成菌丝体，这样完成一个生活周期。

由新鲜病料直接涂片染色后可以观察到菌体呈分枝、丝状和圆形球状或椭圆形孢子，在鲜血琼脂培养基上培养，容易观察到该菌的分枝状、丝状菌丝。

2. 培养特性

刚果嗜皮菌属于兼性厌氧菌，在需氧、10% CO_2环境或厌氧时的生长情况没有明显的差别。营养复杂的有机培养基是良好生长所必需的，所以该菌在含有血液或血清的营养琼脂上能更好地生长，新鲜病料分离培养的菌落不溶血或轻度溶血，溶血类型为β型。菌落在这些固体培养基上，刚开始的时候为白色至灰色或者灰黄色，后为灰黄色或者金色，平均直径0.5~4.0 mm。菌落在刚开始时一般为湿润、露珠状，逐步变干，菌落直径也逐渐增加，菌落底部陷入培养基的基质中，不易刮取。菌落在半固体培养基穿刺培养时和放线菌属的菌落形态类似，可以观察到细菌沿着穿刺线向周围生长，说明刚果嗜皮菌具有一定的运动性。该菌在27 ℃或37 ℃都适合生长，但在37 ℃时生长情况最好，pH值以7.2~7.5较为适宜。一般不产生气丝，在10%的CO_2大气内，有时产生少量气丝，培养环境中的CO_2对菌落形态影响不大。

该菌在普通营养琼脂培养基一般不会生长或生长情况不良，菌落为颜色较鲜艳的橘黄色，干燥；在马鲜血琼脂培养基上，可以观察到灰黄色、光滑湿润的菌落，继续培养菌落颜色变成橘黄色、变干，不溶血或轻度溶血；在绵羊血液琼脂培养基上生长情况良好，经常会变得有黏性，不易刮取，不溶血或轻度溶血；在营养肉汤、葡萄糖肉汤中的生长情况良好，经一定时间的培养后，肉汤轻微混浊，继续培养后在试管底部产生少量黏稠的灰黄色沉淀，不易摇散，培养基上层清亮。接种后在BHI琼脂斜面上36 ℃连续培养3~7 d，可以室温保存，琼脂斜面可保存几周至2年。

3. 理化特性

对理化因素抵抗力较强，分离物可存活2~5年，活力不受储藏、温度、培养基或培养条件的影响。孢子抗干燥，在干燥病痂中可存活42个月。75%酒精、2%来苏尔溶液作用30 min，2%甲醛溶液、0.1%新洁尔灭溶液作用10 min均不能杀死该菌；0.2%新洁尔灭溶液作用10 min，60 ℃作用10 min、80 ℃作用5 min、煮沸1 min能杀死该菌。

该菌对盐酸土霉素、链霉素、青霉素、氟苯尼考、四环素、甲氧苄啶、林可霉素、枯草杆菌素、红霉素敏感；对多黏菌素B、恩诺沙星、苯甲异噁唑青霉素、新霉素、卡那霉素、磺胺类药物、氨苄西林、阿莫西林、庆大霉素、头孢菌素不敏感。

4. 致病机理

刚果嗜皮菌的致病性决定于寄生于皮肤上的游动孢子能否侵入表皮的深层组织。雨水浸渍和皮肤创伤为病菌侵入提供了重要途径。侵入皮肤的游动孢子发芽，发芽管伸长成菌丝，菌丝成长变粗，再产生支枝菌丝侵害毛囊，由于聚集在真皮内的嗜中性粒细胞所产生的一种因子的作用，感染表皮下方，嗜中性粒细胞聚集，浆性渗出物蓄积并向表面渗出，最终导致痂块形成，真皮不受侵害。

二、流行病学

1. 易感动物

不同年龄的动物都可发病，品种对嗜皮菌病的抵抗力有差异。有资料表明，动物长期锌缺乏容易感染。牛、羊、马、骆驼、鹿和其他食草动物为自然宿主，现已报道人、猴、两栖类动物（龟、蜥蜴）、猫、犬、豚鼠、小鼠、家兔也可感染。家禽对其有抵抗力。

2. 传染源

带菌动物是该病的传染源。

3. 传播途径

通过直接或间接接触呈水平传播。蜱和咬蝇是牛、马传播该病的重要因素。人感染嗜皮菌病主要是接触病畜组织或污染的畜产品。屠宰厂的工作人员、猎人、挤奶工人、兽医和制革工作者感染该病的概率较大。

4. 流行特点

该病发病与雨水、昆虫有关，故呈现出一定的季节性和地区性流行。多发生于炎热、多雨、潮湿的季节。在长期雨淋、被毛潮湿的情况下，孢子可大量从感染疙瘩释放出来，牲畜的发病率有升高趋势。

三、临床症状

成年牛潜伏期约为1个月，犊牛为2~14 d。早期症状常不显著而被忽视。最先见到的损害是皮肤上出现小丘疹，波及几个毛囊和邻近表皮，分泌浆液性渗出物，与被毛凝结在一起，呈"油漆刷子"状。被毛和细胞碎屑凝结在一起，其下形成痂块，呈灰色或黄褐色，高出皮肤，呈圆形，大小不等。

早期阶段的痂块附着在皮肤上，随着病程的发展，这些痂块逐渐变厚，陈旧的痂块可以被剥离，但是当强行剥离时会引起痛感，并在剥离部位出现坑状的化脓性基部，可能引起出血或者流出脓液，自愈时可以自然脱落。

皮肤损害通常从背部开始，由鬐甲到臀并蔓延至中间肋骨外部，有的可波及颈、前躯、胸下和乳房后部，有的则在腋部、肉垂、腹股沟及阴囊处发病，有的牛仅在四肢弯曲部发病。少数病畜可能自愈，此时，痂块自然脱落。

幼犊的病损常始于鼻镜，后蔓延至头颈部。其大小像噬菌斑样，厚2 mm，造成被毛脱落，皮肤潮红，如环境潮湿，病损直径可达7 mm。1月龄以上犊牛的病损为圆形痂块，隐藏于被毛中，揭开痂块，遗留有渗出的出血面。该病全身症状轻微，但往往因炎热、潮湿及昆虫叮咬，导致病牛精神沉郁、食欲减退或废绝，当嗜皮菌感染全身体表超过50%以上时，极易导致机体虚弱、营养不良、全身衰竭和败血症而死亡。

四、病理变化

组织学变化为初期有炎症的毛囊扩张性变和海绵样变，之后则发生不完全角质化、皮肤角化症、毛囊炎、棘皮症、上皮细胞炎症和微化脓灶。慢性型以皮肤硬化和表皮增生旺盛为特征。

五、诊　断

1. 细菌学诊断

在采集病料时尽量无菌操作，可直接从剥离硬痂的凹面处刮取组织，涂布在血液琼脂培养基进行培养分离。实验室诊断主要依据在病料培养物中检出革兰氏阳性分支样菌体或者成行的球状孢子，或者用剥离结痂下的渗出物作涂片，吉姆萨染色或革兰氏染色，镜检后看到相同形态的微生物，即可确诊为嗜皮菌病。

2. 动物试验

据国内外试验研究，将病料接种到家兔皮肤，经2~4 d，家兔开始发病，接种部位先是潮红发肿，有渗出液，随后出现白色、圆形、粟粒大至绿豆大的丘疹，渗出液干燥后形成结节，结节逐渐融合成黄白色一片的较薄结痂，取痂皮及渗出物涂片染色，可以观察到革兰氏阳性的刚果嗜皮菌典型菌丝及球菌状孢子，可以进一步确诊该病。也可将病料接种到豚鼠、小白鼠。

3. 分子生物学诊断方法

刚果嗜皮菌PCR检测快速诊断试剂盒正在逐步推广，DNA分子水平的鉴定主要在专业实验室进行。鉴定细菌的方法除按表型特征、DNA同源性，或者rRNA序列比较等方法，由于16S rRNA

的结构高度保守，但又含有可变区，可作"大同小异"的比较，作为目前许多细菌分子生物学诊断方法的依据，有助于临床确诊及早期防治。

六、类症鉴别

牛皮肤真菌病

相似点： 病牛病初皮肤出现小丘疹，后有痂块，呈灰色或灰褐色，高于皮肤，揭开痂皮有出血面。

不同点： 牛皮肤真菌病好发部位主要是眼的周围、头部，其次为颈部、胸背部、臀部、乳房、会阴等处。丘疹呈同心圆状向外扩散或相互融合成不规则形病灶，其上被毛向不同方向竖立并脱落变稀，后结痂，痂皮剥脱后，病灶显出湿润、血样糜烂面，并有直径1~5 cm不等的圆形至椭圆形秃毛斑（即钱癣）。牛嗜皮菌病病变通常从背部开始，由鬐甲到臀并蔓延至中间肋骨外部，幼犊的病损常始于鼻镜，后蔓延至头颈部；牛嗜皮菌病不出现被毛脱落症状。

七、防治措施

1. 预防

牛嗜皮菌病预防的关键在于搞好养殖牛舍环境卫生、加强牛只管理工作。牛舍定期清扫杂物，合理组织消毒工作，保证牛只有一个良好的生长环境。加强牛只管理，定期组织疾病检疫工作，避免各种外伤感染，一旦有外伤发生，及时参照外科手术治疗处理。做好各种消灭吸血昆虫的工作，防止牛群被淋雨或被吸血昆虫叮咬。一旦有染病情况出现，立即对病牛进行隔离治疗。全面消毒牛舍、圈栏及使用用具，被病牛污染过的垫草、残留粪便、废弃物等要进行严格的无公害化处理。此外，饲养人员也要做好个人疾病防护措施，避免人畜感染。

2. 治疗

采用局部治疗和全身治疗相结合的方法。

（1）**局部治疗。** 先以温肥皂水润湿皮肤痂皮，除去病变部位全部痂皮和渗出物，然后用1%龙胆紫酒精溶液或5%水杨酸钠酒精溶液涂擦患处；用双季铵盐消毒液500倍稀释后清洗病变部位，每日1次，连洗3 d；并可用生石灰454 g、硫黄粉908 g，加水9 092 g，文火煎3 h，趁温热涂患处。

（2）**药物治疗。**

处方1： 每千克体重用链霉素10~15 mg、青霉素1万~2万IU，用地塞米松0.2~1.0 mg/kg溶液稀释，连用3 d。

处方2： 每千克体重用复方肿节风注射液0.1 mL，连用3 d。也可口服或静脉注射碘化钾，疗效较好。

处方3： 清热解毒汤。以清热解毒、消肿散结、活血化瘀为治则。栀子、连翘、牡丹皮、金银花、蒲公英、地丁、牛蒡、薄荷、白术、芒硝各60 g，元参、豆根、天花粉、红花、乳香、没药、甘草各40 g，每日1剂、水煎灌服。

第十六节　牛肺炎链球菌病

牛肺炎链球菌病（Bovine streptococosis pneumoniae）是由肺炎链球菌引起的急性、热性呼吸道传染病。主要发生于犊牛，曾被称为肺炎双球菌感染。1955年曾有报道称，75%的德国犊牛死于肺炎链球菌感染。

一、病　原

1. 分类与形态特征

该病的病原为肺炎链球菌，分类学上属于链球菌科、链球菌属。肺炎链球菌为革兰氏阳性球菌，直径约1 μm。常成双排列，菌型似矛头状，无鞭毛，不形成芽孢，在动物体内和含血清培养基中可产生荚膜。菌体衰老或由于自溶酶的产生将细菌裂解后，可呈现革兰氏染色阴性。

2. 培养特性

该菌兼性厌氧，在5%～10%的CO_2条件下生长最好，营养要求较高，需在含血液或血清的培养基中方能生长。菌落为小圆形，隆起，表面光滑、湿润。培养初期菌落隆起呈穹窿形，随着培养时间的延长，细菌产生的自溶酶裂解细菌，使菌落中央凹陷、边缘隆起呈"脐状"。在血液琼脂培养基上菌落周围形成 α - 溶血，但在厌氧条件下可产生 β - 溶血。若于液体培养基中培养24 h，呈均匀混浊，后期可因产生自溶而变得澄清。该菌可分解多种糖类，产酸不产气，大多数新分离出的肺炎链球菌可发酵菊糖。胆汁溶解试验阳性、乙氢去甲奎宁敏感试验阳性。

3. 理化特性

该菌抵抗力不强，56 ℃作用15～30 min即被杀死。对一般消毒剂敏感，5%石炭酸溶液等常用消毒剂均可将其杀死。有荚膜株抗干燥力较强。

4. 血清型

根据荚膜多糖抗原性的不同，可将肺炎链球菌分为91个血清型。荚膜多糖抗原具有良好的免疫原性。

二、流行病学

1. 易感动物

各品种、年龄的牛均可感染该病，但以1～60日龄的犊牛最易感染，1岁以上的育成牛也有发生，30日龄发病犊牛占总发病数的58%。

2. 传染源

患病牛及带菌牛是该病的主要传染源，细菌可通过病牛分泌物排出体外。

3. 传播途径

该病主要是内源性感染，当机体抵抗力下降时，呼吸道中的病菌大量繁殖而发病。也可外源性感染，主要通过呼吸道传播，经脐带和消化道也可感染。

4. 流行特点

该病呈散发或地方流行性，多见于寒冷的冬、春两季。饲养管理不良、环境卫生条件差、寒冷潮湿、患寄生虫病、各种外伤等因素，均可诱发该病。

三、临床症状

1. 最急性性

最急性病例常突然发作，一般于数小时内死亡。病牛体温升高，脉搏快而细，精神委顿，全身虚弱，不愿吮乳，结膜发绀，呼吸困难，出现神经症状，如抽搐、痉挛。

2. 急性型

病初全身虚弱无力，精神沉郁，食欲减退或废绝，卧于圈舍一隅，不愿行动，眼结膜发绀，体温升高至40 ℃以上，呈弛张热，呼吸频率增加，每分钟达80~100次。病情继续发展可出现呼吸困难，病犊表现头颈伸张，张口呼吸，舌伸于口外，初期干咳，后变为湿咳，心跳频率加快，腹部扇动。

3. 亚急性型

病初表现为流涎、咳嗽，流出浆液性或脓性鼻液，可视黏膜发绀。肺部听诊，肺泡呼吸音粗粝，肺前下部有啰音，触诊气管敏感，拒绝触诊并表现不安。少数病例后期伴有腹泻，排出恶臭、褐色黏液粪便，食欲减少或废绝，极度消瘦。后期严重病例表现为口腔有白沫，走路不稳，目光呆滞，发育迟滞，被毛粗乱，眼窝下陷，日渐消瘦。末期表现为严重的呼吸困难和吞咽困难。

四、病理变化

主要见急性败血症变化，剖检可见黏膜、浆膜、心包出血；肺心叶、尖叶、间叶充血，呈暗紫色，质地坚硬，切面流出淡红色液体，膈叶有不同程度的肺炎灶；有病变的肺叶质地不均，切面弥散大小不等的脓肿，有的出现大面积的坏死灶。脾脏充血、肿大，脾髓呈黑红色，质韧如硬橡皮，即所谓的"橡皮脾"，是该病特征性病变。肝、肾充血、出血，有脓肿。胸腔渗出液明显增加并积有血液。伴有肠炎的见肠黏膜脱落，黏膜下层血管扩张。

五、诊 断

1. 直接涂片

取病牛的心、肝、脾、肺等组织病料涂片，染色，镜检，若发现成双，似两个瓜子仁状，仁尖朝外具有荚膜的双球菌，可基本确诊。

2. 细菌培养

无菌采取心、肝、血和脾、淋巴结病料在血液琼脂上培养，于37 ℃恒温培养24 h，平板上长出灰白色、表面光滑、边缘整齐的小菌落，在需养条件下呈 α-溶血环，厌氧环境下呈 β-溶血。取上述菌落接种于培养液中轻度混浊。无菌挑起菌落经革兰氏染色后镜检，可见大量革兰氏阳性双球菌。

3. 溶菌试验

采用试管法。用脑心浸液肉汤（BHI）24 h纯培养物4 mL，浓缩制备1 mL生理盐水浓菌悬液，pH值调至7，分装2支试管，每管各0.5 mL。其中一管加0.5 mL 100 g/L去氧胆酸钠溶液为试验管，另一管加0.5 mL生理盐水作对照。35 ℃孵育，每小时观察1次结果。若为肺炎链球菌，则混浊菌液会变清亮。

4. 动物试验

用无菌生理盐水将纯化的细菌从兔血琼脂培养基上洗脱，将细菌稀释成1.00×10^9 CFU/mL，分别接种5只小白鼠，每只0.2 mL。试验组小鼠在24 h内全部死亡，死亡的小鼠脏器有出血点，并从死亡小鼠脏器内分离到相应细菌，对照小白鼠未见异常。

六、类症鉴别

1. 牛出血性败血症

相似点：最急性病例常猝死。病牛体温升高（40 ℃以上），精神沉郁，食欲减退或废绝，眼结膜发绀；呼吸困难，咳嗽；腹泻，排带黏液、血液的粪便。剖检见全身浆膜、黏膜出血，胸腔积液。

不同点：牛出血性败血症病程为12~24 h，病牛濒死期天然孔流血。病程长的可伴发水肿和纤维素性胸膜肺炎。病牛的头颈部、咽喉部及胸前的皮下结缔组织出现扩张性炎性水肿，触之有热痛感；同时舌部及周围组织有明显肿胀，呈暗红色；眼红肿，流泪，口吐白沫。剖检见咽部、头部和颈部、胸前部皮下有黄色胶样液体浸润；胸、腹腔有大量浆液性纤维素性渗出液，肺脏和胸膜有小出血点并附着一层纤维素性薄膜；肋间部有大量出血斑点；肺脏有不同时期的肝变，切面呈大理石状外观，有的病例的坏死灶呈灰色或暗褐色。肝与肾发生实质变性。病料涂片镜检有革兰氏阴性短杆菌，亚甲蓝染色为两极浓染的椭圆形小杆菌。

2. 牛炭疽病

相似点：最急性型病牛突然发病，呼吸困难、黏膜发绀、全身战栗，数小时内死亡。病牛体温升高（40 ℃以上），呼吸加快、困难，反刍停止，黏膜发绀，腹泻、便血。剖检见全身浆膜、黏膜、肌间出血，脾脏充血、肿大，脾髓呈暗红色，肝、肾充血。

不同点：牛炭疽病妊娠牛可流产，病牛惊恐、哞叫，肌肉震颤，有血尿，呈暗红色。病牛天然孔出血，血液凝固不良，抽搐、痉挛。病程长的病牛在皮肤（颈部、胸前、下腹、肩胛部）、直肠或口腔黏膜出现局部的炎性水肿，初期较硬，有热痛，后变冷而无痛，最后中心部位发生坏死。病牛无流涎、咳嗽、流鼻液等症状。剖检见病牛尸体迅速腐败而膨胀，尸僵不全，天然孔流暗红色血液；血液黏稠似焦煤样，凝固不全；皮下组织胶样浸润；脾脏软化如泥状；全身淋巴结肿大、出血、水肿，切面呈黑红色有出血点。直接涂片，经碱性亚甲蓝染色、瑞氏染色或吉姆萨染色镜检，可发现有荚膜的竹节状大杆菌。

七、防治措施

1. 预防

（1）加强饲养管理。加强新生犊牛的特殊护理，应尽快使犊牛吃上初乳，对体质较弱者应补充硒及其他矿物质和维生素，增强犊牛的抵抗力。给予妊娠牛蛋白质、微量元素、矿物质和维生素饲料，并进行适量的室外运动，牛舍通风良好，保持干燥。

（2）**及时隔离治疗**。加强临诊检查，及早发现病牛，及时隔离治疗，并对其他牛只进行临床检查，凡体温升高、食欲废绝的犊牛应立即隔离治疗。

（3）**严格消毒**。采取有效措施对病死的犊牛进行深埋处理，并对其污染物进行及时有效的销毁，环境及用具要彻底消毒。牛舍内用土霉素、氟苯尼考喷雾消毒，每立方米 1.0~1.5 g。

（4）**免疫接种**。给犊牛注射牛肺炎链球菌疫苗。

2. 治疗

处方1：青霉素、氟苯尼考和庆大霉素等抗生素中的一种，剂量按产品说明书，一次性肌内注射，每日2次。

处方2：保护肝脏、解毒用10%葡萄糖注射液250 mL，维生素C注射液20 mL，一次静脉注射。

处方3：促使炎性渗出物的吸收，可用5%糖盐水500 mL，25%葡萄糖注射液250 mL，10%水杨酸钠溶液30~50 mL、40%乌洛托品注射液20 mL、10%安钠咖注射液5~10 mL，一次性静脉注射。

处方4：伴发肠炎者，为防止脱水和酸中毒，应补充水和电解质溶液，可用5%糖盐水1 000~1 500 mL、5%碳酸氢钠注射液200~500 mL，一次静脉注射。

第十七节　牛钩端螺旋体病

钩端螺旋体病（Leptospirosis）也称细螺旋体病，是由致病性钩端螺旋体引起的一种人兽共患的自然疫源性传染病，可引起多种家畜、毛皮兽和家禽以及人发病。该病在家畜中多为隐性感染，有时可表现多种不同的临床类型，如发热、黄疸、血红蛋白尿、出血性素质、黏膜和皮肤坏死、消化障碍和流产等。

一、病　原

1. 分类地位

钩端螺旋体简称"钩体"。导致钩端螺旋体病的病原包括多种钩端螺旋体如波摩那钩端螺旋体、出血性黄疸钩端螺旋体、犬钩端螺旋体、哈德乔钩端螺旋体等。钩端螺旋体属原本是螺旋体目、螺旋体科5个属（螺旋体属、脊螺旋体属、密螺旋体属、包柔体属和钩端螺旋体属）中的1个属。1984年版《伯杰系统细菌学手册》将钩端螺旋体属重新划分为与螺旋体科平行的钩端螺旋体科，包含2个属，即钩端螺旋体属和细丝体属。前者又分为问号钩端螺旋体和双曲钩端螺旋体。问号钩端螺旋体为寄生、致病性钩体，而双曲钩端螺旋体则为腐生、非致病性钩体。

2. 形态与染色特征

钩端螺旋体是形态学与生理特征一致、血清学与流行病学各异的一类螺旋体，长为6~30 μm，直径为0.1~0.2 μm。因其被12~18个螺旋规则而紧密盘绕，一端或两端弯曲成钩状而得名。在暗视野或相差显微镜下，钩体呈细长的丝状或圆柱状，螺纹细密而规则，菌体两端弯曲成钩状，通常呈"C"形或"S"形弯曲（图5-17-1），运动活泼并沿其长轴旋转。在干燥的涂片或固定液中呈多形结构，难以辨认。在电镜下的基本结构由圆柱形螺旋状原生质柱、轴丝和外膜三部分组成，而原生质由细胞壁、细胞膜和胞质内容物组成。革兰氏染色为阴性，但较难着色；吉姆萨染液可着色，呈淡紫红色，但效果不好；镀银染色和刚果红负染效果好，镀银染色呈黑色或棕褐色。

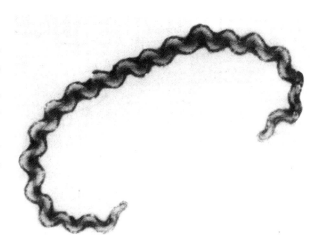

图5-17-1 钩端螺旋体形态观察

3. 血清型

根据抗原结构成分，以凝集溶解反应可将该菌区分为黄疸出血、爪哇犬、秋季、澳洲、波摩那、流感伤寒、七日热等19个血清群。再以交互凝集吸收试验将每群又区分为180个血清型。我国至今已分离出18个血清群和70个血清型。

4. 培养特性

该菌需氧，对营养要求不高，较易在人工培养基上生长，在含动物血清和蛋白胨的柯索夫培养基、不含血清的半综合培养基、无蛋白全综合培养基以及选择培养基上均生长良好。最适pH值为7.2~7.4，最适生长温度为28~30 ℃。在液体培养基中培养1~2周，可变成半透明、云雾状混浊，之后逐渐透明，管底出现沉淀块；半固体培养基中，菌体生长较液体培养基要迅速、稠密且持久，在表面下数毫米处生长形成白色致密的生长层；固体培养基可形成无色、透明、边缘整齐、平贴于琼脂表面的菲薄菌落。不发酵糖类、不分解蛋白质，可产生氧化酶和过氧化氢酶，某些菌株能产生溶血素。

5. 理化特性

钩端螺旋体对热和日光敏感，50 ℃加热30 min或60 ℃加热10 min便可被杀死；在干燥环境中容易死亡，不耐酸碱，一般的消毒剂如苯酚、煤酚、酒精、高锰酸钾等常用浓度均可将其杀死。1%漂白粉溶液、70%酒精、5%碘酊均可在短时间内迅速将其杀死。钩端螺旋体对青霉素、四环素族抗生素敏感。

6. 致病机理

钩端螺旋体具有较强的侵袭力，能通过皮肤的微小损伤、眼结膜、鼻或口腔黏膜、消化道侵入机体，然后迅速地到达血液，在血液中繁殖，几天后引起钩端螺旋体血症，波及脾脏、肝脏、肾脏、脑等全身器官与组织，损伤血管和肝、肾的实质细胞，引起一系列临床症状或尚未表现出症状而猝死。钩端螺旋体血症出现几天后，机体便产生抗体，在抗体与溶酶的参与下，杀死血液和组织内的钩端螺旋体。抗体不能到达或抗体效价较低的机体部位为残留钩端螺旋体的存活与定居提供了理想的环境。

二、流行病学

1. 易感动物

在自然条件下所有温血动物均可感染，猪、牛、羊、犬、猫、家禽均可感染和带菌，各种野生动物特别是啮齿目的鼠类是最重要的贮存宿主，人也能感染发病。

2. 传染源

病畜及带菌动物为主要传染源。鼠类和猪是该病的两个重要的保菌、带菌宿主，其可以通过尿液长期排菌而成为该病的主要传染源，带菌的鼠类和带菌的动物构成自然牢固的疫源地。动物感染后，病原体可通过肾脏随尿液排出，污染水源、土壤、牛栏、用具等而成为传染源。

3. 传播途径

该病主要通过破损的皮肤、黏膜和消化道传染，也可以通过交配、人工授精和蜱、蝇等传播。

4. 流行特点

该病一年四季均可发病，每年7—10月为流行的高峰期，呈散发性或地方性流行。饲养管理与该病的发生有着密切的关系，如饥饿、饲料质量差、饲喂不合理、管理混乱或其他疾病使牛体抵抗力下降时，常常引起该病的暴发和流行。

三、临床症状

该病潜伏期一般为2~20 d。

1. 急性型

急性钩端螺旋体病主要由波摩那型与其他非适应性血清型钩端螺旋体引起，多见于犊牛，通常呈流行性或散在性发生。临床特征为突然发热，体温高达40 ℃以上，病牛沉郁、厌食，出现黄疸、血红蛋白尿，皮肤与黏膜溃疡等症状。有的病牛还会出现呼吸困难、腹泻、结膜炎以及脑膜炎等症状。后期表现为嗜睡与尿毒症，多以死亡为转归。

2. 亚急性型

亚急性钩端螺旋体病主要由哈勒焦型钩端螺旋体引起，常见于哺乳母牛与其他成年牛。特征为发病缓慢，有一过性发热、血红蛋白尿、结膜炎。哺乳母牛乳汁分泌减少、变质，乳汁内含有凝乳块与血液。

3. 慢性型

慢性钩端螺旋体病主要见于妊娠牛，由哈勒焦型与其他非适应性血清型钩端螺旋体引起。妊娠牛发生流产、死胎，新生弱犊死亡，胎盘滞留以及不育症。牛非适应性血清型钩端螺旋体引起的偶发性感染通常导致母牛妊娠后期流产，而哈勒焦型钩端螺旋体在妊娠的任何时候都对胎儿产生不良后果，但流产率较低。

四、病理变化

1. 急性型

急性型病牛呈败血症性变化，以黄疸、出血、严重贫血为特征。病牛尸僵不全，唇、齿龈、舌面、鼻镜、耳颈部、腋下、外生殖器的黏膜或皮肤发生局灶性坏死与溃疡。皮下、肌间、胸腹下、肾周组织发生弥漫性胶样水肿与散在性点状出血。胸腔、腹腔以及心包腔内有过量的黄色或含胆红素性液体。肺脏苍白、水肿、膨大，肺小叶间质增宽。心肌柔软，呈淡红色，心外膜有点状出血，心血不凝固。肝脏体积增大、变脆，呈淡黄褐色，被膜下偶见点状出血，切面结构不清，有时可见灰黄色坏死病灶。脾脏不肿大，被膜下见点状出血；肾脏肿大至正常的3~4倍，表面散在形状不整的出血斑，质地柔软，被膜易剥离，肾表面光滑，有不均匀的充血与点状出血。在溶血临界期，肾脏颜色变暗，血红素进入肾脏后，呈出血性外观。切面上肾皮质与髓质界线不清，一般无眼观坏死性病。膀胱膨胀，充满血性、混浊的尿液。全身淋巴结肿大、柔软、水肿，尤其是内脏器官、肩胛、股淋巴结最为明显，切面多汁，偶见点状出血。

2. 亚急性型

尸体皮肤常发生大片坏死，有的病例出现干性坏疽与腐离。全身组织轻度黄染，肝脏、肾脏出现明显的散在性或弥漫性灰黄色病灶，乳房与乳房淋巴结肿大、变硬，脾脏肿大。

3. 慢性型

尸体消瘦，极度贫血。黏膜、皮肤局灶性或片状坏死。全身淋巴结肿大，质地变硬。肝脏肿胀不明显。肾脏变化具有特征性，肾皮质或肾表面出现灰白色、半透明、大小不一的病灶，有时呈灰黄色的表面略低于周围正常的组织，切面坚硬、柔韧，髓质内也有类似的病变。流产胎儿胎膜经常发生自溶与水肿。胎儿皮下水肿，胸腔、腹腔内有大量的浆液性血性液体，肾脏出现白色斑点。

五、诊 断

根据临床症状和病理变化不易诊断该病，应该结合实验室检验进行综合性诊断，进行确诊。

1. 病原学诊断

（1）直接镜检。采取牛的血液、尿液、脑脊液、肝、肾、脾、脑等病料。血液、尿、脊髓液都应该以3 000 r/min的速度离心30 min，然后采取沉淀物制成压滴标本，在暗视野显微镜下进行检查。将肝、肾、脾组织先制成1:（5~10）悬浮液，经过1 500 r/min的速度离心5~10 min，再将上清液以3 000 r/min的速度离心30 min，最后将沉淀物制片镜检。还可以将病料接种于柯索夫、希夫纳培养基或鸡胚中在25~30 ℃的环境中进行培养，隔5~7 d取病料在暗视野下检查。如果可以看见有钩端螺旋体存在，即可确诊。血清学检查，主要是通过凝集溶解试验、补体结合试验、间接血凝试验和酶联免疫吸附试验诊断该病。

（2）动物试验。采取鲜血、尿液或肝、肾及胎儿等组织制成乳剂，吸取1~3 mL乳剂接种于体重为100~200 g的幼龄仓鼠、豚鼠或者接种于体重为250~400 g的14~18日龄仔兔，3~5 d若试验动物出现体温升高、食欲降低、黄疸等症状，则在体温下降时进行扑杀，见有广泛性黄疸和出血，而且肝、肾涂片见有大量钩端螺旋体，即可确诊为该病。

2. 血清学检测方法

血清学试验是诊断钩端螺旋体病应用最为广泛的方法，其中显微凝集试验（MAT）已成为标准的血清学试验。当检测动物个体时，诊断急性感染用MAT非常有用，高的抗体效价是急性期和恢复期血清样本的特征。另外，常用的还有凝集溶解试验、补体结合试验、酶联免疫吸附试验（ELISA）等。凝集溶解试验是首先将被检血清低倍稀释，与各个血清群的标准菌株抗原做初步定性试验，若有反应，再做进一步的稀释与已经查出的群体各型抗原做定量试验，测定其型别的凝集效价，以判断其血清群。间接荧光抗体试验只能用于属特异性，而不能用于型特异性的鉴别。将被检血清用PBS梯度稀释，判断标准为：血清滴度大于1：100，双份血清增加4倍以上或急性期为阴性而恢复期滴度达到1：100有荧光反应，具有诊断价值。ELISA适于早期诊断。

六、类症鉴别

1. 牛无浆体病

相似点： 7 —11月为流行高峰期。病牛体温高达40 ℃以上，精神沉郁，食欲减退，贫血、黄疸，母牛可出现流产症状。剖检见病牛皮下组织胶样浸润；心肌柔软，呈淡红色；肝脏肿大，黄染；肾脏肿大，被膜易剥离；淋巴结肿大，切面多汁。

不同点： 无浆体病病牛颈部水肿，尿液颜色正常，无皮肤与黏膜溃疡症状。牛钩端螺旋体病病牛颈部不发生水肿，有血红蛋白尿，皮肤与黏膜溃疡。无浆体病病牛胆囊肿大，内充满黏稠胆汁；脾脏肿大，髓质呈暗红色；肾脏黄染，呈黄褐色；膀胱积尿，尿色正常。钩端螺旋体病病牛胆囊、脾脏不肿大；急性病例肾脏颜色变暗，慢性病例肾脏有灰白色、半透明、大小不一的病灶；膀胱充满血性、混浊的尿液。

2. 牛附红细胞体病

相似点： 夏季为流行高峰期。病牛体温升高（40 ℃以上），出现黄疸，血液稀薄且凝固不良，淋巴结肿大，妊娠奶牛可引起早产、流产，泌乳牛产奶量下降，出现血红蛋白尿。剖检见病牛全身淋巴结肿胀；肾脏肿胀，皮质和髓质界限不清。

不同点： 附红细胞体病病牛胸部皮下组织水肿，牛钩端螺旋体病病牛不出现胸部水肿症状。附红细胞体病病牛腹下及四肢内侧多有紫红色出血斑；腹水增多；胆囊膨大，胆汁浓稠；肺间质水肿，肺泡壁增厚；脑软膜充血、出血；瘤胃黏膜出血，皱胃黏膜有出血，并有大量的溃疡灶；肠道黏膜有出血点及溃疡。钩端螺旋体病病牛口腔黏膜、腋下、外生殖器皮肤或黏膜发生局灶性坏死与溃疡；胸腔、腹腔以及心包腔内有过量的黄色或含胆红素的液体；肺脏膨大、苍白。

3. 牛巴贝斯虫病

相似点： 多发于夏秋季。病牛体温升高（40 ℃以上），精神沉郁，食欲减退，贫血，黄疸，出现血红蛋白尿，产奶量急剧下降，妊娠牛流产。剖检见皮下组织、肌间胶样水肿；肝脏肿大，呈黄褐色；脾脏肿大，心内膜外有出血斑。

不同点： 巴贝斯虫病病牛呼吸和心跳加快，全身肌肉震颤，便秘与腹泻交替发生，部分病牛大便中含有黏液和血液，有恶臭味。剖检见各器官被膜均黄染；肝脏切面呈豆蔻状花纹，脾脏可能出现破裂，脾髓色暗；胆囊肿大，充满浓稠胆汁，色暗；心肌呈黄红色，胃及小肠有卡他性炎症。

4. 牛伊氏锥虫病

相似点： 夏秋季节多发。病牛体温升高（40 ℃），精神不振，贫血，黄疸，眼结膜苍白或黄染，妊娠牛发生流产或死胎。剖检见皮下水肿和胶样浸润，全身淋巴结肿大、出血，肝脏肿大、变脆，肾脏肿大，被膜易剥离，有点状出血。

不同点： 伊氏锥虫病病牛体温呈间歇热，慢性型病牛走路摇晃，肌肉萎缩；皮肤常出现干裂，流出黄色或血色液体，结成痂皮，而后痂皮脱落，被毛脱落，形成无毛区；四肢下部肿胀；耳尖和尾尖发生干枯、坏死，严重时尾尖部分或全部干僵脱落（俗称"焦尾症"），角及蹄匣也有脱落。病牛胸腹腔、心包积液；急性病例脾脏显著肿大，脾髓呈软泥样，慢性病例脾质硬、色淡，包膜下有出血点；瓣胃、皱胃黏膜多有出血点，小肠也有出血性炎症，直肠近肛门处有条状出血。

5. 牛泰勒虫病

相似点： 夏秋季节多发。病牛体温升高（40 ℃以上），精神沉郁，贫血，可视黏膜苍白、黄染。剖检见病牛全身淋巴结肿大，切面多汁；皮下、肌间、黏膜和浆膜上均有大量的出血点，肝脏、肾脏肿大。

不同点： 泰勒虫病病牛体温呈稽留热，呼吸增数，咳嗽，流鼻液；眼结膜初期充血，流出多量浆液性眼泪，病牛的眼结膜因贫血而呈苍白色，以后贫血黄染，布满绿豆大出血斑，可视黏膜及尾根、肛门周围、阴囊等薄皮肤上出现粟粒大乃至蚕豆大的结节状凸起（略高出于皮肤）；异嗜，常磨牙、流涎；排少量干而黑的粪便，常带有黏液或血丝；剖检见全身淋巴结有暗红色和灰白色大小不一的结节；皱胃黏膜肿胀，有许多针头至黄豆大、暗红色或黄白色结节，后期形成中央凹陷、边缘不整、稍隆起的溃疡病灶；脾髓质软、呈黑色泥糊状；肾脏表面见散在的灰白色结节。

七、防治措施

1. 预防

（1）**定期消毒切断传染源**。大力开展群众性的捕鼠、灭鼠工作，防止饲草、饲料、水源被鼠类粪尿污染。除此之外，平时应搞好环境及牛圈舍卫生，对污水、圈舍四周、地面、垫草和用具定期消毒。

（2）**自繁自养与严格引种**。坚持自繁自养的原则，防止从外场购进慢性或隐性病牛是预防该病的关键措施。规模大的养牛场一定要推行自繁自养、全进全出的饲养制度，严格控制外来疫病的侵入。发现可疑病牛，立即隔离，及早治疗，切勿拖延。

（3）**免疫预防**。该病常发地区应注射钩端螺旋体疫苗。国内外应用普通灭活疫苗和浓缩疫苗进行预防接种，获得了良好效果。但灭活疫苗存在接种量大、接种次数多、感染后不能阻止肾脏排菌等缺点。

2. 治疗

链霉素、土霉素、四环素等抗生素对钩端螺旋体病的疗效最佳，能消除肾脏中的菌体。

处方1： 链霉素，每千克体重15~25 mg，肌内注射，每日2次，连用3~5 d。

处方2： 土霉素，每千克体重15~30 mg，口服，每日1次，连用3~5 d。

处方3： 四环素，每次2 g，口服，每日2次，连用3~5 d。

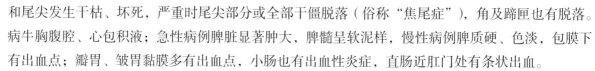

第十八节　牛产气荚膜梭菌病

牛产气荚膜梭菌病是由D型产气荚膜梭菌引起的牛肠毒血症和A型产气荚膜梭菌引起的牛

猝死症的总称。

牛肠毒血症又称软肾病，是由D型产气荚膜梭菌在牛的小肠中大量繁殖，产生的毒素引起小肠发生坏死出血性损伤，是一种以突然发病死亡、重度出血性肠毒血症为特征的急性传染病。

牛猝死症是由A型产气荚膜梭菌引起的一种发病急、死亡快、临床症状不明显的急性传染病，C型和D型产气荚膜梭菌也参与致病作用。

产气荚膜梭菌旧称魏氏梭菌，1892年首次从一位死亡8 h后的病人体内分离得到，并以Welchii的姓命名，相当于现在的A型产气荚膜梭菌。后来研究发现，该细菌能分解肌肉和结缔组织中的糖类而产生大量气体并可在体内形成荚膜，因此更名为产气荚膜梭菌。1926年从羔羊痢疾病例中分离到B型菌，1929年由羊猝狙病例中分离到C型菌，1932年由羊肠毒血症病例中分离到D型菌，1943年分离到E型菌。

一、病原

1. 分类与形态特征

产气荚膜梭菌属于芽孢杆菌科、梭菌芽孢杆菌属、魏氏梭菌种。同属的成员还有气肿疽梭菌、腐败梭菌、诺维氏梭菌、溶血梭菌、肉毒梭菌、阿根廷梭菌、破伤风梭菌、艰难梭菌等。

产气荚膜梭菌为两端钝圆的革兰氏阳性粗大杆菌，芽孢位于菌体的中央或偏端，芽孢的横径小于菌体，呈椭圆形，但在组织和普通培养基中很少形成，无鞭毛。培养时间稍长容易转变成革兰氏阴性，因此宜取幼龄培养物进行革兰氏染色观察。在体内有明显的荚膜，荚膜的组成可因菌株不同而有变化。从动物体内初次分离的菌株易于观察到荚膜，在实验室长期继代的菌株则比较困难，需采用节氏（Jasmin）荚膜染色法特殊染色后进行观察。

2. 培养特性

产气荚膜梭菌厌氧，但不十分严格。在20~50 ℃均能旺盛生长，A型、D型和E型在最适生长温度35~45 ℃、B型和C型在37~45 ℃时的繁殖周期仅为8 min，有助于分离培养。在不同培养条件下产气荚膜梭菌的形态可能有差异，就是在同一培养条件下，有的表现大杆菌、有的表现中等杆菌，有的表现粗壮、有的表现细长，这些并不是老龄培养物出现的衰老型，而是不同来源分离菌株所出现的形态差异。在蛋黄琼脂平板上，菌落周围出现乳白色混浊圈，若在培养基中加入α毒素的抗血清，则不出现混浊，此现象称为Nagler反应，为该菌的特点。

该菌代谢十分活跃，可分解多种常见的糖类，产酸产气。在牛肉培养基中可分解肉渣中糖类而产生大量气体。在牛奶培养基中能分解乳糖产酸，使其中的酪蛋白凝固，同时产生大量气体（H_2和CO_2），可将凝固的酪蛋白冲成蜂窝状，将液面封固的凡士林层上推，甚至冲走试管口棉塞，气势凶猛，称"汹涌发酵"。

3. 毒素

到目前为止，已发现产气荚膜梭菌的毒性毒素至少有23种，包括多种外毒素（α、β、γ、δ、ε、η、θ、ι、χ、λ、μ、ν等）和毒性水解酶（如细菌胶原酶、唾液酸酶、透明质酸酶等），均为蛋白质，分子量在40kDa以上，但以α、β、ε和ι 4种外毒素为主，是主要的致死毒素。可根据产气荚膜梭菌所合成分泌的主要毒素将其分为A（α）、B（α、β、ε）、C（α、β）、D（α、ε）、E（α、ι）5个毒素型。现在在自然界已经发现不产生α毒素的A型产气荚膜梭菌。

产气荚膜梭菌肠毒素主要由A型产气荚膜梭菌在芽孢期产生，部分C型、D型菌也可产生，不同于产气荚膜梭菌的其他毒素。研究发现，芽孢和肠毒素的产生依赖于pH值、温度和碳源，在芽孢生长的Ⅳ期末和Ⅴ期可以产生肠毒素，在此之前则不产生或很少产生。

4. 致病机理

产气荚膜梭菌主要存在于十二指肠和回肠内容物、粪便及土壤中。病牛常因饲喂单一饲料，或采食了被污染饲草及饮水而经消化道感染，尤其是妊娠牛和犊牛，在春季和深秋季节采食了多汁绿色饲草，肠道功能降低，导致细菌大量繁殖，产生毒素致病。产气荚膜梭菌随饲料和饮水进入消化道后，大部分被胃酸杀死，小部分存活并进入肠道。正常情况下，细菌增殖缓慢，毒素产生很少，又由于肠蠕动不断将肠内容物排出体外，细菌及其毒素难以在肠内大量积聚。当饲料突然改变，如牛食入大量谷物或青嫩多汁、易发酵饲料和富含蛋白质的草料后，瘤胃一时不能适应，饲料发酵产酸，使瘤胃pH值降低，大量未经消化的淀粉颗粒通过皱胃进入小肠，导致产气荚膜梭菌迅速繁殖并大量产生毒素，或肠道正常菌群因疾病而改变，使该菌大量增殖。高浓度的毒素可使肠黏膜坏死、肠壁的通透性增高。毒素进入血液则引起全身毒血症，血管通透性增强、溶血，白细胞和有关神经元受损，动物终因休克而死亡。

二、流行特点

1. 易感动物

产气荚膜梭菌能使不同年龄和不同品种的牛（包括黄牛、奶牛、水牛等）发病，10日龄以内的犊牛对B型菌易感，10日龄以上或稍偏大的犊牛对C型菌易感，6周龄以上犊牛对D型菌易感，6~10周龄犊牛和成年牛对A型菌最易感。

2. 传染源

该病主要传染源是病牛和带菌者。

3. 传播途径

病原菌随粪便排出，污染饲料、周围环境、饮水等，经消化道或创伤使牛体感染该病。

4. 流行特点

主要呈零星散发或区域性流行，一般可波及几个至十几个乡镇或牛场。该病以农区和半农半牧区多发，常流行于低洼、潮湿地区，一年四季均有发生，但春末、秋初及气候突然变化时发病率明显升高。耕牛以4-6月发病较多，奶牛、犊牛以4-5月和10-11月发病较多，牦牛以7-8月发病较多。近年国内各地发生的产气荚膜梭菌病虽以A型、D型为主要病原菌，但B型、C型、E型产气荚膜梭菌也有发现。

三、临床症状

临床症状可分为4个型：最急性型、急性型、亚急性型和慢性型。

最急性型病例无任何前驱症状，在使役中或使役后突然发作死亡。有的前一天晚上正常，翌日发现死在牛舍中。死后腹部迅速胀大，有的生前表现为精神高度紧张，头颈伸长，张口呼吸；全身肌肉颤抖抽搐，尤以肩部和臀部肌肉明显；共济失调，时而不顾障碍向前冲，时而后退倒地呈犬坐样，口腔流出带有红色泡沫的液体，舌脱出口外，肛门外翻，此多为A型、D型菌引起。

急性型病牛体温升高或正常，呼吸急促，精神沉郁或狂躁不安，全身肌肉震颤抽搐，行走不稳，口流白沫，最后倒地死亡。

亚急性型呈阵发性不安，发作时两耳竖直，两眼圆睁，表现出高度的精神紧张，后转为安静，如此周期性反复发作，最终死亡。

急性和亚急性病牛有的发生腹泻，肛门排出含有多量黏液、色呈酱红色且带有血腥恶臭的粪便，有的排粪呈喷射状水样。病牛频频努责，表现里急后重，最后卧地不起，逐渐昏迷死亡。

慢性型病例发病缓和，初期病牛精神状态良好，仅见呼吸加快，呈腹式呼吸；瘤胃蠕动和粪便表现均正常，待出现与急性型相同症状后可很快死亡，但其病程相对较长。

四、病理变化

牛感染产气荚膜梭菌后，其病理变化主要表现为肺气肿，心肌和小肠黏膜出血、坏死脱落。水牛偶见肺膜增厚、水肿。黄牛、水牛小肠以及黏膜偶见无明显病变，但肺、心、小肠至少出现有一种以上特征性的病理变化，这对诊断该病具有参考价值。

发病牛多以全身实质器官广泛性出血和胸腔、腹腔积液为主要特征（图5-18-1）。病理变化以瓣胃、肠管最为明显。A型菌所致的牛猝死症主要病变为胃黏膜脱落，瓣胃最为明显。A型、B型、C型、D型菌均可导致牛肠毒血症发生，常伴有肺气肿，肺呈鲜红色，有出血斑（图5-18-2）；部分可见心脏质地变软，心耳表面及心外膜有大量出血点（图5-18-3）；肝脏肿大，呈紫黑色，表面有出血斑；胆囊肿大；腹腔大量积液（图5-18-4）；部分病牛见严重的小肠炎，肠管大面积出血，特别是空肠段，呈红褐色，肠内有大量红棕色黏稠液体，肠黏膜脱落，呈弥散性出血，肠系膜呈树枝状出血（图5-18-5）。淋巴结肿大，呈大理石样，切面黑褐色；脾脏肿大、出血，呈紫黑色；肾脏肿大，有出血点。

图5-18-1　病牛胸腔积液

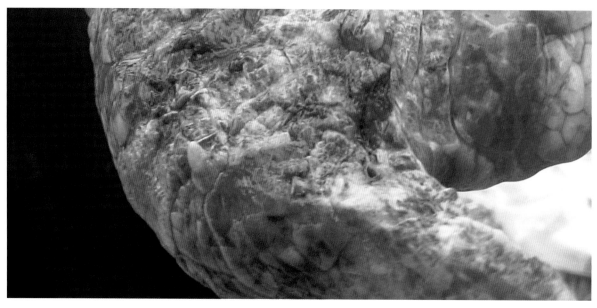

图 5-18-2　病牛肺脏充血和出血

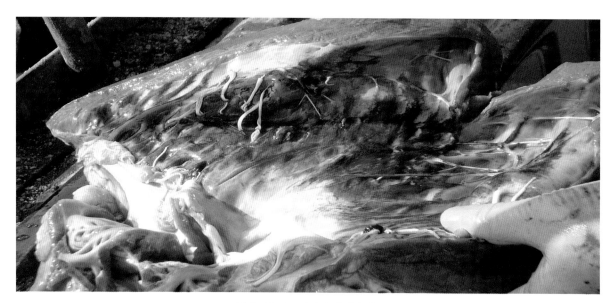

图 5-18-3　病牛心内膜出血

图 5-18-4　病牛腹腔积液

图 5-18-5　病牛肠道大面积出血

五、类症鉴别

1. 牛炭疽病

相似点： 最急性病例病牛突然发病死亡，死前呼吸困难、张口呼吸，全身震颤，口腔流血样泡沫；急性病例有腹泻症状，便血。剖检见病牛全身淋巴结肿大，切面呈黑红色；肝脏肿胀，脾脏肿大。

不同点： 牛炭疽病急性型妊娠牛流产，呼吸困难，肌肉震颤，步态不稳，黏膜发绀，呈青紫色，有血尿，尿液呈暗红色，天然孔出血，抽搐痉挛；亚急性型病牛在皮肤（颈部、胸前、下腹、肩胛部）、直肠或口腔黏膜出现局部的炎性水肿，初期较硬，有热痛，后变冷而无痛，最后中心部位发生坏死，即所谓"炭疽痈"。剖检见病牛尸体迅速腐败而膨胀，尸僵不全，天然孔流暗红色血液，血液黏稠似焦煤样，凝固不全；皮下与肌间结缔组织、肾组织、舌筋、肠系膜、膈、各部浆膜和黏膜以及各实质器官等均有大量出血点（斑）；皮下组织胶样浸润；脾脏软化如泥状，脾髓呈暗红色如煤焦油样。

2. 牛肺炎链球菌病

相似点： 最急性病例常突然发作，一般于数小时内死亡，呼吸困难，出现神经症状，如抽搐、痉挛。亚急性病例腹泻，排出恶臭且带有褐色黏液的粪便。剖检见脾脏肿大，呈紫黑色；肝、肾肿大。

不同点： 肺炎链球菌病病牛有咳嗽症状，初期干咳，后变为湿咳，流涎，流浆液性或脓性鼻液。剖检可见黏膜、浆膜、心包出血；肺心叶、尖叶、间叶充血，呈暗紫色，切面弥散大小不等的脓肿；脾脏质韧如硬橡皮，即所谓的"橡皮脾"。

3. 牛出血性败血症

相似点： 牛出血性败血症与牛产气荚膜梭菌病症状相似。最急性型病例常无临床症状而突然死亡，或可见病牛呼吸急促、精神沉郁、肌肉震颤、腹泻。

不同点： 出血性败血症病牛鼻镜干裂，结膜潮红，泌乳减少或停止。濒死期病牛眼结膜出血，天然孔出血。剖检见病牛全身黏膜、浆膜以及肺、舌、皮下组织和肌肉有出血点，心外膜充血、出血，胸膜腔积液。

六、防治措施

1. 预防

牛产气荚膜梭菌病发病率低，但病死率高，一旦发生，往往来不及治疗即死亡。因此，采取综合防制措施，显得尤为重要。预防主要以提高动物抵抗力和改善饲养环境为主。

（1）加强牛舍管理。搞好环境卫生，及时清扫粪便，对牛舍、场地、用具等要定期进行彻底消毒，杀灭病原，适时通风，做好防冻保暖工作。

（2）科学、合理饲喂。避免突然更换饲料，减少应激因素。饲喂微生态制剂，可以调节肠道菌群平衡，促进乳酸杆菌等有益菌的增长，对病原菌尤其是产气荚膜梭菌有抑制作用，可预防该病的发生。另外，在饲料中添加微量元素硒，适当提高饲料的酸合力，对该病也能起到一定的预防作用。

（3）预防接种。各地应根据当地的发病特点、病原菌情况选择适宜的疫苗进行接种。在高发区及高发季节，应对易感动物提前接种疫苗，一般可每年春、秋两季各注射1次产气荚膜梭菌浓缩疫苗。由于该菌的致病性主要是外毒素的作用，各型菌产生的外毒素并不相同，因此最好采用多价疫苗接种；也可根据当地情况，选用当地分离株或当地同一血清型的流行株制备疫苗进行免疫。发生疫情时，应对病牛及时治疗，并采取隔离措施，对牛舍和活动环境进行彻底消毒，对粪便、病死牛一律焚烧或深埋，进行无害化处理。

（4）加强犊牛、母牛饲养管理。近年来犊牛发病数增多，初产犊牛应注意对其脐带进行严格消毒，加强挤奶、喂奶的消毒卫生，保持犊牛舍的清洁干燥；对产后母牛也应加强护理，搞好饲养管理和环境卫生。

（5）监测预防。由于牛产气荚膜梭菌病的暴发与牛舍内和体内的产气荚膜梭菌存在密切相关，可以通过对疫区牛舍环境和粪便内的产气荚膜梭菌进行监测来实现对该病的预防和监控。对该病暴发严重的地区，采取监控措施，适时掌握地方流行型对指导该病的防控工作意义重大。

2. 治疗

由于产气荚膜梭菌病常呈急性散发，目前尚无有效的治疗措施，一般遵循强心补液、解毒、镇静、调理肠胃的原则，进行对症治疗；给予强心剂、肠道消毒药、抗生素等药物，如青霉素、四环素、安痛定、甘露醇等；采用同型的高免血清治疗，对症加减，也可收到一定的效果。

处方1：为缓解病犊脱水，静脉补充等渗电解质溶液，常用的有5%糖盐水、生理盐水、5%葡萄糖注射液、6%右旋糖酐注射液等。补充量应根据病犊脱水程度决定。

处方2：抗休克可使用肾上腺糖皮质激素注射液、地塞米松磷酸钠注射液（5 mg/mL）4~5 mL，静脉或肌内注射；或用氟胺烟酸葡胺每千克体重0.25~0.50 mg，静脉注射。

处方3：消除炎症、防止继发性感染，可用青霉素钠每千克体重44 000 IU，一次肌内注射，每日注射4次；以后改用普鲁卡因青霉素，按同样剂量肌内注射，每日注射2次。

中药疗法应采用能增加胃肠蠕动、清热解毒、凉血止痢、阻止瘟疫热毒进入机体的中药，如黄芩黄连解毒汤加减，煎水灌服，每日2次，连用3~5 d，可收到良好的效果。另有研究发现，服用益生菌对该病也可起到一定的防治作用。疫病暴发时，对疫区受威胁牛也可以使用上述药物并进行紧急疫苗接种，以预防该病发生。

第六章

牛寄生虫病

第一节　牛巴贝斯虫病

牛巴贝斯虫病（Bovine Babesiosis）又叫焦虫病，是由专性寄生于动物红细胞或网状内皮细胞内的巴贝斯属的原虫引起的蜱传性血液原虫病，临床症状以发热、贫血、黄疸、血红蛋白尿为主要特征，严重时引起牛死亡。

我国于1922年在进口奶牛中首次发现巴贝斯虫病，此后该病在全国各地被陆续报道。该病在世界范围内广泛传播，给畜牧业带来严重危害，OIE将其列为需通报的疾病，我国将其列为二类动物疫病。

一、病 原

1.分类与形态特征

牛的巴贝斯虫病病原主要有牛巴贝斯虫、卵形巴贝斯虫、双芽巴贝斯虫、大巴贝斯虫、巴贝斯虫未定种和感染水牛的东方巴贝斯虫。巴贝斯虫在分类上属于原生动物界、顶复门、孢子虫纲、梨形虫亚纲、梨形虫目、巴贝斯虫科、巴贝斯虫属。

（1）牛巴贝斯虫。牛巴贝斯虫为小型虫体，呈梨形、环形、椭圆形、杆状及不规则形态。虫体长度小于红细胞半径，成双虫体以其尖端相连呈钝角，位于红细胞的边缘或偏中央，每个虫体内含有两团染色质，位于一端或两端。外周血液涂片用吉姆萨染色时，虫体多位于红细胞边缘或偏中部，虫体原生质呈淡蓝色，边缘着色较深，中部淡染或不着色，染色质为一团，呈红色，位于虫体一端或边缘部（图6-1-1）。虫体的大小为2.4 μm×1.5 μm。在脾淋巴细胞中的裂殖子呈长圆形，前端钝圆，呈帽状结构，核位于中部，尾部弯曲成钩。虫体大小为（14.3~16.9）μm×（2.8~5.6）μm。每个红细胞内有1~4个虫体。牛巴贝斯虫病的自然病例中，红细胞染虫率很低，一般不超过1%。用电镜观察，可见虫体由内、外两层膜包被。外膜1层，较薄，包住整个虫体；内膜有两层，至极环处中断。

（2）双芽巴贝斯虫。双芽巴贝斯虫为大型虫体，其长度大于红细胞半径。呈环形、梨形、椭圆形、杆状等。在进行出芽生殖过程中，还可见到三叶形的虫体。典型的形状是成对的梨籽形，尖端以锐角相连（图6-1-2）。用电镜观察，可见梨形虫体有薄的外膜、厚的内膜和膜下微管层组成的层表膜包被，在虫体钝端有极环，内膜终止于环上。无类锥体细胞核有2层膜，无核仁，核位于虫体较细端；较大的细胞器为棒状体。虫体为（4~5）μm×2 μm。在脾淋巴细胞中的裂殖子呈长圆形，

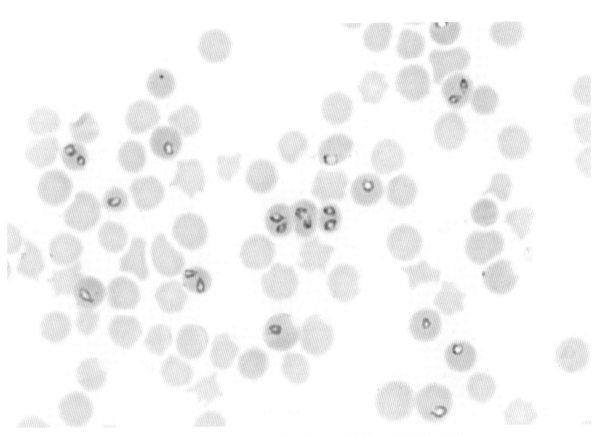

图 6-1-1　显微镜下的牛巴贝斯虫（1 000 倍放大）（郭爱珍 供图）

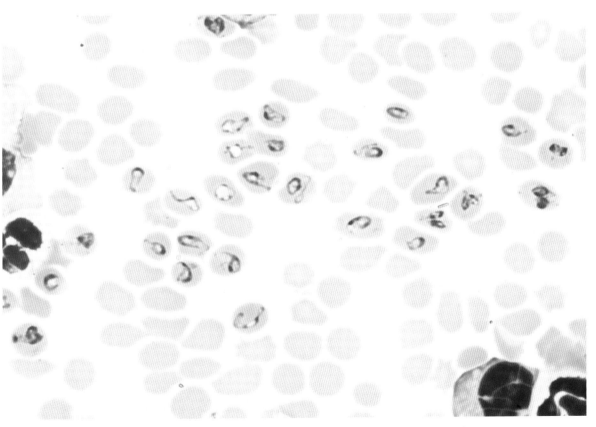

图 6-1-2　显微镜下的双芽巴贝斯虫（1 000 倍放大）（郭爱珍 供图）

尾部较直而不呈钩状。虫体大小为（9~13）μm×（2~2.9）μm。每个红细胞内的虫体数目为1~2个，红细胞染虫率为2%~15%。在病程初期，虫体多为单一虫体，并呈空泡或不规则形状；随病程的发展，环形、椭圆形、梨形单个或成对虫体比例逐渐增加。病程中期，病原多呈成对虫体存在，尖端常以锐角相连。

（3）大巴贝斯虫。该病原的宿主为牛，典型双梨形虫体的大小为（2.71~4.21）μm×（1.09~2）μm，圆形虫体直径平均为1.8 μm。大巴贝斯虫微丝体和棒状体位于虫体前部，在核和极环之间。棒状体呈圆形水滴状，每个棒状体有一个向外伸长的管状物。核占据虫体的大部分，核周围有明显的边缘核区和一个电子密度较低的区域。主要分布于北非、欧洲和俄罗斯。

（4）卵形巴贝斯虫。卵形巴贝斯是一种大型虫体，虫体长度大于红细胞半径，呈梨形、卵形、卵圆形、出芽形等。当将血液涂片进行吉姆萨染色时，虫体中央常常不着色，形成空泡；双梨籽形虫体较宽大，位于红细胞中央，两尖端以锐角相连或不相连，成对虫体的大小为（2.5~3.89）μm×（1.3~2.21）μm。有长角血蜱的地方都有可能有该病原的存在。

（5）东方巴贝斯虫。东方巴贝斯虫，红细胞中的滋养层或裂殖体呈梨形、环形、椭圆形、边虫形、杆形等多种形态，成双虫体以其尖端相连成钝角，位于红细胞的边缘或偏中央，每个虫体内含有一团或两团染色质，位于其一端或两端。虫体大小为2.2 μm×1.3 μm。感染后期少数虫体长度大于红细胞半径。在蜱血淋巴中的裂殖子呈长圆形，大小为（12~15）μm×（1.8~3.5）μm。

2. 生活史

牛的巴贝斯虫传播媒介为硬蜱。我国已经证实微小牛蜱可以传播牛巴贝斯虫，经卵由次代幼蜱传播给牛，不发生垂直传播，次代若蜱和成蜱无传播能力。含有牛巴贝斯虫子孢子的蜱叮咬牛时，子孢子随蜱的唾液进入牛体内，在牛的红细胞内以成对出芽的方式进行繁殖，当红细胞破裂后，虫体逸出，侵入新的红细胞，反复分裂，最后形成配子体。当蜱在牛体吸血时，牛巴贝斯虫连同牛的红细胞进入蜱体内，在蜱的肠内进行配子生殖，以后再进入蜱和下一代幼蜱的肠壁、血淋巴、马氏管等处反复进行孢子生殖，最后进入子代若蜱的唾液腺产生许多子孢子（图6-1-3）。因此，牛是巴贝斯虫的中间宿主，蜱是传播媒介（终末宿主）。

3. 致病作用

牛的巴贝斯虫致病作用是由虫体及其生活活动的产物——毒素刺激造成的。

（1）毒素作用。宿主机体反应性受到毒素扰乱，功能失调，物质代谢异常，表现为体温升高，精神沉郁，脉搏增快，呼吸困难，造血系统受损和胃肠功能失调等。

（2）虫体作用。牛巴贝斯虫虫体对红细胞的破坏，引起溶血性贫血和血凝时间延长。红细胞被破坏后，一部分血红蛋白经肝脏变为胆红素引起可视黏膜黄染，另一部分血红蛋白经肾脏随尿液排出形成血红蛋白尿。同时，引起机体组织供氧不足和代谢障碍，致使肝细胞、心肌细胞、肾小管上皮细胞等变性，甚至坏死，有时出现脾脏破裂、脾髓色暗、脾细胞突出等。

二、流行病学

1. 易感动物

各年龄、品种的牛均易感。由双芽巴贝斯虫致病的1岁小牛发病率较高，但症状轻微，死亡率较低，而成年牛与其相反，死亡率较高；由牛巴贝斯虫致病的3月龄至1岁内小牛病情较重，死亡

感染的饱血雌蜱	感染雌蜱产的卵	感染的幼蜱
未感染蜱叮咬感染牛		放牧牛群
牛红细胞被巴贝斯虫感染 （血涂片染色图片）	感染牛	感染蜱叮咬未感染牛

图 6-1-3　巴贝斯虫生活史（郭爱珍 供图）

率较高，成年牛死亡率较低。良种肉牛易发该病。·

2. 传染源

病牛和带虫牛是该病主要的传染源。

3. 传播途径

主要经媒介感染，如通过硬蜱科的一些蜱吸食牛、羊的血液传播。其中，传播双芽巴贝斯虫的主要为牛蜱属、扇头蜱属和血蜱属的蜱，且其可经胎盘传播给胎儿；传播牛巴贝斯虫的主要为硬蜱属、扇头蜱属的蜱；传播卵形巴贝斯虫的为长角血蜱；传播莫氏巴贝斯虫的蜱尚未定种。

4. 流行特点

我国双芽巴贝斯虫主要由微小牛蜱经卵传递，次代若蜱和成蜱传播病原，幼蜱无传播能力，双芽巴贝斯虫可通过微小牛蜱垂直传播，也可通过胎盘传播。微小牛蜱为第一宿主，1个世代所需时间约2个月，每年可繁殖4~5代。我国地域辽阔，气候因素、生态环境差异较大，因而蜱的繁殖和活动时间在各地有所不同，在南方该病多发生在6—9月。由于微小牛蜱一般多在野外发育繁殖，因此放牧牛多发生该病，舍饲牛发病较少，犊牛和外地引进的牛易发病率高，若诊治不及时，发病牛的死亡率也很高，病愈带虫牛可抵抗蜱的再度侵袭。

　　牛巴贝斯虫的传播媒介为蓖籽硬蜱、全沟硬蜱、肛刺牛蜱、微小牛蜱和囊形扇头蜱等。发病情况随蜱类和繁殖代数有消长变化，如传播者为微小牛蜱，则发病随该蜱的季节动态而每年出现5月、7月、9月3个高峰。发病年龄为犊牛相对易发，青壮牛发病率低。野外放牧牛的发病率较高，因传播媒介多为野外生活。

三、临床症状

　　巴贝斯虫病的潜伏期为8~15 d。病初发热，体温上升到40~42℃，呈稽留热，之后下降，变为间歇热。病牛精神沉郁，喜卧地。食欲减退，反刍停止。呼吸和心跳加快，全身肌肉震颤，产奶量急剧下降，妊娠牛易流产。便秘与腹泻交替发生，部分病牛大便中含有黏液和血液，呈恶臭味。一般在发病后数天出现血红蛋白尿，尿液中的蛋白质含量增高，尿液的颜色由淡红色变为茶色或酱油色（图6-1-4）。随着病程的延长，病牛迅速消瘦、贫血，表现为可视黏膜苍白、发黄（图6-1-5），有的出现脂肪黄染（图6-1-6），红细胞总数可降到100万~300万个/mm³，血红蛋白含量下降，红细胞大小不均匀，同时出现黄疸、水肿。严重的多在发病后4~6 d内死亡。若病势逐渐好转，体温可降至正常，食欲逐渐恢复，尿色变浅转为正常，但消瘦、贫血、黄疸等症状需要经数周或数月才能康复。病牛死亡率较低，一般为20%左右。

图6-1-4　病牛尿液呈茶色（郭爱珍 供图）

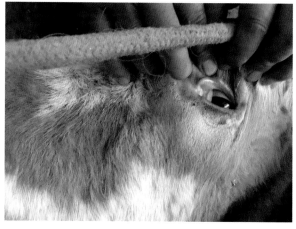

图6-1-5　病牛眼结膜苍白、发黄（郭爱珍 供图）

四、病理变化

　　巴贝斯虫病的病理变化主要表现为尸体消瘦，可视黏膜贫血、黄疸，血液稀薄，凝固不全。皮下组织、肌间结缔组织和脂肪组织呈黄色胶样水肿。各器官被膜均黄染（图6-1-6）。脾脏明显肿大，甚至出现破裂，脾髓色暗，脾细胞突出（图6-1-7）；肝脏肿大，呈黄褐色，切面呈豆蔻状花纹，被膜上有时有少数小出血点；胆囊肿大，充满浓稠胆汁，色暗；肾脏肿大、淤血，呈红黄色；心肌柔软，呈黄红色，心内膜外有出血斑（图6-1-8）；皱胃溃疡（图6-1-9），胃及小肠有卡他性炎症；膀胱黏膜出血，内积有酱油色尿液（图6-1-10）。

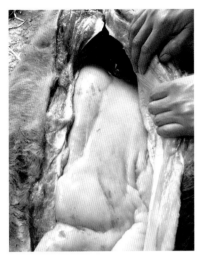  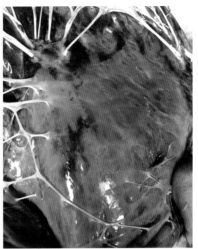

图 6-1-6 病牛脂肪黄染　　　　图 6-1-7 病牛脾肿大　　　　图 6-1-8 病牛心内膜出血
（郭爱珍 供图）　　　　　　（郭爱珍 供图）　　　　　　（郭爱珍 供图）

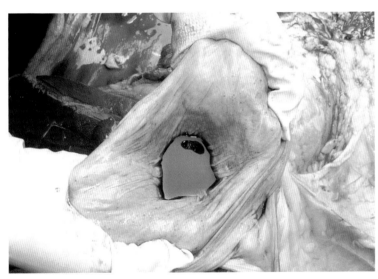 

图 6-1-9 病牛皱胃溃疡　　　　　图 6-1-10 病牛膀胱黏膜有小点状出血，
（郭爱珍 供图）　　　　　　　　　内积有酱油色尿液（郭爱珍 供图）

五、诊　断

1. 病原学检查

（1）血涂片检查。自从1888年Babes利用血液涂片检查的方法首次在病牛血液中发现牛巴贝斯虫以来，尽管随着科学技术的发展，免疫学及分子生物学诊断方法不断涌现，但血液涂片检查方法仍然是急性巴贝斯虫病临床诊断最可靠的方法，世界各国从事巴贝斯虫病研究的实验室依然将该方法作为确诊动物是否感染巴贝斯虫病的标准方法。血涂片一般采用末梢血制成，研究表明较大动静脉中的染虫率一般低于末梢血。将动物耳尖血液制成涂片，甲醇固定，吉姆萨染色，可在100倍油镜下检测，发现特征性虫体，再结合临床症状和流行病学资料，可得出十分可靠的诊断结论。研究发现，巴贝斯虫在血液中的分布并不是均一的，一般情况下，末梢毛细血管中红细胞染虫率要高于较大的动脉、静脉血管中红细胞的染虫率。因此，制作血液涂片时，应使用末梢毛细血管中的血液，如耳尖、尾尖、蹄尖等部位。

（2）脑组织涂片检查。自1918年Clark首次指出脑涂片在巴贝斯虫病诊断上的重要性以来，这种方法已被广泛采用和标准化。具体方法为：用巴氏吸管吸取牛的脑皮层组织，制作组织涂片并染色，在光学显微镜下进行虫体检测。这种方法主要用于病畜的死后诊断，在流行病学分析上有一定意义，但在临床上意义不大。

（3）体外培养。1980年Levy和Ristic都建立了巴贝斯虫的微气静相培养技术，尤其是牛巴贝斯虫和双芽巴贝斯虫在体外克隆培养技术的成功，使研究人员从带虫动物体内分离巴贝斯虫病病原成为现实。体外培养成功用于牛巴贝斯虫虫株分离、抗巴贝斯虫药物筛选、巴贝斯虫培养条件优化等领域，但该方法需要较好的实验室条件和操作技术，且得出结论所需时间长，故不宜用于巴贝斯虫病的临床诊断，而主要用于病原在实验室内的分离。

2. 血清学诊断方法

（1）补体结合试验（CFT）。1945年Hirat等利用巴贝斯虫寄生的红细胞裂解产物作为抗原建立了可用于马巴贝斯虫病检测的补体结合诊断方法，并证实寄生虫血症出现后11~15 d便能检测出特异性抗体。此后，该方法被广泛应用于巴贝斯虫的血清学诊断，并且证明具有种的特异性，目前主要被用于马巴贝斯虫病的诊断。补体结合试验在牛巴贝斯虫病诊断领域也得到了广泛的应用。Mahoney首次建立了牛巴贝斯虫病的补体结合试验诊断方法，他从感染有双芽巴贝斯虫的红细胞中制备了补体结合性抗原，成功地应用于流行病学研究，同时也开创了免疫学诊断技术在牛巴贝斯虫病诊断中应用的先例。Mayer报道了补体结合试验主要检测在感染早期出现的IgM抗体，这与免疫应用抗体产生的规律是一致的。通过与间接荧光抗体试验比较，发现该方法在敏感性和检出速度上显现不足。一般认为，CFT对梨形虫病来说，是最特异的血清学检测方法，但与间接荧光抗体试验进行比较，其敏感性较低，使它在梨形虫病诊断方面的应用受到限制。

（2）间接血凝试验（IHA）。自1967年Curnow等首次将IHA用于牛巴贝斯虫病的诊断以来，该方法已被广泛地应用和改进。尽管IHA较敏感，但由于同源凝集素的存在，常常出现一些非特异性反应，当抗巴贝斯虫血清用红细胞吸附处理后，这种非特异反应基本可以被消除。巴贝斯虫种类及抗原的质量对IHA的敏感性起着极为重要的作用。1971年Goodger等从阿根廷巴贝斯虫分离到高活性的血凝抗原并用于致敏绵羊红血球，使IHA的种特异性提高达100%、敏感性可达99.3%；而使用粗提的双芽巴贝斯虫抗原致敏血球则敏感性较低，且与其他巴贝斯虫种类有较强的交叉反应。

（3）乳胶凝集试验（LAT）。研究学者认为LAT是一种诊断巴贝斯虫感染最快速、最实用的血清学诊断方法。他们利用超声波破碎虫体制得的抗原致敏乳胶，并将该方法引入牛巴贝斯虫病的诊断，但由于没有很好地排除宿主组织抗原的污染，影响了诊断的特异性和敏感性，在血清流行病学调查上，因检出结果不稳定而限制了它的应用。在巴贝斯虫病早期诊断上比IFAT敏感，因为LAT检测的抗体是以在动物感染的早期血液中出现的凝集活性很强的IgM抗体为主，因而非常适合于疾病的早期诊断侧。LAT敏感性好，特异性强，反应快速，操作简便，适合于疾病的现场诊断。

（4）间接荧光抗体试验（IFAT）。自从1964年Ristic和Sibinovic用IFAT诊断马的巴贝斯虫感染以来，它已被广泛应用于牛、马、犬，甚至人巴贝斯虫病的诊断。Gray研究证实，IFAT需要的抗原量小，在制备抗原过程中减少了对抗原表面表位的破坏作用，从而使该方法更加敏感特异。其敏感性和特异性因受制备的抗原片不同而各异。但该方法对双芽巴贝斯虫的特异性较差，在两种寄生原虫共存的地区，牛巴贝斯虫和双芽巴贝斯虫抗体的交叉反应是一个突出的问题。其优点为检测成本较低、需要的化学试剂较少，缺点是该方法需要荧光显微镜，结果判定常带有主观性，且不适合于大量样品的检测。

（5）**酶联免疫吸附试验（ELISA）**。1976年Pemell等以虫体提取物作为抗原，用感染巴贝斯虫的牛血清作为阳性血清，建立诊断方法，首次报道了该方法在检测巴贝斯虫抗体上的可行性。随后许多研究者利用该方法对巴贝斯虫进行检查，取得了较好的效果。1985年O'Donoghue等将粗提的双芽巴贝斯虫抗原经Sephadex G-200柱过滤纯化，发现只有60kDa和15kDa两种成分适用作ELISA抗原，并用这两种抗原研究了人工感染小牛血清中IgG和IgM抗体的反应，发现在感染后第7天可检测到IgG和IgM抗体，IgG可持续到感染后49 d，而IgM在感染后28 d已降到很低的水平。Molloy等将牛巴贝斯虫粗体抗原用于抗体检测，建立了检测巴贝斯虫感染早期特异性抗体IgM的ELISA方法，表明用蜱感染的动物在血液内出现IgM的时间比用血液感染的动物出现IgM的时间早8 d，在第33天以后抗体水平下降，但在整个试验期所有实验动物都保持抗体阳性。到目前为止，国内外的研究者都认为不同种巴贝斯虫抗原之间有不同程度的交叉反应。Araujo用没有蜱活动的地区的牛血清进行ELISA试验，特异性高达98.4%。

3. 分子生物学诊断方法

（1）**聚合酶链式反应（PCR）**。PCR方法已被用于动物血液内巴贝斯虫检测，敏感性相当于显微镜检查方法的100倍。Figueroa等将PCR方法用于牛双芽巴贝斯虫病的诊断中发现，从6头长期感染牛巴贝斯虫但没有明显症状的牛血液中提取基因组，用此方法检测均为阳性。用PCR检测感染牛巴贝斯虫、边缘无浆体的牛基因组样品时均为阴性。他采用相似方法建立了能够同时鉴别诊断出双芽贝斯虫、牛巴贝斯虫和边缘无浆体的多重PCR检测方法。PCR技术不仅用于检测带虫牛体内的巴贝斯虫，还可用于检测巴贝斯虫传播媒介蜱的感染情况。

（2）**核酸探针技术**。核酸探针技术又称分子杂交技术，是免疫学诊断技术之后发展起来的以分子生物学为基础的一项新技术，是测定核酸碱基序列同源性的一种现代技术，具有敏感性高、特异性强、操作简便等优点。前述巴贝斯虫病的诊断方法主要依据从红细胞内直接观察到虫体或在血清内检测出抗巴贝斯虫抗体。McLaughlin等首先构建了牛巴贝斯虫的DNA探针，该探针可检测出100 pg的DNA量，但与10 μg的双芽巴贝斯虫DNA有交叉反应。1990年Jasmer等和Buening等分别用7.4 kb和6.4 kb的基因片段构建核酸探针，具有良好的种属特异性。1992年Petchpoo等对探针的杂交方法做了进一步改进，所制备的6.0 kb探针可直接检测血液样品，而且敏感性可达到25 pg DNA量，相当于0.002%的红细胞染虫率。陈启军等用6.6 kb的吉氏巴贝斯虫cDNA片段以光照活化法标记光敏生物素，制备成光敏生物素探针，斑点杂交试验表明该探针可与0.001 ng以上量的吉氏巴贝斯虫DNA杂交，而不与任何浓度的伊氏锥虫、犬白细胞DNA杂交，具有很高的敏感性和特异性。

（3）**反向线性印迹杂交技术（RLB）**。2000年Sparagan等利用RLB对意大利的牛做了血液原虫病的检测，他们制作的探针能特异性检测环形泰勒虫、小泰勒虫、突变泰勒虫、附膜泰勒虫、斑羚泰勒虫、水牛泰勒虫以及牛巴贝斯虫、双芽巴贝斯虫、分歧巴贝斯虫，与其他相关病原如无浆体、考德里氏体、锥虫等没有交叉反应，对来自牛的血液样品检测后发现，环形泰勒虫、东方泰勒虫为当地牛的主要血液原虫。

六、类症鉴别

1. 牛泰勒虫病

相似点： 病牛体温升高（40℃以上），精神不振，贫血，黄疸，呼吸增数，行走无力，喜卧；体表淋巴结肿胀，四肢发生肿胀；眼结膜苍白、黄染，有出血点、出血斑；血液稀薄，凝固不全；脾髓质软，呈黑色泥糊状；肝脏、脾脏肿大，皱胃、小肠黏膜有出血。

不同点： 泰勒虫病病牛体温呈稽留热，呼吸增数，咳嗽，流鼻液；眼结膜初期充血，流出多量浆液性眼泪，可视黏膜及尾根、肛门周围、阴囊等处薄皮肤上出现粟粒大乃至蚕豆大的深红色结节状（略高出于皮肤）出血斑；异嗜，常磨牙、流涎；排少量干而黑的粪便，常带有黏液或血丝。瑟氏泰勒虫病病牛剖检见皮肤微黄，皮下组织和浆膜轻度黄染，肝脏、心肌呈土黄色；胆囊充满黄绿色油状胆汁；心冠脂肪呈黄色胶样浸润。

2. 牛钩端螺旋体病

相似点： 多发于夏秋季。病牛体温升高（40℃以上），精神沉郁，食欲减退，贫血、黄疸，出现血红蛋白尿，产奶量急剧下降，妊娠牛流产。剖检见皮下组织、肌间胶样水肿；肝脏肿大，呈黄褐色；脾脏肿大，心内膜外有出血斑。

不同点： 钩端螺旋体病病牛皮肤与黏膜溃疡，有的病牛出现呼吸困难、腹泻、结膜炎以及脑膜炎。剖检见病牛唇、齿龈、舌面、鼻镜、耳颈部、腋下、外生殖器的黏膜或皮肤发生局灶性坏死与溃疡；胸腔、腹腔以及心包腔内有过量的黄色或含胆红素性液体；肺脏苍白、水肿、膨大，肺小叶间质增宽；膀胱膨胀，充满血性、混浊的尿液；全身淋巴结肿大、柔软、水肿，切面多汁，偶见点状出血。慢性病例肾皮质或肾表面出现灰白色、半透明、大小不一的病灶；流产胎儿皮下水肿，胸腔、腹腔内有大量的浆液性血性液体。

3. 牛附红细胞体病

相似点： 多发生于夏秋季节。病牛体温升高（40℃以上），精神沉郁，食欲减退，呼吸加快，粪便干稀交替出现，产奶量急剧下降，妊娠牛发生流产，皮下组织水肿，贫血，黄疸，有血红蛋白尿。剖检见病牛血液稀薄，凝固不全；肝脏、脾脏肿大；胆囊肿大，充满浓稠胆汁。

不同点： 附红细胞体病病牛可视黏膜、乳房、皮肤潮红，腹下及四肢内侧多有紫红色出血斑；全身淋巴结肿胀；黏膜和浆膜黄染，皮下脂肪轻度黄染，心冠脂肪轻度黄染；肺间质水肿，肺泡壁增厚；骨髓液和脑脊液增多，脑软膜充血、出血，瘤胃黏膜呈现出血现象，皱胃黏膜有出血，并有大量的溃疡灶；肠道黏膜有出血点及溃疡。巴贝斯虫病病牛皮下组织、肌间结缔组织和脂肪组织呈黄色胶样水肿；各器官被膜均黄染，肝、肾、心肌呈黄褐色、红黄色；胃及小肠有卡他性炎症。

4. 牛无浆体病

相似点： 传播受蜱类影响，多发于夏秋季。病牛体温升高（40℃以上），呈间歇热或稽留热型，精神沉郁，食欲减退，贫血，黄疸，可视黏膜苍白、黄染、水肿，妊娠牛流产。剖检见皮下组织黄色胶样浸润；脾脏肿大，脾髓色暗；肝脏黄染，呈红褐色或黄褐色；胆囊肿大，内充满黏稠胆汁；肾脏肿大，呈黄褐色或黄红色；心肌柔软，心内外膜有出血。

不同点： 无浆体病病牛肠蠕动和反应迟缓，有时发生瘤胃臌胀；无血红蛋白尿，可出现肌肉震颤，乳房、会阴部呈现黄色，颈下、肩前和乳房淋巴结显著肿大，切面湿润多汁，有斑点状出血；大网膜和肠系膜黄染；心肌色淡；膀胱积尿，尿色正常。

5. 牛伊氏锥虫病

相似点： 夏秋季节多发。病牛体温升高（40℃以上），呈间歇热，精神不振，贫血，黄疸，呼吸增数，心跳加快，妊娠牛可发生流产。剖检见病牛皮下组织胶样浸润，脾脏、肝脏、肾脏肿大；血液稀薄，凝固不全。

不同点： 伊氏锥虫病慢性型病牛走路摇晃，肌肉萎缩；皮肤常出现干裂，流出黄色或血色液体，后结成痂皮，而后痂皮脱落，被毛脱落，形成无毛区；四肢下部肿胀；耳尖和尾尖发生干枯、坏死，严重时部分或全部干僵脱落（俗称"焦尾症"），角及蹄匣也有脱落的。伊氏锥虫病病牛胸腹腔、心包积液；体表、内脏淋巴结肿大、充血；急性病例脾脏显著肿大，脾髓呈软泥样，慢性病例脾质硬、色淡，包膜下有出血点；瓣胃、皱胃黏膜多有出血点，小肠也有出血性炎症，直肠近肛门处有条状出血。

七、防治措施

1. 预防

消灭蜱虫。驱杀牛体表蜱虫可注射伊维菌素，或牛体表喷洒菊酯类毒性相对较低的农药或有机磷农药。使用农药杀虫应注意按使用说明书将药物稀释到工作浓度，防止牛农药中毒，同时备好解磷定、阿托品等有机磷农药中毒的解毒药。墙壁及圈舍周围也应喷洒农药，以消灭周边环境幼蜱。用生石灰抛撒牛舍地面，石灰乳粉刷牛舍周围的树桩，防止蚊虫滋生。

牛只调动应选择无蜱活动季节，牛群出现临诊病例或由非疫区向疫区输送牛只时，可应用三氮脒或咪唑苯脲进行预防。

2. 治疗

处方1： 咪唑苯脲。对各种巴贝斯虫均有较好的治疗效果。治疗剂量为每千克体重1~3 mg，配成10%溶液，皮下或肌内注射，每日1~2次，连用2~4次，休药期为28 d。

处方2： 三氮脒（贝尼尔/血虫净）。粉剂用蒸馏水配成5%~7%的溶液做深部肌内分点注射，成年牛每千克体重3~7 mg，奶牛每千克体重2~5 mg，连续使用3次，每次间断24 h，出现副作用可灌服茶叶水或肌内注射阿托品，休药期为28~35 d。

处方3： 锥黄素。剂量为每千克体重3~5 mg，配成0.5%~1.0%溶液，加温溶解过滤后，在水浴锅内煮30 min后静脉注射，药温维持在30℃左右。症状未减轻时，24 h后再注射1次，病牛在治疗后的数日内，避免烈日照射。

处方4： 吖啶黄（黄色素）按每千克体重3~4 mg用0.5%的安瓿制剂静脉注射，一般用药不超过2次，每次间隔1~2 d，应用该药时，配合链霉素连用1周，然后再注射黄色素1次，效果很好。

处方5： 硫酸喹啉脲（抗焦蟓），按每千克体重0.6~1 mg配成5%溶液，皮下或肌内注射，48 h后再注射1次效果更好。

处方6： 喹啉脲（阿卡普林），每千克体重0.6~1.0 mg，配成5%溶液皮下注射。

第二节　牛伊氏锥虫病

伊氏锥虫病（Trypanosomatida）又称苏拉病，是由锥体属的伊氏锥虫寄生于牛的血液和造血器官中而引起的疾病。临床上以间歇热、渐进性消瘦、四肢下部水肿、贫血及耳尖、尾尖干枯、坏死、脱落等为特征。黄牛和水牛感染后多为慢性经过。

1880年，格莱菲思首先于印度骆驼血液中检出虫体。1885年，斯蒂尔在缅甸病驼中也有同样发现，但误认为是螺旋体。1886年，由申克定名为伊氏锥虫。伊氏锥虫以感染牛、羊为主，但寄生宿主非常广泛，水牛、黄牛、奶牛、绵羊、山羊、骆驼、鹿、马、驴、骡、猪、虎、犬（狼）、兔、猫、小白鼠、大白鼠、豚鼠、野鼠、鸡等动物都有报道感染。2004年在印度马哈拉施特拉邦的钱德拉布尔区，发现一种新形式的人类锥虫病——世界上第一例人类伊氏锥虫病病例。伊氏锥虫对所有哺乳动物都有感染性，只是不同动物对该虫的敏感性不同。马、骆驼、犬、鹿和亚洲象对伊氏锥虫的敏感性大于水牛和黄牛，猪感染后一般不表现明显症状。据报道，高致病性的伊氏锥虫病流行于中国、越南和菲律宾等东南亚国家，而且在水牛、奶牛等家畜感染率较高。大多数动物感染伊氏锥虫后能直接引起动物的急性死亡或隐性感染，造成贫血、进行性消瘦、死胎、流产、泌乳减少等。

一、病　原

1. 分类与形态特征

伊氏锥虫（Trypanosoma）属于原生动物门、鞭毛虫纲、动基体目、锥虫科、锥虫属。

伊氏锥虫通常为单态型（某些情况下会出现多态性现象），大多数虫体为细长型。来自不同地域或宿主的虫株在形态学上无法区分。虫体弯曲呈柳叶状，稍卷曲，长14~33 μm，宽1.5~2.2 μm，体前端尖，后端钝圆，具有一游离鞭毛，由生发体发出，沿虫体表面呈螺旋式地向前延伸，并借助膜与虫体相连（图6-2-1）。鞭毛远端游离，游离部分鞭毛长约6 μm。当虫体运动时鞭毛旋转，膜也随之波动，故称为波动膜，波动膜发达，宽而多皱曲。虫体中央有一个椭圆形的核（或称主核），后端有呈小点状的动基体，动基体距后端约1.5 μm。但在野生虫株或者经某些药物处理后的虫株中发现了无动基体型，而且在长时间体外培养的伊氏锥虫群体中也发现无动基体型的出现。胞质内含有少量空泡或染色质颗粒，核的染色质颗粒多在核的前端。在吉姆萨染色的血片中，虫体的核和动基体呈深红紫色，鞭毛呈红色，波动膜呈粉红色，原生质呈淡天蓝色。宿主的红细胞则呈鲜红色或粉红色，稍带黄色。偶尔可见粗短而边缘收缩的变异虫体，虫体在血滴压片中非常活泼。

2. 生活史

伊氏锥虫主要寄生于血浆内（包括淋巴液），靠渗透作用直接吸取营养。锥虫在宿主体内以纵分裂方式进行繁殖，分裂时先由动基体的生毛体开始，鞭毛分裂，继而细胞核分裂，虫体随即向前向后逐步裂开，最后形成2个独立个体。由虻及吸血类蝇进行机械性传播，即造成该病的传播。

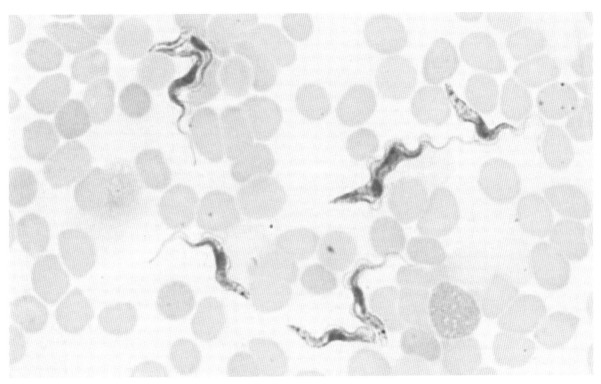

图6-2-1　吉姆萨染色血液图片中的伊氏锥虫（400倍放大）（李有全和关贵全　供图）

二、流行病学

1. 易感动物

伊氏锥虫的感染谱极为广泛，病原体除可寄生于各种家畜外，还能寄生于鹿、兔、象、虎等野生动物。伊氏锥虫对不同动物的致病性差异大，对马属动物的易感性最强，牛对锥虫的易感性比马属动物、犬等弱，多种动物感染后不发病而长期带虫。可人工感染豚鼠、大鼠、小鼠等实验动物。

2. 传染源

患病动物和带虫动物是该病主要的传染源，包括隐性感染和临床治愈的病畜。此外，犬、猪、某些野生动物及啮齿动物都可以作为保虫者。

3. 感染途径

主要由虻类和吸血蝇类机械性传播。吸血昆虫（虻、螫蝇）在吸血时食入已经感染动物体内的虫体，再次吸血时将虫体注入其他易感动物，便能造成伊氏锥虫病的传播，也能经胎盘感染胎儿。

4. 流行特点

伊氏锥虫病是热带、亚热带地区家畜常发的原虫病。发病季节和流行地区与吸血昆虫出现的时间和活动范围相一致，主要在春夏交替时期。在气候变冷和枯草季节，当牛膘情下降，畜体抵抗力降低时易导致该病发生。平原、丘陵地区比山区发病率高，水牛比黄牛的发病率高。老疫区牛多呈慢性经过或隐性感染，新疫区牛患病呈急性经过，发病率高，死亡严重。

三、临床症状

1. 急性型

多发于春耕和夏收期间的肥壮牛。病牛体温升高，达40~41.6℃，持续1~2 d后又恢复正常，经一定时间间歇后，体温再次升高。精神不振，贫血，黄疸，呼吸增速，心悸亢进，如不及时治疗，多于数天或数周内死亡。

2. 慢性型

病牛体温升高，持续1~2 d下降，经1~2 d的间歇后，体温再次升高，呈不规则的间歇热。病牛逐渐消瘦，营养不良，被毛无光泽，精神沉郁，四肢无力，走路摇晃，喜卧昏睡，出现肌肉萎缩。发生水肿时，皮肤常出现干裂，流出黄色或血色液体，后结成痂皮，而后痂皮脱落，被毛脱落，形成无毛区。眼结膜有出血点、出血斑或黄染、苍白。体表淋巴结肿胀，四肢下部肿胀。耳尖和尾尖发生干枯、坏死，严重时，部分或全部干僵脱落（俗称"焦尾症"），角及蹄匣也有脱落的。妊娠牛常发生流产或死胎，胎盘感染，犊牛于产下后2~3周发生死亡。病牛后期多发生麻痹，不能站立，最终衰竭死亡。

四、病理变化

皮下水肿和胶样浸润，胸、腹腔内积有大量液体，心包积液，心肌变性发炎，心室扩张。体表淋巴结肿大、充血；血液稀薄，凝固不全；内脏淋巴结肿大、充血；肝脏肿大、淤血、脆弱，硬度增加；肾脏肿大，被膜易剥离，有出血点、混浊、肿胀；急性病例脾脏显著肿大，脾髓呈软泥样，慢性病例脾质硬、色淡，包膜下有出血点。瓣胃、皱胃黏膜多有出血点，小肠也有出血性炎症，直肠近肛门处有条状出血。

五、诊断

1. 常规实验室诊断方法

（1）**虫体检查法**。虫体检查法是检查宿主外周血液或体液是否含有伊氏锥虫的方法。

血片检查法：可用瑞氏染色或吉姆萨液染色的方法将血液涂成薄血片（TF）和厚血片（THF）进行镜检。TF操作方法为耳静脉采血涂片，经甲醇固定后，染色镜检。如以吉姆萨染色，核与动基体呈深红紫色，鞭毛呈红色，波动膜呈粉红色，原生质呈淡天蓝色。THF操作方法为：静脉血一大滴置载玻片中央，涂成直径约1 cm的血面，自然干燥后，以2%醋酸缓冲液冲洗，待红细胞全部溶解后干燥，以甲醇固定，用吉姆萨染色镜检，此法更易找到和发现虫体。分别用TF和THF对布氏锥虫进行检测，其检出阈值为8.3×10^3条/mL和5×10^2条/mL。

鲜血压滴检查法（WF）：直接将采得的少量血液（最好是末梢血液）稀释后滴一火柴头大的液滴于载玻片上，盖上盖玻片进行显微镜检查即可。用WF对刚果锥虫和活跃锥虫检测，得出其敏感度的阈值为1.25×10^4条/mL和8.3×10^3条/mL。

集虫检查法：较常用的有血容计离心技术、毛细管离心技术、暗视野白细胞层检查法和微型阴离子交换离心技术等。其原理均是利用低速离心（2 000 r/min左右）后吸取上清与下层血浆之间的液体进行镜检，其检出率要比普通虫体检查法要高。其中以微型阴离子交换离心法的敏感性最高，Reid在试验中用微型阴离子交换离心法敏感性达到1.25条虫体/2 mL血，Paris报道也达1条虫体/2 mL血。

培养锥虫检查法：采用直接检查可疑家畜血液或其他材料没有发现锥虫时，可通过培养基扩大培养后镜检，如发现虫体即为阳性感染。

虫体检查方法的优点是诊断结果准确可靠、快速，缺点是检出率低，没有实践经验的人不易掌握。

（2）**动物接种检查法（MI）**。如果只有少量锥虫感染的血液或血液镜检是阴性者，往往不易找到虫体。将可疑病畜血液或水肿液腹腔接种小白鼠，接种后每天采尾血镜检，如发现锥虫即可诊断病畜患有锥虫病。MI的敏感性跟血液中虫数的含量有很大关系，不同虫株其出虫时间也有差异。在有条件时建议使用CY鼠（免疫抑制鼠），能缩短虫体出现的时间。动物接种的方法检出率要比压片、血片检出率高。

2. 免疫学诊断方法

免疫诊断方法很多，在伊氏锥虫诊断上曾经使用过的方法分别有：皮肤试验、团集反应、立氏试验、毛细管环状试验、溶血试验、补体结合试验、间接血凝试验、炭素凝集试验、胶乳凝集试验、琼脂扩散试验、对流免疫电泳试验、ELISA和间接荧光抗体试验等。

（1）**玻片凝集试验（AR）**。将活的或甲醛固定的锥虫置于载玻片上，与待检血清混匀，置于37℃温箱中，经20~30 min取出镜检，若活的虫体在血清稀释液中以后端相互靠拢呈菊花状排列的判为阳性，保持原来活动的判为阴性。在家畜伊氏锥虫病上，Gill等在研究家兔时认为该法在早期具有特异性和敏感性，但对牛、马、骡等目前尚存在不同的看法。对于异株锥虫则结果不稳定，存在较高的假阳性和假阴性。

（2）**卡片凝集试验（CATT）**。将甲醛处理的锥虫悬液用考马斯亮蓝染色后涂于塑料卡片上，与待检血清混匀，振荡后出现肉眼可见的蓝色颗粒者判为阳性。据报道，CATT具有非常高的特异性（100%），而且很适合现场调查。研究人员用VAT RoTat1.2制备诊断抗原，用CATT法检测伊氏锥虫病取得良好效果。利用早期VAT分别对猪、牛、水牛和骆驼的伊氏锥虫感染作CATT检查，也认为敏感，可以推广。有人用CATT诊断水牛伊氏锥虫病也达到98%的敏感性和特异性。但有一点值得注意的是，在制备诊断卡片时选择怎样的克隆虫株很重要。

（3）**毛细管凝集试验（CTA）**。将待检血清与超声处理的锥虫悬液在毛细管中混匀，通过肉眼或立体显微镜观察，出现凝集颗粒者为阳性。研究证实CTA具有高度特异性，可作为常规的辅助诊断和流行病学调查。研究人员用CTA检查水牛伊氏锥虫也特异，但阳性抗体出现的时间比IHA要迟，持续的时间也短。

（4）**间接血凝试验（IHA）**。将可溶性锥虫抗原固定于红细胞表面，然后与待检血清作用，出现肉眼可见的凝集现象者为阳性。在中国，已有学者用微量IHA法对耕牛、马、骡及山羊的伊氏锥虫病做了诊断研究，一致认为IHA特异性强、敏感性高、结果可靠而且操作简便，所以IHA在我国被认为是目前最理想的家畜伊氏锥虫诊断方法，而且比较适合于基层使用。

（5）**炭素凝集试验**。以活性炭做载体，吸附水溶性锥虫抗原，然后与待检血清作用，出现肉眼可见凝集颗粒者为阳性。有学者在应用CAT对耕牛伊氏锥虫病诊断的探讨和普查中，证实了CAT

的准确可靠性，可作诊断和检疫用途。

（6）**酶联免疫吸附试验（ELISA）**。将可溶性抗原或抗体吸附在固相载体上，利用酶标记抗体或抗原与相应的抗原或抗体结合形成酶标记的免疫复合物，然后加入底物显色，用酶标仪测定一定波长的光吸收值（A值或OD值），之后将待测样本的OD值与阴性样本的OD值做比较，做出一个判断标准从而达到检测的目的。ELISA方法可分为抗体ELISA和抗原ELISA。动物伊氏锥虫病的ELISA检测从1978年就已开始，到目前还没有更大的提高，只是在抗原上做了改变。有研究者认为使用纯化抗原的Ab-ELISA对鉴定印度尼西亚牛感染锥虫是最准确的诊断方法，但也有研究者认为Ab-ELISA不能区分当前感染或过去感染，缺乏特异性。利用Ab-ELISA对马感染伊氏锥虫的检测中，其敏感性和特异性分别达到98.39%和95.12%。同样用Ab-ELISA对越南水牛伊氏锥虫病进行调查，其敏感性达到98%，通过调整阴阳阈值同样具有很高的特异性。我国学者从20世纪80年代初开始和发展了ELISA技术对耕牛、马、骡等伊氏锥虫病的诊断研究。研究表明，ELISA诊断方法诊断锥虫高度敏感，仅需少量的抗原，检测率达96%以上。而且特异性强，与牛常感染的血吸虫、肝片吸虫感染等无交叉反应，认为可作为常规诊断和血清流行病学的研究方法。Ag-ELISA方法主要用于检测非洲锥虫的循环抗原，尤其是McAb的应用使得ELISA的敏感性和特异性都得到显著的提高。据报道，Ag-ELISA和Ab-ELISA在骆驼伊氏锥虫病诊断上其敏感性和特异性并无显著差异，只是认为Ab-ELISA不能区分现在和过去感染，而Ab-ELISA不能用于早期诊断，但Ab-ELISA作为伊氏锥虫病的流行病学普查还是很重要的手段。

（7）**间接免疫荧光抗体试验（IFA）**。IFA是血清学试验中最为敏感的诊断方法之一。周宗安等在我国首先用于马、骡锥虫病的诊断，检出率为97%。国外研究人员等在IFA检测兔和马伊氏锥虫抗体中都获得了较高的敏感性和特异性。虽然IFA反应敏感，抗原制作简易，重复性好，但特异性较低，需要特殊的荧光显微镜，所以主要适于实验室诊断使用。

3. 分子生物学诊断方法

PCR技术。PCR是在一对引物的定向引导下，用DNA聚合酶对DNA中作为模板的靶序列进行特异体外扩增的技术。每个PCR循环由在不同温度下进行的DNA模板变性、DNA模板与引物复性和引物延伸链合成三步骤组成。一般作20~30个循环，靶序列可扩增至100万~200万拷贝。特定引物扩增产物的大小一定，作琼脂糖或聚丙烯酰胺凝胶电泳，并以溴化乙锭染色，即可根据其特定大小的条带判读结果，也可用探针对扩增产物进行鉴定。Moser等首先建立了PCR技术在锥虫病上的检测，克服了之前核酸杂交诊断法敏感性受限制的不足。在我国王云飞最早用PCR技术来诊断伊氏锥虫病，其使用的是常规PCR方法，反应之前需要对样品进行DNA的抽提、纯化。对血液样本进行检测时样本中的内源性抑制物均能阻碍PCR反应，如蛋白质等正电荷物质能对DNA产生吸附，各种糖、色素等负电荷物质能吸附抑制TaqDNA聚合酶的活力，因此常规方法要从血液中分离细胞，破坏细胞膜结构，再将DNA与其他杂物分离、洗净、浓缩、干燥等，具体包括进行蛋白激酶K的处理、苯酚氯仿抽提、乙醇沉淀、离心等步骤。研究人员建立了直接PCR法检测血液伊氏锥虫感染，该法先进之处在于用直接扩增缓冲液取代PCR反应缓冲液，能有效中和血液中DNA扩增的抑制物，免除DNA提取纯化的前处理过程，将滤纸血片直接加入反应液中进行有效的DNA扩增，缩短了实验时间，与以往建立的PCR方法相比较更加快速简便。

六、类症鉴别

1. 牛钩端螺旋体病

相似点： 夏秋季节多发。病牛体温升高（40℃），精神不振、贫血、黄疸、眼结膜苍白或黄染，妊娠牛流产或产死胎。剖检见皮下水肿和胶样浸润，全身淋巴结肿大、出血，肝脏肿大、变脆，肾脏肿大，被膜易剥离，有点状出血。

不同点： 钩端螺旋体病病牛唇、齿龈、舌面、鼻镜、耳颈部、腋下、外生殖器的黏膜或皮肤发生局灶性坏死与溃疡；胸腔、腹腔以及心包腔内有过量的黄色或含胆红素性液体；肺脏苍白、水肿、膨大，肺小叶间质增宽；心肌柔软，呈淡红色，心外膜有点状出血，心血不凝固；肝脏呈淡黄褐色；膀胱膨胀，充满血性、混浊的尿液。

2. 牛附红细胞体病

相似点： 夏秋季节多发。病牛体温升高（40℃以上），精神沉郁、贫血、黄疸、呼吸增速、心悸亢进，妊娠牛流产、死产。剖检见心包积液，肝、脾肿大，肾脏肿大，胃黏膜、小肠黏膜有出血。

不同点： 附红细胞体病病牛可视黏膜、乳房、皮肤潮红，轻度黄染，粪便干稀交替出现，产奶量急剧下降，出现血红蛋白尿；剖检见病牛腹下及四肢内侧多有紫红色出血斑，急性死亡病牛的血液稀薄，不易凝固；黏膜和浆膜黄染，皮下脂肪轻度黄染；胆囊膨大，胆汁浓稠；心冠脂肪轻度黄染；骨髓液和脑脊液增多，脑软膜充血、出血，皱胃黏膜有出血，并有大量的溃疡灶；肠道黏膜有出血点及溃疡。

3. 牛无浆体病

相似点： 夏秋季节多发。病牛体温升高（40℃以上），呈间歇热，精神不振、贫血、黄疸、无血红蛋白尿，妊娠牛发生流产。剖检见皮下组织胶样浸润，体表淋巴结肿大，肝、脾、肾脏肿大。

不同点： 牛无浆体病病牛肠蠕动和反应迟缓，有时发生瘤胃臌胀；可视黏膜苍白和黄染，乳房、会阴部呈现黄色；可出现肌肉震颤。剖检见大网膜和肠系膜黄染；肝脏黄染，呈红褐色或黄褐色；胆囊肿大，内充满黏稠胆汁；脾脏髓质呈暗红色；心肌软而色淡；膀胱积尿。

4. 牛巴贝斯虫病

相似点： 夏秋季节多发。病牛体温升高（40℃以上），呈间歇热，精神不振、贫血、黄疸、呼吸增数，心跳加快，妊娠牛可发生流产。剖检见病牛皮下组织胶样浸润，脾脏、肝脏、肾脏肿大；血液稀薄，凝固不全。

不同点： 巴贝斯虫病病牛产奶量急剧下降，全身肌肉震颤，便秘与腹泻交替发生，部分病牛粪便中含有黏液和血液，散发恶臭气味；出现血红蛋白尿，尿液颜色由淡红色变为茶色或酱油色。巴贝斯虫病病牛剖检见各器官被膜均黄染；肝脏呈黄褐色，切面呈豆蔻状花纹；脾脏明显肿大，可能出现破裂，脾髓色暗；胆囊肿大，充满浓稠胆汁，色暗；心肌呈黄红色，心内外膜有出血斑；肾脏淤血，呈红黄色；皱胃溃疡，胃及小肠有卡他性炎症。

5. 牛泰勒虫病

相似点： 病牛体温升高（40℃以上），精神不振、贫血、黄疸、呼吸增数、行走无力、喜卧；体表淋巴结肿胀，四肢发生肿胀；眼结膜苍白、黄染，有出血点、出血斑；血液稀薄，凝固不全；

脾髓质软，呈黑色泥糊状；肝脏、脾脏肿大，皱胃、小肠黏膜有出血。

不同点： 泰勒虫病病牛体温呈稽留热，呼吸增数，咳嗽，流鼻液；眼结膜初期充血，流出多量浆液性眼泪，可视黏膜及尾根、肛门周围、阴囊等处薄皮肤上出现粟粒大乃至蚕豆大的深红色结节状（略高出于皮肤）出血斑；异嗜，常磨牙、流涎；排少量干而黑的粪便，常带有黏液或血丝。瑟氏泰勒虫病病牛剖检见皮肤微黄，皮下组织和浆膜轻度黄染，肝脏、心肌呈土黄色；胆囊充满黄绿色油状胆汁；心冠脂肪呈黄色胶样浸润。

七、防治措施

1. 预防

（1）**加强饲养管理，定期驱虫**。对栏舍和运动场地加强卫生整治，及时清洁和处理粪便，铲除栏舍周围的杂草，喷洒菊酯类驱虫药液，以减少传播媒介虻、蝇的侵袭。

（2）**定期检查，及时隔离**。在疫区对所有易感动物每年至少进行2次普查，一次在冬春之交吸血昆虫出现之前，另一次在夏季后半期。病牛及可疑病牛应隔离饲养，及时治疗。

（3）**加强检疫**。从外地购进种牛时，应在安全无疫区购买，并进行健康检查，防止带虫牛迁入。

（4）**药物预防**。对未发病的牛用喹嘧胺进行预防性皮下注射。用量分别为：每千克体重0.05 mL（体重50 kg以下）、10 mL/头（体重150~200 kg）、15 mL/头（体重200~350 kg）、20 mL/头（体重350 kg以上）。

2. 治疗

（1）**西药治疗**。

处方1： 萘磺苯酰脲，商品名为纳加诺、苏拉明或拜耳205。以灭菌蒸馏水或生理盐水配成10%溶液，按每千克体重10~20 mg剂量，一次静脉注射。对重症或复发病畜，可与新胂凡纳明交替使用（第1天、第12天用萘磺苯酰脲，第4天、第8天用新胂凡纳明，此为1个疗程），可提高疗效。注射萘磺苯酰脲后，个别病畜有眼睑及体躯下部水肿、口炎、肛门及蹄部糜烂、跛行、荨麻疹等副作用，轻者1周左右自愈，重者需要对症治疗。

处方2： 喹嘧胺，商品名安锥赛。以灭菌生理盐水配成10%溶液，分2~3点一次皮下注射或肌内注射。隔日注射1次，连用2~3次；也可与萘磺苯酰脲或那加宁交替使用，效果更好。

处方3： 三氮脒（亦称贝尼尔、血虫净），用生理盐水配成7%溶液，按每千克体重3~5 mg剂量，臀部肌内注射，每日1次，连用2~3 d。

（2）**中药治疗**。在对病牛驱虫的同时，口服中药，并配合西药同时应用，以促进康复。

方剂： 党参60 g、白术（土炒）60 g、茯苓60 g、白芍45 g、当归45 g、熟地45 g、川芎30 g、炙甘草30 g，水煮去渣，候温灌服；或者加服补中益气汤，黄芪80 g、甘草30 g、党参60 g、当归50 g、陈皮30 g、升麻20 g、柴胡20 g、白术60 g，水煎，1次灌服。

第三节　牛泰勒虫病

　　牛泰勒虫病是由泰勒属原虫寄生于牛巨噬细胞、淋巴细胞和红细胞内引起的以高热、贫血、出血、黄疸、消瘦和体表淋巴结肿大为主要临床症状的一种血液寄生原虫病。

　　目前，牛瑟氏泰勒虫病在世界各地分布广泛，该病自1930年首次在俄罗斯远东地区被发现以来，随后在日本、印度、越南、韩国、中国、泰国、蒙古国、伊朗、美国、澳大利亚、英国、土耳其、意大利等国均有对该病的报道。Luo等于1997年对中国南方和北方地区进行牛瑟氏泰勒虫病的调查，某些地区的感染率高达97.5%。Yu等于2010年对中国北方地区进行牛瑟氏泰勒虫病的流行病学调查，珲春地区的感染率达到50%。胡诗悦等于2011年对吉林省延边朝鲜族自治州进行牛瑟氏泰勒虫病的分子流行病学调查，感染率达到62.6%。

一、病　原

1. 分类与形态特征

　　国内外报道的牛泰勒虫有多种，且在分类学上存在很大争议，得到大多数学者承认的有以下5种：小泰勒虫、环形泰勒虫、突变泰勒虫、斑铃泰勒虫、附膜泰勒虫。在中国，已报道并被大多数学者承认的牛泰勒虫主要有3种，即环形泰勒虫、瑟氏泰勒虫和中华泰勒虫。泰勒虫最早于1897年由柯赫在非洲达累斯萨拉姆的牛体内发现，当时认为是双芽巴贝斯虫的一个发育阶段。泰勒在1904年也发现这种虫体，把它当作另一种小梨形虫。1907年，贝坦科尔特等根据形态学上的差别，建议将梨形虫分为巴贝斯虫属和泰勒虫属2个属，从而确立了泰勒虫在分类学上的地位。

　　泰勒虫隶属于顶复门、梨形虫纲、梨形虫目、泰勒科、泰勒属。泰勒虫在淋巴细胞内繁殖为裂殖体（图6-3-1），也称科赫氏蓝体或石榴体，经吉姆萨染色后观察为多核形态。寄生于红细胞内的虫体成为血液型虫体，虫体很小，形态多样，有环形、杆形、卵圆形、梨籽形、逗点形、圆点形、十字形、三叶形、针形等各种形态。环形泰勒虫以圆形和卵圆形为主，占总数的70%～80%；瑟氏泰勒虫以杆形和梨籽形为主，占总数的67%～90%；中华泰勒虫在人工感染羊时，梨形和针形虫体出现最早，然后是杆形、圆形和椭圆形，最后是三叶形和十字形。

2. 生活史

　　泰勒虫的生活史比较复杂，包括在宿主体内和蜱体内两部分。在蜱叮咬牛时，泰勒虫子孢子由蜱接种进入牛体，子孢子进入淋巴细胞以裂殖生殖的方式进行繁殖，形成无性型的大裂殖体和有性型的小裂殖体。大裂殖体成熟后从破裂的淋巴细胞溢出，释放大量大裂殖子，大裂殖子侵入新的淋巴细胞进行繁殖。小裂殖体破裂后释放出大量小裂殖子，小裂殖子进入红细胞发育为配子体。配子体在红细胞内不再进行繁殖，在蜱叮咬牛时随血液一起进入蜱胃，红细胞被消化后配子体被释出，形成大配子和小配子并结合为合子。合子进而变为动合子，进入蜱的肠管和体腔。当蜱蜕皮后，动合子进入蜱唾液腺变为多核的孢子，孢子成熟后释放出子孢子，子孢子进入唾腺管，在蜱叮咬牛时进入牛体内。

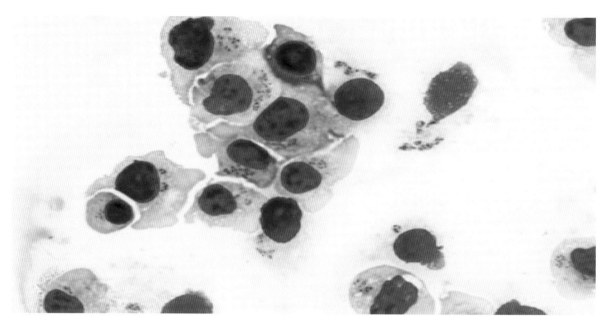

图6-3-1　环形泰勒虫裂殖体（李有全和殷宏　供图）

3.致病性

根据致病性的差异，牛的泰勒虫分为良性泰勒虫和恶性泰勒虫两大类，良性泰勒虫如瑟氏泰勒虫致病性较低，感染后家畜常处于带虫状态，不表现临床症状，在应激条件下才可能发病，而恶性泰勒虫如环形泰勒虫和小泰勒虫则具有很强的致病性，常大面积暴发，家畜迅速死亡。

恶性泰勒虫和良性泰勒虫的致病特征有所不同，恶性泰勒虫主要是裂殖体期起主要致病作用引起宿主死亡，而良性泰勒虫则在红细胞内影响较大，往往因为红细胞内虫体的增加造成宿主严重贫血从而死亡。近年来对泰勒虫的研究进展迅速，但是迄今为止，泰勒虫的致病机制还不甚明了。

二、流行病学

各年龄、品种的牛均可感染，绵羊、山羊也易感。环形泰勒虫、瑟氏泰勒虫及中华泰勒虫在我国均有分布，其中环形泰勒虫和瑟氏泰勒虫分布相对较广，危害比较严重，而中华泰勒虫由于分布调查较少，其具体危害情况尚不清楚。

所有泰勒虫的传播方式都是经蜱期间传播而不能经卵传递。泰勒虫经胎盘传播的方式在马泰勒虫得到证实。该病于6月开始发生，7月达到高峰，8月逐渐平息，病死率为16%~60%。在流行区，1~3岁牛发病者多，患过该病的牛成为带虫者，不再发病，带虫免疫可达2.5~6年。

环形泰勒虫可经璃眼蜱属的蜱种传播。在我国，其传播媒介主要为残缘璃眼蜱、小亚璃眼蜱和盾糙璃眼蜱，主要分布于北方13省。

瑟氏泰勒虫可经血蜱属的蜱种传播。在我国，其传播媒介主要为长角血蜱，主要分布于云南、贵州、江苏、河南、湖南、辽宁、吉林、山东、青海及甘肃等13个省。与环形泰勒虫一样，一般牧区多发，蜱多隐匿于牧草和灌木丛中，每年6—7月和9月为该病的高发期。

中华泰勒虫是新发现的泰勒虫种，青海血蜱及日本血蜱为其传播媒介，目前只在甘肃省内有报道。

三、临床症状

环形泰勒虫潜伏期为9~25 d，平均为15 d，常为急性经过，大部分病牛经4~20 d趋于死亡，平均为10 d。病牛体温升高至40~42℃，为稽留热，4~10 d内维持在41℃左右。少数病牛呈弛张热或间歇热。病牛随体温升高而表现精神沉郁、行走无力、离群落后、多卧少立、脉弱而快、心悸亢进有杂音、呼吸增数、肺泡音粗粝、咳嗽、流鼻液。眼结膜初期充血（图6-3-2），流出多量浆液性眼泪，以后贫血黄染，布满绿豆大出血斑，可视黏膜及尾根、肛门周围、阴囊等薄皮肤上出现粟粒大乃至蚕豆大的深红色结节状（略高出于皮肤）的出血斑（图6-3-3）。有的可在颌下、胸前、腹下、四肢发生水肿。病初食欲减退，中、后期病牛喜啃泥土或其他异物，反刍次数减少，以至停止，常磨牙、流涎，排少量干而黑的粪便，常带有黏液或血丝，病牛往往出现前胃弛缓。病初或者重病牛有时可见肘部肌肉震颤。体表淋巴结肿胀为该病特征，大多数病牛一侧肩前或腹股沟浅淋巴结肿大，初为硬肿，有痛感，后渐变软，常不易推动。病牛迅速消瘦，血液稀薄，红细胞减少至（1.0~2.0）×10^{12}个/L，血红蛋白降至20%~30%，血沉加快，红细胞大小不匀，出现异形现象。病的后期，食欲、反刍完全停止，出血点增大、增多，濒死前体温降至常温以下，往往卧地不起，衰弱而死。耐过的病牛成为带虫者。

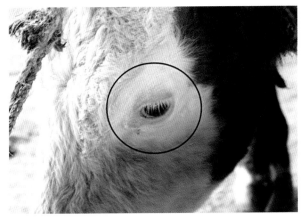 

图6-3-2 病牛结膜初期充血　　　　　　　图6-3-3 病牛肛门周围红色结节

瑟氏泰勒虫病症状和环形泰勒虫病基本相似，特点是病程较长，症状缓和，死亡率较低，仅在过度使役、饲养管理不良和长途运输等不良条件下可促使病情恶化。

四、病理变化

环形泰勒虫病剖检见病牛全身皮下、肌间、黏膜和浆膜上均有大量的出血点和出血斑。全身淋巴结肿大，切面多汁，有暗红色和灰白色大小不一的结节。皱胃黏膜肿胀，有许多针头至黄豆大、暗红色或黄白色结节，结节部上皮样细胞坏死后形成中央凹陷、边缘不整、稍隆起的溃疡病灶，黏膜脱落是该病特征性病理变化，具有诊断意义。小肠和膀胱黏膜有时也可见到结节和溃疡。脾脏明显肿大，被膜上有出血点，脾髓质软、呈黑色泥糊状。肾脏肿大、质软，有粟粒大的暗红色病灶。肺脏有水肿和气肿，被膜上有多量出血点，肺门淋巴结肿大。

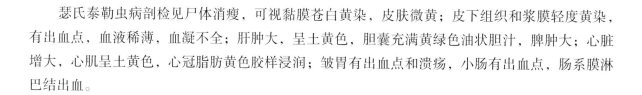

瑟氏泰勒虫病剖检见尸体消瘦，可视黏膜苍白黄染，皮肤微黄；皮下组织和浆膜轻度黄染，有出血点，血液稀薄，血凝不全；肝肿大，呈土黄色，胆囊充满黄绿色油状胆汁，脾肿大；心脏增大，心肌呈土黄色，心冠脂肪黄色胶样浸润；皱胃有出血点和溃疡，小肠有出血点，肠系膜淋巴结出血。

五、诊 断

1. 血涂片染色镜检

血涂片染色镜检技术是最早应用的血液原虫诊断技术，也是应用最为广泛的技术，尽管诊断泰勒虫病的方法已经很多，但是人们往往还是以血涂片吉姆萨染色后能看到明显虫体来确诊该病。不过血涂片镜检技术有不少缺点，在染虫率比较低时，很难看到虫体，而且镜检必须由经验丰富的技术人员进行操作。

2. 免疫学诊断方法

（1）间接荧光抗体试验（IFAT）。IFAT是一种可用于现场诊断的敏感性和特异性都较好的价格低廉的诊断方法。有研究人员建立了检测环形泰勒虫的IFAT方法，并对当地109头可能感染了环形泰勒虫但尚未发病的牛进行了检测，同时对这些牛也进行了血涂片检测，发现IFAT的检出率远远高于血涂片法。有研究人员从青岛市崂山区中韩镇的奶牛中分离到瑟氏泰勒虫中韩株，随后接种摘除脾脏的实验牛获得瑟氏泰勒虫抗原，建立了IFAT，并利用该方法进行流行病学调查，对瑟氏泰勒虫病进行综合防控。有研究人员于2003年用黄牛瑟氏泰勒虫含虫血接种免疫缺陷小鼠得到充足的虫体抗原，从而解决了以往抗原不足的问题，利用获得的抗原建立了用于诊断牛瑟氏泰勒虫病的IFAT方法。另外，2004年报道使用依据裂殖体蛋白建立的IFAT方法，其敏感性和特异性分别达到88.9%和97%，而血涂片的敏感性仅为63.9%。同样的，用于检测 *T. lestoquardi* 的IFAT技术也有报道。现在有商业化的免疫荧光专用载玻片，采用这样的载玻片可大大节省试验成本并提高检测速度。

（2）乳胶凝集试验（LAT）。有研究人员克隆表达了瑟氏泰勒虫韩国分离株的p33蛋白，建立了LAT，检测了81份血清，结果显示LAT的阳性检出率明显高于血涂片镜检法，证明p33蛋白可以作为特异性强的诊断抗原用于LAT。有研究人员也以瑟氏泰勒虫p33蛋白为诊断抗原建立了LAT，并且与 *TaqMan* 探针实时定量PCR方法进行了比较，发现建立的LAT敏感性为86.5%，特异性为92.5%，作者使用该方法对一个牧场的牛进行了检测，发现27.3%的牛为瑟氏泰勒虫阳性。但LAT主要依靠肉眼判断结果，因此存在较大的主观性，根据新人的判断习惯，可能会出现不尽相同的结果。

（3）酶联免疫吸附试验（ELISA）。ELISA是目前应用最多的血清学诊断方法。1998年Katende等人表达了小泰勒虫子孢子期p67蛋白和p104以及子孢子和裂殖体期都存在的蛋白p150和PIM，并用这4种蛋白分别建立了ELISA方法，经过比较分析后发现以PIM为抗原的蛋白诊断效果最好，其敏感性高于99%，特异性在94%~98%。2004年Bakheit等依据环形泰勒虫的表面蛋白TaSP建立了ELISA诊断方法，对在苏丹随机采集的140份血样进行了检测，同时和IFAT法做了比较，发现该ELISA的敏感性和特异性分别为99.1%和90.47%，可以作为血清学诊断工具对环形泰勒虫的流行情况进行监测。2010年Wang等表达了瑟氏泰勒虫主要表面蛋白p33并建立了用于检测瑟氏泰勒虫的ELISA诊断方法，对中国的178份水牛样品进行了检测，并同时对PCR方法和血涂片镜检法做了比较，发现ELISA方法的泰勒虫检出率略高于PCR方法，远远高于血涂片镜检法。

3. 分子生物学诊断方法

（1）PCR技术。PCR技术是目前在病原检测中最常用的方法。1993年，Kok等以环形泰勒虫18S rRNA基因为靶序列设计引物建立PCR技术用于蜱的检测，发现90%的 *H. dormedarii* 和72%的 *H. marginatum* 泰勒虫阳性。1999年Martin等以环形泰勒虫 *Tamsl-1* 基因为靶序列设计4条引物建立巢式PCR诊断方法，对214份样品进行了检测，同时这些样品也进行了间接荧光抗体检测和血涂片吉姆萨染色镜检，巢式PCR的检出率为78.04%，高于其他两种方法。2007年金春梅等以牛瑟氏泰勒虫 *p33* 基因为靶基因建立了用于牛瑟氏泰勒虫病诊断的PCR技术，检测75份牛血样，54份（72%）瑟氏泰勒虫阳性。Liu等依据 *T. sergenti* 和 *T. sinensis* 的 *MPSP* 基因设计引物建立了PCR诊断方法，经过条件优化，*T. sergenti* 和 *T. sinensis* 的敏感性分别达到0.1 pg DNA和1 pg DNA。Altay等建立了用于检测小型反刍动物 *Theileria* sp.MK感染的PCR技术，并与反向线性杂交技术（RLB）做了对比，证明该PCR技术适合于临床检测。2010年Bhoor等以马泰勒虫18S rRNA为靶序列设计引物和探针建立Real-time PCR技术对南非的马进行流行病学调查，同时用RLB技术检测了这批样品，结果显示Real-time PCR技术的敏感性高于RLB技术。王轶男根据牛瑟氏泰勒虫 *p33* 基因设计2对特异性引物，建立了SYBR Green I探针和 *TaqMan* 探针方法，用建立的两种荧光定量PCR技术与常规PCR技术比较，3种方法均有良好的特异性，而两种荧光定量PCR技术显示出更高的敏感性，敏感性比常规PCR技术高10 000倍。对采集自珲春市和松原市的79份临床样本进行检测，常规PCR技术检出率为36.71%，SYBR Green I探针方法检出率为46.84%，*TaqMan* 探针方法检出率为46.84%，两种荧光定量PCR技术符合率为100%。除以上方法外，还有许多根据不同虫种、不同基因建立的PCR方法用于临床应用的报道。

（2）反向线性杂交技术（RLB）。RLB也是近年来应用较多的技术，该技术可以同时检测多种病原，在血液原虫的应用中尤其广泛。用于梨形虫检测的RLB一般根据18S rRNA基因的V4高变区设计引物和探针，将不同虫种特异性探针标记在膜上，然后用生物素标记的PCR产物与膜上标记好的探针进行杂交，再通过显影即可判断结果。Gubbels等于1999年建立了用于梨形虫检测的RLB方法，根据泰勒虫和巴贝斯虫18S rRNA基因的V4高变区设计通用引物用于PCR扩增，并以该区序列为靶基因设计包括 *Theilerina annulata*、*T. parva*、*T. mutans*、*T. taurotragi*、*T. velifera*、*T. sergenti*、*Babesia bovis*、*B. bigemina*、*B. divergens* 在内共9条特异性探针，该方法可以同时用于牛血样和传播媒介蜱的检测，这是RLB方法在梨形虫中首次报道。Almeria等于2002年使用建立的RLB方法对西班牙133头黄牛血样进行了检测，发现仅有4份血样未感染任何种类的梨形虫，作者认为该RLB方法高度敏感并且可以用于区分不同虫种，这就避免了采用传统分类学方法来对所分离到的虫株进行分类学研究。

（3）环介导等温扩增技术（LAMP）。LAMP作为一种新型核酸扩增技术于2000年首次报道，因其快速、精确、花费低等特点而广被关注，从报道以来，至今已有用于检测细菌、病毒、寄生虫等各种病原的LAMP技术的报道。以梨形虫18S rRNA基因序列为靶基因设计一组引物，建立了用于检测梨形虫的LAMP诊断技术。确定该LAMP的敏感度为0.000 008%，特异性结果显示该方法可以扩增瑟氏泰勒虫、牛泰勒虫未定种、环形泰勒虫、东方巴贝斯虫、牛巴贝斯虫和双芽巴贝斯虫，不能扩增牛温附红细胞体、牛边缘无浆体、刚地弓形虫，说明该方法特异性扩增梨形虫，适合用于我国梨形虫病流行情况调查和流行特征监测。依据瑟氏泰勒虫$p33$基因序列设计引物建立了用于瑟氏泰勒虫检测的LAMP方法，其特异性扩增瑟氏泰勒虫的敏感度为0.000 002%，对采集于我国各地的313份样品血样进行了检测。

六、类症鉴别

1. 牛巴贝斯虫病

相似点： 夏秋季节多发。病牛体温升高（40℃以上），呈间歇热，精神不振，贫血，黄疸，呼吸增速，心跳加快，妊娠牛可发生流产。剖检见病牛皮下组织胶样浸润，脾脏、肝脏、肾脏肿大；血液稀薄，凝固不全。

不同点： 巴贝斯虫病病牛产奶量急剧下降，全身肌肉震颤，便秘与腹泻交替发生，部分病牛粪便中含有黏液和血液，呈恶臭味；出现血红蛋白尿，尿液的颜色由淡红色变为棕红色或红黑色。病牛剖检见各器官被膜均黄染；肝呈黄褐色，切面呈豆蔻状花纹；脾明显肿大，可能出现破裂，脾髓色暗；胆囊肿大，充满浓稠胆汁，色暗；心肌呈黄红色，心内、外膜有出血斑；肾淤血，呈红黄色；胃及小肠有卡他性炎症。

2. 牛钩端螺旋体病

相似点： 夏秋季节多发。病牛体温升高（40℃以上），精神沉郁，贫血，可视黏膜苍白、黄染。剖检见病牛全身淋巴结肿大，切面多汁；皮下、肌间、黏膜和浆膜上均有大量的出血点，肝脏、肾脏肿大。

不同点： 钩端螺旋体病病牛出现血红蛋白尿；哺乳母牛乳汁分泌减少、变质，乳汁内含有凝乳块与血液；妊娠牛发生流产、死胎；唇、齿龈、舌面、鼻镜、耳颈部、腋下、外生殖器黏膜或皮肤发生局灶性坏死与溃疡；胸腔、腹腔以及心包腔内有过量的黄色或含胆红素性液体；膀胱膨胀，充满血性、混浊的尿液。胎儿皮下水肿，胸腔、腹腔内有大量的浆液性血性液体，肾出现白色斑点。慢性型病例肾变化具有特征性，肾皮质或肾表面出现灰白色、半透明、大小不一的病灶。

3. 牛伊氏锥虫病

相似点： 病牛体温升高（40℃以上），精神不振，贫血，黄疸，呼吸增速，行走无力，喜卧；体表淋巴结肿胀，四肢发生肿胀；眼结膜苍白、黄染，有出血点、出血斑；血液稀薄，凝固不全；脾髓质软、呈黑色泥糊状；肝、脾肿大；皱胃、小肠黏膜有出血。

不同点： 伊氏锥虫病病牛皮肤常出现干裂，流出黄色或血色液体，后结成痂皮，而后痂皮脱落，被毛脱落，形成无毛区；耳尖和尾尖发生干枯、坏死，严重时部分或全部干僵脱落（俗称焦尾症），角及蹄匣也有脱落的；妊娠牛常发生流产或产出死胎。剖检见皮下水肿和胶样浸润，胸、腹腔内积有大量液体。

4. 牛无浆体病

相似点： 夏秋季节多发，与瑟氏泰勒虫病症状相似。病牛体温升高（40℃以上），精神不振，贫血，黄疸，无血红蛋白尿，可视黏膜苍白，皮肤呈黄色，肝脏黄染，脾脏肿大。

不同点： 无浆体病病牛皮下组织有黄色胶样浸润，大网膜和肠系膜黄染；心肌软而色淡，心包积液；膀胱积尿，尿色正常；胆囊肿大，内充满黏稠胆汁；髓质呈暗红色。

七、防治措施

1. 预防

（1）消灭蜱虫。消灭牛舍内和牛体的蜱，9－10月牛体上的雌蜱爬进墙缝产卵，此时将墙脚和墙壁的缝隙封死，并加入少量杀虫剂；4月，若蜱爬入墙缝蜕化为成蜱，再次勾抹墙缝。使用有机磷制剂或溴氰菊酯等杀虫剂喷洒牛体，在5－7月杀灭成蜱，10－12月杀灭幼蜱和若蜱。对调入和调出的牛只都要进行灭蜱处理，以免传播病原体。

（2）免疫预防。在疫区和受威胁地区牛群可应用环形泰勒虫裂殖体胶冻疫苗进行免疫接种，可在接种20 d后产生免疫力，免疫持续期可达13个月。该疫苗对瑟氏泰勒虫病无交叉免疫保护作用。

（3）加强检疫。从外地购进种牛时，应在安全无疫区购买，并进行健康检查，防止带虫牛迁入。

2. 治疗

目前尚无针对泰勒虫病的特效药物，但若能在病程早期使用比较有效的杀虫药物，再配合对症治疗，可大大降低病死率。

处方1：磷酸伯氨喹啉，剂量为每千克体重0.75~1.5 mg，每日口服1次，连用3 d。

处方2：贝尼尔，剂量为每千克体重7~10 mg，配成7%溶液，分点作深部肌内注射，每日1次，连用3 d，如红细胞染虫率不下降，还可继续治疗2 d，必要时可改为静脉注射，剂量为每千克体重5 mg，配成1%溶液，缓慢注入，每日1次，连用2 d。

处方3：阿卡普林，剂量为每千克体重0.6~1.0 mg，配成5%溶液皮下注射，一般1次即可，必要时隔日再注射1次。

第四节　牛肝片吸虫病

肝片吸虫病是由肝片形吸虫寄生于动物的肝脏、胆管和胆囊所引起的一种人兽共患寄生虫病。该病以破坏动物肝脏、胆管引起急、慢性肝炎、胆管炎为特征，并伴有全身性中毒症现象。该病是引起营养障碍的寄生虫病，相较于成年牛，对犊牛的危害更为严重，是造成养牛业损失最为严重的寄生虫病之一。

肝片吸虫病广泛分布于世界各地，主要分布于欧洲、亚洲、美洲，其他地区也有散在分布。在我国的32个省、市、自治区都有发生，尤以畜牧业发达的内蒙古、吉林、青海、宁夏等地区最严重。羊的一般感染率为30%~50%，个别严重的羊群可高达100%。牛的感染率一般为30%~60%，个别可达90%以上。

一、病 原

1. 分类与结构形态

该病病原为肝片吸虫（*Fasciola hepatica*），属于复殖目、片形科、片形属。

253

肝片吸虫虫体外观呈扁平叶状，体长20～40 mm，宽8～13 mm。自胆管内取出的鲜活虫体为棕红色，固定后呈灰白色。其前端呈圆锥状凸起，称头椎。头椎的基部扩展变宽，形成肩部，肩部以后逐渐变窄。体表生有许多小棘。口吸盘位于头椎的前端，腹吸盘在肩部水平线中部。生殖孔开口于腹吸盘前方。虫体的消化系统由口、咽、食管和左右分开的两条肠管组成，每条肠管上又有许多侧小分支。生殖系统为雌雄同体。2个分支状的睾丸前后排列于虫体的中后部，1个鹿角状分支的卵巢位于腹吸盘后方的右侧。卵模位于紧靠睾丸前方的虫体中央。在卵模与腹吸盘之间为盘曲的子宫，内充满黄褐色的虫卵。卵黄腺由许多褐色小滤泡组成，分布在虫体两侧。虫卵呈椭圆形，黄褐色，长130～150 μm，宽63～90 μm。前端较窄，有卵盖，后端较钝。在较薄而透明的卵内，充满卵黄细胞和一个大的胚细胞。

2. 生活史

成虫寄生在终末宿主的肝胆管内，产出的虫卵随胆汁进入肠腔，混在粪便中排出体外。虫卵入水后，经9～12 d发育为含毛蚴的虫卵，在适宜条件下孵出毛蚴。毛蚴侵入中间宿主体内，经胞蚴、母雷蚴、子雷蚴和尾蚴4个阶段的发育和繁殖。成熟的尾蚴逸出螺体，附着在水生植物或其他物体表面上形成囊蚴。终末宿主因食入囊蚴而感染。囊蚴内后尾蚴在宿主小肠上段逸出，主动穿过肠壁，进入腹腔，钻破肝被膜，深入肝实质数周后，最终进入胆管中寄生，约经4周发育为成虫（图6-4-1）。完成一个生活史周期大约需要11周。每条虫日产卵量为2万个左右。成虫在人体内可存活长达12年。

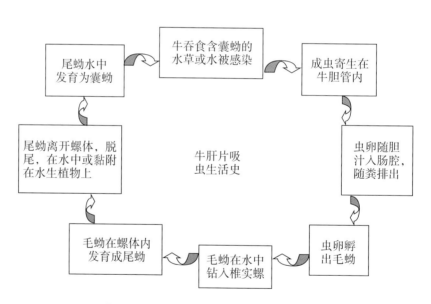

图6-4-1 肝片吸虫生活史（郭爱珍 供图）

3. 抵抗力

虫卵在12℃时停止发育，13℃时即可发育，但须经过59 d才能孵出毛蚴。25～30℃对虫体发育最适宜，经8～12 d即可孵出毛蚴。虫卵对高温和干燥较敏感。40～50℃作用几分钟即死亡，在完全干燥的环境中迅速死亡，然而虫卵在潮湿无光照的粪堆中可存活8个月以上。虫卵对低温的抵抗力较强，在2～4℃的水里17个月仍有60%以上的孵化率，但结冰后很快死亡。虫卵在结冰的冬季不能越冬。

4.致病机制

肝片吸虫的危害主要是肝片吸虫的幼虫能够在羊的肝脏组织中穿行，从而引起组织创伤性出血性肝炎。进入并寄生在胆管中的肝片吸虫，其体表上的角质小刺可刺伤胆管的上皮。另外，肝片吸虫还可以产生大量的毒素，引发慢性胆管炎或者全身中毒。肝片吸虫的幼虫从肠道移行到肝脏或胆管，能够带入各种细菌和微生物，极易导致肝脏和其他组织器官形成脓肿。肝片吸虫以血液、胆汁和细胞为营养，是导致病畜营养障碍、贫血、消瘦的原因之一。

二、流行病学

1.易感动物

各年龄、品种的牛均易感，羊、猪、马、驴、兔、猫等多种哺乳动物也可感染。

2.传染源

该病主要的传染源为带有囊蚴的水生植物、饲草、饮水以及病畜和带虫者等。

3.传播途径

该病主要通过消化道传染，牛食入带有囊蚴的草或饮水感染。肝片吸虫的中间宿主为椎实螺类，在我国以截口土蜗为最重要。

4.流行特点

该病往往呈地方流行性，多发生在低洼、潮湿、草滩和多沼泽的地区。一般在多雨的年份，尤其是久旱逢雨的温暖季节能够促使该病的暴发流行，急性型多发于夏末和秋季，慢性型多发于冬、春季。

三、临床症状

临床症状取决于牛感染寄生虫的数量、虫体产生毒素的强弱和牛的体质状况。轻度感染往往不表现症状，感染数量多时则表现症状，但幼畜即使轻度感染也表现症状。临床上一般可分为急性型和慢性型2种类型。

1.急性型

多见于犊牛，表现为离群落后，精神沉郁，衰弱，易疲劳，被毛粗乱，食欲减少或废绝，腹胀，偶有腹泻，体温升高，很快出现贫血、黏膜苍白、黄疸等。肝脏叩诊时，半浊音区扩大，压迫敏感，重者多在数天内死亡。

2.慢性型

牛的症状多为慢性经过，病情发展很慢，表现为渐进性消瘦、贫血、结膜与黏膜苍白，食欲不振，消化障碍，瘤胃蠕动无力，便秘与腹泻交替发生，粪便呈黑褐色。病牛高度消瘦，被毛粗乱，干燥易脱断，无光泽，眼睑、颌下水肿，水肿呈圆形肿包，有时也发生胸、腹下水肿，最后极度衰竭死亡。

四、病理变化

剖检可见可视黏膜苍白、黄染，血液稀薄；肝脏变硬，体积缩小，为慢性肝炎病变；胆管壁由于结缔组织增生而变得肥厚、坚硬、钙化等，这些坚硬的胆管形成走向不同的索状物突出于肝脏表面；肝脏、胆管内可见大量寄生的肝片吸虫（图6-4-2）。犊牛因急性肝片吸虫病死亡后，可视黏膜苍白，肝脏肿大和充血，呈急性肝炎病变，腹腔内有大量出血和幼小虫体。

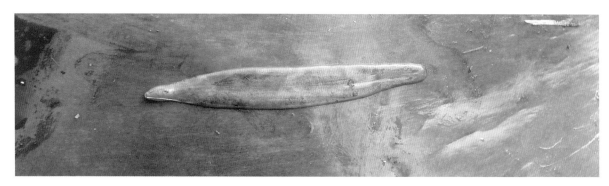

图6-4-2　牦牛肝脏中的肝片吸虫（郭爱珍 供图）

五、诊 断

1. 粪便检查方法

（1）**直接涂抹法**。在清洁的载玻片上滴加水或甘油与水的等量混合液2~3滴，然后取粪球表面的一小块粪便，与载玻片上的水滴混合，除去粪渣，涂成薄膜，加盖玻片后，即可镜检，以见到虫卵或幼虫为阳性。这种方法简便，但检出率低，只能作为辅助方法，一般每次应检8~10片。

（2）**集卵法**。主要包括临床多用的漂浮法、沉淀法、网筛淘洗法等多种方法。该法聚集虫卵，然后进行涂片镜检，以见到虫卵或幼虫为阳性。由于虫卵密度加大，检出率高于直接涂片镜检法。

（3）**漂浮沉淀法**。采集粪便样品，最多3 g，放在玻璃杯内，注满相对密度为1.2的饱和盐水，用玻璃棒仔细搅拌为均匀的混悬液，静置15~20 min。用小铲除去浮于表面的粪渣。用吸管吸去上清液，大量检查样品时，为了加速操作程序，可将上清液倒出，在杯底剩留20~30 mL沉渣。向沉渣中加水至满杯，仔细用玻璃棒搅拌。对混悬液进行过滤，使滤液静置5 min。过滤时可以使用纱布，最好使用网眼直径为0.25 mm的金属筛。从杯中吸去上清液，于底部剩余15~20 mL沉渣。将沉渣移注于锥形小杯，再用少量水洗涤玻璃杯，并将洗液加入小杯。混悬液在锥形小杯中静置3~5 min，然后吸去上清液，如此反复操作，将沉渣移于载玻片上进行镜检即可。

2. 血清酶分析法

1992年，有报道在宜丰县检测宜丰山羊肝片吸虫病，出现鸟氨酸氨基甲酰转移酶（OCT）、谷草转氨酶（GOT）和γ-谷氨酰转肽酶（γ-GT）活性升高，而粪检肝片吸虫卵是阴性。1个月以后再粪检发现肝片吸虫卵。研究人员应用山梨醇脱氢酶（SDH）、OCT、精氨酸酶（ARG）、GOT、γ-GT和碱性磷酸酶（AKP）等6种酶，检测了117头肝片吸虫病畜，发现OCT和γ-GT活性在急性和慢性肝片吸虫病都升高，而GOT活性只在急性型升高，慢性型肝片吸虫病不升高。OCT和GOT活性升高反映肝实质受损害，γ-GT活性升高反映肝胆系统受损害。作者指出，与粪检法等相比，分析血清酶虽不能确诊肝片吸虫病，但在粪检虫卵阴性时，测定血清酶OCT、GOT和γ-GT活性，是牛、羊肝片吸虫病很重要的辅助诊断手段，可作早期诊断和肝实质与肝胆系统受肝片吸虫侵袭损害情况的判断。

3. 免疫学诊断方法

（1）变态反应。机体在感染肝片吸虫后能快速建立免疫应答。应用制备的肝片吸虫各种抗原液注射于受试动物皮内，抗原与局部肥大细胞表面的IgE结合从而引起超敏反应，以观察红肿（丘疹和红晕）的程度判断反应的强弱。1974年，有报道成熟的肝片吸虫制成的多糖抗原，用人工液稀释1 000倍后取0.2 mL皮内注射，经15～20 min后观察，以红肿面积（S）>20 mm² 为强阳性，S>12 mm² 为阳性，红而不肿的隆起为可疑，不红不肿的隆起为阴性。此法沿用了多年，简便易行，尤其对急性肝片吸虫病病羊反应明显，常用于流行病学调查和疑似病例的初步鉴别。但皮内试验有时会引发过敏性反应；此外，肝片吸虫抗原与棘球蚴等感染存在交叉反应，因此近年来该方法已逐渐被新的诊断方法所替代。

（2）间接血凝试验（IHA）。用新鲜虫体制备抗原，以醛化的红细胞作为载体，在V形孔微量血凝板上进行间接血凝试验。据报道，肝片吸虫纯化抗原诊断液能检出1～3周龄的病羊，并且灵敏度较高；能查出人工感染10～100个囊蚴14～90 d的羊体内的抗体，及只寄生2条成虫的自然感染的机体。据报道，IHA方法操作简单，敏感性高，特异性强，适合于大规模的血清流行病学调查，可以快速地筛选出大量阴性样品。

（3）血清凝集反应（HA）。用来自牛肝脏的新鲜肝片吸虫制成虫体颗粒抗原或炭抗原。用虫体颗粒抗原或炭抗原各0.05 mL与等量或接近等量的牛血清反应。据报道，检出率均在90%以上，且该法用于诊断牛肝片吸虫病具有明显的特异性。

（4）琼脂扩散反应（AGP）。向pH值为7、1/60 mol/L的PBS中添加食盐，使氯化钠的浓度达8%以上，再按10%的比例向上述溶液中添加精制琼脂，配制成试验用琼脂。采取新鲜肝片吸虫，制成虫体抗原，并向抗原中加入肝片吸虫虫体1/2量的生理盐水，制成试验用抗原。将试验琼脂制成3 mm厚的琼脂板，抗原与被检血清间距为6 mm。据报道，该法除与部分血吸虫病牛阳性血清有交叉反应外，具有良好的敏感性和特异性，且方法简便、反应迅速。另据北村裕纪等报道，该法一次能处理多量的被检材料，且在肝片吸虫感染后3周便能做出诊断，是早期诊断牛肝片吸虫病的较理想的方法。

（5）对流免疫电泳试验（CIEP）。研究人员用从屠宰场采集的活肝片吸虫以生理盐水提取抗原，对209头牛的血清进行对流免疫电泳诊断，试验在pH值为8.6、0.05 mol/L佛罗那盐酸缓冲液中加入0.8%精制琼脂制成3 mm厚的琼脂板上进行，抗原和抗体间距为3 mm，在冰冷条件下，6 mA/cm泳动30 min，于检出虫卵前2个月出现沉淀抗体，其阳性检出率高于AGP和粪检。因此，认为本法敏感、快速，可用于肝片吸虫病的早期诊断。

（6）酶联免疫吸附试验（ELISA）。有学者对该法用于肝片吸虫的诊断进行了研究，他们发现，抗原以新鲜吸虫抗原为最佳，最早于感染后4周检出抗体。在检测活动性感染时ELISA优于CIEP，但本法诊断肝片吸虫病与部分环形泰勒焦虫病牛血清和部分日本血吸虫血清有轻度交叉反应。据报道，应用该法对人工感染肝片吸虫山羊和绵羊血清进行系统检测，均在感染后2周可部分检出，感染后3周则全部检出，阳性符合率为100%；对自然感染肝片吸虫病羊的检出阳性率高于粪检阳性率。

（7）斑点酶联免疫吸附试验（Dot-ELISA）。Dot-ELISA是在常规ELISA基础上发展起来的以硝酸纤维膜为载体的新型免疫酶技术，基本原理和操作与常规ELISA相似，其诊断效果明显优于常规ELISA，而且试剂用量小，不需要其他设备条件。国内有学者建立了家畜肝片吸虫病斑点酶标诊断技术，并研制了斑点酶标诊断试剂盒，经临床应用显示该诊断试剂盒具有敏感性高、特异性强、成本低和易操作等特点。浙江省农业科学院畜牧兽医研究所和浙江省农业厅血防站联合报道，利用Dot-ELISA反应原理制成的"斑点酶标株联快诊盒"不仅能同时诊断肝片吸虫、血吸虫、锥虫3种不同虫害，而且利用"快诊盒"诊断容易控制试验条件，缩短了试验时间，节约了试剂，适宜于牛、羊大批量样品的检测，反应结果可以作为技术资料保存。

（8）亲和素－生物素酶联免疫吸附试验（BA-ELISA）。BA-ELISA是应用于免疫学研究中的一种新型放大系统，特别对血清中的微量抗体（如感染初期）灵敏度高、特异性强、稳定性好，且避免了假阳性的出现。据报道，BA-ELISA最佳试验条件为：第二抗体（兔抗羊IgG）适宜稀释度为1∶400；抗原包被浓度和血清稀释度最佳选择分别为15 μg/mL、1∶400；B-SPA和A-HRP的最佳稀释度均为1∶200。通过对试验感染肝片吸虫羊的检测表明，BA-ELISA比常规ELISA更敏感且保持了高的特异性。实验感染家畜1周后，ELISA法检验均呈阴性，而BA-ELISA方法有30%为阳性；2周后，ELISA有20%阳性，BA-ELISA有80%阳性；3周后，ELISA阳性率为80%，而BA-ELISA的阳性率达100%；4周后，ELISA才能检出90%的阳性。证明BA-ELISA能用于肝片吸虫的早期诊断。另外，BA-ELISA法还可用于化学药物治疗效果的预测。

（9）斑点免疫金渗滤试验（DIGFA）。DIGFA又称微孔滤膜免疫金染色技术，是继三大标记荧光素、放射性同位素和酶技术后发展起来的又一标记新技术的应用。由于它具有操作简便快速、不需特殊仪器、不受环境温度影响、检测过程仅需3~5 min、省去了酶标的底物反应过程、阳性反应呈红色斑点肉眼清晰可见、试剂稳定易长期保存、敏感性和特异性均较理想等优点，已广泛被国内外采用。在不经任何放大的情况下，胶体金探针检测吸虫相应的抗原和抗体敏感性至少可达到Dot-ELISA水平。DIGFA特别适合制备成诊断盒，供基层现场使用。

4. 分子生物学诊断方法

自20世纪50年代以来，分子生物学一直是生物学的前沿与生长点。1992年Marrin等用RNA印迹法，发现了肝片吸虫cDNA核酸序列中有1个1 636 bp的开放阅读框架。它编码24个连续的重复序列，每一重复序列有20个AA，另外还有65个位于终止密码子前的非重复AA。免疫荧光研究表明该抗原是虫体肠上皮细胞分泌的，由于这种抗原出现得较早，因此可用重复抗原序列建立一种感染早期诊断方法，具体研究尚在进行中。

1995年，Tkalcevic等用N末端测序技术，通过测定新脱囊童虫分泌排泄的蛋白质成分，进行快速诊断。由于水牛的感染率与中间宿主——蜗牛的感染情况呈正相关，所以可用蜗牛的感染率估测水牛的感染率。1997年，Kaplan等应用重复性DNA探针技术对蜗牛的肝片吸虫感染情况进行检测，结果表明这种方法的敏感性为100%，特异性为99%。目前，正在研究将这一方法用于对终宿主的检测。

六、类症鉴别

牛双腔吸虫病

相似点：因虫体寄生在肝脏和胆管致病。病牛体温不升高，黏膜黄染，渐进性消瘦，颌下、胸下水肿，下痢。剖检见胆管肥厚，肝脏硬化，虫体呈棕红色。

不同点：双腔吸虫病病牛表现下痢，肝脏肿大，肝被膜肥厚，虫体呈棕红色，虫体大小为

（3.54~8.96）mm×（1.61~3.09）mm（图6-4-3）；肝片吸虫病病牛便秘与腹泻交替发生，粪便呈黑褐色，肝脏体积缩小，虫体长为20~40 mm，宽为8~13 mm。

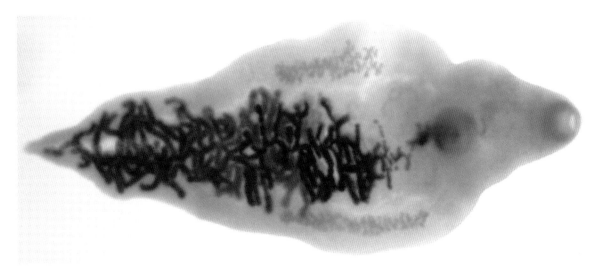

图6-4-3　双腔吸虫（闫鸿斌和贾万忠 供图）

七、防治措施

1. 预防

（1）**定期驱虫**。驱虫不仅能有效治疗牛肝片吸虫病，也是预防该病的重要方法之一，应有计划地进行全群性驱虫，一般每年春、秋两季各驱虫1次，第一次可在4－5月，第二次可在10－11月。在该病常发的牛群，每年应进行3次，第一次在1－2月，在大量虫体成熟之前20~30 d（成虫期前驱虫）；第二次在第一次驱虫后5个月（即6－7月，成虫期驱虫）进行；第三次在第二次驱虫后2~3个月（即8－9月）进行。

（2）**保护水源，防止吞入囊蚴**。不要把栏舍建在低湿地区；不在有椎实螺的潮湿牧场上放牧，尽可能选择地势高燥的地方放牧，以防感染囊蚴；不让牛饮用池塘、沼泽、水潭及沟渠里的脏水和死水，要给予清洁卫生的自来水、井水或流动的河水。

（3）**对粪便进行无害化处理**。及时清理病牛、病羊的粪便，堆积发酵，杀死其中的虫卵。对实行驱虫的牛、羊，必须圈留5~7 d，对所排粪便进行严格堆积发酵。

（4）**严格处理病畜的肝脏**。对检查出严重感染的病畜，其肝和肠内容物应深埋或烧毁；对轻微感染的动物肝，应该废弃被感染的部分。将废弃的肝进行高温处理，禁止用作其他动物的饲料。

（5）**消灭中间宿主**。配合农田水利建设，填平低洼水塘，使椎实螺无法滋生；对沼泽地和低洼的牧地排水，通过阳光暴晒，杀死牧地中的椎实螺。对于较小而不能排水的死水地，可用5%硫酸铜溶液定期喷洒。

2. 治疗

牛肝片吸虫病应在早期诊断的基础上，尽早治疗，才能取得好的效果。

（1）**西药治疗**。

处方1： 硝氯酚（拜耳9015）。它是治疗牛肝片吸虫病的首选药，对成虫有较好的效果，每千克体重黄牛3~7 mg、水牛1~3 mg，口服。

处方2：硫溴酚。每千克体重黄牛30~50 mg、水牛25~35 mg，口服。

处方3：丙硫苯唑。为广谱驱虫药，每千克体重10 mg，口服，对成虫的驱虫率可达99%。

处方4：三氯苯唑。每千克体重10~12 mg，口服，对成虫和童虫均有驱杀效果。

处方5：溴酚磷（蛭得净）。每千克体重12 mg，一次口服。

处方6：碘醚柳胺。每千克体重10~15 mg，口服。

处方7：下颌水肿严重致使呼吸、饮食困难时，静脉注射50%葡萄糖注射液或者刺破水肿挤出液体。对于贫血严重、心律失常、呼吸困难的病牛、病羊，应肌内注射板蓝根、复合B族维生素或维生素B$_{12}$注射液。

（2）中药治疗。

方剂1：苏木30 g、肉豆蔻20 g、茯苓30 g、绵马贯众45 g、龙胆草30 g、木通20 g、甘草20 g、厚朴20 g、泽泻20 g、槟榔30 g，研为末，开水冲调后灌服或水煎服，每日1次，连用2 d。

方剂2：赤芍22 g，贯众、木通各19 g，槟榔、龙胆各31 g，泽泻12 g，厚朴16 g，豆蔻13 g，甘草9 g，水煎服。犊牛用量减半，每日1次，连用2 d。

第五节　牛前后盘吸虫病

前后盘吸虫病（Paramphistomiasis）也称胃吸虫病、瘤胃吸虫病等，是由前后盘科的各属吸虫寄生于牛、羊等反刍动物的瘤胃和胆管壁上，童虫在移行过程中寄生在皱胃、小肠、胆管和胆囊所引起。临床上以顽固性腹泻、极度消瘦、可视黏膜苍白、全身水肿和血液稀薄等症状为主要特征。一般成虫的危害不甚严重，但如果大量童虫在移行过程中寄生在皱胃、小肠、胆管和胆囊，可引起严重的疾患，甚至发生大批死亡。

前后盘吸虫病呈世界性分布，也遍及我国各地，牛类几乎都有不同程度的寄生，感染率和感染程度都很高。

一、病　原

1. 分类与形态结构

该病病原为前后盘科各属的吸虫，有前后盘属、腹袋属、殖盘属、菲策属和卡妙属，其代表种是鹿前后盘吸虫和在我国最常见的长菲策吸虫。前后盘科吸虫虫体形态因种类不同而差别很大。有的呈灰白色，有的呈深红色，其共同特征是虫体肥厚，呈圆锥状或圆柱状。口吸盘在虫体前端，另一吸盘较大，在虫体后端，故不称双口吸虫，而称前后盘吸虫。

鹿前后盘吸虫为淡红色，圆锥形，长5~11 mm，宽2~4 mm。背面稍拱起，腹面略凹陷，有口吸盘和后吸盘各1个。后吸盘位于虫体后端，吸附在羊的胃壁上。口吸盘内有口孔，直通食道，无咽。有盲肠2条，弯曲伸达虫体后部。有2个椭圆形略分叶的睾丸，前后排列于虫体的中部。睾丸后部有圆形卵巢。子宫弯曲，内充满虫卵。卵黄腺呈颗粒状，散布于虫体两侧，从口吸盘延伸到后吸盘。虫卵的形状与肝片吸虫很相似，呈灰白色，椭圆形，卵黄细胞不充满整个虫卵，只在一面集结成群。

长菲策吸虫为深红色的长圆筒形，前端稍尖，虫体长为10~23 mm，宽为3~5 mm。体腹面具有楔状大腹袋。两分叉的盲管仅达体中部。有分叶状的2个睾丸，斜列在后吸盘前方。圆形的卵巢位于两侧睾丸之间。卵黄腺呈小颗粒状，散布在虫体的两侧。子宫沿虫体中线向前通到生殖孔，开口于肠管分叉处的前方，虫卵和鹿前后盘吸虫虫卵相似。

2. 生活史

成虫在终末宿主的瘤胃内产卵，后随粪便排出体外。虫卵在适宜的环境条件下孵出毛蚴（26~30℃）。毛蚴于水中遇到适宜的中间宿主扁卷螺，即钻入其体内，发育为胞蚴、雷蚴及尾蚴。尾蚴离开螺体后，随之在水草上形成囊蚴。牛、羊等反刍动物吞食了含有囊蚴的水草而遭到感染。囊蚴在肠道内逸出为童虫。童虫附着在瘤胃黏膜之前先在小肠、胆管、胆囊和皱胃内移行，寄生数十天，最后到瘤胃内发育为成虫。

二、流行病学

1. 易感动物

各年龄、品种的牛均易感，羊也易感。

2. 传染源

该病的传染源为被带有虫体的淡水螺污染的牧草或饮水。

3. 传播途径

感染的主要途径是牛食入带有淡水螺的草或喝了带有淡水螺的水，暖季感染（幼虫），冷季带虫（成虫）。

4. 流行特点

前后盘吸虫以淡水螺为中间宿主，因此该病的发生具有显著的地域性和季节性。在多雨的季节、低洼潮湿的地域多发，在寒冷的季节和干燥高岗地带发病少，越是雨水多的年份，越是水草丰美的地方，越是膘肥体壮的牛、羊，发病越多。

三、临床症状

前后盘吸虫的成虫主要吸附在牛的瘤胃与网胃接合部，此时临床症状及对动物的危害不甚明显。但在感染初期大量幼虫进入体内，在肠、胃及胆管内寄生、发育并移行，刺激、损伤胃肠黏膜，夺取营养，则对动物造成极大危害。主要症状是顽固性腹泻，粪便呈糊状或水样，常有腥臭味，有时体温升高。病牛逐渐消瘦，精神委顿，体弱无力，高度贫血，黏膜苍白，血液稀薄，颌下或全身水肿，颌下水肿呈长条状，俗称"长嗉子"。病程较长者呈现恶病质状态。病牛白细胞总数稍高，嗜酸性粒细胞比例明显增加，占10%~30%，中性粒细胞增多，并有核左移现象，淋巴细胞减少。到后期病牛极度瘦弱，卧地不起，终因衰竭而死亡。

四、病理变化

成虫感染的牛，多在屠宰或尸体剖检时发现。虫体主要吸附于瘤胃与网胃交接处的黏膜上，数量不等，呈深红色、粉红色或乳白色，如将其强行剥离，见附着处黏膜充血、出血或留有溃疡。因感染童虫而衰竭死亡的牛，除呈现恶病质变化外，胃、肠道及胆管黏膜有明显的充血、水肿及脱落，其内容物中可检查出童虫或虫卵。病牛可视黏膜苍白，血液稀薄，全身水肿，肠腔中充满稀便，具有腥臭味；脾脏肿胀或出现萎缩；胆囊膨大，充满黄褐色较稀薄的液汁，内含有童虫，胆管中也有童虫；肾周围组织及肾盂脂肪组织胶样浸润，实质性萎缩。

五、诊 断

童虫引起的疾病，主要是根据临床症状，结合流行病学资料分析来判断。还可进行试验性驱虫，如果粪便中找到相当数量的童虫或症状好转，即可做出诊断。对成虫可用沉淀法在粪便中找出虫卵加以确诊。病牛死后进行剖检检查，在瘤胃发现成虫或在其他器官找到幼小虫体，即可确诊，同时可以推测其他牛只是否患有该病。

1. 离心沉淀法

采集5~10 g粪便放入一个400 mL的烧杯中，加入少许水，用玻棒捣碎，搅匀，再用40目铜筛或两层纱布过滤至另一干净的50 mL离心管内，放入台式离心机内，以2 000 r/min的速度离心2~3 min。此时，因虫卵相对密度大，经离心后沉于管底，然后倒去上清液，取沉渣进行镜检，如发现有少数前后盘吸虫虫卵，即可确诊。

镜下虫卵呈椭圆形，浅灰色，有卵盖，内含圆形胚细胞，卵黄细胞未充满整个虫卵，一端拥挤，另一端有窄隙。虫卵长110~120 μm，宽70~100 μm。

2. 幼虫分离法

使用贝尔曼装置，取直接采自病牛的新鲜皱胃，剪碎，放入漏斗中的金属筛上，然后沿漏斗边缘缓慢地倒入约40℃温水直至粪便的表面，静置1~2 h，然后小心地用金属夹或捏住橡皮管。拔去小试管，将上端的水弃去，再用吸管吸试管内的上清液，将沉渣物吸于载玻片上，置于显微镜下镜检。

六、类症鉴别

牛隐孢子虫病

相似点：病牛精神沉郁，食欲不振，腹泻，极度瘦弱，嗜酸性粒细胞比例增加。

不同点：隐孢子虫病病牛粪便中带有大量纤维素，有时含有血液。虫体较小，仅为几微米，肠黏膜固有层的淋巴细胞、浆细胞、巨噬细胞增多。前后盘吸虫病病牛粪便呈糊状或水样，淋巴细胞减少。虫体较大，剖检见虫体主要吸附于瘤胃与网胃交接处的黏膜，数量不等，呈深红、粉红或乳白色。

七、防治措施

1. 预防

（1）**定期驱虫**。驱虫的次数和时间结合本地该病的具体流行情况及流行条件。确定每年3—4月用阿苯达唑伊维菌素片进行第一次驱虫，9—10月进行第二次驱虫。常在低洼潮湿地区放牧的牛只，每3个月用阿苯达唑伊维菌素片驱虫1次。

（2）**加强饲养管理**。发病季节避免在坑塘、低洼地区放牧，高发季节可采用轮牧方式，以减少病原的感染机会，以免感染囊蚴。饮水最好用自来水、井水或流动的河水，并保持水源清洁卫生。合理补充精饲料和矿物质，以提高其抵抗力。及时对畜舍内的粪便进行堆积发酵，利用生物热杀死虫卵。

（3）**开展灭螺工作**。可结合水土改造，破坏螺蛳的生活条件。流行地区可采取养鸭、鹅灭螺和药物灭螺相结合的方法。药物灭螺一般选用20%氨水、0.002%的硫酸铜溶液或2.5 mg/L氯硝柳胺双螺液进行喷杀或浸杀。

2. 治疗

（1）**西药治疗**。

处方1：硫双二氯酚，每千克体重40~60 mg，1次口服，对前后盘吸虫成虫及童虫有效率可达92.7%~100%。

处方2：溴羟替苯胺，每千克体重65 mg，1次口服，驱除前后盘吸虫的成虫效果为100%，对童虫的效果为87%。

处方3：氯硝柳胺，每千克体重60~70 mg，1次口服，可驱除皱胃及小肠内的童虫。

处方4：六氯对二甲苯，每千克体重200 mg，灌服，每日1次，连用2 d，对成虫疗效较好。

（2）**对症治疗**。对于病情十分严重的动物，除用驱虫药外，还应使用抗生素、胆素、牲血素、维生素C、氯化钠和葡萄糖等药物。对贫血病牛进行补血，常采用牲血素，每隔3 d补血1次。体质弱的病牛加喂高蛋白质饲料，用速补-14和复合B族维生素混合饮水。病牛脱水时，用氯化钠和葡萄糖等药物及时补盐、补糖。

第六节　牛莫尼茨绦虫病

牛莫尼茨绦虫病是由贝氏莫尼茨绦虫和扩展莫尼茨绦虫寄生于牛小肠而引起的一种寄生虫病。该病分布于世界各地，我国各地均有报道，在"三北"牧区普遍存在该病。该病主要危害犊牛，以食欲降低、饮欲增加、腹泻为特征，影响幼畜生长发育，严重感染时可导致死亡。

一、病原

1. 分类和形态特征

莫尼茨绦虫最常见的种类有贝氏莫尼茨绦虫和扩展莫尼茨绦虫，属于裸头科、莫尼茨属。

莫尼茨绦虫虫体呈带状，由头节、颈节及链体部组成，全长达6 m，最宽处16~26 cm，呈乳白色。头节上有4个近于椭圆形的吸盘，无顶突和小钩。节片短而厚，后部的孕卵节片长、宽几乎相等。成熟节片具有2组生殖器，在两侧对称分布，卵巢和卵黄腺围绕着卵膜构成圆环形，位于节片两侧，其输卵管、雄茎囊和雄茎均与雌性生殖管并列，并开口于节片两侧边缘的生殖孔内。睾丸数百个，分布在节片两纵排泄管内侧，在靠近纵排泄管处较为稠密。扩展莫尼茨绦虫在每个节片后缘有8~15个泡状节间腺，呈单行排列，其两端几达纵排泄管。贝氏莫尼茨绦虫的节间腺则呈密集的小颗粒状，仅排列于节片后缘的中央部。莫尼茨绦虫的孕卵节片内子宫汇合成网状，内含大量呈三角形、圆形或不整立方形的虫卵。虫卵长50~60 μm，内含1个被梨形器包围着的六钩蚴。

2. 生活史

两种莫尼茨绦虫的中间宿主均为生活在牧场表层土壤内的地螨。莫尼茨绦虫寄生在牛的小肠内，其孕卵节片或虫卵随粪便排出体外，如被中间宿主地螨吞噬，则虫卵内的六钩蚴在地螨体内发育为似囊尾蚴。当终末宿主牛等反刍动物在采食时，吞食了含有似囊尾蚴地螨的牧草，似囊尾蚴在其消化道逸出，附着在肠壁上逐渐发育为成虫。莫尼茨绦虫在犊牛体内经过47~50 d发育为成虫，绦虫在动物体内的寿命为2~6个月，而后即自行排出体外（图6-6-1）。

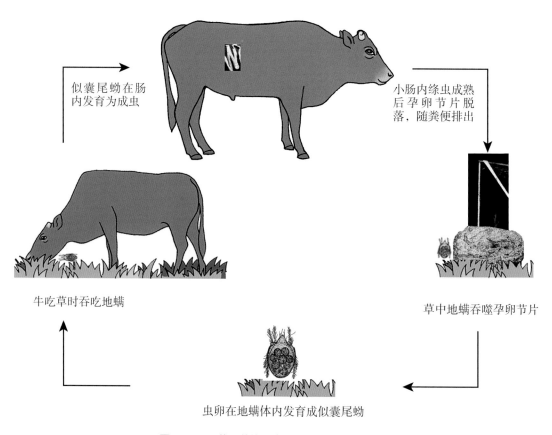

图6-6-1 莫尼茨绦虫生活史（郭爱珍 供图）

3. 致病机制

绦虫长 1~5 m，一头牛体内可寄生数十条虫体。虫体聚集的部位常引起肠腔狭窄，影响食糜通过，可引起肠道部分管腔扩张和卡他性炎症。当虫体扭结成团时，可发生肠阻塞、套叠、扭转或破裂。莫尼茨绦虫一昼夜可生长 8 cm，这就需要夺取宿主大量营养，影响了幼畜的生长发育。虫体的代谢产物能破坏肠内食糜的养分，加剧病牛营养的流失。虫体的代谢产物对宿主呈现毒性作用，可使肠管、淋巴结、肠系膜和肾脏等组织器官发生显著的病理变化，出现增生或变性、心内膜出血、心肌变性等。幼畜发育迟缓，抵抗力降低，有时可出现抽搐、回旋运动等神经症状。

二、流行病学

1. 易感动物

该病可感染各品种的牛，犊牛易感性高，随着年龄的增加，感染率和感染强度逐渐下降，成年牛一般不发病。

2. 传染源

患病动物是该病主要的传染源。

3. 传播途径

该病主要经消化道传播，牛因吞食被地螨污染的牧草和饮水等而被感染。

4. 流行特点

该病呈世界性分布，具有明显的季节性，这与地螨的分布、习性有密切关系，地螨喜温暖、潮湿的环境，早晚或阴雨天时，经常爬至草叶。各地的感染期不同，南方的感染高峰一般在4—6月，北方在5—8月。

三、临床症状

该病主要侵害45日龄至8月龄的犊牛，成年牛一般无临床症状，通常为带虫者。犊牛感染后，表现消瘦离群、精神不振、食欲减退、渴欲增加、发育不良、贫血、腹部疼痛和臌气等，还发生下痢。有时便秘，粪便中混有绦虫的孕卵节片（图6-6-2）；有时虫体聚集成团，病牛发生肠阻塞而死；有的出现神经症状，如痉挛、肌肉抽搐和回旋运动。病牛末期卧地不起，头向后仰，口吐白沫，精神极度委顿，反应迟钝甚至消失，终至死亡。

四、病理变化

剖检可见病牛尸体消瘦，肌肉色淡，胸、腹腔渗出液增多。有时可见肠阻塞或扭转，肠黏膜受损出血，小肠内有大量白色绦虫。

五、诊　断

该病诊断主要依据在犊牛粪便中查到绦虫孕卵节片或其碎片，粪检中发现虫卵。孕卵节片呈

图6-6-2　牦牛粪便中的扩展莫尼茨绦虫（李有全和丁考仁青 供图）

黄白色，多附着于粪便表面。感染初期，莫尼茨绦虫尚未发育成熟，病畜粪便中没有孕卵节片和虫卵，此时可用药物进行诊断性驱虫。尸体剖检时检出虫体也可作为诊断依据。

确诊需要进行粪便的病原检查。检查孕卵节片时，可用肉眼观察或用水清洗后检查粪便中是否有乳白色节片。必要时可用饱和盐水漂浮法作虫卵检查，其方法是取可疑粪便5~10 g，加入10~20倍饱和盐水混匀，通过60目筛网过滤，滤过液静置30~60 min，使虫卵充分上浮，用一直径5~10 mm的铁丝圈与液面平行接触，蘸取表面液膜后将液膜抖落在载玻片上，覆以盖玻片即可镜检。对因绦虫尚未成熟而无节片或虫卵排出的病畜，可进行诊断性驱虫，如服药后发现有虫体排出且症状明显好转，也可确诊。

六、类症鉴别

1.牛隐孢子虫病

相似点：常发生于犊牛，温暖、潮湿季节多发。病牛精神沉郁，食欲下降，腹泻，逐渐消瘦，虚弱，运步失调。

不同点：隐孢子虫病病牛腹泻严重，粪便初呈灰白色或黄褐色，混有大量纤维素、血液、黏液，后呈透明水样。莫尼茨绦虫病病牛粪便中混有绦虫的孕卵节片，或有痉挛、肌肉抽搐和回旋运动等神经症状，剖检可见小肠内有大量白色绦虫。

2.牛前后盘吸虫病

相似点：病牛腹泻，精神委顿，体弱无力，贫血，消瘦。

不同点：前后盘吸虫病病牛顽固性腹泻，黏膜苍白，血液稀薄，颌下或全身水肿，颌下水肿呈长条状。剖检见虫体主要吸附于瘤胃与网胃交接处的黏膜，数量不等，呈深红色、粉红色或乳白色，将其剥离，可见附着处黏膜充血、出血或留有溃疡。因感染童虫而衰竭死亡的牛，全身水肿，胆囊膨大，充满黄褐色较稀薄的液汁，内含有童虫，胆管中也有童虫；肾周围组织及肾盂脂肪组织胶样浸润，实质性萎缩。牛莫尼茨绦虫病无皮下水肿症状，剖检见小肠有莫尼茨绦虫。

七、防治措施

1.预防

（1）定期驱虫。在该病流行区域，在牛开始放牧后30~35 d，进行一次绦虫成熟前驱虫，此后10~15 d再进行1次即可。

（2）更换牧场。成年带虫者应同时驱虫。经过驱虫的牛不要在原牧地放牧，而应及时转移到清洁的牧场上放牧。如能有计划地与单蹄兽进行轮牧，可以收到良好的预防效果。

（3）消灭地螨。减少中间宿主，即地螨的污染程度，可彻底改造牧场，如深翻后种植三叶草或农牧轮作，不仅能大量减少地螨，还可以提高牧草质量。同时，避免在低洼地、湿地放牧，尽可能避免在清晨、黄昏和雨天放牧，以减少地螨感染的机会。

2.治疗

（1）驱虫治疗。

处方1：丙硫咪唑，每千克体重5~15 mg，制成1%水悬液，一次性口服。

处方2：氯硝柳胺，每千克体重60~70 mg，配成10%水悬液，用胃管一次性灌服。

处方3：吡喹酮，每千克体重5~10 mg，一次性口服。

处方4：硫双二氯酚，每千克体重50 mg，一次性口服。

（2）治疗腹泻。如果驱虫后牛只发生腹泻，可用磺胺间甲氧嘧啶进行治疗。腹泻较重者，可配合补液方法对症治疗。

处方1：磺胺间甲氧嘧啶，首次剂量每千克体重0.1 g；甲氧苄啶，首次剂量每千克体重0.02 g，以后减半量，口服，每日2次，连用3 d。

处方2：20%葡萄糖注射液250 mL，加5%糖盐水1 000 mL、5%碳酸氢钠注射液200 mL，混合后一次性静脉注射，每日2次，连用3 d；也可口服补液盐。

（3）对症治疗。

处方1：如有全身症状，可用头孢噻呋钠5 g，加生理盐水20 mL，一次性肌内注射，每日1次，连用3 d。

处方2：如果有的病牛出现便血，可用止血敏（含酚磺乙胺）注射液，每头牛剂量为1.25 g，肌内注射，每日1次，连用3 d。

第七节　牛犊新蛔虫病

牛犊新蛔虫病为犊新蛔虫寄生于初生犊牛小肠引起的以肠炎、下痢、腹部膨大、腹痛等消

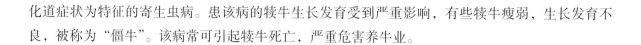

化道症状为特征的寄生虫病。患该病的犊牛生长发育受到严重影响，有些犊牛瘦弱，生长发育不良，被称为"僵牛"。该病常可引起犊牛死亡，严重危害养牛业。

一、病 原

1. 分类与形态特征

犊新蛔虫属于蛔虫目、弓首科、新蛔属成员。

该虫成虫虫体粗大，呈淡黄色，虫体体表角质层较薄，故虫体较柔软，且透明易破裂。虫体前端有3个唇片，食道呈圆柱形，后端有一个小胃与肠管相接。雄虫长11~26 cm，尾部呈圆锥形，弯向腹面，有3~5对肛后乳突，有交合刺1对，形状相似，等长或稍不等长；雌虫较雄虫大，长14~30 cm，生殖孔开口于虫体前1/8~1/16处，尾直。虫卵短圆，近乎球形，大小为（70~80）μm×（60~66）μm，壳较厚，外层呈蜂窝状，新鲜虫卵呈淡黄色，内含单一卵细胞。

2. 生活史

犊新蛔虫与其他动物的蛔虫生活史比较具有特殊性，它必须经胎盘感染，具体感染方式为：寄生在牛小肠中的成虫产卵，并随粪便排出体外，在适宜的温度（27 ℃）和湿度下，经过7~9 d发育为幼虫，再经过13~15 d在卵壳内进行第一次蜕化，变为第二期幼虫，即感染性虫卵。牛吞食感染性虫卵后，幼虫在小肠内逸出，穿透肠壁，移行至肝、肺、肾等器官组织，并在其中进行第二次蜕化，变为第三期幼虫，并停留在这些组织器官里。当母牛妊娠8.5个月左右，幼虫即移行到子宫，进入胎盘羊膜液中，进行第三次蜕化，变为第四期幼虫。由于胎盘的蠕动作用，幼虫被胎儿吞入肠中发育，犊牛出生后，幼虫在小肠内进行第四次蜕化、长大，经25~31 d变为成虫，成虫在小肠内可生活2~5个月，以后逐渐从宿主体内排出。另外，幼虫也可从胎盘移行到胎儿的肝、肺，以后沿蛔虫的移行途径转入小肠，引起生前感染，犊牛出生时小肠中已有成虫。

3. 抵抗力

犊新蛔虫虫卵对药物的抵抗力较强，2%福尔马林对该虫卵无影响；29 ℃时，虫卵可在2%克辽林或2%来苏尔溶液中存活20 h。但该虫对阳光直射的抵抗力较弱，虫卵在阳光的直接照射下4 h全部死亡。温湿度对虫卵的发育影响也较大，虫卵发育较适宜的温度为20~30 ℃，潮湿的环境有利于虫卵的发育和生存，当相对湿度低于80%时，感染性虫卵的生存和发育即受到严重影响。在27.5 ℃室温情况下相对湿度在40%~60%时，虫卵即会死亡。

虫卵耐高温的能力较差，在40~45 ℃时，3~5 d虫卵即死亡。

4. 致病作用

虫体在体内移行造成内脏器官的机械性损伤，其中以肝脏和肺脏较常见。虫体滞留在肝脏内，特别是在叶间静脉周围毛细血管，可使毛细血管破裂，造成大量点状出血。使肝脏细胞混浊肿胀，脂肪变性或坏死。虫体进入肺时，造成肺水肿，引起犊牛长时间咳嗽。虫体寄生在肠道，对肠道造成机械性损伤，引起肠道黏膜出血、溃疡，继发其他病原体感染，引起肠炎等病症。蛔虫具有游走性，当体温升高、饲料成分发生改变或饥饿时，蛔虫游走进入胆管、胰管等部位时可造成消化不良、腹痛。当肠道寄生过多的虫体，虫体扭集成团，造成肠道阻塞，严重病例可引起肠道穿孔、破裂，甚至引起严重的腹膜炎。

二、流行病学

该病主要发生于5月龄以内的犊牛，感染途径为子宫内感染和乳汁感染，奶牛乳汁中含有幼虫，犊牛可以在吃奶时感染。在自然病例中，初生2周龄到4月龄的犊牛小肠中寄生有成虫，在成年奶牛体内器官组织中有移行阶段的幼虫寄生。

三、临床症状

有犊新蛔虫寄生的新生犊牛口腔中有特殊的酸臭味，并有轻微的喘息和咳嗽，体温正常或稍微升高。在14~18日龄开始症状加重，犊牛食欲时好时坏，精神萎靡、嗜睡、食欲不振、不爱活动，强行驱赶也站不起或站不稳，爱趴卧，病牛多数排灰白色带有黏液和血液的糊状粪便，血液颜色为红色。寄生蛔虫多的犊牛，多排出带有脓血或血丝样的血痢（图6-7-1），气味腥臭难闻，犊牛有腹痛感，卧地时四肢划动。犊牛有时排出虫体（图6-7-2），但有的病牛不腹泻，仅表现出精神不振，不吃奶，腹围膨大，背毛粗乱，可视黏膜发白，呼出气体有酸味。病牛后期多出现四肢无力，牛体消瘦，肌肉弛缓，四肢下部和口、鼻发凉，病牛趴卧不起，贫血严重，呼吸困难，咳喘，严重者衰竭而死。

当蛔虫进入胆管造成胆管阻塞时，犊牛食欲废绝，腹痛明显，四肢划动，体温稍升高，全身症状明显。后期卧地不起，体温下降，经过3~5 d死亡。肠道穿孔的病例有严重的腹膜炎症状，腹腔积液，触诊腹部可以听见明显的拍水音，病牛时常腹泻。有腹膜炎的病例病程一般10~15 d，死亡率极高。

图6-7-1　病牛排出血痢（李有全和殷宏 供图）

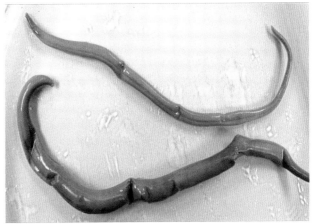

图6-7-2　病犊牛排出的虫体（李有全和殷宏 供图）

四、病理变化

病死犊牛肺脏表面有大量出血点或暗红色出血斑，肺脏组织中有实变的坏死区，有时在肺泡、支气管内可检出虫体。肝脏肿大，表面出血，有坏死区。肠道变化比较典型，有出血性坏死溃疡病灶，内有大量蛔虫。当肠道穿孔破裂后引起严重的腹膜炎，腹腔积液，腹腔内有大量的纤维蛋白性渗出物附着在内脏的表面。个别病例剖检时出现腹腔脂肪黄染，肝脏肿大、变硬并黄染。

五、诊 断

诊断要点

该病的临床诊断需结合症状（主要表现为腹泻、粪便混有血液、有特殊恶臭味、病牛软弱无力等）与流行病学综合分析，确诊尚需在粪便中检查出虫卵、虫体或剖检发现虫体。一般认为，每克粪便中检出虫卵5 000个时才能确诊为该病。检查粪便可用浮集法、水洗沉淀法或锦纶筛网兜淘洗法，虫卵计数采用Mc Master氏法。

六、类症鉴别

1. 牛轮状病毒病

相似点： 犊牛多发，病牛精神沉郁，食欲减少或废绝，体温正常或稍微升高，腹泻，四肢无力，卧地。

不同点： 轮状病毒病病牛粪便呈水样，黄白色或绿色，混有黏液，偶见便血；犊新蛔虫病病牛排灰白色带有黏液和血液的糊状粪便，甚至排出带有脓血或血丝样的血痢。轮状病毒病病牛剖检见肠壁变薄，肠内容物变稀，呈黄褐色、红色，甚至灰黑色，黏膜脱落，肠系膜淋巴结肿大；小肠黏膜条状或弥漫性出血，胃、结肠、肺、肝、脾和胰等器官一般不出现病变。犊新蛔虫病病牛肠道有出血性坏死溃疡病灶，内有大量蛔虫，甚至穿孔破裂；肺脏表面有大量的出血点、出血斑，有实变、坏死；有时在肺泡、支气管内可检出虫体；肝脏肿大，表面出血，有坏死区。

2. 牛副结核病

相似点： 病牛腹泻，粪便中带有黏液或血液，黏膜苍白，牛体消瘦。

不同点： 牛副结核病潜伏期长达几个月至几年，病程长达几个月，因此常见于成年牛。严重病例下颌及垂皮水肿。主要病理变化在消化道和肠系膜淋巴结，尤其见于回肠、空肠和结肠前段，为慢性卡他性肠炎，回肠黏膜增厚3~30倍，形成硬而弯曲的皱褶，呈脑回状外观，凸起皱襞充血。肠黏膜呈黄白色或灰黄色，附混浊黏液，但无结节、坏死和溃疡；浆膜和肠系膜显著水肿，肠系膜淋巴结肿大如索状。犊新蛔虫病病牛肠道有出血性坏死溃疡病灶，内有大量蛔虫，甚至穿孔破裂；肺脏表面有大量的出血点、出血斑，有实变、坏死；有时在肺泡、支气管内可检出虫体；肝脏肿大，表面出血，有坏死区。

3. 牛冠状病毒病

相似点： 犊牛多发，病牛腹泻，粪便中带有肠黏膜和血液，或有腹痛表现，有轻微咳嗽症状。

不同点： 冠状病毒病病牛排黄色或黄绿色稀粪，犊新蛔虫病病牛排灰白色粪便。冠状病毒病成年肉牛和奶牛发病突然，表现为腹泻，呈喷射状，粪便为淡褐色，粪便中有时含有黏液和血液。犊新蛔虫病不侵害成年牛。冠状病毒病病牛剖检见肠壁菲薄、半透明，小肠黏膜条状或弥漫性出血，小肠绒毛萎缩，肠内容物呈灰黄色，肠系膜淋巴结水肿。犊新蛔虫病病牛肠道有出血性坏死溃疡病灶，内有大量蛔虫，甚至穿孔破裂；肺脏表面有大量的出血点、出血斑，有实变、坏死；有时在肺泡、支气管内可检出虫体；肝脏肿大，表面出血，有坏死区。

4. 牛产气荚膜梭菌病

相似点： 由产气荚膜梭菌引起的牛肠毒血症病牛腹泻，排出带有血腥恶臭的粪便，呈酱红色，卧地不起。

不同点： 牛产气荚膜梭菌病各年龄段牛均可发生，发病初期常有最急性病例突然全身肌肉震颤抽搐，口流白沫，倒地死亡。剖检见严重的小肠炎，肠管大面积出血，特别是空肠段，呈红褐色；肠内有大量红棕色黏稠液体；肠黏膜脱落，呈弥散性出血，肠系膜呈树枝状出血。此外，常伴有心脏质地变软，心耳表面及心外膜有大量出血点；肝脏肿大，呈紫黑色，表面有出血斑；胆囊肿大；肺气肿，呈鲜红色，有出血斑；淋巴结肿大，呈大理石样，切面呈黑褐色；脾脏肿大、出血，呈紫黑色；肾脏肿大、有出血点等病变。犊新蛔虫病病牛肠道有出血性坏死溃疡病灶，内有大量蛔虫，甚至穿孔破裂；肺脏表面有大量的出血点、出血斑，有实变、坏死；有时在肺泡、支气管内可检出虫体；肝脏肿大，表面出血，有坏死区。

七、防治措施

1. 预防

（1）**保持环境卫生。** 保持圈舍环境卫生，隔离饲养犊牛，犊牛排下的粪便和其污染的垫草等都要注意收集并做无害化处理，杀死虫卵。牛舍内的粪便及时清除，保持温暖、干燥卫生，勤换被粪便污染的垫草，避免奶牛吃入有感染力的虫卵所污染的草和水。有效的预防办法是把饲槽架高，让犊牛饮用清洁的饮水，可在一定程度上预防该病的发生。

（2）**定期驱虫。** 每年春季和秋季定期预防性驱虫，药物可以选择盐酸左旋咪唑，使用剂量为每千克体重7.5 mg。也可以选用广谱抗寄生虫药物阿维菌素，使用剂量为每千克体重0.2 mg。

2. 治疗

（1）**西药治疗。**

处方1： 丙硫苯咪唑，每千克体重10~20 mg，混入饲料中投喂，隔3~5 d再用药1次。个别犊牛投喂丙硫苯咪唑后食欲减退、四肢肌肉颤抖，症状持续3~4 h自行消失。

处方2： 伊维菌素，每千克体重0.2 mg，1次皮下注射。

处方3： 枸橼酸哌嗪（驱蛔灵），每千克体重250 mg，1次口服。

处方4： 左旋咪唑，每千克体重7 mg，1次口服。或用左旋咪唑注射液，每千克体重5 mg，肌内注射。

（2）**对症治疗。**

处方1： 对于病重、极度消瘦的病牛，除给予以上抗寄生虫药物外，以体重80~100 kg的犊牛为例，还可给予25%葡萄糖注射液300~500 mL、三磷酸腺苷二钠注射液2 mL、肌苷注射液2~4 mL、5%糖盐水500~700 mL、庆大霉素80万IU、维生素C注射液10 mL、10%葡萄糖酸钙注射液50 mL，1次静脉注射，每日1次，连用5~7 d。

处方2： 发现病牛有腹痛时，可肌内注射30%安乃近注射液5 mL或氨基比林注射液20 mL。

处方3： 调理胃肠功能，增强机体抵抗力，可肌内注射2.5%维生素B$_1$注射液10 mL、10%维生素C注射液20 mL和氟美松（5 mg/支）注射液6 mL。

处方4： 强心利尿处理可静脉注射或肌内注射10%安钠咖注射液10 mL。

（3）**中药治疗。** 白头翁12 g、黄连2 g、黄柏9 g、陈皮12 g、茯苓12 g，水煎，待温灌服，每日1次，连用3 d。

第八节　牛吸吮线虫病

牛吸吮线虫病俗称牛眼虫病，是由吸吮属的多种线虫寄生于牛的结膜囊、第三眼睑和泪管引起的疾病，主要引起病牛眼结膜炎、角膜炎，甚至角膜糜烂和溃疡，严重者导致失明。

一、病　原

1. 分类与形态特征

该病病原为旋尾目、吸吮科、吸吮属的罗氏吸吮线虫、斯氏吸吮线虫、甘肃吸吮线虫、大口吸吮线虫。

虫体呈乳白色，表面有显著的横纹，头端细小，口囊小，食道短，雄虫长约 10 mm，尾部卷曲，有交合刺 1 对，长短、大小均不相同。雌虫长约 16 mm，尾端圆钝，两侧各有 1 个小凸起，阴门开口于虫体前端，开口处皮肤无横纹。

2. 生活史

吸吮线虫通过中间宿主——蝇类来发育和传播。雌虫在终末宿主第三眼睑内产生具有鞘膜的幼虫，幼虫被蝇吞食，侵入蝇体内经 2 次蜕皮发育为感染性幼虫，移行到蝇的口器内。当蝇舐吮终末宿主眼部时，幼虫便侵入其眼结膜囊内，再经 2 次蜕皮发育为成虫。幼虫从感染到成虫产卵需 35 d 左右，成虫在眼内可生活 1 年。

3. 致病作用

致病作用主要表现为机械性损伤动物结膜和角膜，引起结膜炎和角膜炎，并刺激泪液的分泌，若继发细菌感染时则更为严重，临床上可见眼潮红、流泪和角膜混浊等症状。当结膜因发炎而肿胀时，可使眼球完全被遮蔽。炎性过程加剧时，眼内有脓性分泌物流出，常将上下眼睑粘连。角膜炎继续发展，可引起糜烂和溃疡，严重时发生角膜穿孔、晶状体损伤及睫状体炎，最后导致失明。

二、流行病学

1. 易感动物

各种年龄和品种的牛都可感染发病，幼龄犊牛最为常见，一般放牧牛比舍饲牛感染率高。

2. 传染源

患病动物和带虫动物是该病的主要传染源。吸吮线虫可在牛眼结膜处生存数月，个别虫体可存活 1 年以上。

3. 传播途径

由于吸吮线虫的中间宿主是家蝇类，成熟的雌虫在牛眼内的分泌物中可产下能活动的胎生幼虫。如苍蝇在舐食牛眼分泌物时即可被苍蝇咽下，在蝇体内发育成侵袭性幼虫。当苍蝇再次吸吮牛眼分泌物时，这种侵袭性幼虫就会进入牛眼内，大约经 20 d，可在牛眼内发育为成虫，从而使牛患病。

4. 流行特点

因为该病的流行和牛活动的季节性有密切关系，牛多在 5—6 月开始发病，8—9 月达高峰，是冬轻夏重的一种寄生虫病。在牛眼内越冬的雌虫,是翌年春季流行牛吸吮线虫病病虫的主要来源。

三、临床症状

牛吸吮线虫的感染强度一般为10~30条,多的在一只眼内可找到60~70条。由于虫体刺激眼结膜和角膜,引起结膜炎和角膜炎。病牛出现羞明流泪,结膜充血(图6-8-1),眼睑肿胀闭锁,并伴有大量分泌物生成。随着病情的发展,角膜逐渐变混浊,呈烟雾状或全白色,并有新生血斑,甚至发生糜烂和溃疡,严重时发生穿孔、视力消失。病牛常表现极度不安,在其他物体上摩擦眼部或用两后蹄踢眼睛。摇头甩尾,食欲不振,母牛产奶量降低。

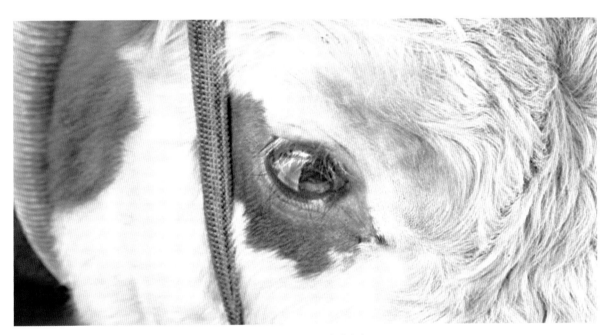

图6-8-1　病牛结膜充血

四、诊　断

根据结膜潮红、流泪、分泌物多,角膜混浊,水晶体损伤,在眼球表面发现白色线状虫体即可初步诊断为该病。

用2.5%硼酸溶液强力冲洗眼内,用白色瓷碗接取冲洗液,找出虫体,在显微镜下检查。肉眼观察见有乳白色虫体,有的一端卷曲,有的不卷曲,前者多较后者长。镜检见虫体表面有明显的锯齿状横纹,雄虫尾部卷曲,交合刺不等长,雌虫尾部钝圆。

将虫体压碎镜检,可见卵囊内包含幼虫的虫卵。

五、类症鉴别

牛传染性角膜结膜炎

相似点:病牛患眼羞明、流泪、眼睑肿胀,角膜混浊、溃疡,严重时视力消失。

不同点： 传染性角膜结膜炎病牛角膜凸起，角膜周围血管充血、舒张，结膜和瞬膜红肿，或在角膜上发生白色或灰色小点。严重者角膜增厚，有时发生眼前房蓄脓或角膜破裂，晶状体可能脱落。多数病例先为一侧眼患病，后为双眼感染。

六、防治措施

1. 预防

（1）**定期驱虫。** 在流行地区，应在冬春季对全群牛进行预防性驱虫。可用2%漂白粉溶液或1%～2%敌百虫溶液滴眼。

（2）**定期检查。** 每年在蝇类开始活动以后，要随时检查牛体，发现本病虫体时，要及时治疗，并且应立即做好全群牛的驱虫工作。

（3）**保持卫生。** 平时要搞好环境卫生，经常清除粪便及垃圾，减少蝇类滋生的场所。

2. 治疗

（1）**西药治疗。**

处方1： 磷酸左旋咪唑，每千克体重8 mg，口服，每日2次，连用2 d。

处方2： 90%甲氧嘧啶溶液，每头牛20 mL，一次性皮下注射。

处方3： 用1%～2%敌百虫溶液或5%胶体眼药水溶液或0.5%～1%复红溶液直接滴入眼内杀虫，每日2次，连用2 d。

处方4： 应用2%～3%硼酸溶液、0.5%来苏尔或0.1%碘溶液强力冲洗眼结膜囊，每日2次，连用2 d。

驱虫后，对已发生结膜炎、角膜炎、角膜翳或伴有细菌感染等症状时，应再用青霉素软膏或磺胺类、抗生素类药物继续治疗。

（2）**中药治疗。**

方剂1： 拨云散。硼砂3 g、硇砂0.5 g、朱砂1.5 g、炉甘石1.5 g、冰片0.3 g，共研细，过绢罗，每日点眼3次，每次约用0.5 g，每日1次至康复。

方剂2： 决明散。石决明18 g、草决明18 g、郁金15 g、蒺藜15 g、青葙子15 g、谷精草25 g、蜈蚣25 g、黄连藤25 g、生地10 g，每日1次，至康复。

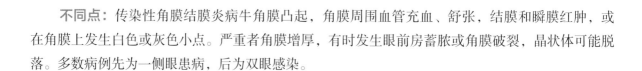

第九节　牛隐孢子虫病

牛隐孢子虫病（Cryptosporidiosis）是由隐孢子虫寄生于肠道引起的以严重腹泻为特征的一种人兽共患寄生虫病，该病已被列入世界最常见的6种腹泻病之一。

自1975年报道首例人的隐孢子虫病以来，类似的报道不断增多。在美国、英国、加拿大等90多个国家至少300个地区已证明有病例存在，在犊牛、羔羊、仔猪中广泛流行。Pancier等于1971年首次报道了牛感染隐孢子虫病。在我国，最先报道该病的是1986年陈义民等在兰州地区发现的犊牛隐孢子虫病，张敬伦等在广东地区发现鸡隐孢子虫病。随后在我国的上海、北京、安徽、陕西、四川、吉林、台湾等省（市）均有该病的报道，该病在我国各地大面积广泛流行。

一、病 原

1. 分类与形态特征

隐孢子虫是寄生性原虫，目前的分类地位已经明确，为顶复亚门、孢子虫纲、球虫亚纲、真球虫目、艾美耳亚目、隐孢子虫科、隐孢子属成员。隐孢子虫卵囊呈椭圆形或卵圆形，直径4~6 μm。成熟卵囊内包含有残留体和4个裸露的子孢子。残留体由颗粒状物和一空泡组成，子孢子呈月牙形。在改良抗酸染色标本中，卵囊为玫瑰红色，背景为蓝绿色，卵囊颜色与背景颜色反差很强，囊内子孢子形态多样，残留体为暗黑色颗粒状。

2. 致病种

隐孢子虫目前被普遍认为有20个有效种，近60个基因型。其中寄生于牛的主要隐孢子虫有4个有效种，分别为微小隐孢子虫、安氏隐孢子虫、牛隐孢子虫、瑞氏隐孢子虫。

微小隐孢子虫是人感染的最常见的隐孢子虫种类之一。一般认为，牛是微小隐孢子虫的主要宿主，尽管其他的反刍动物（绵羊、山羊、羊驼和鹿）、肉食动物（犬、狼和貉）、马、猪和某些啮齿目动物（小鼠、仓鼠、松鼠、东美花鼠、海狸鼠和水豚）也可作为微小隐孢子虫的宿主。微小隐孢子虫原本分为2种基因型：人基因型和牛基因型，2002年Morgan等鉴于生物学特性和遗传特征的独特性，将微小隐孢子虫人基因型确认为独立种——*C. hominis*。

安氏隐孢子虫的形态、大小与小鼠隐孢子虫相似，其宿主主要是反刍动物，如牛、绵羊、欧洲野牛和双峰驼，自然感染也偶见于鸟类冕鹧鸪和啮齿目动物（旱獭），亦有少数人体感染病例。

牛隐孢子虫被公认为有效种前，使用的命名为微小隐孢子虫基因型B。2005年，Fayer等基于微小隐孢子虫基因型B与其他隐孢子虫种/基因型在生物学特性和分子学特性上的不同将其将命名为*C. bovis*。*C. bovis*卵囊与微小隐孢子虫卵囊形态极其相似，大小为（4.76~5.35）μm×（4.17~4.76）μm，平均为4.89 μm×4.6 μm，形态指数为1.06，主要寄生在宿主动物的小肠。*C. bovis*不感染新生BALB/c小鼠和羔羊，但微小隐孢子虫可感染新生小鼠和羔羊，*C. bovis*为犊牛的优势虫株之一。

瑞氏隐孢子虫就是我们先前所熟悉的隐孢子虫似鹿基因型。2008年，Fayer等对其进行了系统的研究，把它命名为一个新种——*Cryptosporidium ryanae*。瑞士隐孢子虫不感染BALB/c小鼠和羔羊，可以感染未吃初乳的犊牛，排卵囊潜隐期为11 d，持续期为15~17 d。

3. 生活史

隐孢子虫生活史的整个发育过程无须宿主转换，繁殖方式包括无性生殖（裂体增殖和孢子增殖）及有性生殖（配子生殖），两种方式在同一宿主内完成。虫体各发育期均在由宿主小肠上皮细胞膜与胞质间形成的空泡内进行。虫体在宿主体内的发育时期称为内生阶段。随宿主粪便排出的成熟卵囊为感染阶段。卵囊随宿主粪便排出体外后即具感染性，被人和易感动物吞食后，在消化液作用下，子孢子从囊内逸出，附着于肠上皮细胞并侵入细胞，在肠上皮细胞间质形成的纳虫空泡内进行裂体增殖。滋养体经3次核分裂发育为Ⅰ型裂殖体，成熟的Ⅰ型裂殖体含8个裂殖子。成熟裂殖子释放后侵入其他上皮细胞，发育为第二代滋养体，再经2次核分裂发育为Ⅱ型裂殖体。含4个

裂殖子的成熟Ⅱ型裂殖体释出的裂殖子，进一步发育为雌、雄配子体，二者结合后形成合子，开始孢子增殖。合子发育成卵囊，成熟的卵囊含4个裸露的子孢子。卵囊有薄壁和厚壁两种类型：只有一层单位膜的为薄壁卵囊，其囊内子孢子逸出后可直接侵入肠上皮细胞，进行裂体生殖，导致宿主自体内重复感染；厚壁卵囊在肠上皮细胞或肠腔内经孢子化，囊内形成4个子孢子后随宿主粪便排出体外。完成整个生活史需5~11 d。

二、流行病学

1. 易感动物

该病可发生于各年龄的牛，但常发生于3~30日龄的犊牛。牛的年龄与易感隐孢子虫种类呈一定的相关性：微小隐孢子虫主要感染断奶前犊牛，安氏隐孢子虫主要感染青壮年牛和成年牛，牛隐孢子虫和瑞氏隐孢子虫主要感染断奶后犊牛。对奶牛而言，3~4日龄至3~4周龄的犊牛易引起急性腹泻，5~15日龄的犊牛最易感染，1月龄的牛发病率亦较高。

2. 传染源

患病动物和带虫动物为该病主要的传染源。

3. 传播途径

该病的传播主要以粪—口途径为主，在病人、畜禽的粪便中含有大量的卵囊，含有卵囊的粪便通过污染环境、饮水、食物等，经口进入机体而使健康人和畜禽遭受感染。可经消化道感染，也可经空气感染。

4. 流行特点

牛隐孢子虫流行非常广泛，通常认为隐孢子虫对宿主的感染多发生在温暖、潮湿的季节，但不同地区隐孢子虫病的高发期不尽相同。研究人员就隐孢子虫对伊朗西北部355个村庄不同年龄段牛的感染情况进行了调查，结果显示，最高和最低发病率分别在春季和秋季出现，4个季节间的感染率差异不显著。

三、临床症状

该病潜伏期为3~7 d，病牛精神沉郁、食欲下降，有时体温略有升高，腹泻，重症者粪便呈灰白色或黄褐色，混有大量纤维素、血液、黏液，后呈透明水样粪便。病牛体弱无力，被毛粗乱，身体逐渐消瘦，运步失调。病程为2~14 d，死亡率可达16%~40%。

四、病理变化

组织学检查，隐孢子虫主要感染宿主的空肠后段和回肠，倾向于后端发展至盲肠、结肠旋襻，甚至直肠。空肠、回肠固有层中嗜异或中性粒细胞、少数淋巴细胞和单核细胞等的增生浸润，尤其嗜酸性粒细胞的增生浸润散布在肠及肠淋巴组织中。当病程延长时，肠黏膜绒毛变性、萎缩、坏死，丧失刷状缘，立方上皮细胞变矮，陷窝变长。

五、诊 断

1. 粪便学诊断方法

目前，隐孢子虫的粪便学检查方法主要有漂浮法和染色法。

（1）漂浮法。1983年，周圣文等首次在国内报道用饱和白糖漂浮法诊断小白鼠的隐孢子虫病，2年后，他们又用该法对犊牛隐孢子虫进行了调查。目前常用的漂浮法还有饱和硫酸锌漂浮法、饱和硫酸镁漂浮法、饱和盐水漂浮法等。目前使用较多的仍是饱和白糖漂浮法，将隐孢子虫卵囊漂浮出来（图6-9-1），用2.5%的重铬酸钾溶液培养，用400倍或1 000倍光学显微镜观察。该法虽然检出率和回收率较高，但由于分离纯化时，饱和白糖黏性较大，限制了卵囊与杂质的有效分离，故其纯度不高。

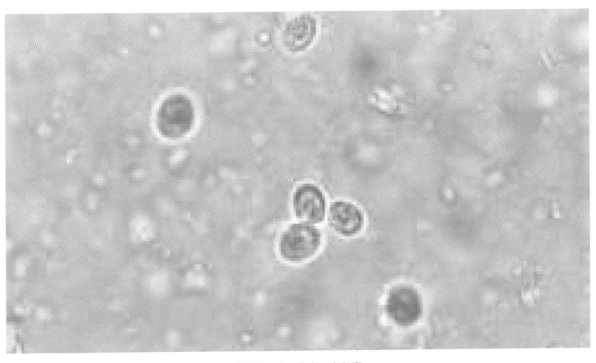

图6-9-1　隐孢子虫卵囊

（2）染色法。由于隐孢子虫卵囊很小，直接镜检常难以分辨，而染色后分辨率明显提高。将待检粪样制成涂片后，进行染色，常用的方法有吉姆萨染色、沙黄-亚甲蓝染色、亚甲蓝染色、金胺-酚改良抗酸染色等。目前，金胺-酚改良抗酸染色被广泛用于隐孢子虫的流行病学调查和研究。

2. 免疫学诊断方法

目前使用较多的检测方法主要有酶联免疫吸附试验（ELISA）、免疫荧光法（IFA）、免疫印迹技术（Western blotting）等。

（1）酶联免疫吸附试验（ELISA）。有较高的特异性、敏感性、稳定性和重复性，可以检测人畜粪便、血清、十二指肠液中的IgG、IgM、IgA水平。何宏轩等采用CP15/60重组蛋白作为包被抗原建立了间接ELISA，其特异性较好。在美国，ELISA试剂盒已广泛用于临床检查粪便标本。

（2）免疫荧光法（IFA）。免疫荧光法具有高度的敏感性、特异性和重复性，有利于抗原和抗体的分离鉴定，还可用于探索抗原的分布和抗体的形成部位，以研究免疫反应的本质及寄生虫免疫的病理机制。IFA较ELISA灵敏和省时。Rusnak等用间接荧光法检查了119份隐孢子虫病人的粪便，以改良抗酸染色作对照，结果IFA的敏感性为100%（56/56），特异性为97%（61/63）。IFA对于无症状带虫者及排卵量极少的患病人畜也有较好的检测效果。但试剂昂贵、荧光容易衰退、耗时长，且必须配备专门的荧光显微镜，很大程度上限制了该技术的推广。

（3）免疫印迹技术（Western blotting）。免疫印迹技术可用于隐孢子虫病的临床诊断和特异性抗原抗体的分析。该技术能分离出高分辨率、高度敏感和特异的隐孢子虫卵囊抗原，有利于提高隐孢子虫病的免疫学诊断效果。Lorenzo等采集无临床症状，但对小型隐孢子虫呈阳性反应的牛血清，应用凝胶电泳和免疫印迹技术，检测小型隐孢子虫卵囊抗原。粪便中小型隐孢子虫呈阳性的大多数牛血清（71%）能识别17~20 kDa的片段，而粪便呈阴性的牛血清不能识别这些片段。除此之外，具有抗小型隐孢子虫抗体的大多数血清，不论牛的粪便呈阳性或阴性都能与抗原片段发生反应，其中与47~4 915 kDa的抗原片段发生中度反应（43%），与69~5 615 kDa的抗原片段发生强烈反应（82%）。

3. 分子生物学诊断方法

（1）常规PCR技术。Laxer等首次将PCR技术用于隐孢子虫病的研究中，极大地提高了隐孢子虫病诊断的敏感性和特异性，开辟了该病诊断的新途径。Higgins等选择小核糖体rRNA中的一段835 bp片段为靶序列，设计并合成引物用实时PCR检测，发现该序列属的特异性很高。马良从含微小隐孢子虫粪便中直接提取DNA，作为PCR的模板，用Laxer介绍微小隐孢子虫的特异性DNA克隆片段序列设计的一对寡核苷酸作为引物，结合琼脂糖凝胶电泳溴化乙锭染色检测，也克隆出一段长为452 bp的特殊的微小隐孢子虫目的片段序列，且从其他的几种寄生虫、肠道微生物或宿主的DNA中不能扩增出这个片段。该方法检测的阈值达500个/g粪便，比以前常规方法敏感100倍。郭步平等用PCR检测隐孢子虫感染动物模型，36份镜检卵囊阳性小鼠粪便，PCR检测也均为阳性；18份镜检阴性小鼠粪便，PCR检测17份阴性，1份阳性。

（2）PCR结合探针标记技术。该方法是根据PCR扩增的DNA序列，设计一段特异性寡聚核苷酸，采用放射性或非放射性标记，再对PCR产物进行杂交而达到检测目的。研究人员用同位素对30 bp寡聚核苷酸标记，结果表明具有种的特异性，研究人员用生物素标记探针，对小隐孢子虫PCR产物进行检测，敏感性和特异性均很强。

（3）套式PCR技术（Nested PCR）。Nested PCR是根据靶向扩增序列设计出初始PCR引物，其产物再经过第二套引物扩增到特异性大小的DNA片段，从而达到检测的目的。该方法与常规PCR相比有更高的敏感性和特异性，较分子杂交更简便。据报道，根据隐孢子虫18S rDNA序列，设计出隐孢子虫属特异性的PCR初始引物和小隐孢子虫种特异性引物，可扩增540 bp和165 bp DNA片段。初始PCR和Nested PCR可分别检测出10 pg和1 fg的卵囊DNA。Wieger等应用Nested PCR结合限制性酶切分析，对人和动物小隐孢子虫株进行鉴别分析。目前，该方法已用于可能受污染的水源检测。

（4）随机引物多态性DNA PCR技术（RAPD PCR）。该方法采用一对较短的随机引物进行PCR反应，根据产物电泳图谱来检测。与常规PCR比较，该方法有敏感性高、快速简便的优点。研究人员应用该方法检测出1~10个卵囊的隐孢子虫样品，他们发现用RAPD PCR可以检测出隐孢子虫虫株的差异性。但是，该方法对模板DNA的纯度要求很高，且可重复性有待提高，采用免疫磁方法分离卵囊，提取的DNA纯度高，效果很好。

（5）反转录PCR技术（RT-PCR）。研究人员首次报道RT-PCR用于隐孢子虫的检测，敏感性达到10个卵囊。1997年Rochelle也报道了用此法检测污水中有活力的卵囊。与普通方法相比，RT-PCR可以区别卵囊有没有感染力，这在流行病学研究中有重要意义。

六、类症鉴别

1. 牛前后盘吸虫病

相似点：病牛腹泻，粪便呈糊样或水样，逐渐消瘦，精神委顿，体弱无力。

不同点：前后盘吸虫病病牛高度贫血，黏膜苍白，血液稀薄，颌下或全身水肿，颌下水肿呈长条状。剖检见虫体主要吸附于瘤胃与网胃交接处的黏膜，数量不等，呈深红色、粉红色或乳白色，如将其强行剥离，可见附着处黏膜充血、出血或留有溃疡；因感染童虫而衰竭死亡的牛，胃、肠道及胆管黏膜有明显的充血、水肿及脱落；胆囊膨大，充满黄褐色较稀薄的液汁，内含有童虫，胆管中也有童虫；肾周围组织及肾盂脂肪组织胶样浸润，实质性萎缩。

2. 牛莫尼茨绦虫病

相似点：常发生于犊牛，温暖、潮湿季节多发。病牛精神沉郁，食欲下降，腹泻，逐渐消瘦，虚弱，运步失调。

不同点：莫尼茨绦虫病病牛渴欲增加，发育不良，贫血，腹部疼痛和臌气，粪便中混有绦虫的孕卵节片，有的出现神经症状，如痉挛、肌肉抽搐和回旋运动；剖检可见小肠内有大量白色绦虫。牛隐孢子虫病病牛粪便呈灰白色或黄褐色，有大量纤维素、血液、黏液，后呈透明水样粪便，无神经症状，剖检不见大虫体。

七、防治措施

1. 预防

由于隐孢子虫寄生于肠黏膜表面，所以体液免疫不能起完全保护作用，但对预防再次感染可起到一定作用。

（1）喂足初乳。对于犊牛而言，及时饲喂初乳是最简单又最有效的预防犊牛腹泻的方法。犊牛应在出生后0.5~1 h喂足初乳，出生后12 h内应喂给4 L高质量的初乳，第一次饲喂2 L，间隔12 h再饲喂2 L。

（2）环境消毒。对带虫牛舍的消毒及清扫应选择在早晨，选用能杀死隐孢子虫卵囊的消毒剂，如10%福尔马林、5%氨水。

（3）药物预防。按每千克体重160 mg剂量口服磺胺喹噁啉，连用10 d。在出生后10~14 d，口服磺胺二甲嘧啶3.75 g（配成125 g/L溶液）。

2. 治疗

至今尚无疗效确切的抗隐孢子虫药物，但可加强补液、防止脱水，一般用5%糖盐水1 000~1 500 mL、25%葡萄糖注射液250~300 mL、5%碳酸氢钠注射液250~300 mL，一次性静脉注射，每日2~3次，再给病牛口服补液盐。

临床实践中有一定疗效的药物为克林霉素、阿奇霉素等，国外有用螺旋霉素治疗的，国内用大蒜素治疗，有一定效果。

第十节　牛贝诺孢子虫病

　　牛贝诺孢子虫病（Bovine besnoitiosis）又称为球孢子虫病、肉孢子虫病或者是象皮病，是由贝氏贝诺孢子虫寄生于牛眼、皮肤和生殖系统等部位引起的一种原虫病。该病主要引起母牛体重下降、产奶量下降、流产；公牛主要引起短暂的不育甚至是永久性的不育症，并且能引起皮毛质量的严重下降，感染严重时甚至导致死亡，给养殖业带来严重的经济损失。

　　该病最初于1884年由Cadeae在法国南部牛群中发现，当时因病牛皮肤肥厚，类似大象皮肤，故称"象皮病"。1992年，Besnost和Robin二人在感染牛的皮肤和结缔组织中发现大量含有孢子虫的包囊，从而定名为贝诺孢子虫病。贝氏贝诺孢子虫分布无一定地区性，目前世界已有日本、韩国等30多个国家发现此病，我国的北京、吉林、黑龙江、内蒙古等地有该病流行的报道。在国外，最初牛贝诺孢子虫的病例报道常见于南非、以色列等国家，近些年已经蔓延到欧洲、北美洲、非洲、大洋洲、东亚和中东等地区，并有进一步扩散的趋势，其中欧盟的葡萄牙、西班牙、法国、德国和意大利等国家流行区域范围和流行率不断增加，研究人员应用ELISA和Western blot的方法，对葡萄牙感染牛贝诺孢子虫病的牛进行流行病学调查，发现该病在葡萄牙流行；应用ELISA的方法，调查了澳大利亚南部的肉牛和奶牛，发现该病在澳大利亚南部的感染率为18.4%；应用病理检查和尸体解剖的方法，证明该病在意大利中部的15~18月龄肉牛中暴发，给养殖业带来了巨大的经济损失。因此，2010年欧盟食品安全委员会将牛贝诺孢子虫病列为重要的新兴疾病。

一、病　原

1. 分类与形态特征

　　贝诺孢子虫是一种原虫，隶属于顶器复合门、孢子虫纲、真球虫目、艾美耳亚目、住肉孢子虫科、贝诺孢子虫属。贝诺孢子虫病的病原主要包括贝诺孢子虫属的9个种的寄生虫，但是能引起牛发生贝诺孢子虫病的主要是贝氏贝诺孢子虫。

　　在牛体内主要有速殖子、缓殖子和包囊3种类型，在终末宿主体内主要为卵囊。

　　速殖子又称内殖子（图6-10-1），大小平均为5.9 μm×2.3 μm，是增殖型虫体，比较少见，主要见于发热期的血液内，呈新月形或香蕉形，其构造与弓形虫速殖子相似。

　　缓殖子为包囊内的虫体，又称囊殖子，大小平均为8.4 μm×1.9 μm。其形态与速殖子相似，虫体一端稍尖，一端稍钝圆，呈月牙形或香蕉形，主要见于慢性期病牛的组织包囊内。是引起硬皮病的主要原因。

　　包囊又称组织囊（图6-10-2）。由于它是由宿主细胞形成，故有人称它为"假包囊"。包囊通常呈圆球形，由3层结构构成，外层是结缔组织，中间一层通常包含多核宿主细胞的细胞质，周围和内部层包裹着大量的缓殖子。包囊直径为100~500 μm，囊壁由宿主组织所形成，分为2层：外层厚，均质，呈嗜伊红性；内层较薄，内含许多扁平的巨核，囊内无中隔。

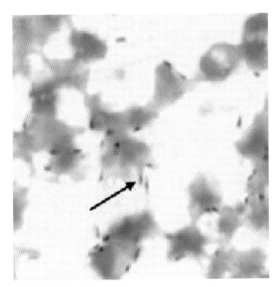

图6-10-1　牛血液中的贝诺孢子虫
速殖子（吉姆萨染色1 000倍放大）

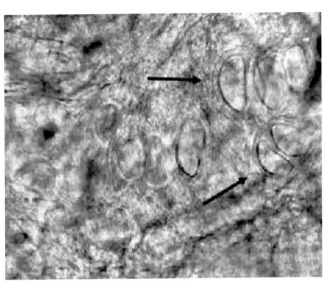

图6-10-2　牛组织中的贝诺
孢子虫包囊（400倍放大）

2. 生活史

贝氏贝诺孢子虫的生活史还不太明确，跟弓形虫极其相似，但是也有怀疑跟蚊虫叮咬有关。终末宿主是猫。当含有包囊的牛体组织被终末宿主猫食入后，缓殖子从小肠内的包囊中逸出，并在小肠固有层表层以及肠上皮细胞内发育为裂殖体，裂殖体再次分裂发育成为裂殖子。裂殖子再进一步发育成为大、小配子体，大、小配子体通过配子生殖形成卵囊。不具有感染性的未孢子化的卵囊随宿主粪便排至体外。1周之内，在条件适合的环境当中，卵囊发生孢子生殖，发育成为具有感染性的孢子化卵囊。孢子化的卵囊在牛吃草或饮水时，经口进入牛体内而使牛发生感染。卵囊囊壁在肠道中经过物理消化或者是化学作用而发生破裂，子孢子得以从中逸出并进入毛细血管，在单细胞内通过双芽生殖发育为速殖子。速殖子随血液转移至皮肤和皮下结缔组织等部位，在此虫体侵入宿主结缔组织细胞的胞质内形成缓殖子，缓殖子通过内双芽生殖发生增殖。随着缓殖子数量的增加，宿主细胞胞质随之膨大，同时细胞核也跟着分裂增殖，最终有许多大的细胞核疏松地排列于虫体周围，形成包囊的内层，并滋养着所有的缓殖子。邻近组织的成纤维细胞产生胶原纤维在假包囊周围沉着，形成厚而均质的胞壁，缓殖子大量增殖而充满整个包囊。包囊内的缓殖子如逸出，则可侵入新的宿主细胞并形成新的包囊。包囊内的缓殖子以黏合物相互连接在一起，虫体随包囊可长期存活达10年之久。包囊在结缔组织内多散在，眼观呈白细沙粒样。包囊数量多时，有时呈串珠状或葡萄状密集排列，包囊与包囊之间可能有微管相连，推测与虫体的营养代谢有关。

二、流行病学

1. 易感动物

贝氏贝诺孢子虫主要寄生于牛，不同性别、年龄、品种的牛均可感染，其中外地引进牛及其杂交牛通常比本地牛易感，公牛比母牛易感，以2~4岁的牛多发。天然中间宿主为牛和羚羊，试验可

使羊、兔、小鼠感染。猫为终末宿主。

2. 传染源

病牛是贝氏贝诺孢子虫的重要传染源。

3. 传播途径

该病主要为经口传播，吸血昆虫也可作为机械性传播媒介，如厩螫蝇、虻和蜱等。虻等昆虫的口器发达，可刺入病牛皮肤组织的虫体包囊内，将贝诺孢子虫吸入并传播给其他健康牛。

4. 流行特点

该病通常发生于夏秋昆虫活跃季节，冬春季节症状加剧。

三、临床症状

贝氏贝诺孢子虫为细胞内寄生虫，可引起细胞损伤、变性。虫体在皮肤、结缔组织中形成大量包囊，包囊破坏后释放虫体的毒素，除产生包囊外，还可导致宿主产生肉芽肿反应。虫体在真皮内繁殖导致皮脂腺、汗腺、毛囊及结缔组织萎缩或消失，引起脱毛、皮肤增厚、变硬和龟裂。贝诺孢子虫对生殖器官有一定趋向性，是造成母牛流产和公牛不育的原因之一。

临床诊断上可把该病的发病阶段划分为3个时期，首先是发热期，随后发展成为脱毛期，最后进入干性皮脂溢出期。

1. 发热期

只有很少一部分病例表现临床症状，原因尚不清楚，可能跟寄生虫感染的数量有关。在这一阶段病牛体温可升高至40~41 ℃，并且可以持续2~10 d，在这一阶段血管内巨噬细胞、纤维母细胞、血管内皮细胞内的速殖子大量增加。病牛可出现畏光、眼睛流泪、鼻子流鼻液等临床症状。皮肤、被毛失去光泽、腹下、四肢水肿，有时甚至出现全身水肿现象，步态僵硬。反刍缓慢或停止，呼吸数、脉搏数同时增多，流泪，巩膜充血，上布满白色隆起的虫体包囊（图6-10-3）。经5~10 d由急性发热期进入第二阶段。

2. 脱毛期

体温正常或稍微升高，淋巴结肿大。在这个阶段，病牛大都不愿动弹，皮肤显著增厚（图

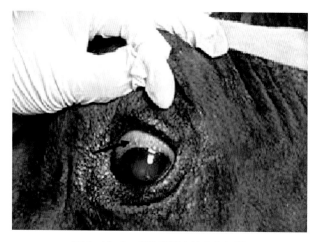

图6-10-3 病牛巩膜上的虫体包囊

图6-10-4 病牛颈部皮肤显著增厚

6-10-4），失去弹性，奶牛乳腺增生甚至堵塞，乳房皮肤出现明显的病理变化，变硬增厚似废胶皮样（图6-10-5）；公牛表现为睾丸肿大，引起不育。这个阶段可能会出现死亡。如不发生死亡，经过15～30 d，病程发展进入第三阶段即干性皮脂溢出期。

3. 干性皮脂溢出期

被毛脱落，甚至出现秃毛现象，眼观皮肤上生成一层厚厚的痂皮，外观似大象皮肤和患有疥癣的症状，因其出现典型的大象皮肤症状所以又被称为"象皮病"。淋巴结肿大，在皮下结缔组织、肌肉和阴道黏膜等部位形成含有大量缓殖子的椭圆形包囊。病牛精神倦怠，行动迟缓或者是不愿动弹，患病后期牛体极度消瘦，淘汰或者是发生死亡。慢性病例皮肤出现厚痂和龟裂（图6-10-6）。奶牛乳头肿胀，乳管堵塞。在病变各处可见到包囊。

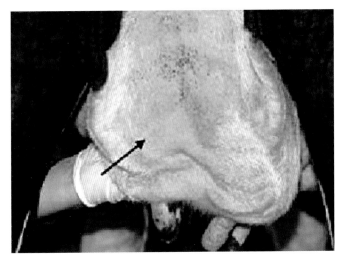

图 6-10-5 病牛乳房皮肤显著增厚

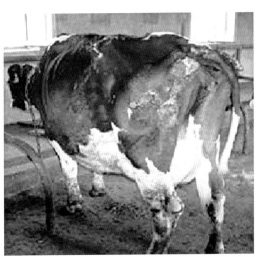

图 6-10-6 病牛皮肤龟裂

四、病理变化

病理检查发现，真皮及皮下结缔组织内含有大量的包囊形虫体。真皮结缔组织增生，嗜酸性粒细胞及淋巴细胞浸润。皮肤衍生物萎缩，表皮细胞呈现水泡变性和渐进性坏死变化，体表淋巴结呈炎性反应。对生殖器官做组织切片检查，可检出包囊，并有细胞浸润；公牛的输精管中，出现精原细胞、精细胞和精子。

剖检见病牛体表淋巴结肿大，切面多汁或皮质部出血，全身皮下结缔组织色黄，出现轻、重不一的黄色胶样浸润，并有少数针头大的出血点；心外膜、冠状沟有少数出血点，心肌色淡，心内膜乳头肌上有出血斑点；肺淤血，支气管内有泡沫样液体；有的肝微肿，呈土黄色、质地脆弱，胆囊肿大；脾正常或微肿，肾三界较清楚，皮质有少量出血点，肾盂部充血、淤血；空肠和盲肠的浆膜、膀胱的黏膜有针尖大乃至针头大出血点散在；肺门、肝门和肠系膜淋巴结肿胀、多汁；病程长的病牛两眼巩膜上有数量不等针尖乃至针头大的圆形或类圆形的包囊，几个散在。皮下组织黄染或轻度黄染，全身或局部皮肤的结缔组织层和皮下结缔组织、骨骼肌的肌膜、肌腱的外膜、肠系膜、大网膜、肋胸膜、膈膜等处，均有针尖或针头大微白色、数量不等的包囊。

五、诊 断

1. 临床诊断

患病初期容易被误诊，只有当包囊在皮肤和眼巩结膜中出现时，才能依据脱毛、皮肤增厚结痂等症状做出初步诊断，但尚须结合实验室检查才能最后确诊。

2. 组织检验法

取病变组织（皮肤或巩结膜结节）做压片或切片，在视野中检出包囊，其中含有贝诺孢子虫滋养体即可确诊。

3. 血涂片检查法

将病料接种于家兔等实验动物，在发热期制作血液涂片镜检，检出虫体即可确诊。

4. 免疫学诊断方法

目前，用于该病的免疫学方法主要有4种，即补体结合试验（CFT）、酶联免疫吸附试验（ELISA）、免疫荧光抗体试验（IFAT）和间接血凝试验（IHA）。在4种检验方法中，CFT和IHA阳性符合率比较高，而且方法简便易行，适用于现地应用。尤其是IHA，更适用于病牛的早期诊断。

1986年，姜言辅等就以Vero细胞培养的贝诺孢子虫制备抗原，采用ELISA方法对牛贝诺孢子虫病进行了诊断。对已知阳性和阴性血清各30头份进行检测，其符合率均为100%，对疫区244头份血清进行检测，其阳性检出率为34.8%，而临床通过巩膜检查的阳性检出率仅为45%，对巴贝斯虫、双芽巴贝斯虫、瑟氏泰勒虫、环形泰勒虫、伊氏锥虫、住肉孢子虫等感染牛血清68头份进行检测，除22头份住肉孢子虫感染牛血清中有5头份为阳性外，其余均为阴性。

5. 分子生物学诊断方法

王文涛等根据GenBank上公布的贝氏贝诺孢子虫核糖体内转录间隔区（ITS）序列，在传统PCR方法的基础上设计一对特异性内引物，提取病牛血液中贝氏贝诺孢子虫基因组DNA，建立了贝氏贝诺孢子虫巢氏PCR检测方法并进行临床样品检测。

六、类症鉴别

牛疥癣病

相似点： 病牛皮肤脱毛、变厚，失去弹性而形成皱褶。

不同点： 疥癣病病牛感染初期局部皮肤上出现小结节，继而发生水疱，有痒感，病牛终日啃咬、摩擦和烦躁，局部皮肤发炎，皮肤损伤破裂，流出淋巴液。

七、防治措施

1. 预防

预防该病的有效方法就是及早发现病牛，隔离或扑杀，以消灭传染源。加强卫生防疫，给牛体喷洒适宜的杀虫剂，消灭吸血昆虫等传播媒介。杜绝猫进牛舍，给牛体喷洒适宜的杀昆虫药将有助于阻止该病的扩散传播。然而，解决该病的关键还应是免疫。据报道，应用贝诺孢子虫虫体抗原加弗氏不完全佐剂或包囊悬液加弗氏完全佐剂给羔羊免疫，可以刺激机体产生很高滴度的抗体，对人工感染1.5~2个月，尸体剖检未发现虫体包囊，这说明预防接种是消灭该病的一条有效途径。

2. 治疗

目前，贝诺孢子虫病的治疗尚处于探索阶段，用1%锑制剂治疗对脱毛期的病牛有一定疗效，氢化可的松对发热期的病牛症状有缓解作用。

第十一节　牛住肉孢子虫病

牛住肉孢子虫病（Sarcocystosis）是由住肉孢子虫科、肉孢子虫属的多种住肉孢子虫寄生于牛的肌肉组织内而引起的一种人兽共患原虫病，临床上以贫血、厌食、消瘦、水肿、淋巴结肿大、腹泻、肌肉无力和颤抖、尾端脱毛坏死等为特征。

第一个报道的住肉孢子虫是1843年Miescher在瑞士从家鼠骨骼肌中发现的鼠住肉孢子虫，1899年Labbe修订，把该原虫纳入1882年Lankester建立的住肉孢子虫属，称为米氏住肉孢子虫，成为该属的代表种。1882年Bütschli建立了住肉孢子虫目。后来Levine对原虫分类进行了较大的修订，把这一类原虫划归顶器亚门、孢子虫纲、球虫亚纲、真球虫目、住肉孢子虫科。

住肉孢子虫病是一种呈全球分布的人兽共患寄生虫病，被广泛发现于爬行类、鸟类和包括人、猴、鲸、各种家畜在内的哺乳动物，家畜感染率高达70%~100%。住肉孢子虫病流行很广，在我国广州、湖南、湖北、西安、甘肃、新疆、青海等地都曾有关于住肉孢子虫病的报道。我国新疆、青海、甘肃等地绵羊住肉孢子虫感染率达90.7%~100%。国内云南、湖北、贵州等省曾有关于黄牛肉孢子虫的调查报告，住肉孢子虫在贵州省流行普遍，感染率达98.1%。我国江苏、贵州等地区屠宰水牛的住肉孢子虫感染率达77%~100%，湖南省水牛体内梭形和枯氏住肉孢子虫感染率分别为50%~88.2%和79.2%~100%。

一、病　原

1. 分类与形态特征

住肉孢子虫属孢子纲、球虫亚纲、真球虫目、艾美耳球虫亚目、肉孢子虫科、肉孢子虫属，是一类寄生性球虫。住肉孢子虫的虫种有120余种，寄生于牛的主要有5种，即枯氏住肉孢子虫、毛形住肉孢子虫、人住肉孢子虫、莱氏住肉孢子虫和梭形住肉孢子虫。

各种住肉孢子虫的形态结构基本相同。它们多寄生于肌肉组织中，其虫体呈包囊状物（孢子囊），纵轴与肌纤维走向平行，大多呈纺锤形、卵圆形或圆柱形，为灰白色或乳白色，小的肉眼无法看到，大的可长达1 cm到数厘米。孢子囊又称米氏管。囊壁由2层构成，外层为海绵状结构，较薄，其上有许多伸入肌肉组织中的凸起，呈花椰菜样；内层较厚，并向囊内延伸，将囊腔分隔成若干小室。发育成熟的孢子囊，小室中有许多个肾形或香蕉形的滋养体。滋养体又称雷氏小体，长10~12 μm，宽4~9 μm，一端微尖，一端钝圆，其胞核偏向于钝圆端，胞质中有许多异染颗粒。孢子囊的中心部分没有中隔和滋养体，被孢子虫毒素（内毒素）所充满。

2. 生活史

住肉孢子虫是一种二宿主寄生虫，草食动物或杂食动物是中间宿主，而肉食动物为终末宿主。肉食动物如犬食入含有住肉孢子虫虫囊的肌肉后，虫囊在体内消化系统中被消化，囊内的缓殖子或裂殖子被释放进入肠腔。然后通过吸收作用进入肠上皮细胞中，在上皮细胞内形成大小不等的雌、雄配子。雌、雄配子经一段时间后，相互靠近而发生受精作用，形成了合子。合子再继续发育，其表面会形成一层壁，此时的合子称为卵囊。卵囊继续发育并且进入肠黏膜固有层，形成2个孢子囊，每个孢子囊内有4个子孢子。卵囊壁较薄，容易破裂，因此孢子囊被释放出来，进入肠腔，并随粪便排出体外。带有成熟孢子囊的粪便得不到及时清除，污染中间宿主的饮水和饲料，牛、羊等草食动物食入被带有孢子囊粪便污染的饲料和饮水，致使孢子囊进入体内，经消化作用后释放出子孢子，子孢子在中间宿主的血管内皮细胞中进行增殖，形成裂殖子，裂殖子在肌肉处形成住肉孢子虫包囊。

3. 致病机理

住肉孢子虫的致病性从大的方面可分为对中间宿主和终末宿主的致病性。住肉孢子虫的发育需经过2个世代。即在终末宿主肠上皮细胞内进行有性世代的配殖体及卵囊期，可引起终末宿主的肠型住肉孢子虫病；在中间宿主肌肉内进行的无性世代的包囊期，可引起中间宿主的肌肉型住肉孢子虫病。

中间宿主吞食了由终末宿主排出的孢子囊或卵囊后，囊内的孢子体逸出进入肠道血管，随血流进入各实质器官，在实质器官组织的血管内皮细胞内进行裂殖生殖，形成大量的裂殖子随血流进入肌肉中发育成包囊，引起中间宿主的肌肉型住肉孢子虫病。当终末宿主吞食了含有住肉孢子虫成熟包囊的肌肉后，由于消化酶的作用，囊壁溶解，包囊内的滋养体逸出钻入小肠微绒毛基部发育成雌、雄配子，在小肠固有膜下结合为合子，发育成卵囊。肠上皮细胞破坏后卵囊或孢子囊逸入肠腔，随粪便排出外界。住肉孢子虫的中间宿主有马、牛、水牛、山羊、绵羊、鹿、猪、禽类、啮齿类和人等，终末宿主有犬、猫、狼、狐狸、浣熊和人等，人既是中间宿主也是终末宿主。

4. 抵抗力

孢子囊和卵囊对外界环境抵抗力极强，4℃下保存1年仍有活力。包囊内的缓殖子在常温下能存活很长时间，但对高温、冷冻和腌渍敏感，67℃下5 min，-20℃下2 d，每千克肉加60 g食盐腌制3 d，即可灭活肌肉包囊中的缓殖子，达到无害化处理。

二、流行病学

1. 易感动物

各种年龄和品种的牛均可感染。

2. 传染源

该病的传染源主要是被终末宿主粪便污染的饲草（料）和饮水等。终末宿主1次感染，可持续排卵囊或孢子囊十几天乃至数月，并对重复感染不产生免疫力。

3. 传播途径

该病主要通过食入带有孢子囊粪便污染的饲料和饮水，致使孢子囊进入体内感染。中间宿主体内的裂殖子可经血液实验感染受体动物，也可以经过胎盘传给胎儿。

4. 流行病学

不同地区家畜住肉孢子虫感染率的波动范围较大，主要与人们的生活习惯和动物的饲养管理方式有关。感染率也随动物年龄增长而有增高趋势，成年家畜明显高于幼年家畜。

三、临床症状

急性住肉孢子虫病呈现恶病质，外周淋巴结肿大、贫血、跛行、虚弱、瘫痪，甚至死亡；犊牛人工感染后23~56 d出现高热、食欲减退、虚弱、心率加快、贫血、腹泻、肌肉无力、流涎、肌肉震颤、脱毛等症状，甚至死亡。母牛则发生流产或产死胎。慢性住肉孢子虫病主要表现为采食量下降、消瘦、贫血、被毛枯干、生产性能下降。

四、病理变化

病牛血液稀薄，心脏冠状沟、肾盂及肾门部分脂肪萎缩，心包、腹腔及胸腔内有多量淡黄色液体。心、心包、胃肠道浆膜、肠系膜、纵隔、膀胱有斑点状出血，有的肾上腺、胰、小肠及脑亦有出血点。内脏淋巴结，特别是肠系膜和纵隔淋巴结肿大、水肿和出血点。心肌、骨骼肌，特别是后肢、侧腹和腰部肌肉发现病变，严重感染时，肉眼可见大量顺着肌纤维方向着生的许多白色条纹（图6-11-1）。显微

图6-11-1　顺着肌纤维方向着生许多白色条纹

镜检查时可见到肌肉中有完整的包囊而不伴有炎性反应；也可见到包囊破裂，释放出的缓殖子导致严重的心肌炎或肌炎，其病理特征是淋巴细胞、嗜酸性粒细胞和吞噬细胞的浸润和钙化。

五、诊断

1. 实验室常规诊断方法

（1）**肉眼观察**。取20~30 g病变肌肉。去肉样肌膜，拉平肌肉，取不同角度于强光下观察，可见灰白色或乳白色的肌囊。肌囊一般长为0.5~5 mm，呈圆柱形或梭形。

（2）**显微镜检验**。顺肉样肌纤维方向剪取12~24粒肉块，并用厚玻璃片挤压至呈半透明状，在60~100倍光学显微镜下观察，可见肉孢子虫肌囊。肌囊由较厚的外膜和很薄的内膜组成。肌囊中心为住肉孢子虫虫体，虫体后端钝圆并有一椭圆形的核。住肉孢子虫感染时间较长后肌囊会发生钙化，钙化体呈黑色小团块，周围有卵圆形透光区。

（3）**胰蛋白酶消化法**。取加有1%~2%胰蛋白酶的磷酸缓冲液（pH值为7.6）70~90 mL，倒入组织搅拌器内，将样品组织块放入，37℃消化60~90 min，其间不断摇振。然后用纱布过滤，弃去未消化的组织，以500 r/min离心10 min，取其沉渣加入8 mL生理盐水混合后制成滴片，在显微镜下观察游离的香蕉形缓殖子。也可制成涂片，经吉姆萨染色后观察。

（4）粪便检查。33%硫酸锌溶液离心浮聚法：取被检动物粪便1 g，加清水10 mL充分搅匀，经纱布过滤转入离心管内，2 000~2 500 r/min离心1 min，倾去上液，再加清水混匀，离心，重复3次。弃尽上清液，加33%硫酸锌溶液1~2 mL，调匀后再加此液至距管口0.5 cm处。以2 000 r/min离心1 min，垂直放置离心管，离心后立即取样检查。用金属圈蘸取表面液膜2~3次，置于载玻片上，加碘液染色并覆以盖玻片，镜检。可见染色后包囊呈黄色或浅棕黄色，糖原泡为棕红色，囊壁、核仁和拟染色体均不着色。

35%蔗糖溶液浮聚法：取被检动物粪便5 g，加2倍的水混匀，经铜筛过滤，1 000 r/min离心5 min，弃尽上清液，加等容积35%蔗糖溶液（含0.8%石炭酸）混匀，再以1 000r/min离心10 min。用金属圈蘸取液面2~3次，置于载玻片上，加盖玻片镜检。

2. 血液涂片诊断方法

（1）涂片制作。从被检动物耳静脉吸取2 μL血液制作血液涂片，将吉姆萨原液用pH值为6.8~7.2的缓冲液做（1:15）~（1:20）倍稀释。在血膜上滴加稀释的吉姆萨染液，染色20~30 min，用自来水轻轻冲洗，晾干后镜检。

（2）镜检。直接涂片法检查住肉孢子虫时，采用病变组织压碎做涂片，吉姆萨染液染色，镜检。可见许多肾形或香蕉形的长10~12 μm、宽4~9 μm，一端稍尖、一端钝圆，核偏、位于钝圆一端的小体，即为住肉孢子虫的滋养体。

3. 免疫学诊断方法

免疫学诊断是家畜住肉孢子虫病生前诊断的主要方法，目前建立的方法有间接血凝试验（IHA）、酶联免疫吸附试验（ELISA）、荧光抗体试验（IFA）、斑点酶联免疫吸附试验（Dot-ELISA）、免疫组织化学、琼脂扩散试验、组织酶标技术等。其中IHA、ELISA、IFA等检测技术效果准确，稳定可靠，操作简便，为常用的诊断手段。

IHA检出率水牛为93.4%，黄牛为65.9%，水牛高于黄牛，ELISA的检出率为96.1%，其中猪为59.2%，小牛与青年牛为91.4%，成年牛为97.5%。成年牛高于小牛与青年牛，牛又高于猪。IFA的检出率，牛为97.5%，与常规ELISA的效果基本一致，且这两种方法对水牛、黄牛均适用。Dot-ELISA对牛的检出率为97.8%，与常规ELISA、IFA的效果相似，也适用于水牛、黄牛的检测。由于Dot-ELISA操作简便，又不需特殊仪器，快速而准确，易推广应用，是比较有前途的诊断方法。在免疫诊断的基础上，结合临床、剖检、组织检查能准确地诊断出住肉孢子虫病。

李伟等应用间接血凝诊断法对34份带虫绵羊血清检出阳性反应32份，阳性符合率达94%，血凝效价达（1:64）~（1:1 024），并用间接血凝法对来自刚察县、天峻县等流行区的283份幼年绵羊血清进行了诊断研究。试验表明IHA在诊断绵羊肉孢子虫病方面具有很好的特异性和敏感性，是一种简便、敏感性较高的血清学诊断方法之一。普通免疫学方法难以区分到种，而核酸探针技术可测出用其他方法无法检测到的低度感染，既有属特异性又有种特异性，是分类、流行病学调查和诊断的良好工具。因此，核酸探针技术的应用在活体诊断和虫种分类学上就显得尤为重要。

六、类症鉴别

牛无浆体病

相似点：病牛高热，贫血，精神沉郁，喜卧地，食欲减退，肌肉震颤，母牛流产。

不同点： 无浆体病病牛颈部发生水肿，肠蠕动和反应迟缓，有时发生瘤胃臌胀；当红细胞压积降至正常的40%～50%时，可视黏膜变得苍白和黄染。住肉孢子虫病病牛有外周淋巴结肿大、脱毛、被毛枯干症状。无浆体病病牛剖检见乳房、会阴部呈现黄色，皮下组织有黄色胶样浸润；大网膜和肠系膜黄染；肝脏轻度肿胀、黄染，呈红褐色或黄褐色；脾脏肿大，髓质呈暗红色，轻度软化；肾脏肿大，被膜易剥离，多呈黄褐色。

七、防治措施

1. 预防

（1）**隔离终末宿主。** 严防家畜与犬、猫等肉食动物接触，避免家畜的饲草、饲料及饮水被犬、猫等肉食动物粪便污染。

（2）**避免食入生肉。** 尽可能地避免给犬等肉食类动物喂食住肉孢子虫感染的牛、羊等畜肉，饲喂肉食动物用的肉类必须彻底煮熟。

（3）**无害化处理。** 对含有住肉孢子虫包囊的肉类要进行无害化处理。肌肉内的包囊在−22℃经24 h冷冻或经煮沸2 h以上处理，即丧失对终末宿主的感染性。

（4）**加强肉类卫生检验。** 对屠宰时发现的已经被住肉孢子虫感染的肉、脏器和其他组织应剔除和销毁；避免传染源进入牛的活动区。

2. 治疗

该病目前还没有特效药物用于治疗，重在预防。氨丙啉、氯苯胍等抗球虫药可用于该病的治疗，但治疗效果并不理想。

急性型病例在发病期每千克体重用1.5 mg伯氨喹和1.5 mg氯喹治疗，当病情稳定后，每千克体重用1.25 mg伯氨喹和1 mg乙胺嘧啶交替治疗，30～40 d可治愈，但必须加强护理及其他药物的辅助治疗，如健脾、补液、补加维生素等，还可试用康复牛或带虫牛血液进行输血。2岁以内慢性型小牛可每千克体重用2 mg莫能菌素防治，连用3个月。

第十二节　牛新孢子虫病

新孢子虫病是由犬新孢子虫寄生于多种哺乳动物细胞内所引起的一种原虫病，牛新孢子虫病主要引起奶牛、肉牛流产和繁殖障碍。

1984年挪威兽医学家在患脑膜炎和肌炎的幼犬体内发现了一种组织包囊状的原虫，但未作进一步鉴定；1988年，Dubey等从后肢瘫痪的犬体内分离到了虫体，并根据虫体特征将其命名为犬新孢子虫。目前该病呈世界性分布，很多国家已经有新孢子虫病的研究报道，如美国、英国、日本、德国、意大利、法国和新西兰等发达国家都有牛新孢子虫病发生的报道。在我国，刘群等分别对北京和山西5个奶牛场的40份血清进行了检测，新孢子虫抗体阳性率为26.7%，初步证实我国奶牛群存在新孢子虫感染。

一、病 原

1. 分类与形态特征

犬新孢子虫属于原生动物门、顶复亚门、孢子虫纲、球虫亚纲、真球虫目、新孢子虫属。

犬新孢子虫在其发育阶段可出现几种不同的形态，主要为速殖子、组织胞囊和卵囊等。

单个速殖子呈圆形、卵圆形或月牙形，并随分裂期的不同而有所差异，大小为（4.8~5.3）μm×（1.8~2.3）μm。用透射电镜观察，速殖子表面有3层原生质膜，22根膜下微管，2个顶环，1个极环，1个类锥体，1个高尔基体，1个核仁，1个泡状核，多个线粒体和内质网，8~18根电子致密的棒状体，大量微线。速殖子主要寄生于感染宿主的神经细胞、肌细胞、巨噬细胞、成纤维细胞、血管内皮细胞、肾小管上皮细胞和肝细胞中。

组织包囊呈圆形或卵圆形，大小不一，一般为（15~35）μm×（10~27）μm，最大的直径可达107 μm。组织包囊壁平滑，厚1~3 μm，呈分枝的管状结构，无间隔膜。包囊内含有大量的细长形缓殖子，大小为（1.3~3.4）μm×（0.9~1.3）μm。犬新孢子虫组织包囊在4℃保存14 d仍可存活，但在-20℃保存1 d就失去感染力。其主要寄生于宿主的脑、脊髓、神经和视网膜中。

卵囊呈卵圆形，直径为11.3~11.7 μm，其随感染犬新孢子虫的犬的粪便排出，刚刚排出的卵囊没有感染性，在外界环境中完成了孢子化发育，成为具有感染性的孢子化卵囊，孢子化卵囊内含有2个孢子囊，每个孢子囊内含有4个子孢子。主要寄生在宿主血管内皮细胞、神经细胞、肾小管上皮细胞、巨噬细胞、成纤维细胞、肌细胞和肝细胞中，最后可发育成新月形的速殖子。

2. 生活史

犬新孢子虫的全部发育过程需要2个宿主，犬和郊狼是犬新孢子虫的终末宿主；中间宿主主要是牛、绵羊、山羊、马、鹿等多种哺乳动物；可人工感染小鼠、大鼠、沙鼠、猫、狐狸、山狗等。有报道称野生动物也可作为犬新孢子虫的中间宿主，如美国的白尾鹿和红狐狸。犬新孢子虫在终末宿主犬的肠上皮细胞内进行球虫型发育，在中间宿主的体内进行肠外型发育。

终末宿主食入含有犬新孢子虫包囊的组织（如胎盘、胎衣、死胎等），包囊在胃内被消化，带有虫体的包囊游离出来，进入小肠内，虫体从包囊内释放出来。从中释放的子孢子、缓殖子侵入宿主细胞，开始球虫型发育，通过裂殖生殖产生了大量的裂殖子，经过数代裂殖生殖后，一部分裂殖子发育成为配子体。大、小配子体发育成为大、小配子，然后大、小配子结合成为合子，最后发育为卵囊。卵囊随粪便刚排出体外没有感染性，在外界适宜的环境中发育成为具有感染性的孢子化卵囊。目前排出卵囊的规律、环境中卵囊的存活时间，以及其他犬科动物是否为终末宿主还有待进一步研究。

被孢子化卵囊污染的饲料和水被中间宿主如牛、羊等食入，进入中间宿主体内。在小肠内释放出的子孢子随着血液循环进入神经细胞、血管内皮细胞、巨噬细胞、成纤维细胞、肌细胞、肾小管上皮细胞和肝细胞中，发育成为新月形的速殖子，大多数速殖子寄生在细胞内带虫空泡中。犬新孢子虫在中间宿主体内可以进行垂直传播，通过母畜直接传给后代。由于宿主产生免疫力或其他因素的作用，一部分速殖子被消灭，一部分速殖子通过胎盘进入后代体内，在其胎盘、脑组织、脊髓内寄生，也可在肝脏、肾脏等部位寄生，并发育到包囊阶段。

3. 培养特性

犬新孢子虫体外培养常用牛单核细胞和牛肺动脉上皮细胞。新孢子虫也可在牛肾细胞、Vero细胞等传代细胞系及胎鼠脑中生长发育。研究表明，经细胞培养传代8年的速殖子不会降低对小鼠的感染性。

二、流行病学

1. 易感动物

犬新孢子虫是多宿主原生动物寄生虫，现已经证实犬是新孢子虫的终末宿主，其中间宿主范围较广，如犬、牛、羊、马、骆驼、鹿、猪、狐狸、猴、大鼠、小鼠、沙鼠、猫和兔等均可作为中间宿主。

2. 传染源

该病主要的传染源是被孢子化卵囊污染的饲料和水。

3. 传播途径

犬新孢子虫有垂直传播和水平传播2种传播途径，在牛群中的主要传播途径是垂直传播，母牛可以将犬新孢子虫经胎盘传染给子代乳牛，在其随后的妊娠过程中，反复发生上述情况。

4. 流行特点

牛新孢子虫病一年四季均可发生，但高峰多出现在夏季，感染在母牛间不存在年龄差异，以妊娠6个月以前流产的胎儿血清阳性率较高，引起的流产常呈散发性或地方性流行。

三、临床症状

病牛四肢无力、弯曲，关节拘谨，后肢麻痹，运动失调，头部震颤明显，头盖骨变形，眼睑反射迟钝，角膜轻度混浊。妊娠牛发生流产或产死胎，即使能产下胎儿，体质也较虚弱。胎儿期间感染犬新孢子虫后，当犊牛发育至成年牛时，这种感染可能消除或恶化或转为隐性感染，但这些牛在妊娠期可经胎盘传给胎儿。牛从妊娠3个月到妊娠期结束这一段时期均可发生流产，大部分流产发生在妊娠5~6个月时。可见胎儿在子宫里死亡、被母体吸收成为木乃伊胎，或产出死胎、早产。在牛群中流产呈局部散发性或地方性流行。同一母牛可能反复发生流产。先天感染的犊牛出生时体重比正常犊牛轻且体重增加缓慢，感染的犊牛一生下来就表现神经症状，严重者不能站立，四肢虚弱或僵直，有些临床表现正常，但在1周后出现神经症状。

四、病理变化

牛新孢子虫病的病变集中发生在中枢神经系统、肌肉和肝等部位。在病变部位常可发现速殖子或组织包囊。新生犊牛活组织检测能够确诊，肌肉、肺呼出物、皮肤脓疱渗出物等活体组织在普通光学显微镜下可检查到犬新孢子虫速殖子，但需进行免疫组织化学（IHC）染色，以便区分犬新孢子虫和刚地弓形虫的速殖子。根据寄生部位的不同出现以下病变。

多灶性心肌炎和多灶性心内膜炎：在单核细胞中生有大量速殖子，在骨骼肌、心肌、咬肌、喉肌和食道肌等处发生多灶性肌炎。

非化脓性脑脊髓炎：病变从大脑延伸至腰部脊髓区，呈多灶性胶性变性，脊髓中灰质减少，形成局灶性的空洞，小脑发育不全，在病变部位可检测到犬新孢子虫的组织包囊。

坏死性肝炎、化脓性胰腺炎、肉芽肿性肺炎、肾盂肾炎；在肝、肺、肾等处发生坏死，有大量浆细胞、淋巴细胞、巨噬细胞和少量嗜中性粒细胞浸润。肝门静脉周围单核细胞浸润，出现不同程度的坏死灶；膜淋巴细胞肿胀、出血或坏死；胎盘绒毛层的绒毛坏死，出现不同程度的虫体病灶。

五、诊　断

1. 病原学诊断方法

（1）超微结构检查。在光学显微镜下无法辨别新孢子虫和弓形虫的速殖子，可在电镜下依据棒状体的构造加以区别。新孢子虫速殖子的棒状体电子致密度很高，而弓形虫的棒状体呈蜂窝状。此外，新孢子虫的包囊可在光学显微镜下与弓形虫相区分，新孢子虫的组织包囊出现于神经组织，包囊壁的厚度为 4 μm，弓形虫的组织包囊可在许多组织器官中出现，包囊壁厚度不超过 1 μm。

（2）病理组织学检查。根据新孢子虫的寄生部位，在新生儿的肌肉、脑组织、呼吸道分泌物及皮肤脓疱等活组织中均能检查到新孢子虫。应采集流产胎儿的脑、脊髓、心脏及肝等组织进行常规组织检查。可见多灶性、非化脓性脑炎、神经炎、心肌炎、骨骼肌炎、肝炎以及细胞浸润等，但要确诊必须检测到新孢子虫速殖子或组织包囊。

（3）病原的分离培养。为了分离及培养新孢子虫病原，可采集待检动物的病料组织，匀浆后皮下接种小鼠、大鼠、小沙鼠、犬、猫、家兔等。接种剂量依据动物种类不同而不同。发病后采集中枢神经或内脏组织进行特异性检验，也可进行传代接种。新孢子虫的体外培养已获成功，可在牛肾细胞、Vero 细胞等传代细胞系中生长发育。1997 年，Davison 等将约 10 g 新鲜的死胎犊牛脑组织用 0.5% 的胰蛋白酶匀浆消化后接种到 6 份 Vero 细胞上。在含有 5% 二氧化碳、95% 空气混合物的 RPMI-1640 培养液中，于 37℃ 下维持培养。接种后 29 d 在一份培养液中首次观察到典型的新孢子虫速殖子。1997 年，Yamane 等采集 16 头流产胎儿和疑似新孢子虫病犊牛组织样本，接种于牛心肺动脉内皮细胞和猴肾细胞培养物中，接种后 49 d 在一份细胞中观察到新孢子虫速殖子。这表明病原的分离和体外培养可用于新孢子虫病的特异性诊断。

（4）免疫组织化学检查（IHC）。采集病死动物的大脑、脊髓、肝、肾、胎盘，或其他病变部位，制作切片后用免疫组织化学染色可检测各种动物体内的新孢子虫，而且新孢子虫血清可使虫体特异性着染，而弓形虫和其他原虫血清则不能，可进行特异性诊断。抗生物素蛋白-生物素-过氧化物酶染色法（ABPC 法）就是其中的一种，该法是 Lindsay 于 1990 年研究的，用兔抗新孢子虫血清对 4% 中性甲醛固定、石蜡包埋的组织切片进行染色，可检测到新孢子虫速殖子和缓殖子，而且对刚地弓形虫、阿氏艾美尔球虫、枯氏住肉孢子虫、杰利氏贝诺孢子虫等不着染，同时兔抗刚地弓形虫血清对新孢子虫无反应。

（5）动物接种试验。目前认为动物接种是对新孢子虫病诊断，虫体分离保存最为有效的方法。小鼠比起其他实验动物对新孢子虫更易感，鼠的品系不同其对新孢子虫的抵抗力也不同，远交系鼠对新孢子虫具有先天性的抵抗力，而近交系鼠对新孢子虫较为敏感，裸鼠对新孢子虫尤其敏感，常用于分离虫体。在实验室中也可以对雌性BALB/c小鼠进行免疫抑制，使其免疫力降低，增加虫体对其的感染力。一般采用腹腔接种，在接种后的39 d可从感染小鼠的腹腔积液及脑、肝脏及肾脏组织中观察、分离得到新孢子虫速殖子。

2.血清学诊断方法

（1）凝集试验（AT）。该方法由Romand等首先建立，具有较高的敏感性、特异性和重复性。AT较适于群体动物的筛查，监测和检测不同动物血清中的新孢子虫抗体。Moraveji等应用犬新孢子虫重组蛋白NcSAG1建立了一种检测犬新孢子虫抗体的乳胶凝集试验（LAT），通过对163份牛血清样品的检测，比较了该方法与ELISA方法的符合率。LAT和ELISA检测的阳性率分别为13.4%和14%，表明基于NcSAG1的LAT是一种快速、简便、经济和适合临床检测新孢子虫病抗体的方法。

（2）间接荧光抗体试验（IFAT）。间接荧光抗体试验（IFAT）是通过将荧光素与抗人免疫球蛋白或其他第二抗体在不影响抗体免疫特性的情况下，用化学方法结合起来制备成荧光抗体，当作为检测用的未标记的抗原（或抗体）与待测标本中相应的抗体（或抗原）结合成抗原抗体复合物时，加入荧光抗体与之结合形成免疫荧光复合物，即可在荧光显微镜下显示亮绿色荧光，从而间接地显示出待测标本中存在着相应抗体（或抗原）。间接荧光抗体试验用于测定血清或初乳中犬新孢子虫IgG抗体效价。1988年Dubey等首次应用IFAT检测犬血清中的犬新孢子虫。Koiwai等也采用IFAT进行了血清犬新孢子虫检测。

（3）免疫印迹技术（WB）。WB具有极高的特异性和较高的敏感性，与胎儿血清学诊断方法配合使用可以提高后者的确诊率。Sotiraki等以犬新孢子虫表面抗原p38为包被原，应用WB对777份奶样进行检测，比较该方法与ELISA方法的符合率，结果发现WB和ELISA检测的阳性率分别为27.9%和15.2%。

（4）酶联免疫吸附试验（ELISA）。

间接ELISA（Indirect ELISA）：ELISA是利用酶的催化作用和底物放大反应原理提高特异性抗原-抗体反应的检测技术。2009年，Borsuk等以纯化的犬新孢子虫重组蛋白NcSRS2为抗原包被酶标板，应用间接ELISA方法对145份阳性血清和352份阴性血清进行检测，结果间接ELISA方法的特异性为96%，敏感性为95%。

免疫刺激复合物ELISA（ISCOM-ELISA）：Frossling等用ISCOM-ELISA对来自瑞典的5个奶牛场的224份血清样本进行了检测，在判定标准值为0.200时，该方法的敏感性和特异性分别为99%和96%。Moraveji等以犬新孢子虫重组蛋白NcSRS2为抗原包被酶标板，应用ISCOM-ELISA方法对163份牛血清进行检测，发现血清抗体阳性率为14%。该方法具有较高的敏感性和特异性，还可用于犬、水牛等多种动物血清中犬新孢子虫抗体的检测，并且与其他相近的寄生虫不发生交叉反应。

亲和ELISA（Avidity-ELISA）：亲和ELISA可用于区分急性和慢性新孢子虫感染。IgG亲和ELISA是以犬新孢子虫速殖子为抗原检测血液或奶样的一种方法。Bjorkman等对经犬新孢子虫感染的妊娠牛和小牛的卵囊，应用亲和ELISA方法进行了抗原抗体亲和力水平测定，结果显示，该亲和力水平低于Bjorkman应用免疫刺激复合物ELISA检测弓形虫感染牛后相同IgG的亲和力水平。

重组抗原ELISA（rELISA）：此法是以犬新孢子虫表面抗原为基础的ELISA。表面抗原避免了胞内抗原和细胞质内容物的干扰，因而提高了诊断的准确性。Hiasa等对犬新孢子虫主要表面抗原

NcGRA7和NcSAG1进行表达后，应用重组抗原ELISA检测，结果表明，重组抗原ELISA方法对评估牛感染新孢子虫后的流产发生率十分有效。

3. 分子生物学诊断方法

目前，聚合酶链式反应（PCR）是最常用的诊断牛新孢子虫病的分子生物学方法。试验表明，PCR方法适于患病牛的脑、肺、肝、肌肉、体液以及用甲醛固定或石蜡包埋组织中犬新孢子虫的检测。

（1）常规PCR技术（Routine PCR）。研究发现Nc-5基因在犬新孢子虫基因组中最为保守。Okeoma等从12头2岁的妊娠5个月流产牛的临床样本中采集血液并提取DNA，使用Np21+和Np6+引物对犬新孢子虫Nc-5基因的350 bp片段进行PCR扩增，证明此法可对血清型阳性的母牛新孢子虫病原进行检测。

（2）巢式PCR技术（Nested PCR）。巢式PCR是一种变异的PCR，使用2对引物扩增完整的片段。第一对引物扩增片段和普通PCR相似。第二对引物称为巢式引物，结合在第一次PCR产物内部，使得第二次PCR扩增片段短于第一次扩增。Barratt等根据GenBank上登录的新孢子虫的16种核糖体DNA基因序列设计合成JB、SF和HYD 3对引物，对野生小鼠的犬新孢子虫进行检测，其中JB-SF和JB-HYD巢式PCR扩增能够在经过连续稀释的DNA样品中检测出低至5~10 ng的犬新孢子虫。

（3）间接原位PCR技术（Indirectly in situ PCR）。此法是由Loschenberger等建立的检测犬新孢子虫的一种新方法，具有高度的特异性和敏感性，能够替代免疫组化方法，通过半抗原标记的核苷反应来检测犬新孢子虫，也可以通过荧光染色体标记的抗体显示出来。

（4）单管套式PCR技术（Single tube nested PCR）。单管套式PCR法对于靶序列的特异性复制产物特别敏感，可从分离于自然感染牛的甲醛固定、石蜡包埋的组织样本中扩增犬新孢子虫DNA，达到临床诊断的目的。Bozena等对来自8个奶牛场的44头流产胎牛大脑采用引物基因NF_1、NS_2、NR_1和SR_1进行单管套式PCR检测，发现其中35头被感染，感染与未感染胎牛的年龄差异无统计学意义。

（5）定量竞争PCR技术（Quantitative competitive PCR，QC-PCR）。QC-PCR是一种简单、快速、准确的核酸定量方法。重复序列Nc-5仅存在于犬新孢子虫基因组中。Paula等从妊娠5个月流产胎牛的血液中分离出DNA，应用Np21+和Np6+引物对新孢子虫Nc-5基因的350 bp片段进行PCR扩增，同时应用Tim3和Tim11引物对内转录阻断物1（IT SI）进行扩增，均能扩增出一条特异性条带。

（6）二（或双）温式PCR技术（Two-temperature PCR）。1991年国外学者首先在医学检测中应用了二温式PCR，也称为两（或二）温度点法PCR、双温PCR或两温度梯度PCR，国内最初有关此方法的研究报道也是应用在医学病原检测方面。季新成等根据已发表的犬新孢子虫种属特异性基因片段Nc-5基因序列设计合成一对特异性引物（Np:5′-GTGGTTTGTGGTTAGTCATTCG-3′和Nr:5′-GCATAATCTCCACCGTCATCAG-3′），建立了检测牛新孢子虫的PCR方法。应用该方法对50份全血和8份流产胎儿样本进行了检测，发现3份全血和1份流产胎儿样本为阳性。

（7）实时荧光定量PCR技术（Real-time PCR）。实时荧光定量PCR是20世纪90年代中期发展起来的一种新技术，是在PCR反应体系中加入荧光基团，利用荧光信号累积实时监测整个PCR进程，最后通过标准曲线对未知模板进行定量分析。Farida等使用*TaqMan*探针荧光PCR技术对犬组织进行犬新孢子虫的检测，并与IFAT方法进行比较，研究发现，在28只PCR阳性犬中，IFAT方法只检测出9只为阳性，可见 *TaqMan* 探针荧光PCR技术的灵敏性远高于IFAT方法。

（8）**环介导等温扩增技术（LAMP）**。LAMP是2000年开发的一种新颖的恒温核酸扩增方法，其特点是针对靶基因的6个区域设计4种特异性引物，利用一种链置换DNA聚合酶，在等温条件（63℃左右）保温30~60 min，即可完成核酸扩增反应。国内金超等根据GenBank上登录的新孢子虫 *NcSAG1* 基因（AF132217）序列设计合成了2对LAMP特异性引物，建立了检测牛新孢子虫病的LAMP技术并检测了牛犬新孢子虫。

（9）**基因芯片技术（Gene chip）**。基因芯片技术是建立在基因探针和杂交测序技术之上的一种高效快速的核酸序列分析方法。国内牛国辉根据犬新孢子虫 *Nc-5* 基因和牛孢疹病毒1型 *gB* 基因分别设计1对特异性引物和2条寡核苷酸探针。将标有荧光染料的PCR产物变性后与芯片上寡核苷酸探针杂交，实现同时对两种病原的检测，建立了犬新孢子虫和牛疱疹病毒1型基因芯片检测方法。基因芯片技术是近年发展起来的分子生物学技术平台，可以对多种靶基因同时进行检测和鉴定，以其快速、准确、高通量、微量化、污染少、自动化等特点被广泛应用于生物学的各个领域。建立高通量、高灵敏度且特异性好的检测方法已成为今后疫病检测的必然发展趋势，基因芯片技术结合多重PCR技术作为一种高效鉴定手段已经被广泛用于多种病原的检测与鉴定。

六、类症鉴别

1. 牛布鲁氏菌病

相似点：妊娠牛发生流产或产死胎。

不同点：布鲁氏菌病病牛阴唇和阴道黏膜红肿，从阴道流出灰白色或浅褐色黏液，病公牛发生睾丸炎和附睾炎，睾丸肿大，有热痛，部分病牛还可发生关节炎，表现关节肿胀、疼痛，跛行；经过1~2次流产的病母牛妊娠后一般不再流产；剖检见胎儿皮下水肿，皮下及肌间结缔组织有出血性浆液性浸润，胸腔和腹腔有微红色液体，肾呈紫葡萄样。牛新孢子虫病同一母牛可以反复发生流产。

2. 牛毛滴虫病

相似点：母牛妊娠早期发生流产，再次感染后可再次流产。

不同点：毛滴虫病病母牛阴道黏膜发红、肿胀，出现小疹块，1~2周后有絮状的灰白色分泌物自阴道排出。公牛感染后龟头黏膜出现红色小结节及黏液性或脓性分泌物。

七、防治措施

1. 预防

（1）**切断传播途径**。对奶牛场内及其周围的犬只进行严格的管理，禁止犬进入牛栏，禁止给犬饲喂牛的胎盘和流产的胎牛，禁止犬进入草料场及接触奶牛饮水池，减少奶牛与犬直接接触的机会，以期切断传播途径而达到预防的目的。

（2）**加强犊牛的饲养管理**。加强对低胎龄牛的管理，提供全价配合饲料及足够的青绿多汁饲料，注意保证能量、蛋白质饲料及矿物质如钙、磷、锰、锌、铁和维生素A、维生素D、维生素E的供应，特别是在严寒的冬季，应保证提供足够的营养，以增强牛体对新孢子虫病防御能力。

（3）**净化牛群**。通过流行病学检测，净化牛群，非疫区应加强引进动物的检疫，防止引入隐性感染或带病动物；疫区可通过临床观察和血清学检查，发现阳性动物及时隔离治疗；对血清学试验阳性的妊娠动物应进行严格隔离，烧掉或深埋与其分娩有关的废物。

（4）**无害化处理**。患病动物的奶或其他产品需经过严格的无害化处理方可应用。流行区运入的家畜和皮毛等产品，应进行检疫和消毒处理。畜牧场、奶场、皮毛制革场、屠宰场等与牲畜有密切接触的工作人员必须按防护条例工作。

（5）**加强检疫和消毒**。加强食品卫生检疫；加强家畜（特别是妊娠畜）的管理、抗体监测及严格进出口检疫；对家畜屠宰加工场地及畜产品进行消毒、通风，加强动物实验室的安全防御措施。

（6）**疫苗研究**。目前国内外兽医和寄生虫学者关注较多的是新孢子虫疫苗的研究。新孢子虫灭活疫苗、弱毒疫苗、重组疫苗正在研制中。目前美国农业部批准上市了一种命名为Neo-Guard的Havlogen佐剂化灭活疫苗，据称该疫苗具有使用安全、注射部位反应小等特点，能显著降低健康初妊娠母牛的流产率，但不能切断胎儿或胎盘感染。

2. 治疗

迄今为止，尚未发现治疗奶牛新孢子虫病的特效药物，目前筛选出的敏感化学药物有磺胺类的二氢叶酸还原酶/胸苷酸合成酶、抑制剂、离子剂类抗生素（拉沙里菌素、马杜拉霉素、莫能菌素、放线菌素、盐霉素）、大环内酯类药物、四环素类药物（强力霉素、米诺四环素）等，其功效已在细胞培养物上试验过，但体内试验评价药物对动物新孢子虫病治疗作用的报道不多。Kim和Kwon等的研究认为下列药物有一定作用。

处方1：复方新诺明，即甲氧苄啶（TMP），每日每千克体重200 mg，与磺胺甲基异噁唑（SMZ）每千克体重100 mg合用，分4次服用，连用2周。

处方2：MP合剂或片剂（含乙胺嘧啶25 mg、磺胺六甲氧嘧啶500 mg），首次每日3片，以后每日2片，连用2周。

第十三节　牛皮蝇蛆病

牛皮蝇蛆病（Hypodermiasis）是由纹皮蝇、牛皮蝇和中华皮蝇的幼虫寄生于牛的背部皮下组织引起的一种人兽共患寄生虫病。该病的主要特征是动物消瘦、贫血、发育受阻、体重减轻，产肉、产奶、产绒毛量下降，皮肤穿孔，感染强度高的可致动物死亡。世界上能引起动物皮蝇蛆病的皮蝇共有10个属39个种，其中寄生于牛的主要为牛皮蝇、纹皮蝇和中华皮蝇。牛皮蝇蛆病在欧洲、北美洲、亚洲等地广泛流行，在我国内蒙古、新疆、西藏、甘肃、青海等牧区流行严重。

在国外，早在罗马时代的文献中就有了夏季皮蝇引起的牛惊恐现象和牛背部有瘤状凸起的记载。此后，1733年Vallisnieri对捕获的皮蝇成虫标本做了形态描述。1738年Reaumur对皮蝇幼虫自牛背瘤状凸起中逸出至羽化成蝇的过程做了系统的观察和研究；1776年De Geer从野外捉到一只蜂样的蝇类，证实与Reaumur采集的标本相同，并将其命名为Oestrus bovis。1789年De Villers对惊扰牛的另一种蜂蝇做了形态描述，并命名为Oestrus Lineatum。1825年Laterille将上述2种皮蝇定为皮蝇属，并将以上2种皮蝇正式更名为 Hypoderma bovis De Geer 和 Hypoderma Lineatum De Geer。此后 Clark 对收集的成熟幼虫的蛹化、羽化为成蝇等方面进行了详细的研究。1846年Joly、1863年 Brauer 对皮蝇标本做了解剖，从形态结构上进一步阐明了皮蝇的生活史、产卵方法以及幼虫进入宿主体内的方式。

一、病 原

1. 分类与形态特征

纹皮蝇、牛皮蝇和中华皮蝇在分类学上属于双翅目、皮蝇科、皮蝇属成员。在我国大部分地区纹皮蝇是优势蝇种，牛皮蝇数量较少，中华皮蝇仅侵害牦牛。

牛皮蝇和蚊皮蝇的成虫较大，体表密生有色长绒毛，形状似蜂；复眼不大，离眼式，有3个单眼；触角芒简单，无分支；口器退化，不能采食，也不能叮咬牛只。

牛皮蝇成蝇体长约15 mm，头部被有浅黄色绒毛，胸部前端和后端的绒毛为淡黄色，中间为黑色；腹部的绒毛前端为白色，中间为黑色，末端为橙黄色。雌蝇的产卵管常缩入腹内。卵呈淡黄色，长圆形，表面带有光泽，后端有长柄附着于牛毛上，大小为（0.76~0.8）mm×（0.22~0.29）mm。1根牛毛上只黏附1个蝇卵。第一期幼虫呈黄白色，半透明，长约0.5 mm，宽0.2 mm，体分12节，各节密生小刺；口钩呈新月状，前端分叉，腹面无尖齿。虫体后端有2个黑色圆点状的后气孔。第二期幼虫体长3~13 mm，后气门板色浅。第三期幼虫体粗壮，长可达28 mm，棕褐色。背面较平，腹面稍隆起，有许多结节和小刺。体分11节，最后2节的腹面无刺。有2个后气孔，气门板呈漏斗状。

纹皮蝇体长11~13 mm，翅长8~9 mm，身体上黑色和浅黄色绒毛相间，胸部的绒毛为淡黄色，胸背除有灰白色绒毛外，还显示出有4条黑色发亮的纵纹。卵与牛皮蝇相似，1根牛毛上可黏附数个至20个成排的蝇卵。第一期幼虫形态与牛皮蝇相似，但口钩前端尖锐，无分叉，腹面有一个向后的尖齿。第二期幼虫气门板色较淡而小。第三期幼虫体长可达26 mm，最后一节腹面无刺，气门板浅平。每只雌蝇一生产卵500多个。

2. 生活史

牛皮蝇属于完全变态发育，发育过程分为卵、幼虫、蛹、成虫4个阶段。成蝇为野居，营自由生活。不采食，也不叮咬动物。一般多在夏季出现。阴雨天气隐蔽起来，在晴朗、炎热、无风的白天则飞翔交配，侵袭牛只产卵。成蝇在外界只能存活5~6 d，雌、雄蝇交配后，雄蝇死去，雌蝇产完卵后死亡。牛皮蝇将卵产在牛的四肢上部、腹部、乳房和体侧的被毛上，纹皮蝇多将卵产于牛的后腿系关节附近。每一雌蝇一生能产400~800个卵。卵经4~7 d孵出第一期幼虫，第一期幼虫沿着毛孔钻入皮内。牛皮蝇的幼虫，沿外围神经的外膜组织移行2个月后到椎管硬膜的脂肪组织中，在此停留约5个月。而后从椎间孔移行到背部皮下发育为第三期幼虫。到达背部皮下后，皮肤表面出现瘤状隆起，称为"瘤包"。纹皮蝇在感染2个月后，可在牛的咽及食道部发现第二期幼虫，第二期幼虫在食道壁停留5个月，最后移行到牛的背部皮下寄生，并蜕化为第三期幼虫，形成"瘤包"。第三期幼虫在牛背部皮下停留2~3个月。随后，在隆起处出现直径为0.1~0.2 mm的小孔，幼虫的后气孔朝向小孔。随着虫体的增大，小孔的直径也显著增大。第三期幼虫成熟后由孔内钻出，落在地上或厩肥内变成蛹。蛹期为1~2个月，之后羽化成蝇。牛皮蝇幼虫从感染牛只到离开牛体，要在牛体内寄生9~10个月，整个发育过程共需1年左右的时间。

3. 危害

（1）成蝇干扰。在成蝇频繁活动的季节，尽管不会叮咬牛体，但在雌蝇飞翔产卵过程中会使牛只烦躁不安，四处躲避，甚至出现狂奔，还会发生喷鼻、蹶蹄等现象。严重时会使牛只的采食、休息受到严重影响，导致体质消瘦、形成外伤，母牛发病后容易引发流产以及产奶量降低等症状。

（2）机械刺激。当幼虫钻入牛体皮肤后，能够在皮下组织生长发育，个体不断增大，且进行长距离移动，使局部皮肤受到严重的机械刺激，并损伤移行过程中经过的组织，使其发生炎症，造成结缔组织增生以及皮下组织炎，从而引起局部皮肤出现瘙痒，伴有疼痛，使其翻倒不安。病牛往往发育不良、体质消瘦、肉质变差，母牛受到侵袭则会导致产奶量降低。

（3）吸收宿主营养。从第一期幼虫发育成长为第三期幼虫，个体明显增大，甚至超过数百倍，且生长发育所需的全部营养物质都是通过宿主而获取。

（4）继发感染。幼虫侵入牛只体内，发育成为第三期幼虫时，会在寄生处的皮肤形成隆包，然后从皮肤钻出落到地面，导致皮肤损伤，甚至在局部形成瘢痕，非常容易继发感染化脓菌，引起脓肿，且通过瘘管有脓液排出。另外，化脓菌还能引发皮下蜂窝织炎。如果形成较大面积的瘢痕，且数量较多，会导致皮革质量明显降低。

（5）毒素损害。牛体内寄生的皮蝇幼虫，在生长发育过程中会通过新陈代谢生产并排泄一些物质，且这些物质对牛体具有毒害作用。

（6）损伤神经。个别幼虫进入牛只体内，能够在大脑或延脑内寄生，从而导致神经受到压迫和损伤，进而表现神经症状，严重时甚至引起死亡。

（7）引发过敏反应。病牛往往会由于吸收机械除虫挤碎或者自然死亡的幼虫体液，从而使其致敏，如果再次与该抗原接触，就能够引起过敏反应。

二、流行病学

皮蝇出现的季节，随各地气候条件和皮蝇种类不同而有差异。在同一地区，纹皮蝇一般4月中旬开始出现，5月上旬达到高峰。牛皮蝇出现时间为6—8月。牛只的感染多发生在成蝇飞翔的季节。它们在晴朗无风的白天侵袭牛只，成蝇在自然界一般存活5~6 d，此期间若遇不上牛，则自然死亡。该病的流行主要在我国的北方牧区，南方很少发现，这可能与南方的气候不适合皮蝇蛹期的发育有关。

三、临床症状

成虫飞到牛背上产卵时，常常引起牛只不安，影响其休息和采食。幼虫移行至皮下，使牛疼痛、发痒、烦躁不安；幼虫寄生在牛背部形成结节，局部增大成小的瘤肿，凸起于皮肤表面（图6-13-1），仔细观察皮肤，在隆起的顶上还可以看到有个小孔，从中可挤出幼虫，大小如花生米或指头（图6-13-2）。幼虫从皮下钻出后留下一小的空洞，当继发细菌感染时，可形成小的脓肿，严重影响牛皮质量。大量皮蝇蛆寄生时，牛背部出现无数凸起，严重者引起病牛贫血、消瘦，肉品质和奶产量下降。感染严重时1头牛的背部皮肤上就有50~100个甚至更多的包块，对牛危害非常大。

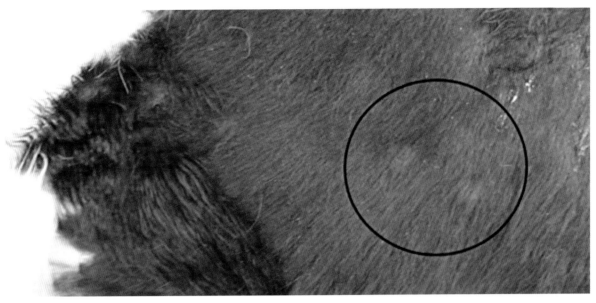

图 6-13-1　寄生于牛皮下的牛皮蝇蛆

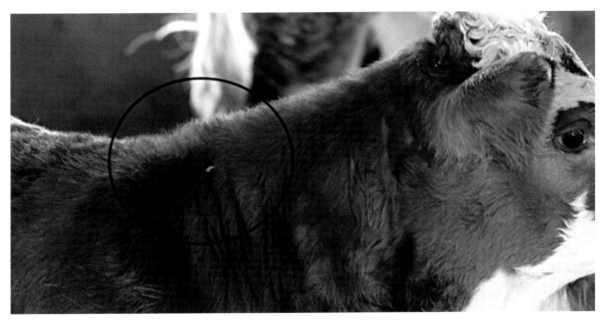

图 6-13-2　寄生于皮下的牛皮蝇幼虫

四、病理变化

纹皮蝇第二期幼虫寄生在食道时可引起浆膜炎，当幼虫移行到背部皮下时，可引起结缔组织增生，其寄生部位会发生瘤肿状隆起和皮下蜂窝织炎，继而皮肤穿孔，引起化脓。

五、诊　断

1. 临床诊断

到目前为止，对皮蝇蛆病的诊断还是基于临床表现和对第二期、第三期幼虫所形成的瘤包的触诊，或是观察春、夏季蛹从感染的牛背部钻出的情况，通过计数虫孔或是钻出的蛹的数目来确定感染的情况。幼虫将在宿主背部停留1~2个月，需分几次触诊。而幼虫钻出的过程可持续达3~4个月之久。该方法虽具有一定的实用价值，但同时也存在相当的局限性。此方法只有在虫体发育至第三期幼虫或第三期幼虫成熟后才能做出诊断，即用手摸到卵圆形硬结瘤状物或干枯脓疱包围的小孔或看到幼虫钻出才可做出判断，而此时皮蝇蛆已对动物造成了无可挽回的危害；如果检测出有一个瘤包也不能精确地说明真正的感染率，因为很多幼虫可能还处于体内移行的阶段；并且这不适合用于牛皮蝇蛆病防治效果考察和大规模流行病学调查。另外，也可对死畜进行剖检，也就是通过在相关部位找到幼虫进行诊断。夏秋季节动物被毛上存在的虫卵也可作为诊断的参考：牛皮蝇为单个附着于动物被毛上；纹皮蝇卵成排附着。但这些方法本身的缺陷会造成感染动物的漏检，尤其对感染率低的病牛，而且这些方法费时、费力。

2. 免疫学诊断方法

（1）免疫电泳（IE）和双向免疫扩散试验（DID）。IE和DID在1%琼脂糖凝胶中进行。原浓度的血清中的抗体与第一期幼虫（L1）的抗原在琼脂凝胶中相互扩散，至相对应的抗原与抗体合适比例时则出现肉眼可见的沉淀线。这两种方法最早由Boulard报道，她使用的是皮蝇的第一期幼虫或第二期幼虫的抗原，用pH值为6.4的磷酸缓冲液制成的终质量浓度为2~14 mg/mL。1990年，Monfray等在对驯鹿皮蝇蛆病的试验中发现，在DID中只有25%的感染驯鹿血清显示出阳性；用质量浓度为3.5 mg/mL的第一期幼虫抗体与100 μL的血清电泳的结果最清晰。作者用此法对感染皮蝇蛆病的牛进行检测未检测出抗体，表明DID与IE的敏感性不高。但这种方法在对人的皮蝇蛆病感染的早期诊断中取得了良好效果。1977年，Boulard等对13位感染了皮蝇蛆病的病人进行了检测，结果10位病人的血清呈阳性，3位为阴性。

（2）间接血凝试验（PHA）。PHA是用第一期幼虫抗原致敏的红细胞与血清反应，通过红细胞凝集情况进行判定。这种方法在检测牛皮蝇蛆病中取得了可靠的结果，但是这种方法所需的抗原量非常大（5~10 mg/mL），通过收集第一期幼虫的抗原很难满足试验的需要，所以这种方法很难实际应用。

（3）酶联免疫吸附试验（ELISA）。ELISA由于只需极少的抗原物质，且又相当敏感，可能是牛皮蝇蛆病早期诊断最适合的方法。取牛皮蝇第一期幼虫的可溶性抗原，在pH值为9.6的条件下包被于固相载体的表面，与待检血清、酶标二抗和底物相互作用，通过酶标仪判定结果。由于ELISA方法具有简单、方便、特异性强、敏感性高等优点，在法国该方法作为划定无皮蝇蛆病行政区的新依据。在英国，自1985年以来就成为唯一的牛皮蝇蛆病的诊断方法。

Regalbon等应用牛奶对意大利东北部地区的牛皮蝇蛆病进行了调查，证实了使用牛奶作为ELISA的检测样本在牛群散养的地区具有高效、低成本和操作简单等优点。此法对我国西部牦牛的牛皮蝇蛆病检测是一个首选的方法。在牛皮蝇蛆病的诊断中，间接ELISA是应用最广的方法，对检测抗体十分有效。随后科学家又建立了诊断血清中HC抗原的夹心ELISA法。Colwell等的试验表明，此法的特异性为95.6%，敏感性为96.4%。Colwell等应用夹心ELISA法对药物治疗中牛血清中的循环抗原HC进行了分析。在使用倍硫磷后的第9天循环抗原HC明显下降，但HC在治疗后的92 d仍然存在，比对照组长了42 d，可能是由于虫体死亡后在降解的过程中缓慢地释放抗原，或者虫体被包裹使抗原释放减缓。抗原的持续时间比抗体的持续时间要短许多，这表明夹心ELISA在检测治疗是否成功中将大有作为。

六、类症鉴别

1. 牛疙瘩皮肤病

相似点：病牛体表出现隆起结节。

不同点：牛疙瘩皮肤病皮肤结节很快形成溃疡，切开病变部位的皮肤，可发现切面有灰红色的浆液。切开结节，能看见内有干酪样灰白色的坏死组织，有时会伴有血液或脓液。牛皮蝇蛆病病牛皮肤结节顶部有小孔，从中可挤出皮蝇幼虫。

2. 牛蠕形螨病

相似点：病牛体表有瘤肿，大小不一。

不同点：牛蠕形螨病一般初发于头部、颈部、肩部或臀部，小瘤内含粉状物或脓状稠液和各期的蠕形螨，或只出现皮鳞屑而无疮疖。牛皮蝇蛆病多发于背部，病牛皮肤结节顶部有小孔，可挤出皮蝇幼虫。

七、防治措施

1. 预防

（1）加强灭蝇工作。预防的关键是消灭成虫，防止其在牛体上产卵，从而有效切断传播途径，防止病原的入侵。夏季牛舍、运动场要定期用除虫菊酯等灭蝇剂喷雾，也可用4%～5%滴滴涕溶液喷洒牛体，每隔10 d喷洒1次，以杀死产卵和成虫。

（2）保持牛体清洁。保持牛体卫生，经常刷拭牛体，从结节内挤出幼虫后，用亚胺硫磷乳油（每千克体重30 mL）洗擦背部。

（3）消灭幼虫。消灭寄生于牛体的幼虫，尤其是第一期和第二期幼虫，在防治牛皮蝇蛆病上具有极重要的作用。为此，必须了解和掌握皮蝇生物学特性，例如成蝇的产卵和活动季节，各期幼虫的寄生部位和寄生时间等，在此基础上有计划地采取大面积的防治措施，才能取得较好的效果。

（4）药物预防。每年5—7月，每隔半个月向牛体喷洒1次15%蝇毒磷溶液，防止皮蝇产卵。称取当归2 kg，放在4 L食醋中浸泡48 h，在9月中旬、10月上旬，给牛的背部两侧各涂擦浸液1次，大牛每次用浸液150 mL，小牛用80 mL，以浸湿被毛和皮肤为度。当归醋浸液防治牛皮蝇蛆病效果较为理想，其保护率达93.33%，有效率达97.97%。

2. 治疗

（1）蝇毒磷。每千克体重5 mg，用丙酮溶解，配成15%浓度的药液，注射于臀部肌肉。

（2）倍硫磷。臀部肌内注射时，按每千克体重7～10 mg剂量，以11—12月用药为好，对第一至第二期幼虫杀率为95%以上，注射2次，可达100%。也可配成1%的浓度，每头牛用170 mL泼淋或喷雾，对第一、第二、第三期幼虫均有杀灭作用。

（3）伊维菌素。剂量为每千克体重200 μg，皮下注射。

（4）亚胺硫磷乳油。剂量为每千克体重30 mg，泼洒或滴于病牛背部皮肤，杀虫效果比敌百虫好。

（5）人工摘除。经常检查牛背，发现皮下有成熟的虫体时，用针刺死其内的幼虫，或用手指挤出幼虫，随即踩死，伤口涂以碘酊。

第十四节 牛疥癣病

牛疥癣病又叫牛螨病，俗称癞病，通常所称的螨病是指由疥螨科或痒螨科的螨虫寄生于牛体表而引起的慢性寄生性皮肤病，临床以剧痒、湿疹性皮炎、脱毛、患部逐渐向周围扩展和具有高度传染性为特征。

一、病 原

该病的病原主要有疥螨科、疥螨属的牛疥螨，痒螨属的牛痒螨和足螨属的牛足螨。

1. 形态特征

牛疥螨呈龟形，浅黄色，背面隆起，腹面扁平。雌虫大小为（0.2~0.23）mm×（0.14~0.19）mm，雌虫大小为（0.33~0.45）mm×（0.25~0.35）mm。腹面有4对粗短的足，每对足上均有角质化的支条，第一对足上的后支条在虫体中央并成一条长杆，第三、第四对足上的后支条在雌虫是互相连接的。足上的吸盘呈钟形。雄虫的生殖孔在第四对足之间，围在一个角质化的倒"V"形的构造中。雌虫腹面有2个生殖孔，一个为横裂，位于后两对足前之中央，为产卵孔；另一个为纵裂，在体末端，为阴道，但产卵孔只在成虫时期发育完成。肛门为一小圆孔，位于体端，在雌螨居于阴道之背侧。

牛痒螨呈长圆形，体长0.5~0.9 mm，肉眼可见。体表有细皱纹。口器长，呈圆锥形；肛门位于躯体末端。足较长，特别是前两对。雌虫体末端有尾突，上具有长毛，腹面后端两侧有2个吸盘。雌性生殖器居第四肢之间，雌虫腹面前部正中有产卵孔，后端有纵裂的阴道，阴道背侧有肛孔。雌性第二若虫的末端有2个凸起供接合用，在成虫无此构造。

牛足螨呈椭圆形，长0.3~0.5 mm，体表有细纹。口器呈较短的圆锥形，足长，雄螨4对足及雌螨的1、2、4对足有酒杯状吸盘，吸盘的柄不分节；雌螨第三对足仅有2根长刚毛，肛门位于体末端。此虫主要寄生于牛的尾根、肛门附近及蹄部。

2. 生活史

疥螨的口器为咀嚼式，在宿主表皮挖凿隧道，以角质层组织和渗出的淋巴液为食，在隧道内进行发育和繁殖。生活史过程包括卵、幼螨、若螨、成螨4个阶段，且幼螨阶段致病力最强。幼螨发育时其背脊位于卵壳与穴底紧密黏附的部位，螨卵孵化发育成熟后，幼螨自动用足推动卵壳，这时幼螨只有3对足；待卵壳破裂后幼螨即从卵壳中爬出，离开皱褶到达表皮上，然后再钻入皮内，造成新的隧道，在隧道内隐蔽和摄食食物，约3 d变为若螨。若螨具有4对足，可分辨出雌、雄；雌、雄若螨在晚间于表皮进行交配，交配后雄螨大多死亡，雌性若螨在交配后20~30 min钻入宿主角质层内，蜕皮为成螨，通常从卵发育至成螨需要10~13 d，而后成螨在体内进行卵细胞受精，经2~3 d即在隧道内产卵；每日每只螨可产2~4枚卵，一生可产卵40~50枚，雌螨寿命为5~6个月。

痒螨口器为刺吸式，不在表皮内挖隧道，在羊体表痒螨以螯肢和须肢上的吸盘附着在皮肤表面或毛根部，用口器吮食体表渗出液。雌螨多在皮肤上产卵，约经3 d孵化为幼螨，采食24~36 h进入静止期后蜕皮为第一若螨，采食24 h，经过静止期蜕皮成为雄螨或第二若螨。雄虫通常以其吸盘与第二若螨躯体后部的一对瘤状凸起相接，这一接触约需48 h。第二若螨蜕皮变为雌螨，雌雄才进行交配。雌螨采食1~2 d开始产卵，一生可产卵约40枚，寿命约42 d。痒螨整个发育过程需10~12 d。

牛足螨寄生于尾根、肛门附近及蹄部，采食脱落的上皮样细胞如屑皮、痂皮为生，其生活史可能与痒螨相似。

3.生活习性

疥螨有强烈的热趋向性，能感知宿主体温、气味的刺激，当脱离宿主后，在一定范围内可再次移向宿主。试验表明，63%的疥螨在距离小于5.6 cm时将移向宿主，随着距离的加大其百分率降低。各发育阶段的疥螨经常钻出隧道滞留在皮肤表面，并可脱离宿主。脱离后一部分仍具有感染能力，可成为圈舍等处的潜在传染源。疥螨离开宿主后在高湿低温的环境中更易存活，各发育阶段的疥螨钻入宿主表皮内至少需要30 min，其钻入皮内的主要方式是通过其分泌物来溶解宿主组织。

痒螨在宿主体外的生活期限，因温湿度和日光照射强度等多种因素的变化而有显著的差异。在6~8℃和85%~100%空气湿度条件下在畜舍内能存活2个月，在牧场上能活25 d，在–12~–2℃经4 d死亡，在–25℃经6 h死亡。痒螨常寄生在毛根部，侵害被毛稠密和温湿度比较恒定的皮肤部分。在适宜条件下，感染后2~3周呈现致病作用。

二、流行病学

1.易感动物

各年龄、品种的牛均易感。

2.传染源

病畜和带螨健畜是该病主要的传染源。

3.传播途径

疥癣病主要由于健畜与病畜直接接触或通过被螨及螨卵污染的圈舍、用具、鞍挽具等间接接触引起感染。另外，也可由饲养人员或兽医人员的衣服和手传播。

4.流行特点

疥癣病主要发生于冬季和秋末春初，因为这些季节日光照射不足，牛毛长而密，特别是在圈舍潮湿，畜体卫生状况不良，皮肤表面湿度较高的条件下，最适合螨的发育繁殖。夏季牛绒毛大量脱落、皮肤表面常受阳光照射、皮温增高，经常保持干燥状态，这些条件都不利于螨的生存和繁殖，故大部分虫体死亡，仅有少数螨潜伏在耳壳、系凹、蹄踵、腹股沟部以及被毛深处，这种带虫牛没有明显的症状，但到了秋季，随着条件的改变，螨又重新活跃起来，不但引起症状的复发，而且成为最危险的传染来源。

三、临床症状与病理变化

该病的潜伏期为2~3周。临床症状以痒为特征，病势越重，痒觉越剧烈。之所以发生剧痒是因为螨的体表长有很多刺、毛和鳞片，同时还能由口器分泌毒素，当它们在牛皮肤采食和活动时能刺激皮肤神经末梢而导致痒觉。病牛进入温暖场所或运动后，螨虫活动增强使得痒觉更加剧烈。在虫体的机械刺激和毒素作用下，皮肤发生炎性浸润，形成结节和水疱。

感染初期局部皮肤上出现小结节，继而发生水疱，有痒感（图6-14-1），尤以在夜间温暖圈舍中更明显，以致病牛用舌舔、脚蹬和啃咬患部，或在物体上摩擦患部剧烈蹭痒。局部皮肤发炎、脱毛，皮肤损伤破裂，流出淋巴液，形成痂皮，痂皮下皮肤湿润，又重新结痂，痂皮脱落后遗留无毛的皮肤。随着病情发展，毛囊、汗腺受到侵害，皮肤角质层角化过度，皮肤变厚，失去弹性而形成皱褶。病初发生于头、颈部，后逐步扩大，向四周延伸，可蔓延到腹部、阴囊等。由于皮肤发痒，病牛终日啃咬、摩擦和烦躁，影响正常的采食休息，并使胃肠消化、吸收功能降低。加之在寒冷季节因皮肤裸露，体温大量散失，体内蓄积的脂肪被大量消耗，所以病牛日渐消瘦，有时继发感染，严重时甚至死亡。

牛痒螨病初期见于颈部两侧和肩胛两侧，严重时蔓延到全身；病牛表现奇痒，严重感染时卧地不起，最终死亡。

牛疥螨病初期见于牛的面部、颈部、背部、尾根等被毛较短的部位，病情严重时，可遍及全身，特别是幼牛感染疥螨后，往往引起死亡。

牛足螨主要侵害牛的尾根部、肛门、臀部及四肢，有时也发生于背部、胸腹及鼻孔周围，本型是3种类型中发痒最轻的一种。大部分病牛感染后一生不再发病，一般这类牛治愈后往往成为感染源。

图6-14-1　病牛剧烈蹭痒，局部脱毛（彭远义　供图）

四、诊 断

病原学诊断

（1）病料的采取。选择患病皮肤和健康皮肤交界处，剪毛，取凸刃小刀，在酒精灯上消毒，使刀刃与皮肤表面垂直，刮取病变部皮屑，直到局部皮肤轻微出血为止。将刮取的皮屑集中于试管内，带回供检查。

（2）检查方法。

沉淀法：将刮取的皮屑置于5%～10%氢氧化钠或氢氧化钾溶液中浸泡2 h，或煮沸数分钟后，以1 000 r/min离心沉淀5 min，取沉渣制作压片，于解剖镜或低倍显微镜下检查。

漂浮法：同上法离心沉淀后，去除上清液，加入60%亚硫酸钠溶液至管口，静置10 min，虫体即浮集于液面，用载玻片蘸取管口表层溶液，用解剖镜或低倍显微镜检查。

五、类症鉴别

1. 牛伪狂犬病

相似点：病牛一些身体部位发生奇痒，牛不停啃咬、舔舐，或在物体上摩擦，引起皮肤退毛。

不同点：伪狂犬病病牛有神经症状，磨牙，狂躁不安，头颈肌肉痉挛，四肢共济失调，后肢强拘，走路摇摆；后期则表现为体弱，呼吸和心跳加快，吞咽麻痹，大量流涎，全身强直性痉挛，一般在2 d内死亡。疥癣病病牛无神经症状。

2. 牛皮肤真菌病

相似点：病牛出现剧烈瘙痒症状，与其他物体摩擦；皮肤出现结节，被毛脱落，皮肤增厚，被覆灰色或灰褐色痂皮，痂皮脱落遗留无毛皮肤。

不同点：皮肤真菌病病牛病初发生丘疹，呈圆形向外扩散或相互融合成不整形病灶，后周边的炎症症状明显，呈豌豆大小的结节状隆起，痂皮剥脱后，有直径1～5 cm不等的圆形至椭圆形秃毛斑（即钱癣）（图6-14-2）。疥癣病病牛病初发生结节，后形成水疱，水疱破溃后结痂，脱毛区不形

图6-14-2　牛皮肤真菌病形成的毛斑（李有全和殷宏 供图）

成规则的圆形、椭圆形毛斑。

六、防治措施

1. 预防

牛舍要保持清洁卫生、通风、干燥、透光、不拥挤。牛体常刷、常晒。牛舍和用具要定期消毒，可用20%生石灰或5%克辽林溶液喷洒和洗刷，其温度不低于80℃。在常发病地区，对牲畜要定期检疫，经常预防，一旦发现病牛，应立即隔离治疗。在螨病群中有些家畜虽未发现螨病，也要进行药物处理。对新引入的牲畜，应隔离观察15~30 d，证明健康者才能合群饲养。做好螨病牛的皮毛处理，以防病原扩散，同时要防止饲养人员或用具散播病原。夏季因水牛经常下水，只有在角缝、耳部等处的螨才能生存。因此，在盛夏之后，用杀螨药物处理角缝、耳部、头部，以杀死过夏的螨，是预防水牛螨病的有效措施。

2. 治疗

（1）药物治疗。

处方1：伊维菌素或阿维菌素，每千克体重0.2~0.3 mg，皮下注射；或用20%碘硝酚注射液，每千克体重0.05 mL，皮下注射。

处方2：每千克体重500 mg溴氰菊酯喷淋；或用0.05%蝇毒磷乳剂水溶液、0.05%辛硫磷油水溶液、0.05%双甲脒溶液等局部涂擦。注意将药物按说明书稀释到工作浓度，防止牛体农药中毒。

处方3：取雄黄（研细末）和废机油按1∶10的比例混合均匀，将牛螨寄生处皮肤洗净消毒，再把混合物涂于患处，每日2次，7 d为1个疗程，一般1~2个疗程可愈。

处方4：狼毒500 g、硫黄150 g（煅）、白胡椒45 g（炒），共研为粉末。取药30 g，加入烧开的植物油750 mL中即可。

处方5：虫克星（阿福丁）片，口服2片。

处方6：用佳灵三特注射液，按每10千克体重用1 mL的剂量，用12号针头在颈部皮下缓慢注射。

处方7：三氯杀螨醇和植物油按1∶10比例配制，每4天涂擦1次，轻者涂2次、严重者涂3~4次即可。

（2）药浴治疗。

对于螨病流行严重的牧场，应采用药浴的方法来防治。药浴可用0.05%蝇毒磷乳剂溶液、0.5%~1%敌百虫溶液、0.05%辛硫磷油水溶液、0.05%双甲脒溶液等药物。药浴常在夏季进行，药浴时应注意以下几点：药浴应在晴朗无风的天气进行，最好在13:00左右，药液不能太凉，最好在30~37℃，药浴后要注意保暖；药液浓度计算要准确，用倍比稀释法重复多次，混匀药液，大批量药浴前，应选择少量不同年龄、性别、品种的牛进行试验，药浴后要仔细观察，一旦发生中毒，要及时处理；药浴前要让牛充分休息，饮足水；有病、体弱或有外伤的牛不要进行药浴，以防中毒；药浴时间为1~2 min，要将牛头压入药液1~2次，出药浴池后，让牛在斜坡处站一会儿，让药液流入池内。并适时补充药液，以保持药液的浓度；最好在7~8 d进行第二次药浴。

第十五节　牛球虫病

牛球虫病是由艾美耳属的多种球虫寄生于牛肠道黏膜上皮样细胞内而引起的一种寄生虫病，主要临床症状为出血性肠炎。犊牛对球虫易感，成年牛常呈隐性感染。球虫感染牛体后破坏肠道上皮细胞，阻碍营养吸收，致使牛只生长缓慢或产奶量下降，严重时可引起腹泻、便血甚至死亡。

一、病　原

1. 分类与形态结构

该病的病原为艾美耳科、艾美耳属或等孢属的多种球虫。根据文献报道寄生于牛的球虫有14种，国内有关资料报道的有11种，即邱氏艾美耳球虫、牛艾美耳球虫、奥博艾美耳球虫、怀俄明艾美耳球虫、加拿大艾美耳球虫、巴西艾美耳球虫、柱状艾美耳球虫、皮利他艾美耳球虫、椭圆艾美耳球虫、亚球艾美耳球虫、阿巴拉艾美耳球虫。其中以邱氏艾美耳球虫、牛艾美耳球虫和奥博艾美耳球虫最为常见。

邱氏艾美耳球虫致病力最强，寄生于整个大肠和小肠，可引起血痢。卵囊为圆形或椭圆形，在低倍显微镜下观察为无色，在高倍显微镜下呈淡玫瑰色。原生质团几乎充满卵囊腔。卵囊壁为2层，光滑，厚0.8~1.6 μm，外壁无色，内壁为淡绿色。无卵膜孔，无内外残体。卵囊的大小为（17~20）μm×（14~17）μm。孢子形成所需时间为2~3 d。

牛艾美耳球虫致病力最强，寄生于小肠和大肠。卵囊呈椭圆形，在低倍显微镜下呈淡黄色或玫瑰色。卵囊壁有2层，光滑，内壁为淡褐色，厚约0.4 μm，外壁无色，厚1.3 μm。卵膜孔不明显，有内残体，无外残体。卵囊的大小为（27~39）μm×（20~21）μm。孢子形成所需时间为2~3 d。

奥博艾美耳球虫致病力中等，寄生于小肠中部和后1/3处。卵囊细长，呈卵圆形，通常光滑，大小为（36~41）μm×（22~26）μm。

2. 生活史

球虫发育不需要中间宿主。当宿主吞食了感染性卵囊后，孢子在肠道内逸出进入寄生部位的上皮细胞内，首先反复进行无性的裂体生殖，产生裂殖子；裂殖子发育到一定阶段时形成大、小配子体，大小配子体结合形成卵囊排出体外；排至体外的卵囊在适宜条件下进行孢子生殖，形成孢子化的卵囊，只有孢子化的卵囊才具有感染性，宿主吞食孢子化的卵囊又发生感染，重复上述发育过程。

二、流行病学

1. 易感动物

各品种的牛均有易感性，临床症状以半岁至2岁的犊牛较为明显，发病率、死亡率高。

2. 传染源

病牛和带虫牛是该病主要的传染源。被有感染性的卵囊污染的饲料、饮水和用具也可成为传染源。

3.传播途径

牛通常因采食被卵囊污染的饲料或饮水而感染，刚出生的犊牛常因吸入被卵囊污染的母牛乳汁而感染。

4.流行特点

该病主要呈散发或地方性流行，多发生于春、夏秋季，特别是多雨连阴的季节，在低洼潮湿的地方放牧以及卫生条件差的牛舍，都易使牛感染球虫。冬季舍饲期间亦有可能发病，主要由于饲料、垫草、母牛乳房被粪便污染，使犊牛受到感染。一般潜伏期为2~3周，犊牛患病一般为急性经过，成年牛常呈隐性感染，病程为10~15 d。

三、临床症状

根据病程长短和病情严重程度可分为急性型和慢性型2种，潜伏期为2~3周。

1.急性型

多发于10~20日龄犊牛，发病迅速，初期排出大量血水样粪便，食欲差，体温变化不大；次日里急后重，努出少量血水，头低耳耷，精神萎靡，结膜变白，喜卧，站立不稳，体温偏低，呼吸困难，病死率很高。有资料统计，病死率高的可达40%，低的达2%~10%。

2.慢性型

多发于30日龄以上的犊牛，初期病犊食欲、饮欲均正常，体温变化不大，只是粪便中混有血丝或血水；中期排大量血水及肠黏膜，排粪次数增加，精神略差，体温升高，一般为39.8~40.5℃；后期病犊精神沉郁，食欲废绝，体温开始下降，心率加快，可视黏膜变白，有贫血症状，频频努责，每次排出少量血水，气味恶臭，被毛粗乱无光，卧地不起，治疗不及时死亡率也很高。

四、病理变化

剖检可见尸体消瘦，可视黏膜苍白，肛门松弛、外翻，后肢和肛门周围被血粪污染。寄生的肠道均可出现不同程度的病变，其中以直肠出血性肠炎和溃疡病变最为显著，可见黏膜上散布有点状或索状出血点和大小不同的白点或灰白点，并常有直径4~15 mm的溃疡。直肠内容物呈褐色，有纤维素性薄膜和黏膜碎片。死于邱氏艾美耳球虫病的牛除上述病变外，还可见直肠黏膜肥厚，有出血性炎症变化；淋巴滤泡肿大，有白色或灰色小溃疡，其表面附有凝乳样薄膜。

五、诊　断

取病牛粪便或直肠刮取物直接涂片镜检，可见球虫卵囊。或用饱和盐水漂浮法检查粪便和直肠刮取物中的卵囊，可确诊为牛球虫病。

1.饱和盐水漂浮法

取牛粪便5 g，在小烧杯中磨碎，加入少量饱和盐水，搅拌均匀，再加入适量饱和食盐水，用筛子（40目或60目）将粪便过滤到另一容器内，静置3~5 min，此时相对密度轻的虫卵就浮到液体的表面，用细胶头滴管吸取上层液体注入麦克马斯特计数板中，放到显微镜下（10倍），放置1～2 min后观察，若感染，可看到球虫卵囊。也可用直径5～10 mm的铁丝圈蘸取表面液膜，抖落于载玻片上，置于显微镜下镜检。

2.卵囊孵育

将直肠黏膜刮取物置于2.5%的重铬酸钾溶液中，于25℃温箱中培育3 d，将孵育的卵囊进行染色镜检。

六、类症鉴别

1.牛大肠杆菌病

相似点：病牛体温升高，腹泻，粪便中带有血液，有臭味，病牛消瘦，贫血。

不同点：大肠杆菌病多发生于10日龄以内的犊牛，球虫病多发生于30日龄以上犊牛。大肠杆菌病牛病初粪便如黄色粥样，后呈灰白色水样，混有未消化的凝乳块及泡沫，有酸败气味，后期常有腹痛，并发肺炎、关节炎。剖检见大肠杆菌病病牛胃黏膜出血、水肿，皱胃中有凝血块或凝乳块，肝、肾苍白，肾乳头有针尖大小的出血点和坏死灶，心肌变性，胸、腹腔及心包多积液，粪检无球虫卵囊；球虫病病牛剖检病变多见于肠道寄生部位，直肠黏膜上散布有点状或索状出血点和大小不同的白点或灰白点，常见溃疡，直肠内容物呈褐色，有纤维素性薄膜和黏膜碎片，有的病例直肠黏膜肥厚。

2.牛沙门氏菌病

相似点：病牛体温升高，腹泻，粪便中混有血液，脱水，消瘦。

不同点：病程长的病犊可伴有腕关节和跗关节肿大、支气管炎和肺炎，成年牛也可表现临床症状，粪便中含有纤维素絮片，病程长的会出现结膜充血和发黄，妊娠牛可发生流产。剖检沙门氏菌病病犊可见脾充血肿胀，肝色泽变淡，肝、脾和肾有时可见坏死灶，粪检无球虫卵囊；球虫病病牛病变多见于寄生肠道，直肠病变严重，有点状、索状出血点和白色、灰白色坏死点和溃疡，直肠内容物呈褐色，有纤维素性薄膜。

3.牛隐孢子虫病

相似点：病牛精神沉郁、食欲下降，腹泻，粪便含有血液，消瘦。

不同点：牛隐孢子虫病多发生于1月龄以内的犊牛，牛球虫病多发生于30日龄以上犊牛。隐孢子虫病病牛粪便中有大量纤维素，后呈透明水样粪便。隐孢子虫主要感染宿主的空肠后段和回肠，倾向于后端发展至盲肠、结肠旋袢，粪检有隐孢子虫卵囊；球虫病病牛以直肠出血性肠炎和溃疡病变最为显著。

4.牛犊新蛔虫病

相似点：病牛精神萎靡、食欲不振、腹泻，粪便含有血液，有腹痛感，可视黏膜发白，消瘦。

不同点：犊新蛔虫病病犊口腔中有特殊的酸臭味，有喘息和咳嗽，有时排出虫体，腹围膨大。球虫病犊牛肺脏表面有大量的出血点或暗红色的出血斑，肺脏组织中有实变的坏死区，肝脏肿大，表面出血，有坏死区，肠道内有多量蛔虫。

七、防治措施

1. 预防

（1）**加强饲养管理**。成年牛常是该病的携带者，因此应将犊牛与成年牛分开饲养，严格防止饲料和饮水被牛粪污染。哺乳母牛乳头要经常用高锰酸钾等消毒药物擦洗，以防止犊牛吃奶时吃进虫卵而感染。更换饲料时应循序渐进，减少因突换饲料形成的应激病变。在饲料中添加维生素、矿物质、微量元素等，提高牛群免疫力。要尽量避免到潮湿、低洼的草甸或草场放牧，远离可能的传染源。

（2）**定期驱虫**。每年春、秋两季分别对牛群进行1次驱虫。由于球虫在不同生殖阶段对不同的抗球虫药物敏感性也不同，且往往产生耐药性，所以应以多种驱球虫药物联合应用或交替用药效果更好。

（3）**严格消毒**。对污染过的运动场、圈舍地面、栏杆、围墙等用氯制剂或2%氢氧化钠溶液彻底消毒；对病牛粪便进行集中深埋消毒处理，以达到消灭传染源的目的。平时定期对圈舍清理、消毒，保持环境干燥、卫生。

（4）**加强检疫**。外购牛只时，要先进行检验检疫，做好球虫病的检查工作，防止引进的牛群中夹带此类疾病。引进后的牛应隔离饲养2个月以上，以防交叉感染。定期对牛群进行检疫，及时发现和隔离病牛，并进行相应的治疗。

2. 治疗

治疗时，球虫很容易产生耐药性，因此应采用2种以上的抗球虫药，结合防脱水、止血、抗炎、抗继发感染等药物对症治疗，并对全群犊牛及育成牛（刚出生至12月龄小牛）进行抗球虫的预防性治疗。

（1）**抗球虫治疗**。

处方1： 球痢康，通用名为地克珠利溶液，主要成分为地克珠利、维生素C、止血因子等，饮水混饮，每升水添加0.4~0.5 mL（产品含量100 mL : 0.5 g），每日2次，连用3~5 d，饮用前停水1~2 h。

处方2： 国威球安，主要成分为妥曲珠利、磺胺氯吡嗪钠、酚磺乙胺等，混饮，每升水添加0.5 g，或按说明书剂量投入饲犊奶中饲喂。

处方3： 盐霉素，每千克体重2 mg，每日1次，连用7 d。

处方4： 磺胺二甲嘧啶，每千克体重100 mg，每日1次，连用3 d。

处方5： 金霉素1 g，混水口服，每日2次，连用3 d。

处方6： 每千克体重用氨丙啉40 mg、磺胺喹噁啉30 mg，混合后口服，连用5 d。

（2）**消炎**。

处方： 每千克体重用0.1 g复方磺胺嘧啶钠，加复方氯化钠注射液500 mL，静脉滴注，每日2次，连用3 d；同时，给每头病牛肌内注射磺胺间甲氧嘧啶注射液8 mL，每日1次，连用3 d；口服磺胺二甲嘧啶，犊牛每千克体重100 mg，每日1次，连用2 d。

（3）**对症治疗**。

处方1： 防脱水用5%糖盐水500 mL，复方氯化钠注射液250 mL，5%碳酸氢钠注射液150 mL，10%维生素C注射液10 mL，硫胺素注射液10 mL，静脉滴注，每日2次。

处方2： 止血用维生素K_3 0.2 g，肌内注射，每日2次。血便严重者，用安络血10 mL、维生素

K_3 100~200 mg，肌内注射。

处方3：保护胃肠黏膜用鱼石脂20 g、乳酸2 g、水80 g，混合后口服，每日2次，连喂2~3 d。

（4）中药治疗。

方剂1：算盘子500 g、青蒿500 g、金樱子300 g、旱莲草200 g、地耳草150 g、车前草和鱼腥草各300 g、青木香70 g，水煎去渣，一剂二煎候温灌服。

方剂2：槐花70 g、马齿苋70 g、地榆炭80 g、诃子80 g、白头翁70 g、五倍子80 g、磺胺脒50 g，共研为末，每日1次，连用3 d。

第七章

牛内科病

第一节　牛前胃弛缓

牛前胃弛缓是指瘤胃、网胃、瓣胃神经肌肉装置感受性降低，平滑肌自动运动性减弱，内容物运转迟滞所致的反刍动物消化障碍综合征。

一、病因

原发性前胃弛缓起因于饲养管理不当和环境条件改变。

饲料过粗过细，长期单一饲喂质地坚韧、难以消化的饲料，强烈刺激胃壁，前胃内容物缠结成团块，影响微生物的正常消化活动；长期饲喂质地柔软、刺激性小或缺乏刺激性的饲料，如麸皮、面粉、细碎精饲料等，不足以兴奋胃肠运动功能，均易发生前胃弛缓。

饲料霉败变质，如采食受热发蔫的堆放青草、冻结的块根、变质的青贮饲料以及霉败的豆渣、粉渣、豆饼、花生饼、菜籽饼、棉籽饼等糟粕类饲料。

草料比例不当，如饲草不足而精饲料过多；农忙季节任意加喂精饲料；牛只闯进饲料房或堆谷场，偷食大量谷物；片面追求高产，给奶牛和肉牛饲喂过量新收的大麦、小麦以及青贮饲料。

矿物质与维生素不足，严冬或早春水冷草枯，或日粮配合不当，缺乏钙、钾或维生素，使神经体液调节紊乱，胃肠弛缓。

环境条件突然变换，管理不当，如由放牧突然变为舍饲、妊娠、分娩、犊牛离乳、车船运输、天气骤变以及预防接种等应激因素，使胃肠神经受到抑制，消化动力遭到破坏。

二、症状

前胃弛缓有2种病程类型。

1. 急性前胃弛缓

病牛食欲减退或废绝，反刍缓慢或停止（图7-1-1）；瘤胃收缩力量弱、次数少，瓣胃蠕动音亦稀弱；瘤胃充满内容物，触诊背囊感到黏硬（生面团样），腹囊则比较稀软（粥状）。奶牛泌乳量下降。原发性的，即所谓单纯性消化不良，体温、脉

图 7-1-1　牛前胃弛缓（胡长敏 供图）

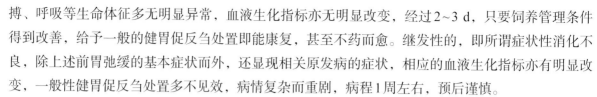

搏、呼吸等生命体征多无明显异常，血液生化指标亦无明显改变，经过2~3 d，只要饲养管理条件得到改善，给予一般的健胃促反刍处置即能康复，甚至不药而愈。继发性的，即所谓症状性消化不良，除上述前胃弛缓的基本症状而外，还显现相关原发病的症状，相应的血液生化指标亦有明显改变，一般性健胃促反刍处置多不见效，病情复杂而重剧，病程1周左右，预后谨慎。

2.慢性前胃弛缓

病牛食欲不定，有时正常，有时减退或废绝。常常虚嚼、磨牙、异嗜，舔墙啃土，或采食污草、污物。反刍不规则、无力或停止；嗳气有臭味。瘤胃和瓣胃音减弱。瘤胃内容物呈液状（瘤胃积液），冲击式触诊闻振水声。便秘与腹泻交替出现，粪便干小或呈糊状，气味腥臭，附有黏液和血液。病程数周，病情弛张。全身状态日趋增重，精神委顿，被毛竖立，逐渐消瘦，最终出现鼻镜干燥、眼球下陷、卧地不起等脱水和衰竭体征。

三、诊　断

前胃弛缓是反刍动物最常见多发的一种消化障碍综合征，有多种病因、病程和病理类型，广泛显现或伴随于几乎所有消化系统疾病以及众多动物群体性疾病的经过中。因此，前胃弛缓综合征的诊断建议按以下程序逐步展开。

首先确定是不是前胃弛缓。依据为临床症状，包括食欲减退、反刍障碍以及前胃（主要是瘤胃和瓣胃）运动减弱。在奶牛还表现为泌乳量突然下降。

确定是原发性前胃弛缓还是继发性前胃弛缓。主要依据疾病经过和全身状态。若仅表现前胃弛缓基本症状，而全身状态相对良好，体温、脉搏、呼吸等生命指标无大改变，且在改善饲养管理并给予一般健胃促反刍处置后短期（48~72 h）内即趋向康复的，为原发性前胃弛缓。再依据瘤胃液pH值、总酸度、挥发性脂肪酸含量以及纤毛虫数目、大小、活力和漂浮沉降时间等瘤胃液性状检验结果，确定是酸性前胃弛缓还是碱性前胃弛缓，有针对性地实施治疗。

除前胃弛缓基本症状外，体温、脉搏、呼吸等生命指标亦有明显改变，且在改善饲养管理并给予常规健胃促反刍处置后数日病情仍继续恶化的，为继发性前胃弛缓，即症状性消化不良。

确定原发病是消化系统疾病还是群体性疾病，主要依据是流行病学和临床表现。

凡单个零散发生，且主要表现消化病症的，要考虑各种消化系统疾病，包括瘤胃食滞、瘤胃炎、创伤性网胃腹膜炎、瓣胃秘结、瓣胃炎、皱胃阻塞、皱胃变位、皱胃溃疡、皱胃炎、盲肠弛缓和扩张以及肝脓肿、迷走神经性消化不良等，可进一步依据各自的示病症状、特征性化验所见和示病性病变，分层逐步地加以鉴别和论证。

凡群体成批发生的，要着重考虑各类群体性疾病，包括各种传染病、侵袭病、中毒病和营养代谢病。可依据有无传染性、有无相关虫体大量寄生、有无相关毒物接触史以及酮体、血钙、血钾等相关病原学和病理学检验结果，按类分层逐步加以鉴别和论证。

四、治　疗

治疗原则为改善饲养管理条件，调整胃肠内环境特别是酸碱环境，修正胃肠的神经体液调控，恢复胃肠运动功能，促进前胃内容物的微生物消化和运转。治疗措施如下。

原发性前胃弛缓，应绝食1~2 d，再饲喂优质干草或放牧。或者用自来水直接冲洗瘤胃之后，再选用下列药剂和疗法。

1. 碳酸盐缓冲合剂

碳酸钠50 g、碳酸氢钠420 g、氯化钠100 g、氯化钾20 g，温水10 L。胃管灌服，每日1次，适用于酸性胃肠弛缓。

2. 醋酸盐缓冲合剂

醋酸钠130 g、冰醋酸25 g、氯化钠100 g、氯化钾20 g，常水10 L，胃管灌服，每日1次，适用于碱性胃肠弛缓。

对低血钙和低血钾所致的离子性前胃弛缓，可用10%氯化钙注射液100~150 mL、10%氯化钠注射液100~200 mL、20%安钠咖注射液10~20 mL，1次静脉注射，增强前胃神经兴奋性。

对应激或过敏因素所致的前胃弛缓，可用2%盐酸苯海拉明注射液10 mL肌内注射，配合钙剂应用效果更佳。

对趋向康复的前胃弛缓，可用健牛瘤胃内容物接种法。先给健牛胃管灌服1%氯化钠溶液10 L，然后通过虹吸引流取出瘤胃液4~8 L，给病牛灌服接种，以更新病牛瘤胃内的微生物群系，增高纤毛虫活力，增进治疗效果。

对重症晚期病例，因瘤胃积液，伴发脱水和自体中毒，可用25%葡萄糖注射液500~1 000 mL、40%乌洛托品注射液20~40 mL、20%安钠咖注射液10~20 mL，静脉注射。

五、预 防

前胃弛缓的预防主要是改善饲养管理，合理调配日粮，不喂霉败、冰冻、变质饲料，并防止环境条件的突然改变，避免应激性刺激。

第二节 牛瘤胃积食

瘤胃积食，又称瘤胃食滞或瘤胃阻塞，是接纳过多和/或后送障碍所致的瘤胃急性扩张。其临床特征是瘤胃运动停滞，容积增大，充满黏硬内容物，伴有腹痛、脱水和自体中毒等全身症状。该病有4种临床病型，按其病因，可分为原发性瘤胃食滞和继发性瘤胃食滞；按瘤胃内容物的酸碱度，可分为酸过多性瘤胃食滞和碱过多性瘤胃食滞。

一、病 因

病牛贪食过量适口性好的青草、苜蓿、红花草（紫云英）、甘薯、胡萝卜、马铃薯等青绿饲料或块茎、块根类饲料。由放牧突然变为舍饲，特别是饥饿时采食大量谷草、稻草、豆秸、花生秧、甘薯蔓、羊草乃至棉秆等难以消化的粗饲料。过食豆饼、花生饼、棉籽饼以及酒糟、豆渣等糟粕类饲料。过食谷类、块茎块根类高糖饲料时，常引起酸性瘤胃积食；过食豆科植物、籽实、尿素等高氮饲料时，常引起碱性瘤胃积食。

继发性瘤胃积食，概因瘤胃内容物后送障碍所致，见于其他胃肠疾病的经过中，如创伤性网胃腹膜炎、瓣胃秘结、真胃变位、迷走神经性消化不良、真胃阻塞、黑斑病甘薯中毒等。

二、症　状

初期，病牛神情不安，目光呆滞，拱背站立，回头观腹，后肢踢腹，有时不断起卧，痛苦呻吟，表现肚腹疼痛。食欲废绝、反刍停止、空

图 7-2-1　牛瘤胃积食（胡长敏　供图）

嚼、流涎、嗳气，有时作呕或呕吐。瘤胃蠕动音减弱以至完全消失。触诊瘤胃，内容物黏硬或坚实，用拳按压留有浅痕，甚至重压亦不留痕。腹部膨胀，肷窝部或稍显突出（图7-2-1）。瘤胃背囊有一层气帽，穿刺时可排出少量气体和带有腐败酸臭气味混有泡沫的液体。腹部听诊，肠音微弱或消失，排粪量减少，粪块干硬呈饼状。有的排淡灰色带恶臭的软粪或发生下痢。直肠检查，瘤胃扩张且容积增大，充满黏硬的内容物，有的内容物松软呈粥状。

晚期病例病情恶化，肚腹更加膨胀、呼吸促迫，四肢、耳根及耳郭冰凉、全身肌颤、眼球下陷、黏膜发绀，运动失调乃至卧地不起，陷入昏迷，或因脱水和自体中毒而陷入虚脱状态。

三、诊　断

依据肚腹膨大，肷窝部瘤胃内容物黏硬或坚实以及呼吸困难、黏膜发绀、肚腹疼痛等现症，可诊断为瘤胃积食。依据过食的生活史或其他胃肠疾病的病史，可确定其病因病程类型为原发性瘤胃食滞或继发性瘤胃积食。依据瘤胃内容物酸碱度（pH值）测定，可确定为酸性瘤胃积食或碱性瘤胃积食。

四、治　疗

本病总的治疗原则是促进积滞瘤胃内容物的转运和消化，缓解或纠正脱水和自体中毒。病初停止饲喂1~2 d，施行瘤胃按摩，每次5~10 min，每隔30 min按摩1次，或先灌服大量温水，然后按摩；或用酵母粉500~1 000 g，常水3~5 L，混合后分2次分服。

病情较重的，用硫酸镁或硫酸钠300~500 g，液状石蜡或植物油500~1 000 mL，常水6~10 L，1次灌服。投服泻剂后，用毛果芸香碱0.05~0.2 g，或新斯的明0.01~0.02 g等拟胆碱类药物，皮下

注射以兴奋前胃神经，促进瘤胃内容物运化。或先用1%食盐水洗涤瘤胃，再静脉注射促反刍液，即10%氯化钙注射液100 mL、10%氯化钠注射液100~200 mL、20%安钠咖注射液10~20 mL，以改善中枢神经系统调节功能，增强心脏活动，促进胃肠蠕动和反刍。

疾病后期除反复洗涤瘤胃外，还要及时用5%糖盐水2 000~3 000 mL、20%安钠咖注射液10~20 mL，静脉注射，以纠正脱水。或者用5%碳酸氢钠注射液300~500 mL或11.2%乳酸钠溶液200~300 mL，静脉注射。另用5%硫胺素注射液40~60 mL，静脉注射，以促进丙酮酸氧化脱羧，缓解酸血症。

若药物治疗无效，应进行瘤胃切开术进行治疗。

第三节　牛瘤胃臌气

急性瘤胃臌气是由于前胃神经反应性降低，收缩力减弱，采食的易发酵饲料在瘤胃内菌群作用下迅速酵解生成大量气体，引起的瘤胃和网胃急剧臌胀。瘤胃臌气可分为原发性和继发性2种类型，按病性则可分为泡沫性臌气和气体性臌气。

一、病　因

原发性瘤胃臌气多发在放牧季节，采食幼嫩牧草和豆科植物，如苜蓿、紫云英、三叶草、野豌豆等致病，采食甘薯蔓、萝卜缨、堆积发热的青草以及雨淋或霜冻、霉败的干草和多汁易发酵的青贮饲料等也可致病。此外，饲料配合或调理不当，谷物类饲料研磨过细，饲喂过多，饲草不足；矿物质不足，钙、磷比例失调等，都可成为该病的致病因素。奶牛和肉牛饲喂胡萝卜、甘薯、马铃薯和芜青等多汁块根饲料；或采食桃、李、杏、梅等富含苷类毒物的幼枝嫩叶也易导致臌气。

继发性前胃弛缓、创伤性网胃腹膜炎以及食道阻塞、痉挛、麻痹和前胃粘连等疾病经过中，多系瘤胃内气体排除障碍所致。

二、症　状

急性瘤胃臌气通常在采食大量易发酵饲料之后数小时甚至在采食中突然发病，病情发展迅速。病的初期，病牛兴奋不安、精神沉郁、食欲废绝且反刍停止；腹痛病牛回头望腹，不断起卧。随着病程发展，病牛呆立不动（图7-3-1）、心搏亢进、可视黏膜发绀、呼吸急促、出汗、皮温不整、步态蹒跚，甚至突然死亡。

三、治　疗

治疗原则在于排气消胀、理气止酵、强心输液、健胃消导。病情轻者，抬举其头，按摩腹

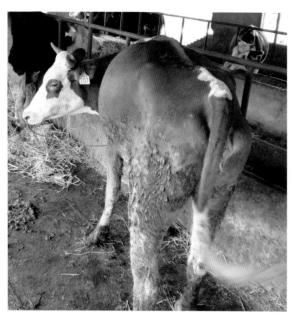

图 7-3-1　牛瘤胃臌气（彭清洁 供图）

部，促进瘤胃收缩和气体排出。另用松节油20～30 mL、鱼石脂10～15 g、酒精30～50 mL，加温水适量，1次口服，可止酵消胀。重剧病例发生窒息危象时，应行瘤胃穿刺放气急救。从穿刺针孔注入止酵剂，如稀盐酸10～30 mL或鱼石脂15～25 g、酒精100 mL、常水1 000 mL。

泡沫性臌气宜用2%聚合甲基硅煤油溶液加水稀释后口服。应用豆油、花生油、菜籽油300 mL，加温水500 mL，制成油乳剂，通过胃管投入，或用套管针注入瘤胃内，可降低泡沫的稳定性，迅速消胀。用液状石蜡500～1 000 mL、松节油30～40 mL，加常水适量口服。用药无效时，应立即施行瘤胃切开术。

调整瘤胃内容物的pH值，亦可给予盐类或油类泻剂，促进瘤胃内腐酵物质排出。必要时可用毛果芸香碱20～50 mg或新斯的明10～20 mg，皮下注射，以兴奋前胃神经。

第四节　牛创伤性网胃腹膜炎

创伤性网胃腹膜炎是因牛采食的饲料中混杂钉、针、铁丝等尖锐金属异物，落入网胃，刺伤胃壁，甚至穿过胃壁刺损腹膜、肝、脾和胃肠所引起的慢性炎症。该病多发于舍饲的耕牛、奶牛和肉牛，2岁以上的耕牛和奶牛尤为常见。

一、病　因

该病的发病原因是饲草、饲料中，牛、羊舍内外地面上，以及房前、屋后、田埂、路边草丛中散在各种尖锐金属异物。牛采食快，不咀嚼，异物随饲草囫囵吞咽进入瘤胃，即可引起发病。

二、症　状

病的初期，通常呈现前胃弛缓症状，病牛食欲减退，有时异嗜，瘤胃运动减弱，反刍缓慢，不断嗳气，常呈周期性瘤胃臌气。肠蠕动音减弱，有时发生顽固性便秘，后期下痢，粪便有恶臭。奶牛的泌乳量减少。由于网胃疼痛，病牛有时突然起卧不安。病情逐渐发展，久治不愈，呈现各种临床症状。

多数病例拱背站立，头颈伸展，保持前高后低姿势，呆立而不愿移动（图7-4-1）。运动异常病

图 7-4-1　牛创伤性网胃心包炎（郭爱珍 供图）

牛动作缓慢，迫使运动时，畏惧上下坡、跨沟或急转弯；在砖石、水泥路面上行走，止步不前。有些病例，经常躺卧，起卧时极为小心，肘部肌肉颤动，时而呻吟或磨牙。有的呈犬坐姿态，成为表明膈肌被刺损的一种示病症状。由于前胃神经受到损害，引起疼痛反射，背腹部肌肉紧缩，背腰强拘。网胃区叩诊，病牛畏惧、回避、退让、呻吟或抵抗，显现不安。用力压迫胸椎棘突和剑状软骨时，有疼痛表现。

网胃敏感区指的是鬐甲部皮肤即第六至第八对脊神经上支分布的区域。用双手将鬐甲部皮肤紧捏成皱襞，病牛即因感疼痛而凹腰。将牛头转向左侧，并将鬐甲后端皮肤捏成皱襞提起，即可在鼻孔近旁听到一种低沉的呻吟声。有的病例反刍、咀嚼、吞咽动作异常。反刍时先将食团吃力地逆呕到口腔，小心咀嚼；整个吞咽动作显得不太顺畅，极不自然。

三、诊　断

临床症状典型、示病症状明显的病例并不多见，多数伴有迷走神经性消化不良综合征，临床诊断困难。

血液学检查病初白细胞总数可增至（11~16）×10⁹个/L，中性粒细胞增至45%~70%，淋巴细胞减少至30%~45%。一般而言，伴发局限性腹膜炎时，中性粒细胞增多，其中分叶核达40%以上，幼稚型和杆状核占20%左右，核型左移。如无并发病，2~3 d白细胞总数即趋于正常。但慢性病例，白细胞总数增多，中性粒细胞和单核细胞增加。感染应激的病例，淋巴细胞减少至25%~30%，病情更为严重。

该病诊断的主要依据包括前胃弛缓、瘤胃周期性臌气、慢性病程、站立和运动姿势异常、反刍和吞咽动作异常。

四、治 疗

发病初期，金属异物刺损网胃壁时，应使病牛立于斜坡上，保持前高后低的姿势，同时限制饲料日喂量尤其饲草量，降低腹腔脏器对网胃的压力，以利于异物从网胃壁上退出。另用青霉素与链霉素肌内注射或用磺胺二甲嘧啶，按每千克体重0.15 g剂量口服，每日1次，连用3~5 d。用磁铁棒（长5 cm、直径0.9 cm）经口投入胃内，吸取金属异物，作为辅助疗法，更能增进治疗效果。

五、预 防

首先加强饲养管理，防止饲料中夹杂金属异物。其次不可在村前屋后，作坊、仓库、铁工厂及垃圾堆附近放牧。从工厂区附近收割的饲草、饲料应注意检查。特别是奶牛、肉牛饲养场和种牛繁殖场，可应用电磁筛和磁性吸引器清除混杂在饲料中的金属异物。有条件的饲养场，可应用金属异物探测器，对牛群进行定期健康检查。必要时，可应用金属异物摘除器从瘤胃中清除异物。

第五节 牛瘤胃酸中毒

瘤胃酸中毒是瘤胃积食的一种特殊类型，又称急性碳水化合物过食、谷粒过食、乳酸酸中毒、消化性酸中毒、酸性消化不良以及过食豆谷综合征等，是由于突然超量采食的谷粒等富含可溶性糖类物质，在瘤胃内急剧产生、积聚并吸收大量L-乳酸、D-乳酸等有毒物质所致的一种急性消化性酸中毒。其主要病理学变化在消化道和实质器官，包括瘤胃乃至皱胃和小肠出血、水肿和坏死，肝、脑、心、肾的出血、变性和坏死。特征性临床表现为瘤胃积滞大量酸臭稀软的内容物、重度脱水、高乳酸血症以及短急的病程。

一、病 因

该病通常发生于突然变更精饲料的种类或性状、粗饲料缺乏或品质不良、偷食精饲料导致精饲料超量时。所谓精饲料超量是相对的，关键在于其突然性，即突然超量。如果精饲料的增加是逐步的，则日粮中的精饲料比例即使达到85%以上，甚至在不限量饲喂全精饲料日粮的肥牛，也未必会发生急性瘤胃酸中毒。

能造成急性瘤胃酸中毒的物质有：谷粒饲料，如玉米、小麦、大麦、青玉米、燕麦、黑麦、高粱、稻谷；块茎块根类饲料，如饲用甜菜、马铃薯、甘薯、甘蓝；酿造副产品，如酿酒后的干谷粒、酒糟；面食品，如生面团、黏豆包；糖类及酸类化合物，如淀粉、乳糖、果糖、蜜糖、葡萄糖、乳酸、酪酸、挥发性脂肪酸。影响谷类饲料致发该病的因素很多，主要在2个方面：一是饲料的种类和性状；二是动物的体况、采食习惯和营养状态。

二、症 状

反刍动物急性瘤胃酸中毒的临床症状和疾病经过，因病型而不同。

1. 最急性型

病牛精神高度沉郁，极度虚弱，侧卧而不能站立，双目失明，瞳孔散大。体温低下（36.5～38℃）。重度脱水（体重的8%～12%）。腹部显著膨胀，瘤胃停滞，内容物稀软或呈水样，瘤胃液pH值低于5，可至4，无纤毛虫存活。循环衰竭，心率110～130次/min，微血管再充盈时间显著延长，通常于起病暴发后的短时间（3～5 h）内突然死亡，导致死亡的直接原因是内毒素引发的休克。

2. 急性型

病牛食欲废绝，精神沉郁，瞳孔轻度散大，反应迟钝。消化道症状典型，磨牙空嚼不反刍，瘤胃膨满不运动，冲击式触诊可听到震荡音，瘤胃液的pH值为5～6，无存活的纤毛虫。排稀软酸臭粪便，有的排粪停止。脱水体征明显，中度脱水（体重的8%～10%），眼窝凹陷，血液黏滞，尿少色浓或无尿。全身症状重剧，体温正常、微热或低下（38.5～39.5℃，有的37～38.5℃）。脉搏细弱，结膜暗红，微血管再充盈时间延长（3～5 s）。后期出现明显的神经症状，步态蹒跚或卧地不起，头颈侧屈（似生产瘫痪）或后仰（角弓反张），昏睡乃至昏迷。若不予救治，多在24 h内死亡。

3. 亚急性型

病牛食欲减退或废绝，瞳孔正常，精神委顿，能行走，无共济失调症状。轻度脱水（体重的4%～6%）。全身症状明显，体温正常（38.5～39℃），结膜潮红，脉搏加快，微血管再充盈时间轻度延长（2～3 s）。瘤胃中等度充满，收缩无力，触诊感生面团样或稀软的瘤胃内容物，瘤胃液pH值介于5.5～6.5，有一些活动的纤毛虫。常继发或伴发蹄叶炎和瘤胃炎而使病情恶化，病程24～96 h不等（图7-5-1）。

4. 轻微型

病牛呈消化不良体征，表现食欲减退，反刍无力或停止，瘤胃运动减弱，稍显膨满，触诊内容物呈捏粉样硬度，瘤胃液pH值为6.5～7，纤毛虫活力几乎正常。脱水体征不明显，全身症状轻微。腹泻数日，粪便呈灰黄色稀软或水样，混有一定量的黏液，多能自愈。

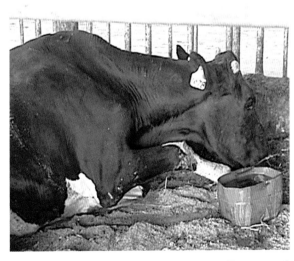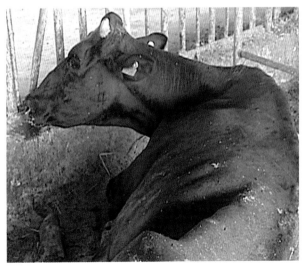

图 7-5-1 牛瘤胃酸中毒

三、诊　断

急性瘤胃酸中毒病史上有突然超量摄取谷类等富含可溶性碳水化合物的既往史；在体征上，瘤胃充满，而内容物稀软；脱水体征明显而腹泻轻微或不明显；全身症状加剧而体温不升高。

四、治　疗

急性瘤胃酸中毒的治疗原则是彻底清除有毒的瘤胃内容物，及时纠正脱水和酸中毒，逐步恢复胃肠功能。除个别散发病例外，反刍动物的过食性乳酸酸中毒常在畜群中暴发，应对畜群进行检查，依据病程类型和病情的轻重，分别采取下列措施，逐头实施急救治疗。

1. 瘤胃冲洗

用胃管或内径25~30 mm的粗胶管经口插入瘤胃，排出液状内容物，然后用1%食盐水或碳酸氢钠溶液或自来水或20%石灰水反复冲洗，直至瘤胃内容物无酸臭味而呈中性或弱碱性为止。

2. 补液补碱

5%碳酸氢钠注射液3~6 L，5%糖盐水2~4 L，给牛1次静脉输注。先超速输注30 min，以后平速输注。对危重病牛，应首先采用此项措施抢救。

3. 灌服制酸药和缓冲剂

可用氢氧化镁、氧化镁、碳酸氢钠或碳酸盐缓冲合剂（碳酸钠50 g，碳酸氢钠420 g，氯化钠100 g，氯化钾40 g）250~750 g，水5~10 L，1次灌服。单用此措施，只对轻症及某些亚急性型病牛有效。

第六节　牛瓣胃阻塞

瓣胃秘结是由于前胃弛缓、瓣胃收缩力减弱、内容物充满和干燥所致的瓣胃阻塞和扩张。中兽医称为"百叶干"。该病多发于耕牛，奶牛也较常见。

一、病　因

1. 原发性瓣胃秘结

耕牛常因劳役过度、饲养粗放、长期饲喂干草（特别是纤维粗而坚韧的甘薯蔓、花生秧、豆秸、青干草、红茅草以及豆荚、麦糠等）所致。奶牛多因长期饲喂麸糠、粉渣、酒糟等含有泥沙的饲料，或受到外界不良因素的刺激和影响，惊恐不安，从而导致该病的发生。正常饲养的牛，突然变换饲料，或由放牧转为舍饲，饲料质量过差，缺乏蛋白质、维生素及某些必需的微量元素，如铜、铁、钴、硒等；或饲养不规范，饲喂后缺乏饮水，运动不足，消化不良，也能引起该病的发生。

2. 继发性瓣胃秘结

通常伴发于前胃弛缓、皱胃阻塞、皱胃变位、皱胃溃疡、创伤性网胃腹膜炎、腹腔脏器粘连、牛产后血红蛋白尿病、生产瘫痪、牛黑斑病甘薯中毒、牛恶性卡他热、急性肝炎以及血液原虫病和某些急性热性病经过中，系瓣胃收缩力减弱所致。

二、症 状

1. 初期

病牛前胃弛缓，食欲不振或减退，粪便干燥呈饼状。瘤胃轻度臌气，瓣胃蠕动音减弱或消失（图7-6-1）。触诊瓣胃区（右侧第7至第9肋间中央），病牛退让，表现疼痛。叩诊瓣胃浊音区扩大。精神迟钝、呻吟，奶牛泌乳量下降。

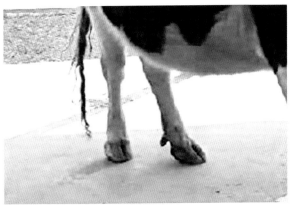

图 7-6-1　牛瓣胃阻塞

2. 中期

随着病程的进展，病牛全身症状逐渐加重，鼻镜干燥、龟裂，磨牙、虚嚼，精神沉郁、反应减退；呼吸疾速，心搏亢进，脉搏可达80~100次 / min，食欲、反刍消失，瘤胃收缩力减弱。瓣胃穿刺（右侧第9肋间肩关节水平线上）感到阻力加大，瓣胃收缩运动不明显。直肠检查，肛门括约肌痉挛性收缩，直肠内空虚，有黏液和少量暗褐色粪便。

3. 晚期

晚期病例病牛瓣叶坏死，伴发肠炎和全身败血症，体温上升至40℃左右，病情显著恶化。食欲废绝，排粪停止，或仅排少量黑褐色粥状粪便，附着黏液，气味恶臭。呼吸次数增多，心搏动强盛，脉搏增至100~140次 / min，脉律不齐或徐缓。尿量减少，呈深黄色，或无尿。尿液呈酸性，相对密度高，含大量蛋白质、尿蓝母及尿酸盐。微血管再充盈时间延长，皮温不整，末梢部冷凉，结膜发绀，眼球塌陷，显现脱水和自体中毒体征。体质虚弱，神情忧郁，卧地不起，以至死亡。

三、诊 断

该病的临床表现与前胃疾病、皱胃疾病乃至某些肠道疾病相同或相似，诊断困难。有些病例，直到死后剖检时才得以发现。因此，临床诊断时，必须对病牛的胃肠道进行全面细致的检查，主要依据食欲不振或废绝，瘤胃蠕动减弱，瓣胃蠕动音低沉或消失，触诊瓣胃敏感性增高，排粪迟滞甚至停止等，做出初步诊断。必要时进行剖腹探查。酸碱性瓣胃秘结的鉴别，可依据瘤胃内容物pH值测定结果辅助诊断。

四、治 疗

治疗原则在于增强前胃运动功能，促进瓣胃内容物软化与排出。

发病初期，可用硫酸钠或硫酸镁400~500 g，水8~10 L或液状石蜡1 000~2 000 mL，或植物油500~1 000 mL，1次口服。为增强前胃神经兴奋性，促进前胃内容物运转与排出，可同时应用10%氯化钠溶液100~200 mL、20%安钠咖注射液10~20 mL，静脉注射。氨甲酰胆碱、新斯的明，盐酸毛果芸香碱等拟胆碱药，应依据病情选择应用。但妊娠牛及心肺功能不全、体质弱的病牛忌用。

依据酸碱性胃肠弛缓发病假说所研制的碳酸盐缓冲合剂和醋酸盐缓冲合剂同样分别适用于酸碱性瓣胃秘结并已取得比较满意的疗效。

对重症病例，采用瓣胃注射治疗。用10%硫酸镁或硫酸钠溶液2 000~3 000 mL，液状石蜡或甘油300~500 mL，普鲁卡因2 g，氨苄青霉素3 g，混合注入瓣胃内，可收到一定效果。

上述疗法无效时，采取瓣胃冲洗疗法，即施行瘤胃切开术，引用胃管插入网瓣孔冲洗瓣胃。瓣胃孔经冲洗疏通后，病情随即缓和，效果良好。

病牛伴发肠炎或败血症时，应根据全身功能状态，首先用氢化可的松0.2~0.5 g，生理盐水40~100 mL，混合后静脉注射。同时，用10%葡萄糖酸钙注射液静脉注射。并注意强心补液，以纠正脱水和缓解自体中毒。

第七节 牛皱胃阻塞

皱胃积食即皱胃阻塞，是由于受纳过多和／或排空不畅所造成的皱胃内食（异）物停滞、胃壁扩张和体积增大。各种反刍动物均可发生，尤其多见于黄牛、水牛、肉牛和乳牛，是反刍动物的一种常见多发病。

一、病 因

按病因，皱胃阻塞有原发性和继发性之分。

1. 原发性皱胃阻塞

主要起因是长期大量采食粗硬而难以消化的粉碎饲草或偶然吞食不能消化的异物。我国西北、华北以及苏、鲁、豫、皖等省区，冬春缺乏青绿饲料，用谷草、麦秸、玉米秸秆、高粱秸秆或稻草铡碎喂牛，江北和淮北的黄牛和水牛，在夏收夏种和冬耕大忙季节，饲喂麦糠、豆秸、甘薯蔓、花生藤或其他秸秆，加上饮水不足、劳役过度、精神紧张和气象应激，常大批发生该病。美国、加拿大等一些国家，用切细或磨碎的粗硬秸秆同谷粒组成混合日粮饲喂肥育牛和妊娠后期的奶牛，皱胃阻塞的发病率可高达15%。饲草内多沙，块根块茎多汁饲料混有泥土，可引起皱胃沙土阻塞的暴发，发病率不下10%。成年牛吞进胎盘、麻线，或啃舔被毛在胃内形成毛球，犊牛和羔羊误食破布、木屑、刨花以及塑料薄膜等异物，则可引起机械性皱胃阻塞。这样的原发性阻塞，皱胃内积滞的是黏硬的食物或坚硬的异物，而且瓣胃以至瘤胃内也常伴有不同程度的积食。

2. 继发性皱胃阻塞

主要起因于皱胃肌肉收缩力减退，皱胃"泵"功能丧失和排空后送不畅，通常见于皱胃炎、皱胃溃疡、皱胃淋巴肉瘤等所致的肌源性皱胃弛缓，或皱胃变位矫正术过程中损伤胃壁神经，尤其迷走神经性消化不良等所致的神经性皱胃弛缓。还可继发于小肠阻塞，特别是十二指肠积食或幽门狭窄。这样的继发性皱胃阻塞，多不伴有瓣胃积食，而且皱胃所积滞的内容物可能是稀软的食糜、发酵形成的气体或渗漏的液体。

二、症　状

病初，病牛食欲、反刍减退，瘤胃蠕动音短促、稀少、低弱，瓣胃音低沉，排粪迟滞，粪便干燥，肚腹外观无明显异常，临床表现如同一般的前胃弛缓。

随着病情的发展，病牛食欲废绝，反刍停止，瘤胃运动极弱以至完全绝止，瓣胃蠕动音消失，肠音稀弱，常常呈排粪姿势，粪便量少、呈糊状、棕褐色、恶臭，混有少量黏液、血丝或血块，体重迅速减轻，而肚腹显著增大，右侧尤甚。全身状态亦逐渐恶化，呼吸促迫，脉搏增数（60~80次/min），有的体温升高，出现中热。

患病后期，病牛精神极度沉郁，体质虚弱，鼻镜干燥，眼球塌陷，结膜发绀，舌面皱缩，血液黏稠，脉搏细弱而疾速，达到或超过100次/min，呈现严重的脱水和自体中毒症状。

典型病例，视诊右侧中腹部直至肋弓后下方局限性膨隆，冲击式触诊可感有黏硬或坚实的皱胃，病牛表现呻吟、退让、蹴腹、抵角等疼痛反应（图7-7-1）。直肠检查，在盆腔前口即可摸到充满捏粉样内容物的瘤胃，从左腹腔一直扩延到右腹腔的后部，犹如拐了个弯而呈"L"形。特征性的改变是可触及伸展扩张的皱胃，其后壁远远超出右肋弓部向下后方延伸，呈捏粉样硬度，轻压留痕，或质地黏硬，重压留痕。

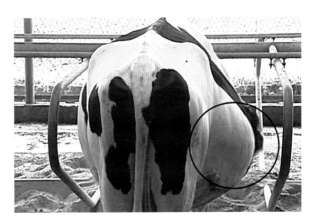

图7-7-1　牛皱胃阻塞

三、诊　断

1. 食物性皱胃阻塞

依据长期饲喂粗硬、细碎草料的生活史，腹部视诊触诊右肋弓后下方的局限性膨隆，直肠检查结果以及低氯血症、代谢性碱中毒等检验所见，一般不难做出诊断。必要时进行开腹探查，以确定或排除可能的异物性皱胃阻塞，并择机施行皱胃切开术。

2. 继发性皱胃阻塞

不论其起因是肌源性皱胃弛缓、神经性皱胃弛缓还是小肠阻塞，皱胃内积滞的都是稀软食糜、液体和气体，瘤胃内也常伴有液状食糜或气液，因而在左右肋弓部听叩诊可发现清脆铿锵的钢管音，腹冲击式触诊可听到震水音，很容易误诊为迷走神经性消化不良和皱胃左方变位或右方变位，应依据生活史、病史和病程，进行综合分析，仔细加以鉴别，必要时进行剖腹探查。

四、治 疗

治疗原则包括恢复胃泵功能、消除积滞食（异）物、纠正机体脱水和缓解自体中毒等3个方面。

1. 恢复胃泵功能

增强胃壁平滑肌的自动运动性，解除幽门痉挛，从而恢复皱胃的排空后送功能，是治疗皱胃阻塞尤其继发性皱胃阻塞的根本原则。主要措施是少量多次注射拟副交感神经药（参见急性胃扩张的治疗），使植物神经对胃肠运动的调控趋向平衡。

2. 清除积滞食（异）物

清除积滞食（异）物是治疗皱胃阻塞尤其食（异）物性皱胃阻塞的中心环节。初期或轻症病牛可投服盐类泻剂（如硫酸镁或氧化镁）、油类泻剂（如植物油、液状石蜡或25%磺琥辛酯钠溶液）120~180 mL，经胃管投服，每日1次，连用3~5 d。中、后期或重症病牛，宜施行瘤胃切开和瓣胃皱胃冲洗排空术，即首先施行瘤胃切开术，取出瘤胃内容物，然后应用胃导管插入网瓣孔，通过胃导管灌注温生理盐水，逐步深入地冲洗瓣胃以至皱胃，直至积滞的内容物排空为止。对塑料、胎盘等异物阻塞，则必须施行皱胃切开术取出，但效果较差，合并症较多。

3. 纠正脱水和缓解自体中毒

纠正脱水和缓解自体中毒是各病程阶段病牛，特别是中、后期重症病牛必须施行的急救措施。通常应用5%糖盐水5~10 L、10%氯化钾注射液20~50 mL、20%安钠咖注射液10~20 mL，静脉注射，每日2次。亦可用10%氯化钠注射液300~500 mL、20%安钠咖注射液10~30 mL，静脉注射，每日2次，连用2~3 d，兼有兴奋胃肠蠕动的作用。但在任何情况下，皱胃阻塞的病牛都不得口服或注射碳酸氢钠，否则将会加剧碱中毒。在皱胃阻塞已基本疏通的恢复期病牛，可用氯化钠（50~100 g）、氯化钾（30~50 g）、氯化铵（40~80 g）的合剂，加水4~6 L灌服，每日1次，连续使用，直至恢复正常食欲为止。

第八节　牛皱胃左方变位

皱胃左方变位，即皱胃由腹中线偏右的正常位置经瘤胃腹囊与腹腔底壁间潜在空隙移位并嵌留于腹腔左侧壁与瘤胃之间。该病自1950年由Begg首先描述和确认以来，临床报道逐年增多，但几乎只发生于奶牛，尤其多发于4~6岁的中年奶牛和冬季舍饲期间。常见于泌乳早期，约80%的确诊病例发现于产后泌乳的第一个月内。雄性奶牛、妊娠期奶牛、青年母牛以及肉用母牛极少发生。

一、病 因

优质谷类饲料，如玉米和玉米青贮饲料，是该病主要的病因学因素。皱胃左方变位最常发生于体格大而产奶量高的奶牛。西欧和北美奶牛高精饲料舍饲，皱胃左方变位发病率高，而新西兰和澳大利亚奶牛低精饲料牧饲，发病率低，这表明该病发生与高精饲料低粗饲料舍饲有关。优质谷类饲料可加快瘤胃食糜的后送速度，使进入皱胃内的挥发性脂肪酸浓度剧增而抑制胃壁平滑肌的运动和幽门的开放，结果食物滞留并产生二氧化碳（碳酸氢钠+氯化氢）以及甲烷和氮气等气体，引起皱胃的弛缓、臌胀和变位。

一些产后疾病，常使皱胃运动性显著减弱，是促发皱胃左方变位（LDA）的潜在因素。如发生胎衣滞留、子宫内膜炎、乳腺炎、创伤性网胃腹膜炎（反射性皱胃弛缓）、低钙血症、皱胃深层溃疡（肌源性皱胃弛缓）以及迷走神经性消化不良（神经性皱胃弛缓）时，容易发生LDA。

机械性因素：妊娠子宫随着胎儿的逐渐增大而沉坠，将瘤胃向上抬高并向前推移，使瘤胃腹囊与腹腔底壁间出现较大的空隙，皱胃沿此空隙向左方移位，分娩后瘤胃又复下沉，致使移位的皱胃嵌留于瘤胃和左腹壁之间。LDA发生的前提、根本原因或病理学基础还在于各种原因引起的皱胃弛缓、积气和膨胀。

二、症 状

LDA发生在分娩后数日或1~2周之内，病牛食欲减退并偏食，不愿吃精饲料或干草。

泌乳量急剧下降或逐渐减少，消瘦；消化障碍，病牛反刍稀少、延迟、无力或停止。瘤胃运动稀弱、短促以至废绝；继发性酮病，呼出气带烂苹果味，尿液检查有酮体；体温、脉搏、呼吸多在正常范围内；粪便呈油泥状、糊糊样，潜血检查多为阳性。

LDA病牛一般不显腹痛。有的每当瘤胃强烈收缩时表现呻吟、踏步、踢腹等轻微的腹痛不安；皱胃显著臌胀的急性病例，腹痛明显，并发瘤胃臌胀。

部分病牛左侧肋弓部后下方、左肷窝部的前下方出现局限性凸起，有时凸起部由肋弓后方向上延伸几乎到肷窝顶部，该部触诊有气囊样感觉，叩诊发鼓音（图7-8-1）；听诊左侧腹壁，可于第9至第12肋骨弓下缘、肩一膝水平线上下听到皱胃音，其音性为带金属音调的流水音或滴落音，用听叩诊结合的方法，即用手指或叩诊锤叩击肋骨，同时在附近

图7-8-1 牛皱胃左方变位（项志杰 供图）

的腹壁上听诊，常能在皱胃嵌留的部位听到一种类似叩击金属管所发出的共鸣音——钢管音。凸起部做试验性穿刺，常可获得褐色带酸臭气味的混浊液体，pH值为2~4，无纤毛虫；直肠检查，可发现瘤胃比正常更靠近腹正中，触诊右肷窝部有空虚感；血液检验可证实低氯血症、碱储偏高、血液浓缩等代谢性碱中毒和脱水指征的轻度改变。

三、诊 断

遇到分娩或流产后显现消化不良、轻度腹痛、酮病综合征的病牛，经前胃弛缓或酮病常规治疗无效或复发的，除注意创伤性网胃腹膜炎外，还应着重怀疑皱胃左方变位。兽医等应反复认真地检查腹部，尤其左腹部，依据下列一套4项示病体征确立诊断：视诊左肋弓部后上方的局限性膨隆，触之如气囊，叩之发鼓音；左肋弓部后下方冲击式触诊感有震水音；在9~12肋间、肩关节水平线上下，运用听叩诊结合法寻找钢管音，并确定钢管音的区域，圈定其形状和范围；在圈定的区域内听诊；在钢管音区的直下部进行试验性穿刺，取得皱胃液。在上述腹部示病体征不齐备时，可辅以直肠检查和超声诊断（显示液平）。

四、治 疗

该病有3种治疗方法：保守疗法、滚转复位法和手术整复固定法。

1. 保守疗法

即通过静脉注射钙制剂、皮下注射新斯的明等拟副交感神经药和投服盐类泻剂，以增强胃肠的运动性，消除皱胃弛缓，促进皱胃内气液的排空和复位。

2. 滚转复位疗法

实施步骤为：病牛饥饿数日并限制饮水，尽量使瘤胃容积变小；左侧横卧，再转成仰卧；以背轴为轴心，先向左滚转45°，回到正中，然后向右滚转45°，再回到正中，如此以90°的摆幅左右摇晃3~5 min；突然停止，恢复左侧横卧姿势，转成俯卧，最后站立。经过仰卧状态下的左右反复摇晃，瘤胃内容物向背部下沉，对腹底壁潜在空隙的压力减轻，含大量气体的变位皱胃随着摇晃上升到腹底空隙处，并逐渐移向右侧面而复位。此法复位有70%的成功率。

3. 手术整复固定法

病牛站立保定。腰旁神经干传导麻醉，配合切口局部直线浸润麻醉。打开腹腔后，用带有长胶管的针头刺入皱胃，抽吸皱胃内积滞的气体和部分液体。此时术者应检查皱胃同周围器官组织有无粘连，如有粘连即行分离。然后，术者牵拉皱胃及大网膜并将其引至切口处。用长约1 m的肠线，一端在皱胃大弯的大网膜附着部做一褥式缝合并打结，剪去余端；将皱胃沿左腹壁推送到瘤胃下方的右侧腹底正常位置处。皱胃复位确实无误后，术者右手掌心握着带肠线的前述备用缝合针，紧贴左腹壁伸向右腹底部，令助手在右腹壁下指示皱胃的正常体表投影位置，术者按助手所指部位将缝合针向外穿透腹壁，由助手将缝合针随带缝合线一起拉出腹腔，慢慢拉紧缝合线，于术者确认皱胃复位固定后，助手用缝合针刺入旁开1~2 cm处的皮下再穿出皮肤，引出缝合肠线将其与入针处留线在皮外打结固定并剪去余线。最后，腹腔内注入青霉素溶液、链霉素溶液，按常规方法闭合腹壁切口。术后第5天可剪断腹壁固定肠线，术后7~9 d拆除皮肤切口缝线。

第九节　牛肠便秘

牛肠便秘又称肠阻塞，是由于冬季长期饲喂单一的豆秸、麦秸等粗纤维多的秸秆饲料，刺激肠管，使肠道运动和分泌功能降低导致肠弛缓所引起，是牛冬、春季节的常见病。

一、病　因

原发性肠便秘主要由于饲养管理不当引起。饲喂多量的粗硬难消化的饲料，如干甘薯藤、花生藤、豆秸等劣质饲草料；饮水和运动不足，或饲料、饮水中混有大量泥沙，或突然变换饲料，或气候骤变。

二、症　状

病牛初期腹痛轻微，但可呈持续性；病牛两后肢交替踢地，呈蹲伏姿势，或后肢踢腹；拱背、努责，通常不见排粪，有时排出一些胶冻样团块。腹痛增剧后，常卧地不起；病程稍长时，腹痛减轻或消失、厌食、偶尔反刍，但咀嚼无力；鼻镜干燥，结膜呈污秽的灰红色或黄色；口腔干臭，有灰白色或淡黄色舌苔；直肠检查，肛门紧缩，直肠内空虚，在直肠壁上附着干燥的少量粪屑。耕牛便秘大多数发生于结肠，因此直肠检查须注意结肠盘的状态。部分病例在便秘的前方胃肠积液，病至后期有明显的眼球下陷、目光无神、卧地不起、头颈贴地、心脏衰弱、心律不齐、脉搏疾速（重症每分钟可达100次以上）等症状，最后发生虚脱而死亡。

三、诊　断

主要依据临床症状进行诊断，如减食以及腹胀、不安等腹痛症状；肠音减弱或消失，排粪初干少后停止，同时结合饲养管理上的原因可做出初步诊断。鉴别诊断应与肠变位、肠臌气等相区别。

四、治　疗

治疗原则为消除病因，加强护理、疏通导泻、镇痛减压、补液强心。对病牛应停止饲喂或仅给少量青绿多汁饲料，同时饮用大量温水。

1. 疏通导泻

硫酸钠（镁）30~100 g或液状石蜡、植物油50~200 mL，或大黄末50~100 g，加入适量的水，胃管1次投服。另外，在投服泻药后数小时皮下注射新斯的明2~5 mg或2%毛果芸香碱5 mL，或者在泻药中配合鱼石脂10 g、酒精300 mL等，均可提高疗效。

2. 镇痛减压

疼痛不安时，肌内注射20%安乃近注射液20 mL。

3. 补液强心

纠正脱水失盐，调整酸碱平衡，缓解自体中毒，维护心脏功能。

在保守疗法无效的情况下，对全身状况尚好的病牛可施行肠管切开术或肠管切除术。

五、预防

主要在于科学地搭配饲料，加强饲养管理，给予充足饮水和加强运动。发生原发性肠便秘时，应及时改善饲养管理，合理搭配青、粗饲料，补充各种预混添加剂，保证足够的饮水和适当的运动。

第十节　牛中暑

中暑是由于纯物理因素引起动物机体温调节功能障碍的一种急性疾病。因阳光直射头部，导致脑及脑膜充血、出血，引起中枢神经系统功能障碍的，称为日射病。因环境温度过高、湿度过大，导致机体散热障碍，引起体内积热的，称为热射病。日射病和热射病的病理生理是相同的，在临床上常将两种疾病统称为中暑（Heat exhaustion or thermic fever）。该病发生于炎热季节，以7－8月多发，临床上以突然发病、病程急剧、出汗、体温升高和一定的神经症状为特征。

一、病因

导致该病发生的直接因素是环境温度过高和阳光直射，但相关因素对该病的发生也具有促进作用。

1. 环境温度过高

高的环境温度、湿度过大、风速小，动物机体散热障碍，导致体内积热，是热射病发生的重要因素。

2. 阳光直射

在烈日下重役、运动、长途运输等条件下，脑部温度升高，引起日射病。

3. 机体体质弱

体质肥胖、幼龄和老年动物对热的耐受能力低，是热射病的诱发因素。

4. 饲养管理不当

饲养管理不当特别是饮水不足、食盐摄入不足可促使该病的发生。

二、症状

日射病和热射病发病急剧，主要表现为神经功能障碍、体温升高、大量出汗，同时还表现为循环、呼吸功能的衰竭。该病常突然发病，病情发展急剧，病牛喜凉爽环境，至树荫道旁，不愿离开，具有明显的饮欲，主动寻找水源。神经症状发病初期，病牛兴奋不安，出现强迫运动，前冲或转圈，鸣叫。随后很快转入抑制状态，精神高度沉郁，反应迟钝，不听使唤，站立不稳；严重时出现昏迷，卧地不起、意识丧失，四肢划动。体温升高，比正常体温高2℃甚至4℃以上。初期大汗淋漓，但随着水分的丧失和血液浓稠，很快停止出汗，皮肤变为干热。循环系统与心率加快，脉搏疾速，可视黏膜充血，呈树枝状，体表静脉怒张。呼吸高度困难，鼻翼开张，张口呼吸，严重时出现节律不齐，甚至出现毕欧式呼吸或陈－施二氏呼吸。濒死前口吐白沫，鼻孔流出粉红色泡沫。临床病理学红细胞压积升高，血清K^+、Na^+、Cl^-含量降低。病牛由于换气过度，通常存在呼吸性碱中毒。

三、诊 断

根据天气炎热、湿度较高或阳光直射的病史，结合临床上体温升高、一般脑症状、呼吸和循环衰竭、大量出汗或皮肤干热、静脉怒张，不难进行诊断。但应与急性心力衰竭、肺充血及水肿、脑充血等疾病相区别。

急性心力衰竭的重要体征为可视黏膜发绀、体表静脉怒张和心搏动亢进，体温不高，可与该病进行鉴别。

肺充血和水肿表现为高度呼吸困难、黏膜发绀、流泡沫状鼻液，具有中枢神经系统症状，可与该病相区别。

脑充血与该病的症状非常相似，但不具有高温、高湿的环境因素和大量出汗的表现，体表静脉怒张亦不明显，可据此进行鉴别。

四、治 疗

该病的治疗原则为加强护理、消除病因、降低体温、防止脑水肿和对症治疗。加强护理、消除病因应及时将病牛放置于通风、凉爽的环境中，保持安静，供应充足凉的饮水，最好是0.9%的氯化钠溶液。降低体温是该病的关键治疗措施，采取一切可以利用的手段使体温降低，这是治疗成败的关键。

1. 物理降温法

用冷水擦洗躯体，特别是头部，洗后用酒精擦身，酒精迅速挥发，促进散热，同时水分也迅速挥发，可防止风湿病的发生。采用冷水灌肠可迅速吸收体内的热量，以降低体温。可灌入冷水5 000~10 000 mL。除此以外，也可以采用周围环境放置冰块等方法，可保持局部环境的凉爽。

2. 化学降温法

可使用解热镇痛类药物，使升高了的体温调节点复原，促进机体的散热。如复方氨基比林注射液（含氨基比林7.15%、巴比妥2.85%）20~50 mL，皮下或肌内注射；安痛定注射液（含氨基比林5%、巴比妥0.9%、安替比林2%）20~50 mL，皮下或肌内注射；安乃近3~10 g，皮下或静脉注射。

3. 防止中暑时脑水肿发生

由于中暑时脑血管充血，很容易继发脑水肿，因此应注意防止脑部水肿引起神经功能障碍。

颈静脉放血或耳尖放血在发病初期可进行，后期由于大量出汗，水分丧失严重，血液浓缩，循环血量不足，不宜进行。放血量在1 000~2 000 mL，然后补以等量的生理盐水或复方氯化钠溶液、糖盐水。

静脉输入较凉的液体在补充体液的同时还可降低体温，补液的量根据脱水的情况而定，可使用生理盐水、糖盐水以及复方氯化钠溶液。

使用钙制剂如氯化钙或葡萄糖酸钙，可增加毛细血管的致密性，减少渗出，以控制脑水肿。5%氯化钙注射液100~400 mL，静脉注射。使用钙制剂时应严防漏出血管外。

使用脱水剂可增加血液的渗透压，利于血液中水分的保持，有效防止脑水肿。20%甘露醇或25%山梨醇溶液，每千克体重1~2 g，静脉注射，应在30 min内注射完毕，以降低颅内压，防止脑水肿。

此外，应根据临床表现的不同症状，进行有针对性的治疗，如镇静、强心、防治循环虚脱、兴奋呼吸中枢等。

防止酸中毒可使用5%碳酸氢钠溶液250~500 mL，静脉注射，以中和体内糖酵解的中间产物乳酸。

五、预 防

该病是动物在夏季常见的一种重度性疾病，病情发展急剧，死亡率高。因此，在炎热季节，应做好饲养管理和防暑降温工作，保障动物机体健康。改善动物饲养管理，降低动物舍内温度，保持适当密度，供应充足饮水并补喂食盐。注意动物舍内通风，保持空气清新和凉爽，防止潮湿闷热。使役动物应避免中午阳光直射，放牧动物应早晚放牧，并注意观察动物群体，多补充饮水，防止动物群体中暑。夏季运输群体动物，应在早、晚进行，并做好通风工作，沿途应供应充足的饮水，有条件时可在饮水中加入1%食盐或抗应激维生素。

第十一节 牛脑膜脑炎

脑膜脑炎是脑膜及脑实质的一种炎性疾病。脑膜脑炎主要由传染性或中毒性因素引起，首先软脑膜及整个蛛网膜下腔发生炎性变化，继而通过血液和淋巴途径侵害到脑，引起脑实质的炎症；或者脑膜与脑实质同时发生炎症。该病以高热、脑膜刺激症状、一般脑症状及局灶性脑症状为特征。

一、病 因

动物脑膜脑炎的发生主要由传染性因素和中毒性因素引起，同时也与邻近器官炎症的蔓延和自体抵抗能力有关。

1. 传染性因素

包括各种引起脑膜脑炎的传染性疾病，如狂犬病、结核病、传染性脑脊髓炎、链球菌感染、葡萄球菌病、沙门氏菌病、巴氏杆菌病、大肠杆菌病、变形杆菌病、化脓性棒状杆菌病等，这些疾病往往发生脑膜和脑实质的感染，出现脑膜脑炎。

2. 中毒性因素

重金属毒物（如铅）、类金属毒物（如砷）、生物毒素（如黄曲霉毒素）、化学物质（如食盐）等发生中毒时，都具有脑膜脑炎的病理现象。

3. 寄生虫性因素

如在脑组织受到牛包虫等的侵袭，亦可导致脑膜脑炎的发生。

4. 邻近器官炎症的蔓延

如动物发生中耳炎、化脓性鼻炎、额窦炎、腮腺炎以及褥疮、踢伤、角伤、额窦圆锯术等发生感染性炎症时经蔓延或转移至脑部而发生该病。

5. 诱发性因素

在饲养管理不当、受寒、感冒、过劳、中暑、脑震荡、长途运输、卫生条件不良、饲料霉败时，动物机体抵抗力降低或脑组织局部抵抗力降低，诱发条件性致病菌的感染，引起脑膜脑炎的发生。

二、症 状

神经系统和其他系统有着密切的联系，神经系统可影响其他系统、器官的活动。因此，脑膜脑炎的症状较为复杂，除表现出神经系统症状以外，还表现出体温、呼吸、脉搏、食欲等方面的症状（图7-11-1）。

1. 神经症状

脑膜脑炎的神经症状包括一般脑症状和局灶性脑症状。

（1）一般脑部症状。

过度兴奋病牛：神志不清、狂躁不安、攀登饲槽、挣断缰绳、无目的冲撞、不避障碍物。常有攻击行为，严重时全身痉挛，以后转为高度抑制。

过度抑制病牛：精神抑制、意识障碍、闭目垂头、目光无神、不听使唤、站立不动，甚至呈现昏睡状态。

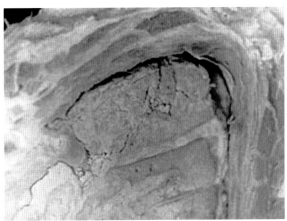

图 7-11-1　牛脑膜脑炎症状及病变脑组织

（2）**局灶性脑症状**。由于脑组织的病变部位不同，特别是脑干受到侵害时，所表现的局灶性症状也不一样，主要表现为缺失性症状和释放性症状两个方面。

缺失性症状：咽及舌肌麻痹、吞咽困难、舌脱垂。面神经和三叉神经麻痹、唇歪向一侧或弛缓下垂。眼肌和耳肌麻痹，斜视，上眼睑下垂；耳弛缓下垂。

释放性症状：眼肌痉挛眼球震颤，斜视，瞳孔左右不同（散大不均匀），瞳孔反射功能消失。咬肌痉挛，牙关紧闭（咬牙切齿），轧齿（磨牙）。唇、鼻、耳肌痉挛，唇、鼻、耳肌收缩。颈肌痉挛，头向后上方或一侧反张；倒地时，四肢做有节奏的游泳样运动。上述局灶性症状有时单独出现，有时混合出现，有时只表现为缺失性症状，有时则释放性症状为主。同时还往往伴有视觉、听觉的减退或丧失以及味觉和嗅觉发生障碍。

2. 体温变化

发病动物体温往往升高，但有时可能正常或下降。

3. 呼吸和脉搏变化

兴奋期呼吸疾速，脉搏增数。抑制期呼吸缓慢而深长，脉律减慢，有时还伴有节律性的改变，出现节律紊乱。

4. 消化系统症状

食欲减退或废绝，采食、饮水异常，咀嚼缓慢，时常中止。排粪停滞，严重时出现排便、排尿失禁。

5. 血液学检查

细菌性脑膜脑炎时，血液中白细胞总数增高，嗜中性粒细胞比例升高，核左移。病毒性脑膜脑炎多出现白细胞总数降低，淋巴细胞比例升高。中毒性脑膜脑炎多出现白细胞总数降低，嗜酸性粒细胞减少。

6. 脑脊液检查

脑脊液增多、混浊，蛋白质和细胞成分增多。

三、诊　断

根据一般脑症状、局灶性脑症状以及脑脊液检查，并结合病史调查和病情发展过程一般不难诊断。但应注意与流行性乙型脑炎、狂犬病、牛恶性卡他热等病毒性脑炎，维生素A缺乏症等代谢病，食盐中毒、铅中毒等疾病相鉴别。

流行性乙型脑炎具有明显的季节性，主要发生在夏季至初秋的7－9月，这与蚊的生态学有密切关系。流行性乙型脑炎除具有神经症状外，还往往因肝脏受损而出现黄疸现象。因此容易进行鉴别诊断。狂犬病具有咬伤的病史，同时因咽部麻痹具有流涎症状，亦不难与该病进行鉴别。牛恶性卡他热具有典型的口、鼻黏膜炎症和角膜、结膜的炎症表现，流鼻液、流涎、流泪、角膜混浊、发热是牛恶性卡他热的主要临床症状，易与该病进行鉴别。维生素A缺乏症在幼年动物可见到中枢神经症状，但还具有颅骨发育异常的表现。食盐中毒虽然可见到中枢神经系统症状，但更重要的典型症状为消化系统症状，并且具有过量食用食盐的病史。铅中毒病牛除表现兴奋不安外，还具有流涎、腹痛和贫血的表现。

四、治 疗

该病的治疗原则为加强护理、消除病因、降低颅内压（控制脑膜及脑实质的充血和水肿）、杀菌消炎、解毒、控制神经症状和对症治疗。

1. 加强护理

将病牛置于安静、舒适的环境中，避免外界刺激，派专人监管，对一些运动功能丧失的病牛应勤换垫草、勤翻身，防止发生褥疮。根据发病情况，及时消除致病因素。

2. 降低颅内压

颈静脉放血牛可进行颈静脉放血1 000~2 000 mL，再用5%糖盐水1 000~2 000 mL，静脉注射。对体温升高、头部灼热的病牛，可用冷水淋头，以促进血管收缩，降低颅内压。使用脱水剂和利尿剂如20%甘露醇或25%山梨醇注射液，每千克体重用1~2 g，静脉注射，应在30 min内注射完毕，以降低颅内压，改善脑循环，防止脑水肿。

3. 抗感染

抗感染应选择能透过血脑屏障的抗菌药物，如青霉素类药物和头孢菌素类药物。对兴奋不安的动物应进行镇静。

4. 对症治疗

心功能不全时可应用安钠咖、氧化樟脑等强心剂；对不能哺乳的幼畜，应适当补液，维持营养；如果大便迟滞，宜用硫酸钠或硫酸镁，加适量防腐剂，口服，以清理肠道，防腐止酵，减少腐解产物吸收，防止发生自体中毒。

五、预 防

加强平时的饲养管理，注意防疫卫生，预防传染性与中毒性因素。群体动物中动物相继发生该病时，应隔离观察和治疗，防止传播。

第十二节　牛癫痫病

癫痫是中枢神经系统出现功能紊乱，意识暂时性丧失，发生全身强直性痉挛，排粪、排尿失禁的一种神经系统的慢性疾病。临床上以突然发生、迅速恢复，反复发作，呈现意识丧失、全身强直性痉挛和排粪、排尿失禁为特征，该病常见于犊牛。

一、病 因

癫痫有原发性和继发性2种。原发性癫痫又称为自发性癫痫或真性癫痫，继发性癫痫又称为症候性癫痫。

真性癫痫的发病原因还不十分清楚。癫痫在瑞士褐牛为显性性状遗传，发作始于犊牛数月龄，至1~2岁时完全消失。在体内外存在诱因时，如情绪激动、血压波动、外界不良刺激等，具有癫痫素质的动物由于脑功能的不完全而出现癫痫。有时虽然不存在体内外明显的诱发因素，具有癫痫素质的动物也可能发生癫痫。

症候性癫痫发生的原因是多方面的，有颅内疾病引起的，如脑炎、脑膜脑炎、颅内损伤、脑膜瘤、神经胶质瘤、脑水肿等，病变部位多位于大脑皮层，而皮质下区、脑干及小脑病变少见；有传染性因素和寄生虫病引起的，如伪狂犬病、狂犬病、脑包虫病等；有营养代谢性疾病引起的，如低钙血症、低糖血症、酮病、妊娠毒血症以及维生素 B_1 缺乏症等；有中毒引起的，如铅中毒、汞中毒等重金属中毒以及有机磷、有机氯等农药中毒。

二、症 状

癫痫发作有3个显著的特点，即突然性、暂时性和反复性。具有癫痫素质的动物反复出现特征性的突然发作，按临床症状，分为大发作、小发作、局限性发作和神经运动性发作。

大发作又称强直-痉挛性癫痫发作，是动物最常见的一种发作类型。在发作前常可见到一些先兆症状，如皮肤感觉过敏，不断点头或摇头，用后肢扒头部等，但极为短暂，仅为数秒钟，一般不被人所注意。大发作时发病动物突然倒地，意识丧失、四肢挺伸、角弓反张、呼吸暂停、口吐白沫，强直性肌肉痉挛持续10~30 s，即代之以阵发性痉挛，四肢取奔跑或游泳样运动，常见咀嚼运动。在强直性或阵发性痉挛期，瞳孔散大、流涎、排粪、排尿、被毛竖立。大发作通常持续1~2 min。发作后，有的患病动物可恢复正常，有的表现精神淡漠、定向障碍、不安及失明，可持续数分钟乃至数小时。

小发作在动物极为少见，其特征是短暂的（几秒钟）意识丧失，只见头颈伸展、呆立不动、两眼凝视。

局限性肌肉痉挛仅限于身体的某一部分，如面部或一肢。由脑病引起的症状性癫痫，由于多系大脑皮层局部神经细胞受到病理性刺激所引起，因而常表现为局部性肌肉痉挛，并常按皮质运动分布形式的顺序而扩散，先是离心端肌群开始痉挛，逐渐扩散到近心端肌群，以致整个半侧躯体的肌肉都发生抽搐，但不伴有意识障碍，除这种局限性肌肉痉挛外，也可同时出现皮肤感觉异常。此种局限性发作常可发展为大发作。

神经运动性发作表现为精神状态异常如突然出现幻觉及流涎等。癫痫发作时间相差很大，从数秒至数分钟，发作间歇期也不相等。发作时间越多，病情越严重。在间歇期表现一切正常。

三、诊 断

该病的诊断主要依据为反复发生暂时性意识丧失，以及强直性-阵发性肌肉痉挛等临床表现。但若要做出明确的病因学诊断，仍需进行全面系统的临床检查，包括对整个神经系统、血液、尿液、粪便和毒物检验等。

在临床上应注意与脑膜脑炎、脑出血和其他具有骨骼肌痉挛症状的疾病相鉴别。虽然脑膜脑炎和脑出血时也有痉挛现象，但持续时间长，同时具有一般脑症状和某些局灶性脑症状。各种类型抽搐症和神经功能病，亦呈现骨骼肌痉挛，但意识无异常。有机磷农药中毒、亚硝酸盐中毒以及乌头、毒芹中毒等，也都具有痉挛现象，但多为群发病，并各有其中毒过程的临床特征。

四、治 疗

鉴于该病的病因尚不明确，故治疗的主要目的是减少发作次数，缩短发作时间，降低发作的严重性，但尚缺乏根治措施，不能完全治愈。因此，该病的治疗原则为加强护理，增强大脑皮层的保护性抑制作用，镇静解痉，恢复中枢神经系统正常的调节功能。加强护理，让发病动物安静躺卧，防止各种不良因素的刺激和影响。药物治疗可选用苯巴比妥，每千克体重 1~2 mg，口服，每日 2 次，如镇静作用明显，1 周后减少用量。如苯巴比妥未能抑制癫痫发作，可改用普里米酮（普痫酮），每千克体重 10~20 mg，口服，每日 3 次。也可使用苯妥英钠，每千克体重 30~50 mg，口服，每日 3 次。但要防止突然调换药物，否则会导致癫痫的持续发作。当癫痫发作时，宜用安溴注射液，牛 50~100 mL，静脉注射，每日 1 次，5~7 d 为 1 个疗程，以恢复大脑皮层抑制与兴奋间的调节作用。

第十三节　牛支气管肺炎

支气管肺炎（Bronchopneumonia）又称小叶性肺炎，是病原微生物感染引起的以细支气管为中心的个别肺小叶或几个肺小叶的炎症。其病理学特征为肺泡内积有卡他性渗出物，包括脱落的上皮细胞、血浆和白细胞等，故又称为卡他性肺炎。临床上以出现弛张热型、咳嗽、呼吸次数增多、叩诊有散在的局灶性浊音区、听诊有啰音和捻发音等为特征。各种动物均可发生，尤以幼畜和老龄动物发生较多，多见于早春和晚秋季节。

一、病 因

支气管肺炎多数是在支气管炎的基础上发生的，因此凡能引起支气管炎的各种致病因素，都是支气管肺炎的病因。引起支气管肺炎的病原体均为非特异性的，包括肺炎球菌、猪嗜血杆菌、坏死杆菌、副伤寒杆菌、绿脓杆菌、化脓棒状杆菌、沙门氏菌、大肠杆菌、链球菌、葡萄球菌、衣原体属及腺病毒、鼻病毒、流感病毒、3 型副流感病毒和疱疹病毒、曲霉菌、弓形体等。在许多传染病和寄生虫病如仔猪流行性感冒、传染性支气管炎、结核病、犬瘟热、牛恶性卡他热、猪肺疫、副伤寒、肺线虫病等的过程中常伴发支气管肺炎。

受寒感冒，特别是突然受到寒冷的刺激最易引起发病；幼年和老弱、过度疲劳、维生素缺乏的动物，由于抵抗力低易受各种病原微生物的侵入而发病。物理、化学及机械性刺激或有毒的气体、热空气的作用等也可引起支气管肺炎。多种过敏原如花粉、有机粉尘、真菌孢子、细菌蛋白质等可引起过敏性支气管肺炎。其特征性病变为肺组织的嗜酸性粒细胞浸润。在咽炎及神经系统发生紊乱时，常因吞咽障碍，将饲料、饮水或唾液等吸入肺内或经口投药失误，将药液投入气管内引起异物性肺炎。

二、症　状

病初呈急性支气管炎的症状，表现干而短的疼痛咳嗽，随着病情的发展逐渐变为湿而长的咳嗽，疼痛减轻或消失，并有分泌物被咳出。体温升高 1.5~2.0℃，呈弛张热型。脉搏随体温的变化也相应改变，牛每分钟可达 60~80 次，第二心音增强，呼吸增数，牛每分钟 30~40 次，严重者出现呼吸困难。病牛流少量浆液性、黏液性或脓性鼻液，精神沉郁，食欲减退或废绝，可视黏膜潮红或发绀。

肺部听诊，病灶部肺泡呼吸音减弱，可听到捻发音，病灶周围及健康部位肺泡呼吸音增强。随着炎性渗出物的改变，可听到湿啰音或干啰音，当小叶炎症融汇，肺泡及细支气管内充满渗出物时，肺泡呼吸音消失，有时出现支气管呼吸音。胸部叩诊，当病灶位于肺的表面时，可发现 1 个或多个局灶性的小浊音区，融合性肺炎则出现大片浊音区；病灶较深，则浊音不明显。

血液学检查，白细胞总数可增多至 2×10^{10} 个 /L 以上，中性粒细胞比例可达 80% 以上，出现核左移现象，有的出现中毒性颗粒。病毒性肺炎以及年老体弱、免疫功能低下者，白细胞总数可能增加不明显，但中性粒细胞比例增高。

X 射线检查，显斑片状或斑点状的渗出性阴影，大小和形状不规则，密度不均匀，边缘模糊不清，可沿肺纹理分布。当病灶发生融合时，则形成较大片的云絮状阴影，但密度多不均匀。

该病的自然病程一般 1~2 周，体温可自行骤降或逐渐降至正常。如治疗及时与方法恰当，体温可在 1~3 d 内恢复正常，呼吸困难和咳嗽也随之减轻，逐渐康复。出现严重的并发症或幼龄、老龄及营养不良的病畜在病情较重时，预后不良。

三、诊　断

根据咳嗽、呼吸困难、弛张热型、叩诊有小片浊音区及听诊有捻发音和啰音等典型症状，结合 X 射线检查和血液学变化，即可诊断。

四、治　疗

治疗原则为加强护理，抗感染，祛痰止咳，制止渗出和促进渗出物吸收及对症疗法。

首先应将病牛置于光线充足、空气清新、通风良好且温暖的牛舍内，供给营养丰富、易消化的饲草料和清洁饮水。

1. 抗感染

临床上主要应用抗生素，如喹诺酮类或磺胺类药物进行治疗，用药途径及剂量视病情轻重及有无并发症而定。常用的抗生素为青霉素、链霉素，对青霉素过敏者，可用红霉素、林可霉素、头孢菌素及四环素等。

2. 祛痰止咳

咳嗽频繁、分泌物黏稠时，可选用溶解性祛痰剂。剧烈频繁的咳嗽，无痰干咳时，可选用镇痛止咳剂。

3. 制止渗出

可静脉注射10%氯化钙或10%葡萄糖酸钙注射液100~150 mL，每日1次；也可用10%安钠咖注射液10~20 mL、10%水杨酸钠注射液100~150 mL和40%乌洛托品注射液60~100 mL，静脉注射。

4. 对症疗法

体温过高时，可用解热药，常用安乃近、复方氨基比林或安痛定注射液；呼吸困难严重者，有条件的可输入氧气；对体温过高、出汗过多引起脱水者，应适当补液，纠正水、电解质和酸碱平衡紊乱。但输液量不宜过多，速度不宜过快，以免发生心力衰竭和肺水肿。对病情危重、全身毒血症严重的病牛，可短期（3~5 d）静脉注射氢化可的松或地塞米松等糖皮质激素。当休克并发肾功能衰竭时，可使用利尿药。合并心衰时可酌用强心剂。

第八章

牛外科病

第一节　牛食道梗死

　　牛食道梗死又名草噎，是食道被粗糙草料或异物阻塞，引起以吞咽障碍、流涎和瘤胃臌气等为主要特征的食道疾病。按其阻塞程度，可分为完全阻塞和不完全阻塞；按其阻塞部位，可分为咽部食道阻塞、颈部食道阻塞和胸部食道阻塞。

一、病　因

　　其病因有原发性和继发性两种。

1. 原发性食管阻塞

　　主要因为牛过于饥饿，或者抢食，吞咽马铃薯、甘薯、甘蓝、萝卜等块根饲料过急；或因采食大块豆饼、花生饼、玉米棒以及谷草、干稻草、青干草和未拌均匀的饲料等，咀嚼不充分忙于吞咽而引起。误食金属异物、碎砖瓦片、玻璃片、塑料和橡胶制品等，也可导致食管的不完全梗死。

2. 继发性食管阻塞

　　常见于食管狭窄、麻痹、扩张和食管炎。也可能因为中枢神经兴奋性增高，发生食管痉挛，采食中引起食管阻塞。

二、致病机理

　　当食道被完全阻塞时，由于梗死物的刺激，使病牛分泌大量的唾液，可反射性地引起梗死局部的食道肌肉发生痉挛性收缩。食道痉挛的频率、强度和持续时间越向贲门的方向则越增加。在梗死物或者梗死处前段聚集的饲料团块刺激下，病牛容易发生食道肌肉的逆蠕动。由于不能反刍和嗳气，病牛迅速发生瘤胃臌气，扩张的瘤胃使胸膜腔压力增高，血液循环和呼吸发生障碍，出现酸中毒甚至窒息死亡。

　　当食道不完全阻塞时，在病初由于轻度吞咽困难，病牛采食饲草后仅表现为吐出大量草团，无流涎、饮水困难等表现，能咽下饲料。随着病程的发展，特别是食道内的异物停留48 h或者更长时间时，可能严重地损伤食道壁，致使梗死部的食道及其周围组织发炎，加剧病牛的吞咽困难，病牛不能吞下因梗死物刺激而大量分泌的唾液，饮欲增加、饮水障碍，但嗳气仍能通过。病程继续发展下去，可导致病牛严重脱水、酸中毒、血液循环衰竭和缺氧，致使妊娠牛流产及病牛死亡。也可继发食道炎、食道穿孔，出现蜂窝织炎、食道狭窄和扩张、化脓性纵隔炎、胸膜炎以及脓毒败血症等，最终导致病牛死亡。

三、临床症状

完全阻塞时，病牛突然中断采食，摇头伸颈，惊恐，疼痛不安，时有咳嗽，不断做出吞咽动作，部分牛出现腹围增大等瘤胃臌气症状。梗死物在食道上部时，病牛不断从口腔中流出大量的白色泡沫状涎液并黏附在下唇端，垂涎不断，此时见到鼻腔也流出鼻液。梗死物在颈中下部时，病牛间歇性地表现为头颈伸直、左颈沟出现食道的逆蠕动波，继而口、鼻同时流出大量清亮的水样黏液，这是牛颈中、下部食道梗死特有的临床症状。随着病程的发展，病牛左肋部隆起，心跳、呼吸加快，结膜发绀，直至呼吸困难，张口呼吸，颈静脉怒张，最后运动失调，站立不稳，倒地死亡。

不完全阻塞时，病牛在前几天里可咽下饲料和饮水，仅在采食饲草时吐出大而多量的草团。随着病程的发展，病牛不吃草料，不反刍，大量流涎，饮欲增加，但饮水从鼻孔流出，10 d左右，病牛精神倦怠，不思饮食，呼吸、心跳加快，鼻镜干燥，下唇端黏附着一些涎液，手入口腔可感觉到口干舌燥，皮肤缺乏弹性，四肢无力，举步疲惫不堪，运动失调。妊娠牛阴道流出黑紫色的血样液体，阴道检查发现宫颈口大开，胎儿死亡，出现流产。如病程继续发展，病牛可能倒地死亡。整个病程中病牛无瘤胃臌气的临床表现。若病程继续延长，病牛可能继发食道炎、食道穿孔，出现蜂窝织炎、食道瘘、食道狭窄性扩张、化脓性纵隔炎、胸膜炎及脓毒败血症，最终死亡。

四、诊 断

诊断方法有视诊、触诊和探诊，辅以向畜主询问。梗死若发生在颈部食道，一般通过视诊和触诊就能确诊，并能判断阻塞物的大小和性质。如果发生在胸部食道，则需用胃管进行探诊。探诊前需确定阻塞物的性质，若是金属片或骨片，不宜应用胃管探诊，否则会引起食道破裂。

1. 完全阻塞

根据病牛突然中断采食，摇头伸颈，紧张不安，大量流涎以及瘤胃臌气可做出初步诊断；根据有无间歇性出现食道逆蠕动波，继而出现鼻孔大量流出清亮黏液等临床症状，可初步判断出梗死部位，再结合胃管的探测、颈部触诊可予以确诊。

2. 不完全阻塞

当病牛采食饲草后吐出大而多量的草团时，就可怀疑该病；于病后几天又表现大量流涎、饮水障碍（水从鼻腔流出）、不进食、不反刍时即可做出初步诊断，再结合胃管探诊、颈部触诊即可确诊。

五、类症鉴别

1. 牛食道炎

相似点： 病牛咽下障碍、流涎、疼痛。

不同点： 食道炎病牛视诊可见颈部无膨大；触诊患处疼痛，但无异物；探诊通过患处时病牛疼痛不安、呕吐、敏感，口、鼻逆出混有黏液、血块及假膜的唾液和食糜。食道梗死病牛视诊可见颈部食管局部膨大；触诊有异物感；探诊胃管不易前进。

2. 牛食道痉挛

相似点：病牛咽下障碍、流涎、疼痛，探诊有阻碍。

不同点：食道痉挛病牛食道呈波浪式收缩，触诊食管呈索状。食道梗死病牛视诊颈部食管可见局部膨大，触诊有异物感。

3. 牛食道狭窄

相似点：病牛咽下障碍、流涎、疼痛，探诊有阻碍。

不同点：食道狭窄病牛可饮用水和流质饲料，积聚物逆流后安静，且反复发作；触诊无异常；粗胃管难插入，细胃管可插入。

六、防治措施

1. 预防

加强饲养管理，做到饲喂定时定量，勿使牛过度饥饿，防止采食过急，在采食过程中勿让牛遭受惊吓等。当牛过于饥饿时，要把握草料，防止大口贪食。各种谷料要用水浸软后饲喂。当口内正含有大口食物时，不要急于牵走或驱赶，应给予其细细咀嚼和缓缓咽下的机会。在饲喂过程中特别注意，萝卜、土豆必须切成小片饲喂。这样对防止食道梗死有一定作用。要保管好块根饲料，加固牛栏，以防牛偷食。牛舍、运动场内不应有金属异物和玻璃碎片，防止被牛误食。

2. 治疗

（1）入手掏取法。这是一种最为常用且疗效确实可靠的主要疗法。方法是：先肌内注射 3 mL 2% 静松灵注射液（用量按每千克体重 0.2~0.6 mg 计），然后用绳索把牛头缚系保定确定（以限制牛及其头部的活动范围，保证在施术过程中术者的安全）；给病牛戴上开口器（将其固定在牛头上，以防施术中甩出伤人）。注射静松灵注射液 10 min 后，在牛只处于安静状态时，打开开口器，一助手拉出牛舌，抓牢牛笼头，另一助手在颈部向咽腔方向挤住梗阻物，术者入手进咽腔、入食道、用手抓住梗阻物向口腔外拉出。若病牛出现严重瘤胃臌气、呼吸困难时，应先行瘤胃穿刺，缓缓放气后，再取出梗阻物；若梗阻物在颈中部时，应先将梗阻物缓缓挤向咽部，再入手取梗阻物；若梗阻物在食道存留48 h 以上时，梗阻部的食道就有坏死的可能，术后应该给予必要的抗生素、补液疗法和饮食护理。

（2）捅入法。这是传统的方法，适合于饲料颗粒、柔软饲草及横径较小的块根块茎饲料的阻塞。方法是：将病牛六柱栏保定后，把胃管插入食道抵住阻塞物，将另一端接在灌肠器或者打气筒上，不断向胃管内打水或者打气；也可用质度较硬的胃管或者麻绳直接往下推送梗阻物；如遇到饲料颗粒阻塞时，也可通过胃管以灌水抽洗的方法治疗。在打气、打水或者推送阻塞物之前，施术者可先通过胃管灌入 100 mL 左右的液状石蜡，并肌内注射静松灵注射液后再操作更为可靠。

（3）食道直接推送法。行站立保定，将牛头高吊，使其颈部弯向右侧，固定好牛头，梗死部位则充分暴露出来，手术部位即梗死物所在部位剪毛或剃毛，进行常规消毒后，用2%~3%普鲁卡因注射液进行局部麻醉，切口与颈沟平行，在梗死部位切开皮肤及颈皮下肌内后，要注意避开颈静脉，用扩创钩扩大切口，用刀柄钝性分离食道周围组织（在气管附近能触到强烈搏动的颈动脉，注意切勿损伤，食道在正常状态下较难找，但在食道有梗死物时，食道膨大易找），使食道暴露，术者用手握住食道，在梗死部食道稍下方，边压边向上推送，使梗死物返回口腔。当梗死物进入口腔时，助手伸手入口腔取出梗死物。清除术部创腔积血，用生理盐水冲洗伤口，撒布青霉素粉，结节缝合肌肉及皮肤，在切口下角留1个排液孔，伤口涂碘酊并施以保护绷带。

（4）**食道切开法**。主手术与食道直接推送法相似。如梗死物不能推入咽部时，切开食道将梗死物取出。具体术式为：将梗死部食道拉于切口外，用2把镊子分别垫于梗死物两端的食道下面，使梗死部位食道暴露和固定于皮肤切口之外。在梗死物下端纵切食道（与食道平行切开）取出梗死物，以灭菌生理盐水冲洗伤口，食道黏膜层以连续缝合法缝合，食道浆膜层以肠胃缝合法缝合，其他处理同直接食道推送法。牛食道梗死后不久，因嗳气不能排出，瘤胃发生臌气，因此首先用套管针进行瘤胃穿刺放气，并将套管针缝于皮肤上固定，至梗死物排出为止。

第二节 牛风湿病

风湿病是反复发作的急性或慢性非化脓性炎症，其特征是原结缔组织发生纤维蛋白性以及骨骼肌、心肌和关节囊中的结缔组织出现非化脓性局限性炎症。骨骼肌和关节囊的发病部位常有对称性和游走性，且疼痛和功能障碍随运动而减轻。

该病在我国各地均有发生，但以东北、华北、西北等地发病率较高；以水牛、奶牛多发，黄牛比较少见；发病季节以冬、春季为主。

一、病 因

风湿病是一种变态反应性疾病，并与溶血性链球菌感染有关。已知溶血性链球菌感染后所引起的病理过程有2种。一种表现为化脓性感染，另一种表现为延期性非化脓性感染，即变态反应性疾病，风湿病属于后一种类型。

异种抗原（细菌蛋白质、异种血清）及某些半抗原性物质也有可能引起风湿性疾病；潮湿、寒冷与风湿发病有关，如夜卧于寒湿之地或露宿于风雪之中；空气流动较大的地方容易发病，如受贼风特别是穿堂风的侵袭；大汗后受冷雨浇淋及管理不当等都是诱因；过劳等因素起一定的辅助作用；病毒感染与风湿病也存在一定的关系；机体免疫力低下或内分泌失调也可引起风湿。

二、临床症状

1. 按病程分类

（1）**急性风湿**。一般呈全身性，病牛多突然发病，伴有体温升高，呻吟，呼吸、脉搏频数，食欲减退。受侵害部位不局限于一处或一肢，常呈游走性，且易复发。该病多侵害后肢，呈明显腰板症状。肌风湿时，触诊皮肤紧张、有坚实感，肌肉温热疼痛。关节风湿时，牛关节温热、疼痛、肿大（图8-2-1）。如患部累及运动器官，则病牛步样强拘，步幅短缩，呈现跛行，但跛行可随运动的持续而减轻或消失。全身风湿时，犊牛常全身僵直，类似破伤风的症候，但该病一般无外伤史，可

图 8-2-1　前肢关节炎（项志杰 供图）

依据牛瞬膜不突出、不流涎，牙关紧闭不显著，吞咽无麻痹现象和惊恐反应等而加以区别。

（2）慢性风湿。多属腰背风湿，其症状常以局部比较明显，触诊病牛不甚敏感，但由于肌肉、关节僵硬，伸屈有障碍，因此站立或运步时总是弓腰、塌腔，步态拘谨，拐弯时显得更加不灵活。时久，局部皮肤失去弹性，感觉迟钝，关节积液。

2.按发病部位分类

根据出现功能障碍的部位，临床上可分为背腰风湿、四肢肌肉风湿、关节风湿3类。

（1）背腰风湿。站立时背腰拱起，运动时，两后肢运步缓慢，背腰强拘，常以蹄尖着地，拖地前进，或呈黏着步样，但一段时间后逐渐好转。病牛转弯时背腰不灵活，卧地后起立困难，触压背腰部肌肉僵硬如板。

（2）四肢肌肉风湿。发病后病牛患肢提举困难，运步强拘，悬跛明显，跛行程度随运动量增加而减轻，卧地后起立困难。病牛跛行具有转移性，时前时后，时左时右，跛行程度常随天气变化时轻时重。

（3）关节风湿。突然发病，有转移性，发病多在活动大的关节，最初表现1~2个关节发病，以后导致多关节、一肢或四肢同时发病。病牛运动时患肢强拘，呈现不同程度的跛行。关节囊肿胀紧张，活动范围变小；慢性经过时，关节粗大，轮廓不清。

三、诊　断

根据病史、主要症状可做出初步诊断。确切诊断需要用水杨酸钠皮内试验、血沉速度检查等方法。

1. 水杨酸钠皮内反应试验

用新配制的0.1%水杨酸钠溶液10 mL，分数点注入可疑牛颈部皮内，注射前和注射后30 min、60 min分别检查白细胞总数，其中白细胞总数有一次比注射前减少1/5，即可判定为风湿病。

2. 血液检查

牛患风湿病时血红蛋白含量增多，淋巴细胞减少，嗜酸性粒细胞减少，血沉加快。

3. 类风湿因子检查

可进行病牛类风湿因子检查，以便进一步确诊。

四、类症鉴别

1. 牛白肌病

相似点： 病牛肩臂、背腰、臀股等部肌肉肿胀、僵硬，病牛步态强拘。

不同点： 白肌病病牛体温明显降低，低至36~37℃，皮肤发凉，呼吸急促，伴有咳嗽，并发出呻吟声，鼻孔流出混杂有黏液或血液的鼻液；慢性型病牛生长发育迟缓，消化不良性腹泻，脊柱明显弯曲；剖检见心脏变形、扩张、心肌弛缓、出血或见有灰白色变性、坏死灶，心内、外膜出血、心包积液，呈桑葚心状；骨骼肌为苍白色，呈煮肉或鱼肉样外观，并有灰白色或黄白色条纹或斑块状变性、坏死；肝脏急性型表现为红褐色健康肝小叶、出血性坏死肝小叶及淡黄色缺血性坏死肝小叶相互混杂，构成色彩斑斓样的镶嵌式外观，通常称为槟榔肝或花肝；慢性型的肝脏呈暗红褐色，坏死部位萎缩，结缔组织增生瘢痕，以致肝脏表面粗糙、凹凸不平。

2. 犊牛佝偻病

相似点： 病牛步态强拘，运动不协调，跛行，关节肿大。

不同点： 佝偻病病牛胸廓变形、隆起，四肢长骨变曲，如前肢腕关节外展呈"O"形姿势，两后肢跗关节内收呈"X"形姿势，牙齿咬合不全，口裂不能完全闭合。剖检见病牛长骨骨端肥大，脊柱弯曲，肋骨与肋软骨连接处呈念珠状肿，骨盆骨畸形等。X射线检查，主要表现为骨质密度降低，长骨末端呈现"羊毛"状外观。外形上骨的末端凹而扁，骨垢变宽而不规则。

五、防治措施

1. 预防

（1）**保温通风相结合。** 保持舍内温度，这是冬季应解决的主要问题。要维修好牛舍，防止贼风、穿堂风侵袭牛群，同时要加厚垫料，利用垫料来提高室内温度，并勤换垫料，中午开窗通风，适当增加牛群饲养密度，合理自由运动。

（2）**除湿排氨相结合。** 冬季常常由于牛群排泄的粪便和潮湿的垫料未能及时清除，致使牛舍湿度加重、氨气蓄积，导致牛群机体抵抗力下降，引发牛的风湿病。因此，饲养员在操作时要尽量减少洒水，防止水槽漏水，弄湿垫料，及时清除舍内粪便及潮湿的垫料。

（3）**强化饲养管理。** 牛群的日粮应营养全面，适口性好，易消化，保持较高的能量和蛋白水平和充足的钙、磷，同时满足维生素A、维生素D、维生素E及微量元素的需要，保持牛舍温暖、干燥，牛卧处要铺垫干草，防止阴冷潮湿，忌喂冻料、饮冷水。常用硫酸亚铁、过磷酸、熟石灰之类吸氨、除臭和消毒。

（4）加强病牛的护理。加强护理，及时将病牛牵到温暖、干燥、阳光充足、清洁卫生的地方隔离，保证病牛每天进行适当运动，并且多晒太阳。

2. 治疗

（1）西药治疗。

处方1： 1% 水杨酸钠注射液 200 mL、5% 碳酸氢钠注射液 300 mL，混合静脉注射，每日 1 次，连用 1 周。

处方2： 地塞米松磷酸钠注射液 10 mL，肌内注射，每日 1 次，连用 3 d。

处方3： 复方氨基比林注射液 10 mL、链霉素 500 万 mg、青霉素 1 000 万 IU，溶解后分别肌内注射。每日注射 1 次，连用 3 d。

处方4： 氢化可的松注射液 20 mL，加 10% 水杨酸钠注射液 100 mL，混合后 1 次肌内注射。

处方5： 2.5% 醋酸可的松注射液 5~10 mL，穴位注射，隔日 1 次，连用 3~5 次。

处方6： 撒乌安注射液 200 mL，静脉注射，每日 1 次，连用 5~7 d。

（2）中药治疗。

方剂1： 独活 50 g，秦艽、熟地、防风、白芍、全当归、焦茯苓、川芎、党参各 15 g，桑寄生 75 g，杜仲、牛膝各 21 g，桂皮 18 g，甘草 9 g，细辛 6 g，共研细末，加米酒 0.5 kg 或白酒 0.25 kg，用温水冲服，每日 1 剂，病重者连服 3~4 剂。

方剂2： 川乌、桂枝、羌活、独活、川芎各 24 g，桂皮、细辛、甘草各 9g，麻黄 15 g，秦艽、白芍、牛膝各 50 g，全当归、生姜片各 75 g，红花 12 g，共煎汤去渣，加酒 100 g 灌服，每日 1 次，连用 3 d。

方剂3： 赤茯苓 75 g，桑白皮、防风、黄芪、秦艽、当归、赤芍、苍术、生姜各 50 g，红花 15 g，川芎 24 g，桂皮、细辛、甘草各 9 g，大枣 10 个，煎汤灌服，每日 1 次，连用 3 d。

方剂4： 独活 50 g、羌活 50 g、桑寄生 45 g、川芎 50 g、桂枝 35 g、党参 50 g、白术 45 g、细辛 45 g、茯苓 50 g、当归 50 g、陈皮 50 g、甘草 20 g、防己 35 g、秦艽 40g，煮水灌服，每日 2 次，连用 3 d。

方剂5： 当归、秦艽各 50 g，没药、独活、防己各 25 g，乳香、牛膝、防风各 30 g，川续断、杜仲、巴戟天、桑寄生各 40 g，红花 20 g，甘草 15 g，共研为末，用开水冲，候凉灌服，适用于牛后肢风湿，每日 1 次，连用 3 d。

方剂6： 藿香 40 g，乳香、没药、枳壳、前胡各 25 g，血灵脂 25 g，广木香、元胡各 15 g，丁香 10 g，共研为末，加适量酒，用开水冲，候凉灌服，适用于治疗前肢风湿病，每日 1 次，连用 3 d。

（3）温热疗法。醋 5 kg、麦麸 6 kg，混合炒至 50℃ 左右，装入麻袋内敷于腰等风湿部；或把酒糟炒热装入麻袋内敷于腰等风湿部位，每日 1 次。腿下部风湿，可用水桶装 50℃ 热水加适量水杨酸和碳酸氢钠，把牛腿放于热水桶中热敷，都有一定效果。

（4）火针疗法。火针腰上百会穴和肾棚、肾俞、肾角 3 穴，两边各有一穴。针后用陈醋拌麸皮 1.5~2.5 kg，在锅内炒热，装入布袋中，热敷于针过的穴位上，外用麻袋等物包扎，以保温，第 2 天取下来再加醋炒热敷上，可连敷 3~5 d。四肢有肿胀现象时可用烙铁火熨。

第三节　牛骨折

骨折是指由于外力的作用，使骨的完整性或连续性遭受机械破坏。骨折的同时常伴有周围软组织不同程度的损伤，一般以血肿为主。骨折多因碰撞、滑倒、跌落、急剧停站或跳跃等引起。根据骨折骨片的数目分为粉碎性骨折和非粉碎性骨折；根据皮肤、黏膜是否完整分为开放性骨折和非开放性骨折。

一、病　因

1. 直接暴力

在暴力直接打击的部位可以发生骨折，称直接性骨折，如打击、跌倒等，骨折的周围组织常有较严重的损伤，大部分有创口存在。

2. 间接暴力

暴力通过传导作用、杠杆作用或旋转作用而使远处发生的骨折，称间接骨折，如跳跃、滑倒、急转弯、扭伤等。

3. 肌肉拉力

肌肉突然强烈收缩，可将肌肉附着处的骨骼撕裂。

4. 病理性骨折

如患有骨髓炎、骨疽、佝偻病、骨软病、衰老、妊娠后期或高产奶牛泌乳期，营养神经性骨萎缩，慢性氟中毒等，以及某些遗传性疾病如牛四肢骨关节畸形或发育不良等，这些处于病理状态下的骨，骨质疏松脆弱，有时遭受不大的外力，也可引起骨折。

二、临床症状

轻度骨折一般全身症状不明显，严重的骨折伴有内出血、肢体肿胀或者内脏损伤时，可并发急性大失血和休克等一系列综合征；闭合性骨折于损伤2~3 d，因组织破坏后分解产物和血肿的吸收，可引起轻度体温上升。骨折部位或继发细菌感染时，体温升高，局部疼痛加剧，食欲减退。

1. 肢体变形

全骨折，肢体外部变形明显，骨折两端有时发生重叠、嵌入、离开或斜向侧方移位，尤其在四肢长骨，容易形成假关节。常见的有成角移位、侧方移位、旋转移位、纵轴移位等；骨折后的患肢呈弯曲、缩短或延长等异常姿势。

2. 异常活动

正常情况下，肢体完整而不活动的部位，在骨折后负重或被动运动时，出现屈曲、旋转等异常活动，但肋骨等部位的骨折，异常活动不明显或缺乏。

3. 骨摩擦音

骨折的两断端相碰时而出现的声音，声音带有尖锐而撕裂样高调；也有因局部肿胀或两端有软组织嵌入而不发音；骨骺分离时的骨摩擦音是一种柔软的捻发音。

4. 剧烈疼痛

主动和被动运动时，骨折病牛表现不安或躲避。软组织和神经组织损伤越严重，病牛疼痛越剧烈，有时病牛全身发抖，甚至休克。

5. 肿胀

骨折可引起骨移位和周围软组织损伤，形成血肿，触之疼痛，与对称体位对照，易发现病患部位。出血引起的肿胀，多在骨折后立即出现；由炎症引起的肿胀，多在骨折12 h后出现。

6. 功能障碍

病牛常在骨折后立即出现功能障碍，四肢的完全骨折最为明显，站立时不愿负重。四肢长骨完全骨折，站立时患肢垂悬，运步时三肢跳跃前进；不完全骨折时，患肢常用蹄尖着地以减负体重，运动时呈中度跛行，由于剧烈疼痛致使病牛不愿运动。

三、诊 断

一般根据临床症状即可确诊，必要时可借助X射线诊断。

四、类症鉴别

牛关节扭伤和挫伤

相似点：病牛不愿运动，患处周围软组织出血、肿胀，运动时跛行，患肢垂悬或屈曲，以蹄尖着地。

不同点：关节扭伤和挫伤仅发生于关节部位，不发生骨折后的肢体变形症状，X射线检查不见骨折。

五、防治措施

1. 预防

骨折主要由意外事故造成，所以平时必须加强牛的饲养管理。搞好高产母牛妊娠后期及泌乳高峰期的管理，合理搭配饲料，减少奶牛产后疾病，尽量杜绝骨折发生。保证日粮有足够的钙、磷，并保持合理的比例，促进骨骼的正常发育。

2. 治疗

（1）**止血救护**。为防止骨折断端活动和发生严重并发症，骨折后应原地实施救护。首先观察牛体有无创口及出血现象，因为折断的骨头会刺破或拉断血管。一般的出血，用消毒纱布包扎止血，若包扎不能止血，要迅速用止血带或绳子在骨折近端部位捆扎止血，或找出断裂的动脉血管，将其绑扎住。止血时，应清除创口的坏死组织及破碎骨片，然后再整复、固定。

（2）**整复**。错位骨折要进行整复，以使骨折端接触、复位，为愈合创造条件。为减轻疼痛，应做局部或全身麻醉，然后将牛侧卧保定，患肢在上，运用拔、伸、按、整等手法进行整复。若四肢完全骨折，可在骨折近端拴绳，用力沿肢轴方向向远端牵拉，以使错位的骨折两端离开，再将断端对位。整复后的患肢应与正常肢长度一致，蹄向一致，整复后立即进行固定。

（3）固定。整复后为防止再错位，应对患部进行固定。固定术分为外固定术和内固定术2种。外固定术一般用石膏绷带、小夹板绷带或金属支架固定。固定时，板条应稍短于衬垫物，以防夹板磨伤皮肤。内固定术应根据情况采用骨针、骨板固螺钉、钢丝或骨支架固定。

（4）护理。整复、固定后，应将病牛拴在栏圈里限制活动。3～4周可根据骨折愈合情况，适当牵遛运动或平地放牧。经过40～90 d，可拆除绷带或其他固定物。实施整骨后，为促进愈合，防止感染，应给牛外用和口服接骨药（处方附后）；在日粮中加入适量的钙盐，并给予营养丰富的饲料；开放性骨折牛，还必须应用抗菌药物、破伤风抗毒素以防止感染。

处方1：破伤风抗素3 000IU，一次性肌内注射。

处方2：青霉素80万IU，链霉素0.5 g，一次性肌内注射，每日2次，连用5～7 d。

处方3：维丁胶性钙注射液4 mL，肌内注射，隔日1次，连用3～5次。

方剂1：川续断40 g、杜仲30 g、乳香30 g、牛膝20 g、当归20 g、川芎15 g，共研细末，加黄酒250 mL为引，开水冲调，候温灌服，每日1剂，可起到活血止痛、壮筋愈骨的作用。

方剂2：当归10 g、川芎5 g、乳香5 g、没药5 g、川续断6 g、儿茶6 g、血竭6 g、海马8 g、三七8 g、桂枝6 g、牛膝6 g、泽泻6 g、木耳6 g、甜瓜籽6 g、红花6 g、煅自然铜5 g、甘草3 g，煎汤灌服，隔日1剂，连用3剂。

第四节　牛脊椎骨折

脊椎骨折是指脊椎骨组织连续发生断离的一种外科疾病。脊椎骨折呈急性经过，一般为非进行性的，成年牛、犊牛和育成牛均可发生。

一、病因

1. 外伤因素

外伤是脊椎骨折最常见的原因。在犊牛和育成牛，当发生脊椎骨折或多头长骨和脊椎骨折时应考虑营养因素。由于骑乘、爬跨等原因使牛跌倒在斜槽、颈枷内时可引起颈椎骨折。后者多发生在动物跌倒时，头被固定在颈枷或斜槽上。当牛陷于系栏或开放式牛舍的分隔栏下时，可因强烈挣扎导致胸腰椎骨折。椎关节强硬的成年公牛，在出现关节强硬的早期症状后被迫爬跨最终可引起椎体骨折。

2. 生产因素

荐椎和尾椎的椎骨骨折或移位通常是因牛发情或卵巢囊肿时被其他牛爬跨所致。难产也能引起荐椎和尾椎的伤害和骨折。陷于分隔栏杆下自身引起的损伤也能引起荐－尾椎骨的伤害。尾部保定时用力过度，恶意或虐待性操作常使尾椎骨折。

3. 营养因素

犊牛或小母牛患代谢性骨病，以及饲料中维生素D或钙缺乏也可造成椎骨压迫性骨折。由于营养的原因，在数周或数月内一群牛中通常多发生长骨或脊椎骨折。营养因素继发的甲状旁腺功能亢进、饲喂含钙量极低的饲料，如劣质或经年的干草、苏丹草或高磷低钙饲料的犊牛或小母牛常发生骨折。

二、临床症状

胸腰椎骨折时，出现后肢轻瘫和共济失调。颈椎和前部胸椎骨折可导致四肢轻瘫。颈椎骨折病牛出现侧卧，并有惊恐表现，病牛难以胸卧。无移位的骨折病牛可以站立，严重移位的胸腰椎骨折并伴有脊柱压迫或撕裂的病牛有张力过高性反应，且有下位运动神经元症状。物理检查可根据视诊和触诊背侧椎骨凸起的上下或向外侧偏离，可做出骨折部位的可疑性诊断。这种方法在犊牛和小母牛有效，成年牛因脂肪或肌肉堆积诊断比较困难。骨折部位尾侧的皮肤感觉和膜反射降低，在神经检查时容易确定。

尾椎骨折的牛在骨折部位通常有明显的肿胀，当触诊病区或移动尾巴时有明显痛感。如损伤是由爬跨引起，可见压碎的尾根。病牛尾部活动力降低，会阴感觉缺失。

荐椎骨折时，可出现坐骨神经功能损害，膀胱弛缓，尾不全麻痹，会阴感觉缺失，直肠、肛门、外阴的痛觉减退，肛门弛缓及直肠积气。

脊椎骨折呈急性经过，除了非移位性骨折变为移位性骨折，一般为非进行性骨折。这有助于骨折同脊柱脓肿和赘生物的鉴别诊断，后两种情况为进行性病程，并从不全麻痹发展为瘫痪。大多数脊椎骨折有明显的疼痛，骨折病牛常表现食欲不振和心率及呼吸次数增加。椎骨或脊柱脓肿病牛也表现疼痛，但患压迫性赘生物的牛通常无此症状。

三、诊　断

病史、神经检查及X射线检查是脊椎骨折重要的诊断手段。病牛脑脊液一般正常，但在严重移位性骨折，可因出血使脑脊液的红细胞和蛋白质增加。若有条件，可用X射线诊断。青年牛需考虑营养因素，尤其要注意骨密度。

四、防治措施

1. 预防

加强饲养管理，合理分群，保证日粮营养平衡。防止地面过滑引起牛跌倒，注意发情和爬跨牛的管理，拴系应合理减少牛的自我损伤。当多数牛发病时，应评价和纠正不符合营养标准的饲料。

2. 治疗

牛脊椎骨折一般无治疗价值；对价值极高的种牛可对症治疗，并静脉注射皮质类固醇激素（每千克体重用0.1 mg）和行支持疗法；非移位性颈椎骨折可用脖环固定。所有脊椎骨折的病牛均预后不良，但青年牛的非移位性骨折容易康复。价值极高的犊牛可考虑用矫形外科术，荐尾椎损伤或移位并发尾根压碎也可用手术修复。若矫形修复及时迅速，病牛神经损害很小，外形改进较大。

第五节　牛蹄叶炎

蹄叶炎是蹄壁真皮乳头层和血管层的弥漫性、浆液性、无菌性炎症，常见前两蹄同时发病，也有后两蹄或四蹄同时发病的，但单蹄发病较少，通常可侵害几个指（趾），呈现局部或全身性症候。该病可引起牛只疼痛、不安、食欲不振、体重减轻、生产性能明显下降等，严重者甚至被过早地淘汰。此外，蹄叶炎可导致蹄变形、蹄底溃疡病及白线病等多种蹄病，给养牛业造成重大的经济损失。牛的蹄病中95%发生于奶牛，而奶牛蹄病中，41%的病例是蹄叶炎。

一、病因

1. 营养因素

饲料中精饲料喂量过多、粗饲料不足或缺乏是引起蹄叶炎的重要因素。因片面追求奶牛产奶量，精饲料喂得过多，而精饲料中的大量淀粉和蛋白质在瘤胃内发酵和降解，产生大量乳酸，使瘤胃内酸度增加，造成消化紊乱，严重者发展成酸中毒。瘤胃内环境的破坏可以使胃黏膜的抵抗力降低，屏障作用减弱，使有毒物质进入循环系统。同时，酸中毒使瘤胃黏膜产生炎症，肥大细胞释放的组胺进入血液循环，诱发蹄叶炎。

2. 环境与管理因素

管理不善也可诱发牛发生蹄叶炎，包括圈舍条件，特别是地面质量、有无垫草及奶牛运动量等与蹄叶炎密切相关。该病常见于饲养在水泥或其他硬地面的牛群，因为这类地面易使牛蹄发生挫伤。牛舍或运动场过度潮湿，奶牛长期站立于泥浆中，易造成蹄角质吸水过多，角质软化，蹄角质的抗张强度减弱，有助于该病发生。忽略削蹄或削蹄不合理，特别是易发病部位的角质，削得不够或过多，都易形成对该部位的压迫，引发该病。病牛长期在水泥地面或在铺有灰渣的运动场站立或运动，运动场内有石子、砖瓦、玻璃片等异物，冬天运动场有冻土块、冰块以及冻牛粪等都易造成该病发生。

3. 疾病因素

有的蹄叶炎继发于牛产后胎衣停滞、乳腺炎、子宫内膜炎、酮病及瘤胃酸中毒等，应在积极治疗原发病的基础上治疗蹄病。高产奶牛如饲养不当，发生酮病后很容易继发蹄叶炎。蹄叶炎以及相关疾病，通常是在产犊几天前直到产后几周之内发生，在这个时期往往是精饲料增加很快，粗饲料喂量减少，引起瘤胃酸中毒，这对蹄叶炎的发病影响较大。

4. 遗传因素

一些牛蹄性状具有一定的遗传力，如趾骨畸形、蹄畸形和螺旋形趾是具有遗传性的。指（趾）部结构和体型（包括体重、体形、肢势尤其是跗关节的角度、趾的大小与形态）等特征也具有遗传性，所以奶牛蹄叶炎具有家族易感性，如瑞典弗里斯牛对蹄叶炎比瑞典红白花牛易感，荷兰弗里斯牛比黑白花牛和荷兰红白花牛的发病率高。

5. 其他因素

年龄、胎次和产奶量对蹄病的发生也有影响。随着年龄的增长，蹄叶炎的发生率有逐渐增加的趋势。随着产奶量的升高，蹄叶炎的发病率也在上升，特别是产奶量在4 500~7 000 kg的奶牛有很高的发病率。2~4胎奶牛的发病率较高，约占发病牛的80%。此外，不良的肢势和蹄形，有助于该病的发生，如"X"状肢势、直腿、小蹄和卷蹄等。然而，这些不良的肢势是引起蹄叶炎的原因还是结果，尚存在着争论。

二、致病机理

蹄叶炎的病因存在着广泛的争议，其致病机理也没有定论，目前多数人认可的是金属蛋白酶对基础膜的破坏作用。

当饲喂奶牛大量的高能饲料时，一方面瘤胃中以牛链球菌为主的有害菌，能在充足的底物、较低的pH值下迅速繁殖，成为优势菌株，把碳水化合物降解为以L-乳酸为主的酸类。而细菌本身的代谢内毒素及其他血管活性物质通过瘤胃吸收入血，激活蹄真皮毛细血管壁中的金属蛋白酶，使血管壁的通透性增强，作用减弱，也可引起红细胞和血小板凝聚，对生角质细胞发生营养供应不足，使合成角质出现障碍，并伴有血液或体液从血管中渗出；另一方面瘤胃内乳酸含量升高，当瘤胃内pH值下降至4.5以下时，由不同种类细菌使组氨酸脱羧，形成高浓度的组胺，组胺被机体吸收后作用于蹄真皮，引起淋巴停滞、显著充血和血管损伤。渗出液刺激和压迫真皮，产生疼痛，引起奶牛跛行。

三、临床症状

1. 急性型

体温升高至40~41℃，心动亢进，脉搏100次/min以上，呼吸加快，食欲不佳，产奶量下降。病牛常出汗、肌肉震颤、蹄冠部肿胀、蹄壁疼痛敏感、患肢不敢负重，步态强拘。病牛喜卧，背部弓起。若后肢患病，有时前肢伸于腹下；若前肢患病，后肢聚于腹下。前肢的内侧指（趾）、后肢外侧指（趾）比其他指（趾）多发此病。严重病例，为了减轻疼痛，病牛两前肢交叉，两后肢叉开，不愿站立，趴卧不起。病牛食欲和产奶量下降，蹄壁温度升高，敏感疼痛，继发其他感染时，有原发病的症状。

2. 慢性型

慢性型蹄叶炎大多由急性型转变而来，全身症状轻微，患蹄变形（图8-5-1），患指（趾）前缘弯曲，趾间弯曲，蹄轮向后下方延伸且彼此分离，蹄踵高而蹄冠部倾斜度变小，蹄壁伸长，系部和系关节下沉，弓背，全身僵直，步态强拘，消瘦。X射线检查蹄骨变位、下沉，与蹄尖壁间隔加大，蹄壁角质面凹凸不平，蹄骨骨质疏松，骨端吸收消失。

3. 亚临床型

此阶段蹄叶炎呈隐性状态，病牛姿势和运动无改变，但削蹄时可见角质变软、褪色、苍白、蹄

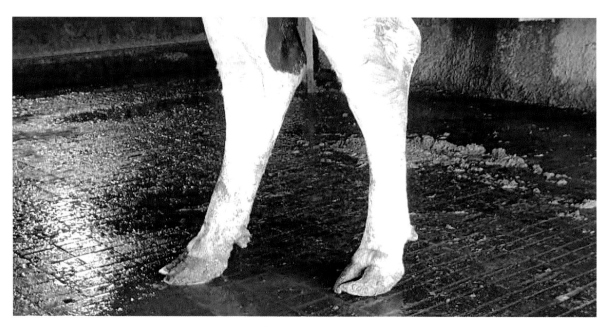

图 8-5-1　病牛患蹄变形（项志杰 供图）

底出血、黄染（图8-5-2），而蹄背侧不出现嵴和沟。目前有人提出亚临床型蹄叶炎征候群，包括白线损伤、蹄底溃疡等。

四、诊 断

1.临床诊断

根据临床症状可以确诊蹄叶炎，观察病牛的姿势和步态，触诊蹄部温度升高，检查蹄间及蹄底

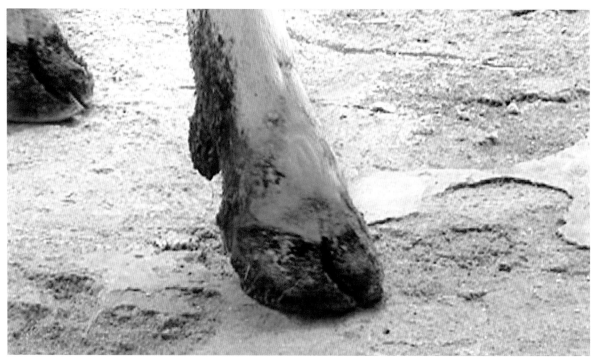

图 8-5-2　病牛蹄角质变软、出血、黄染

时对检蹄器的压迫敏感。

慢性蹄叶炎易与变形蹄的卷蹄、延蹄和扁蹄相混。慢性蹄叶炎表现典型的跛行，有多肢慢性或间歇性病史，产奶量下降，病牛消瘦，躺卧时间过长，蹄变形，蹄角度比正常的小，蹄轮明显，与急性蹄叶炎相比，蹄温、指动脉亢进不常见，但两指对检蹄器压迫敏感。

2. 实验室诊断

由于营养因素引起的慢性蹄叶炎可用以下的方法进行确诊。

（1）**瘤胃液检查**。pH值为5~5.5，显微镜观察纤毛虫几乎全部死亡，瘤胃液黏度增大。

（2）**血液检查**。红细胞压积达到38%，嗜中性粒细胞明显增加，核左移。

五、类症鉴别

1. 牛腐蹄病

相似点：病牛一肢或数肢出现跛行，卧地不起，体温升高，食欲减退，蹄冠肿胀、疼痛、产生不正常蹄轮，蹄匣变形。

不同点：腐蹄病病牛蹄冠红、热，蹄叉中沟和侧沟出现角质腐烂，排出恶臭、污秽不洁的液体；慢性病例角质分解脱落，蹄深部组织感染，形成化脓灶，并形成窦道，真皮乳头露出，出现红色颗粒性肉芽，触之易出血。

2. 牛蹄变形

相似点：病牛蹄轮异常，蹄匣变形。

不同点：蹄变形病牛无体温升高，呼吸、心跳加快等全身症状。

六、防治措施

1. 预防

彻底预防奶牛蹄叶炎并非不可能，但很困难。蹄叶炎是与逆境反应有关的疾病，如产犊及营养带来的突如其来的变化。还有其他方面的因素，如育种、传染性疾病、幼畜养育、舍饲条件、放牧场管理及蹄部负重过度等，所以加强奶牛场的管理工作是非常重要的。

（1）**保证营养**。配制符合奶牛营养需要的日粮，保证精粗比、钙磷比适当。为了保证牛瘤胃pH值为6.2~6.5，可以添加瘤胃缓冲剂如氧化镁。为预防蹄叶炎的发生，需按母牛对能量、蛋白质、钙、磷的需要量饲喂，不能随意改变。干奶期应先喂较少的精饲料或不喂精饲料，而给予优质粗饲料，产后精饲料应逐渐增加。泌乳早期，在日粮中提供一定量的缓冲剂，同时要避免每次饲喂过多的精饲料。若是各种饲料单独饲喂的，则应首先喂粗饲料，精饲料分3~4次饲喂，每次饲喂精饲料3.5~4.0 kg。

（2）**加强产犊管理**。对产犊前3周的奶牛，应给予与高产奶牛相同的日粮，产犊后要减少日粮的变更。产犊前后的干物质摄入量，应该是正常干物质摄入量的70%~80%。产犊后精饲料的增加，应在2~3周内分次逐渐完成。

瘤胃酸中毒是蹄叶炎的重要致病因素，酮血症是蹄叶炎致病的另一因素，故在产犊后需防止奶牛体况过快下降。产犊前后的激素变化，也能引起蹄叶炎的发生。胎盘滞留通常是子宫炎的致病因素，并直接与蹄叶炎相关联，难产也有可能引起蹄叶炎。在很多情况下，适宜配种和有效控制体况，都有助于减少或避免蹄叶炎发生。

（3）育种。优良的家畜是从养育良好的幼畜开始的，通过育种培育具有良好肢蹄和体态的后裔是非常重要的。子宫炎和乳腺炎之所以能引起蹄叶炎，是因为传染性疾病能产生毒素，这些毒素在血液循环中，导致角质的生长出现问题，从而引起出血。如果病牛摄入的干物质很少，很可能出现瘤胃酸中毒。此外，指（趾）间皮炎、指（趾）皮炎、传染性鼻气管炎等，都能影响牛的行为或习性，因而与蹄叶炎的发生有关系。

（4）平衡蹄部负荷。控制好体重负荷，使其平均分布于各蹄趾是很重要的。超重负荷的蹄趾增加了对真皮的压力，从而使发生出血的机会比低负荷的蹄多。后外侧趾最容易被蹄叶炎侵袭，故后外侧趾比后内侧趾生长快。适时正确地修蹄护蹄，保证身体的平衡和趾间的均匀负重，使蹄趾发挥正常的功能，可预防蹄叶炎的发生。在奶牛干奶期修蹄是很好的预防措施，在产犊后修蹄也可大大减少跛行的发生。蹄浴是预防蹄病的重要卫生措施，要定期喷蹄浴蹄，喷蹄时应扫去牛粪、泥土、垫料，使药液全部喷到蹄壳上。浴蹄放在挤奶厅的出口处过道上，让奶牛挤奶后走过，达到浸泡目的，浸浴后在干燥的地方停留30 min，要注意经常更换药液。

（5）为奶牛营造舒适环境。保持奶牛生长环境的舒适是非常重要的，包括卫生、通风和单位面积。将奶牛舍饲在混凝土地面是不妥当的，因易使趾关节受损害而导致病变。开放牛栏可铺厚的垫料，如刨花、秸秆或沙土，都会使奶牛感到很舒适。橡胶地面铺垫，已广泛应用于预防奶牛蹄底出血，要求所用的橡胶必须足够柔软，以牛的蹄部能适当下陷其中为度。良好的通风是保持空气流通、新鲜所必需的条件。空气进入口道应足够宽大，现今已多采取牛舍侧墙完全敞开。如有需要还可在进气口道安置类似帘幕设施，以过滤空气。敞开侧墙可形成较干燥的气候条件，有利于蹄部保健。最后，牛群饲养密度绝对不能过大，每头奶牛都必须有小圈栏和采食饲料的处所，对奶牛所有躺卧和站立时期都有很大影响。

2. 治疗

（1）西药治疗。

缓解疼痛：

处方1：减少对大脑皮层的刺激，用0.25%普鲁卡因注射液静脉注射，剂量为每千克体重1 mg。

处方2：1%普鲁卡因注射液20～50 mL，趾神经封闭。

处方3：30%安乃近注射液和青霉素，肌内注射。

脱敏疗法：

处方1：使用抗组胺药物，如盐酸苯海拉明0.5～1 g口服，每日1～2次；10%氯化钙注射液100～150 mL、10%维生素C注射液10～20 mL，分别静脉注射；或皮下注射0.1%肾上腺素3～5 mL，每日1次。

补碱，补液，增加血液循环：

处方1：补碱可用5%～7%磷酸氢钠注射液500～1 000 mL、林格氏液500 mL，分别静脉注射。

处方2：灌服0.9%温盐水10 L以补充体液，使毒素尽快排出。

处方3：根据病牛的营养状况和体形大小，从颈静脉放血1 000～2 000 mL，并补入等量5%糖盐水及5%碳酸氢钠注射液500 mL。

清热解毒：用10% 水杨酸钠100 mL、20% 葡萄糖酸钙注射液500 mL，分别静脉注射。

（2）中药治疗。

方剂1：过食精饲料者用红花散。红花、桔梗、当归、神曲、炒麦芽、厚朴、陈皮、没药、甘草各30 g，山楂60 g，白芍、黄药子各20 g，水煎服，每日1次，连用3日。

方剂2：长途运输，久立、继发症病牛用茵陈散。茵陈、青皮、陈皮、桔梗、柴胡、红花、紫菀、杏仁、白芍、没药、甘草各30 g，当归45 g，水煎服，每日1次，连用3日。

方剂3：走伤型的用茵陈散加减。茵陈24 g、没药24 g、当归30 g、红花15 g、白药子15 g、桔梗15 g、柴胡15 g、青皮15 g、陈皮15 g、甘草15 g、黄药子15 g、杏仁18 g，共研末，开水冲调，加童便1碗，灌服，每日1次，连用3日。

方剂4：料伤型的用红花散加减。红花15 g、黄药子15 g、白药子15 g、青皮15 g、陈皮15 g、厚朴15 g、山楂15 g、甘草15 g、没药24 g、当归24 g、神曲45 g、麦芽45 g、枳壳20 g，共研为细末，开水冲调，加童便1碗，灌服，每日1次，连用3日。

（3）**湿敷疗法**。病初3 d内用冷敷法或冷蹄浴，每日2次，每次1~2 h，3~4 d改用温蹄浴，以促进炎性渗出物的吸收。

第六节　牛腐蹄病

腐蹄病又称传染性蹄炎、指（趾）间蜂窝织炎，为指（趾）间皮肤及其深部组织的急性和亚急性炎症。其临床特征是患部皮肤坏死与化脓，常伴蹄冠、系部和系关节炎症，呈现不同程度的跛行。该病可发生于所有类型的牛，发病率较高，占引起跛行蹄病的40%~60%。炎热潮湿季节比冬、春干旱季节发病多，后肢发病多于前肢，成年且高产的母牛易发。

一、病　因

牛腐蹄病的发病原因较为复杂，主要有以下4种情况。

1. 病原因素

有报道表明，牛腐蹄病的病原菌主要有坏死梭杆菌和节瘤拟杆菌，但是在病原分析过程中还发现有脆弱类杆菌、产黑色素类杆菌、螺旋体、粪弯杆菌、梭菌、酵母菌及其他一些条件致病菌。

2. 环境气候因素

梅雨季节天气潮湿，气候炎热，牛舍条件差、卫生不好、通风不良、地面潮湿污浊，牛群长期在坚硬而粗糙的水泥地面上活动，都易造成腐蹄病的发生；秋季环境和气候干燥造成蹄部皮肤干裂，细菌容易入侵；牛舍潮湿，牛栏建设不合理，坡度不够，不能及时将粪尿水排出，导致牛蹄时常泡在粪尿中，刺激蹄部皮肤，导致细菌滋生；运动场上的小石子、铁丝、钉子等坚硬的东西都会造成牛蹄部受伤而引起牛腐蹄病。

3. 饲养管理因素

日粮营养水平与牛腐蹄病的发生密切相关，如微量元素锰的缺乏以及钙、磷比例失调等都会引起牛蹄壳的裂开，引起蹄部疾病。过食高能量精饲料引起酸中毒，导致组胺、内毒素等一些血管活性物质到达蹄部组织的毛细血管中，进而引起蹄部炎症，发生腐蹄病。此外，维生素A、维生素D、锌元素等的不足都会引起蹄部组织的代谢异常，引发腐蹄病。役用牛在超负荷使用时会造成牛蹄部受伤而引发腐蹄病。

4. 遗传因素

遗传因素是牛腐蹄病多发的另一个原因，牛的体型和品种与牛腐蹄病的发生有关，品种不同，蹄病的易感性也不一样，如中国荷斯坦牛的腐蹄病发生率就高于其他品种。

二、临床症状

根据蹄病发生部位，临床上表现为蹄叉腐烂和腐蹄。

1. 蹄叉腐烂

蹄叉腐烂为牛蹄叉表皮或真皮的化脓性或增生性炎症。蹄叉部皮肤充血、发红、肿胀、溃烂，有的蹄叉部可见肉芽增生，呈暗红色，突出于蹄叉沟内，质地坚硬，极易出血。蹄冠部肿胀，呈暗红色（图8-6-1）。病牛跛行，以蹄尖着地（图8-6-2），站立时，患蹄负重不实，有的以患蹄频频打地或踢腹。犊牛、育成牛和成牛都有发生，以成年牛多见。

2. 腐蹄

腐蹄为牛蹄的真皮、角质部发生腐败性化脓。四蹄皆可发病，后蹄多见，以7—9月发病最多。病蹄站立时不愿完全着地，患肢系关节以下屈曲，频频换蹄、蹬或踢腹。患蹄向前伸出，运步时明

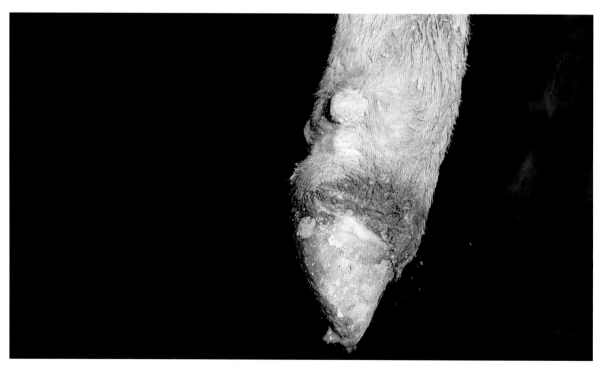

图8-6-1　病牛蹄冠部肿胀，呈暗红色（胡长敏 供图）

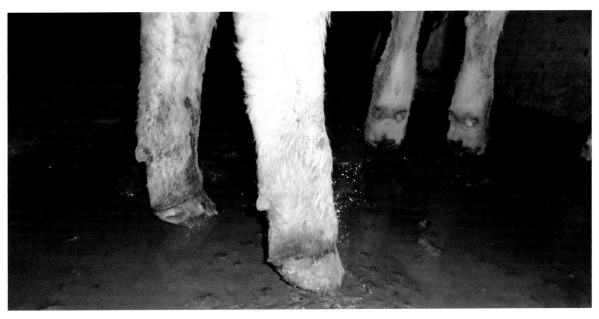

图 8-6-2　病牛以蹄尖着地（胡长敏 供图）

显后方短步，站立时间缩短。检查蹄部，蹄变形，蹄底磨灭不正，角质部呈黑色（图8-6-3）。如外部角质尚未变化，修蹄后见有污灰色或污黑色腐臭脓液流出（图8-6-4），也由于角质溶解，蹄真皮过度增生，肉芽凸出于蹄底之外，大小为黄豆至蚕豆大，呈暗褐色（中兽医称为漏蹄，按不同部位分为毛边漏、蹄心漏等）。炎症蔓延到蹄冠、系关节时，关节肿胀，皮肤增厚，失去弹性，疼痛明显，步行呈"三脚跳"，当化脓时，关节处破溃，流出奶酪样脓液，病牛全身症状加剧，体温升高，食欲减退，产奶量下降，常卧地不起，消瘦。

图 8-6-3　病牛蹄底磨灭不正，有瘘管，流脓血

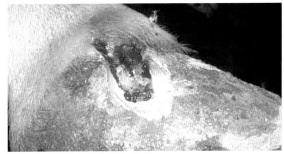

图 8-6-4　病牛蹄肿胀破溃，流脓血

三、类症鉴别

1. 牛蹄叶炎

相似点：病牛体温升高，食欲减退，一肢或数肢出现跛行，卧地不起，体温升高，食欲减退，蹄冠肿胀、疼痛，蹄冠产生不正常蹄轮，蹄匣变形。

不同点：蹄叶炎病牛患指（趾）前缘弯曲，趾间弯曲，蹄轮向后下方延伸且彼此分离，蹄踵高而蹄冠部倾斜度变小，蹄壁伸长，系部和系关节下沉，弓背，全身僵直。蹄叶炎病牛无蹄部溃疡、排恶臭污黑色腐臭脓液、蹄叉部肉芽增生等症状。

2. 牛蹄底刺伤

相似点：病牛支跛，蹄着地时有痛感。

不同点：蹄底刺伤病牛有不自在表现，如蹄负重时间缩短、抖蹄，躺卧时可看到患肢突然屈曲，体温不升高。

3. 牛指（趾）间皮肤增殖

相似点：病牛跛行，疼痛，蹄叉部位有增生，患部有恶臭渗出物流出。

不同点：指（趾）间皮肤增殖病牛病变发生在局部，肿胀范围较小；深部组织未见坏死、化脓所形成的窦道；常并发趾间纤维瘤。

四、防治措施

1. 预防

（1）**改善日粮配方**。根据饲养标准改善日粮配方，增强牛只体质。禁止饲喂霉变草料，补充适宜精饲料，补充钙和磷并保持钙、磷平衡，补充氨基酸，如蛋氨酸，特别是泌乳牛对日粮结构有着严格要求，注意确保精粗饲料的比例要适当，尤其要注意补充微量元素锰、铬和维生素A、维生素D等，有利于受损蹄壳的及时修复。

（2）**加强饲养管理和环境卫生**。及时修补运动场与栏舍破损地面，清理牛栏与通道中的沙石及硬草根茬等，防止牛蹄被碰伤和扎伤，引发感染。牛舍保持干燥，无明显积水，防止牛蹄壳被水浸泡变软，引起受伤。及时清除舍内粪便，及时更换垫料，保持圈舍清洁卫生。对于种公牛要驱赶出牛舍做适当的运动，有利于蹄部的正常磨灭和体质增强。

（3）**合理规划牛舍**。科学规划运动场和栏舍，不应出现明显的积水积尿。栏舍地面建成后不能过于光滑，否则容易打滑，引起牛蹄部受伤而引起腐蹄病。

（4）**及时修剪蹄部和药浴**。制订检查与修整牛蹄的计划，修整牛蹄一般每年2次，分春、秋两季完成。如果条件允许，可每季度修整1次，特殊情况及时处理，使牛蹄部保持正常。对于种公牛可每月进行1次药浴，如用4%硫酸铜溶液浸泡牛蹄，有治疗和护理效果。牛蹄检查工作要经常进行，一旦发现问题，及时处理，防患于未然。

（5）**优选良种**。减少腐蹄病，育种尤为关键。选种期间，注意肢蹄性状。研究证实，腐蹄病发生60%以上与有肢蹄障碍的遗传相关。出于防控该病考虑，优选的良种牛，要综合考虑蹄部长度、斜长等因素。

（6）**科学接种疫苗**。在澳大利亚、比利时等国家，尝试用坏死杆菌甲醛疫苗接种牛，有效减缓病症，国内亦可尝试接种疫苗。此外，一些商业性疫苗，在预防牛腐蹄病方面，也发挥着至关重要的作用。因此，接种预防此病，应留意地方疫情，选择性使用疫苗。

（7）**科学控制饲养密度**。致密的养殖密度易诱发腐蹄病，合理的饲养密度为每100 m²牛舍12~13头。确保牛有足够的运动场地，以增强其四肢能力。减少不良环境应激，有效降低腐蹄病的发生。

（8）**定期消毒**。定期进行牛场消毒工作，每月1~2次。

2. 治疗

（1）**全身治疗**。治疗原则是消除炎症、解毒、防止败血症的发生。

处方1：肌内注射长效普鲁卡因青霉素油剂，每次每千克体重1万～2万IU，每日1次，连用3 d，对坏死梭杆菌有特效。该药不可静脉注射，肌内注射应经常变更注射部位，并注意消毒，少数牛可能发生过敏反应，此时应立即停注。

处方2：静脉注射或肌内注射磺胺嘧啶，按每千克体重50～70 mg计算，每日2次，连用3 d。

处方3：5%糖盐水1 000～1 500 mL、5%碳酸氢钠注射液500 mL、25%葡萄糖注射液500 mL、维生素C 5 g，一次性静脉注射，每日2次，连用3～5 d。

（2）治疗蹄叉腐烂。以10%硫酸铜溶液或1%来苏尔溶液洗净患蹄，再用3%过氧化氢溶液消毒，涂以10%碘酊，用松馏油（鱼石脂也可）涂布于蹄叉部，打以蹄绷带，如蹄叉有增生物，用外科手术除去，或以硫酸铜粉、高锰酸钾粉撒于或涂于增生物上。打蹄绷带，隔2～3 d换药1次，2～3次可以治愈。也可用烧烙法将增生肉芽烧烙掉。

（3）治疗腐蹄。先将患蹄修理平整，找出角质部腐烂的黑斑，用小刀由腐烂的角质部向内深挖，直到挖出黑色腐败的腐臭组织，使脓液流出为止。用10%硫酸铜溶液冲洗患蹄，创内涂10%碘酊，填入松馏油棉球，或放入高锰酸钾粉、硫酸铜粉，绑蹄绷带。

（4）高锰酸钾疗法。用1%高锰酸钾溶液将患蹄清洗干净，并进行扩创，对于创口较浅的，可将高锰酸钾粉撒在药棉上，敷于患处；对于蹄叉腐烂可同样用1%高锰酸钾溶液将蹄叉清洗干净，然后将高锰酸钾粉撒在药棉上，敷于患处；对较深的瘘管，可将高锰酸钾粉直接填入其中，使之与瘘管壁充分接触；外涂5%碘酊，后用绷带包扎固定，外涂松馏油。2～3 d重复处理1次。

（5）中药治疗。

方剂1：青黛60 g、龙骨6 g、冰片30 g、碘仿30 g、轻粉15 g，共研成细末，在除去坏死部分后将其塞于创内，包扎蹄部，3 d后换药，连用3剂。

方剂2：取桐油150 g，放在铁锅里加热煮沸后，加入明矾2 g，用棉球或纱布蘸取热桐油涂烫伤口，之后再用凡士林或黄蜡填孔封口，最后将蹄包扎，3 d后换药，连用3剂。

方剂3：桐油150 g，熬至将沸时缓慢加入研细的血竭50 g，并搅拌，改为文火，待血竭加完搅匀至黏稠状态即成。冷却至常温灌入腐烂空洞部位，灌满后用纱布绷带包扎好，10 d后拆除。

方剂4：枯矾500 g、陈石灰500 g、熟石膏400 g、没药400 g、血竭250 g、乳香250 g、黄丹50 g、冰片50 g、轻粉50 g，共研为细末，填塞病牛蹄部脓腔，并用绷带包扎蹄，3 d后换药，连用3剂。

方剂5：将包有碘片的药棉塞入创口，用适量松节油喷在包有碘片的药棉上。由于碘与松节油反应放热，从而起烧烙作用。对于特别严重的病例，在此疗法的基础上，再在烧烙后的创口内填入中药。药方为，地榆炭50 g、冰片50 g、黄芩50 g、黄连50 g、黄柏50 g、白芨50 g，研成粉末，用凡士林调匀，涂于患处，进行包扎，3 d后换药，连用3次。

方剂6：大黄、白芷、天花粉各30 g，加少量白酒，包敷患部。1～2 d换药1次，每天用白酒喷洒，以保持敷药外湿润。

方剂7：金银花100 g，防风50 g，川芎、桂枝、木香、陈皮、木通、香附、大腹皮、泽泻、白芍各30 g，绿豆200 g，连翘、白芷、皂角刺、熟地各40 g，甘草20 g，煎水灌服或自饮。每日1剂，每剂服2次，直至痊愈。前肢肿胀加桑枝50 g，后肢肿胀加牛膝50 g，肿消后还跛行时减去泽泻、陈皮、大腹皮，加血藤60 g。

第九章

牛产科病

第一节　牛乳腺炎

牛乳腺炎又名牛乳房炎，是一种多因素引起的疾病，即牛乳腺受到物理、化学、微生物等因素刺激所引起的乳腺炎症，主要表现为乳汁发生理化性质变化、乳腺组织发生病理学变化，是奶牛生产中最为常见、最难防治、花费最多的疾病之一，严重影响奶牛业的发展。

据世界奶牛协会统计，全世界2.2亿头奶牛中，约有1/3患有各种类型的乳腺炎。在欧洲的一些国家，临床乳腺炎在每个泌乳期的发病率在20%~50%。其中法国、芬兰、瑞典、丹麦临床乳腺炎的发病率分别为20%、10.9%、11.1%和21%。全世界每年因奶牛乳腺炎造成的经济损失达350亿美元，美国每年因奶牛乳腺炎损失达20亿美元，英国奶牛乳腺炎的直接经济损失可达2.67亿英镑，日本达5亿美元，我国达30亿元。此外，乳腺炎造成的产后发情延长、降低牛奶营养成分以及对人类造成的健康危害是难以估量的。

乳腺炎分为隐性乳腺炎和临床型乳腺炎。我国隐性乳腺炎和临床型乳腺炎奶牛场发病率均显著高于国外报道。对我国22个城市的32个奶牛场的10 371头奶牛进行了乳腺炎的病因及发病情况调查，结果表明，临床型乳腺炎平均发病率为33.41%；隐性乳腺炎奶牛平均阳性检出率为73.91%；乳区平均阳性检出率为44.74%。

一、病　因

1. 细菌因素

主要包括接触传染性病原菌和环境性病原菌。

接触传染性病原菌主要有无乳链球菌、停乳链球菌、金黄色葡萄球菌和支原体。接触传染性病原微生物定植于乳腺，通过挤奶工或挤奶器械传播。

环境性病原菌主要有大肠杆菌、肺炎克雷伯菌、产气肠杆菌、沙雷氏菌、变形杆菌、假单胞菌以及凝固酶阴性葡萄球菌、环境链球菌、牛支原体、酵母菌或真菌、原囊藻属、化脓性放线菌及牛棒状杆菌。环境性病原菌通常不引起乳腺的感染，当奶牛所处的环境以及奶牛乳头、乳房（或通过创口）或挤奶器被病原污染，使病原进入乳头乳池引起乳腺感染。

2. 营养因素

饲料营养的缺乏也是导致奶牛乳腺炎发生的一个重要的因素。研究发现，乳腺炎病牛血浆和乳汁中的维生素E浓度显著低于健康奶牛。研究证实，当奶牛发生乳腺炎时，其血浆和乳汁中的维生素E浓度显著降低，而且这种低的维生素E浓度在乳腺炎发生之前就已经存在。试验结果表明，并非乳腺炎的发生致使病牛血浆和乳汁中的维生素E浓度降低，而是低浓度的维生素E容易诱发奶牛乳腺炎。另外，其他营养元素如维生素A和硒的缺乏也会间接或直接地导致乳腺炎的发生。

3. 环境因素

在影响细菌生长、繁殖、致病力的外界环境条件中，气象条件非常重要。一般来说，奶牛最适宜的生活环境温度范围为15~22℃（适宜生活温度为5~28℃），所处的环境是由许多密切相关的环境因素综合构成的，其中温度、湿度等气象因素最为重要，不仅直接影响奶牛的健康、生产能力和生理活动，而且可影响病原微生物，间接作用于奶牛机体，从而引发乳腺炎。另外，奶牛的粪便可污染乳头。

4. 其他因素

奶牛乳腺炎的发生，除上述因素影响外，还受管理方法、挤奶方式、泌乳量、泌乳阶段、胎次以及乳头形态、遗传等因素的影响。其中，挤奶方式如机器挤奶牛群比手工挤奶牛群发病率高4~5倍或更高。

二、临床症状

1. 临床型乳腺炎

临床型乳腺炎为乳房间质、实质或二者并发的炎症。其特征是乳汁变性、乳房组织不同程度地呈现肿胀，发热和疼痛。根据病程长短和病情严重程度，临床型乳腺炎可分为最急性、急性、亚急性和慢性4种，现分述如下。

（1）最急性乳腺炎。一般表现为发病突然，发展迅速，多发生于1个乳区。患区乳房明显肿胀，坚硬如石，有时皮肤发紫、龟裂，病牛有明显疼痛反应，患乳区仅能挤出1~2把黄水样或淡淡的血水（图9-1-1）。病牛全身症状明显，如食欲废绝、精神沉郁，体温升高至40.5~41.7℃，个别达42℃，稽留热型，心跳增数达100~120次/min，呼吸增数，个别病牛表现全身颤抖、肌肉软弱无力、不愿走动、喜卧等。

（2）急性乳腺炎。病情较最急性缓和一些。发病后乳房肿大（图9-1-2），皮肤发红，疼痛明显，质地硬，乳房内可摸到硬块。病牛有躲闪和踢人表现，全身症状较轻，精神尚好，体温正常或稍

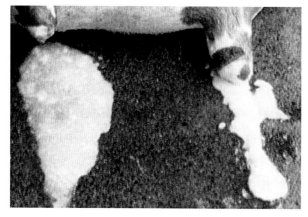

图9-1-1　化脓性乳腺炎的乳液中混有灰白色脓性凝块

图 9-1-2 病牛乳房红肿，排白色黏稠脓性乳汁（胡长敏 供图）

高，食欲减退，产奶量下降为正常时的1/3～1/2，有的仅有几把乳，乳汁呈灰白色，内混有大小不等的乳凝块、絮状物等。

（3）**亚急性乳腺炎**。发病缓和，患乳区红、肿、热、痛不明显；食欲、体温、脉搏等正常；乳汁稍稀薄，呈灰白色，最初几把乳内含絮状物或乳凝块。乳汁中体细胞数增加，pH值偏高，氯化钠含量增加。

（4）**慢性乳腺炎**。一般是由急性乳腺炎转变而来。病情反复，病程长。产奶量下降，治疗效果不理想。头几把乳有块状物，以后无，眼观正常；严重者乳汁异常，放置后能析出乳清或内含脓液；乳房有大小不等的硬结，有的甚至形成瘘管（图9-1-3）。乳头管呈一条绳索样的硬条，挤奶困难。乳头变小，乳区下部有硬区。

2. 隐性乳腺炎

它又称亚临床型乳腺炎，奶牛无临床症状。其特征是乳房和乳汁无肉眼可见异常，然而乳汁的理化性质、细菌数已发生变化。具体表现为乳汁pH值在7.0以上，导电率、乳中白细胞和氯化物含量升高，体细胞数在50万个/mL以上，细菌数增加。

三、病理变化

该病的致病机理是复杂的，这里主要从以下4个类型介绍。

1. 局限性乳腺炎

不仅在临床上，就是剖检上也几乎看不出变化。在组织学方面出现散发的，有时是多发的极微小病灶，病灶是在腺泡内，渗出有中性粒细胞（图9-1-4）。病灶和葡萄球菌感染有密切的关系，而且一般认为，表皮葡萄球菌感染可引起小病灶反复出现。

图 9-1-3　病牛乳腺化脓形成瘘管（胡长敏 供图）

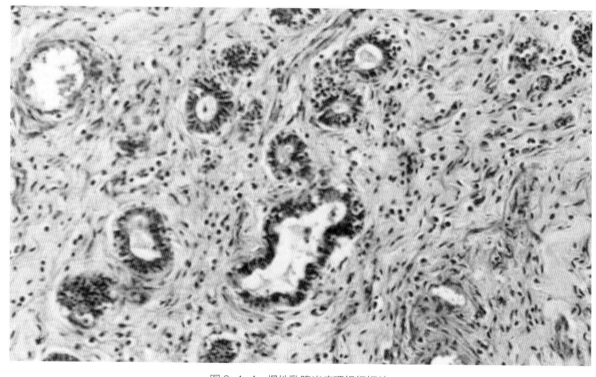

图 9-1-4　慢性乳腺炎病理组织切片
（间质增生，淋巴细胞浸润，腺泡萎缩，HE200 倍放大）

2. 弥漫性乳腺炎

　　由链球菌引起的病例多为此型。乳腺乳池、乳导管扩张，有时空洞化，由于其黏膜和管壁肥厚而变得狭小，腔内有多种形态的增生物。周围的结缔组织也增生。比较少见的急性病例的切面，能看到明显的黄色絮片和黏稠液体，实质充血和显现颗粒状的凹凸不平。乳池、乳导管周围的实质膨隆为颗粒状，呈橙色。总之，病理变化是乳池、乳导管炎症。

3. 坏死性乳腺炎

坏死性乳腺炎几乎都是急性的，乳区显著肿胀，呈现污红色或红紫色，有少数病例因全身性中毒而死亡。此外，常常排出坏死片。其病原菌几乎都是特定的大肠杆菌，也有少数是由克雷伯氏菌或假单胞菌引起。从病变的范围看，病变由卡他性乳导管炎发展而来，呈明显的腺体组织水肿、出血、坏死。

4. 脓肿性乳腺炎

此型放牧牛多发，夏季多发，对未经产牛危害大。由化脓棒状杆菌引起者居多，脓肿主要在乳房皮下和乳腺组织，特别是在乳池、乳导管壁上形成大小不一的脓肿（图9-1-5）。

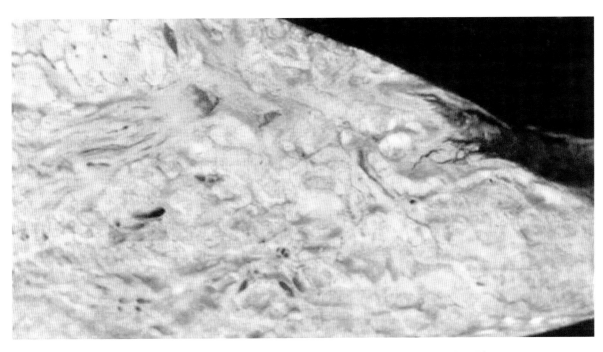

图 9-1-5　脓肿性乳腺炎（在病变乳腺的切面，可见许多灰白色化脓性病灶）

四、诊断

1. 临床症状

不同的病原微生物所引起的乳腺炎临床症状有所差异，但基本症状是患病乳房有不同程度的充血、增大、发硬、发热和疼痛，泌乳减少或停止。乳汁最初无明显变化，以后因炎症波及乳腺的腺泡，故乳汁稀薄，且有絮状物或凝块，有时可见脓液和血液。当实质导管系统及间质受波及时，乳腺可发生坏死；当皮下组织及乳腺间结缔组织被侵害时，则呈蜂窝组织性乳腺炎，该型与坏死性乳腺炎是乳腺炎中最为严重的2种类型。慢性病例，患区乳房组织弹性降低、僵硬，泌乳量减少，泌乳时乳汁呈不同程度的黄色，有时有凝乳块，乳房肿大。有些患布鲁氏菌病的母牛，乳房没有泌乳能力。

2. 乳汁病原微生物检查

将奶牛乳汁样品进行病原微生物的分离培养和鉴定是实验室确定奶牛乳腺炎病原菌的一种主要

方法。将无菌采集的新鲜奶样接种于培养基，经培养、涂片、革兰氏染色、镜检等过程反复纯化病原菌，然后对已经纯化的病原菌进行鉴定。乳汁的病原菌培养法只能根据检测出病原菌的种类、数量大致进行判断，而且进行病原菌鉴定至少需要48 h才能确诊，费时、费力且检测速度慢。

3. 乳汁体细胞检查

奶牛患乳腺炎后，乳汁中体细胞数目，特别是白细胞数目显著增加。原因在于在乳腺感染细菌后，细菌的代谢产物诱导大量的多形核白细胞（PMN）进入乳腺细胞。同时，损伤脱落的上皮细胞也进入乳中，致使乳汁中的体细胞增加。因此，可以通过检测乳汁中体细胞的多少来判断奶牛是否患有隐性乳腺炎。乳汁细胞学检查包括乳汁体细胞直接计数和间接检验方法。乳汁体细胞直接计数（Somaticcell counts，SCC）检验方法有白细胞分类计数刻度管检验法、直接显微镜细胞计数法（Directmicroscope somatic cell counts，DMSCC）、荧光电子细胞计数法等。间接检验体细胞的方法有美国加州乳腺炎检验法（California Mastitis Test，CMT）（图9-1-6、图9-1-7），以及国内类似的方法，如兰州乳腺炎检验法（LMT）、杭州乳腺炎检验法（HMT）、吉林乳腺炎检验法（JMT）等。中国农业大学根据普通洗衣粉的主要成分与CMT试液主要原料类似，简化为以普通洗衣粉配制BMT检测液（乳腺炎简易诊断液），更方便于在牛场推广使用。

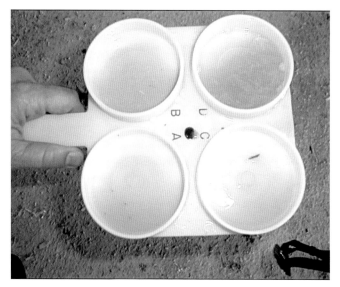

反应判定	被检牛奶	反应状态	体细胞数（万个/mL）	检测结果
—	阴性	混合物呈液体状，倾斜检验盘时，流动流畅，无凝块	0~20	
±	可疑	混合物呈液体状，盘底有微量沉淀物，摇动时消失	20~50	
+	弱阳性	盘底出现少量黏性沉淀物，非全部形成凝胶状，摇动时，沉淀物散布于盘底，有一定的黏性	50~80	
++	阳性	全部呈凝胶状，有一定黏性，回转时向心集中，不易散开	80~500	
+++	强阳性	混合物大部分或全部形成明显的胶状沉淀物，黏稠，几乎完全黏附于盘底，旋转摇动时，沉淀集于中心，难以散开	>500	

图9-1-6　CMT乳腺炎检测法　　　　　图9-1-7　加州乳腺炎检测法判断标准
（郭爱珍　供图）　　　　　　　　　　（郭爱珍　供图）

其他间接检验还有4%氢氧化钠凝乳法和过氧化氢酶法。对于SCC阈值的问题，国内外学者争论颇多，国际上规定，以50万个/mL作为阈值，同时规定所检查的奶应是挤奶前的第一把奶。国内不少人也以50万个/mL作为阈值，但也有人认为SCC阈值为20万个/mL。Eddy Rotes等认为，SCC的阈值应为15万个/mL。由于受乳腺炎细菌感染在内的很多因素的影响，单一的高SCC值也不能作为确诊隐性乳腺炎的标志，应当结合研究SCC、乳糖及酶浓度来总体判断。

4. 乳汁pH值检查

泌乳奶牛奶样的正常pH值为6.4~6.6，牛奶pH的变化与体细胞和炎性细胞的含量呈正相关，因此可以通过检测乳汁pH值的方法来检测乳腺炎。通常使用的方法有溴麝香草酚蓝法（BTB）和乳腺炎试纸法。

5.乳汁导电性检查

乳腺感染后，血－乳屏障的渗透性改变，Na^+、Cl^-进入乳汁，使乳汁电导率值升高。故可以通过检测乳汁的电导率来监测隐性乳腺炎。国内已使用的有山西农业大学SX-1型乳腺炎诊断仪、CN乳腺炎诊断仪等。研究表明，隐性乳腺炎乳汁的电导率均高于正常值，但在不同的个体及不同的饲养管理状况下，乳汁的电导率变化较大，因此判断隐性乳腺炎的关键是确定不同牛群正常乳汁电导率的阈值。

6.其他检查方法

有学者报道，感染乳腺不同的乳腺炎病原微生物时呈现不同的酶象变化，与未感染的乳腺相比，乳汁中乳酸脱氢酶（Lactic dehydrogenase, LDH）、碱性磷酸酶（Acid-phospatase, ACP）、谷草转氨酶（Glutamic-oxaloacetic transatininase, GOT）和谷丙转氨酶（Glutamic-pyruvic transanminase, GPT）活性均增加。研究表明，乳汁中的LDH、GOT主要来自被损害的上皮细胞和大量的白细胞，乳清白蛋白（SA）则主要是由泌乳组织损伤，血－乳屏障渗透性增加所致，血－乳屏障渗透性增加引起血液中的SA进入乳腺管，随乳汁分泌而排出。乳汁中的ACP则来自胞质、线粒体、核质等细胞器，在乳腺炎症过程中，释放入乳汁中。此外，N-乙酰-β-D-氨基葡萄糖苷酶（NAGase）的检验在诊断奶牛乳腺炎时也常使用，它可以反映乳腺炎感染的严重程度和治疗后乳腺的恢复情况。根据健康、可疑和隐性乳腺炎乳清蛋白含量的变化规律与电泳图谱的直观趋势一致性，判断奶牛是否患隐性乳腺炎。

五、防治措施

1.预防

（1）建立稳定、训练有素的挤奶员队伍。对挤奶员进行专业知识培训，使其了解乳房结构、乳腺炎的发病原因和预防的基本知识，规范挤奶操作的基本规程。

（2）加强日常卫生管理和消毒。防止乳头污染是预防奶牛乳腺炎的基本措施，做好日常清洁卫生和消毒工作可有效地减少病原微生物对乳头的入侵机会（图9-1-8），有助于减少乳腺炎的发生和传播，并可保证牛奶的卫生。因此，要做到运动场和牛舍保持干净、干燥，牛体每日要适当刷拭；牛舍要定期用高压水枪冲洗，并进行喷雾消毒或熏蒸消毒；圈舍周围每周用2%氢氧化钠溶液消毒或撒生石灰1次；定期进行带牛环境消毒，以杜绝传染源。

（3）加强挤奶卫生，严格执行挤奶操作规程。挤奶前应将挤奶台打扫干净，清洗，消毒；挤奶员必须用消毒液洗手和剪短指甲，避免对奶牛乳头造成外伤；清洗乳房时应用50℃流水，用消过毒的干净毛巾彻底洗净乳房，最好做到1头奶牛用1块毛巾，以杜绝交叉污染；每挤完1头牛应用消毒水清洗手和手臂，以尽

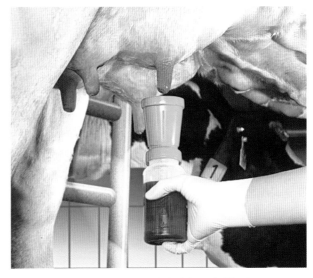

图9-1-8 挤奶前消毒（郭爱珍 供图）

量减少手在不同牛之间操作时出现交叉感染；严禁将头几把奶或乳腺炎奶挤在牛床上；坚持挤奶前后都进行乳头药浴。

（4）重视乳腺炎病牛的监控。乳腺炎病牛是重要的传染源，因此要重视对病牛的监控，做到"早发现、早隔离、早治疗"。临床型乳腺炎病牛应隔离饲喂，奶桶和毛巾专用，用后彻底消毒，奶消毒后废弃，病牛及时治疗，且要做到彻底治愈。对久治不愈、反复发病、慢性乳腺炎病牛等应及时淘汰。此外，每年在多发季节要对泌乳牛进行隐性乳腺炎监测。

（5）坚持乳头药浴。乳头药浴是控制奶牛乳腺炎主要措施之一，特别是对消除病原菌，如无乳链球菌、停乳链球菌、金黄色葡萄球菌和化脓性棒状杆菌的感染，具有重要作用。

Oliver等研究表明，挤奶前后均进行乳头药浴比只在挤奶后药浴对预防新的乳房内感染更有效，而且乳区的临床型乳腺炎和由乳房链球菌、停乳链球菌等引起的乳房内感染也更低。因此，目前国内外规模化牛场都推荐在挤奶前后都进行乳头药浴。

（6）干奶期的预防。干奶初期，由于乳腺细胞变性和抵抗力降低，故极易被微生物侵入，因此在干奶期预防乳腺炎的发生极为重要。

干奶期的预防主要是向乳房内注入长效抗菌药物（图9-1-9），杀灭已侵入的病原体和预防以后病原侵入。治疗药物很多，有学者等通过对2种抗生素油剂PC-805（内含普鲁卡因青霉素和邻氯青霉素）及TA-125（内含长效青霉素和邻氯青霉素）对干奶期乳腺炎的疗效比较发现，PC-805和TA-125均能有效地消除已存在的隐性感染，并显著降低停奶期间的新感染率及临床发病率。俄罗斯研制出几种新型长效制剂：阿布拉乳腺霉素、日光乳腺霉素和瑞斯托乳腺霉素，这些制剂在干奶期前2~3周（不迟于分娩前30 d）乳池内1次注入10 mL即可杀灭乳腺内的病原体，并能确保95%的病牛进入泌乳期时不发生乳腺炎。李瑞斌等对50头妊娠奶牛用乳炎康实施于干奶期发现泌乳母牛产后乳区保护率（隐性乳腺炎阴性率）为91%，临床型乳腺炎的保护率为84%。但对患乳腺炎的牛要先进行治疗，待临床症状消失后再干奶；对体细胞计数高、产奶量低的牛要尽早停奶，尽早治疗。

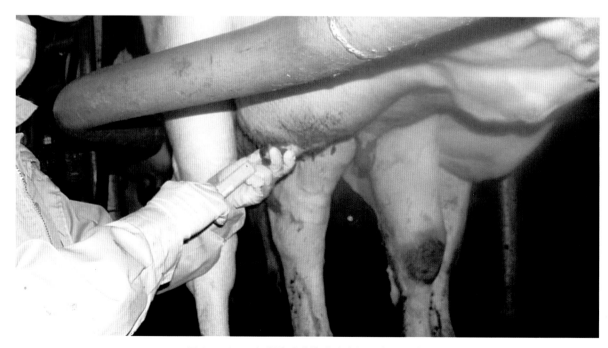

图9-1-9　干奶期乳头药物灌注（郭爱珍 供图）

（7）疫苗防控。

链球菌疫苗：引起乳腺炎的链球菌主要为无乳链球菌、乳房链球菌和停乳链球菌。现制成的疫苗效果都不理想。国内外对链球菌疫苗的研究报道较少。

金黄色葡萄球菌疫苗：目前由勃林格动物保健公司生产的Lysigin疫苗在美国已经商品化，虽然它能够提高奶牛乳腺炎的自愈率，但不能抵抗新的感染。主要是该菌的荚膜多糖结构复杂、多样，血清型间无明显互免力所致。

大肠埃希菌疫苗：目前研究最多的是 E. coli（O111:B4）J5疫苗，该疫苗是由5 mL（10^9个/mL）的灭活菌液与5 mL弗氏不完全佐剂混合而成的。E. coli J5是具有不完全O抗原的突变株，其特征是脂多糖的核心区抗原是裸露的，裸露的核心抗原可刺激抗革兰氏阴性菌核心抗原的抗体产生，该抗体可以帮助机体有效抵抗与疫苗株具有同种核心抗原的革兰氏阴性菌的感染。Hogan研究证实，该疫苗采用此种免疫程序对奶牛进行免疫，能显著提高血清和乳清中抗 E. coli J5和 E. coli 727IgG的抗体效价（$P<0.05$），降低临床型乳腺炎的发生率。

国内有学者初步研制了奶牛乳腺炎多联疫苗A、B、C 3种。试验证明，菌种为金黄色葡萄球菌、无乳链球菌、停乳链球菌的多联疫苗（A），对奶牛乳腺炎起到很好的保护作用。中国农业科学院兰州兽医研究所研制的奶牛乳腺炎多联疫苗（金黄色葡萄球菌、无乳链球菌、停乳链球菌），经后海穴注射比肌内注射免疫效果提高23%，注苗后无乳链球菌抗体浓度最高，其次为金黄色葡萄球菌和停乳链球菌，对链球菌引起的乳腺炎有一定的免疫作用。

（8）增强牛体营养。奶牛产前21 d肌内注射1 000IU维生素E和50 mg硒，产后乳腺炎的发病数显著减少；日粮中添加生化黄腐酸，隐性乳腺炎的检出率可下降5%，临床型乳腺炎发病率也会下降1.5%；日粮中添加铜、锌能降低乳腺炎的发病率；日粮中单独添加或共同使用β-胡萝卜素、维生素A、维生素E、硒、锌、铜等可增强机体对乳腺炎的抗病力。

2. 治疗

（1）西药治疗。

处方1：乳房内注入药物可治疗临床型乳腺炎，一般多采用乳头注入抗生素。青霉素和链霉素是治疗奶牛乳腺炎的首选药物，可用青霉素80万IU，加入灭菌蒸馏水50 mL中，每日于挤奶后由乳头管口注入，然后由下至上按摩。乳腺炎初期可进行冷敷，2~3 d再用红外线灯照射进行热敷。涂擦樟脑软膏等微刺激性药物，使之吸收，促进炎症消散。

处方2：急性初期可冷敷，然后用温水洗净乳头，再用酒精消毒乳头，之后挤净乳汁，乳导管慢慢插入乳头。用0.25%~0.5%盐酸普鲁卡因注射液20 mL，加油剂青霉素600万IU，注入乳孔内。手捏乳头晃动3 min，防止药液溢出，然后由下至上按摩，每日1次，连用2~3 d。

处方3：对化脓及乳腺硬结的乳房，用3%过氧化氢或0.1%高锰酸钾溶液冲洗，挤净脓液或变质乳汁，同样用酒精消毒乳头，慢慢插入乳导管，每只乳孔内再注入宫乳康（盐酸洛美沙星或者氟苯尼考注射液）30 mL。乳腺硬结严重者可采用乳房基底封闭疗法，将0.25%~0.5%盐酸普鲁卡因注射液10 mL，加油剂青霉素300万IU，用长针头直接注入乳房基底的结缔组织内，配合鱼石脂软膏、樟脑软膏等药敷，有很好的疗效。

（2）中药治疗。

方剂1：金银花60 g、蒲公英50 g、紫花地丁50 g、连翘50 g、陈皮60 g、青皮60 g、黄芩60 g、甘草50 g，水煎候温加黄酒50~100 mL，一次灌服，每日1剂，连用2~3 d。

方剂2：瓜蒌散。瓜蒌60 g、当归40 g、乳香30 g、没药30 g、甘草15 g，研成细末后，用开水冲调，候温灌服。如肿痛严重，可加清热解毒、行气散结的蒲公英、金银花；有血、乳凝块者，可加川芎、桃仁、炒侧柏叶，每日1次，连用3~4次。

方剂3：防腐生肌散。枯矾500 g、陈石灰50 g、熟石膏400 g、没药400 g、血竭250 g、乳香250 g、黄丹50 g、轻粉50 g、冰片50 g，研为极细末，混匀装瓶备用。用时撒于创面或填塞创腔，可祛腐、敛疮、生肌，主治痈疽疮疡，每日1次，连用3~4次。

方剂4：乳炎散。金银花100 g、蒲公英100 g、连翘60 g、黄连35 g、天花粉55 g、赤芍45 g、白芷45 g、皂角刺45 g，混拌均匀，加水2 000 mL浸泡60 min，放于火炉上烧沸后，将炉火调至文火煎熬40 min即成。加入250 mL白酒，分装入啤酒瓶中灌服，每间隔12 h灌服1次，一般2~3次即可痊愈，治疗慢性乳腺炎效果好。

方剂5：仙人掌外敷具有行气活血、清热解毒之效。若为急性乳腺炎，取仙人掌数片，去刺捣烂成泥，涂抹于病牛乳房上，每日1次，3~5 d即愈。乳房红肿消失，挤奶畅通，病牛无疼痛表现。仙人掌价低易得，是治疗急性乳腺炎的一味良药。

方剂6：清热消炎膏。生大黄120 g、蚤休80 g、皂角刺100 g、陈醋500 mL、95%酒精300 mL。生大黄粗粉浸泡于醋和酒精中，蚤休、皂角刺共煎煮3次，过滤弃渣，滤液加入到醋和酒精中共浸泡5~7 d，过滤弃渣，文火煎熬成流浸膏，加入0.1%尼泊金甲酯，搅拌均匀即可。使用时将患部洗清后涂搽肿胀部位，每日1~2次，3 d痊愈。该药膏适用于慢性、硬结难消的病牛和隐性乳腺炎。

第二节　母牛流产

流产是指由于胎儿或母体异常导致妊娠的生理过程发生紊乱，或母体和胚胎之间的联系由于各种原因遭到破坏，从而导致妊娠中断的一种病理现象，在临床上主要有隐性流产、早产、胎儿腐败、死胎难以排除等症状。流产可以发生在母牛妊娠的各个阶段，但以妊娠早期为最多见。母牛流产造成胎儿夭折或发育受阻，严重危害母牛健康，降低产奶量，影响奶产业健康发展和养殖户的效益。

一、病因

1. 饲养原因

如饲料不足时，母牛瘦弱，抵抗力降低，代谢功能减弱，胎儿得不到足够的营养，易发生流产；饲料中缺乏维生素A、维生素D、维生素E、缺乏钙及磷时，也可成为流产的原因；饲料腐败、发霉及过酸的青贮饲料、多量酸败的油饼酒糟类，易引起机体中毒而导致流产；采食过多的苜蓿草等容易发酵的饲料时，因饲料急性膨胀可导致流产。

2. 管理不当

缺乏运动的母牛突然急剧运动，腹部受到冲撞或压迫，急赶牛群出入圈门时相互挤压等，均可诱发子宫收缩而引起流产。

3. 疾病原因

母牛患生殖器官疾病、卵巢功能障碍，如黄体发育不良、慢性子宫内膜炎、子宫内膜结缔组织变性、瘢痕及硬结、子宫发育不全、产后并发的子宫和周围组织粘连等，均可影响胎儿发育，且在妊娠的一定时间发生流产。胎儿发育异常、胎儿畸形、脐带水肿的扭转、胎膜水肿、胎水过多、胎盘畸形及发育不全等，均可导致胎儿死亡而流产。

4. 医疗和配种错误

如兽医临床上全身麻醉、大量放血、手术以及给予大量泻剂、驱虫剂、利尿剂、肾上腺皮质激素类药物，注射引起子宫收缩的药物或误给催情药和妊娠畜忌用的中草药、注射疫苗、未作妊娠检查而使用刺激发情制剂或妊娠牛发情误配、粗鲁的直肠检查和阴道检查等都可引起流产。

二、临床症状

1. 隐性流产

胚胎消失、妊娠早期的流产、胚胎死亡液化而被吸收，看不到明显的症状，只是发情周期延长，故称为隐性流产。这种流产约占6.2%，可能是遗传因素或母体和胎儿激素不平衡造成胚胎早期死亡，往往屡配不孕。配种后30~45 d未见母牛发情，饮食欲增加、皮毛变光亮，突见母牛阴门内流出黏稠液体或带状黏条后2~3 d出现发情；或从阴道流出少量混有血迹的黏液；或配种后50~60 d通过直肠检查已确定妊娠，但不久后又发情，此时直检妊娠现象消失。这种情况大部分是发生了隐性流产。

2. 早产

这类流产的预兆及过程与正常分娩相似，胎儿是活的，但不足月就产出，所以又叫早产，产出前的预兆不如正常的明显，往往在排出胎儿前2~3 d乳房突然膨大，阴唇微肿，反应敏感，乳头可挤出清亮乳汁，阴门内有清亮黏液排出，饮食欲及体温正常，2~3 d排出不足月的活胎儿。发育到8个月的早产胎儿，可能成活，应采取保温措施，并尽快进行人工哺乳。

3. 排出死胎（小产）

这种流产发生在妊娠后期时，胎犊死后引起子宫收缩，几天之内将死胎及胎衣排出，妊娠初期不易发现，误认为隐性流产，妊娠前半期流产常无预兆，妊娠末期排出死胎的预兆和早产相同，胎儿小、排出顺利，预后良好，以后母牛仍能妊娠；如胎儿大，胎势及胎向改变不充分，不能及时产出，有时伴发难产，造成子宫感染，胎儿腐败，引起子宫炎及阴道炎等，因此必须设法尽快将死胎排出。这种流产最常见，约占8.9%。

4. 死胎停滞（延期性流产）

胎儿死亡后，如果子宫收缩微弱，子宫颈口不开张或开放不大，死后的胎儿长期滞留在子宫内，称为死胎停滞。根据乳房增大、能挤出初乳、乳量减少、乳质变成初乳性质、腹部看不到胎动，直肠检查时触摸子宫感觉不到胎动，便可确诊。

5. 胎儿干尸化

胎儿死亡而未被排出，子宫颈闭锁则死胎因组织水分被吸收而变干燥、体积缩小，组织致密，类似干尸，称为干尸化胎儿。根据妊娠现象逐渐消退，但不发情，或妊娠期满也不分娩，直肠检查时子宫膨大、内有硬固物体、无弹性也不波动便可做出诊断。

6.胎儿浸溶

死胎停留在子宫内，非腐败性细菌侵入子宫，胎儿的软组织被分解为液体而排出，骨骼则排不出来，这种流产约占0.77%。母牛妊娠期间从阴道内流出红褐色或棕褐色难闻的带腐尸味黏稠液体，黏附在母牛尾根及后腿上，病牛食欲减退、渐进性消瘦，阴道检查子宫颈口开张，阴道黏膜充血，直肠检查子宫壁增厚，内容物凹凸不平，挤捏子宫可感到骨片互相摩擦。

7.胎儿腐败

由于腐败菌通过开放的子宫颈口侵入胎儿体内，胎儿组织发生腐败分解，产生多量气体，以致在子宫内胎儿体积显著增大，此时母牛精神沉郁、食欲废绝、体温升高。阴道检查时，可见污红色恶臭的液体、子宫颈扩张、触摸胎儿时有捻发音、胎儿皮毛脱落。这种流产占2.1%。

三、诊 断

母牛配种后，已确认妊娠，但经过一段时间又出现发情；母牛有腹痛、拱腰、努责表现；从阴门流出分泌物或血液、排出不足月的死胎或活胎；妊娠后，随着时间的延长，腹围不但不增大，反而变小，有时从阴门流出污秽恶臭的液体，并含有胎儿组织碎片。根据上述临床症状即可做出诊断。

四、类症鉴别

母牛难产

相似点：母牛流产，胎儿死亡、过大，无法排出死胎与母牛难产症状类似。母牛有分娩现象，胎儿未产出。

不同点：母牛难产的胎儿活胎、死胎均有，而母牛流产无法产出的胎儿均为死胎。

五、防治措施

1.预防

（1）加强妊娠牛饲养管理。日粮供给营养全价，根据母牛生理性状的改变及时调整日粮。在能量、蛋白质饲料合理供给时，应充分重视矿物质饲料如钙、磷、锰、锌、铁和维生素A、维生素D、维生素E的供应；不喂发霉变质饲料；不轰、打、驱赶妊娠牛；在对妊娠牛进行治疗时，用药应慎重，不乱用泻剂和催情药物。确保妊娠牛适度运动，增强牛只疾病抵抗能力，做好预控流产的准备。

（2）及时检查与治疗。临床有母牛流产，应该详细了解供给饲料的品质、配比、日粮水平、日常运动量、饲养管理情况等。同时，详细检查母牛生殖器官发育情况，全身有无病变，胎儿、胎膜等有无病变。必要时，可取流产胎儿、胎衣水肿组织做细菌学检查，根据检查结果，制定防治策略。

（3）定期接种疫苗。为防止传染病而引起的母牛流产，应做到对5～6月龄犊牛接种疫苗。成年母牛每年进行1～2次布鲁氏菌病检验，检出阳性牛并加以隔离。随着牛群扩大，外引牛只的频繁，某些新的传染病，如传染性牛鼻气管炎和牛病毒性腹泻黏膜病也渐渐蔓延，为此应考虑接种疫苗。老疫区对5~7月龄犊牛可接种相关疫苗。

2.治疗

（1）**先兆性流产**。处理的原则是安胎，禁行阴道检查，限制直检。

配合注射5%水合氯醛注射液200 mL，或注射1%硫酸阿托品注射液3~5 mL，也可口服水合氯醛20~30 g。必要时，注射黄体酮100 mg。若子宫颈口开放、胎囊进入阴道或已经破水，流产将不可避免。此时应尽快将其排出，肌内注射缩宫素即可。如果子宫颈口尚未开张，可使用地塞米松20 mg，待子宫颈口打开时，将胎儿取出。

（2）**习惯性流产**。如果母牛有习惯性流产史，可在妊娠后发生习惯性流产的前2周肌内注射黄体酮50~100 mg，隔日1次，连用3次；也可在妊娠后发生习惯性流产前1周肌内注射1%硫酸阿托品1~3 mL。

（3）**胎儿死亡**。应尽早促使胎儿排出，并控制感染。

当确诊胎儿已经死亡，不论干尸还是浸溶，应立即用氯前列烯醇6 mg、地塞米松5 mL，一次肌内注射，注射氯前列烯醇后32 h再肌内注射催产素100 IU，在母牛临产症状明显时向阴道内注入消毒过的液状石蜡500~1 000 mL，或牛体、手臂常规消毒后，将手臂伸入阴道将胎儿缓缓牵出，并用45℃5%~10%浓盐水1 000 mL，加土霉素粉10~15 g，注入子宫；排出胎儿后的母牛，可用土霉素2~4 g或金霉素1.5~2.0 g，溶于150 mL蒸馏水中，一次灌入子宫内，隔日1次，直到阴道分泌物清亮为止。如果母牛有食欲不振、反刍停止、体温升高等全身症状，还应结合抗菌消炎、补液强心等对症治疗。

（4）**中药治疗**。该病症属气血失养、胎动不安，可补气养血、活血化瘀、止痛安胎。

方剂1：四物安胎散。黄芪20 g，当归15 g，阿胶、白芍、白术、川芎、陈皮、茯苓、熟地黄、苏梗、生姜各10 g，糯米20 g。诸药共研为末，开水冲调，候温灌服。

方剂2：白术散。阿胶、白术、陈皮、党参、当归、熟地黄各30 g，白芍、川芎、黄芩、砂仁、苏叶各20 g，甘草、生姜各15 g。诸药共研为末，开水冲服。体虚者加黄芪、何首乌；血分热盛者加牡丹皮、旱莲草、玉竹、去熟地黄，加生地黄；外伤所致流产，加红花、川续断、桑寄生等。

方剂3：四物汤加减。熟地黄60 g，白芍45 g，当归、没药、乳香、香附各30 g，黄芩21 g，川芎15 g，水煎滤液，灌服，每日1剂。

方剂4：土芩杜仲煎剂。土杜仲150 g，土黄芩90 g，益母草60 g，水煎滤液，候温灌服，每日1剂，连用2 d。

方剂5：加味生化汤。当归60 g，党参、益母草各30 g，川芎21 g，桃仁18 g，炮姜、炙甘草各15 g，诸药共研为细末，以黄酒120 mL为引，开水冲调，温热冲服。

第三节　母牛难产

母牛难产是生产中比较常见的产科疾病，是由母体或胎儿异常所引起的胎儿不能顺利分娩。难产不仅会损伤和感染母牛的产道，造成母牛不孕，严重影响母牛的生产性能，甚至会危及母牛的生命，同时引起犊牛的损伤和死亡。因此，在母牛分娩时，应该密切观察，仔细诊断母牛难产的原因，适时救助。

一、病因

1. 胎儿因素

在母牛妊娠期的最后3个月时，如果饲喂高水平的蛋白质饲料，会引起胎儿过大和母牛过肥，大大增加难产的概率。胎儿的畸形、过大，胎位异常或者活力不足等，也有可能导致胎儿难以通过母牛的产道，以至于造成胎儿难产的发生。

2. 母体因素

在母牛妊娠期，如果出现营养不良、疲劳、疾病，在其分娩时未能适时地使用子宫收缩剂或者受到外界因素的干扰等，都有可能出现母牛的产力不足或者减弱，导致产力性难产的发生。

母牛的骨盆先天性发育不良或者畸形、骨折，子宫颈、阴门、阴道的瘢痕、肿瘤或者粘连等，都可引起母牛产道变形、狭窄，最终导致产道性难产的发生。

母牛配种时间过早，由于母牛还未成熟，其个体较小，产道也狭窄，容易造成产道的损伤。在配种前需注意正确掌握母牛的初配年龄，其初配年龄需要根据母牛的个体、生长发育情况以及品种来确定。

母牛体质瘦弱，胎儿死亡、畸形、过大、胎势不正以及胎位异常（图9-3-1至图9-3-4）等，都会引起母牛的难产。而犊牛过大同样也会引起难产，尤其对只有2周岁的母牛威胁是最大的。而后随着母牛年龄不断增大以及胎次的增多，对其影响会逐渐变小。

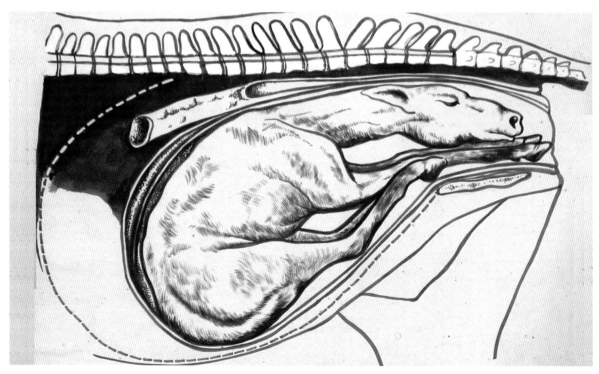

图9-3-1 异常胎位——胎牛腹部前置（胡长敏和陈建国 供图）

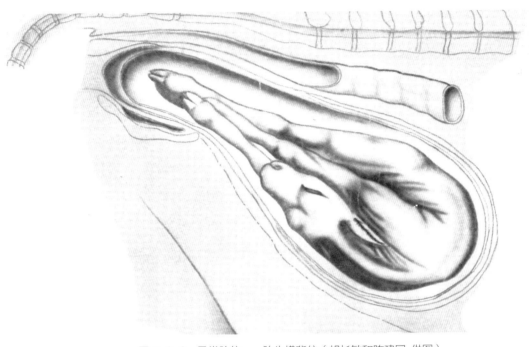

图 9-3-2　异常胎位——胎牛横背位（胡长敏和陈建国 供图）

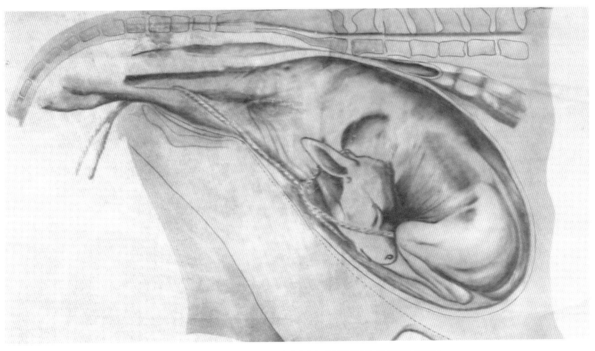

图 9-3-3　异常胎位——胎头侧弯（胡长敏和陈建国 供图）

二、临床症状

妊娠牛常表现为烦躁不安，阵缩或努责，阴唇松弛而湿润，阴道流出羊水、污血、黏液，回顾腹部及阴部，但经1~2 d仍不见产犊；有的母牛产犊后仍表现不安，触摸腹部时发现还有胎儿未产出；有的母牛在露出胎儿的头或腿后，长时间不能产出整个胎儿，随着难产时间的延长，疼痛加剧，表现为呻吟、怕动、精神沉郁、鼻镜干燥、心率加快、呼吸加快、阵缩消失或减弱。

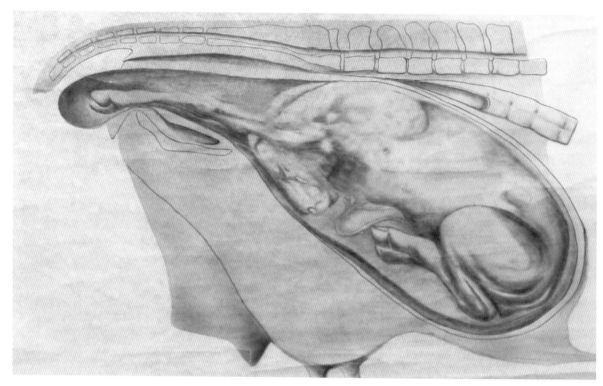

图 9-3-4　异常胎位——胎头下弯（胡长敏和陈建国　供图）

三、诊　断

1. 诊断前的准备工作

对牛体、场地、检查工具进行严格消毒；兽医及助产人员要剪短指甲，防止损伤母牛产道；遵守无菌操作规程，并利用保定夹等做好助产人员的防御保护工作。

2. 对难产母牛进行临床检查

（1）全身健康检查。即对难产母牛的体温、呼吸、心率、瞳孔反射等方面进行检查，发现呼吸、心脏功能异常时，及时对症治疗。

（2）产道检查。重点检查难产母牛盆腔是否狭窄；产道是否干燥，有无出血、水肿，排出液体的颜色、气味是否正常；子宫颈口开张程度等情况。

（3）胎儿检查。要查清胎儿进入产道的姿势，是正生还是倒生，以及胎儿的大小、胎向变化等情况；准确判定胎儿的死活。

3. 各种难产的确诊

（1）胎儿正生或倒生以及死活的确诊。若胎儿正生，在产道检查时，手可摸到胎儿的口腔、舌头、脑部和前肢；手伸到胎儿口腔内有口吸吮动作，触动眼睛、肢体有生理反应，说明是活胎。若胎儿倒生，手可摸到胎儿的脐带或肛门、尾巴和后肢；倒生时触动胎儿脐部、肛门、后肢有生理反应，说明是活胎。在产道检查时，手触动胎儿各部位没有任何生理反应，证明是死胎。

（2）胎儿头颈侧弯难产的确诊。胎儿两前腿伸入产道，而头弯于躯干一侧没有伸直，因此不能产出。在临床上头颈侧弯占母牛难产的 50% 以上。难产初期，胎儿头颈位于骨盆一侧，没有进入产道，头颈侧弯程度不大，在母牛阴门口只能看到胎儿的前肢。随着母牛子宫收缩，胎儿胎体继续向阴门前进，胎儿头颈侧弯程度就越来越加重，此时胎儿两前腿部以上伸出阴门以外，但不见头部、唇部，两前肢一长一短。胎儿头颈弯侧的方位在胎儿腿伸出阴门端的一侧，术者的手顺着其方向能够摸到胎儿头部位于自身胸部侧面。

（3）胎儿腕部前置难产的确诊。腕部前置是由于胎儿前腿没有伸直，腕关节以上部分顶在母牛耻骨前沿，由于胎儿腕关节的屈曲伴发肘关节屈曲，整个前腿呈折叠姿势，增加了肩胛围的体积而发生难产。如果两侧腕关节部被顶在母牛耻骨前沿，在母牛阴门部位什么都看不见；若是一侧腕关节某部被顶在母牛耻骨前沿，在母牛阴门可看到胎儿的一个前蹄，在产道检查时，手可以摸到胎儿一条或两条前腿，屈曲的腕关节位于母牛耻骨前沿附近。

四、防治措施

1. 预防

（1）防止母牛过早交配。在母牛身体尚未发育成熟时配种会遏制其继续生长发育，母牛较小妊娠易造成产道狭窄，增加难产率的发生。所以对于母牛首次配种时间应选择在牛已达体成熟时。黄牛适宜配种年龄为公牛2~2.5岁、母牛1.5~2岁，水牛为公牛3岁、母牛2.5~3岁时开始配种，这样才能获得健壮的犊牛。

（2）坚持正确的体型选配原则。在难产病例中，约有50%是与胎儿过大有关，其中绝大部分是由于用过大体型种公牛配种有关，尤其是当母牛尚未成熟时配体型大公牛，难产发生率更高。故应坚持正确的体型选配原则。正确的体型选配原则应当是大配大、大配中、中配小，绝不可以大配小。以大配小的结果往往导致胎儿过大而增加难产率的发生，对于过早配种的后果更为严重。

（3）做好妊娠期饲养管理。妊娠期饲养管理不善也是导致难产的一项重要因素。在饲养上必须满足牛的营养需要，特别是蛋白质、维生素、矿物质的需要，不能饲喂霉烂变质饲料。妊娠期母牛的营养失调是导致难产发生的诱因之一，妊娠期母牛过度肥胖或营养不良都可因产力不足而导致难产。妊娠牛在夏季要做好防暑降温工作，冬季要做好防寒保暖工作。

（4）保证妊娠牛有充足的运动和光照。牛舍内要保持清洁、干燥、通风良好。适当运动对妊娠牛是不可缺的，相当一些难产母牛是与妊娠期缺乏运动有关的。妊娠牛运动不足可能诱发胎儿胎位不正，还可导致产力不足，这两点都是难产的直接诱因。对于母牛来说，合理运动一要适量，二要适度，一般每天以2 h为宜。

（5）产房准备。接近预产期的母牛，应在产前半个月至1周送入产房，以适应环境，避免改变环境造成的惊恐和不适。在分娩过程中，要保持环境的安静，并配备专人护理和接产。接产人员不要过多干扰和高声喧哗，对于分娩过程中出现的异常要留心观察，并注意进行临产检查。

（6）对临产母牛进行早期诊断。对临产母牛进行早期诊断，如果发现临产母牛的胎儿反常，应及时进行矫正，做好助产准备工作，必要时进行人工助产，避免母牛发生难产。

2. 治疗

（1）母牛难产的助产。

助产前的准备：首先需要将接产器械进行消毒，同时准备3~4条直径约0.8 cm、长约3.5 m的柔软坚韧的棉绳，主要用于牵拉胎儿。可以将母牛的体位处于前低后高且保持站立姿势，如果母牛不能久站则可以保持侧卧。如果胎儿有肢体露出，就需要将其与母牛的尾根、会阴进行洗净然后再用浓度为0.1%的高锰酸钾溶液进行消毒处理。

胎儿姿势不正的助产方法：如果胎儿的头颈侧弯或者下弯，处于其两前肢侧面时，就可能导致难产。因此，在助产时需要将伸出产道的胎肢再次送回母牛的子宫内，然后接生者需要用手沿着胎儿的腹侧慢慢地深入，直至胎儿的嘴唇端时便可用手兜住胎儿的嘴唇、下颌，再用助产叉顶住胎儿的肩部。与此同时，接生者用手将胎儿的头部拉出伸直，再用另外一只手借助助产叉一起将胎儿的躯干顶进子宫。胎儿的后肢姿势出现不正，主要是由于倒生胎儿的后腿膝关节屈曲并伸向前方，两后肢都屈曲称为坐生。出现这种情况，如果胎儿个体不大便不用矫正，可以直接强行拉出。最好是拉大腿根，不要拉尾巴。如果不具备上述条件的胎位不正时，那就需要先矫正姿势之后再慢慢地将胎儿拖出子宫。此时如果一人拉出较为吃力，可使用消毒产科绳套住胎儿身体某一部位，将其沿产道方向牵拉出来（图9-3-5至图9-3-8）。

母牛出现无力分娩时的助产方法：如果出现子宫颈紧张或者开张不良时，可以在母牛的子宫颈口处分点注射普鲁卡因注射液，以此来刺激母牛的子宫颈，使其得到良好的扩张，然后再将胎儿慢慢拉出。接生者需要将手伸入母牛的产道，并按照助产的相关注意事项，将胎儿强行拉出来。还可以采用催产的办法，也就是给母牛注射垂体后叶激素或催产素注射液7~12 mL，如果有必要可在25~35 min后再重复注射1次。

双胎难产、胎儿过大、胎儿发育畸形的助产方法：如果出现双胎难产、胎儿过大、胎儿发育畸形，除按照上述方法操作以外，可以考虑对其施行剖宫产手术或截胎手术。

助产后的护理方法：在母牛产后，如果其出现体温下降或者脉搏微弱时，需要对母牛采取升温升压的急救措施。同时，对母牛静脉注射右旋糖酐注射液500 mL、10%氯化钙注射液100 mL、25%葡萄糖注射液500~1 000 mL。另外，再皮下注射10 mL硫酸阿托品注射液。也可以在静脉输液

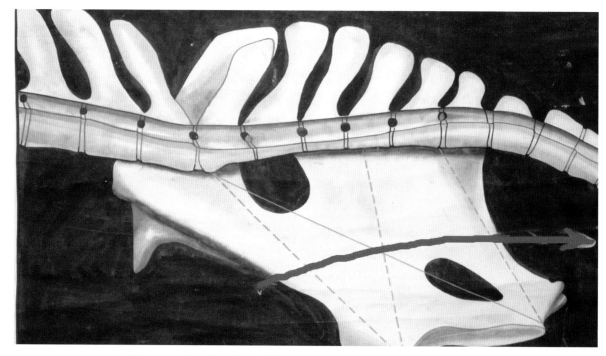

图9-3-5　牛骨盆解剖结构（箭头示用力方向）（胡长敏和陈建国 供图）

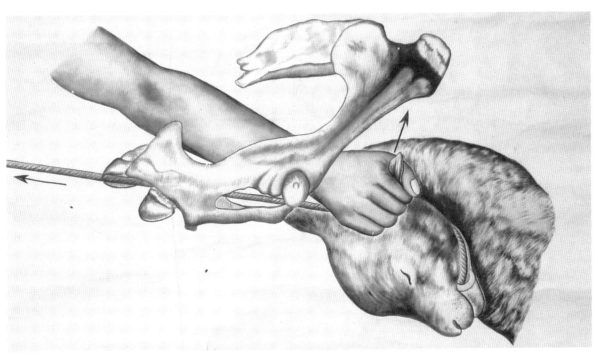

图 9-3-6　用产科绳矫正胎头（胡长敏和陈建国 供图）

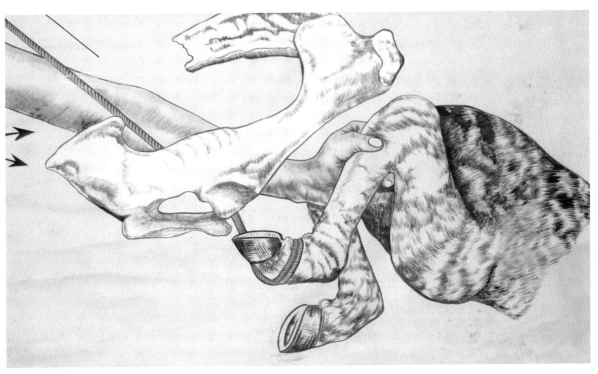

图 9-3-7　用产科绳矫正胎牛后腿（胡长敏和陈建国 供图）

中添加 5~15 mL 肾上腺素。为了恢复母牛的体力，可加入 1.0~4.5 g 的维生素 C，直至母牛各项指标恢复正常。

（2）中药治疗。对于由气血虚弱或气淤血多引起的难产，可进行中药治疗。一般采用催生汤。黄芪、党参各 60 g，制附子、制乳香、制没药各 30 g，共研为末，开水冲调，再煎 10 min，温服即可。

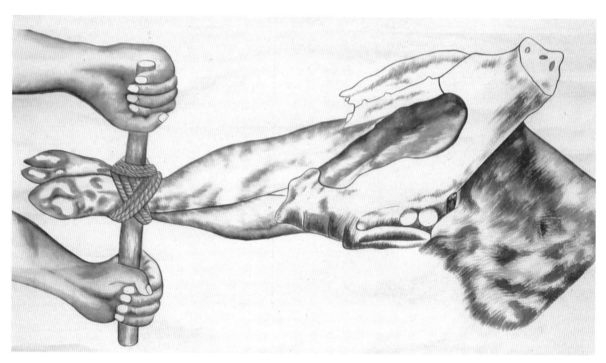

图 9-3-8 将胎儿骨盆扭转为侧位（胡长敏和陈建国 供图）

（3）**剖宫产手术**。在母牛个体小、产道狭窄、胎儿过大、母牛和胎儿健康状况良好，非手术人工助产无法产出胎儿的前提下才运用剖宫产进行紧急的外科手术。

手术场地、环境、工作条件和保定方式的选择：在牛舍附近找一块平坦、卫生的地点作为手术场地，对地面、环境等进行清扫，垫上麻袋或垫草并进行彻底消毒。手术场所保持卫生和安静，母牛采用左侧卧位保定，放倒母牛时必须小心，避免母牛剧烈的折转、震动和突然跌倒对胎儿和母牛造成伤害。

清污剃毛：用肥皂水清洗术部以及相邻部位的污染物后剃毛，然后用温肥皂水仔细地清洗皮肤表面。

消毒：用碘酊对手术部位进行消毒处理，在术部铺上灭菌创布和具有暴露术部的方孔胶布，用巾钳或结节缝合固定在皮肤上。

麻醉：对术牛全身麻醉，采用酒精度为50%的白酒（烧酒）500~1 000 mL进行灌服，或用静松灵3~5 mL肌内注射，10~15 min麻醉起效。

局部麻醉：手术部位用0.5%盐酸普鲁卡因注射液作菱形针刺麻醉。

手术操作：采用右腹下切口剖宫产，在左肷窝腹壁的上1/3处，髂结节下角10 cm的下方起始部位作反斜杠"/"式、长30~50 cm的切口，至左乳房静脉前8 cm左右。切开子宫时不能同时切开胎膜，应该在切开子宫后，由助手像抓袋子一样拎起子宫，而后小心地切开胎膜避免损伤胎儿。然后着手取出胎儿，如果胎儿还夹持在骨盆腔内，可由一助手小心地经产道将胎儿推入子宫腔，以保证胎儿的产出。先露头时，可抓住头和前肢取出胎儿；先露臀部时，抓住后肢和尾巴取出，取出时动作要慢。在取出胎儿的过程中，助手应把脐带保定在手中，防止脐带根部断裂而引起内出血，甚至造成胎儿死亡。同时，为了防止胎儿吸入羊水而窒息，在从后肢取出胎儿时动作应快。取出的胎儿交给助手处理，术者小心地剥离胎衣，如果胎衣结合得比较牢固，手术中不能剥离，就让它留在子宫内。但对有碍子宫缝合和子宫创缘密接的那部分胎衣必须剥离剪去。假若子宫颈口闭锁，估计在术后24~36 h子宫颈也不会开张，必须剥离胎衣。在缝合子宫时，不管胎衣有没有剥离都必须向子宫内注入抗菌药物，以防止术后感染。

子宫缝合：在缝合子宫前用生理盐水对子宫切口进行冲洗后用灭菌的纱布吸干，用5号肠线进行两层缝合。第一层作连续缝合，第二层采用只穿过浆膜肌层的库兴式缝合。缝合时注意缝合线的松紧度，过紧妨碍子宫的血液循环，不利于切口的愈合和子宫的恢复；过松创缘无法完全接合，同时子宫内的羊水等易于流出，引起腹膜炎和腹腔脏器的粘连。缝合后，仔细检查子宫和腹腔，清除胎水、血块等异物并将子宫送还腹腔。

皮肤和肌肉缝合：腹膜和腹横筋膜、腹横肌用5号肠线连续缝合，皮肤用10号丝线结节缝合，缝合完后用碘酊消毒并扎上绷带。

术后护理：术后4 d内静脉滴注或肌内注射抗菌药防止术后感染。

静脉注射5%葡萄糖注射液1 000 mL加10g氨苄西林钠；或2 000 mL生理盐水加1%咖啡因注射液20 mL。

青霉素钠800万IU、链霉素1 000万mg，配入复方葡萄糖氯化钠注射液（0.9%氯化钠或5%葡萄糖）；或用25%葡萄糖注射液1 500 mL加维生素C 50 mL进行静脉滴注。

对术后胎衣不下的牛，尽早进行胎衣的剥离，并子宫灌注抗菌药物防止子宫感染。

第四节　母牛阴道脱出

母牛阴道脱出是指母牛阴道壁松弛而发生套叠并突出于阴门处，按照脱出程度不同，分为阴道部分脱出和完全脱出2种。阴道壁的一部分或全部脱出于阴门外，称为阴道脱出，前者叫不完全脱出，后者称为完全脱出。阴道脱出多发于母牛妊娠中、后期，老年母牛发病率较高。

一、病　因

母牛妊娠中、后期饲养管理不当，饲料过于单一、营养物质较少、缺乏运动、体质瘦弱无力、劳役过度等，都会导致其骨盆韧带以及会阴部结缔组织收缩无力。胎儿体型过大、羊水过多、子宫收缩力较弱、母牛过度用力强直性地努责造成韧带持续性伸张均可导致阴道脱出。母牛产后饲养管理不科学，日粮喂量过多，缺乏饮水，过于用力努责，导致腹压明显提高，也会引发该病。母牛难产或者助产过程中，由于强行对胎儿进行牵引或者过快拉出胎儿，导致腹压急剧升高，也容易发生阴道脱出。母牛年龄过老，体质较差，阴道周围组织和韧带明显松弛，也会发生该病。

该病主要是由于以上原因导致病牛气虚下陷，中气不足，既会导致子宫韧带因持续伸张而明显

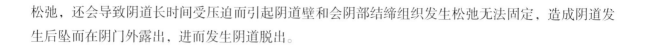

松弛，还会导致阴道长时间受压迫而引起阴道壁和会阴部结缔组织发生松弛无法固定，造成阴道发生后坠而在阴门外露出，进而发生阴道脱出。

二、临床症状

1.阴道部分脱出

病牛躺卧休息时，可见阴道露出球状的红色或者粉红物体，但在其站起后脱出的阴道又恢复到原位。一般无全身症状。

2.阴道全部脱出

随着病程的延长，脱出物会逐渐增大，大小如同排球，且站起后也无法自行回缩，导致阴门外悬挂整个外翻的阴道，露出呈球状的红色物体，表面湿润光滑，触摸手感柔软，但随着暴露时间过长逐渐变干变暗，黏膜呈紫色，且发生水肿而呈苍白色，明显发热，表面干裂，且有渗出液从裂口中流出，进而导致溃疡、坏死。在脱出的阴道末端可见到子宫颈外口，下壁的前端可见到尿道口，排尿不顺利。

若在产前脱出，则可在脱出的末端见到子宫颈和黏稠的子宫黏液拥塞于子宫颈口，脱出的阴道壁富有弹性；若是产后脱出，则其阴道壁往往厚而硬。有时可见脱出的阴道内含积尿的膀胱或肠管，或胎儿的肢体。若发炎或损伤严重，又发生在产前时，强烈的努责可引起流产。

三、类症鉴别

母牛子宫脱出

相似点：母牛阴户外有红色脱出物，后充血、水肿、糜烂、破溃，呈黑紫色等。

不同点：母牛子宫脱出呈不规则的长圆形或长筒形物体，上面有大小不等的子叶，初脱时子宫黏膜表面常附着尚未脱落的胎膜。

四、防治措施

1.预防

（1）**加强母牛的饲养管理。**加强母牛妊娠期的饲养管理，合理配制全价饲料；妊娠中、后期，保持适量的运动；分娩时，要提前对场地进行清扫消毒，且助产时不允许强行拉出胎儿；在胎衣没有完全排出时，避免重物坠在胎衣上而引起子宫脱出。

（2）**及时治疗。**如果母牛全年采取舍饲，提高饲养水平，加强环境卫生管理，尤其是母牛生产过程中出现阴道脱出，要立即采取有效的处理措施，并及时给予相应的治疗。

2.治疗

（1）**保守疗法。**对轻度脱出或者快到产期出现阴道脱出的病牛，要及时采取措施防止病情恶化。对站起来后阴道仍不能缩回的病牛，应及时对阴道进行整复，并应加以固定。

对有轻度脱出症的母牛要改善饲养管理，饲喂容易消化的精饲料，适当运动，让牛起卧在前低后高的高床上，可促使其逐渐康复。

（2）手术治疗。

保定：对局部进行清理。病牛呈前低后高的站立姿势保定在牛床上或者牛栏内。然后使用生理盐水、0.1%雷弗奴尔溶液、0.05%~0.1%新洁尔灭溶液或者0.1%高锰酸钾溶液对脱出部分进行清洗消毒，接着使用2%~3%明矾溶液或浓盐水进行清洗，促使其明显收缩且变软。如果发生感染而出现炎症，要在病变部位涂抹适量的抗菌消炎药；如果发生破损还要对该处进行缝合；如果发生严重水肿，可先用浸有热水的毛巾在水肿处进行20~30 min温敷，促使其体积缩小、质地变软。

整复：助手将脱出的阴道使用经过消毒的纱布托起到阴门部位，术者在病牛停止努责时，从子宫颈开始向阴门里面用手推送脱出的阴道，当脱出部分全部都被送入后，将阴道用拳头顶回原位，注意此时手臂可停留在阴道内一段时间，防止发生努责而导致阴道再次脱出。

阴门缝合与固定：一般可采取口袋缝合法（图9-4-1）或者双内翻缝合法（图9-4-2）将阴道进行固定。也可以施行阴道壁和臀肌缝合（图9-4-3、图9-4-4）。缝合后在外阴部用特制的子宫压定器或者直径为10~12 cm的塑料环、铜环进行按压，将压定器用4~5根细绳与病牛颈部、胸部、腰部上的细绳进行固定。另外，病牛每次排粪后，还要用0.1%新洁尔灭溶液进行冲洗。

护理：病牛处理后依旧放置在前低后高的牛床上进行单独饲养，术后禁止母牛俯卧，迫使其保持站立，并进行适当运动。另外，为避免发生努责，可给病牛注射适量的镇静剂，或者每天将碘甘油涂抹在阴道内，或者灌注高效米先等。如果病牛出现全身症状，要注射适量的抗菌消炎药，当完全康复后再拆线。一般病牛手术整复后可按每千克体重肌内注射由2万IU青霉素和50 mL 30%安乃近注射液组成的混合药液，每日2次，连用3 d；也可肌内注射1%地塞米松注射液30 mL，每日1次，连用3 d。

（3）中药治疗。

方剂1：党参60 g、黄芪45 g、白术30 g、当归30 g、白芍45 g、陈皮30 g、升麻30 g、柴胡30 g、甘草25 g，共煎水或研末口服，每日1剂，连用2~3剂。

方剂2：手术复位后，宜以活血祛淤、补气健脾为治则。党参30 g、茯苓30 g、白术30 g、甘草20 g、当归30 g、川芎30 g、白芍30 g、熟地30 g、黄芪30 g、肉桂25 g、桃仁30 g、赤芍25 g、

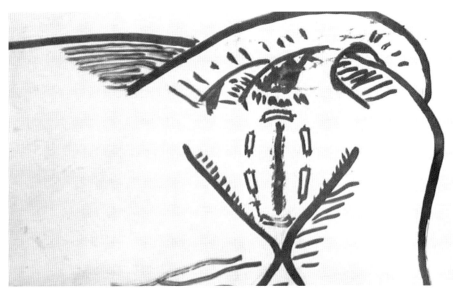

图9-4-1　阴门口袋缝合（胡长敏和陈建国　供图）

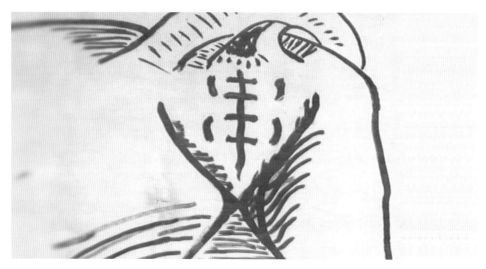

图 9-4-2　阴道口双内翻缝合（胡长敏和陈建国　供图）

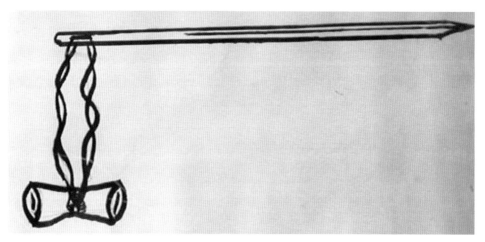

图 9-4-3　带固定纱布卷的缝合针线（胡长敏和陈建国　供图）

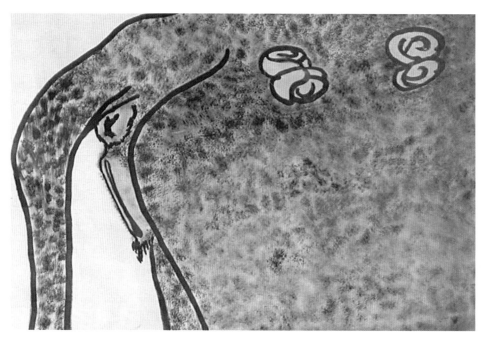

图 9-4-4　阴道壁和臀肌缝合（胡长敏和陈建国　供图）

红花15 g、乳香30 g、没药30 g、蒲公英60 g，共煎水口服。

方剂3：若脱出阴道摩擦伤出现溃烂、浊水淋漓、外阴肿痛等湿热下注症状，则以清热利湿为治则，口服龙胆泻肝汤。黄芩30 g、栀子30 g、生地30 g、柴胡30 g、当归60 g、丹参30 g、赤芍30 g、泽泻25 g、车前子20 g、术通25 g、乳香30 g、龙胆草25 g，共煎水口服，每日1剂，连用3剂。体虚者，加黄芪、党参各60 g，并涂搽"润阴膏"。

方剂4：润阴膏。麻油500 g、黄芩15 g、黄柏15 g、白芷15 g、地榆30 g。将上述药放入麻油内慢火熬至药色焦枯，滤去药渣，再将白醋60 g放入油内，再放入冰片3 g，充分搅拌，冷却后成膏，均匀涂抹于阴道内表面，每日1次，连用3 d。

第五节　母牛子宫脱出

子宫脱出又名子宫脱垂、子宫外翻、出生肠、翻花，是指母牛产犊后部分或全部子宫脱出于阴门外，是临床常见的一种产科疾病。子宫脱出常在分娩后，子宫颈尚未缩小和胎膜还未排出时随母牛努责而发病，通常在产后24 h内发生，多见于产后老弱母牛。

一、病　因

1. 产后强力努责

子宫脱出主要发生在产程第三期，即胎儿排出后不久、部分胎儿胎盘已从母体胎盘分离。此时只有腹壁肌收缩的力量能使沉重的子宫进入骨盆腔。因此母牛在分娩第三期，由于存在某些能刺激母牛发生强烈努责的因素，如产道及阴门的损伤、胎衣不下等，使母牛继续强烈努责，腹压增高，导致子宫内翻及脱出。

2. 外力牵引

在产程第三期，部分胎儿胎盘从母体胎盘分离后，脱落的部分悬垂于阴门之外，会牵引子宫使之内翻，特别是当脱出的胎衣内存有胎水或尿液时，会增加胎衣对子宫的拉力，再加上母牛站在前高后低的斜坡上，会加快发病进程；产程第三期，子宫的收缩以及母牛的努责，更有助于子宫脱出。此外，难产时产道干燥，子宫紧包住胎儿，如果未经很好的处理（如注入润滑剂）即强力拉出胎儿，子宫常随胎儿翻出阴门之外。

3. 子宫弛缓

产后子宫弛缓、子宫阔韧带松弛是导致子宫脱出的内因。子宫弛缓可延迟子宫颈口闭合时间和子宫角体积缩小速度，更易受腹壁肌收缩和胎衣牵引的影响，导致子宫脱出。分娩时随着垂体后叶素的分泌量上升，妊娠末期雌激素水平升高，致使骨盆内的支持组织和韧带松弛。另外，干奶期饲养管理不当、日粮单一、矿物质和维生素缺乏、体质虚弱、运动不足，使母牛产后易发生低钙血症，而低钙血症性子宫弛缓则是导致经产牛子宫脱出的常见原因。

二、临床症状

1. 子宫部分脱出

子宫角翻至子宫颈或阴道内，从而发生套叠的现象。病牛仅有不安，努责，举尾，减食和类似疝痛等症状。从外表不易发现，通过阴道检查可发现子宫角套叠于子宫、子宫颈或阴道内。子宫套叠不能复原时，易发生浆膜粘连和顽固性子宫内膜炎，引起不孕。

2. 子宫完全脱出

轻症：母牛子宫部分脱出到阴户外，脱出初期多为鲜明的玫瑰色，随着时间的延长，表面变为暗色、水肿，组织脆弱，病牛精神状况无明显变化。

重症：母牛子宫全部脱出，脱出时间较长，呈不规则的长圆形或长筒形物体，有时脱出的子宫末端可达后肢跗关节部位，严重的可将阴道一同带出。初脱时子宫黏膜表面常附着尚未脱落的胎膜，剥去胎膜或自行脱落后黏膜稍充血，呈粉红色或红色，随着时间的延长因淤血而变为紫红色或深灰色，水肿增厚呈肉冻状，病牛表现精神倦怠、食欲减退、频频努责、卧地、粪便干燥。

危症：母牛子宫全部脱出时间已久，脱出子宫大部分发生结痂、干裂、糜烂等，甚至破溃出血或感染化脓，并沾满粪便、泥土、杂草等污物，严重肿胀，甚至僵硬，呈紫黑色。病牛精神委顿、眼结膜潮红，卧多立少，鼻镜干燥，不时鸣叫，食欲废绝，粪便干黑且附有黏液，回头顾腹，神情不安，发抖，脉搏快而弱，口色枯白。此时若不及时治疗，病牛即有生命危险。

三、诊　断

根据临床症状可做出诊断。测量体温的高低，可以判断是否感染和感染程度，但病牛处于危症阶段极度衰竭时体温可能下降，几乎失去了治疗的意义。

四、类症鉴别

母牛阴道脱出

相似点： 母牛阴户外有红色脱出物，后充血、水肿、糜烂、破溃，呈黑紫色等。

不同点： 母牛阴道脱出物为球状，完全脱出的阴道末端可见到子宫颈外口，下壁的前端可见到尿道口。

五、防治措施

1. 预防

（1）妊娠后期加强饲养管理。母牛妊娠后期要合理配合饲料，供给充足的矿物质、维生素等，增强牛体抵抗力。母牛妊娠后期要适当运动，要有充足的光照，防止过度劳役。

（2）重视术后护理。术后1~2周内应加强对母牛的护理，给予少量易消化的优质全价饲料，同时注意母牛体温变化及恶露排出情况，及时对症治疗。坚持用抗生素全身治疗及投服补中益气汤，以促进母牛子宫体的复位，防止发生子宫炎症和全身感染。

（3）提倡自然分娩，规范接产。人工助产时必须严格消毒，杜绝粗鲁野蛮操作，以免造成子宫脱出或阴道撕裂。

2. 治疗

（1）手术治疗。

保定：首先使牛站立保定，前低后高。对于一些不愿或不能站立的病牛，应尽可能将后躯垫高。后躯越高，腹腔器官越向前移，骨盆腔的压力越小，整复时的阻力越小，操作起来越顺利。在保定前，应先排空直肠内的粪便，防止整复时排粪，污染子宫。

清洗消毒：如果胎衣尚未脱落，应尽可能剥离，如剥离困难又易引起母体组织损伤时，可不剥离，整复子宫后按胎衣不下处理。用0.1%高锰酸钾溶液冲洗暴露部分，彻底除去异物及坏死组织；有伤口者涂碘甘油；伤口大者应缝合。再用2%明矾溶液冲洗或用饱和盐水浸泡5 min，以缓解水肿。特别是气温较低时，浸泡能促进子宫收缩，缩小体积，改善血液循环，减轻努责，促进复位完全，避免不良反应发生。

麻醉：可用2%普鲁卡因注射液荐尾间硬膜外腔（第一与第二尾椎之间隙部位）或百会穴进行麻醉，以减轻其努责，避免在整复过程中母牛不安。剂量可按母牛的体重大小确定，一般以5~10 mL为宜。

整复：两助手用消毒好的布将子宫兜起与阴门同高，并将子宫摆正，如有扭转须矫正后再在黏膜上涂抗生素。整复的方法有2种：一是先从靠近阴门的部分开始，操作方法是将手指并拢，用手掌或者用拳头压迫靠近阴门的子宫壁（切忌用手抓子宫壁），将它向阴道内推送，推进去一部分以后，由助手在阴门外紧紧顶压固定，术者将手抽出来，再以同法将剩余部分逐步向阴门内推送，直至脱出的子宫全部送入阴道内；二是从角尖凹陷部开始，即将拳头伸入子宫角尖端的凹陷内，将它顶住，慢慢推回阴门之内。如果脱出时间已久，子宫壁变硬，子宫也已缩小，整复就极其困难。在这种情况下，必须耐心操作，切忌用力过猛、过大，动作粗鲁和情绪急躁，否则易使子宫黏膜受到损伤。

当脱出的子宫全部被推入阴门后，为保证子宫全部复位，可向子宫内灌注9~10 L灭菌生理盐水，然后导出；术者也可用拳头顶住子宫角尖端的中央凹陷处，缓慢地把全部子宫角推回腹腔，尽量复位，不能让送进腹腔的子宫发生套折和扭转，停留片刻后，术者的手再慢慢抽出。确定复位后，借助输精管或子宫冲洗导管向子宫内投入抗生素，然后进行外阴缝合。

药物冲洗：子宫复位后，向子宫内灌入接近体温的0.1%高锰酸钾溶液对子宫进行清洗和消毒，再用虹吸法将里面的液体吸出。反复消毒几次后，用生理盐水2 000~3 000 mL配合磺胺嘧啶钠200 mL，加温至38~40℃时注入子宫内。然后牵拉母牛适当运动，走走停停，利用水的重力使子宫充分展平复位，避免子宫内翻。

治疗：重症病例要特别加强饲养管理，让牛安静休息，严禁使役或奔跑，给其饮用适量的淡盐水，喂以适量的精饲料，肌内注射青霉素1 600万IU、链霉素400万IU，每日2次，连用4~5 d。

危症病牛则视其病症情况，手术后静脉注射复方氯化钠注射液1 500 mL、5%糖盐水1 000 mL、青霉素800万~1 600万IU、5%碳酸氢钠注射液500 mL、维生素C注射液50 mL，可有效改善血液循环，预防感染，促进子宫康复。

子宫复位手术结束后，灌服补中益气汤。黄芪60 g、党参30 g、当归20 g、升麻30 g、白术40 g、陈皮20 g、柴胡20 g、甘草20 g，连服2~3剂，隔4 h重复1剂，每剂用红酒、红糖各250 g与药汤同时服下。或用黄连30 g、黄芩、黄柏、金银花、连翘各45 g、栀子60 g，水煎服，每日1剂，连用3 d。同时，要注射抗菌药物和强心补液。

（2）中药治疗。

方剂1：当归50 g、北芪40 g、川续断25 g、升麻25 g、金樱子10 g、黄芩25 g、黄柏25 g、红花15 g、陈皮25 g、莱菔子50 g、车前草50 g、木通25 g、五倍子15 g、枳壳20 g、川芎25 g、防风25 g，煮水待温灌服，每日1剂，连服2~5剂。

方剂2：党参60 g，黄芪90 g，白术60 g，柴胡、升麻各30 g，当归、陈皮各60 g，炙甘草35 g，生姜3片，以大枣4枚为引，碾成细末。服用时用开水浸泡，候温灌服，每日1剂，连用3 d。

方剂3：当归15 g、熟地30 g、党参30 g、白术30 g、茯苓30 g、山药30 g、泽泻30 g、升麻20 g、桔梗20 g、甘草15 g、车前子20 g，共研为末，开水冲调，一次灌服。

方剂4：胶艾四物汤。当归40 g、川芎20 g、熟地50 g、白芍40 g、阿胶40 g、艾叶炭40 g，此为一次量，煎水灌服。

方剂5：党参、白术、茯苓各60 g，甘草、川芎各30 g，熟地、白芍、当归各45 g，共研为细末，开水冲调，候温灌服，每日1剂，连用5 d。

第六节　母牛产后瘫痪

产后瘫痪是母牛分娩后突然发生的一种严重的代谢性疾病，其特征是低血钙、知觉丧失、肌肉无力及四肢瘫痪，亦称乳热症或低血钙症，为母牛产后常见病之一。

一、病　因

该病致病机理尚不完全清楚，但引起该病的直接原因主要是分娩前后血钙浓度剧烈降低，也有人认为该病与大脑皮质缺氧有关。

1. 血钙降低

血钙大量进入初乳并被排出，而干奶期母牛甲状旁腺功能减退，动用骨钙的能力下降；同时，母牛消化功能尚未恢复，从肠道吸收的钙量显著减少，血钙的流失超过了从肠道吸收和骨钙动用的补充。

妊娠后期，胎儿迅速发育，钙的需求大增，骨骼吸收钙量减少，影响钙的贮存使能动用的钙减少。

分娩使大脑皮层从过度兴奋转入抑制和分娩后腹压的突然下降，使脑部出现暂时贫血、抑制加深，影响了甲状旁腺的功能，以致难以调节体内钙的平衡。

2. 大脑皮质缺氧

有人认为该病为一时性脑贫血所致的脑皮层缺氧、脑神经兴奋性降低的神经性疾病，而低血钙则是脑缺氧的一种并发症。其依据是：脑缺氧先表现短暂的兴奋（不易观察到）和随后的功能丧失，这与该病症状的发展过程吻合。

有些病例补钙后，临床并未见好转，而乳房送风却有效果。乳房送风使乳房内大部分血液进入循环，从而使血压上升，改善了脑循环，缓解了脑贫血；乳房送风不仅缓解了脑贫血，也提高了血钙含量，两者不能截然分开。应用氢化可的松治疗该病，也是这个原理。

二、流行病学

主要发生于饲养良好的高产牛，在产奶量最高的胎次，多数见于第3~6胎，在顺产后3 d之内发病（多数在产后12~48 h）；初产母牛发病少；也有在分娩前或分娩过程中发病的；该病散发，但复发率高，并有遗传倾向，如娟姗牛较多发。我国高产的犏牛，也常发此病。

三、临床症状

1. 典型病例

病情发展迅速，从开始发病到典型症状表现出来不超过12 h。病牛突然发病，精神沉郁，食欲减退或废绝，反刍、瘤胃蠕动及排粪、排尿停止，产奶量降低，后肢交替负重，后躯摇摆，似站立不稳，四肢肌肉震颤。再经过1~2 h，即出现四肢瘫痪，卧地不起。随之便出现意识抑制和知觉丧失的特征性症状。病牛昏睡，眼睑反射微弱或消失，眼球干燥，瞳孔散大，对光线刺激无反应；皮肤对疼痛刺激无反应；肛门松弛，反射消失；心音减弱，节律加快，达80~120次/min；脉搏微弱，难以触摸到；由于咽喉麻痹，口腔内唾液积聚，舌头外垂，听诊有湿啰音。

病牛卧下时呈现一种特征性的伏卧姿势，头颈歪向一侧胸壁，四肢弯曲于胸腹之下。随着病程的发展，体温逐渐下降，最低可降至35℃，体表及四肢变冷，病牛往往在昏迷状态中死亡。

2. 非典型病例

病势轻微，占全部病例的多数，体温正常或稍有下降，一般不低于37℃。病牛精神沉郁，但不昏睡，食欲不振或废绝，有时虽勉强站立，但四肢无力，步态不稳。病牛伏卧时，颈部呈现一种不自然的姿势，即所谓的"S"状弯曲。

四、诊断

诊断该病的主要依据是：病牛胎次（3~6胎）、产奶量高、产犊不久（3 d之内）、特征的卧地姿势及血钙降低（8 mg/dL以下）。

五、类症鉴别

1. 母牛倒地不起综合征

相似点：常发生于产后2~3 d的高产牛，卧地不起，四肢瘫痪。

不同点：母牛倒地不起综合征病牛精神很好而且机敏，体温正常或稍高，多数病牛频频试图站立，但其后肢不能完全伸直，故由此得名"爬行母牛"。严重病牛呈侧卧姿势，称"趴卧母牛"。含

钙制剂（葡萄糖酸钙、氯化钙、维丁胶性钙等）治疗无效，补磷、镁、钾则症状有明显改善。

2.母牛酮病

相似点：病牛食欲减少，精神沉郁，步态不稳，后肢软瘫，不能立，卧地不起，有时头曲于颈侧（出现神经症状病牛），多发生于产后20 d内。

不同点：酮病牛呼出气、尿液、乳汁有酮味，用钙剂疗法收效甚微，注射葡萄糖有明显效果。

3.母牛妊娠毒血症

相似点：发生于产后的高产牛，食欲减退乃至废绝，卧地不起，产后瘫痪，有时头颈部肌肉震颤。

不同点：母牛妊娠毒血症多发生于干奶期母牛，以及日粮不平衡、精饲料比例过大、妊娠后期和产犊时过于肥胖的牛。体内酮体增多，有酮尿，乳腺炎。部分病牛还可出现神经症状，如举头。最后昏迷、心动过速而死亡。病死率可达90%。

4.母牛产后败血症

相似点：病牛精神沉郁，卧地不起，反应迟钝。

不同点：除急性病例迅速死亡外，亚急性型病初体温升高达40～41℃，呈稽留热。眼结膜充血，微带黄色。

六、防治措施

1.预防

（1）**科学饲养。**妊娠期合理搭配饲料，保证精饲料中正常钙、磷比例和用量。在干奶期中，至少在预产期前2周开始，给母牛饲喂低钙高磷饲料，将每日钙的摄入量限制在60 g以下，增加谷物精饲料，减少豆科干草和豆饼，使钙、磷摄入比例保持在（1～1.5）:1，可有效防止该病的发生。

（2）**药物预防。**妊娠牛在产前6～10 d肌内注射维生素$D_3$1万IU，可预防生产瘫痪。分娩之后立即肌内注射10 mg双氢速甾醇，预防该病也比较有效。如在第一次补钙的同时，使用双氢速甾醇还可减少该病的复发率。

2.治疗

（1）**西药治疗。**

处方1：5%糖盐水500 mL，10%氯化钾注射液10 mL，林可霉素3.6 g，静脉注射，每日1次，连用3 d。

处方2：5%葡萄糖注射液500 mL，10%葡萄糖酸钙注射液200 mL，静脉滴注，40滴/min，每日1次，连用3 d。

处方3：10%安钠咖及抗坏血酸注射液30～50 mL，氢化可的松注射液300～500 mL，维生素B_1注射液30～50 mL，5%葡萄糖注射液500 mL，25%葡萄糖注射液1 500～2 000 mL，生理盐水1 000 mL，静脉注射。然后进行补钙，可用10%葡萄糖酸钙注射液或5%氯化钙注射液加等量的5%葡萄糖注射液，静脉注射。1次对用药不能治愈的相隔6 h再行用药1次。也可用维丁胶性钙肌内注射，每日1次。

（2）**中药治疗。**

方剂1：当归45 g、熟地45 g、羌活45 g、防风45 g、五加皮45 g、补骨脂30 g、牛膝30 g、

威灵仙25 g，水煎，每日1剂，分2次灌服，加服白酒200 mL，连用3 d。

方剂2：桃仁25 g、牡丹皮15 g、赤芍20 g、乌药15 g、元胡20 g、川芎20 g、红花15 g、当归20 g、枳壳20 g、青皮10 g、补骨脂15 g、川楝子15 g、没药20 g、木香5 g、酒知母20 g、酒黄柏20 g、香附30 g、羌活20 g，共研为细末，开水冲调，候温后灌服。

方剂3：羌活、防风、川芎、炒白芍、桂枝、独活、党参、白芷、钩藤、姜半夏、茯神、远志、石菖蒲各30 g，当归60 g，细辛15 g，甘草20 g，姜、枣适量为引，水煎灌服。

（3）乳房送风。乳房送风仍是治疗该病最简单有效的疗法，特别适用于补钙疗效不佳和复发的病例。乳房送风的机制是乳房送风后升高乳房内压，减少流入乳房血量，减少钙的排出，使血钙水平回升。乳房血量进入体循环，使全身血压上升，缓解进而消除脑贫血，促使其恢复调节血钙平衡的功能。空气刺激乳腺内神经末梢，传至大脑提高其兴奋性，解除抑制状态。

乳房送风有专用的乳房送风器，也可用注射器或打气筒代替，关键是要做好空气的过滤和消毒。方法是：尽量挤净乳房中的积奶，消毒乳头和乳头管口，将消毒的乳导管或尖端磨平的注射针头插入乳头管。从倒卧侧的后乳区开始逐个打入空气，以乳区皮肤紧张，叩之呈现鼓响音时为宜。充气过量，会使腺泡破裂，可能影响疗效；逸出的空气会逐渐上移至臀部皮下，慢慢消失没有影响。空气量不足，则没有疗效。打气完毕，捻搓乳头管括约肌，促使其收缩防止空气回流或用绷带轻轻结扎乳头管，待病牛起立，症状缓解后再解除。

第七节　母牛阴道炎

母牛阴道炎是常见的生殖器官疾病，是由于各种原因导致的母牛阴道组织炎性反应，可影响母牛发情，导致不孕、流产等。

一、病 因

引起阴道炎的因素很多，病因比较复杂，常常是几种因素共同作用的结果。分娩、助产时消毒不严；子宫脱出、胎衣不下处理不当或者子宫颈复旧不全、阴道外翻及脱出时有病原微生物侵入；人工授精时消毒不严、操作粗暴或者自然交配时种公牛生殖器官不洁；患有某些传染病或者寄生虫病，如布鲁氏菌病、弧菌病、滴虫病等，也可以诱发阴道炎、子宫炎；流产、死胎或者遗留感染等，都是诱发阴道炎症的因素。

二、临床症状与病理变化

患阴道炎时，往往从阴门中流出灰黄色、暗红色的黏脓性分泌物，阴道检查时，在阴道底壁可见到有分泌物沉积，阴道壁充血、肿胀、发炎。在比较严重的病例，阴道壁充血、肿胀更加剧烈，

有时黏膜甚至发生溃疡坏死，病情十分严重时，出现全身症状。根据炎症的过程，可以分为急性和慢性。根据炎症的性质，阴道炎可分为卡他性、化脓性和蜂窝织炎性。

1. 按病程分类

（1）**急性阴道炎**。病牛前庭及阴道黏膜呈鲜红色，肿胀而疼痛。阴道渗出物增多，从阴道排出卡他性或脓性渗出物，阴道频频开闭，常作排尿姿势。病情严重的阴道发生脓肿或者溃烂。

（2）**慢性阴道炎**。症状不明显，仅有少量的渗出物。阴道苍白致密、颜色不匀，有少许的卡他性或脓性渗出物，有的出现溃疡、瘢痕或者粘连。

2. 按炎症性质分类

（1）**慢性卡他性阴道炎**。症状不明显，阴道黏膜颜色稍显苍白，有时红白不匀，黏膜表面常有皱纹或者大的皱襞，通常带有渗出物。

（2）**慢性化脓性阴道炎**。阴道中积存有脓性渗出物，卧下时可向外流出，尾部有薄的脓痂。阴道检查时母牛有痛苦的表现，阴道黏膜肿胀，且有程度不等的糜烂或溃疡。有时由于组织增生而使阴道狭窄，狭窄部之前的阴道腔积有脓性分泌物。病牛表现精神不佳，食欲减退，且产奶量下降。

（3）**蜂窝织炎性阴道炎**。阴道黏膜肿胀、充血，触诊有疼痛表现，黏膜下结缔组织内有弥散性脓性浸润，有时形成脓肿，其中混有坏死的组织块，也可见到溃疡，溃疡日久可形成瘢痕，有时发生粘连，引起阴道狭窄。病牛往往有全身症状，排粪、排尿时有疼痛表现。

三、诊　断

根据阴道内黏膜和肌肉组织的局部症状即可做出诊断。

四、类症鉴别

母牛子宫内膜炎

相似点：病牛拱腰、举尾，努责，阴道排出混浊的黏性、脓性渗出物。脓性卡他性子宫内膜炎和化脓性子宫内膜炎阴道黏膜充血、肿胀。

不同点：卡他性子宫内膜炎病牛子宫黏膜松软、增厚，有时发生溃疡和结缔组织增生，个别子宫形成小囊肿；直肠检查，子宫角稍变粗，子宫壁增厚，弹性减弱，收缩反应减弱。脓性卡他性子宫内膜炎病牛子宫黏膜肿胀，剧烈充血和淤血，有脓性浸润，有时子宫内膜呈现片状肉芽组织或瘢痕，子宫腺形成囊肿。化脓性子宫内膜炎病牛直肠检查见子宫收缩不全、有坚硬感。

五、防治措施

1. 预防

（1）**加强饲养管理**。避免由于妊娠牛过度肥胖而导致的难产。

（2）**加强检查和助产管理**。减少难产的发生和由于助产操作不当引起的产道损伤。

（3）**加强人工授精员的技术培训**。选择工作责任心强的配种员，杜绝由于人工授精造成的生殖道损伤。

（4）**加强育种**。在育种工作中，应加强对种公牛的选择，纠正母牛尻部不良结构，提高母牛的繁殖能力。

2. 治疗

（1）**西药治疗**。

处方1： 治疗阴道炎时，可用消毒收敛药液冲洗。常用的药物有0.02%稀盐酸溶液、0.05%~0.1%高锰酸钾溶液、0.03%~1%吖啶黄溶液、0.05%新洁尔灭（苯扎溴铵）溶液、1%~2%明矾溶液、5%~10%鞣酸溶液、1%~2%硫酸铜或硫酸锌溶液。冲洗之后可在阴道中放入浸有磺胺乳剂的棉塞。冲洗阴道可以重复进行，每日或者每隔2~3 d进行1次。

处方2： 清洗完阴道后，将青霉素80万IU用50~100 mL生理盐水稀释后注入阴道内，可起到消炎、收敛等作用。

处方3： 一次性静脉滴注10%葡萄糖注射液1 000 mL，5%复方氯化钠注射液1 000 mL，5%碳酸氢钠注射液300 mL及青霉素800万IU，同时肌内注射维生素C注射液30 mL，每日1次，连用5 d。

（2）**手术治疗**。气腔引起的阴道炎，在治疗的同时，可以施行阴门缝合术。其具体操作程序是，首先给病牛施行硬膜外麻醉或术部浸润麻醉，并适当保定，性情恶劣的病牛可考虑全身麻醉。在距离两侧阴唇皮肤边缘1.2~2 cm处切破黏膜，切口的长度是自阴门上角开始至坐骨弓的水平面为止，以便在缝合后让阴门下角留下3~4 cm的开口。除去切口与皮肤之间的黏膜，用肠线或尼龙线以结节缝合法将阴唇两侧皮肤缝合起来，针间距离1~1.2 cm。缝合不可过紧，以免损伤组织，7~10 d拆线。以后配种可采用人工输精，在预产期前1~2周沿原来的缝合口将阴门切开，避免分娩时被撕裂。缝合后每天按外科常规处理切口，直至愈合为止，防止感染。

（3）**中药治疗**。

方剂1： 金银花200 g、苦参20 g，煎水反复冲洗阴道，排除异物。

方剂2： 白术、苍术、党参、山药、陈皮各50 g，酒车前、荆芥炭、柴胡各20 g，甘草、淡竹叶各25 g，水煎，以黄酒100 mL为引，候温灌服，一般3剂痊愈。

方剂3： 蒲黄20 g、益母草20 g、当归30 g、五灵脂15 g、川芎12 g、香附15 g、桃仁12 g、茯苓20 g，水煎候温，加黄酒250 mL，一次灌服。每日1次，连用5 d。

方剂4： 蛇床子50 g、花椒25 g、白矾25 g、苦参50 g，煎水去渣，候温冲洗，每日2次，1剂用3 d。冲洗后涂上消毒软膏，如鱼石脂（10%~30%）、呋喃西林软膏、磺胺类软膏等。

方剂5： 炒苍术100 g、炒黄柏100 g、金银花100 g、赤芍40 g、土茯苓50 g、蛇床子25 g、归尾50 g、白芷25 g，共研为细末，开水冲调，候温灌服，每日1剂，连用3~7剂。

方剂6： 金银花、连翘、红藤各60 g，败酱草、薏仁各30 g，牡丹皮、栀子、赤芍、桃仁各25 g，延胡索、川楝子各20 g，乳香、没药各15 g。上药共研为细末，开水冲调，候温灌服，每日1剂，连用3~7剂。加减：若为化脓性阴道炎，将败酱草、薏仁各加至50 g，赤芍、桃仁各加至35 g。

方剂7： 桐油20 mL、冰硼散（冰片2 g、硼砂15 g、朱砂3 g、玄明粉25 g）3 g混匀，把桐油冰硼乳剂用带有橡皮管的注射器注入清洗后的阴道内即可，每日1次，1个疗程5~7 d。

第八节 母牛子宫内膜炎

子宫内膜炎是指发生于子宫内膜的炎症，为母牛产后最常见的生殖系统疾病，是引起母牛不孕的主要病因之一。

一、病 因

1. 病原微生物感染

牛子宫内膜炎的直接病因是病原微生物的感染，这些病原微生物包括细菌、真菌、支原体、衣原体、病毒及寄生虫等。

2. 自体因素

母牛在间情期、围产期等生理阶段，体内的某些激素失衡，导致免疫功能低下，继而对病原微生物易感，易患子宫内膜炎。随着病情的发展，细胞外液（如血液等）成分和数量均发生改变（如黏度增高，纤维蛋原含量快速增加等），造成微循环障碍，发生"血瘀"，使病情更加严重。

3. 继发性因素

慢性子宫内膜感染可继发于其他疾病，特别是围产期产科疾病治疗不当、不彻底，如胎衣不下、子宫颈炎、子宫弛缓、阴道炎、阴道脱出、子宫脱出等治疗不彻底；发生结核病、布鲁氏菌病、牛病毒性腹泻黏膜病、传染性鼻气管炎、创伤性网胃心包炎等疾病时，常常使子宫复旧延迟、恢复慢而继发子宫内膜炎；产后护理不当易造成子宫弛缓、恶露蓄积而继发子宫内膜炎。

4. 饲养管理因素

人工授精时操作不当，操作人员不遵守配种操作规程进行输精，母牛外阴部和配种器械不消毒或消毒不严格，以及在直肠检查后不清洗外阴就输精，输精时手捏子宫颈太重、粗暴输精等不合理操作，为病原菌侵入子宫创造了条件。日粮配制不合理及营养不全、维生素及矿物质缺乏、矿物质比例失调时，母牛的抗病力降低，容易发生子宫内膜炎。日常管理中如光照不足、缺乏运动、夏季气温过高、环境潮湿等，均会导致病原菌侵入子宫造成感染。

5. 环境因素

外界环境和牛舍饲养环境也与子宫内膜炎的发病率有关。每年7－8月，外界环境适合病原微生物繁殖，子宫内膜炎发病率较高。当牛舍阴冷潮湿、牛体后躯被粪便、尿液严重污染时，也会造成子宫内膜炎发生率增高。有资料表明，在母牛产犊前后，外界环境中的细菌可通过阴道上行经子宫颈口污染子宫内膜，特别是集中饲养的母牛在产后的前2周子宫受环境中细菌的污染率可达90%~100%，但仅有1/3的母牛表现出子宫内膜炎临床症状。

二、临床症状

1. 根据病情分类

根据病情的急缓和临床症状的轻重，可分为急性型、慢性型和隐性型3种。

（1）急性子宫内膜炎。通常在产后1周内发病，轻者无全身症状，发情正常，但不能受孕；严重的伴有全身症状，如体温升高、呼吸加快、精神沉郁、食欲下降、反刍减少等。病牛拱腰、举尾，有时努责，不时从阴道流出大量污浊或棕黄色黏液脓性分泌物，有腥臭味，内含絮状物或胎衣碎片，常附着于尾根，形成干痂。直肠检查，子宫角变粗，子宫壁增厚。若子宫内蓄积渗出物时，触之有波动感。

（2）慢性子宫内膜炎。发情周期不正常，或虽正常但屡配不孕。病牛卧下或发情时，从阴道排出混浊带有絮状物的黏液，阴道及子宫颈外口黏膜充血、肿胀，颈口略微开张，阴道底部及阴毛上常积聚上述分泌物，子宫角变粗，壁厚而粗糙，收缩反应微弱。

（3）隐性子宫内膜炎。病牛不表现临床症状，子宫无肉眼可见的变化，直肠检查及阴道检查也查不出任何异常变化。发情期正常，但屡配不孕。发情时子宫排出的分泌物较多，有时分泌物略微混浊。分泌物中含有小的絮状物和小气泡，pH值小于6.5（正常发情黏液的pH值为7~7.5）。

2. 根据炎症类型分类

（1）卡他性子宫内膜炎。子宫黏膜松软、增厚，有时发生溃疡和结缔组织增生，个别子宫形成小囊肿。母牛发情周期正常，但屡配不孕或胚胎死亡。阴道检查，阴道黏膜正常，阴道内有带絮状物的黏液，子宫颈口稍微开张，子宫颈膣部肿胀，充血不明显。直肠检查，子宫角稍变粗，子宫壁增厚，弹性减弱，收缩反应减弱。由于慢性炎症过程，子宫腺的分泌功能加强，子宫收缩减弱，子宫颈黏膜肿胀，阻塞不通，子宫腔内渗出物排不出而引发子宫积液，冲洗子宫回流液混浊。子宫黏液抹片镜检，可见青、壮龄上皮细胞较多，仅有少量白细胞。

（2）脓性卡他性子宫内膜炎。子宫黏膜肿胀，剧烈充血和淤血，有脓性浸润，上皮组织变性、坏死、脱落，有时子宫内膜呈现片状肉芽组织或瘢痕，子宫腺形成囊肿。病牛有轻度全身反应，发情不正常，阴门中排出灰白色或黄褐色稀薄脓液，尾根部、阴门和跗节上常沾有阴道排出物或干痂。阴道检查，阴道黏膜、子宫颈膣部充血，黏附脓性分泌物，子宫颈口略开张。直肠检查，子宫角增大，收缩减弱，子宫壁厚薄不均，硬度不一，略有波动感。冲洗回流液如绿豆汤或米汤样，其中有小脓块或絮状物。子宫黏液抹片镜检，可见少量的脓球和大量的白细胞、上皮细胞。

（3）化脓性子宫内膜炎。直肠、阴道检查与脓性卡他性子宫内膜炎所见症状相同，冲洗回流液混浊，为稀面糊样黄色的脓液。病牛精神不振，食欲减退，泌乳量下降，发情周期不规律，由阴门流出灰黄褐色或铁锈色黏液或豆腐渣样恶露，并多附着于尾根内侧。病牛努责，多次配种不妊娠或长期不发情等。阴道检查，阴道及子宫颈口充血、红肿、松弛开张并有较多的白色脓性分泌物流出。直肠检查，子宫收缩不全、有坚硬的感觉，若无分泌物积聚时有波动感。子宫黏液抹片镜检，可见大量的脓球和少量的上皮细胞、白细胞。

三、诊 断

当发生子宫内膜炎时，如果病变轻微，一般很难确诊，尤其患隐性子宫内膜炎时更是如此。一般情况下，产后子宫内膜炎根据临床症状及阴门排出的分泌物即可做出临床诊断。慢性子宫内膜炎可以根据临床症状、发情时分泌物的性状、阴道检查、直肠检查和实验室检查进行诊断。

1. 发情时分泌物性状的检查

正常发情时分泌物的量较多，清亮透明，如蛋清样，可拉成丝状；而子宫内膜炎病牛的分泌物量少且黏稠，混浊，呈灰白色、灰黄色或带有血色，不能拉成丝状。

2. 阴道检查

阴道内可见子宫颈口不同程度的肿胀和充血。在子宫颈口封闭不全时，有不同形状的炎性分泌物经子宫颈口排出。若子宫颈口封闭时则无分泌物排出。

3. 直肠检查

母牛患慢性卡他性子宫内膜炎时，直肠检查可见子宫角变粗，子宫壁增厚，弹性减弱，收缩反应减弱，有的查不出明显变化。

4. 实验室诊断

（1）子宫分泌物的镜检。将分泌物涂片可见脱落的子宫内膜上皮细胞、白细胞或脓球。

（2）发情时分泌物的化学检查。取0.04g/mL氢氧化钠溶液2 mL，加等量分泌物煮沸冷却后，无色为正常，呈微黄色或柠檬黄色为阳性。

四、类症鉴别

1. 母牛阴道炎

相似点：病牛拱腰、举尾，努责，阴道排出混浊的黏性、脓性渗出物。

不同点：阴道炎病牛阴道壁充血、肿胀、发炎，有时黏膜甚至发生溃疡、坏死、粘连，触诊疼痛。

2. 母牛子宫颈炎

相似点：病牛阴道有脓性分泌物流出。

不同点：母牛慢性子宫颈炎可引起结缔组织增生，子宫颈黏膜皱襞肥大，呈菜花样，直肠检查子宫颈变粗，而且坚实。

五、防治措施

1. 预防

（1）**加强饲养管理**。增强母牛的抗病能力，平时应经常运动，注意营养合理，尤其是在母牛的干奶期和妊娠后期，应在日粮中补充锌、碘、钴、铜、锰等微量元素及维生素A、维生素D、维生素E，并提供良好的饲养条件，预防牛产后瘫痪、酮病等代谢性疾病的发生。

（2）**加强检疫，定期监测**。加强牛的保健措施，认真做好牛传染病的防疫、检疫工作，定期进行传染病的监测，按时接种常发疫病的疫苗。异常分娩牛要用药物预防子宫感染，产后应注意观察牛、健康状况，严格控制母牛产后疾病的发生，对发病牛应隔离治疗。

（3）**保持环境清洁**。牛舍、产房应经常清扫和消毒，保持良好的卫生条件，夏季加强通风，冬季注意保暖，粪便、垫草应集中到指定地点发酵，运动场及用具应定期严格消毒，注意卫生。

（4）**规范操作**。人工授精要严格遵守操作规程，输精用的输精器、手套等物品要严格进行消毒，母牛外阴消毒应彻底，以避免诱发生殖器官感染。

（5）**及时发现和治疗**。治疗子宫内膜炎必须坚持早发现、早诊断、早治疗的原则，牛子宫内膜炎多在产后2周内发生，且多为急性病例，如不及时治疗，炎症易于扩散，从而引起子宫肌炎、子宫浆膜炎、子宫周围炎，并常转化为慢性炎症。此外，随着子宫颈的收缩等产后生殖器官及其功能的恢复，治疗时间的延长也会给炎症的治愈增加难度。

2．治疗

（1）**子宫冲洗法**。冲洗子宫及注入药液的方法治疗时经常采用。冲洗的次数、间隔时间和所用冲洗液的量，应根据炎症程度决定。一般每日或隔日1次，3~5 d为1个疗程。药液量1 000~3 000 mL，并尽量将冲洗液排净，可结合按摩子宫；对全身症状严重的病牛严禁使用子宫冲洗法，避免引起感染扩散使病情加重。

临床上常用冲洗液有以下几种。

无刺激性溶液如1%食盐水、5%碳酸氢钠溶液等，适用于较轻的病例。

消毒性溶液如0.5%来苏尔溶液、0.1%高锰酸钾溶液、0.02%新洁尔灭溶液等，适用于各类子宫内膜炎。

青霉素1 000万~1 200万IU、链霉素400万~500万IU，溶于100 mL生理盐水中配制成溶液，适用于各类子宫内膜炎。

10%氯化钠溶液300~500 mL。

（2）**全身疗法**。对产后发热、食欲不振、努责的病牛，可用青霉素钾1 200万~1 600万IU、链霉素400万~500万IU、安乃近注射液30 mL、鱼腥草注射液20 mL，肌内注射，每日1次，连用2~3 d。并对其他症状进行对症治疗。

（3）**激素疗法**。静脉注射50U催产素4~8 mg，也可以使用$PGF_{2\alpha}$或类似药物，禁止使用雌激素，雌激素可增加子宫的血流量，有加快吸收细菌毒素的作用。主要用于脓性子宫内膜炎的治疗。

（4）**中药治疗**。

方剂1：白术40 g、当归40 g、党参50 g、陈皮40 g、山药40 g、小茴40 g、甘草30 g、苍术40 g、茯苓40 g、车前子30 g、益母草60 g，水煎服，连用3剂。

方剂2：黄芪20 g、杜仲20 g、茯苓15 g、白芍15 g、当归25 g、川芎15 g、白术15 g、川续断15 g、砂仁15 g、泽泻10 g、阿胶15 g、熟地20 g、陈皮20 g、甘草9 g，黄酒为引，水煎服，连服3剂。

方剂3：当归150 g、丹参200 g、益母草500 g、甘草30~50 g，虚症适用；当归25 g、川芎12 g、红花9 g、沙参10 g、覆盆子15 g、橘红10 g、益母草30 g、阳起石10 g、骨碎补15 g、杜仲15 g、猪苓10 g，实症适用。以上药物共研为末冲服，连用3~5剂。

第九节　母牛妊娠毒血症

母牛妊娠毒血症又称肥胖母牛综合征、母牛脂肪肝病。该病是由于干奶期母牛采食过多精饲料造成过度肥胖的一种代谢性疾病。临床上以食欲废绝，渐进性消瘦，伴发酮病、产后瘫痪、胎衣不下和乳腺炎等为主要症状，剖检可见严重的脂肪肝和肝、肾脂肪变性。

一、病 因

1. 饲料比例不当

干奶期母牛饲养失误，如日粮调配中优质精饲料和糟粕类饲料比例过大，饲喂量也过多。

2. 牛混群饲养

常将干奶期母牛群与泌乳期母牛群合群饲养，甚至有的不了解干奶期母牛群的饲喂特点，单纯加料催奶，以膘促奶，致使干奶期母牛出现了以料催膘的现象。

3. 致病机理

干奶期母牛食入大量精饲料导致肥胖，进而刺激牛的瘤胃，造成内分泌失调，身体功能和食欲下降，但同时因为母牛还要喂养小牛，需要产奶，使得牛的身体支出大于摄入，身体的功能赤字。在这种情况下，牛会用身体之前蓄积的脂肪来维持身体功能的平衡，在脂肪被消耗的同时，牛血液中的游离酮体和脂肪酸含量会上升，导致牛出现毒血症症状。

二、流行病学

母牛妊娠毒血症常在某地区、某些牛场内发生，呈地区性流行，病牛单个、散发，偶有在一段时间内，产后母牛有相继发病的现象。病死率低，为1%~3%。各胎次都有发病，年轻、胎次低的牛，其发病多于胎次高的母牛。1~6胎占78.9%，6胎以上占21.1%。一年四季都发病，以冬、春季较多，每年12月至翌年5月发病占55%，6－11月占44.7%。北方寒冷地区，在冬季秸秆少、饲养水平低的条件下，发病率较高。产奶量越高，发病越多。产奶量在5 000~6 000 kg发病的占28.9%、6 000~7 000 kg占26.3%、7 000 kg以上的占44.7%。病随分娩开始，产后1~7 d发病占81.6%，7 d后占18.4%。病程较长，病后5 d内死亡的占26.3%，6 d后占73.7%。

三、临床症状

1. 急性型

病牛精神沉郁，食欲减退乃至废绝，瘤胃蠕动微弱，奶产量减少或无奶。可视黏膜黄疸，体温升高达39.5~40℃，步态不稳，目光凝视，对外界反应不敏感。伴发胃肠炎症状，如排泄黑色、泥状、恶臭的粪便。多在病后2~3 d内卧地不起而死亡。

2. 慢性型

在分娩后3 d内发病，多伴发产后疾病，如呈现酮病症状，常发呻吟，磨牙，兴奋不安，抬头望天或颈肌抽搐，呼出气和汗液带有丙酮气味，步态不稳，眼球震颤，后躯不全麻痹，嗜睡等。食欲减退乃至废绝，泌乳性能大大降低。粪便量少而干硬，或排泄软稀下痢粪便。尿液偏酸性，尿酮反应强阳性。消瘦明显，有的伴发产后瘫痪，被迫横卧于地上，其躺卧姿势以头屈曲放置于肩胛部，呈昏睡状。有的伴发乳腺炎、乳房肿胀，乳汁稀薄呈黄色汤样或脓样。子宫弛缓，胎衣不下，产道内蓄积多量褐色、腐臭味恶露。

四、病理变化

病牛皮下组织及脂肪组织呈黄色，腹腔尤其是结肠圆盘的肠系膜和肾周围的脂肪组织中，蓄积大量脂肪并形成脂肪块。肝脏容积增大、质脆，呈土黄色，切面外翻呈油状。切取小块肝组织置于盛水容器中漂浮不沉。肝细胞脂肪变性，肝小叶似"鱼网状"。肾脏亦有类似肝脏的病变。

五、实验室诊断

尿液 pH 值在 6 以下，尿酮反应为强阳性，白细胞总数减少。血清总胆固醇含量和血糖含量降低，血清游离脂肪酸和胆红素含量升高，血清谷草转氨酶活性升高，磺溴酞钠清除率明显延长。

六、类症鉴别

母牛酮病

相似点：病牛兴奋不安，精神紧张，磨牙，肌肉紧张，站立不稳，震颤，呻吟，严重者不能站立，昏睡。消瘦，排出少量球状干粪，或排软便。母牛泌乳量下降，呼气有酮味，尿酮检查阳性。

不同点：酮病病牛呈拱背站立，有轻度腹痛，横冲直撞，四肢交叉，阵发性啃咬肘部，脊椎骨呈"S"状弯曲，头置于肘部。乳汁易形成泡沫，类似初乳状。

七、防治措施

1. 预防

（1）加强干奶期母牛的科学饲养。日粮配制要合理、稳定，避免突然改变。为了防止干奶期母牛过分肥胖，在日粮中应限制或降低精饲料的进食量，增加干草饲喂量，保证每天供应混合饲料 3~4 kg，青贮饲料 15~20 kg，而干草不限量，任牛自由采食。

（2）分群饲养和管理。根据牛的不同生理阶段，随时调整营养比例，为避免抢食精饲料过多，可将干奶期母牛从泌乳牛群中分开，单独饲喂和管理。

（3）为增强牛机体抗病力。干奶期牛每天要运动 1~1.5 h，同时补饲钴、碘等微量元素以及维生素和矿物质添加剂。

（4）加强配种工作。及时对发情母牛配种，提高受胎率。

（5）对围产期母牛加强监护工作。对妊娠母牛，在分娩前 1 个月和分娩后 1 个月，每日在饲料中混加蛋氨酸 30~50 g、氯化胆碱 20~30 g，对预防该病有一定效果。

（6）提高食欲，维持血糖和血钙浓度。用 25% 葡萄糖注射液、20% 葡萄糖酸钙注射液各 500 mL，在分娩前 5 d 开始静脉注射，每日 1 次。乳酸铵、丙二醇或丙酸钠各 150~200 g，在分娩前 6 d 开始喂服，每日 1 次，连用 5~10 d 为 1 个疗程。

2. 治疗

（1）抗脂肪肝形成，降低血脂。25% 木糖醇注射液 500~1 000 mL 和 10%~40% 葡萄糖注射液

250~500 mL，混合后静脉注射，每日1次，连用3~5 d为1个疗程。10%氯化胆碱注射液250 mL或50%氯化胆碱粉30~60 g，经口投服。泛酸钙200~300 mg，用注射用水配制成10%注射液，静脉注射，每日1次，连用3 d。

（2）补充糖原，保肝解毒。多用50%葡萄糖注射液500~1 000 mL，静脉注射，连用5~7 d，再用25%木糖醇注射液500~1000 mL，静脉注射，每日2次，连用5 d以上。重症病牛，也可用胰岛素120~200IU，皮下注射，并配合维生素B₁注射液20~30 mL，肌内注射。

（3）防治继发感染。当病牛体温升高时或为防止继发感染，可用四环素、盐酸土霉素，按每千克体重5~10 mL剂量用药，肌内注射，每日2次，连用5~7 d为1个疗程。

（4）纠正酸中毒。为了纠正代谢性酸中毒，用5%碳酸氢钠注射液500~1 000 mL，静脉注射。

（5）改善胃功能。为了改善瘤胃内发酵功能，可接种健康牛瘤胃液5~8 L，用胃管灌服，必要时隔1~2 d再接种1次，效果明显。

第十节　母牛酮病

牛酮病（Ketosis）又称酮血症、酮尿病、醋酮血症、母牛热，是母牛产犊后体内碳水化合物和脂肪代谢紊乱所引起的一种全身功能失调性疾病。该病特征是酮血、酮尿、酮乳，出现低血糖、消化功能紊乱，产奶量下降，兼有神经症状。

一、病　因

1. 乳牛高产

在正常生理情况下，母牛分娩后的4~6周出现泌乳高峰，但其食欲恢复和采食量的高峰期在产犊后8~10周。因此，在产犊后10周内，母牛的食欲较差，能量和葡萄糖的来源就不能满足泌乳消耗的需要，如果母牛泌乳量过高，将势必加剧这种不平衡。通过研究，根据摄入碳水化合物的量和从乳汁中排出乳糖的量，牛每天适合的产奶量为22 kg左右为宜，如果每天产奶34 kg以上，则全部血液中的葡萄糖都将被乳腺所摄取，这就造成了奶牛血糖过低而引发酮病，所以高产奶牛酮病的发病率较高。

2. 日粮中营养不平衡和供应不足

饲料供应过少，品质低劣，饲料单一，日粮不平衡；或者精饲料，如高蛋白、高脂肪和低碳水化合物饲料过多，粗饲料不足等，均会使机体的生糖物质缺乏，引起能量负平衡，产生大量酮体而发病。

3. 产前过度肥胖

干奶期供应过高的能量水平，母牛产前过度肥胖，分娩后严重影响采食量的恢复，同样会使机体的生糖物质缺乏，引起能量负平衡，产生大量酮体而发病。

4. 脂肪肝引起酮体代谢障碍

实验证明，脂肪肝的发生多在临床型酮病之发生之前。并认为牛是先患有脂肪肝，后才发生酮病。由于脂肪肝引起肝脏代谢紊乱，糖原合成障碍而加剧了血液中酮体含量升高。此外，产后瘫痪、皱胃变位、肾炎、蹄病等疾病均可引起继发性酮病的发生。饲料中钴、碘、磷等矿物质缺乏和各种应激因素及内分泌紊乱也可促使酮病的发生。

二、致病机制

目前，认为引起酮病的主要机制是糖代谢紊乱和脂肪代谢紊乱。动物患酮病时，糖代谢紊乱的主要表现是低血糖，奶牛尤其高产奶牛，开始泌乳后，由于泌乳的需要，体内糖的消耗量很大，易造成体内缺糖，引起血糖降低。然而机体有很强的血糖调节机制，即使是吸收的丙酸不足，机体也完全能够动员其储备，主要是体蛋白，以弥补其糖的消耗，而不致出现低血糖。所以，不是所有高产牛都患酮病。

反刍动物患酮病时，病畜出现低血糖。另外，与低血糖有关的问题是食欲减退或废绝。正常情况下，低血糖刺激食欲中枢，因而增进食欲，这是一般妊娠和泌乳动物食量增加的原因。然而在反刍动物患酮病与出现低血糖的同时，食欲却减退甚至废绝。反过来，又加剧体内缺糖。引起食欲减退的原因至今尚不明了，可能与中枢神经功能障碍有关。而中枢神经功能障碍则可能是由较长时间的低血糖所引起，或是由于血液中酮体浓度过高所致。低血糖时，会引起脂肪组织中脂肪的大量动员，其结果是大量游离脂肪酸（FFA）进入血液，血浆中FFA浓度升高，并通过血液进入其他组织，首先是大量进入肝脏，引起肝脏中脂肪代谢产生一系列变化。

三、临床症状

多发于产犊后10~60 d饲养管理良好的高产牛，且以3~6胎次的高产母牛发病率较高，很少引起牛死亡。根据其有无临床表现可分为临床型酮病和亚临床型酮病。据报道，血酮高于200 mg/L时就可出现临床症状，血酮含量在100~200 mg/L的则为亚临床型酮病。

临床型酮病主要表现为食欲降低，产奶量减少，体况消瘦，血酮、乳酮及尿酮含量异常升高，严重时连呼出的气体都含有丙酮气味，少部分牛还会出现神经症状，血糖水平下降等。亚临床型酮病临床症状不明显，只是血液、乳汁及尿液中酮体水平较高，血糖相对较低。酮病病牛普遍消瘦，产奶量急剧下降，病程可持续1~2个月，根据临床症状的不同可将酮病分为消化型、神经型和瘫痪型3种类型，其中以消化型较为多见。

1.消化型（消瘦型）

患病牛体温正常或略低，呼吸浅表（酸中毒），心音亢进，尿液、乳汁和呼出气体有刺鼻的酮臭味（烂苹果味），加热后更明显。尿液呈浅黄色，易形成泡沫（图9-10-1）。精神沉郁，迅速明显消瘦，步态蹒跚无力，乳汁易形成气泡，类似初乳状。患病牛食欲减退，异嗜，初期吃些干草或青草，或喜食垫草和污物，最后拒食，反刍停止。前胃弛缓，初便秘，呈球状，外附黏液，后多数排出恶臭的稀粪（图9-10-2），迅速消瘦。肝脏叩诊浊音界扩大，可超过第十三根肋骨，并且敏感疼痛。

2.神经型

精神沉郁，凝视，步态不稳，伴有轻瘫，嗜睡，常处于半昏迷状态（图9-10-3）。但也有少数病牛狂躁和激动，无目的吼叫，向前冲撞，全身肌肉紧张，站立不稳，四肢交叉，阵发性啃咬

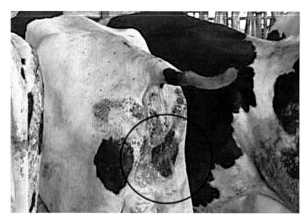
图 9-10-1 病牛尿液呈黄色，有烂苹果味

图 9-10-2 病牛排出恶臭的稀粪

图 9-10-3 病牛轻瘫，嗜睡，常处于半昏迷状态（彭清洁 供图）

肘部，空口虚嚼，部分牛视力丧失，感觉过敏，眼球震颤，颈背部肌肉痉挛。有的兴奋和沉郁交替发作。

3. 瘫痪型

病牛卧地不起，脊椎骨呈"S"状弯曲，头置于肘部（图9-10-4）。许多症候除与产后瘫痪相似外，还会伴随出现酮病的一些主要症状，如食欲减退或拒食，前胃弛缓等消化型症候及对刺激过

图 9-10-4　病牛卧地、瘫痪（彭清洁 供图）

敏、肌肉震颤、痉挛、泌乳量急剧下降等，如与产后瘫痪同时发生，使用钙剂疗效不好。

四、病理变化

临床病理检查，以低糖血症、酮血症、酮尿症和酮乳症为特征。病牛血糖浓度从正常的 2 800 μmol/L 降至 1 120~2 240 μmol/L，继发性酮病病牛血糖浓度下降不明显。母牛血液中酮体浓度从 0~1 720 μmol/L 升高到 1 720~7 200 μmol/L，继发性酮病病牛血酮浓度多在 8 600 μmol/L 以下。当血清酮体含量在 1 720~3 400 μmol/L 时为亚临床酮病的指标，在 3 400 μmol/L 以上时为临床酮病指标。乳酮超过 516 μmol/L，应注意酮病可能。

五、诊　断

对于临床上比较典型的酮病病例，可以根据其发病时间、临床症状及特有的酮体气味做出初步诊断。但大多数病例需要进行尿液和乳汁的酮体定性测定和血糖定量分析。在临床实践中，可以用快速简易定性法检测尿液、乳汁中有无酮体存在。其方法是，取硫酸铵 100 g，无水碳酸钠 100 g 和亚硝基铁氰化钠 3 g，研细成粉末，混匀；然后取粉末 0.2 g 放于载玻片上，加尿液或乳汁 2~3 滴，加水做对照，出现紫红色者为酮体反应阳性，反之则为阴性。有条件者，可用人医尿酮体检测试纸，方法是，将试纸浸入尿液或乳汁中，30 s 后观察显色反应结果，与标准比色板进行对照，以判断酮体的阳性程度，该法快速、准确。

六、类症鉴别

1. 母牛妊娠毒血症

相似点：病牛兴奋不安，精神紧张，磨牙，肌肉紧张，站立不稳，震颤，呻吟，严重者不能站立，昏睡。消瘦，排出少量球状干粪，或排软便。母牛泌乳量下降，呼出气有酮味，尿酮检查阳性。

不同点： 母牛妊娠毒血症急性型病例可视黏膜黄染，伴发胃肠炎症状，如排泄黑色、泥状、恶臭粪便，多在病后2~3 d内卧地不起而死亡。慢性型病例与酮病症状相似，但有的伴发乳腺炎、乳房肿胀，乳汁稀薄呈黄色汤样或脓样；子宫弛缓，胎衣不下，产道内蓄积多量褐色、有腐臭味的恶露。母牛妊娠毒血症病牛皮下组织及脂肪组织呈黄色，腹腔尤其是结肠圆盘的肠系膜和肾周围的脂肪组织中蓄积大量脂肪并形成脂肪块；肝容积增大、质脆，呈土黄色，切面外翻呈油状，切取小块肝组织置于盛水容器中漂浮不下沉；肾亦有类似肝的病变。

2. 母牛产后瘫痪

相似点： 多数见于3~6胎，病牛食欲减少，精神沉郁，步态不稳，后肢软瘫，不能站立，卧地不起，嗜睡，有时头曲于颈侧（出现神经症状病牛），多发生于产后20 d内。

不同点： 母牛产后瘫痪在产后3 d之内发病（多数在产后12~48 h），病牛眼睑反射微弱或消失，眼球干燥，瞳孔散大，对光线刺激无反应；皮肤对疼痛刺激无反应；血钙降低。母牛呼出气、尿、乳中无酮味。

3. 牛前胃弛缓

相似点： 病牛食欲不振，厌食，反刍异常，腹围增大，粪干或腹泻。

不同点： 前胃弛缓病牛口中不洁，唾液黏稠，气味难闻；瘤胃时有间歇性臌气（慢性前胃弛缓、瘤胃臌气明显），触诊瘤胃松软，内容物中度充满，瘤胃蠕动力量减弱、次数减少，蠕动波缩短（一般短于10 s）甚至消失；呼出气、尿液、乳汁中无酮味，实验室检查酮体含量不高。

七、防治措施

1. 预防

（1）**建立合理的饲养计划。** 合理饲养干奶期牛，重点是防止干奶期牛过肥。可以采取干奶期牛与泌乳牛分群饲养，限制精饲料给量，增加干草量，精粗饲料比以3∶7为宜，优质牧草随意采食。泌乳期高产牛日粮中的优质干草不少于4 kg，在泌乳盛期增加精饲料时，不能减少干草喂量。

（2）**添加饲料添加剂。** 某些饲料添加剂（烟酸、丙烯乙二醇、丙酸钠、离子载体等）能够降低酮病的发生率。离子载体能降低乙酸的生成和促进瘤胃微生物产生丙酸，且比较便宜，使用方便，能预防酮病发生。

（3）**建立定期检测亚临床酮病的制度。** 为了及时检出亚临床酮病病牛，减少临床发病，应对酮病进行定期检查。

2. 治疗

处方1： 25%葡萄糖注射液500 mL，静脉注射，每日1次，连用3 d。注意每小时注入葡萄糖的量在50 g以下为宜。

处方2： 25%木糖醇注射液，静脉注射，每日1次，连用3 d。木糖醇的注射速度以每千克体重每小时0.3 g以下为好。

处方3： 每千克体重用标准胰岛素0.1IU，静脉注射，同时用25%葡糖注射液500 mL静脉注射，注射时间应在45 min以上。

处方4：每千克体重用标准胰岛素0.3IU，肌内注射，同时用25%葡萄糖注射液500 mL静脉注射，静脉注射时间在2 h以上。

处方5：当归50 g、川芎50 g、郁金50 g、香附50 g、龙胆草50 g、川朴50 g、枳实50 g、黄连50 g、白头翁50 g、茯苓50 g、陈皮50 g、砂仁50 g、木香50 g、金钱草100 g、大黄50 g，共研为细末，开水冲调，候凉一次性灌服，隔日1次。

第十章

牛营养缺乏症

第一节 牛佝偻病

牛佝偻病又称为维生素D缺乏症，是犊牛由于维生素D缺乏或钙、磷代谢障碍所致的骨营养不良。临床上以消化紊乱、异嗜癖、跛行及骨骼变形等为特点。病理学特征是成骨细胞钙化作用不足，未钙化的类骨组织形成过多，软骨内骨化障碍和成骨组织的钙沉积减少，造成软骨肥大及骨骺增大的暂时钙化不全。

一、病 因

引起犊牛佝偻病的病因是母牛维生素D、钙、磷缺乏导致先天性佝偻病，或因饲料中维生素D缺乏、不足，或钙、磷比例不当，缺少光照等因素引起后天性佝偻病。其中维生素D缺乏是其主要病因。

1. 维生素D缺乏

（1）乳汁中维生素D含量过少。当哺乳期母牛的青绿饲料严重不足或未在其日粮中添加多维，且其长时间处于封闭饲养状态，致使乳汁中维生素D含量较少，满足不了哺乳犊牛对维生素D的需求，引起该病。

（2）犊牛自身体内维生素D形成受阻。如果犊牛每天的日照时间不够或喂给犊牛的饲草料缺少阳光照射，阻碍了其体内维生素D的形成，使犊牛维生素缺乏而致病。

2. 钙、磷缺乏、不足或比例不当

（1）日粮中钙、磷缺乏或不足。长期喂给犊牛麦秸、麦糠、块根类等缺钙的饲草料使其血液中钙浓度下降；或长期喂给犊牛麦糠、多汁饲料等，以及在低磷土壤上生长的饲草料，使其血液中磷浓度下降，造成犊牛钙、磷缺乏或比例不当而发病。

（2）犊牛对钙、磷的吸收和利用不足。如果犊牛胃肠酸碱平衡或瘤胃内微生物群失调以及感染了蛔虫、绦虫等寄生虫而导致消化和吸收能力降低等，均会影响其对钙、磷的吸收和利用，也会致使犊牛发生该病。

（3）调配的日粮中钙、磷比例不当。犊牛对维生素D的需要量大增，影响了机体对钙、磷的吸收，同样会促使犊牛发生佝偻病。

3. 其他原因

除以上原因外，佝偻病的发生还与微量元素铁、锌、锰等缺乏有关。

二、临床症状

病犊病初表现为精神沉郁、食欲减退并有异嗜癖（如啃咬墙壁及饲槽、食垫草及粪尿、污水等），被毛粗乱、无光泽，常卧地不愿走动，强迫其运动时出现步态强拘或跛行现象。病情严重时，犊牛出现四肢关节肿大、长骨变形（如前肢腕关节外展呈"O"形，后肢跗关节内收呈"X"形）（图10-1-1）；肋骨与肋软骨连接处肿大；胸廓变形、隆起，脊背凸起；鼻腔狭窄，鼻骨肿大、隆起，颜面增宽，呼吸困难；齿形不规则，齿面不平整，口腔不能完全闭合；营养不良、贫血、生长发育延迟等。当病情发展到一定程度时，有的病犊出现抽搐、痉挛等神经症状，骨硬度降低，容易骨折等。

图10-1-1 病犊关节肿大变形（彭清洁 供图）

三、病理变化

病犊牛的长骨骨端肥大，骨质变软，脊柱弯曲，四肢关节肿大、变形，肋骨与肋软骨连接处呈念珠状肿（又称串珠样肿），骨盆骨畸形等。

四、诊 断

根据犊牛的发病年龄及临床症状结合养殖户的饲养管理条件，可做出初步诊断。若要进一步确诊，可测定血清中钙、磷含量或进行X射线检查等，但临床上应予以鉴别诊断。

五、类症鉴别

1. 食道狭窄或梗死

相似点：病牛食欲减退，营养不良。

不同点：奶牛突然停止采食，惊恐不安，摇头缩颈，伴有吞咽和逆呕动作。当阻塞物发生在颈部食道时，局部凸起，形成肿快，触诊可摸到阻塞物。当胸部食道阻塞时病牛疼痛明显，可用胃管探查确定阻塞部位。初期无明显全身症状，随病期延长可出现眼窝下陷、皮肤弹性下降等脱水现象。如继发严重瘤胃臌气，可出现呼吸困难、心跳加快等症状。

2. 创伤性网胃腹膜炎

相似点：病牛被毛粗刚、逆立、无光泽，食欲减退乃至废绝。

不同点：病牛体温为38~39℃，心率80~90次/mim，呼吸正常，个别牛发病初期体温可升高到39~40℃。当异物一旦穿透网胃壁后，引发网胃炎并涉及一定范围时，则表现出前胃弛缓症状，食欲减退乃至废绝，反刍减少且异常，瘤胃蠕动减弱，便秘，粪干少而色黑，外面附着黏液或血丝。典型症状是病牛多站立，不愿移动躯体，强迫运动时步样迟滞，头颈伸展，肘头外展，肘肌震颤；当横卧、排粪时，苦闷不安，呻吟，磨牙；下坡及卧下时小心翼翼。随病情加重，病牛被毛粗刚、逆立、无光泽，腹部紧缩，瘤胃蠕动停止。如有反刍动作，病牛也低头伸颈，将食团逆呕至口腔。病牛消瘦，全身无力，泌乳停止。当异物退回网胃内时，症状似有减轻；当异物刺伤其他组织或器官时，病情和症状明显加重。

3. 迷走神经性消化不良

相似点：病牛精神沉郁，食欲废绝，反刍停止，拱背。

不同点：站立不安、时而回头顾腹或后肢踢腹；瘤胃蠕动音减弱或消失；初期粪便干燥色暗，以后排恶臭稀便，左腹部触诊坚硬，瘤胃有大量食物，表现为积食型；有的上腹部有大量气体，表现为臌气型。

六、预防与治疗

1. 预防

预防该病的关键是供给全价营养，注意钙、磷比例，供给充足的维生素D等。

首先，给妊娠后期母牛提供营养均衡且充足的日粮，并加强饲养管理，为犊牛的骨骼发育打好基础，防止犊牛先天性骨骼发育不良。其次，犊牛出生后，应按其生理需要，供给维生素D含量充足以及钙、磷含量和比例适中的营养日粮，必要时可适当补饲一些骨粉或鱼粉；最后，加强对犊牛的护理和饲养。若要喂给其青干草，则要经阳光晒制后方可饲喂。保证犊牛每天的运动和光照时间，促进其骨骼发育。犊牛舍应保持干燥清洁、通风顺畅，并且阳光充足。

2. 治疗

一旦发现病犊要及早予以治疗，根据病情的轻重，采取综合性治疗措施。可用氧化钙、磷酸钙或鱼粉拌料饲喂并使饲料中钙、磷的比例得当；或静脉注射10%葡萄糖酸钙注射液；或肌内、皮下注射维丁胶性钙注射液，为病犊补充钙质。对于病情较重的病犊，可肌内注射维丁胶性钙注射液10 mL、鱼肝油10 mL，每日1次，直至痊愈。如果病犊骨骼变形，则应采取骨矫正术，可用石膏绷带或夹板绷带加以矫正，7~10 d为1个疗程，一般1~2个疗程可拆除绷带。

第二节 牛维生素 A 缺乏症

维生素A缺乏症是维生素A摄入不足或缺乏所引起的以视觉障碍、器官黏膜损伤和生长发育不良为特征的慢性营养代谢障碍病。多见于3~5月龄的犊牛，是一种常见的慢性代谢性疾病。

据报道，在国内个别地区犊牛维生素A缺乏症的发病率为2%~10%，我国安徽、河南、陕西等产棉省区很早就存在"犊牛先天性瞎眼病"。病牛突出的临床表现是两眼失明、眼球突出、瞳孔散大、发育不良、眼内无炎性分泌物和白内障。

一、病 因

1. 饲料因素

犊牛维生素A缺乏与母牛饲料单纯、缺乏维生素饲料有密切关系，主要是由母牛饲料中缺乏维生素A所致。在日常饲养管理中，长期饲喂枯硬干草或饲草因收获过迟、烈日暴晒、雨淋堆积等，维生素A已被分解和流失，导致维生素A缺乏，或长期饲喂棉籽饼等缺乏维生素A的饲料，使机体得不到所需的维生素A，而且维生素A不易在肝脏内形成，因而导致出现缺乏症。饲料中缺乏常量元素和微量元素也可促使该病的发生。

2. 犊牛饲喂不当

犊牛补饲不当、不喂初乳或补饲初乳时间过短，过早断奶，通过代用乳和人工乳让其早期断奶的犊牛，得不到必需的维生素A，往往在4~6周出现维生素A缺乏症状。

3. 其他因素

动物患肝脏和肠道慢性疾病会影响维生素A的吸收。由于维生素A是脂溶性维生素，所以它的吸收与饲粮中的脂肪含量有关。家畜肝脏是维生素A的主要贮存库，肝脏疾病能降低维生素A的贮存能力，从而导致维生素A缺乏症。

二、临床症状

维生素A是维持机体皮肤和黏膜上皮细胞正常结构和功能、组成视紫红质素以及促进骨骼发育所必需的营养物质，缺乏时会引起视觉、消化、呼吸、繁殖力、生长发育的紊乱。

1. 夜盲症

犊牛对维生素A缺乏症易感性高，初期症状是夜盲症，病牛表现无论在黎明还是傍晚均会撞到物体。眼睛对光线过敏，引起角膜干燥症、流泪、角膜逐渐增生混浊，特别是青年牛症状发展迅速，由于细菌的继发感染而失明。

2. 皮肤变化

缺乏维生素A的犊牛发育明显迟缓，被毛粗乱，大多易患皮肤病，皮肤干燥，皮脂溢出，出现皮炎表现，脱毛。

3. 神经症状

由于颅内压增高或变形骨的压迫而出现神经症状，表现瞳孔扩大、失明、运动失调、惊厥发作和步态蹒跚等。

4. 其他症状

骨组织发育异常，包裹软组织的头盖骨和脊髓腔特别明显，易患肺炎和下痢，由于肾小管上皮细胞角化脱落，极易引起尿结石。肥育牛呈全身性水肿，特别明显的是前躯和前腿。另外，也可见到跛行和肌肉变性，这主要是由细小动脉壁增厚堵塞所致。妊娠牛往往流产、产死胎或产出体弱和先天性失明犊牛，母牛受胎率下降等。

三、病理变化

对死亡牛及淘汰牛剖检可见头颈部、背胸部及四肢皮下和肌间水肿，特别是四肢皮下水肿严重，水肿液为浅黄色浆液，肌肉颜色变淡；瘤胃黏膜角化。病变组织镜检可见皮下和肌间有浆液和纤维素样物质渗出；小动脉内皮细胞肿胀，其周围有淋巴细胞浸润；肌肉呈胶冻样变性，肌纤维萎缩；肝小叶出血，肝细胞变性；肺泡上皮肿大、脱落，支气管腔内有脱落的上皮细胞和嗜中性粒细胞浸润，肺小叶内有散在的嗜中性粒细胞，肺泡水肿；肾小管间质见有散在的淋巴细胞浸润；角膜混浊且有程度不等的溃疡、充血、眼球玻璃样变、肥厚及淋巴浸润，视神经乳头水肿，色素丧失，视网膜变性。

四、诊 断

1. 诊断要点

根据饲料中缺乏维生素A和胡萝卜素的病史，结合临床症状，如皮肤有麸皮样痂块、角膜干燥、夜盲、惊厥，以及血液中维生素A和胡萝卜素含量降低来进行诊断。当出现群体性失明、神经症状和生长受阻时，提示维生素A缺乏症。

2. 实验室检查

测定牛血浆中维生素A水平，低于20 μg/100 mL即可确诊。

3. 眼底检查

将病牛保定于六柱栏内，并确实固定好头部，用1%硫酸阿托品注射液点眼2次，中间间隔15 min，使用眼底照相机进行眼底照相。选用条件：亮度选为最大，曝光度选择6（最大）。调节眼底照相机至最清晰处，然后通过放大的瞳孔进行眼底观察，认真检查视神经乳头、眼底血管和毡部的变化。同时设对照健康犊牛进行眼底对比观察。

健康犊牛视盘表面平坦，边缘清晰可见，形态大小基本正常；视网膜动静脉血管分支、色泽基本正常，血管无迂曲；视网膜无水肿、出血、渗出、色素紊乱等，绿毡和黑毡正常。

病牛视乳头模糊，周边结缔组织增生，围绕视乳头可见色素沉着斑，绿毡部部分区域有色素脱落，部分区域有色素沉着，黑毡部有部分色素脱落斑块。

五、类症鉴别

牛传染性角膜结膜炎

相似点：病牛羞明、流泪、角膜增生、混浊、失明。

不同点：牛传染性角膜结膜炎病牛眼睑肿胀，结膜和瞬膜红肿，眼前房蓄脓或角膜破裂，晶状体可能脱落，多数病例先为一侧眼患病，后为双眼感染。病牛无神经症状和皮炎症状，肥育牛不发生水肿。

六、治疗与预防

1. 预防

（1）做好全年饲草料的贮备工作。备足富含维生素A和胡萝卜素的饲草料，如苜蓿、优质干草和多汁饲料胡萝卜等。冬季胡萝卜素奇缺时，务必补饲维生素A添加剂或鱼肝油制剂。

（2）加强犊牛和育成牛群的饲养。对初生犊牛及时供应初乳，保证足够的喂乳量和哺乳期，不要过早断奶。在饲喂代乳品时，要保证质量和足够的维生素A含量。给牛群提供良好的环境条件，防止牛舍潮湿、拥挤，保证通风、清洁、干燥和日光充足。运动场地要宽敞，可以任牛只自由活动。

（3）限制棉籽饼的喂量。生产牛的喂量每天不超过1~1.5 kg，妊娠牛和犊牛最好不要饲喂。或将棉籽饼加热减毒处理，最好能经过炒、蒸，使游离的棉酚转变为可结合的棉酚。铁可以与棉酚结合成不被家畜吸收的复合物，使棉酚的吸收量大大减少。用0.1%~0.2%硫酸亚铁溶液浸泡棉籽饼，棉酚的破坏率可达81%~100%。棉酚缺乏，则新视黄醛生成减少，视紫红质合成受阻，导致动物对暗光适应能力减弱，即形成夜盲症。

2. 治疗

（1）调整日粮配方。发病后立即更换饲料，多喂青草、优质干草、胡萝卜及玉米等富含维生素A的饲料，必要时可在饲料内滴加适量的鱼肝油。

（2）西药治疗。

处方1： 每千克体重皮下注射维生素A 440 IU，犊牛皮下注射维生素AD滴剂2~4 mL，浓缩维生素A滴剂5万~10万 IU。

处方2： 口服维生素A制剂和富含维生素A的鱼肝油。鱼肝油，成年牛20~60 mL，犊牛1~2 mL；维生素AD制剂，成年牛5~10 mL，犊牛2~4 mL；维生素A胶丸，成年牛每千克体重500 IU。

处方3： 维生素A剂量过大可引起中毒，为了强心补液及解毒，可静脉注射25%葡萄糖注射液80 mL、10%氯化钙注射液50 mL、维生素C注射液20 mL、10%安钠咖注射液10 mL。

第三节　牛白肌病

牛白肌病又称牛硒-维生素E缺乏症，是一种由于日粮中缺乏硒和（或）维生素E，引起以骨骼肌和心肌变性、坏死为主的代谢性疾病。临床上表现为运动障碍、急性心力衰竭和消化不良；剖检变化以骨骼肌变性、坏死，心脏变形、扩张、体积增大，肝脏为槟榔肝等特征。

一、病　因

牛硒缺乏通常是由于配制日粮使用的原料产自含有较低硒水平的土壤。近几年，由于成品饲料价格不断提高，较多牛场使用自配饲料用于饲喂，从而导致肉牛发病率越来越高。

维生素E缺乏在很大程度上是由饲料种类单一以及存储时间不正确等引起。另外，随着饲草料存储时间的延长，所含的维生素E水平也在不断下降。犊牛在饲喂不饱和脂肪酸含量较高饲料的同时饲喂豆粕、亚麻油，在体内由于相互发生氧化反应而变臭，从而造成维生素E发生分解。当谷物饲料储存湿度过高或者与丙酸一起存放，都会导致维生素E含量下降。如果母牛自身缺乏硒或维生素E，则其哺乳的犊牛容易发生该病，或者犊牛采食的饲料中缺乏硒或维生素E也会引起该病。

二、临床症状

1. 急性型

病牛突然发病，表现出精神萎靡，体温明显降低（36~37℃），皮肤发凉，出现明显的心脏病症，即心音杂乱、微弱、节律不齐，呼吸急促，且频率提高，伴有咳嗽，并发出呻吟声，鼻孔流出混杂有黏液或血液的鼻液，肺泡呼吸音变得粗糙。病牛呈僵硬状态站立，步态强拘，四肢发生震颤，且明显无力，臀部、背部以及肩部肌肉发生肿胀，且质地较硬，侧卧时会出现全身瘫软，很快就会由于心力衰竭而发生死亡。

2. 亚急性型

病牛的主要症状是呼吸、循环和运动功能发生障碍。病牛表现精神沉郁，运动缓慢，步态强拘，站立困难，大部分在末期出现全身麻痹的现象。病牛体温基本保持正常，心音微弱，心搏动亢进，呼吸频率加快，每分钟能够达到70~80次，且呼吸浅表，通常呈腹式呼吸，出现咳嗽，偶见血性或黏液性鼻液，肺泡音明显粗糙。四肢肌肉颤抖，臀部、肩部以及颈部肌肉发生肿胀，且质地变硬。部分还会出现全身出汗的症状。病牛躺卧在地上，往往会侧伸四肢，且无法抬头。部分病牛舌和咽喉处的肌肉发生变性，导致其很难正常进行吸吮或采食，并出现磨牙。病牛通常在发病后1~2周内死亡。

3. 慢性型

病牛表现出的症状与亚急性基本相同，但病程相对较慢。病牛生长发育迟缓，出现消化不良性腹泻，体质消瘦，被毛粗硬，且失去光泽。病牛脊柱明显弯曲，全身乏力，拒绝站立，往往呈俯卧状。部分病牛继发异物性肺炎或者严重型胃肠炎，此时死亡率能够达到15%~30%。

三、病理变化

剖检病变主要有心脏变形、扩张、体积增大，心肌弛缓、出血或见有灰白色变性、坏死灶，心内、外膜出血，心包积液，呈桑葚心状。病牛骨骼肌为苍白色，呈煮肉或鱼肉样外观，并有灰白色或黄白色条纹或斑块状变性、坏死。背腰、臀、腿肌变化最明显，呈双侧对称状发生，病变肌肉水肿。3种发病类型的肝脏剖检各有不同，急性型为红褐色健康肝小叶、出血性坏死肝小叶及淡黄色缺血性坏死肝小叶相互混杂，构成彩色斑斓样的镶嵌式外观，通常称为槟榔肝或花肝；慢性型的肝脏呈暗红褐色，坏死部位萎缩，结缔组织增生或有瘢痕，以致肝脏表面粗糙、凸凹不平。

四、诊 断

1. 诊断要点

根据犊牛多发、群发性、运动障碍、顽固性腹泻等典型临床症状，结合骨骼肌、心肌、肝脏变性和坏死，外观呈鱼肉状或煮肉状等特征性病理变化，参考病史可做出初步诊断，若补充硒和维生素 E 有效即可确诊。

2. 实验室诊断

病牛血液中谷胱甘肽过氧化酶浓度降低（正常 >23 IU/mL RBC，硒浓度为 0.63 μmol/L），血浆肌酸磷酸酶和天门冬氨酸氨基转移酶水平升高，血液维生素 E 浓度降低（正常为 3~18 μmol/L），血液含硒量降低（正常水平为 5~8 ng/mL）。此外，还可检查肝脏及肾脏的硒水平（正常 3~30 μmol/L）。

五、类症鉴别

牛风湿病

相似点： 病牛肩臂、背腰、臀股等部肌肉肿胀，僵硬，病牛步态强拘。

不同点： 肌肉风湿病牛肌肉疼痛、凹凸不平，剖检见肌肉萎缩，肌肉中有结节性肿胀；肌肉不呈煮肉样外观，也无灰白色、黄白色条纹、斑块状变形，肝脏不见槟榔肝病变。

六、治疗与预防

1. 预防

（1）缺硒地区补充硒制剂。对于缺硒地区，肉牛最好适量补硒，可使用硒制剂直接投服或者将其添加在饮水、饲料中喂饮，也可在种植饲料作物的土壤施用硒肥或者直接喷洒含硒的肥料，从而使植株和籽实中含有较高的硒。

（2）各阶段牛补充硒、维生素 E。妊娠牛在分娩前补充适量的亚硒酸钠，能够促进胎儿以及犊牛的发育。一般来说，中等体型的母牛在妊娠期以及泌乳期每头每天适宜补充 10 mg 左右的硒，处于生长期的犊牛每天按每千克体重补充 0.1 mg 的硒和 150 mg 的维生素 E。肉牛每千克饲料中适宜添加 0.3 mg 的硒，如果采取舍饲，则其饲喂的精饲料中最好每千克也添加 0.15 mg 以上的硒。

（3）母牛注射亚硒酸钠注射液。给妊娠后期的母牛以及新生犊牛注射适量的亚硒酸钠注射液，能够促使母牛繁殖率提高，并有利于提高犊牛成活率。根据实践，母牛分别在配种前、妊娠中期以及分娩前 21 d 深部肌内注射 30 mg 0.1% 亚硒酸钠注射液 1 次，或者在每 100 kg 饲料中添加 0.022 g 无水亚硒酸钠，同时还要配合在每千克饲料添加 20~25 IU 的维生素 E，具有很好的效果。

（4）新生犊牛注射补硒。对于新生犊牛，可在其出生后几周内适时肌内注射 10 mg 硒。如果犊牛在低硒含量的草地上进行放牧，可每千克体重补充 0.1 mg 硒，每 2 个月进行 1 次注射；或者每千克体重补充 0.2 mg，每 4 个月进行 1 次注射即可。但要注意的是，即使硒是肉牛生长所必需的一种微量元素，但要适量补充，避免引起中毒。

2. 治疗

（1）西药治疗。

病牛可使用亚硒酸钠注射液，同时配合醋酸生育酚，具有较好的治疗效果。

处方1：一般使用0.1%亚硒酸钠注射液进行皮下或者肌内注射，犊牛每次用量为8~10 mL，成年牛用量为15~20 mL，并间隔10~20 d再注射1次。

处方2：肌内注射醋酸生育酚，犊牛每头每次用量为0.5~1.5 g，成年牛每千克体重使用5~20 mg。

处方3：口服维生素E丸（每丸100 mg），犊牛每次10丸，每日2次，或肌内注射维生素E注射液，每次0.5~1 mg，每日1次，连用3~4 d。

处方4：呼吸困难的病牛，可静脉注射0.25%氨茶碱注射液2~3 mL。

（2）中药治疗。生黄芪、党参各50 g，麦芽、谷芽、牛蒡子、侧柏叶、松针叶、苍术各20 g，当归、红花各10 g，广三七5 g，共研为细末，开水冲调，加黄酒100 mL，一次投服，隔日1剂。

第十一章

牛中毒症

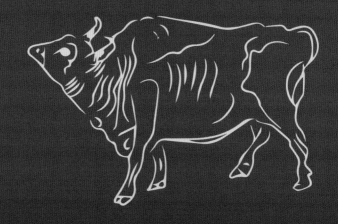

第一节　牛棉籽饼中毒

棉籽饼中毒是指牛长期或大量饲喂含游离棉酚的棉籽饼所引起的中毒性疾病。临床上以出血性胃肠炎、肺水肿、心力衰竭、神经紊乱及红尿等为特征。妊娠牛、犊牛易感性高。

棉籽饼是棉籽榨油后的产物，棉籽经脱壳取油后的副产物称为棉籽饼。棉籽饼中含有丰富的蛋白质，其中粗蛋白质含量可达40%以上，与大豆饼的蛋白质含量不相上下。但蛋白质各氨基酸组成比例不合适，其中精氨酸的含量较高，赖氨酸的含量仅有1.3%~1.5%，而且棉籽中含有对动物有害的棉酚以及环丙烯脂肪酸，在制油过程中棉酚与蛋白质结合成为结合棉酚，该物质不容易被动物吸收，而游离的棉酚对动物的毒害作用较大，动物幼崽对棉酚的耐受能力更低。棉籽饼游离棉酚含量高于0.02%时，就具有毒害作用。

一、病　因

1. 长期饲喂

长期不间断地饲喂棉籽饼，可使棉籽饼中所含的游离棉酚在家畜体内越积越多，排泄缓慢，潜伏期10~30 d，其在棉籽饼中的含量如达0.04%~0.05%时则可引起中毒。

2. 日粮营养不均

如果日粮中缺乏蛋白质、钙、铁及维生素A，对棉籽饼中毒的敏感性增加。

二、临床症状

牛多在饲喂10~30 d发病，少数也可在第2天发病。前期呈胃肠炎症状，反刍停止，瘤胃积食，瓣胃和皱胃阻塞，并通过母乳引起犊牛中毒。下痢、血便或便秘，有时出现血尿、蛋白尿及神经症状，如共济失调、步态不稳等。排尿困难、尿频、淋漓。后期心力衰竭，心搏动强，胸、腹下及四肢出现水肿。如肺部受害，则咳嗽、气喘、流鼻液，甚至出现肺水肿。视力障碍，羞明流泪，眼睑肿胀，甚至失明。

三、病理变化

颈部及胸、腹部皮下组织有明显的浆液性浸润，胸腔有淡黄色或红色液体，鼻腔内有灰白色液体，气管内充满大量淡黄色泡沫状液体，肺充血、淤血，肺门淋巴结充血、肿大；心包膜内有多量的淡红色液体，心内、外膜出血；胃肠黏膜出血、溃疡，肠管萎缩。肝肿大、充血，胆囊肿大，有出血点；脾表面和边缘出血，肾肿大。

四、诊 断

根据临床症状可做出初步诊断，结合实验室检测即可确诊。

1. 诊断要点

在牛的棉籽饼中毒诊断中，需要了解牛是否具有棉籽饼饲喂史，其中症状较轻的牛主要表现为轻度肠胃炎和消化功能障碍，症状较重的牛表现为出血性肠胃炎、食欲减少。随着病情的进一步发展，一些牛表现出心跳、呼吸增快及心音微弱的症状，四肢、胸下发生水肿，最终因心力衰竭而死。

2. 血液学检查

牛中毒后，白细胞数量增加，达（13~15）×10^9个/L，嗜中性粒细胞达55%~70%，血色素减少，病牛粪便、尿液潜血为阳性。

3. 饲料中棉酚定性检测

将棉籽饼磨碎，取其粉末少许，加硫酸数滴。在400倍显微镜下观察呈现红色。进一步用紫外分光光度法（UV）测定饲料中的游离棉酚含量。

五、类症鉴别

牛维生素 A 缺乏症

相似点：病牛羞明、流泪、失明，有时下痢，有运动失调、步态不稳等神经症状，胸、腹、四肢出现水肿，剖检见水肿部浆液浸润。

不同点：维生素A缺乏症犊牛皮肤干燥，皮脂溢出，出现皮炎表现，皮肤有麸皮样痂块；妊娠牛往往流产，产死胎或产出体弱和先天性失明犊牛。剖检见肌肉呈胶冻样变性，肌纤维萎缩；瘤胃黏膜角化；角膜混浊且有程度不等的溃疡、充血，眼球玻璃样变、肥厚及淋巴浸润。

六、预防与治疗

1. 预防

（1）停喂棉籽饼，加强饲养管理。立即停止饲喂棉籽饼，改用豆粕饲喂，同时增喂维生素A、维生素D、钙粉和胡萝卜、牧草等青绿饲料，帮助病牛康复。饮水槽内及时更换清水，防止因饮水槽内结冰影响饮水。

（2）合理饲喂棉籽饼。用棉籽饼饲养牲畜应做好充分的脱毒处理，妊娠畜及幼畜不宜饲喂棉籽饼。棉籽饼连续饲喂几周后要停喂一段时间。每头牛每天棉籽饼饲喂量不得超过饲料总量的20%或者1 500g。

（3）棉籽饼去毒处理。棉籽饼类饲料除限量限期饲喂外，主要应实行去毒处理，以保安全。

加温去毒法：将棉籽饼蒸煮，也可加入10%面粉后煮1h，能将棉酚破坏。

碱浸去毒法：用1%碳酸钠溶液或2%～3%石灰水、2.5%～3%草木灰水，浸泡24h，然后再洗掉碱液。

2. 治疗

（1）洗胃。

处方1： 急性中毒病牛，可用0.05%高锰酸钾溶液或3%碳酸氢钠溶液、5%碳酸钠溶液4 000 mL洗胃，也可用盐类泻剂清理胃肠，排出毒物。

处方2： 将硫酸镁或硫酸钠300～500 g溶于2 000～8 000 mL水中，给牛灌服，每日1次，连用3 d。

处方3： 灌服"广用解毒剂"（药用炭末2份、鞣酸1份、氧化镁1份）200 g。

（2）对症治疗。

处方1： 10%葡萄糖注射液2 000 mL、氯化钾30 g、苯甲酸钠咖啡因5 g、氢化可的松800 mg，混合后静脉注射。另外，用二硫丙磺钠2 500 mg，肌内注射，每4 h注射1次。

处方2： 当病牛有脱水症状时，可用5%葡萄糖注射液500～1 000 mL、10%安钠咖注射液20 mL、10%氯化钙注射液100 mL，混合后静脉注射，每日1次，连用3 d。

处方3： 病牛并发胃肠炎时，可将磺胺脒30～40 g、鞣酸蛋白20～50 g，溶于500～1 000 mL水中，给牛灌服。

（3）中药治疗。

处方1： 滑石粉3 g，甘草流浸膏250 mL，酵母粉300 g，加水灌服，以加快毒素的排除。

处方2： 甘草绿豆汤（绿豆10份、甘草1份、金银花1份、土茯苓1份、红糖1份）4 500 mL，灌服。

第二节　牛尿素中毒

牛尿素中毒是饲养过程中的一种常见病症。牛饲喂过量或误食过量尿素在胃肠道内释放大量的氨，引起高氨血症而中毒，以肌肉强直、呼吸困难、循环障碍、新鲜胃内容物有氨气味为特征。

尿素是动物体内蛋白质分解的终末产物，平时随尿液排出。在工业、医药、农业上广泛用做速效肥料的尿素为人工合成品，在畜牧业上，因其能在反刍动物的瘤胃内依靠微生物的作用合成能被机体利用的蛋白质，有节约蛋白质饲料的作用，因此早被世界各国广泛利用作为反刍动物的添加饲料应用于生产实践中。

一、病　因

由于人工合成的尿素是有毒物质，加上饲喂不当，过多采食尿素很容易发生中毒。

1. 饲喂方式不当

有研究表明，将尿素与饲料混合均匀后饲喂比直接将尿素溶解于水让牛饮用更安全，因此首先应严禁将尿素直接溶于水使用。其次，在饲喂时不按步骤逐渐增加添加量，初次就按定量喂给也易造成中毒。此外，一些养殖户误认为尿素用量越大效果越好，不按照定量饲喂也易造成尿素中毒，也有因尿素与饲料混合不均造成牛单次尿素摄入量大而导致中毒的。按照要求，尿素的饲用量占饲料总干物质的量不应超过1%，不能超过精饲料量的3%，成年牛每天约250 g就能满足需求。

2. 误食

临床上因误食导致尿素中毒的病例也很多。人尿中含有约3%的尿素，牛误饮大量人尿而发生中毒的病例也偶有发生。此外，由于尿素保管不当而被牛偷食或人为原因误把尿素当作食盐使用而造成中毒的病例也很多；在放牧的地区，可能由于在喷洒了尿素、硝酸铵、硫酸铵及其他含氮量较高的化肥的草场放牧而导致发生尿素中毒；日粮中豆类占比例过大以及牛肝功能紊乱都会成为该病的诱因。

二、临床症状

病牛首先表现食欲废绝、肌肉震颤、兴奋不安、呻吟、奔跑、哞叫，继而共济失调、磨牙、步态蹒跚、四肢僵硬、前肢和后肢麻痹，有时卧地不起。急性发作时，病牛食欲废绝，反刍、嗳气停止，瘤胃蠕动大大减弱，伴发程度不同的臌气。同时，出现全身强直性痉挛症状，如牙关紧闭，反射机能亢进和角弓反张等。呼吸促迫（张嘴伸舌呼吸），心搏动强盛，心跳加快（120~150次/min），心音不清（混浊），节律不齐，体温升高，知觉丧失。病势进一步发展时，从口腔流出大量泡沫状液体，反刍停止，瘤胃臌气，最后病牛瞳孔散大，四肢厥冷，肛门松弛，排粪排尿失禁，心脏衰弱，终因窒息而死亡。

三、病理变化

剖检发病牛，一般无特征性病理变化。有的病例肺部仅表现为轻微的水肿和充血，瘤胃内容物有氨臭味，口、鼻充满泡沫状液体；有的可见到全身性静脉淤血、器官充血、严重肺水肿、胸腔积液、心包积液、肝脏和肾脏脂肪变性；有的心内膜和心外膜下出血。

四、诊 断

1. 临床症状初步诊断

该病的诊断首先应了解病牛采食尿素史，采食了大量尿素或含氨饲料可作为诊断该病的重要依据。其次根据发病迅速、流涎、呼吸困难、呼出气中有氨味、运动共济失调、全身痉挛等中毒典型症状可做出初步诊断。

2. 实验室技术确诊

该病剖检时有急性卡他性胃肠炎、支气管炎和肾病变，胃内容物有氨味等剖检病变，也可采取胃内容物进行实验室检验，具体操作如下：首先取胃内容物或胃内未消化的饲草加适量水稀释成糊状，再取该糊状物约 3 mL 于试管内，然后向该试管内依次加 1% 亚硝酸钠溶液和浓硫酸各 1 mL，采用混匀器混匀后静置约 5 min 泡沫消失，再向其中加入格里斯试剂，若呈黄色则表示有尿素，呈紫色则表示无尿素。如果有条件可以测定血氨，具有确定诊断和预后意义。

五、类症鉴别

1. 牛中暑病

相似点：病牛呼吸促迫，流泡沫样唾液，心悸，瞳孔散大，肌肉震颤，抽搐，失禁，最后心脏衰弱，窒息死亡。

不同点：中暑病牛体温升高，持续出汗，结膜充血发绀；剖检见脑及脑膜高度充血、淤血，脑脊液增多，脑组织水肿。

2. 牛铅中毒

相似点：病牛流泡沫样涎，磨牙，肌肉震颤，抽搐，嘶叫，瘤胃停滞、臌气。

不同点：病牛感觉过敏，失明，往前直冲，面部痉挛，腹泻、便秘或腹痛。剖检见脑软膜充血、出血，脑回变平、水肿，脑脊液增多。

六、治疗与预防

1. 预防

（1）**加强饲养管理。**在饲养过程中对尿素要加强管理，严防牛误食或偷食；严禁牛进入刚施过尿素的草场或食用刚施过尿素的庄稼苗。

（2）**正确合理地食用尿素，饲喂方法要恰当。**尿素作为饲料饲喂牛要由少到多，循序渐进。由过渡期到适应期，一般需经 7~15 d 的适应期后才能逐步增加到规定量，每天的饲喂量应平均分配在全天的日粮中，不能一次性饲喂。必须先仔细搅拌均匀后方可饲喂，先用精饲料拌尿素，再与粗饲料拌匀，避免尿素混合不均导致采食不匀而引起中毒，严禁将尿素溶在水中直接饮用。

要严格控制饲喂剂量，原则上成年牛每天每头不能超过 150 g，以 100 g 左右较为适宜。尿素的添加量可控制在全部饲料总干物质的 1% 以下，或精饲料的 3% 以下，全天的配合量成年牛为 100~300g，喂尿素必须经过一段增量过程，才能达到正常用量，如母牛初次突然饲喂 100 g 尿素可引起中毒，但在逐渐增量的情况下，成年公牛每天饲喂达 400 g 尿素也未见中毒。

（3）**饲喂尿素后加强观察。**饲喂尿素后要特别注意观察牛最初 10 d 内及采食后 0.5~1 h 内的反应。若采食后无异常反应，饲喂一段时间后上膘明显、精力充沛即为正常。若出现运动失调、肌肉震颤、痉挛、呼吸急促、口吐白沫等症状，说明牛尿素中毒，应采取紧急治疗措施。

2. 治疗

（1）**西药治疗。**

处方1：灌服 1 500 mL 食用醋，或用食醋 500 mL、白糖 500 g、温开水 2 000 mL 混合后一次灌服，或用 300 g 葛根研成细粉，加入适量水后一次灌服。

处方2：静脉注射保肝解毒剂 10% 硫代硫酸钠注射液 100~200 mL，同时静脉注射强心剂 10% 葡萄糖酸钙注射液 100~150 mL，静脉输入利尿剂 10% 葡萄糖注射液 500~1 000 mL，速尿注射液 10 mL。

处方3：呼吸困难时，皮下或肌内注射安钠咖注射液50~200 mL或10%樟脑磺酸钠注射液20~100 mL。病牛休克时，静脉注射5%糖盐水5 000 mL，并加入0.5%氢化可的松注射液200~300 mL。

处方4：胃肠道出血可用止血剂，如止血敏注射液，肌内注射或静脉注射，一次量10~20mL，或安络血注射液20~40 mL或仙鹤草素20~40 mL。

处方5：对痉挛严重的病牛可用水合氯醛硫酸镁注射液200~300 mL或氯丙嗪300~500 mg，肌内注射，每日1次，连用3 d。

处方6：对瘤胃臌气严重的要抑制瘤胃内容物发酵，用3%来苏尔溶液20 mL、鱼石脂20 g，加上75%酒精100 mL、常水1 000 mL灌服均可奏效，每日1次，连用2 d。

（2）中药治疗。

方剂1：输液后病牛若胃肠音弱、粪干量少可用下列组方：液状石蜡500 mL，酵母粉120 g，甘草60 g，当归40 g，陈皮、枳壳、厚朴、黄连各30 g，山楂、麦芽各50 g，一次灌服。

方剂2：甘草1 000 g，绿豆1 000 g，水煎2次，候温灌服，每头500 mL，一次灌服。

第三节　牛有机磷中毒

有机磷中毒是指牛接触吸入或误食某种有机磷农药引发的疾病，临床以上以胆碱能神经兴奋效应为特征。有机磷农药中毒具有发病快、病情重、病程短、死亡率高等特点。有机磷农药是人工合成的磷酸酯类化合物，它是目前用来杀灭农业害虫的主要农药之一，杀虫效力很强，对畜禽也具有强烈的毒害作用，若使用不当，保管不严，常可引起畜禽中毒的发生，常见的有对硫磷、内吸磷、甲拌磷、敌百虫和敌敌畏等。

一、病　因

牛发生有机磷中毒的原因很多，主要是人为错误使用或粗心导致。有机磷可经口、皮肤和呼吸进入机体。牛可因错误食用有机磷农药或被有机磷农药处理过的种子而中毒。盛过有机磷农药而未彻底清洗的容器也是导致中毒的原因之一。植物杀虫剂也可直接与牛接触、污染饲料或水源。昆虫喷雾剂、浸泡剂和局部冲洗剂的不正确使用，都会导致有机磷中毒。

二、临床症状

根据有机磷农药毒性大小、摄入方式、摄入量多少，以及动物个体差异等，其临床症状往往不尽相同，其典型症状大致可分为以下3种。

1. 最急性型

由于摄入有机磷农药量大且毒性极强，病牛发病迅猛，来不及注射解毒药，或注射相应解毒药往往尚未发挥效力，病牛即迅速产生全身性中毒症状，经5~15 min即窒息而死。病牛死前表现口中大量流涎（白沫）（图11-3-1）、眼球突兀、瞳孔极度收缩、眼结膜充血、大块肌肉群连续震颤，精神极度亢奋，有明显的神经症状，如以头撞墙或转圈、倒退等，随后倒地不起，角弓反张（图11-3-2），颈部肌肉及四肢僵直，呼吸极度困难，很快衰竭、窒息而死。

图 11-3-1　中毒病牛口中大量流涎（彭清洁和姜鹏　供图）

图 11-3-2　中毒病牛倒地不起，角弓反张（彭清洁和胡长敏　供图）

2. 急性型

病牛仍表现典型的"口吐白沫"症状，病初有时表现全身出汗，呼吸频数，瞳孔缩小，间歇性肢体痉挛，站立、行走困难，有时表现转圈、直行、倒退等运动失调的神经症状，快速诊断、及时施以阿托品等解毒药救治，症状可逐步缓解，若发现不及时，20~30 min以后出现严重的心衰、神经症状、呼吸抑制时，治愈率极低，多数预后不良。

3. 慢性型

当病牛经皮肤黏膜或呼吸性吸入中毒时，由于摄入有毒物质量较少，最初症状不明显，病程较长，为2~12 h。病牛一般体温变化不大，呼吸加快，口吐少量白沫，反刍减少或停止，有腹泻、腹痛症状，排粪失禁，排出恶臭、深绿色或黑色混有血丝的粪便，常回头顾腹或以后蹄踢下腹部。病程中后期，见全身性出汗，排黑色水样稀粪，常伴瘤胃臌气，有时排尿、排粪失禁，全身痉挛。若无及时救治措施，最后就会出现口吐白沫、缩瞳、肌肉震颤、神经症状等，此时治疗难度加大、治愈率低下，多数最终衰竭、死亡。

三、病理变化

可见胃肠黏膜出血、充血、易剥离，胃内容物有大蒜味；心肌出血（图11-3-3）；肝、脾肿大（图11-3-4）；胆囊肿大，胆汁充盈；肺充血、出血、水肿、气肿；气管、支气管有卡他性炎症，并充满大量泡沫样液体；肾脏肿大、质脆，呈土黄色（图11-3-5）。

四、诊 断

1. 诊断要点

诊断牛是否为有机磷农药中毒，应根据病史、临床症状、实验室检验以及诊断性治疗（包括特

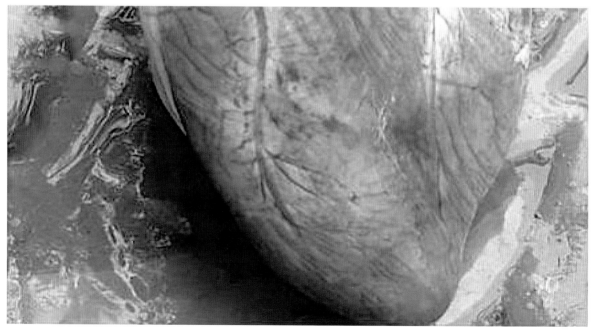

图 11-3-3　中毒病牛心肌出血（彭清洁 供图）

图 11-3-4　中毒病牛肝、脾肿大　　　　　　　图 11-3-5　中毒病牛肾脏肿大、质脆，呈土黄色
（彭清洁 供图）　　　　　　　　　　　　　　　　（彭清洁 供图）

效解毒剂的应用）等方法进行综合判断。一般来说，临床症状结合病史可做出初步诊断，确诊则必须进行多种诊断方法进行综合判断。准确诊断可以为病牛及早制订康复和治疗方案提供保证。确诊需进行有机磷毒物的检验或胆碱酯酶活性检验。

2. 酶化学纸片法

一般应用酶化学纸片法进行定性诊断。材料为乙酰胆碱试纸、马血清或干燥马血清、氯仿、溴水 1 mL（饱和溴水加水 4 mL 稀释）。取样品约 10 g，加氯仿 10~20 mL 于三角瓶中，振摇数分钟后过滤。取滤液 1~2 mL 于蒸发皿中挥干，加水 1 mL，用玻棒充分摩擦皿壁，使残渣完全刮下（如检查对硫磷、甲拌磷时则需加溴水 1 滴进行氧化）。用滴管滴 1 滴上述检液（约 0.05 mL，下同）于白磁板上，另加马血清 1 滴混合后，加盖试纸片，10~20 min 观察纸片颜色，若呈绿色或蓝色，表示有有机磷存在。同时，应做空白对照试验，阴性为黄色。

3. 全血胆碱酯酶活力纸片测定法

可进行溴麝香草酚蓝（BTB）试剂（全血胆碱酯酶活力纸片测定法）检测，即取 BTB 试剂纸，置于洁净的载玻片上，滴上病牛耳根末梢血 1 滴，迅速加盖另一玻片，用橡皮筋夹紧，放于腋下经过 20 min 后取出，发现胆碱酯酶活力在 20~60IU，即可确诊为有机磷农药中毒。可根据数值的大小确诊中毒的深度，数值越大说明中毒越深，中毒越重；数值越小，说明中毒越轻，越容易治疗。

五、类症鉴别

牛尿素中毒

相似点：病牛口流泡沫样涎，肌肉僵硬，共济失调，抽搐，角弓反张，呼吸促迫，瘤胃臌气，排粪失禁。

不同点：尿素中毒病牛无眼球突兀、瞳孔收缩、眼结膜充血、腹泻症状。剖检无特征性病变，瘤胃内容物有氨臭味，而有机磷农药中毒胃内容物有大蒜味。

六、治疗与预防

1. 预防

（1）**加强农药管理。**不能用装过农药的口袋装饲料，拌药用过的所有器具都要妥善处理好，对农药保管、放置、运输和使用应建立制度，由专人负责；妥善保管好拌有有机磷农药的种子。

（2）注意饲料、饮水。用喷洒过有机磷农药的植物茎叶作为饲料时，喷洒药物1个月后方可利用；不能用大田地里流出的地沟水作为饮水，有中毒的风险。

（3）注意用量、防止误食。用有机磷制剂给家畜驱虫时必须严格掌握剂量和浓度；喷洒过有机磷农药的农作物必须在田间或地埂设立醒目的标志牌，以免误食。

2. 治疗

（1）西药治疗。

处方1： 经皮肤吸收中毒的用5%氢氧化钠溶液、5%石灰水或肥皂水刷洗皮肤（敌百虫除外），以降低毒性。

处方2： 用胆碱酯酶复活剂解磷定治疗，每千克体重15~30 mg，肌内注射；或用生理盐水配成2.5%~5%溶液，缓慢静脉注射，每隔2~3 h注射1次，直至症状缓解。

处方3： 用阿托品注射液治疗，剂量为轻度中毒每次10~30 mg，中度中毒每次30~100 mg，重度中毒每次100~150 mg，每隔2~3 h用药1次，肌内注射；严重者用1/3剂量缓慢静脉注射，2/3剂量皮下注射，每隔1~2 h重复给药。若初次剂量用1~2次病情不见好转，且有加重的趋势，应及时增加剂量，尽快使阿托品达到足量。

处方4： 在注射解毒药的同时，可用2%~3%碳酸氢钠溶液或食盐水洗胃（敌百虫中毒不能用碱性溶液冲洗，只能用食盐水冲洗），并用碳酸钠溶液、肥皂水、草木灰水各1 000 g，混合后给成年牛一次灌服（敌百虫中毒不适用此法）。

处方5： 10%葡萄糖注射液1 500~2 000 mL、安钠咖注射液20~30 mL、维生素C注射液30~50 mL，静脉注射。

处方6： 5%葡萄糖注射液或生理盐水1 000~2 000 mL，樟脑注射液30 mL，维生素C注射液30mL，静脉注射，以加速血液循环，促进毒物排出。

处方7： 黄芪多糖注射液20 mL、鱼腥草注射液20 mL、柴胡注射液10 mL、头孢噻呋钠5~10 g（成年牛用量，幼畜酌减），混合肌内注射，每日1次，连注3~5 d。

（2）中药治疗。

方剂1： 绿豆甘草解毒汤。绿豆300 g、生甘草100 g、丹参60 g、连翘60 g、草石斛60 g、白茅根60 g、大黄60 g（后下），水煎取液，一次灌服，每日1次，连用3 d。

方剂2： 加味黄连解毒汤。黄连40 g、黄芩30 g、黄柏30 g、栀子40 g、大黄50 g、芒硝100 g，水煎取液，一次灌服，每日1次，连用3~5 d。

方剂3： 取绿豆1 000~1 500 g，加水适量磨浆，加鸡蛋5~10个、醋200~250 mL，混合后一次性灌服，能有效保护胃肠黏膜，加速排毒。

方剂4： 茶叶（绿茶为佳）50~100 g，绿豆250 g，文火煎汁灌服，每日1~2剂，连用3~10 d。

方剂5： 明矾、雄黄各62 g，青黛25 g，用水稀释后一次灌服。

方剂6： 中药导泻可用生大黄25 g，加元明粉15 g，开水冲泡15 min，取汁500 mL用胃管注入；或用番泻叶30 g，开水冲泡5 min，取汁400 mL，用胃管注入。

方剂7： 金银花60 g、甘草40 g、绿豆60 g，加水至1 000 mL文火煎汁灌服，每日4次，每次40 mL。

第四节　牛黑斑病甘薯中毒

牛黑斑病甘薯中毒俗称牛喘病、牛喷病，是由于牛吃进一定量有黑斑病的甘薯后，发生以急性肺水肿与间质性肺泡气肿、严重呼吸困难以及皮下气肿为特征的中毒性疾病。

一、病　因

甘薯黑斑病的病原菌是一种霉菌，它侵害甘薯的块根，在薯块的表面形成暗褐色或黑色斑点，内部变干硬，味苦。该病菌能够耐高温，煮沸 20 min 不能使其破坏，当以感染此霉菌的甘薯喂牛后即引起中毒。感染该菌的甘薯苗、病薯干及副产物，如粉渣、粉浆等均可引起牛中毒发病。

该病主要发生于种植甘薯地区和甘薯收贮季节。由于甘薯块根多汁，在收获或贮藏时期，如贮藏条件不好、方法不当，极易感染黑斑病，使其侵害甘薯局部成为黑色斑块，周围组织成为褐色。黑斑病甘薯的有毒成分主要是翁家酮与甘薯酮，可引起牛肺水肿和肺间质性气肿等病变，导致牛窒息死亡。当牛食入有黑斑病的甘薯块根过量时，就会引起中毒，用经加工处理的带有黑斑病的甘薯渣喂牛也可发生中毒。该病主要以水牛、黄牛较为多发，发病具有明显的季节性，每年的 10 月至翌年 5 月，即春耕前后为多发期。发病率和死亡率均高。食欲旺盛的牛发病快且病情发展迅速，绝大多数病例以死亡为结局。

二、临床症状

牛通常在采食后 24 h 左右发病。急性中毒时，食欲、反刍立即废绝，全身肌肉震颤，体温多为 38~40℃。典型症状是呼吸困难，呼吸次数明显增加，达 80 次/min 以上；随病势发展，呼吸运动加深而次数减少，呼吸声音很大，在牛舍附近或更远一点的地方都可以听到如拉风箱样的声响，且病牛不时咳嗽。由于肺泡壁破裂，气体窜入肺间质中，造成间质性肺泡气肿。后期在肩胛、背腰部皮下发生气肿，触诊呈捻发音。病牛鼻孔张开，鼻翼扇动，张口伸舌，头颈伸展，并采取长期站立姿势来提高呼吸量，不愿卧地。眼结膜发绀，眼球突出，流泪，瞳孔散大，全身性痉挛，陷入窒息状态。急性重症病例在发病后 1~3 d 内死亡。

在发生呼吸困难的同时，病牛鼻孔流出大量混有血丝的鼻液，口内吐出泡沫样唾液，并伴有前胃弛缓、瘤胃臌气和出血性胃肠炎，排出混有大量血液和黏液的软粪，散发出腥臭味。心跳加快，脉搏增数可达 100 次/min 以上。颈静脉怒张，四肢末梢发凉。

三、病理变化

特征性病变在肺脏，肺显著肿胀，比正常大 1~3 倍（图 11-4-1）。轻型中毒病例肺脏水肿，伴发间质性肺泡气肿，肺间质增宽、肺膜变薄，呈灰白色透明状（图 11-4-2）。严重病例，肺表面的胸膜层透明发亮，呈现类似白色塑料薄膜浸水后的外观。胸膜壁层见有小气泡，肺切面有大量血水及泡沫状液体流出，肺小叶间隙及支气管腔内聚积黄色透明的胶样渗出物。胸腔纵隔呈气球状。在肩、背部两侧的皮下组织及肌膜中，有绿豆至豌豆大的气泡聚积。胃肠黏膜脱落后，有暗红色出血斑，尤以盲肠出血最为严重。肝脏肿大，点状出血，切面似槟榔肝（图11-4-3）。胆囊肿大1~2倍，胆汁呈深绿色。血液呈暗褐色。

图11-4-1 中毒病牛肺脏显著肿胀

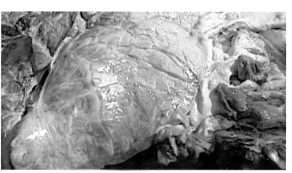

图11-4-2 中毒病牛肺泡气肿

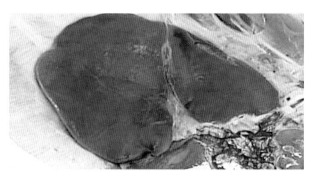

图11-4-3 中毒病牛肝脏肿大，切面似槟榔肝

图11-4-4 巴氏杆菌病病牛肺脏有不同时期的肝变（彭清洁 供图）

四、诊 断

临床上病牛以严重的呼吸困难为主，呈现如拉风箱样的呼吸音，皮下气肿，体温不高，肺脏有典型的水肿和气肿病变等情况，据此可做出初步诊断。必要时应用黑斑病甘薯及其酒精浸出液或乙醚提取物作动物重复试验，最后进行确诊。

五、类症鉴别

1. 牛传染性胸膜肺炎

相似点： 病牛咳嗽，呼吸困难，头颈伸直，鼻翼开张，流鼻液；体表有肿胀，瘤胃臌气。

不同点： 传染性胸膜性肺炎病牛体温升高至41℃以上，便秘与腹泻交替发生。剖检见纤维素性肺炎和胸膜炎，肺实质呈多色彩的大理石样变和坏死，病肺呈紫红色、红色、灰红色、黄色或灰色等不同时期的肝变而变硬；胸膜增厚，表面有纤维素性附着物，病肺与胸膜粘连，胸腔有淡黄色并夹杂有纤维素性渗出物；支气管淋巴结和纵隔淋巴结肿大、出血；心包液混浊且增多。

2. 牛巴氏杆菌病

相似点：病牛呼吸困难，咳嗽，流鼻液，流泡沫样涎，下痢且粪便中带有黏膜和血液，气味恶臭。

不同点：巴氏杆菌病病牛体温升高至41~42℃，剖检见胸、腹腔有大量浆液性纤维素性渗出液、肺脏和胸膜附着一层纤维素性薄膜，肺脏有不同时期的肝变（图11-4-4），切面呈大理石状外观。肺部叩诊不呈鼓音，涂片镜检可发现两极着染的短杆菌。

3. 牛支气管肺炎

相似点：病牛体温升高，结膜潮红、发绀，呼吸困难，咳嗽，流鼻液。

不同点：支气管肺炎病牛无气肿、前胃弛缓、瘤胃臌气和出血性胃肠炎症状，剖检见肺部炎症呈小叶性肺炎，散在数个大小不一的肺炎病灶，患病肺组织坚实，可沉入水中，肺脏切面不流泡沫样液体。

4. 牛肺气肿

相似点：病牛体温升高，流泪，流鼻液，可视黏膜发绀，流白色泡沫样涎，呼吸困难，气喘，鼻孔张开，张口伸舌，头颈伸展，背部、肩部皮下触诊呈捻发音。剖检见肺气肿，肺部膨大，间质增宽，切面有泡沫流出。

不同点：肺气肿病牛胸部叩诊呈过清音，胸颈部皮下触诊易呈捻发音，不出现前胃弛缓、瘤胃臌气和出血性胃肠炎症状。

六、治疗与预防

1. 预防

（1）消灭病原菌。在甘薯育苗前消灭黑斑病菌，种用甘薯用20℃ 10%硼酸溶液浸泡10 min，也可将种用甘薯用50%甲基托布津溶液浸泡10 min。

（2）合理收货、运输、贮藏。收获和运输甘薯时，注意勿破坏甘薯表皮，贮藏和保管甘薯时，注意把好入窖散热关、越冬保温关和立春回暖关；地窖应干燥密封，温度控制在11~15℃。

（3）严禁饲喂黑斑病甘薯及其副产品。严禁饲喂黑斑病甘薯及其粉渣、酒槽等副产品，黑斑病甘薯严禁乱丢，应集中深埋、沤肥或火烧，以防牛误食中毒。

2. 治疗

（1）西医治疗。

①放血、输液和保肝解毒。当病牛体壮、心脏功能尚好时，可静脉放血500~1 000 mL，然后输注复方氯化钠注射液3 000~4 000 mL，配合20%~25%葡萄糖注射液1 000~2 000 mL，缓慢静脉注射。

②使用氧化剂解毒。可用0.1%高锰酸钾溶液1 000~2 000 mL口服。或用1∶（500~1 000）倍双氧水洗胃。

③解除代谢性酸中毒。对成年牛可先服1%硫酸铜溶液30~50 mL，然后再用硫酸镁500~700 g、人工盐100~200 g，兑水6 000~7 000 mL，混合溶解后，用胃管投服。

④缓解病牛缺氧和呼吸困难程度。5%硫代硫酸钠注射液100 mL，静脉注射。

⑤加强心脏功能。及时肌内注射或静脉注射强尔心（氧化樟脑）注射液10~20 mL。或用20%

安钠咖注射液10~20 mL，肌内注射或静脉注射。

⑥减少液体的渗出作用。应用10%氯化钙注射液100~200 mL，或20%葡萄糖酸钙注射液500 mL，静脉注射。

⑦治疗肺水肿。应用50%葡萄糖注射液500 mL、10%氯化钙注射液100 mL、20%苯甲酸钠咖啡因注射液10 mL，混合后静脉注射，每日1次，连用3 d。也可用3%过氧化氢溶液125 mL与3倍量的生理盐水混合后，缓慢静脉注射，每日1次，连用2 d。

（2）中药治疗。

方剂1：白矾散。白矾、川贝母、白芷、郁金、黄芩、大黄、葶苈子、甘草、石苇、黄连、龙胆草各60 g，冬枣200 g，煎水调蜜灌服。每日1剂，连用2 d。

方剂2：甘草200 g、麻黄50 g、杏仁50 g、石膏（或石膏粉）200 g、大黄100 g、芒硝500 g、枳实100 g、厚朴100 g，水煎2次（每次30 min），去渣，石膏粉和芒硝不用煎熬，直接冲入所煎汤中，候温灌服，每日1剂，连用2剂。

方剂3：枳壳散。厚朴120 g、芒硝150~300 g、青皮50 g、枳壳30 g、牵牛子45 g，共研为末，开水冲调，候温灌服，每日1剂，连用2剂。

第十二章

牛其他疾病

第一节　牛传染性胸膜肺炎

　　牛传染性胸膜肺炎（Contagious Bovine Pleuropneumonia，CBPP）又称牛肺疫，是一种由丝状支原体丝状亚种SC型（Mycoplasma mycodies subsp mycodies SC，MmmSC）引起的牛的一种热性接触性传染病，主要特征为高热稽留、痛性短咳、流浆液性或脓性鼻液、浆液性纤维素性渗出性胸膜炎症表现，被OIE列为牛烈性传染病。

　　CBPP是一种非常古老的疾病，在16世纪该病只局限于欧洲的阿尔卑斯山等地。1765年Bourgelat最先描述CBPP临床症状；1736年英国的Barker根据肺部病变将CBPP与其他疾病区别开；直到1773年才真正发现和认识了CBPP并对感染的牛进行扑杀来控制该病。在19世纪由于拿破仑发动的战争和国际贸易导致牛群的大规模流动，通过瑞士和荷兰使CBPP迅速遍及欧洲大陆，英国在1840年从荷兰引进感染牛而重新感染。在1850年CBPP从英国迅速蔓延到斯堪的纳维亚半岛、美国和澳大利亚；在1854年由英国或荷兰传入南部非洲；在19世纪晚期和20世纪早期CBPP由澳大利亚传播到新西兰、印度、中国、蒙古国、朝鲜和日本。

　　1995年OIE报道了牛传染性胸膜肺炎在非洲牛群中导致的经济损失比牛瘟严重。CBPP在大多数撒哈拉地区以及1970年已经宣布消灭了的地区重新感染，更令人担忧的是一些很多年已经无CBPP的国家也受到感染。1990年在坦桑尼亚、1995年在卢旺达CBPP重新暴发。在欧洲，CBPP一直受到关注，保持静止已有很多年，但在1960年于西班牙、1983年于葡萄牙、1990年于意大利重新出现。CBPP在中国从19世纪30年代开始流行，分布广泛。1949－1989年共有22个省、自治区的886个县发生CBPP，累计病牛达471 357头，死亡178 570头，死亡率达到37.88%。从1958年开始在我国各地大规模使用牛传染性胸膜肺炎兔化弱毒疫苗及牛传染性胸膜肺炎兔化－绵羊化适应疫苗高密度接种以来，CBPP已基本控制和消灭，到1989年在新疆扑杀了一头CBPP发病牛后不再使用疫苗免疫。

一、病　原

1. 分类与形态特征

　　丝状支原体丝状亚种型在分类上归属于柔膜体纲、支原体目、支原体属。其包括6个关系相近的成员，分别是丝状支原体丝状亚种SC型，主要引起牛传染性胸膜肺炎，代表菌株为PG1；丝状支原体丝状亚种LC型，不引起牛传染性胸膜肺炎，常见于山羊，引起败血症、关节炎、肺炎，代表菌株为Y-Goat。丝状支原体丝状亚种SC型体积小，可以自我复制，缺乏细胞壁，外层由3层细胞膜组成。在显微镜下，菌体呈现多种形态，但多以球状、环状、球杆状或螺旋状等形式出现，革兰氏染色阴性。

2. 培养特性

丝状支原体在已知的支原体中是对培养基要求较低的一种，在含10%马（牛）血清的马丁肉汤培养基中生长良好，呈轻度混浊带乳色样彗星状、线状或纤细菌丝状生长。丝状支原体无菌膜、沉淀或颗粒悬浮。

在固体培养基上生长缓慢，菌落大小也不一致，在显微镜下菌落呈现露水珠状，边缘光滑，典型的菌株在菌落中心有由于生长过快而形成的"脐状"致密部分，外围结构较为疏松，形态呈微黄褐色的"荷包蛋"状。

3. 基因组

丝状支原体基因组鸟嘌呤和胞嘧啶（G+C）含量低，一般低于30%，各个菌株基因组大小并不完全一致，以其代表株PG1为例，基因组为单股环状DNA，大小为1 211 kb，包含985个假定基因，其中72个基因是插入序列的一部分和编码转座酶蛋白。蛋白质的毒力差异很大，包括基因编码的假定的表面蛋白、酶和转运蛋白。

4. 生化、理化特性

丝状支原体能代谢葡萄糖，不水解精氨酸和尿素，膜斑试验阴性，洋地黄皂苷敏感，对苯胺染料和青霉素具有抵抗力。丝状支原体对外界环境抵抗力甚弱，50℃作用2 h、60℃作用30 min以及在干燥和日光直射下，都能使病原很快丧失活力。一般化学消毒药，如0.1%升汞溶液、0.25%来苏尔溶液、50%漂白粉溶液及10%~20%氢氧化钠溶液，也都能迅速将其杀死。0.001%的硫柳汞溶液，0.001%新胂凡纳明或每毫升含2万~10万IU的链霉素，均能抑制该菌。

二、临床症状

潜伏期为2~8周，最短1周，长的可达3~4个月。

1. 急性型

病牛表现为急性纤维蛋白性胸膜肺炎症状，体温升高到41℃以上，呈稽留热，食欲减退或废绝，呆立不动，肷部和肘肌震颤。呼吸浅表而快，呈腹式呼吸。有多量黏液性或脓性鼻液，咳嗽频而无力，按压胸廓有疼痛反应和退避等动作。

听诊心跳疾速（120次/min）微弱。病牛肺泡呼吸音减弱，但可听到啰音、支气管呼吸音和胸膜摩擦音。叩诊病牛胸部有浊音区，当胸腔积蓄大量渗出液时，还呈水平浊音区。

随病势发展，病牛精神萎靡不振，常发生慢性瘤胃臌气，以及便秘与腹泻交替发生的现象。被毛粗刚、无光泽，皮肤弹性降低，产奶量下降或停止。由于心脏衰弱而在喉部、胸前或四肢等处发生水肿，尿少而黄。后期病牛头颈伸直，鼻翼开张，前肢外展，呼吸更加困难，从鼻孔流出白沫。通常在出现急性症状后，病牛极度虚弱，伏卧于地上不能站起，体温低于常温以下，多于1周内窒息死亡。

2. 慢性型

其特征是病牛明显消瘦，偶发间断性干性短咳。食欲不振，消化功能紊乱。个别病牛叩诊胸部有浊音区，按压敏感。有的病牛逐渐衰弱，在颈下、胸前、腹部和四肢发生水肿。给予良好的护理和饲养，可使病牛趋向于好转。

三、病理变化

该病剖检主要特征性病变在呼吸系统，尤其是肺脏和胸腔。病牛特征性病理剖检变化是纤维素性肺炎和胸膜炎，肺间质明显增宽、水肿，实质呈多色彩的大理石样变和坏死，病肺呈紫红色、红色、灰红色、黄色或灰色等不同时期的肝变而变硬；胸膜增厚，表面有纤维素性附着物，胸腔积液，病肺与胸膜粘连。胸腔有淡黄色并夹杂有纤维素性渗出物；支气管淋巴结和纵隔淋巴结肿大、出血；心包液混浊且增多。

四、诊 断

1. 病原培养

培养MmmSC需要适当的培养基。为了进行分离，可能需要盲传2~3代。许多分离尝试的失败是因为该微生物不稳定，含量少，生长又有特殊需要。该培养基必须含有一种基础培养基（例如心浸液或蛋白胨）、优质酵母浸膏（新鲜的）以及10%马血清，另外还需加入其他营养成分，如葡萄糖、甘油、DNA、脂肪酸，但其作用因菌株不同而异。为防止其他杂菌生长，培养基需加抑制剂，如青霉素、多黏菌素或醋酸铊。在培养基中加入1%~2%琼脂制成固体培养基。把肺脏病料放在含抗生素的培养基中磨碎后，做10倍稀释分别接种后5管肉汤和琼脂平板上，胸水可直接接种而不必稀释。接种的平板并不需要CO_2培养条件。连续观察试管和平板10 d，液体培养基在3~5 d可出现均匀混浊，常有易碎的细丝状物。在随后的几天中，培养物呈均匀混浊，摇动可见旋转物。在琼脂平板上可见小的中心致密的"煎蛋"样典型菌落。

2. 血清学诊断

在超过半个世纪的时间中，有几种血清学方法被描述，其中包括玻片凝集试验（SAT）、补体结合试验（CFT）、琼脂扩散试验（AGP）、被动血凝抑制试验（PHA）和微量凝集试验（MA）。酶联免疫试验虽然具有很好的敏感性而且操作更加方便，但是CFT方法仍然被建议在欧洲和非洲继续使用，是国际贸易指定的血清学检测方法。PHA方法看起来实用，在筛选检查时敏感性比CFT高出20%，但在从未发生过CBPP的地区假阳性约有2%。

研究人员在1979年首次报道了CBPP的酶联免疫试验（ELISA），使用全菌体抗原来检测小规模的免疫后、自然感染和没有感染的牛血清，尽管没有感染牛血清背景值较高，但也能区别出免疫牛和自然感染牛。当使用其他支原体做抗原与CBPP感染牛血清反应时出现了一些交叉反应。1986年，Le Goff使用超声波处理后的抗原建立的ELISA方法对更多的样品进行了评估，发现该方法能够清楚地区分感染牛和健康牛。用MmmSC株制成的ELISA抗原比CFT或PHA更加特异，在Bovine group 7和MmmSC感染牛特定时期内检测出的抗体滴度较高。Le Goff应用ELISA和CFT对MmmSC感染5头牛和对照的5头牛进行了检测。在血清阳转前1~2周气管洗液中就能够分离到支原体。补体结合抗体比ELISA抗体早几天出现，但是与CFT不同的是，ELISA抗体在病原体排泄期间和排泄之后都呈阳性。应用沉淀试验仅仅在一头急性死亡病例中检测到循环抗原和半乳糖。

1993年Mia报道了应用单克隆抗体建立了一种竞争ELISA方法并在意大利进行了应用。通过对超过300份CBPP阳性和阴性血清的检测，发现该方法的负荷率达到96%。1993年Brocchi报道了使用一个能够识别79 kDa蛋白的单克隆抗体建立了竞争ELISA方法，该株单克隆抗体只与MmmSC发生反应，而与支原体簇的其他成员不发生交叉反应。将该方法与CFT进行了比较，发现在检测感染牛时比CFT更加敏感，对未感染牛的检测特异性更好。

CFT试验中很少出现假阳性，但还是有相关的报道。在葡萄牙，使用 *M. capricolum* subsp. *capricolum* 株成功克服了假阳性问题，应用这个菌株制成的抗原与标准抗原不同，其不能与无CBPP的牛血清发生反应。如果待检血清与2个菌株制成的抗原都发生阳性反应，则认为是假阳性结果。出现这种结果被认为是支原体属的其他成员感染所导致的非特异性反应。

1988年吴裕祥等报道了一个微量凝集试验并与CFT进行了比较，证明MA更敏感、特异，操作简便，适用于大量样品的监测。支原体感染的最终确认通常依靠生长抑制试验（GI）或免疫荧光试验（IF）。这些试验能够区分2个支原体亚种，但不能区分LC和SC两个生物型。1991年Poumarat使用未经纯化的液体培养物萃取抗原建立了一种快速斑点免疫结合试验，其主要优点是快速并适合大量样品的检测。

3. 聚合酶链式反应（PCR）

用CAP-21探针作为引物的PCR方法能够从MmmSC、MmmLC等菌株中扩增0.5kb的DNA的片段，而不能扩增其他支原体簇成员DNA。1994年Bashiruddin证实建立的PCR方法能够从近年来欧洲暴发的CBPP病例中识别出MmmSC型菌株，表明这种方法能够从临床的肺部样品中检测到特异性DNA片段。

在葡萄牙，应用这种PCR方法也能识别来自羊体中MmmSC型菌株。PCR也可以在一些血清阴性和没有明显临床损伤的动物体中扩增出特异性DNA片段；与此相反，少数血清阳性的动物用PCR却不能扩增出特异性片段。这些结果显示，在样品处理方法上需要进一步改进。

1994年Dedieu等应用PCR从不同来源的MmmSC中扩增出275 bp的产物，在此基础上用地高辛标记的Dot-blot杂交试验可以检测出1个分子的DNA产物。使用这种PCR方法可以直接对CBPP感染牛胸水进行MmmSC检测，而不需要进行DNA提取，更加方便实用。

以核糖体（r）RNA为扩增目标的PCR检测系统比以上描述的方法更加敏感，因为在每个细胞中大约含有104个核糖体拷贝。完整的16S rRNA序列存在于很多支原体中，包括Bovine group 7、 *M. capricolum* subsp. *capripneumoniae* F38和 *M. capricolum* subsp. *capricolum*。最近，又描述了一个方法，根据 *M. capricolum* subsp. *capripneumoniae* 存在一个特有的16S rRNA操纵子与支原体属的其他成员区分开来，这个方法已成功应用于山羊感染 *M. capricolum* subsp. *capripneumoniae* 的检查。

应用CAP-21基因探针对经过内切酶处理的DNA片段进行的Southern杂交显示MmmSC和MmmLC型亲缘关系特别接近。Taylor设计了一对引物扩增支原体簇中的6个成员，然后利用 *Asn* I 内切酶进行消化，发现MmmSC型只有2条带，而支原体簇的其他成员则出现3条带。

五、类症鉴别

牛巴氏杆菌病

相似点：病牛体温升高至41℃以上，食欲减退或废绝，精神不振，呼吸促迫，继而呼吸困难，咳嗽，流泡沫样鼻液，便秘与腹泻交替发生，头颈部、胸前等处发生水肿。剖检见胸、腹腔有大量浆液性纤维素性渗出液，胸膜附着纤维素性薄膜，肺脏切面大理石样，支气管淋巴结、纵隔淋巴结等显著肿大。

不同点： 败血型最急性病例无任何临床症状表现而突然死亡，病牛结膜潮红，腹泻粪便呈粥样或液状并混有黏液、黏膜片和血液，濒死期病牛眼结膜出血，天然孔出血。头颈部、咽喉部及胸前的皮下结缔组织出现扩张性炎性水肿，触之有热痛感；同时舌部及周围组织有明显肿胀，呈暗红色，皮肤和黏膜发绀，眼红肿、流泪。败血型病牛全身黏膜、浆膜以及肺、舌、皮下组织和肌肉有出血点，心外膜充血、出血。水肿型病牛咽部、头部和颈部、胸前部皮下有胶样浸润，切开后流出黄色至深黄色的液体。有的肺炎型病例有纤维素性心包炎和胸膜炎，心包和胸膜粘连，肝与肾发生实质变性，肺切面呈大理石状外观，颜色单一。

六、预 防

自繁自养，不随意从外地引进牛只。发现病牛，按照相关规定进行处理。

第二节 牛支原体肺炎

牛支原体肺炎是由牛致病性支原体引起的以支气管或间质性肺炎为特征的慢性呼吸道疾病。牛支原体除导致牛肺炎、乳腺炎外，还导致关节炎、角膜结膜炎、耳炎、生殖道炎症、流产与不孕等多种病症。

1961年，牛支原体第一次被Hale在美国乳腺炎病牛牛奶中分离发现。此后数年间，以色列（1964年）、西班牙（1967年）、澳大利亚（1970年）、法国（1974年）、英国和捷克斯洛伐克（1975年）、德国（1977年）、丹麦（1981年）、瑞士（1983年）、墨西哥（1988年）、韩国和巴西（1989年）、爱尔兰（1994年）和智利（2000年）等很多国家先后分离到了该病原。我国于1983年由黎济申等首次从乳腺炎病牛牛奶中分离到牛支原体。2008年5月，湖北省首次出现与牛肺疫症状相似的牛呼吸道传染病，此后贵州、宁夏等地区也发生了此类传染病，发病牛只达到2 582头，死亡牛只达到610头。我国中部及南方部分地区新从国内其他地区引进肉牛后先后暴发了传染性牛支原体肺炎疫情，主要特征为坏死性肺炎，通过对引起该病的病原体进行分离鉴定、比对基因序列后确认该病不是牛肺疫复发，而是由牛支原体引起的。当牛经过长途运输或免疫力降低时容易发生该病，发病率可达到50%～100%，病死率高达10%～50%。

一、病 原

1. 分类与形态特征

牛支原体（*Mycoplasma bovis*，*M.bovis*）在分类学上归属于柔膜体纲、支原体目、支原体科、支原体属，与同科中的其他支原体一样，牛支原体是原核生物界迄今发现的最小、最简单的生物，同样也是最小的能在无生命培养基中生长繁殖的微生物。

牛支原体结构比较简单，没有细胞核和细胞壁，核糖体是其唯一的细胞器，透视电镜下观察可见细胞膜呈3层结构，其形态与脱去细胞壁的原生质体十分相似，因缺乏细胞壁，牛支原体无法维持固定的形态而具有多形性的特点，大多数个体外观呈球形、双球形，也有的呈星状、丝状等不规则形态，大小为（125~150）nm×（0.2~0.8）μm，介于细菌和病毒之间，可从450nm滤菌器中通过，在外部压力作用下甚至还能通过孔径是0.22 μm的滤膜。由于 *M. bovis* 细胞膜中含有肽聚糖成分，故被分类为弱革兰氏阳性菌，同时其细胞膜中还含有约36%的胆固醇，具有一定的保持细胞膜完整性的作用。

由于缺乏细胞壁，牛支原体用革兰氏染色方法不能着色，但可用瑞氏染色法染成淡蓝紫色，而除嗜血杆菌外的细菌用Dienes染色不易着色，因此该方法可以用于临床上鉴别支原体和细菌，也可作为牛支原体的染色观察方法。

2. 培养特性

牛支原体属于兼性厌氧微生物，其生长对营养的要求高于一般细菌，早期必须依靠有生命培养基对支原体进行体外培养（即支原体必须吸附于细胞才能生长），现在支原体的体外扩增已经能够在无生命培养基中进行，此类培养基中除基础营养物质外还要加入20%的动物血清，一般为胎牛血清、马血清等，此外还需要加入牛心浸液、酵母、DNA、氨苄青霉素和醋酸铊等。

牛支原体属不发酵型支原体，不发酵糖，不分解精氨酸，但是能通过丙酮酸激酶或乳酸激酶将丙酮酸或乳酸分解为CO_2和醋酸作为能源。一般在含5%~10% CO_2、相对湿度为80%~90%的条件下生长较好，pH值为7.6~7.8是牛支原体生长的最适pH范围，pH值低于7可导致其死亡。

牛支原体在液体培养基中的生长繁殖速度比其他细菌慢，但其群体生长曲线具有与细菌类似的规律，分为迟缓期、对数期、稳定期和衰退期。牛支原体在液体培养基中培养时需要在培养基中加入0.5%酚红指示剂判断其是否生长，并需要与未接种的牛支原体作对比判断是否污染，一般接种3~5 d，培养基颜色稍微变浅且清亮，对着光晃动培养瓶时可见底部有絮状物呈螺旋形飘起。牛支原体在含有琼脂的固体培养基上生长可见典型的"煎蛋"状菌落（图12-2-1），菌落中央厚且致密、周边薄为一层薄的透明颗粒区、表面光滑、边缘整齐，呈圆形，而且是嵌入培养基中的。牛支原体菌落较小，肉眼可见呈针尖状，典型形态需要在体视显微镜下观察。

3. 理化特性

牛支原体无细胞壁，故对抵抗外界环境变化的能力较弱，但牛支原体在环境中的存活力稍强于其他支原体。牛支原体对紫外线敏感，阳光直射可致使其很快失去感染力；对渗透压敏感，渗透压突然改变或表面活性剂均可使牛支原体细胞破裂；对理化因素敏感，酒精、甲醛等均可将其灭活，但抵抗醋酸铊、结晶紫的能力强于细菌；对高温抵抗力较弱，与细菌相似，随着环境温度的升高，其活力逐渐下降，65℃经2 min、70℃经1 min即可使其失活。4~37℃范围内在液体介质中可存活59~185 d。在肉汤培养物中置于-30℃能存活2~4年，低温冻干后置于-4℃能存活7年。牛支原体对作用于细胞壁的β-内酰胺类抗菌药物具有抵抗力，对利福平、磺胺类药物等敏感。牛支原体在4℃牛奶和海绵中可以存活2个月，在水中或木材中能存活2周，在草中存活20 d，其在粪便、棉花、秸秆和木屑中分别能够存活37 d、18 d、13 d、1~2 d。

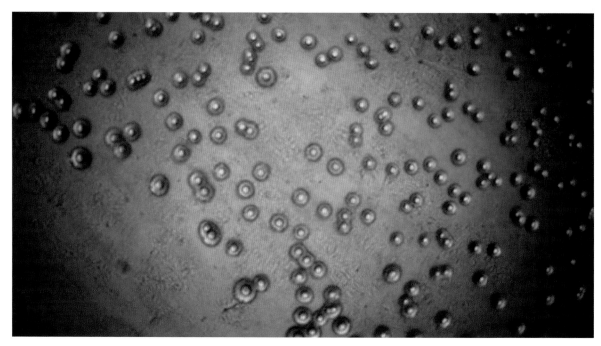

图 12-2-1　牛支原体"煎蛋"状菌落（郭爱珍 供图）

4. 致病性

牛支原体常寄生于正常牛体的呼吸道、泌尿生殖道、眼结膜等黏膜表面，是正常牛和患肺炎牛上、下呼吸道的常见寄生菌，主要寄生在鼻腔，其次是乳腺。当牛发生应激时，这些寄生于上呼吸道的病原经气管、支气管大量聚集于细支气管终末分支的黏膜表面，能够引起原发性病灶，如果病原散在分布于多数支气管黏膜表面时，就会引起肺部发生多发性病灶。慢性支气管肺炎和多关节炎是牛支原体感染后引起的主要疾病，可以直接从受感染牛发生肺炎的肺病灶及淋巴结组织中获得其分离物。另外，还可以从受感染发生乳腺炎时的牛奶中获得分离物。

二、临床症状

该病的临床症状分为急性型和慢性型2种。

1. 急性型

急性型发病速度快，个别牛发病后24~48 h内发病牛只数量逐渐增加。发病牛精神沉郁、咳嗽（干咳或湿咳）、采食量下降，体温升高到40~42℃，有黏液性化脓性分泌物从眼、鼻处流出（图12-2-2、图12-2-3），呼吸频率大于40次/min，表现为呼吸急促（图12-2-4）、困难，胸部听诊有哨笛样啰音，而细菌感染则表现为肺部实变，听诊几乎听不到肺部啰音，以此可将其与细菌感染的病例加以区别。犊牛感染还可表现面部凸脓，并有关节炎症状，关节肿大、疼痛，跛行，部分牛腹泻或排血便，最后衰竭死亡（图12-2-5）。有的病牛表现腹泻症状，粪便中带血（图12-2-6）。

2. 慢性型

慢性型一般症状不明显，病牛采食正常，眼和鼻腔可能排出少量黏液性或脓性分泌物，体温变化不大或稍微升高至38.5~39.5℃，呼吸频率偶有加快，有时表现剧烈干咳。胸部听诊亦有哨笛样啰音。

图 12-2-2　病牛眼、鼻流出黏液性化脓性分泌物

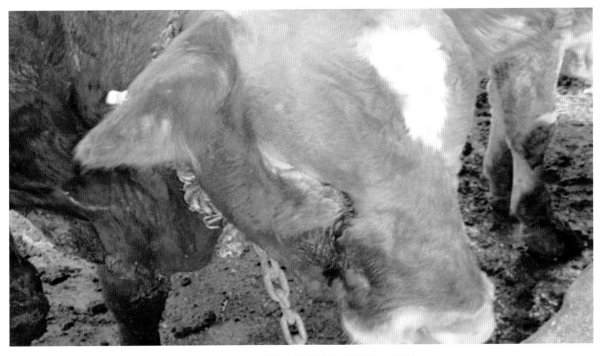

图 12-2-3　病牛眼中的分泌物（郭爱珍 供图）

三、病理变化

1. 剖检病变

剖检病理变化主要分布在肺脏、气管等呼吸器官。气管有泡沫样脓液和坏死，病情轻者在气管

图 12-2-4　病牛呼吸急促（郭爱珍 供图）

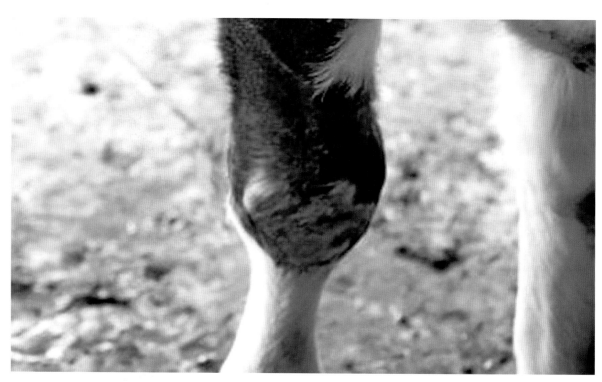

图 12-2-5　病牛表现关节炎症状

的管壁上出现少量小出血点或充血斑；肺的尖叶、心叶和膈叶出现局部肉变（图 12-2-7）；肺和胸膜轻度粘连（图 12-2-8），有少量积液；有的呈现大范围实变（图 12-2-9）；病情严重者肺部广泛分布有大小不一的干酪样或化脓性坏死灶（图 12-2-10），质地变硬，切面呈干酪样坏死，并可挤出脓液。M. bovis 引起的坏死与其他原因导致的坏死不同，牛支原体坏死结节没有特别明显的包囊，质

图 12-2-6　病牛排血便（郭爱珍　供图）

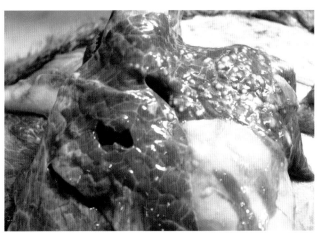

图 12-2-7　肺的尖叶、心叶和膈叶出现局部肉变
（胡长敏　供图）

图 12-2-8　病牛肺和胸膜轻度粘连
（胡长敏　供图）

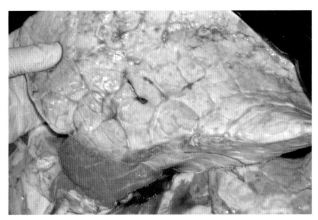

图 12-2-9　病牛出现肺实变
（郭爱珍　供图）

图 12-2-10　病牛肺部表面实变及坏死灶
（郭爱珍　供图）

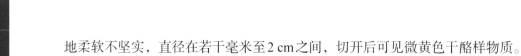

地柔软不坚实，直径在若干毫米至2 cm之间，切开后可见微黄色干酪样物质。

2. 组织学病变

病理组织学观察多表现为坏死性支气管炎或支气管肺炎。支气管内有炎性渗出液，间质增生，肺泡内结构破坏；电子显微镜下观察可见化脓灶内有大量嗜酸性粒细胞碎屑，周围出现少量嗜中性粒细胞、淋巴细胞和单核细胞浸润，并伴随有结缔组织增生和机化。

四、诊 断

1. 病原的分离与鉴定

按照无菌操作规程将小块组织样本涂于类胸膜肺炎微生物（Pleuropneumonia-likeorganisms，PPLO）固体培养基表面，置于5% CO_2 培养箱中，同时将小块组织样本投入PPLO液体培养基中。2~3 d在低倍光学显微镜下观察菌落形态，支原体菌落应具有"煎蛋样"典型特征，液体培养基由红色变为黄色且透亮，通过配套的生化试验可以对牛支原体进行鉴定。鉴于牛支原体分离鉴定难度大、灵敏性低等缺点，不能作为早期快速诊断牛支原体感染的方法，也难以作为常规检查方法普及推广。

2. 免疫学诊断技术

（1）免疫组化技术。免疫组化是一种敏感特异的鉴定病原的方法，该方法的主要优点在于可以对结果进行追溯；特别是在其他方法表明支原体的存在，但病原培养又为阴性的时候，免疫组化便显得更为重要。利用多抗进行间接免疫荧光实验同样可以检测新鲜或冻存的肺组织样本中的牛支原体。

（2）间接酶联免疫吸附试验。ELISA是诊断牛支原体常用的血清学检测方法。ELISA是将特异性的抗原抗体反应与酶的高效催化作用相结合，具有高灵敏度、强特异性、检测快速、操作简便、设备简单、试剂稳定等优点，适用于大批量的抗原抗体检测，是检测 M. bovis 感染的常用方法。

Howard等采用ELISA法检测牛支原体感染后的机体免疫水平，Byme等采用间接ELISA对奶牛场患有乳腺炎牛的牛奶进行牛支原体感染调查。Blackbum等对牛支原体组织样品滤过液采用夹心ELISA法进行病原学调查分析。这些ELISA方法大多以全菌蛋白作为抗原进行包被，与其他支原体有可能存在交叉反应，ELISA特异性稍差一些。

随着免疫学技术的进步，大多学者采用单克隆抗体或重组蛋白作为包被抗原来提高免疫学诊断结果的准确性。Ball和Findlay建立了第一个利用单克隆抗体作为包被抗体的 M. bovis 间接ELISA检测法，并将该检测方法商品化。Brank等用牛支原体VspA重组蛋白作为包被抗原建立检测 M. bovis 特异性血清抗体的间接ELISA法。2005年，Ghadersohi建立了具有特异性高、灵敏度好的阻断ELISA方法，该方法背景值低并且没有交叉反应。

3. 分子生物学诊断

分子生物学诊断技术较传统的病原分离培养和血清学诊断方法而言，因具备快速的样品加工程序、先进的设备等在检测效率、检测成本、灵敏度和特异性上均具有较大优势。分子生物学诊断技术对待检样品的要求不高，能从被细菌污染、经过防腐处理或含有抗体的样品中有效检测出支原体感染，因此对于传统病原分离培养和血清学方法不易检测到的慢性病例或经抗生素治疗的病例均能由分子生物学方法检测出来。近年来，该方法在牛支原体检测方面应用越来越多。

（1）聚合酶链式反应技术（PCR）。其中主要有2种引物用于检测牛支原体，一种是扩增其16S rRNA种属特异性基因片段的引物，另一种是扩增其特异性蛋白基因的引物。

早在1991年已有学者通过扩增16S rRNA种属特异性基因的方法检测牛支原体，但研究发现，牛支原体与无乳支原体的16S rRNA有99.8%的同源性，单纯扩增16S rRNA的PCR方法不易将两者鉴别开来。使用荧光定量PCR对该目的片段进行扩增，同时结合退火温度或杂交探针进一步分析能达到鉴别牛支原体与无乳支原体的目的，但过程比较繁琐。利用扩增 M.bovis 特异性蛋白基因的引物建立的PCR法能够快速鉴别 M. bovis、无乳支原体及其他支原体。目前已报道的 M. bovis 特异性基因有oppD/F基因、UvrC基因、DNA聚合酶Ⅲ基因、P81基因等，其中 M. bovis P81基因编码的P81蛋白与无乳支原体P81蛋白的同源性比较低，只有64%。1996年，Hotzel等根据oppD/F基因设计引物建立了常规PCR检测方法，用其检测临床样品和牛奶培养物中的牛支原体的灵敏度可以达到5 CFU/mL；2005年，Bashiruddin根据ATP结合蛋白oppD/F基因建立PCR方法；同年Foddai根据 M. bovis P81基因建立多重PCR检测方法。

在国内，李媛等于2009年根据 M. bovis oppD/F基因设计2对特异性引物建立了一种套式PCR方法用于检测牛支原体，该方法与常规PCR相比，灵敏度更高、特异性更强；刘洋等于2010年通过优化牛支原体和MmmSC特异性引物的退火温度建立了鉴别 M. bovis 和MmmSC的双重PCR法，该法的灵敏度及特异性好，能在一次PCR反应中达到同时检测这两种支原体的目的；李大伟等于2011年建立了一种三重PCR检测方法，该方法可以一次性鉴别 M. bovis、MmmSC和无乳支原体。

（2）环介导等温技术。白智迪等于2010年针对 M. bovis UvrC特异性基因的6个不同区域设计4条引物建立了牛支原体环介导等温扩增法，与常规PCR相比，该方法的灵敏度和特异性均有很大提高，并且不需要昂贵的仪器设备，在1 h内即可完成检测，大大提高了检测效率。

五、类症鉴别

1. 牛副流行性感冒

相似点：通常发生于寒冷季节。病牛体温升高（40℃以上），精神不振，食欲减退，咳嗽，眼、鼻流分泌物，呼吸困难，肺部听诊有啰音。

不同点：副流行性感冒泌乳牛产奶量下降，妊娠牛可能流产；牛支原体肺炎无此症状。副流行性感冒病牛气管内充满浆液；支原体肺炎病牛气管有泡沫样脓液和坏死。副流行性感冒病牛肺间质增宽、水肿，病变部位呈灰色及暗红色，肺切面呈特殊斑状，见有灰色或红色肝变区；支原体肺炎病牛肺的尖叶、心叶和膈叶出现局部肉变，肺和胸膜轻度粘连，病情严重者肺部广泛分布有大小不一的干酪样或化脓性坏死灶，质地变硬，切面呈干酪样坏死。

2. 牛呼吸道合胞体病毒病

相似点：有传染性，寒冷季节多发。病牛体温升高（40~42℃），精神沉郁，食欲不振，干咳，呼吸急促、困难，胸部听诊有哨笛样啰音。

不同点：呼吸道合胞体病毒病病牛流浆液性鼻液，泌乳牛产奶量急剧下降或停乳，妊娠牛可能流产，部分病牛的皮下可触摸到皮下气肿，特别是靠近肩峰处；支原体肺炎病牛眼、鼻有黏液性化脓性分泌物，无皮下气肿症状，犊牛可表现面部凸臌，并有关节肿大、疼痛及跛行等症状。呼吸道合胞体病毒病病牛见支气管和小支气管有黏液脓性液体渗出，肺脏出现弥漫性水肿或气肿，有的

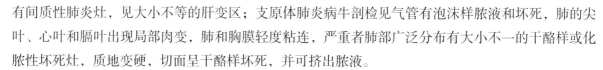

有间质性肺炎灶，见大小不等的肝变区；支原体肺炎病牛剖检见气管有泡沫样脓液和坏死，肺的尖叶、心叶和膈叶出现局部肉变，肺和胸膜轻度粘连，严重者肺部广泛分布有大小不一的干酪样或化脓性坏死灶，质地变硬，切面呈干酪样坏死，并可挤出脓液。

3. 牛传染性鼻气管炎

相似点： 有传染性。病牛体温升高（39.5~40℃），精神沉郁，采食量下降，咳嗽，流黏性、脓性鼻液，眼流分泌物，呼吸困难。

不同点： 牛传染性鼻气管炎病牛鼻黏膜高度充血，出现溃疡，鼻窦及鼻镜组织高度发炎，奶牛产奶量下降，后停止泌乳；支原体肺炎病牛不出现鼻黏膜充血和泌乳量下降症状。传染性鼻气管炎病牛常伴发脑膜脑炎、结膜角膜炎和流产，脑膜脑炎多发于犊牛，共济失调，兴奋、惊厥，口吐白沫，倒地，角弓反张，磨牙，四肢划动，多归于死亡，结膜充血、水肿，并可形成粒状灰色的坏死膜，母牛流产主要发生于妊娠中期（4~7个月）。传染性鼻气管炎病牛剖检表现为呼吸道黏膜的炎症，其上覆盖灰色恶臭、脓性渗出液，还有化脓性肺炎和脾脓肿，肾脏、肝脏包膜下有粟粒大、灰白色至灰黄色坏死灶散在；支原体肺炎病牛病变主要在肺部。

4. 牛腺病毒病

相似点： 有传染性，寒冷季节多发。病牛体温升高，食欲减退，咳嗽，呼吸急促、困难，眼、鼻有分泌物。

不同点： 腺病毒病病牛有角膜结膜炎和轻度至重度卡他性肠炎；支原体肺炎病牛无此症状。腺病毒病病牛有增生和坏死性细支气管炎，支气管因阻塞而坏死，肺气肿与实变，肺泡萎缩，肺膨胀不全；支原体肺炎病牛气管有泡沫样脓液和坏死，肺局部有肉变，肺和胸膜轻度粘连，病情严重者肺部广泛分布有大小不一的干酪样或化脓性坏死灶，质地变硬，切面呈干酪样坏死。

5. 牛巴氏杆菌病

相似点： 有传染性。病牛体温升高（41~42℃），精神不振，食欲减退或废绝，呼吸促迫，继而呼吸极度困难，干咳且痛，鼻流黏液性化脓性分泌物。

不同点： 巴氏杆菌病病牛鼻液初呈泡沫样，胸部叩诊疼痛，听诊有水泡性杂音和胸部摩擦音，初期便秘，后期下痢并带有黏液和血液；支原体肺炎病牛胸部听诊有哨笛样啰音，无腹泻症状。巴氏杆菌病病牛剖检见胸、腹腔有大量浆液性纤维素性渗出液，肺脏和胸膜有小出血点并附着纤维素性薄膜，肺部有肝变，切面呈大理石样；支原体肺炎病牛剖检见肺部有局部肉变，肺和胸膜轻度粘连，严重者肺部广泛分布有大小不一的干酪样或化脓性坏死灶，质地变硬，切面呈干酪样坏死。

六、治疗与预防

1. 预防

（1）**加强检疫监管。** 加强对牛引进的管理，引牛前认真做好疫情调查工作，不从疫区或发病区引进牛，同时做好牛支原体、牛结核病、泰勒虫病等的检疫检测和相关疫病的预防接种，防止引进病牛或处于潜伏感染期的带菌牛。牛群引进后应进行隔离观察1个月以上，确保无病后方可与健康牛混群。

（2）**严格封锁和隔离。** 养牛场要实行封闭管理，对发生疫情的养牛场实行封锁，对病牛严格进行隔离治疗，防止疫情扩散。

（3）**加强消毒灭源。** 牛支原体对环境因素的抵抗力不强，常用消毒剂均可达到消毒目的。对于发生疫情的牛场及周围环境，每天消毒1~2次；加强对病死牛以及污染物、病牛排泄物的无害化处理，同时做好杀灭蚊、蝇、老鼠的工作。

（4）扑杀处理重症病牛。对无治疗价值的重症病牛建议采取扑杀和无害化处理措施。

（5）加强饲养管理。牛舍保持干燥、温暖和通风；避免过度使役，保证牛体健康；牛群密度适当，避免过度拥挤；不同年龄及不同来源的牛实行分开饲养；饲料品质良好，适当补充精饲料、维生素和微量元素，保证日粮的全价营养，提高机体抗病能力。

2. 治疗

根据病情使用相应的治疗方案。对于重症病牛，可用5%碳酸氢钠注射液50~80 mL、25%葡萄糖注射液200~250 mL、葡萄糖酸钙注射液50~80 mL、阿奇霉素0.5~0.75 g、0.5%甲硝唑注射液200~250 mL、地塞米松5~10 mg，静脉注射，每日1次，连用5~7 d。制止渗出、促进炎性分泌物消散吸收可用呋塞米注射液4~5 mL、维生素C注射液5 mL，肌内注射。

第三节　牛附红细胞体病

附红细胞体病（Eperythrozoonosis）又称嗜血支原体病，是由嗜血支原体[原称附红细胞体（Eperythrozoon，EH）]引起的一种以红细胞压积降低、血红蛋白浓度下降、白细胞增多、贫血、黄疸、发热为主要临床特征的人兽共患病，曾经被称为黄疸性贫血病、类边虫病、赤兽体病和红皮病等。牛附红细胞体病是由温氏附红细胞体引起的一种传染病，该病在我国一些地区广泛流行。

一、病 原

1. 分类地位

附红细胞体的分类学地位存在争议，目前国际上按1984年版《伯杰细菌鉴定手册》进行分类，附红细胞体属于立克次氏体目、无浆体科、附红细胞体属。但对其16S rRNA基因的序列进行系统发育分析发现附红细胞体在分类上和血巴尔通氏体一起应更接近于支原体属，是与肺炎支原体更为接近的新群体，根据这类寄生于血液中的特性也可以将其称为嗜血支原体。

2. 形态与染色特性

附红细胞体一般以游离于血浆中或附着于红细胞表面2种形式存在，其形态具有多样性，且在不同宿主动物体内的不同发病阶段，其形态和大小也有所差异。一般小型附红细胞体为0.3~1.3 μm，大型附红细胞体为0.5~2.6 μm，多数为环形、卵圆形，也有顿号或杆状等形态，具有折光性。1个红细胞上可能附有1~15个附红细胞体，以6~7个最为多见，大多位于红细胞边缘，被寄生的红细胞变形为齿轮状、星芒状或不规则形状。在游离于血浆中时，其有运动性，出现升降、左右摇摆、前后爬行、扭转、翻滚、伸屈、转圈等运动。附红细胞体对苯胺色素易于着色，革兰氏染色阴性，吉姆萨染色呈紫红色，瑞氏染色为淡蓝色，吖啶橙染色为典型的黄绿色荧光，对碘不着色。

3. 培养特性

由于附红细胞体在红细胞上以直接分裂或出芽方式进行裂殖，因此培养条件十分苛刻，至今还不能用无细胞培养基进行体外培养。附红细胞体在75~100℃水浴中作用0.5~1 min即失去活性，停止运动，在45~56℃水浴1~5 min，便从红细胞表面脱落下来而游离于血浆中，运动较为活泼。在0~4℃冰箱中，附红体可存活60 d，并保持其感染能力，达到90 d时，仍有近30%左右的附红体具有活动力。在-30℃冰冻条件下存活120 d，存活率在80%以上，而且具有感染能力。-70℃条件下，附红体可保存数年之久。

4. 致病性

大量附红细胞体附着于红细胞表面，把抗原释放在血液中，刺激免疫反应和网状内皮系统增生，使被黏附着的红细胞受到破坏。因此，贫血是附红细胞体病的主要特征，贫血又刺激了造血器官，在附红细胞体病的后期，补偿性的红细胞迅速增生，出现网织细胞增多，并伴发巨红细胞症。红细胞大小不匀，多染细胞增多和有核红细胞出现。一般当附红体感染动物时，并不表现临床症状，只有当附红体感染达到一定比例之后，才出现较明显的临床症状。

5. 理化特性

附红细胞体对化学消毒剂的抗性很低，对干燥和化学试剂均敏感，但对低温有较强的抵抗力。在含氯消毒剂中作用1 min即全部灭活；0.5%石炭酸溶液于37℃作用3 h即可杀死病原体；在含碘消毒剂中，附红细胞体很快停止运动并失去活性，用无菌PBS洗涤后也不能恢复活动力，更无感染能力。

二、临床症状

该病主要临床症状为发热、贫血、黄疸。该病的隐性感染率极高，当发生机体抵抗力下降或外界环境恶劣、蚊虫滋生等应激反应时，常引起暴发。

1. 急性型

病牛体温升高达到41~41.5℃，少数超过42℃。呼吸频率加快至120次/min，心悸亢进（心率115~126次/min），精神沉郁，饮食欲大减或废绝，可视黏膜、乳房、皮肤潮红，轻度黄染，前胃弛缓，粪便干稀交替出现，产奶量急剧下降。用解热镇痛药和抗菌消炎药治疗，体温可短时间内下降，停药3~4 d又升高，死亡前体温降至常温以下，胸部皮下组织水肿，全身出现黄疸，严重者血液稀薄且凝固不良，淋巴结肿大，妊娠牛可引起早产、流产、胎衣不下等。

2. 慢性型

病牛体长期携带附红细胞体，但不表现明显的症状，只有体质下降，精神沉郁，消瘦，大便带血或黏膜出血，可视黏膜及乳房黄染、苍白，产奶量无高峰期，发情不正常，屡配不孕，有的吐草。耳尖采血涂片检查可确诊。

化验检查可见RBC和Hb降低，出现血红蛋白尿，血浆白蛋白、β-球蛋白、γ-球蛋白数量均下降，淋巴细胞、单核细胞数量均上升等。

三、病理变化

主要变化为贫血和黄疸。病牛腹下及四肢内侧多有紫红色出血斑，全身淋巴结肿胀；急性死亡病牛的血液稀薄、不易凝固；黏膜和浆膜黄染，皮下脂肪轻度黄染；腹水增多，肝、脾肿大且质软，肝细胞肿胀，胞质呈空网状结构，部分肝细胞溶解坏死，呈针尖大小的黄色点状坏死；胆囊膨大，胆汁浓稠；心肌坏死，心外膜上有小出血点，心包积液，心冠脂肪轻度黄染；心肌纤维染色不均匀，肌原纤维断裂，呈粉红色颗粒状；肺间质水肿，肺泡壁因血管充血扩张及淋巴细胞浸润而增厚，肺泡腔内有少量纤维素性浆液渗出；肾脏混浊肿胀、质地脆，皮质和髓质界限不清；肾小球囊腔变窄，有红细胞核纤维素渗出；骨髓液和脑脊液增多，脑血管内皮细胞肿胀，周围间隙增宽，有浆液性及纤维素性渗出，脑软膜充血、出血，有白细胞浸润，少部分脑神经细胞浆溶解，细胞核浓缩；瘤胃黏膜呈现出血现象，皱胃黏膜有出血，并有大量的溃疡灶；肠道黏膜有出血点及溃疡。

四、诊 断

1. 常规实验室诊断

（1）**血液悬滴镜检**。用柠檬酸钠作抗凝剂，采颈静脉血1滴于载玻片上，加2~3倍生理盐水混匀，加盖玻片，用光学显微镜在1 000倍油镜下观察，发现被感染的红细胞发生变形，呈车轮状或菠萝状。红细胞上有许多虫体附着，少则几个，多则十几个，以边缘为多。温氏附红细胞体呈圆形、椭圆形、月牙状或杆状，有时可见虫体结成的团块，大小为（0.3~1.3）μm×（0.5~2.6）μm。常单独或呈链状附着于红细胞表面，也可围绕在整个细胞上，还有的游离在血浆中。附着在红细胞上的病原体可使红细胞发生震颤。温氏附红细胞体折光性很强，虫体可上下翻滚、移动。这种方法简单易行，但是染色颗粒附着于红细胞上，很容易造成假阳性现象，影响检测结果。

（2）**血液涂片染色镜检**。温氏附红细胞体血液涂片染色多采用吉姆萨染色法或瑞氏染色法，可见被感染红细胞发生严重变形，呈星形、锯齿状等不规则形状，红细胞边缘有许多虫体附着，数量从几个到几十个不等，附红细胞体大小不一，呈圆形、椭圆形、月牙状等，染色后红细胞呈红色，温氏附红细胞体呈深蓝色。

（3）**电镜观察法**。

扫描电镜观察法：正常的牛红细胞呈双凹面的圆盘状，表面光滑规整。扫描电镜下观察，发现被温氏附红细胞体感染的牛红细胞严重变形，呈车轮状、菠萝状的不规则多边形，被附红细胞体寄生的红细胞由于其细胞表面电荷平衡被打破而导致红细胞易聚集；可见月牙形、杆形、梨形、纺锤形的附红细胞体寄生于红细胞表面而不进入细胞内，也可以单独存在，也可以成簇寄生。附红细胞体无细胞壁，仅有单层界膜，无明显的细胞器和细胞核，多数为球形小体，偶见杆状附红细胞体，单个或多个呈小团块状附着在红细胞表面，其中较小的幼稚附红细胞体与红细胞之间形成约30 nm的电子透明区，而较大的成熟附红细胞体则可使附着处的红细胞膜凹陷，甚至形成空洞。体形较大的附红细胞体可见纤丝，其纤丝可扒嵌在红细胞表面，且仅仅附着在红细胞表面。

透射电镜观察法：可见附红细胞体呈大小不等、以球形为主的多形小体，直径多为0.2~0.5 μm，偶见短杆状、半月形等形态。在红细胞中，附红细胞体可单独或成团聚集存在，在血浆中，多成团聚集。有报道称，透射电镜可观察到附红细胞体以出芽方式进行繁殖。

2. 血清学诊断方法

（1）**荧光抗体试验**。1970年花松等率先用于诊断牛附红细胞体病诊断。抗体在感染后第4天出

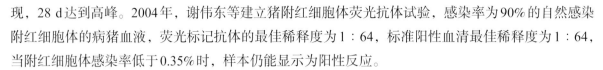

现，28 d达到高峰。2004年，谢伟东等建立猪附红细胞体荧光抗体试验，感染率为90%的自然感染附红细胞体的病猪血液，荧光标记抗体的最佳稀释度为1：64，标准阳性血清最佳稀释度为1：64，当附红细胞体感染率低于0.35%时，样本仍能显示为阳性反应。

（2）间接血凝试验。1975年Smith等将分离的附红细胞体作为检测抗原，从接种附红细胞体康复猪的机体内获得检测用抗体，用双向琼脂扩散试验检测其抗原抗体特异性后进行间接血凝试验，结果将滴度>1：40定为阳性，此法灵敏度较高，能检出补体结合反应转阴后的猪。张守发等建立了猪附红细胞体间接血凝试验，采用绵羊红细胞经羟化、鞣酸化后致敏的方法也取得了较好的效果。

（3）酶联免疫吸附试验。有学者从附红细胞体感染严重的病猪血液中分离抗原，用ELISA和IHA检测附红细胞体感染猪只和无特定病原菌猪只的血液，比较分析检测结果，表明ELISA比IHA更为敏感。2006年，Hoelzle等对猪附红细胞体的血清学诊断方法做了改进，用间接ELISA和免疫杂交试验法对附红细胞体感染猪血液中8种特异性抗原（p33、p40、p45、p57、p61、p70、p73、p83）刺激所产生的特异性免疫球蛋白进行检测，特异性抗体IgG从感染后14 d出现，持续到98 d，检出率为100%。该方法大大提高了血清学诊断的准确度，是一种快速有效的诊断方法。

3. 分子生物学诊断方法

（1）DNA探针杂交技术。DNA探针杂交技术在检测附红细胞体中的应用源于1990年，该方法是从感染附红细胞体病的动物血液中提取DNA，用^{32}P标记的探针，可用于检测多种样品，区别动物体是否感染了附红细胞体。

（2）聚合酶链式反应（PCR）技术。陈明等通过利用原核生物16S rRNA基因通用引物，对分离得到的奶牛附红细胞体进行基因克隆及测序，并根据诊断结果设计诊断引物，建立奶牛附红细胞体感染的PCR诊断方法。结果扩增出长约1.5 kb的奶牛附红细胞体的16S rRNA基因片段；特异性试验和敏感性试验表明，所建立的PCR方法可将该病与常见的支原体、细菌及原虫感染相区别，并且能检测到奶牛附红细胞体的最低DNA量为0.145 ng。通过试验结果分析所建立的PCR诊断方法是特异、敏感、快速的，可应用于临床检测。

五、类症鉴别

1. 牛钩端螺旋体病

相似点： 夏季为流行高峰期。病牛体温升高（40℃以上），出现黄疸，血液稀薄且凝固不良，淋巴结肿大，妊娠奶牛可引起早产、流产，泌乳牛产奶量下降。剖检见病牛全身淋巴结肿胀，肾脏肿胀，皮质和髓质界限不清。

不同点： 牛钩端螺旋体病出现血红蛋白尿，皮肤与黏膜溃疡，亚急性型成年牛发生结膜炎，哺乳牛乳汁变质，含有凝乳块与血液；剖检见唇、齿龈、舌面、鼻镜、耳颈部、腋下、外生殖器的黏膜或皮肤发生局灶性坏死与溃疡，皮下、肌间、胸腹下、肾周组织发生弥漫性胶样水肿与散在性点状出血，胸腔、腹腔以及心包腔内有过量的黄色或含胆红素性液体，肺脏苍白、水肿、膨大，肝脏体积增大、变脆，呈淡黄褐色。

2. 牛无浆体病

相似点： 夏季、秋季为发病高峰期。病牛体温升高（40℃以上），精神沉郁，食欲减退，颈部、胸部水肿、贫血、血液稀薄，出现黄疸，无血红蛋白尿，妊娠牛流产，可视黏膜、乳房皮肤黄染。剖检见淋巴结肿胀、浆膜黄染，肝脏肿大，胆囊肿大，内充满黏稠胆汁；心包积液，心外膜有小出血点。

不同点：无浆体病病牛肠蠕动和反应迟缓，有时发生瘤胃臌胀，还可出现肌肉震颤。剖检见无浆体病病牛皮下组织有黄色胶样浸润，大网膜和肠系膜黄染；肝脏轻度肿胀、黄染，呈红褐色或黄褐色；脾脏肿大，髓质呈暗红色，肾脏肿大，被膜易剥离，多呈黄褐色；心肌软而色淡，膀胱积尿。

3. 牛巴贝斯虫病

相似点：多发生于夏秋季节。病牛体温升高（40℃以上），精神沉郁，食欲减退，呼吸加快，粪便干稀交替出现，产奶量急剧下降，妊娠牛发生流产，皮下组织水肿，贫血，黄疸，有血红蛋白尿。剖检见病牛血液稀薄，凝固不全；肝脏、脾脏肿大；胆囊肿大，充满浓稠胆汁。

不同点：巴贝斯虫病病牛皮下组织、肌间结缔组织和脂肪组织呈黄色胶样水肿；各器官被膜均黄染；肝脏呈黄褐色，切面呈豆蔻状花纹；肾脏淤血，呈红黄色；心肌柔软，呈黄红色；胃及小肠有卡他性炎症。附红细胞体病病牛黏膜和浆膜黄染，皮下脂肪轻度黄染，心冠脂肪轻度黄染；皱胃黏膜出血、溃疡，肠道黏膜出血、溃疡。

4. 牛伊氏锥虫病

相似点：夏秋季节多发。病牛体温升高（40℃以上），精神沉郁，贫血，黄疸，呼吸增速，心悸亢进，妊娠牛流产、产死胎。剖检见全身淋巴结肿胀，心包积液，肝、脾肿大，肾脏肿大，胃黏膜、小肠黏膜有出血。

不同点：伊氏锥虫病病牛体温呈间歇热，慢性型病牛走路摇晃，肌肉萎缩；皮肤常出现干裂，流出黄色或血色液体，结成痂皮，而后痂皮脱落，被毛脱落，形成无毛区；四肢下部肿胀；耳尖和尾尖发生干枯、坏死，严重时部分或全部干僵脱落（俗称焦尾症），角及蹄匣也有脱落的。剖检见皮下水肿和胶样浸润，胸、腹腔内积有大量液体，急性病例脾脏显著肿大，脾髓呈软泥样。

六、治疗与预防

1. 预防

（1）**做好消毒工作**。加强对牛体、牛舍、用具及运动场地的卫生消毒工作，可采用喷雾消毒，每周消毒1次即可。做好治疗器材的消毒工作，防止交叉感染。在注射时，应坚持一牛一针头的原则，注射器在使用后及时清洗消毒；耳标枪有时也是传染病的重要载体，同样要做好其卫生消毒工作，耳标在使用前用消毒液浸泡消毒，可有效杜绝疾病的传播。

（2）**定期驱虫**。做好驱蚊、灭虱、灭蜱工作，每年春、秋两季定期对牛群使用伊维菌素注射驱虫，注射2次，每次间隔15 d，从而减少通过虫媒介传播疾病的机会。

（3）**加强饲养管理**。为提高牛的抵抗力，要保证牛有足够的营养供给，提供全价配合日粮。精心管理牛，改善饲养环境，创造适宜的饲养条件。

（4）**药物预防**。可在每吨饲料中混入600 g四环素，能有效预防该病的发生。

2. 治疗

处方1：贝尼尔（三氮脒），每千克体重3~5 mg，用生理盐水配成5%溶液深部肌内注射，每

日1次，连用2 d。

处方2：新肿凡纳明3~4 g，溶于生理盐水或5%葡萄糖注射液中，一次静脉注射。

处方3：盐酸四环素，每千克体重2.5~5 mg，加入5%糖盐水中静脉注射，每日2次，连用4 d。

处方4：使用咪唑苯脲对病牛进行治疗，每千克体重1~4 mg，肌内注射。在注射盐酸咪唑苯脲后，注射部位可能会有花生粒大小的小肿块，并且会出现流涎多的现象，属于正常反应，不久即会自行吸收。需要注意的是，由于该药在食用组织中残留期长，故牛在屠宰前应停药28 d。

在使用上述药物治疗的同时，使用补铁制剂和抗贫血药效果比较好。对体质弱者，可静脉注射葡萄糖、维生素C、强心药，每日1次，连用3~5 d，在饲料中添加青绿多汁饲料、复合B族维生素、维生素A、维生素D、维生素E、矿物质微量元素等。

第四节　牛无浆体病

牛无浆体病是由无浆体寄生于牛红细胞引起的传染性疾病，临床以发热、贫血、黄疸为特征。

1910年在北非首次发现了牛无浆体病，后来发现该病广泛分布于世界各地。主要分布于热带和亚热带地区，在一些温带地区也有分布，流行地区包括欧洲、非洲、亚洲、大洋洲和美洲地区。近年来，无浆体病的分布范围逐渐扩大。在我国，1951年黄均建首次报道了由边缘无浆体引起的奶牛感染病例，后来发现我国的大部分地区都存在无浆体病，尤其是西北牧区。OIE将其列为必须通报的疫病。

一、病 原

病原为无浆体，属于立克次体目、无浆体科、无浆体属成员。

1.分类地位

边缘无浆体、中央无浆体、牛无浆体均能感染牛，牛边缘无浆体的致病性高。因此，牛边缘无浆体病被指定为家畜法定传染病。

无浆体属目前包含有以下6个种。

（1）边缘无浆体。主要感染牛等反刍动物，主要寄生于动物血液的红细胞中。致病力较强，成为各国科学家研究的热点和重点。

（2）中央无浆体。亲缘关系与边缘无浆体接近，致病力较弱，可感染牛，在以色列、南美洲和澳大利亚被用作活疫苗。

（3）绵羊无浆体。可以引起绵羊、山羊、鹿等反刍动物发病，但不感染牛，主要寄生于动物血液的红细胞中。

（4）嗜吞噬细胞无浆体。它是由以前的嗜吞噬细胞埃里克体、马埃里克体和人粒细胞埃里克体病的病原合并而来，在医学上通常被称为嗜吞噬细胞无形体，是一种人兽共患病病原，主要寄生于动物的粒细胞中。

（5）**牛无浆体**。先前被称为牛埃里克体，可以感染牛、羊等反刍动物，主要寄生于动物血液的单核细胞中。

（6）**扁平无浆体**。以前被称为扁平埃里克体，主要感染犬类动物。

2. 形态特征

边缘无浆体呈圆点状，在发病初期，虫体在红细胞内进行二分裂繁殖，呈带尾巴的圆点状，形似彗星，无原生质，由一团染色质构成。以吉姆萨染色，虫体呈紫色，大多数寄生在红细胞边缘，大小为0.2~0.9μm；每个红细胞中的虫体为1~3个，寄生1个虫体的约占87.4%，寄生2个虫体的约占11.1%，寄生3个虫体的约1.5%，红细胞感染率为14.7%。在电子显微镜下可见每个无浆体是由1~6个豆状或椭圆形原始小体组成，每个原始小体表面具有2层膜，当虫体含单个原始小体时呈圆形，含多个原始小体时呈豆状或环状，其形态变化是由于进行二分裂增殖造成。原始小体的内部构造系由原纤维物质和许多种致密的电子颗粒构成，这些颗粒形状不一，成堆或分散存在于原始小体内。

3. 生活史

无浆体在宿主体内的发育情况较为复杂，主要以分裂增殖方式进行无性繁殖，大体上分为两个过程：在蜱体内的发育和在牛等哺乳动物体内的发育。

（1）**虫体在蜱体内的发育**。它是指蜱吸取了含虫体的血液后，虫体随血液经蜱的上消化道到达蜱小肠中断，红细胞破裂，虫体释放出来，并侵袭至小肠中断组织内进行分裂增殖，形成无性繁殖期的网状型虫体，继而发育成具有感染力的浓密型虫体，并继续感染其他组织，反复增殖，最终具有感染力的虫体汇集在蜱的唾液腺中。

（2）**虫体在牛等哺乳动物体内的发育**。比较简单，主要是指蜱或牛虻、厩蝇、蚊子等其他吸血类昆虫叮咬牛时将具有感染力的虫体带入牛体内血液循环中，虫体在红细胞内进行无性繁殖，并不断侵袭大量红细胞来进行反复增殖。

二、临床症状

牛无浆体病潜伏期较长，一般需20~80 d，人工接种带虫的血液，潜伏期为7~49 d。该病临床症状大多为急性经过，以高热、贫血、黄疸为主要症状。病初体温高达40~41.5℃，呈间歇热或稽留热型。

病牛精神沉郁、食欲减退、贫血，颈部发生水肿，肠蠕动和反应迟缓，有时发生瘤胃臌胀。当红细胞压积降至正常的40%~50%时，可视黏膜变得苍白和黄染（图12-4-1）。尿液颜色正常，无血红蛋白尿。还可出现肌肉震颤、流产和停止发情（图12-4-2）。常因继发病而死亡。血相的变化十分明显，红细胞数显著减少，$(9~10) \times 10^5$个/mL，血红蛋白也相应减少到20%以下。红细胞大小不均，并出现各种异形红细胞，有时还可见到有核的红细胞。发病初期白细胞数稍增多，淋巴细胞增加65%~77%，大单核与嗜酸性粒细胞增多，中性粒细胞减少，随着病牛的康复，中性粒细胞逐渐增多，淋巴细胞逐渐减少。病程可持续8~10 d。

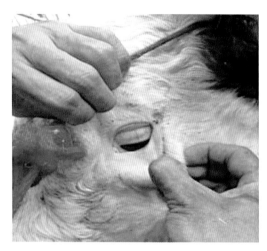

图 12-4-1　病牛可视黏膜变得苍白

图 12-4-2　病牛流产

三、病理变化

主要病变为贫血、黄疸和脾脏肿大。病牛可视黏膜苍白，乳房、会阴部呈现黄色，皮下组织有黄色胶样浸润。颈下、肩前和乳房淋巴结显著肿大，切面湿润多汁，有斑点状出血。大网膜和肠系膜黄染；肝脏轻度肿胀、黄染，呈红褐色或黄褐色；胆囊肿大，内充满黏稠胆汁；脾脏肿大，髓质呈暗红色，轻度软化；肾脏肿大，被膜易剥离，多呈黄褐色；心内、外膜有点状出血，心肌软而色淡，心包积液；膀胱积尿，尿色正常。

四、诊　断

根据临床常规检查方法可做出初步诊断，结合血清学和分子生物学检测即可确诊。

1. 常规诊断方法

临床应用的常规检查方法是根据该病的流行病学、临床症状、尸体剖检和血液涂片等进行综合诊断。由于牛无浆体病的流行有3种基本因素，即病原、硬蜱和易感动物，三者形成一个流行的链环，缺少其中任何一个因素都不可能使牛无浆体病发生和流行。因此，在诊断牛无浆体病时，看当地是否曾有流行史，是否有易感动物来自疫区，是否有传播病原的媒介昆虫，再结合高热、贫血、黄疸及具有季节性可进行初步诊断。

一般情况，在病牛体温升高而未用药治疗之前，采集病牛的耳尖血，做血液涂片检查。通常当血液有大于 1×10^9 个 /mL 红细胞被感染时就会产生明显的临床症状，此时通过镜检可以检出，但当血液被感染的红细胞数小于 1×10^6 个 /mL 时就不能通过镜检方法检测出来。由于常规检查难以及时检出牛无浆体病，不利于大规模的流行病学调查，因此许多血清学方法应运而生。

2. 血清学诊断方法

（1）酶联免疫吸附试验（ELISA）。针对边缘无浆体，研究人员建立很多种酶联免疫吸附试验，包括斑点ELISA、抗原捕捉ELISA、竞争ELISA、竞争性抑制ELISA、间接ELISA，这些ELISA检测方法多是利用MSP5蛋白作为抗原建立的，由于MSP5蛋白在无浆体中的保守性，因此建立的ELISA方法也可以用来检测其他无浆体，如绵羊无浆体、中央无浆体和嗜吞噬细胞无浆体。同时，由于其保守性，使得基于MSP5建立的ELISA方法并不能将各种无浆体区分开而进行鉴别诊断。即使在一些商品化的试剂盒中，好像也有交叉反应的可能性。

（2）卡片凝集试验（Card agglutination test）。卡片凝集试验是非常灵敏的，操作简便易行，在实验室或野外都可以进行操作，并且在30 min内即可得出结果。但是凝集试验的非特异性反应或许是个制约因素，并且解释结果的主观性使得结果解释发生变化。除此之外，卡片凝集试验所用的抗原很难制备，并且批与批之间、实验室与实验室之间会有所不同，从而造成结果的异同。

（3）补体结合试验（CFT）。CFT现在已被广泛应用了好多年，但是它的灵敏度变化很大。另外，CFT无法检测出占有相当大比例的隐性感染及感染早期的动物。因此，该方法已不再被推荐使用。

（4）间接免疫荧光试验（IFA）。研究人员建立了IFA，并将IFA与其他试验方法进行了比较。研究表明，其他血清学检测方法要优于IFA。另外，这种方法特异性比较差。

3. 分子生物学诊断方法

目前无浆体病分子生物学检测技术主要有常规聚合酶链式反应（PCR）、环介导等温扩增（LAMP）、反向线状印迹技术（Reverse line blot，RLB）、实时荧光定量 PCR（Real-time fluorescent quantitative PCR，FQ-PCR）。

（1）**常规 PCR 技术**。早期无浆体病的分子诊断主要是一些常规 PCR。由于 *msp5* 基因在无浆体之间的保守性，因此许多研究人员选择其他基因作为检测靶基因。对于边缘无浆体，许多采用 *msp1β* 基因、*msp1α* 基因作为检测靶基因。研究人员先后建立了检测绵羊无浆体 *msp4* 基因的 PCR 诊断方法，以及检测扁平无浆体 16S rRNA 基因的 PCR 方法。2006 年 Kawahara 等建立了可以用来检测嗜吞噬细胞无浆体、中央无浆体和牛无浆体的套式 PCR 方法。2011 年李树清等建立可以同时检测边缘无浆体、中央无浆体和绵羊无浆体的套式 PCR。

（2）**环介导等温扩增技术（LAMP）**。LAMP 法是一种全新的核酸扩增方法，具有操作简便、迅速、特异性强的特点。该技术在灵敏度、特异性和检测范围等指标上优于一般 PCR 技术，并且不依赖任何专门的仪器设备实现现场高通量快速检测，实用性较强。2011 年 Pan 等和 2012 年 Lee 等分别建立了检测嗜吞噬细胞无浆体的 LAMP 方法。2011 年 Ma 等建立了检测绵羊无浆体的 LAMP 方法。

（3）**反向线状印迹技术（Reverse line blot，RLB）**。RLB 最初被称为点印迹法或斑点印迹法，1994 年 Kaufhold 等首次利用该方法诊断镰状细胞性贫血。2002 年 Stuen 等建立了区分嗜吞噬细胞无浆体变异型的 RLB 方法。2002 年 Bekker 等利用 RLB 方法从彩饰花蜱中同时检测绵羊无浆体和其他几种埃里克体。2011 年 Aktas 等利用 RLB 方法对土耳其牛体内边缘无浆体、中央无浆体、嗜吞噬细胞无浆体和其他几种埃里克体进行了检测。2003 年 Sparagano 等利用 RLB 方法检测了犬体内的扁平无浆体。

（4）**实时荧光定量PCR技术**。目前世界各国科学家针对无浆体建立许多种实时荧光定量PCR方法。国内王贵强等建立了检测边缘无浆体 *msp4* 基因的 *TaqMan*-MGB 探针法实时荧光定量 PCR，何德肆等建立了检测边缘无浆体 *msp4* 基因的 SYBR Green I 实时荧光定量 PCR。另外，由于嗜吞噬细胞无浆体还可以感染人，因此在人医中研究得比较多，张晶波等建立了检测嗜吞噬细胞无浆体 *glt A* 基因的 *TaqMan*-MGB 探针法实时荧光定量 PCR，王誓文等建立了检测嗜吞噬细胞无浆体 *msp2* 基因的普通 *TaqMan* 探针及 *TaqMan* MGB 探针实时荧光定量 PCR。

五、类症鉴别

1. 牛钩端螺旋体病

相似点：7－11月为流行高峰期。病牛体温高达40℃以上，精神沉郁，食欲减退，贫血、黄疸，母牛可出现流产症状。剖检见病牛皮下组织胶样浸润；心肌柔软，呈淡红色；肝脏肿大，黄染；肾脏肿大，被膜易剥离；淋巴结肿大，切面多汁。

不同点：钩端螺旋体病病牛出现血红蛋白尿，皮肤与黏膜溃疡；亚急性成年牛与哺乳牛有结膜炎，哺乳母牛乳汁分泌减少、变质，乳汁内含有凝乳块与血液；无浆体病病牛不出现血红蛋白尿、皮肤和黏膜溃疡、结膜炎、乳汁变质等症状。钩端螺旋体病病牛胸腔、腹腔以及心包腔内有过量的黄色或含胆红素性液体；肺脏苍白、水肿、膨大，肺小叶间质增宽；肾脏颜色变暗，呈出血性外观。慢性型病例肾皮质或肾表面出现灰白色、半透明、大小不一的病灶；膀胱膨胀，充满血性、混浊的尿液；胎儿皮下水肿，胸腔、腹腔内有大量的浆液性出血性液体。

2. 牛附红细胞体病

相似点：夏季、秋季为发病高峰期。病牛体温升高（40℃以上），精神沉郁，食欲减退，颈部、胸部水肿，贫血、血液稀薄，出现黄疸，妊娠牛流产，可视黏膜、乳房皮肤黄染。剖检见淋巴结肿胀，浆膜黄染，肝脏肿大；胆囊肿大，内充满黏稠胆汁；心包积液，心外膜有小出血点。

不同点：附红细胞体病病牛可视黏膜、乳房、皮肤潮红，粪便干稀交替出现，产奶量急剧下降；无浆体病病牛可视黏膜苍白、黄染，没有干湿粪便交替出现症状。附红细胞体病病牛剖检见病牛腹下及四肢内侧多有紫红色出血斑；黏膜和浆膜黄染，皮下脂肪轻度黄染；肝肿大、质软，有针尖大小的黄色点状坏死；心冠脂肪轻度黄染；骨髓液和脑脊液增多，脑软膜充血、出血；瘤胃黏膜出血，皱胃黏膜出血，并有大量的溃疡灶，肠道黏膜有出血点及溃疡。

3. 牛巴贝斯虫病

相似点：传播受蜱类影响，多发于夏季、秋季。病牛体温升高（40℃以上），呈间歇热或稽留热型，精神沉郁，食欲减退，贫血、黄疸，可视黏膜苍白、黄染，水肿，妊娠牛流产。剖检见皮下组织黄色胶样浸润；脾脏肿大，脾髓色暗；肝脏黄染，呈红褐色或黄褐色；胆囊肿大，内充满黏稠胆汁；肾脏肿大，呈黄褐色或黄红色。

不同点：巴贝斯虫病病牛便秘与腹泻交替发生，部分病牛粪便中含有黏液和血液；出现血红蛋白尿，尿液颜色由淡红色变为棕红色或红黑色。剖检见病牛消瘦，各器官被膜均黄染；肝脏切面呈豆蔻状花纹，被膜上有时有少数小出血点；心肌柔软，呈黄红色，心内膜外有出血斑；胃及小肠有卡他性炎症。

4. 牛伊氏锥虫病

相似点：夏秋季节多发。病牛体温升高（40℃以上），呈间歇热，精神不振，贫血、黄疸，无血红蛋白尿，妊娠牛发生流产。剖检见皮下组织胶样浸润，体表淋巴结肿大，肝、脾、肾脏肿大。

不同点：伊氏锥虫病病牛体温呈间歇热，慢性型病牛走路摇晃，肌肉萎缩，皮肤常出现干裂，流出黄色或血色液体，结成痂皮，而后痂皮脱落，被毛脱落，形成无毛区；四肢下部肿胀；耳尖和尾尖发生干枯、坏死，严重时，部分或全部干僵脱落（俗称焦尾症），角及蹄匣也有脱落的。伊氏锥虫病病牛剖检见胸、腹腔内积有大量液体；急性病例脾脏显著肿大，脾髓呈软泥样；瓣胃、皱胃黏膜多有出血点，小肠也有出血性炎症，直肠近肛门处有条状出血。

六、治疗与预防

1. 预防

（1）疫苗接种。可用灭活或弱毒疫苗进行免疫接种，发生疫情后，立即将病牛检出，隔离饲养，供给充足的饮水和饲料，每天用灭蝇剂喷洒体表。

（2）药物预防。对牛群进行药浴或淋浴，用1%敌百虫溶液喷洒牛体1次，以杀灭牛体表寄生的蜱，防止吸血蜱类侵袭牛群。同时，用四环素肌内注射，1~2 g/次，每隔2 d注射1次，连用3次，或每天按每千克体重0.2 mg拌料饲喂，进行药物预防。

2. 治疗

以血虫净（贝尼尔、三氮脒）或黄色素（吖啶黄）与四环素联合用药为主，同时采取对症治疗。

处方1：血虫净，一次量为每千克体重1~3 mg，用生理盐水配成5%的溶液，肌内注射，隔日1次，连用2~3次。

处方2：0.5%黄色素注射液，成年母牛一次量为每千克体重3 mg，加入5%葡萄糖注射液500 mL中，缓慢静脉注射，间隔24 h再注射1次。育成牛、犊牛一次用量为每千克体重2 mg，用法同上。

处方3：四环素，成年母牛一次用为量5~6 g，加入5%葡萄糖注射液1 000 mL中，静脉注射，每日1次，连用3~4 d。育成牛、犊牛一次用量为每千克体重5 mg，加入5%葡萄糖注射液300~500 mL中，用法同上。

对症治疗主要根据发病牛情况采取补液、健胃、轻泻、补血或止血等措施。

第五节 牛衣原体病

牛衣原体病是由衣原体引起的一类传染病，临床上表现犊牛肠炎、肺炎、多发性关节炎、脑脊髓炎，母牛流产、乳腺炎，公牛精囊炎等症状。

流产嗜衣原体主要引起动物生殖道黏膜的损伤，对牛、绵羊、山羊和猪主要造成流产和产木乃伊胎、死胎等症状，对公畜主要引起睾丸炎、尿道炎、龟头炎、包皮炎等一些慢性接触性传染病。家畜嗜衣原体感染牛之后主要引起牛的间歇性脑脊髓炎、多发性关节炎、肺炎、肠炎、阴道炎和子宫内膜炎等症状。其中危害最严重的是由流产嗜衣原体引起的牛衣原体性流产，又称为牛地方流行性流产。

一、病 原

1. 分类与形态特征

流产嗜衣原体和家畜嗜衣原体均属于衣原体科、嗜衣原体属成员。

衣原体是一类原核细胞型微生物，介于细菌和病毒之间，包含RNA和DNA 2种核酸，主要为圆形或椭圆形,革兰氏染色阴性。其氧化代谢依靠宿主细胞,在细菌培养基上不能够培养,它是能够在专性细胞内寄生的独特微生物群,细胞壁具有完整性,但没有磷壁酸。细胞壁主要包含有蛋白质及类脂质两类,其他的主要组成为碳水化合物类。其进化来源尚未明确,感染宿主广泛,致病表现复杂。

衣原体有3种形态,较大的称为网状体(Reticular body, RB),直径0.6~1.5 μm,呈球形或不规列形态,为繁殖性形态;较小的称为原体(Elementary body, EB),直径0.2~0.5 μm,呈球形或卵圆形,具有感染力;还有一种过渡形态,称为中间体(Intermediate body, IB)。这些形态吉姆萨染色或碘染色后在光学显微镜下可以观察到。

2. 生活周期

衣原体具有DNA和RNA 2种核酸,可合成自己的DNA、RNA和蛋白质。衣原体具有细胞壁,有酶系统,可进行一定的分解代谢活动。衣原体以二分裂方式繁殖,有独特的生活周期。衣原体在感染后1~2 h内,通过配体吸附于敏感宿主细胞表面受体上,宿主细胞将EB吞饮,EB进入宿主胞质的空泡或液泡。感染后2.5 h,EB开始发育,体积逐渐增大,经8~12 h,发育成RB,呈网状分布在均一的胞质中。感染后20 h,宿主细胞内充满RB,宿主细胞核移位,一些RB出现二分裂。到感染后30 h,宿主细胞内RB减少,出现IB、RB和子代EB 3种形态。繁殖的衣原体聚集形成胞质内包涵体。感染后36~48 h,宿主细胞破裂,释放出具有感染力的子代EB。

3. 培养特性

衣原体的培养方法主要是鸡胚培养、细胞培养及动物接种3种方法。目前常用于衣原体培养的组织细胞有Hep-2细胞、Vero细胞、McCoy细胞、Hela细胞、人绒毛膜细胞等。将衣原体接种于7~8日龄的鸡胚生长繁殖,鸡胚一般在接种6~8 d死亡,将死鸡胚的卵黄膜进行涂片镜检,通过镜检可以观察到包涵体、网状体颗粒及衣原体。

4. 理化特性

衣原体耐低温,4℃可保存2 d,-20℃可保存4周,-70℃以下可保存数年。对高温和多种消毒药敏感,60℃作用10 min,2%来苏尔注射液、0.1%甲醛溶液注射液、0.5%石炭酸注射液作用10 min均可灭活,对四环素、红霉素和阿奇霉素敏感。

二、临床症状

牛自然感染衣原体的发病潜伏期估计为数周至数年。人工感染的发病潜伏期,静脉接种为6~40 d,皮下接种为40~126 d。

1. 牛衣原体性流产

又名牛地方流行性流产。感染该病后,各个妊娠期的母牛均可发病,多数在妊娠中、后期(妊娠7~9个月)突然发生流产,发病前母牛一般不表现任何特殊征兆,有的呈一过性高热,产出死胎或无活力的犊牛,有的胎衣排出迟缓,有的发生子宫内膜炎、阴道炎、乳腺炎、输卵管炎,产奶量低。初产的妊娠牛发病率较高,可达50%。患病公牛的精囊腺、副性腺和睾丸出现慢性炎症,有的睾丸萎缩,精液品质下降。该病在牛群中的发病率可达10%。

2. 牛衣原体性关节炎

又名牛多发性关节炎,该病多见于犊牛。病牛表现行动迟缓,卧地后驱赶不愿起立或起立困难。站立时以健肢负重，不愿走动。急性期体温升高，关节肿胀（图12-5-1），患关节局部皮温升高，患肢僵硬，触摸敏感，跛行（图12-5-2）。

3. 牛衣原体性脑脊髓炎

又名牛散发性脑脊髓炎。自然感染潜伏期为4~27 d。病牛体温升高（40~41℃），重度精神沉郁，表现无意识、消瘦、虚弱等症状。眼、鼻流清亮的黏液性分泌物。有时出现轻度腹泻。

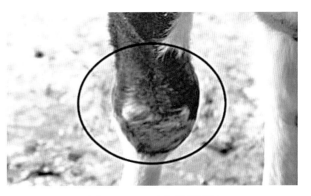

图 12-5-1　病牛关节肿胀

病程后期，病牛消瘦、共济失调，有的病牛绕圈行走、角弓反张，之后出现麻痹、倒地，经3~5周，病牛死亡率为40%~60%。有的并发肺炎、腹膜炎、心包炎等症状。

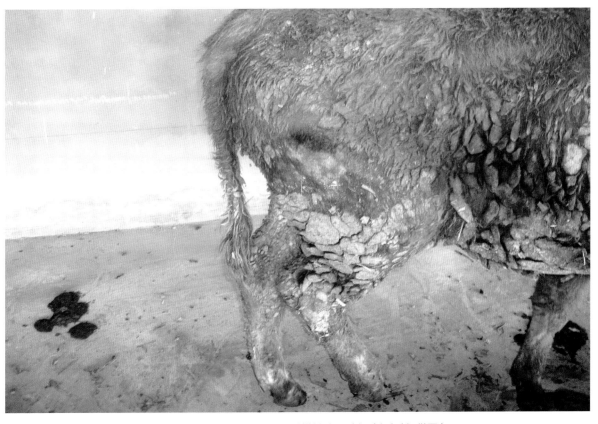

图 12-5-2　病牛患肢僵硬，触摸敏感，跛行（胡长敏 供图）

三、病理变化

1. 牛衣原体性流产

病变主要限于胎衣和胎儿。胎衣增厚和水肿。胎儿贫血，皮肤和黏膜通常有斑点状出血，皮下组织水肿，结膜、咽喉、气管黏膜有点状出血；腹腔、胸腔积有黄色渗出物；肝肿大并有灰黄色突出于表面的小结节；在气管、舌、胸腺和淋巴结上经常可见斑点状出血；淋巴组织由于淋巴液的滞留而肿大；各个器官可见有肉芽肿样损伤。组织学特征为各器官网状内皮组织增生，尤其是脾、胸

腺和淋巴结的增生最为严重。

2. 牛衣原体性关节炎

剖检见浆液性或纤维素性关节炎。关节变化以腕关节、跗关节和冠关节最明显。关节肿大，关节周围肌肉充血、水肿，筋膜出血，呈红色；关节液呈淡黄色，混浊，有纤维素块；关节面出血、溃烂、增生，关节腔内积有纤维素性渗出物（图12-5-3）。滑膜和滑液涂片或病理切片，染色镜检可见原生小体。

图 12-5-3　病牛关节腔有纤维素性渗出物（胡长敏　供图）

3. 牛衣原体性脑脊髓炎

剖检无特征性病变，一般可见脱水，腹腔、胸腔液增多。慢性病例伴有浆液性纤维素性腹膜炎、胸膜炎或心包炎，脾脏肿大。大脑通常无明显病变，但镜检可见脑和脊髓神经元变性，脑血管周围有淋巴细胞和单核巨噬细胞形成的细胞套，脑膜可见中性粒细胞和单核细胞构成的炎性病灶。

四、诊　断

1. 病原学诊断方法

（1）病料的采集。主要包括流产母牛胎衣，流产胎儿的肝、脾、肺及胃液，公牛的精液，肺炎病例的肺、气管分泌物，肠炎病例的粪便及内脏，结膜炎病例眼分泌物棉拭子，脑炎病例的大脑，关节炎病例的关节液，乳腺炎病例的初乳及各类病牛血清。

（2）触片染色。用各种病料做触片（涂片）进行吉姆萨染色，等涂片自然干燥后，用甲醇固定5 min，用吉姆萨染液染色30~60 min，用PBS液（pH值为7.2）或蒸馏水冲洗，晾干镜检，在油镜下可见衣原体原体被染成紫红色，网状体被染成蓝紫色。

（3）病原分离。将镜检发现的疑似衣原体颗粒的无杂菌污染的病料用灭菌生理盐水或PBS作1：4稀释，3 000 r/min离心20 min，在4℃冰箱过夜后，取上清液接种7日龄发育良好的鸡胚，每胚卵黄囊内接种0.4 mL，蜡封蛋壳针孔，置于37~38.5℃温箱孵育。收集接种后3~10 d内死亡鸡胚卵黄膜继续传代，直至接种鸡胚规律性死亡（即接种后4~7 d内死亡）。初次接种分离时，有的不致死鸡胚应再盲传3~4代，接种鸡胚仍不死亡且镜检未发现疑似衣原体颗粒者，可判为衣原体感染阴性。对已污染的病料研磨粉碎后，用含链霉素（1 mg/mL）和卡那霉素（1 mg/mL）的PBS作1:5倍稀释，3 000 r/min离心20 min，取其上清液以4 000~6 000 r/min再差速离心，连续3次，取末次离心上清液4℃冰箱过夜后接种7日龄鸡胚以分离培养衣原体。

2. 血清学诊断方法

（1）间接血凝试验（IHA）。使用纯的衣原体致敏绵羊红细胞后检测动物血清中衣原体抗体，该方法操作简单快速、灵敏度相对较高。林颖等将此方法分别与补体结合试验、间接补体结合试验进行了相应的比较，结果表明在鹦鹉热衣原体抗体的检测中IHA能产生特异性的双相交叉反应，并且重复性较好。随后该方法被应用于牛、羊衣原体和猪衣原体感染的血清学调查研究中。

（2）胶体金技术。胶体金技术在沙眼衣原体的应相对比较广泛，该技术是将标记的沙眼衣原体的抗体置于相应的载体上，而与检测的载体相连接的是包被沙眼衣原体的单抗、多抗制成的检测线，以及由抗鼠、兔、羊IgG二抗形成的控制线，进行检测时将相应的检测物置于检测载体上，进行相应结果的判定。

（3）补体结合试验（CFT）。CFT是一种经典的血清学检测方法，激活补体而介导溶血反应，可作为反应强度的指示系统。在国际上，该方法是衣原体病最常用的血清学诊断方法。国外已经研制出微量补体结合试验用于检测火鸡和野禽血清中的衣原体抗体，然而该方法敏感度有局限，检测的步骤相对麻烦，同时也不能区别衣原体种之间的交叉反应。由于流产嗜衣原体、家畜嗜衣原体及其他细菌具有相同的抗原，故此方法不能将其区分，同时也不能区别免疫与自然感染。

（4）酶联免疫吸附试验（ELISA）。ELISA不仅有较高的灵敏度，而且能够同时检测抗体、抗原，尤其可以应用于大批样品的血清学调查，该方法可以标准化，针对结果更加容易分析。此方法在人衣原体病的血清学诊断方面应比较广泛。用于检测人与鸟类的衣原体ELISA检测方法，其主要是针对脂多糖类抗原进行研究设计，这种方法的主要缺点是与其他细菌容易发生交叉反应及假阳性的问题。研究人员利用衣原体单克隆抗体建立了竞争性ELISA检测方法以及利用衣原体的重组抗原建立了间接ELISA检测方法，并将两种方法与CFT进行了比较，发现两种方法均比CFT方法灵敏度高，但是目前这两种方法还只是应用于实验室研究中，没有商品化的试剂盒，同时对其缺少全面客观的评价。张焕荣等建立了用于检测猪衣原体抗体的斑点酶联A蛋白免疫吸附试验，该方法用被辣根过氧化物酶标记的葡萄球菌A蛋白（SPA）作为标记物，建立了检测猪衣原体抗体的Dot-ELISA方法。此方法检测猪衣原体抗体具有灵敏度较高、特异性较好、操作简单等特点。陈红英等建立了Dot-ELISA方法，该方法是针对衣原体属的特异性抗原建立的，并利用所建立的方法和CFT对猪的血清样品进行了检测，结果发现此方法在特异性、重复性方面都比较好，而且也相对比较容易判定结果。1994年研究人员使用间接ELISA诊断流产衣原体，与微量免疫荧光试验表现出同样的检测水平。目前没有能够区分自然感染和免疫接种抗体的ELISA方法。

3. 分子生物学诊断方法

（1）DNA芯片技术。基因芯片是20世纪80年代中期提出的，其基本的原理就是应用已知核酸序列作为探针与互补的靶核苷酸序列进行杂交，最后对信号进行相应的定性和定量分析。有研究者采用Array Tubee平台建立了鉴定衣原体的微芯片杂交试验。这种技术包含了塑料管组合的微芯片和酶催化的银沉淀信号放大作用。该研究表明，该方法能够用于衣原体的准确鉴定，可以直接用于临床组织样本的鉴定。

（2）聚合酶链式反应（PCR）。PCR不仅在灵敏度、特异性都是较高的，而且是能够进行对检测的核酸分子定性和定量分析的一种强有力的工具。目前国内外的许多学者都已经利用衣原体主要外膜蛋白基因、热休克蛋白、脂多糖为基因序列，通过运用PCR与DNA杂交技术及Real-Time PCR等应用于对衣原体的检测。

早在1977年就曾有人在衣原体动物的动脉粥样硬化斑块中检测到肺炎嗜衣原体。研究人员使用所建立的PCR技术在绵羊流产的病料中检测到鹦鹉热衣原体，在此之后，使用所建立的RT-PCR方法和传统的PCR诊断方法进行了比较，结果发现其所建立的RT-PCR方法具有较高的灵敏度。Condon K等根据衣原体16S rDNA进行设计引物建立的PCR方法，发现其灵敏度与血清学方法及病原分离方法相比较具有较高的灵敏度，而且其特异性也相对较好。研究人员使用PCR与EIA进行比较，发现PCR直接检测衣原体的水平要比EIA更高。

五、类症鉴别

1. 牛赤羽病

相似点：有传染性。妊娠牛流产，产死胎或弱胎，流产前无明显症状。

不同点：牛赤羽病发病有明显季节性，多发于8月至翌年3月；牛衣原体病没有明显的发病季节性。牛赤羽病胎儿表现先天性关节弯曲或积水性无脑症，大脑缺损或发育不全，脑室积液，脑内形成囊泡状空腔，躯干肌肉萎缩、变性，呈白色或黄色，流产胎儿胎衣上有许多白色混浊斑点；牛衣原体病流产胎儿无形体异常和脑部病变，皮肤和黏膜有斑点状出血，胎衣增厚、水肿。

2. 牛布鲁氏菌病

相似点：有传染性，一年四季均可发生。妊娠牛流产、产死胎，初产母牛多发，患病公牛发生睾丸炎和附睾炎。

不同点：布鲁氏菌病病牛流产前阴唇和阴道黏膜红肿，阴道流出灰白色或浅褐色黏液，流产后伴发胎衣不下或子宫炎，或从阴道流出红褐色分泌物；牛衣原体病母牛流产前无明显症状。布鲁氏菌病部分成年病牛还可表现关节炎；牛衣原体病关节炎多发于4周龄以下犊牛。牛布鲁氏菌病母牛子宫绒毛膜间隙有污灰色或黄色胶样渗出物，绒毛膜上有坏死灶，并附有黄色坏死物或污灰色脓汁。牛布鲁氏菌病流产胎儿皮下及肌间结缔组织有出血性浆液性浸润，黏膜和浆膜有出血斑点，关节腔积液，胸腔和腹腔有微红色液体，肾呈紫葡萄样，流产胎儿胃内有淡黄色或白色黏液絮状物。

3. 牛柯克斯体病（Q热）

相似点：有传染性，一年四季均可发生。妊娠牛流产。少数病例出现结膜炎、支气管肺炎、关节肿胀、乳腺炎等症状，可伴发心肌炎。剖检见肝脏有肉芽肿病变。

不同点：柯克斯体病病牛发热、乏力，伴随各种痛症；衣原体病病牛呈一过性发热，无乏力和痛症症状。牛柯克斯体进入血液后形成立克次体血症，波及全身组织、器官，造成血管内皮肿胀、血栓，肺部有局部肉变，有干酪样或化脓性坏死灶，质地变硬，小支气管肺泡中有纤维素、淋巴细胞、大单核细胞组成的渗出液。

4. 牛细小病毒病

相似点：有传染性，一年四季均可发生。妊娠牛流产、产死胎。

不同点：牛细小病毒病新生犊牛发生腹泻，初期粪便呈黏液状，随后变为水样便，还可表现流鼻液、呼吸困难、呼吸数增加、咳嗽症状。3月龄犊牛咳嗽，初期呈现轻度腹泻，继之剧烈腹泻，2~3 d粪便呈浅灰色并含有多量黏液。牛衣原体病不出现严重腹泻。细小病毒病腹泻犊牛可见鼻腔黏膜充血，气管黏膜部分充血，小肠有弥散性充血和出血，肠腔内有不同数量的浅色黏液，肠系膜血管严重充血；牛衣原体病主要病理变化在于流产胎儿。

5. 牛生殖道弯曲菌病

相似点：有传染性，发病无明显季节性。妊娠牛流产。

不同点：牛生殖道弯曲菌病母牛发生阴道卡他性炎症，阴道黏膜发红，黏液分泌增加，流产多发生在妊娠中期（4~7个月）；牛衣原体病母牛流产前无明显症状，流产多发于妊娠中、后期（7~9个月）。牛生殖道弯曲菌病胎盘水肿，呈皮革样，胎盘绒毛坏死呈黄色，流产胎儿皮下和体腔内有血液浸润；牛衣原体病胎衣增厚且水肿，皮下组织水肿，体腔有黄色渗出物。

六、治疗与预防

1. 预防

（1）**免疫接种**。建立和实施牛群的衣原体疫苗免疫计划，对繁殖母牛群用牛衣原体流产灭活疫苗，在每次配种前1个月或配种后1个月免疫1次；种公牛每年免疫2次。淘汰发病种公牛。对再次发生流产或产弱犊的母牛应淘汰。

（2）**严格消毒**。建立严格的卫生消毒制度，严格把好工作区大门通道消毒、产房消毒、圈舍消毒、场区环境消毒的质量关，从而有效控制衣原体的接触传染。对流产胎儿、死胎、胎衣要集中无害化处理，同时用2%~5%来苏尔溶液或2%氢氧化钠溶液等有效消毒剂进行严格消毒，加强产房卫生工作，以防新生犊牛感染该病。要防止其他动物（如猫、野鼠、狗、野鸟、家禽、牛、羊等）携带疫源性衣原体的侵入和感染牛群。

2. 治疗

可选用四环素、强力霉素、土霉素、金霉素等药物进行牛衣原体的预防和治疗。

处方1：长效土霉素，每千克体重20 mg，肌内注射，2周后再注射1次。

处方2：在精液中发现衣原体的种公牛，应以治疗量用四环素连续投药3~4 d，此为1个疗程，间隔5 d再重复1个疗程。

第六节　牛皮肤真菌病

动物皮肤真菌病又称为皮癣或癣病，是一种人兽共患病，主要是由毛癣菌、小孢子菌和表皮癣菌属多种皮肤真菌引起的毛发和皮肤角质层的感染。牛皮肤真菌病主要是由疣状毛癣菌引起的一种以脱毛、鳞屑为特征的慢性、局部表在性的人兽共患高度传染性皮肤病。

2000年据Weber A等报道牛感染皮肤真菌在世界范围内广泛存在，且几乎全部为疣状毛癣菌，多数病例位于东欧、美洲中心、南美洲及中东地区。Papini等对意大利中部20个农场的294头牛进行流行病学调查表明，87.7%牛群分离出疣状毛癣菌，100%农场存在感染；研究表明，癣病在日本牛群中广泛存在，疣状毛癣菌的分离率为58.6%；在伊朗的研究显示，疣状毛癣菌的分离率为31.8%，且该菌是反刍动物癣病的主要病原菌；从352头奶牛中分离到疣状毛癣菌，并证实该菌是导致伊朗牛皮肤真菌病的主要病原体；据报道，中国新疆地区一处荷斯坦牛场的癣病发病率为20%；崔云鹏从28例具有癣病症状的临床样品中分离到17株疣状毛癣菌。

一、病 原

疣状毛癣菌是该病主要的病原菌（图12-6-1），在分类学上属于毛癣菌属。能够感染牛的致病菌还有石膏样毛癣菌、石膏样小孢子菌、犬小孢子菌、头癣小孢子菌、玫瑰色毛癣菌、坤氏毛癣菌、红色毛癣菌、黄色毛癣菌等。

疣状毛癣菌在葡萄糖蛋白琼脂及营养培养基上，于室温或37℃条件下，菌落有2种表现：一是生长极慢，菌落小，扁平，成堆，蜡状，色微黄，表面生长少，主要在培养基下，类似黄癣菌的早期生长；二是表面有绒毛状菌丝及放射状沟纹，中央凸起有皱褶，呈赭色。镜检主要是成串的厚壁分生孢子及粗细不一的菌丝有时带有鹿角样分支。

疣状毛癣菌在营养培养基上，如葡萄糖蛋白胨琼脂加酵母浸膏、B族维生素或肌醇等，菌落生长较好，镜检可见大、小分生孢子及厚壁孢子，大分生孢子呈长棒形、多隔、壁薄、类似鼠尾。

疣状毛癣菌在米饭培养基上亦可见大、小分生孢子及厚壁孢子。由于此菌生长较慢，初次分离时，培养基应加各种抗菌药物，并置于37℃下，防止污染。另外，菌落生长时间过长易变异，表面产生白色绒毛状菌丝。该菌低温保存易死亡。

疣状毛癣菌在1.5mm厚的皮肤癣垢内，其生存能力可维持4~5年。

二、临床症状

该病的潜伏期为1~4周。病牛食欲减退、逐渐消瘦和出现营养不良性贫血等。好发部位主要是眼的周围、头部，其次为颈部、胸背部、臀部、乳房、会阴等处，重型病牛可扩延至全身。病的初期，皮肤丘疹限于较小范围，逐渐地呈同心圆状向外扩散或相互融合成不整形病灶（图12-6-1）。周边的炎症症状明显，呈豌豆大小的结节状隆起，其上被毛向不同方向竖立并脱落变稀，皮损增厚、隆起，被覆物呈灰色或灰褐色，有时呈鲜红色至暗红色的鳞屑和石棉样痂皮。当痂皮剥脱后，病灶显出湿润、血样糜烂面，并有直径1~5 cm不等的圆形至椭圆形秃毛斑（即钱癣）（图12-6-2）。

三、病理变化

在发病初期或接近于痊愈阶段以及皮损累及真皮组织的病牛，可出现剧烈瘙痒症状，与其他物体摩擦后伴发出血、糜烂等。病情恶化并继发感染时，可导致皮肤增厚、苔藓样硬化。待病

图 12-6-1　病牛头颈部真菌感染病灶（郭爱珍、胡长敏 供图）

图 12-6-2　病牛躯干部真菌感染病灶（彭远义 供图）

灶局部平坦、痂皮剥脱后，生长出新的被毛即可康复。凡患病而获痊愈的病牛，多数不再感染发病。

四、诊　断

根据流行病学、临床症状及显微镜检查可做出初步诊断。常用的真菌检测方法包括直接涂片镜检、分离培养、组织病理学检查、免疫学检查及分子生物学检查等。

1. 真菌诊断方法

（1）**直接涂片镜检方法**。直接涂片镜检是一种常用、简便而迅速的真菌检测方法，对真菌感染的诊断具有重要意义。直接涂片镜检是将所取标本直接置于玻片上，染色或加10%氢氧化钾溶液，在光镜下检查。先在低倍镜下检查有无菌丝和孢子，然后用高倍镜观察菌丝和孢子的形态、特征、位置、大小和排列等。另外，直接镜检阴性也不能排除真菌感染的可能性。

（2）**分离培养方法**。培养的目的在于从临床标本中分离真菌，以确定是否有真菌感染，特别是在直接镜检为阴性时。从疑似患病动物身上采集的标本可以直接接种在培养基上，也可以暂时保存，集中接种。常用的培养基为沙保氏培养基。标本接种后，每周至少检查2次，注意菌落形态、颜色，并观察其镜下结构。真菌生长缓慢，培养常需要数天甚至数周才有结果，而且培养的阳性率较低。此外，培养方法是通过表型特征来鉴定真菌，而表型特征容易受到外界因素如温度变化或药物治疗的影响。

（3）**组织病理学检查方法**。真菌的组织病理学检查对真菌病的诊断具有十分重要的意义。真菌的生长形态如胞体、菌丝、假菌丝等，以及其大小、颜色、生长部位均可以帮助鉴别真菌。为了便于显示和观察组织的微细结构和真菌的形态，需根据组织和真菌的不同成分采用不同染料进行染色加以辨认。这种方法迅速廉价，可以同时鉴别真菌和观察宿主组织反应。但其结果易受到选取标本部位、染色方法以及检测标本技术人员的经验等方面的影响。

（4）**动物接种**。选择健康青年实验用兔，将要接种处的皮肤剃毛、洗净，用细砂纸轻轻摩擦至皮肤露出真皮（以不出血为宜），取培养物涂抹皮肤使之感染。8 d后实验兔出现阳性反应，表现为局部发炎、脱毛和结痂，取病料镜检发现上述病原体则表明接种成功。

2. 血清学诊断方法

常用的血清学检验方法为补体结合试验、凝集试验和沉淀试验等。

血清学方法具有较高的特异性和敏感性，操作简便且易于掌握，适用于大规模流行病学调查与诊断。因此，该方法具有潜在的推广应用前景。

3. 分子生物学方法

基因分型技术已被证明是皮肤癣菌分类的有效方法，基因型的特征比表型特征更稳定、更精确。近年来，已逐渐开展了多种真菌的分子生物学鉴定方法，如真菌核型的脉冲电泳分析、核酸杂交法、医学真菌限制性长度多态性分析、rDNA序列测定、蛋白编码基因测序、任意引物聚合酶链式反应（AP-PCR）。在这些方法中，AP-PCR分析以其操作简便、迅速的特点，便于大规模使用，特别适合于临床应用。AP-PCR分析是一种利用任意合成的单个寡核等酸引物，通过PCR反应扩增靶细胞DNA，扩增产物经凝胶电泳，分析DNA片段大小和数量多态性，从而比较靶基因差异的一种技术，该方法在缺少多数菌种核酸序列的情况下，仍能得到种间甚至株间特异性DNA带型。

五、类症鉴别

1. 牛疥癣病

相似点：病牛出现剧烈瘙痒症状，与其他物体摩擦；皮肤出现结节，被毛脱落，皮肤增厚，被覆灰色或灰褐色痂皮，痂皮脱落遗留无毛皮肤。

不同点：疥癣病病牛初期局部皮肤上出现小结节，继而发生水疱，然后形成痂皮；痂皮脱落后又重新结痂，皮肤角化过度、变厚、形成褶皱。皮肤真菌病病牛皮肤先出现丘疹，不出现水疱，由丘疹逐渐扩散。

2. 牛嗜皮菌病

相似点：病初皮肤出现小丘疹，后有痂块，呈灰色或灰褐色，高于皮肤，揭开痂皮有出血面。

不同点：牛嗜皮菌病病变通常从背部开始，由鬐甲到臀并蔓延至中间肋骨外部，幼犊的病损常始于鼻镜，后蔓延至头颈部；丘疹波及邻近表皮，分泌浆液性渗出物，与被毛凝结在一起，呈"油漆刷子"状。牛皮肤真菌病好发部位主要是眼的周围、头部，其次为颈部、胸背部、臀部、乳房、会阴等处。

六、治疗与预防

1. 预防

（1）**及时隔离。**对所有牛只逐头进行检查，对病牛全部进行隔离，由专人饲养、治疗。

（2）**严格消毒。**严禁一切外来人员及车辆进入牛场，对牛舍、用具及周围环境全部进行清扫、消毒，每天用2%热氢氧化钠溶液与5%来苏尔溶液交替使用，对场地进行喷洒消毒。

（3）**药物预防。**饮水中添加灰黄霉素原粉，每头牛每次添加4 g，每日至少饮用2次。

2. 治疗

（1）**局部治疗。**

处方1：硫黄软膏法。硫黄粉500 g、凡士林1 000 g、水杨酸50 g、鱼石脂50 g，混合制成软膏，用前先清除痂皮，再用温水或温肥皂水清洗患部，每隔2 d涂药1次，一般3次即可治愈。

处方2：来苏尔法。用温水或温肥皂水清洗患部，再刮去痂皮，以暴露轻微的渗出血面为宜，然后涂来苏尔原液1～2次即可愈，涂药后1～2 h内涂药部位发生肿胀，2～3 d即可消肿。

处方3：硫酸铜软膏法。用3%来苏尔溶液清洗痂皮，用牙刷或锯条刮去痂皮，直到有血渗出为止，取硫酸铜粉1份、凡士林软膏3份，混合均匀制成软膏，在病变部位涂该软膏，3次可愈。

处方4：碘酊法。用注射器抽取2%～3%的碘酊，对准病灶喷射，直到痂皮全部浸润为止，隔3 d再喷射1次，10 d后可见痂皮脱落，有新毛长出。

处方5：用硫黄皂清洗结痂部，刮去痂皮，涂以克霉唑软膏、癣净、噻苯达唑软膏、双氯苯咪唑、特比萘酚中的任意一种，每日1～2次。

（2）**全身治疗。**在上述外部涂擦用药的同时，每千克体重使用灰黄霉素20～25 mg，每日2次，分2～3次口服，连用3～5周。或用克霉唑5～10 g，分2次口服。

第十三章

牛混合感染及继发感染

第一节　牛巴氏杆菌与附红细胞体混合感染

牛巴氏杆菌病又称牛出血性败血症，是由多杀性巴氏杆菌引起的急性、热性传染病，临床表现以纤维素性大叶性胸膜肺炎为特征的肺炎型和全身皮下、脏器黏膜、浆膜点状出血的败血型以及头部、胸部水肿的水肿型3种类型。

附红细胞体病又称嗜血支原体病，是由嗜血支原体寄生于红细胞表面、血浆及骨髓内，引起的一种以红细胞破坏、红细胞压积降低、血红蛋白浓度下降、白细胞增多、贫血、黄疸、发热为主要临床特征的人兽共患病，曾经被称为黄疸性贫血病、类边虫病、赤兽体病和红皮病等。牛附红细胞体病是由温氏附红细胞体引起的。

一、病　原

1. 多杀性巴氏杆菌
病原学特征见"牛出血性败血病"章节。

2. 附红细胞体
病原学特征见"牛附红细胞体病"章节。

二、临床症状

病牛精神沉郁，结膜潮红，鼻镜干燥，食欲废绝，反刍停止，体温高达41~42℃。肌肉震颤，呼吸急促，心率快，瘤胃蠕动音减弱，鼻孔流浆液性或黏液脓性鼻液，间或含有血液。两眼流泪，呼吸困难，黏膜发绀，张口伸舌。叩诊胸部，有一侧或两侧浊音区，听诊有支气管呼吸音和啰音，或胸膜摩擦音。病初便秘，继而腹泻，排出稀软或水样带血的粪便，尿量减少，有时尿液中带血，后期逐渐消瘦，四肢无力，严重者卧地不起，甚至死亡。有时牛头颈部发生水肿，波及胸前及腹下，肿胀热痛，舌咽高度肿胀，呼吸困难，皮肤黏膜发绀，窒息而死。尿血病牛伴有贫血和黄疸，可视黏膜苍白或黄染，消瘦。部分牛关节肿胀，末端被毛如尾根焦干。

三、病理变化

可视黏膜、浆膜出血；心外膜有大小不一的出血点；胸腔内大量积液，有淡红色胶冻样物质或蛋花样物质；肺部呈纤维素性肺炎和胸膜炎，肝样肉变，病变部位质地坚硬、呈暗红色，小叶有大理石样花纹，肺门淋巴结出血；肝脏颜色不整，边缘肿胀；脾脏质脆、出血，呈土黄色；淋巴结肿大、出血，呈暗红色，切面多汁；切开关节肿胀处有化脓灶；腹腔有大量渗出液；头颈水肿的病牛可见水肿部位出血性胶样浸润；贫血、黄疸的病牛血液稀薄如水、色淡、血凝不良。

四、诊　断

1. 附红细胞体的诊断

（1）血液压片镜检法。尾根无菌采取病牛抗凝全血，用生理盐水 1∶1 稀释该抗凝血，滴于载玻片上，加盖玻片，油镜观察，可见大量红细胞边缘不整，呈星芒状或多角形；血浆中有亮点闪动。在油镜暗视野下观察，可见红细胞边缘不整，变形为齿轮状、星芒状或不规则形，数量不等的附红细胞体聚集在红细胞表面，使红细胞在血浆中震颤或上下、左右摆动。血浆中的附红细胞体有较强的运动性，可快速游动，可伸展、翻动、扭转运动。

（2）血片染色法。按常规制成鲜血抹片，经瑞氏染色后，油镜观察到红细胞呈紫红色，染色较深；红细胞变得不规则，周围有小球状微生物，边缘呈齿轮状。

2. 多杀性巴氏杆菌的诊断

（1）直接镜检。无菌采集病死牛的肝脏、脾脏、淋巴结等病料，涂片，经瑞氏或吉姆萨染色镜检，可见两极浓染的卵圆形杆菌，疑似巴氏杆菌。

（2）细菌培养。无菌采集病死牛的肝脏、脾脏、淋巴结等病料，分别接种于肉汤及血液琼脂平板上，37℃培养 24 h，可见肉汤轻度混浊，管底有黏稠沉淀物。血琼脂平板表面长出露珠样灰白色小菌落。挑取典型的单菌落，涂片，革兰氏、瑞氏或吉姆萨染色镜检，发现大量革兰氏阴性、两极浓染的小杆菌。

（3）生化鉴定。将分离菌分别接种于各个生化管内，37℃培养 24 h，若该菌对葡萄糖、蔗糖产酸不产气，不分解乳糖、棉实糖、鼠李糖，靛基质试验为阳性，则符合牛巴氏杆菌的生化特征。

（4）动物接种。将病料与生理盐水制成 10 倍稀释悬液，取 0.2～0.5 mL 接种于小鼠皮下或腹腔，若接种后小鼠死亡，取病死小鼠肝、脾作触片、染色、镜检，应检出两极浓染的革兰氏阴性短杆菌。

五、类症鉴别

1. 牛炭疽

相似点：病牛体温升高（41～42℃），精神不振，食欲废绝，呼吸加快，肌肉震颤，初便秘，后期腹泻、便血，呼吸困难，黏膜发绀。剖检见病牛全身黏膜、浆膜有出血点；心外膜充血、出血；全身淋巴结肿大、出血。

不同点：炭疽病牛天然孔流暗红色血液，泌乳牛产奶量减少，妊娠牛可流产，有血尿，尿液呈暗红色，水肿区后期中心部位发生坏死，即"炭疽痈"；混合感染病牛眼结膜潮红，流泪，尿血的牛伴有贫血和黄疸，可视黏膜苍白或黄染。炭疽病牛剖检见尸体迅速腐败而膨胀，尸僵不全，血液黏稠似焦煤样，凝固不全，脾脏肿大，呈暗红色，软化如泥状，脾髓暗红色如煤焦油样；混合感染剖检见纤维素性肺炎和胸膜炎，病程长的血液稀薄、色淡，关节有化脓灶。

2. 牛传染性鼻气管炎

相似点：病牛体温升高（41~42℃），精神不振，食欲废绝，呼吸促迫、困难，咳嗽，流黏液脓性鼻液。

不同点：传染性鼻气管炎病牛鼻黏膜高度充血，出现溃疡，鼻窦及鼻镜高度发炎，奶牛泌乳量下降或停止；混合感染病例无此鼻黏膜症状，眼结膜潮红、流泪，病程长的有贫血和黄疸症状。传染性鼻气管炎病牛特征性病变为呼吸道黏膜上覆盖灰色恶臭的脓性渗出液，肾脏、肝脏包膜下有粟粒大、灰白色至灰黄色坏死灶散在；混合病例病牛剖检主要表现纤维素性胸膜炎和肺部病变，肺脏有肝样肉变，血液稀薄、色淡，可视黏膜黄染。

3. 牛流行热

相似点：病牛体温升高，精神沉郁，食欲下降，鼻流黏液性鼻液，眼结膜充血，关节肿胀、跛行。肺部听诊有湿啰音，肺间质增宽，有大小不等的暗红色实变区。

不同点：流行热病牛肌肉僵硬，呆立不动，眼眶周围及下颌下组织会发生斑块状水肿，头歪向一边，伴有胸骨倾斜；混合感染病例无此症状。流行热病牛肺部尖叶、心叶和膈叶前缘形成间质性肺气肿，切面流出大量泡沫样暗紫色液体；关节内有浆液性、浅黄色液体，严重见有纤维素样渗出，或关节面有溃疡。混合感染病例剖检表现纤维素性肺炎和胸膜炎，胸腔积液，有纤维素性渗出；肺部呈实变，无气肿；关节有化脓灶；血液稀薄、色淡、凝固不良。

4. 牛副流行性感冒

相似点：病牛体温升高（41℃以上），精神不振，食欲减退，呼吸促迫、困难，流黏液性鼻液，流泪；剖检肺部有红色肝变区，间质增宽水肿，纵隔淋巴结肿大。

不同点：副流行性感冒病牛产奶量下降，有脓性结膜炎，咳嗽；混合感染病例结膜充血、出血。剖检见副流行性感冒病牛气管内充满浆液，肺部病变主要表现在肺的间叶、心叶和膈叶，胸、腹腔无纤维素渗出和纤维素覆盖肺部；混合感染病例剖检表现纤维素性肺炎和胸膜炎，胸腔积液，有纤维素性渗出；肺部呈实变，无气肿；关节有化脓灶；血液稀薄、色淡、凝固不良。

5. 牛呼吸道合胞体病毒病

相似点：病牛体温升高，流浆液性鼻液，呼吸困难，张口呼吸；剖检肺部有水肿、肝变区。

不同点：呼吸道合胞体病牛流泡沫样涎，泌乳牛产奶量急剧下降或停乳，妊娠牛可能流产，部分病牛靠近肩峰处可触摸到皮下气肿；无混合感染病例的贫血、腹泻、血尿、黄染等症状。剖检见支气管和小支气管有黏液脓性液体渗出，肺脏气肿。

六、防治措施

1. 预防

（1）加强饲养管理。改善饲喂环境，注意防寒保暖，饲喂优质干草、多汁饲料及全价饲料，饮水清洁，以提高牛群抗病能力，定期消毒，保证1周1次，勤换消毒药。

（2）**加强检疫。**引进牛时按国家规定进行产地检疫，及时发现淘汰病牛。牛到达养殖场后，隔离观察30 d后确定无病后再混群饲养，防止新引进牛把疾病传播给原牛场内的健康牛。

（3）**定期接种和驱虫。**发病地区，每年定期接种牛出血性败血症氢氧化铝疫苗，体重100 kg以上的牛6 mL，100 kg以下的小牛4 mL，皮下或肌内注射。做好驱蚊、灭虱、灭蜱工作，每年春、秋两季定期对牛群使用伊维菌素注射驱虫，每季注射2次，每次间隔15 d，从而减少通过虫媒介传播附红细胞体病的机会。

（4）**紧急接种。**对未发病牛立即接种牛巴氏杆菌病灭活疫苗。

2. 治疗

综合考虑牛巴氏杆菌病与附红细胞体病的防治方案进行治疗。

第二节　牛巴氏杆菌与泰勒焦虫混合感染

牛巴氏杆菌病又称牛出血性败血症，是由多杀性巴氏杆菌引起的急性、热性传染病，临床表现以纤维素性大叶性胸膜肺炎为特征的肺炎型和全身皮下、脏器黏膜、浆膜点状出血的败血型以及头部、胸部水肿的水肿型3种类型。

牛泰勒虫病是由泰勒属原虫寄生于牛红细胞内引起的以高热、贫血、出血、黄疸、消瘦和体表淋巴结肿大为主要临床症状的一种血液寄生原虫病。

一、病 原

1. 多杀性巴氏杆菌

病原学特征见"牛出血性败血病"章节。

2. 泰勒虫

病原学特征见"牛泰勒虫病"章节。

二、临床症状

病牛体温升高40~42℃，被毛粗乱，消瘦，精神沉郁，食欲减退，呼吸、心跳加快，眼结膜发红，鼻镜干燥，鼻孔内流出清白黏液，干咳。尿量减少，颜色发黄。后期食欲废绝，瘤胃蠕动音减弱，次数减少，先便秘后腹泻，粪便中混有血液。眼结膜有出血斑，血液稀薄，呼吸困难，黏膜发绀，前胸水肿，全身淋巴结肿大，尤以颌下淋巴结肿大明显，有压痛感，尾根部和阴门部皮肤有粟粒状和扁豆大小的出血斑。听诊心率加快，胸部叩诊呈浊音，有疼痛感，听诊有支气管呼吸音，胸部有摩擦音，肺部有湿性啰音。病程长的病牛可视黏膜苍白、黄染，后期站立困难，卧地不起，严重者死亡。

三、病理变化

剖检见病死牛腹围增大，血液稀薄，肌肉苍白，黄染；黏膜、浆膜出血，黄染；胸、腹腔内积有大量的红色渗出液；有大叶性肺炎和纤维素性胸膜炎，肺脏病变组织和正常组织交界处有间质性和肺泡性气肿，切面流出灰黄色脓液或泡沫样液体，有的胸肺粘连；全身淋巴结肿大，外观呈紫红色；喉头有出血点；脾脏、肝脏肿大，被膜均有出血点，胆囊肿大；肾脏有针尖大小的出血点，个别有出血斑，膀胱黏膜充血；心包积液，冠状沟脂肪、心肌有弥漫性出血点，心房有出血斑；皱胃黏膜有大小不等的出血斑和黄豆大小的溃疡斑，肠系膜有程度不等的出血点，肠系膜淋巴结肿大、散布出血点，小肠黏膜有黄豆大小的溃疡，其边缘隆起，呈红色。

四、诊 断

1. 泰勒焦虫血液涂片镜检

取病牛耳静脉血涂片，自然干燥，甲醇固定，用吉姆萨染液染色，干燥后镜检。镜检发现红细胞虫体多样，环形虫体呈戒指状，原生质呈淡蓝色，染色质呈红色，还发现椭圆形虫体和逗点形虫体。1个红细胞内的虫体数多少不定，常见的为2~4个，最高可达11个；各种形态的虫体，可同时出现于1个红细胞内；红细胞染虫率高低不一，多在10%~20%。

血液涂片是传统的诊断方法，还可使用乳胶凝集试验、ELISA等血清学方法和PCR、LAMP等分子生物学方法诊断该病。

2. 多杀性巴氏杆菌的诊断

见"牛巴氏杆菌与附红细胞体混合感染"相关章节。

五、类症鉴别

1. 牛支原体肺炎

相似点：有传染性。病牛体温升高（41~42℃），精神不振，食欲减退或废绝，呼吸促迫，继而呼吸极度困难，干咳且痛，鼻流黏液性化脓性分泌物。

不同点：牛支原体肺炎犊牛感染还可表现面部凸臌，并有关节炎症状，关节肿大、疼痛，跛行；剖检见气管有泡沫样脓液和出血、坏死，肺部分布有大小不一的干酪样或化脓性坏死灶，质地变硬，切面呈干酪样坏死。混合感染病例病牛初便秘后腹泻，尿色发黄，血液稀薄，尾根部和阴门部皮肤有粟粒状和扁豆大小的出血斑，病程长的病牛可视黏膜苍白、黄染；剖检可见病死牛肌肉、脂肪苍白、黄染，黏膜、浆膜黄疸，胸、腹腔内积有大量的红色渗出液，有大叶性肺炎和纤维素性胸膜炎，肺胸粘连。

2. 牛流行热

相似点：病牛体温升高，精神沉郁，食欲下降，鼻流黏液性鼻液，眼结膜充血，颌下水肿，呼吸促迫。

不同点：牛流行热成年牛比小牛病重，病牛肌肉僵硬，呆立不动，可能伴有跛行，关节肿胀，眼结膜充血，眼眶周围斑块状水肿；剖检见病牛肺实质充血、水肿，肺泡膨胀气肿甚至破裂，肺间质明显增宽，胶样水肿，并有气泡，有大小不等的暗红色实变区，切面流出大量泡沫样暗紫色液体；关节内有浆液性、浅黄色液体，严重见有纤维素样渗出，或关节面有溃疡。混合感染病牛血液稀薄，呼吸困难，黏膜发绀，尾根部和阴门部皮肤有粟粒状和扁豆大小的出血斑，病程长的病牛可视黏膜苍白、黄染；剖检见浆膜、黏膜、肌肉苍白、黄染，有大叶性肺炎和纤维素性胸膜炎，胸、腹腔积有大量红色渗出液，胸腔、肺部有纤维素性渗出物，严重的病牛肺胸粘连，皱胃、肠黏膜有出血和溃疡。

3. 牛副流行性感冒

相似点：病牛体温升高，精神沉郁，食欲下降，流黏液性鼻液，咳嗽，呼吸困难。剖检见心内、外膜有出血点，胃肠道黏膜有出血斑点。

不同点：牛副流行性感冒咳嗽为湿咳，有脓性结膜炎，常伴发乳腺炎，妊娠牛可能流产；剖检见病变主要在肺的间叶、心叶和膈叶，肺间质增宽、水肿，病变部位呈灰色及暗红色，肺切面呈特殊斑状，见有灰色或红色肝变区。混合感染病牛咳嗽为干咳，眼结膜有出血斑，尿量减少发黄，血液稀薄，前胸水肿，全身淋巴结肿大，尾根部和阴门部皮肤有粟粒状和扁豆大小的出血斑，病程长的病牛可视黏膜苍白、黄染；剖检见病牛有大叶性肺炎和纤维素性胸膜炎，胸、腹腔积有大量红色渗出液，胸腔、肺部有纤维素性渗出物，严重的肺胸粘连。

4. 牛呼吸道合胞体病毒病

相似点：病牛体温升高，流浆液性鼻液，呼吸困难，张口呼吸。

不同点：呼吸道合胞体病毒病病牛泌乳牛产奶量急剧下降或停乳，妊娠牛可能流产，部分病牛皮下气肿；剖检可见支气管和小支气管有黏液脓性液体，肺脏弥漫性水肿或气肿，有大小不等的肝变区。混合感染病牛眼结膜有出血斑，尿量减少，颜色发黄，血液稀薄，前胸水肿，全身淋巴结肿大，尾根部和阴门部皮肤有粟粒状和扁豆大小的出血斑，病程长的病牛可视黏膜苍白、黄染；剖检见病牛有大叶性肺炎和纤维素性胸膜炎，胸、腹腔积有大量红色渗出液，胸腔、肺部有纤维素性渗出物，严重的肺胸粘连，胃肠黏膜出血、溃疡。

六、防治措施

1. 预防

（1）**加强饲养管理。**改善饲养环境，注意防寒保暖，饲喂优质干草及多汁饲料或全价饲料，饮水清洁，定期消毒。

（2）**加强检疫。**引进牛时按国家规定进行产地检疫，及时发现淘汰病牛。牛到达养殖场后，隔离观察30 d确定无病后再混群饲养，防止新引进牛把疾病传播给原牛场内的健康牛。

（3）**定期接种。**发病地区每年定期接种牛出血性败血症氢氧化铝疫苗，体重100 kg以上的牛6 mL，100 kg以下的小牛4 mL，皮下或肌内注射。牛泰勒虫病疫区和受威胁地区的牛群在流行前进行免疫接种，可在接种20 d后产生免疫力，免疫持续期可达13个月。

（4）**消灭蜱虫。**消灭牛舍内和牛体上的蜱是预防牛泰勒虫病的重要举措。9—10月，牛体上的雌蜱爬进墙缝产卵，此时将墙脚和墙壁的缝隙封死，并加入少量杀虫剂；4月若蜱爬入墙缝蜕化为成蜱，再次勾抹墙缝。使用有机磷制剂或溴氰菊酯等杀虫剂喷洒牛体，在5—7月杀灭成蜱，10—12月杀灭幼蜱和若蜱。对调入和调出的牛只都要进行灭蜱处理，以免传播病原体。

2. 治疗

综合牛巴氏杆菌与泰勒焦虫治疗方案进行治疗。

第三节 牛支原体和巴贝斯虫混合感染

牛的支原体病主要有两种，一种为牛传染性胸膜肺炎，简称牛肺疫，是由丝状支原体丝状亚种 SC 型（MmmSC）引起的一种高度接触性传染病，以高热、咳嗽、渗出性纤维素性肺炎和浆液纤维素性胸膜肺炎为特征，在我国属于一类传染病，已经被消灭；另一种是由牛支原体感染所起的相关疾病，临床上表现为乳腺炎、肺炎、关节炎等多种病症。牛支原体感染是一种常发性传染病，与应激相关，在世界范围内广泛存在，给养牛业造成巨大经济损失。

牛巴贝斯虫病是由巴贝斯属的原虫引起的寄生于牛红细胞或网状内皮细胞内的血液原虫病，临床症状以发热、贫血、黄疸、血红蛋白尿和死亡为主要特征。OIE 将其列为需通报的疫病，我国将其列为二类动物疫病。

一、病 原

1. 支原体

病原学特征见"牛支原体肺炎"章节。

2. 巴贝斯虫

病原学特征见"牛巴贝斯虫病"章节。

二、临床症状

病初病牛表现为咳嗽，发热，体温升高达 41~42℃，高热稽留，食欲下降，精神沉郁，可视黏膜潮红、充血，流浆液性鼻液，行走无力，便秘和腹泻交替出现。随着病程的发展，病牛食欲时好时坏，被毛粗乱无光，可视黏膜苍白或黄染，眼流浆液性或脓性分泌物，流脓性鼻液，呼吸急促并且极度困难，伸颈气喘，腹式呼吸明显，伴有痛性、干性短咳，按压肋间有疼痛反应，肺部听诊肺泡音减弱或消失，胸膜摩擦音明显，逐渐消瘦，步态摇摆，多卧少立，不愿走动。后期体温偏低，反刍停止，极度衰弱，卧地不起，食欲废绝，很快衰竭而死亡。病程多为 7~15 d，有的更长，年龄越小、体质越差的病情越重。

三、病理变化

尸体消瘦，可视黏膜贫血、黄染，血液稀薄，胸腔、腹腔、心包积有混浊、混有纤维素的黄色液体。肺有不同程度的肝变、坏死，切面呈大理石状外观，间质增宽，界限明显；气管、支气管、

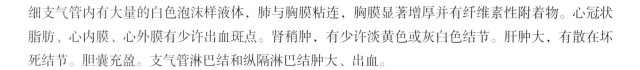

细支气管内有大量的白色泡沫样液体，肺与胸膜粘连，胸膜显著增厚并有纤维素性附着物。心冠状脂肪、心内膜、心外膜有少许出血斑点。肾稍肿，有少许淡黄色或灰白色结节。肝肿大，有散在坏死结节。胆囊充盈。支气管淋巴结和纵隔淋巴结肿大、出血。

四、诊 断

1. 巴贝斯虫血液涂片镜检

取体温高病牛的耳静脉血，涂片、染色、镜检，发现红细胞内有呈环形、椭圆形、不规则形、点状、单个或成双的梨籽形虫体，位于红细胞边缘或偏中央。

2. 支原体涂片镜检

取肺组织、胸腔渗出液、纵隔淋巴结，涂片、染色、镜检，可见细小、纤细呈球形、双球形、线状、螺旋状、半月状等多形性的革兰氏阴性细菌。

3. 支原体分离培养

采集病死牛的肺组织及胸腔渗出液，在血清琼脂平板上37℃培养3~5 d观察，结果可见形成菲薄透明的露滴样菌落。用低倍显微镜观察，可见菌落中央有乳头状凸起，细菌为细小的多形性菌体。除常规的实验室诊断外，还可使用乳胶凝集试验、ELISA试验等血清学方法进行快速诊断。

五、类症鉴别

1. 牛巴氏杆菌病

相似点： 牛巴氏杆菌病肺炎型症状与混合感染病例相似。病牛体温升高至41℃以上，食欲减退或废绝，精神不振，呼吸迫促，咳嗽，流鼻液，便秘与腹泻交替发生，胸部按压有痛感，听诊肺部有摩擦音。剖检见胸、腹腔有大量浆液性纤维素性渗出液，胸膜附着纤维素性薄膜，肺脏切面呈大理石样，支气管淋巴结、纵隔淋巴结等显著肿大。

不同点： 巴氏杆菌病肺炎型病牛后期下痢，粪便中带有黏膜和血液，鼻液呈泡沫样；混合感染病例有可视黏膜苍白、黄染症状。剖检见巴氏杆菌病肺炎型病牛肝、肾发生实质变性；混合感染病例肝、肾有坏死结节，血液稀薄、凝血不良。

2. 牛副流行性感冒

相似点： 病牛体温升高（41℃以上），精神不振，食欲减退，呼吸促迫、困难，咳嗽，流黏液性鼻液，眼有分泌物；剖检肺部有不同程度的肝变区，间质增宽水肿，纵隔淋巴结肿大。

不同点： 牛副流行性感冒发病率不超过20%，病死率一般为1%~2%。妊娠牛感染该病可能流产，无可视黏膜苍白、黄染症状。剖检无贫血症状，胸腔、肺脏无纤维素性渗出液。

六、防治措施

1. 预防

（1）加强饲养管理与消毒。保证草料的新鲜和适口性，提高精饲料营养水平，合理搭配饲料，科学饲喂，以增强体质，并严格保持牛舍通风、干燥、清洁，搞好槽器的卫生。用消毒液对圈舍及周围环境进行彻底消毒。

（2）**及时隔离治疗**。发现病牛，立即隔离治疗，病死牛销毁或深埋。

（3）**消灭蜱虫**。消灭牛体上的幼蜱，药用0.05%蝇毒磷或0.5%敌百虫溶液喷洒牛体，15 d后再进行1次。消灭周边环境中的幼蜱，用生石灰抛撒牛舍地面，石灰乳粉刷牛舍周围的树桩，0.2%~0.5%敌百虫溶液喷洒墙壁及圈舍周围。

2. 治疗

结合牛支原体和巴贝斯虫治疗方案进行综合治疗。

第四节　牛巴氏杆菌和大肠杆菌混合感染

牛巴氏杆菌病又称牛出血性败血症，是由多杀性巴氏杆菌引起的急性、热性传染病，临床上包括以大叶性胸膜肺炎为特征的肺炎型和全身皮下、脏器黏膜、浆膜点状出血的败血型以及头部、胸部水肿的水肿型3种类型。

牛大肠杆菌病是由致病性大肠埃希菌引起的新生犊牛的一种急性传染病，因其主要临床症状是腹泻，排出灰白色稀便，故又称犊牛白痢。该病主要发生于10日龄以内的犊牛，特别是1~3日龄的犊牛最易感。该病一年四季均可发生，但以冬、春两季多见。

一、病原

1. 多杀性巴氏杆菌

病原学特征见"牛出血性败血病"章节。

2. 大肠埃希菌

病原学特征见"牛大肠杆菌病"章节。

二、临床症状

病牛体温升高，可达41~42℃，精神沉郁、腹泻、咳嗽、呻吟、流浆液性鼻液，随后出现呼吸困难、肌肉震颤、结膜潮红、鼻镜干燥、食欲废绝等症状。严重者可表现为突然死亡。部分妊娠牛出现早产、流产症状。

三、病理变化

病死牛皮下出血（出血点、出血斑），心外膜有少量出血点。胸腔出现明显积液，为黄色混浊液体，气味腐臭。病牛肺脏体积明显增大，呈现显著膨隆；大部分肺脏出现出血、淤血及不同程度的实质性变性，在不同肺叶、不同区域均有表现，病变严重的出现黑紫色实变区，切割肺部时发现间质性肺炎病变，切面渗出物增多；肺部淋巴结肿大、发红，切面出血；严重时肺脏与胸膜发生粘

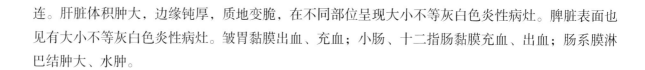

连。肝脏体积肿大，边缘钝厚，质地变脆，在不同部位呈现大小不等灰白色炎性病灶。脾脏表面也见有大小不等灰白色炎性病灶。皱胃黏膜出血、充血；小肠、十二指肠黏膜充血、出血；肠系膜淋巴结肿大、水肿。

四、细菌学鉴别诊断

1. 涂片镜检

取病牛心、肺、肝、脾脏、心包液无菌涂片，经革兰氏染色镜检，发现有2种不同的细菌，一种为红色的短球杆状的革兰氏阴性菌，一种为红色、两端钝圆的中等大小的革兰氏阴性杆菌。瑞氏染色发现有两极浓染的卵圆形杆菌和短杆菌。

2. 分离培养

将心、肝、脾、肺、心包液等病料分别接种于普通肉汤培养基、血液琼脂培养基和麦康凯琼脂培养基，置于37℃温箱培养24 h。

可见肉汤出现中度混浊，革兰氏/瑞氏染色镜检可见与涂片镜检相同的细菌。血液琼脂培养基上生长有淡灰色、圆形、湿润、露珠样的小菌落和灰白色半透明菌落。钩取单个露珠样小菌落，染色镜检发现两端浓染的圆形杆菌（巴氏杆菌）。单个灰白色半透明菌落染色镜检发现革兰氏阴性小杆菌，将其接种于伊红亚甲蓝琼脂培养基可发现伊红亚甲蓝琼脂培养基上有黑色带金属闪光的菌落（大肠杆菌）。麦康凯琼脂培养基上有红色菌落生长，染色镜检与单个灰白色不透明菌落形态相同。

五、类症鉴别

1. 牛腺病毒病

相似点：病牛体温升高，食欲减退，咳嗽，呼吸困难，鼻腔和眼结膜有分泌物，结膜炎，腹泻。剖检见肺脏实变。

不同点：腺病毒病病牛剖检病变主要限于肺部，支气管因阻塞而坏死，肺气肿与实变，肺泡萎缩，肺膨胀不全，在脱落的和坏死的上皮细胞内可以观察到典型的核内包涵体。混合病例病牛肌肉震颤，严重者突然死亡，妊娠牛可出现早产、流产症状；剖检见肺脏体积明显增大，呈现显著膨隆，有黑紫色实变区，肝脏、肾脏有灰白色病灶，皱胃黏膜、肠黏膜出血。

2. 牛冠状病毒病

相似点：病牛腹泻，鼻炎，有咳嗽等呼吸道症状，剖检见肠黏膜出血。

不同点：冠状病毒病病牛无结膜潮红、呼吸困难、肌肉震颤等症状，成年肉牛和奶牛表现为突然发病，腹泻呈喷射状，粪便为淡褐色，剖检见病变主要出现在小肠和大肠，肠壁菲薄、半透明，肠内容物呈灰黄色。混合感染病例可导致母牛早产、流产；剖检除肠道病变，还可见肺脏显著膨隆、出血、淤血、实变，严重的有黑紫色实变区，且肺脏与胸膜发生粘连。

3. 牛犊新蛔虫病

相似点：病牛食欲废绝，精神沉郁，咳嗽，腹泻，呼吸困难。剖检见肺脏出血、淤血，有实变的坏死区。

不同点：牛犊新蛔虫仅感染犊牛，病犊牛有时排出虫体，腹围膨大，可视黏膜苍白，肠道穿孔的病例腹腔积液；剖检见肠道有出血性坏死溃疡病灶，内有多量蛔虫，肠道穿孔的病例腹腔积液，腹腔内有大量的纤维蛋白性渗出物。混合感染病例剖检见肺脏显著膨隆，严重的病例肺脏与胸膜发生粘连，肠道无蛔虫寄生。

六、防治措施

1. 预防

加强饲养管理，改善饲养环境，注意防寒保暖，饲喂优质干草、多汁饲料和全价饲料，饮水应清洁，以提高牛群抗病能力，定期消毒，保证每周1次，勤换消毒药。新生犊牛及时哺喂初乳。

发现病牛应及时将其隔离到温暖、干燥、垫料舒适的牛圈中单独治疗。限制牛群活动，防止疾病传播。

牛舍、饲喂用具等用10%石灰乳或5%氢氧化钠溶液进行严格消毒。对垫草等污染物进行焚烧处理。粪便堆积后用5%氢氧化钠溶液表面消毒后再进行生物热处理。对尸体应先消毒体表后再深埋。

制定科学的免疫程序，发病地区每年定期接种牛出血性败血症氢氧化铝菌苗，体重100 kg以上的牛6 mL，100 kg以下的小牛4 mL，皮下或肌内注射。

2. 治疗

结合牛巴氏杆菌和大肠杆菌感染治疗方案进行综合治疗。

第五节　犊牛大肠杆菌与球虫混合感染

牛大肠杆菌病是由致病性大肠埃希菌引起的新生犊牛的一种急性传染病，因其主要临床症状是腹泻，排出灰白色稀便，故又称犊牛白痢。该病主要发生于10日龄以内的犊牛，特别是1~3日龄的犊牛最易感，一年四季均可发生，但以冬、春两季多见。

牛球虫病是由艾美耳属的多种球虫寄生于牛肠道黏膜上皮样细胞内引起的一种寄生虫病，主要临床症状为出血性肠炎。犊牛对球虫易感，成年牛常呈隐性感染。球虫感染牛体后破坏肠道上皮细胞，阻碍营养吸收，致使牛只生长缓慢或产奶量下降，严重时可引起腹泻、便血甚至死亡。

一、病　原

1. 大肠杆菌

病原学特征见"牛大肠杆菌病"章节。

2. 球虫

病原学特征见"牛球虫病"章节。

二、临床症状

病牛精神委顿，食欲降低，发病2~4 d内体温升高为39.8~41.4℃，病程稍长的体温降为37.2~38.7℃；排黄色粥样或灰白色水样带有泡沫的粪便，其中混有血液和脱落的肠黏膜碎片，具腥臭味；行走时四肢软弱无力，喜卧，频频举尾做排粪姿势；呼吸急且短促，35~42 次/min；反刍次数减少，肠蠕动音增强；心跳加快，心音微弱，心律失常，脉搏达95~106 次/min；后期常有腹痛，被毛粗乱无光，贫血，后躯黏黏有多量粪便和泥土，皮肤弹性降低，身体消瘦，机体脱水较为严重。牛只濒死前出现肌肉震颤、痉挛症状，体温降至正常值以下。

三、病理变化

尸体极度消瘦，眼球凹陷；气管黏膜有淤血，肺充血、肿胀，肺间质增厚；皱胃黏膜出血，上覆黏液，胃内积有多量未消化的饲草；十二指肠黏膜出血，肠内容物夹杂脱落的黏膜碎片；回肠壁薄，黏膜层点状出血；盲肠、结肠壁增厚，黏膜层弥漫性出血，其内积有多量酱油色黏稠的粪便，混有血液，具腥臭味；肠系膜淋巴结水肿，切面多汁；肝脏和肾脏肿大、苍白，被膜下出血；心内膜出血。病程长的出现关节炎症状。

四、诊 断

1. 大肠杆菌病的诊断

（1）直接涂片镜检。无菌采取病死犊牛的心血、肝、肾、脾、肠系膜淋巴结涂片染色后镜检，可观察到革兰氏阴性小杆菌。

（2）分离培养。取病牛的心血、脾、肝、淋巴结等病料无菌接种于普通琼脂平板、麦康凯琼脂平板、伊红亚甲蓝培养基上，37℃培养18~24 h，可见琼脂平板表面长出圆形、隆起、光滑、湿润且半透明的无色菌落，在麦康凯琼脂平板表面长出独立红色菌落，伊红亚甲蓝培养基上可长出黑色带有金属光泽的菌落。

（3）生化试验。在普通琼脂平板上划线，进行细菌纯培养，然后接种于生化管内进行生化试验。该菌能发酵葡萄糖、麦芽糖、甘露糖和阿拉伯胶糖，产酸不产气，不液化明胶，不分解尿素，VP试验阴性，MR试验阳性，在枸橼酸中反应，不产生靛基质。

2. 球虫卵囊检查

（1）直接镜检。刮取结肠和盲肠黏膜，与等量饱和食盐溶液混匀，取混合液1~2滴于载玻片上并加盖盖玻片，置于显微镜下观察，可以见到椭圆形卵囊。

（2）饱和盐水漂浮法。取带血的新鲜粪便，放入加有多量饱和食盐溶液的烧杯内搅拌均匀。将混合液用两层纱布过滤到另一烧杯内，静置15 min。用接种棒金属环蘸取混合液涂于载玻片上并加盖玻片，镜检可见圆形、椭圆形卵囊，大小为（23~33）μm×（18~21）μm，卵囊中央有一深褐色的圆形物，周围透明，卵囊有双层壳膜。

五、类症鉴别

1. 牛沙门氏菌病

相似点： 病犊牛体温升高，食欲不振，排恶臭水样粪便，粪便内混有黏液和血丝，脱水，消瘦。病程长的病犊牛可伴有关节炎。剖检见肝苍白，肠系膜淋巴结肿大。

不同点： 牛沙门氏菌病感染成年牛还可能有粪便中含有纤维素絮片、结膜充血和发黄等症状；混合感染病例粪便中有泡沫。沙门氏菌病病牛剖检病变集中于肝、肾、脾等实质性器官，心壁、腹膜、腺胃、小肠和膀胱黏膜有小点出血，脾充血肿胀，有的肺有肺炎区；混合感染病例剖检病变集中于肠胃处，胃黏膜出血，上覆黏液，肠黏膜出血，回肠壁薄，盲肠、结肠壁增厚，粪检有球虫卵囊。

2. 牛隐孢子虫病

相似点： 犊牛多发，病牛精神沉郁、食欲下降，腹泻，粪便稀软或呈水样便，带血。

不同点： 牛隐孢子虫病粪便有大量纤维素，病程后期呈透明水样，病变主要在空肠后段和回肠，粪检可检出隐孢子虫卵囊。混合感染病例粪便为黄色粥样、灰白色水样，带泡沫，剖检见胃黏膜、肺脏、肝脏、心内膜均有不同程度病变，组织触片染色镜检见革兰氏阴性小杆菌，粪检可见球虫卵囊。

3. 牛犊新蛔虫病

相似点： 多发生于犊牛。病牛体温升高，腹泻，粪便中带有血液，有臭味，病牛消瘦、贫血，剖检见肺脏充血、出血。

不同点： 混合感染病犊牛病初粪便呈黄色粥样，后呈灰白色水样，混有泡沫，后期并发关节炎。犊新蛔虫病病牛剖检见肝脏出血、坏死，肠道出血、溃疡内有多量蛔虫，肠道穿孔破裂后引起腹膜炎，腹腔积液，有纤维素性渗出液；混合感染病犊牛皱胃、肠黏膜出血，肝、肾脏苍白、出血，心内膜出血，盲肠、结肠壁增厚。

4. 牛冠状病毒病

相似点： 病犊牛腹泻，粪便稀软或呈水样，粪便中带有血液，脱水，消瘦，病程长的有腹痛症状，剖检见肠系膜淋巴结水肿。

不同点： 牛冠状病毒病可感染各年龄的牛，成年牛腹泻常呈喷射状，粪便淡褐色；各年龄的牛均可发生鼻炎、喷嚏和咳嗽等呼吸道症状；剖检见病变在大肠和小肠，肠壁菲薄、半透明，黏膜条状或弥漫性出血。混合感染病例发生于犊牛，无呼吸道症状，病程长的出现关节炎症状；剖检除肠黏膜出血，还见胃黏膜出血，盲肠、结肠壁增厚，肝脏、肾脏肿大、苍白、出血，心内膜出血。

5. 牛轮状病毒病

相似点： 病犊牛腹泻，粪便呈水样，脱水，眼凹陷，四肢无力，卧地。剖检见肠黏膜出血。

不同点： 轮状病毒病病牛剖检可见肠壁变薄，肠系膜淋巴结肿大，实质器官不出现病变；混合感染病犊牛剖检可见皱胃黏膜出血，实质器官肝、肾苍白、出血，心肌出血，盲肠、结肠壁增厚。

六、防治措施

1. 预防

（1）加强饲养管理。成年牛常是球虫病的携带者，因此应将犊牛与成年牛分开饲养，严格防止饲料和饮水被牛粪污染。哺乳母牛乳头要经常用高锰酸钾等消毒药物擦洗，以防止犊牛吃奶时吃进虫卵而感染。更换饲料时应循序渐进，减少突换饲料形成的应激病变。在饲料中添加维生素、矿物质、微量元素等，提高牛群免疫力。要尽量避免到潮湿、低洼的草甸草场放牧，远离可能的传染源。加强对母牛的饲养管理，犊牛出生后及时饲喂初乳。

（2）定期驱虫。每年春、秋两季分别对牛群进行1次驱虫。由于球虫在不同生殖阶段对不同的抗球虫病药物敏感性也不同，且往往产生耐药性，所以应以多种驱球虫药物联合应用或交替使用药效果更好。

（3）严格消毒。对污染过的运动场、圈舍地面、栏杆、围墙等用氯制剂或2%氢氧化钠溶液彻底消毒；对病牛粪便进行集中深埋消毒处理，以达到消灭传染源的目的。平时定期对圈舍清理、消毒，保持环境干燥、卫生。

（4）加强检疫。外购牛只时，要先进行检验检疫，做好球虫病的检查工作，防止引进的牛群有病牛带虫。引进后的牛应隔离饲养2个月以上，以防交叉感染。定期对牛群进行检疫，及时发现和隔离病牛，并进行相应的治疗。

2. 治疗

结合牛大肠杆菌与球虫感染的治疗方案进行综合治疗。

第六节　犊牛链球菌和大肠杆菌混合感染

　　牛链球菌病是由肺炎链球菌引起的一种急性、败血性呼吸道传染病。该病主要发生于3周龄以内犊牛，临床表现败血症症状，病变特征为脾脏呈充血性增生肿大，质韧如硬橡皮，即所谓的"橡皮脾"。

　　牛大肠杆菌病是由致病性大肠埃希菌引起的新生犊牛的一种急性传染病，因其主要临床症状是腹泻，排出灰白色稀便，故又称犊牛白痢。该病主要发生于10日龄以内的犊牛，1~3日龄的犊牛最易感。该病一年四季均可发生，但以冬、春两季多见。

一、病　原

1. 肺炎链球菌

见"牛肺炎链球菌病"章节中病原学内容。

2. 大肠杆菌

见"牛大肠杆菌病"章节中病原学内容。

二、临床症状

病犊牛多表现为前一顿采食正常或稍减，然后迅速发展为拒食、呆立或卧地不起、精神状态差；腹泻，先排黄白色粪便，后转为淡黄色、深绿色和带血色粪便；多伴随咳喘病症，有些跛行。病程 10 d 左右，短则 5~6 d，长则半个月。

三、病理变化

胸腔积有黄色脓性液体；心肺严重粘连，肺脏淤血，间质增宽，有纤维素性渗出物，质脆；心冠有点状出血，心内膜有出血；气管环有出血；肝脏稍肿，呈红黄色相间；肾脏黏膜不易剥离，有大片淤血斑，肾盂有发亮、发黄的胶冻样物质；前段肠管黏膜出血，内容物稀薄，肠管有膨气现象。

四、诊 断

1. 涂片镜检

取新鲜病犊牛的心血、肺脏、肝脏、脾脏直接进行涂片，分别进行吉姆萨染色和革兰氏染色。显微镜下观察，见有一种革兰氏阳性的双球菌，少数呈 3~5 个菌体相连的短链状，另见一种两端钝圆的革兰氏阴性杆菌。

2. 细菌分离

挑取肺脏、肝脏、脾脏、胃肠内容物分别接种于普通琼脂平板和血琼脂平板，并分别进行有氧培养和厌氧培养，37℃培养 24 h，观察有无菌落生长及菌落形态。

可见厌氧培养无细菌生长，有氧培养菌落生长良好。普通琼脂培养基上长出表面光滑、湿润、无色透明的菌落；挑取单个菌落，涂片镜检，可见两端钝圆的革兰氏阴性杆菌；另将培养物接种于麦康凯培养基 24 h，可形成红色菌落，将培养物接种于伊红—亚甲蓝培养基上可长出黑色带有金属光泽的菌落。

血琼脂平板培养可见滴状、半透明、灰白色的少数菌落，将培养物放置 48 h，菌落周围出现 β 溶血现象；挑取单个菌落，涂片镜检，可见革兰氏阳性的双球菌；另将单个菌落接种马丁肉汤培养 24 h 后，肉汤中等混浊，有少量絮状沉淀，放置 2 d 后培养液上部逐渐澄清。

3. 生化特性

根据分离细菌的形态和培养特征可初步判断为大肠埃希菌和链球菌，进一步对其进行生化特性的鉴定。

大肠埃希菌能发酵葡萄糖、乳糖、甘露醇和麦芽糖，使其产酸、产气，能使蔗糖少量产酸、产气。MR 试验、吲哚试验均为阳性，VP 试验阴性，赖氨酸脱羧酶及尿素酶试验为阴性，能还原硝酸盐，不利用枸橼酸盐。

链球菌可分解多种糖类，产酸不产气，大多数新分离出的肺炎链球菌可发酵菊糖。胆汁溶解试

验阳性、Optochin敏感试验阳性。

五、类症鉴别

1. 牛冠状病毒病

相似点： 病犊牛腹泻，粪便稀软呈黄色、绿色，粪便中带有血液，脱水，咳嗽，剖检见肠黏膜有出血，内容物稀薄。

不同点： 牛冠状病毒可感染各年龄的牛，成年牛腹泻常呈喷射状，粪便呈淡褐色；剖检见病变在大肠和小肠，肠壁菲薄、半透明。混合感染病例多见于犊牛，有的病牛还有跛行症状，剖检除肠道病变外，还有胸腔积液、肺脏淤血、肝呈红黄色相间、气管环出血等病变。

2. 牛犊新蛔虫病

相似点： 多发生于犊牛。病牛体温升高，腹泻，粪便中带有血液，咳嗽，喘息。

不同点： 犊新蛔虫病病犊牛口腔中有特殊的酸臭味，粪便多为灰白色，有时排出虫体，腹围膨大。混合感染病牛粪便呈淡黄色、深绿色，部分有跛行症状；剖检见犊新蛔虫病病牛肺脏有出血点、斑并有实变的坏死区，肝脏出血、坏死，肠道出血，溃疡内有大量蛔虫，肠道穿孔破裂后引起腹膜炎，腹腔积液、有纤维素性渗出物；混合病例病牛肺脏淤血，有纤维素性渗出物，肝脏呈红黄色相间，肠道出血，无蛔虫寄生，肾脏黏膜淤血，肾盂有黄色胶冻样物质，无腹膜炎病变。

3. 牛沙门氏菌病

相似点： 病犊牛食欲不振，腹泻，粪便内混有血丝，脱水。

不同点： 牛沙门氏菌可感染各年龄的牛，混合病例病牛主要是犊牛。犊牛感染沙门氏菌病程长的可能伴发关节炎和肺炎，成年牛感染还有粪便中含有黏膜、纤维素絮片，结膜充血和发黄等症状，妊娠牛感染可发生流产；剖检病变集中于肝、肾、脾等实质性器官，脾充血肿胀，肝色泽变淡，肝、脾和肾有时可见坏死灶；细菌学检测可见两端钝圆或卵圆的革兰氏阴性小杆菌。混合病例病牛除腹泻外，还有咳嗽、喘息症状；剖检见胸腔积液，心肺粘连，肺淤血、有纤维素性渗出物，肝呈红黄色相间，气管有出血，肾脏淤血。

六、防治措施

1. 预防

（1）**加强饲养管理。** 加强新生犊牛的特殊护理，应尽快使犊牛吃上初乳，对体质较弱者应补充硒及其他矿物质和维生素，增强犊牛的抵抗力。加强对妊娠牛的饲养管理，合理供给饲料，补充丰富的蛋白质、维生素和矿物质，给予优质干草，让其适量运动，搞好产房的卫生和消毒。

（2）**严格消毒。** 对牛舍进行定期消毒，发现病牛时应及时对牛舍、饲喂用具等用10%石灰乳或5%氢氧化钠溶液进行严格消毒。对垫草等污染物进行焚烧处理。粪便堆积后用5%氢氧化钠溶液消毒表面再进行生物热处理。对尸体应先消毒外表，再深埋。限制牛群活动，防止疾病传播。

（3）**隔离、治疗。** 发病犊牛立即将其隔离到温暖、干燥、垫料舒适的牛圈中单独治疗。加强对全群牛的临床观察，凡体温升高，食欲废绝的犊牛立即隔离治疗。对死亡的犊牛进行深埋等无害化处理，其污染物应及时销毁。

（4）**免疫接种**。制订免疫程序，并严格执行。在疫区和有发病史的地区，对犊牛注射肺炎链球菌病疫苗和大肠杆菌病疫苗进行免疫。

2. 治疗

结合牛链球菌和大肠杆菌感染的治疗方案进行综合治疗。

第七节 牛支原体和巴氏杆菌混合感染

牛支原体肺炎是由牛致病性支原体引起的以支气管或间质性肺炎为特征的慢性呼吸道疾病。牛支原体除导致牛肺炎、乳腺炎外，还导致关节炎、角膜结膜炎、中耳炎、生殖道炎症、流产与不孕等多种病症。

牛巴氏杆菌病又称牛出血性败血症，是由多杀性巴氏杆菌引起的急性、热性传染病，临床可表现以纤维素性大叶性胸膜肺炎为特征的肺炎型和全身皮下、脏器黏膜、浆膜点状出血的败血型以及头部、胸部水肿的水肿型3种类型。

一、病 原

1. 牛支原体

见"牛支原体肺炎"章节中病原学内容。

2. 多杀性巴氏杆菌

见"牛出血性败血病"章节中病原学内容。

二、临床症状

发病牛体温高达40~42℃，病程长短不一。病程短者未见明显症状即突然死亡，或出现发热、寒战、呼吸困难，鼻流黏性红色或略带红色分泌物，1~2 d内死亡。病程稍长者体温达41~42℃，精神沉郁，食欲减退或废绝，不愿活动，呼吸困难，流涎，咳嗽，呻吟，鼻镜干燥。有些病牛出现轻度下痢；有些牛关节肿胀，站立困难，跛行；个别牛舌苔糜烂，有明显的溃疡斑。病牛烦渴贪水，黏膜苍白，被毛散乱，后期末梢厥冷，虚脱而死。肺部听诊支气管呼吸音粗粝，或有捻发音，或有摩擦音，叩诊有实音区。

三、病理变化

剖检可见皮下、浆膜有浆液性浸润和点状出血；胸腔内积有浆液性纤维性渗出液，有的混有血液，胸膜上覆有纤维素性薄膜；肺脏出现肉样实变，肺被膜增厚，间质增宽，肺脏上有大量灰白色干酪样坏死灶，外观呈大理石样病变，剖面呈红色，有的呈黑红色，流出大量带泡沫血液；肝脏肿大、质脆，有坏死；胆囊肿大、积液；心脏增大，心包积液，心包膜增厚；气管内黏膜有点状出血；腹腔大量积液，呈淡红色；胃肠道及小肠黏膜有出血；淋巴结肿大、水肿、出血；肿大的关节关节腔积液，有大量干酪样坏死物。

四、诊断

1. 支原体诊断

将无菌采集的死亡犊牛的肺脏和脾脏用玻璃匀浆器匀浆后，离心取上清液，用 0.22 μm 滤膜过滤，后加到支原体专用琼脂和液体培养基中，在 37℃ 5% 二氧化碳培养箱培养 3 d 以上。若为牛支原体，则液体培养基颜色由红色变成黄色；琼脂培养基上长出透明的露滴样菌落，光学显微镜低倍观察菌落形态应具有"煎蛋样"典型特征。

由于牛支原体分离鉴定难度大、灵敏性低等缺点，临床上可用 ELISA、PCR、LAMP 等方法进行快速诊断。

2. 细菌学诊断

（1）直接镜检。无菌采集病死牛的肝脏、脾脏、淋巴结等病料，涂片经瑞氏或吉姆萨染色镜检，可见两极浓染的卵圆形杆菌，疑似巴氏杆菌。

（2）细菌培养。无菌采集病死牛的肝脏、脾脏、淋巴结等病料，分别接种于肉汤及血液琼脂平板上，37℃ 培养 24 h，可见肉汤轻度混浊，管底有黏稠沉淀物；血液琼脂平板表面长出露珠样灰白色小菌落。挑取典型的单菌落，涂片，革兰氏、瑞氏或吉姆萨染色镜检，发现大量两极浓染的革兰氏阴性小杆菌。

（3）生化鉴定。将分离菌分别接种于各个生化管内，37℃ 培养 24 h，若该菌对葡萄糖、蔗糖产酸不产气，不分解乳糖、棉籽糖、鼠李糖，靛基质试验为阳性，则符合牛巴氏杆菌的生化特征。

（4）动物接种。将病料与生理盐水制成 10 倍稀释悬液，取 0.2~0.5 mL 接种于小鼠皮下或腹腔，若接种后小鼠死亡，取病死小鼠肝、脾作触片、染色、镜检，应检出两极浓染的革兰氏阴性短杆菌。

五、类症鉴别

1. 牛肺炎链球菌

相似点：病牛体温升高至 40℃ 以上，精神委顿，呼吸困难，流涎，咳嗽，流浆液性或脓性鼻液，少数病例下痢。

不同点：牛肺炎链球菌病最急性病例死亡前出现神经症状，如抽搐、痉挛；混合感染病牛鼻液带红色分泌物，有的牛关节肿胀、跛行。肺炎链球菌病牛剖检见肺心叶、尖叶、间叶充血，呈暗紫色，切面弥散大小不等的脓肿，脾脏充血肿大，脾髓呈黑红色，质韧如硬橡皮，肝、肾充血、出血，有脓肿，胸腔渗出液明显增量并积有血液；混合感染病牛剖检见纤维素性胸肺膜炎，肺脏覆有纤维素性渗出物，有肉样实变，有灰白色干酪样坏死，肝脏、肾脏无脓肿，脾脏无明显特征性病变，胸腔内积有浆液性纤维性渗出液。

2. 牛副流行性感冒

相似点：病牛体温升高，精神不振，食欲减退，流黏性鼻液，咳嗽，呼吸困难，有时张口呼吸，有时出现腹泻。肺间质增宽，胃肠黏膜有出血。

不同点：副流行性感冒病牛流泪，有脓性结膜炎；剖检不见纤维素性胸膜肺炎，肺部有灰色或红色肝变区。混合感染病牛鼻液带血，无脓性结膜炎，有的牛关节肿胀，舌部溃疡；剖检见纤维素性胸膜肺炎，肺脏肉样实变，肺脏上有大量灰白色干酪样坏死灶。

3. 牛呼吸道合胞体病毒病

相似点：病牛突然发病，精神沉郁，厌食，高热达40~42℃，流涎，流浆液性鼻液，呼吸急促，张口呼吸，呻吟。

不同点：牛呼吸道合胞体病毒病泌乳牛产奶量急剧下降或停乳，部分病牛皮下气肿；混合病例无皮下气肿症状，有的牛关节肿胀，舌糜烂、溃疡。呼吸道合胞体病毒病病牛剖检不见纤维素性胸膜肺炎，肺脏出现弥漫性水肿或气肿，有大小不等的肝变区；混合病例剖检见纤维素性胸膜肺炎，肺脏肉样实变，肺脏上有大量灰白色干酪样坏死灶。

六、防治措施

1. 预防

（1）**加强管理**。发现病牛和疑似病牛应及时隔离检查治疗，以抗菌消炎、对症治疗为原则，并加强饲养管理，避免牛群拥挤、受寒等应激因素，增强机体抗病力。

（2）**严格消毒**。牛舍、饲喂用具等用10%石灰乳或5%氢氧化钠溶液进行严格消毒。对垫草等污染物进行焚烧处理。粪便堆积后用5%氢氧化钠溶液表面消毒再进行生物热处理。对尸体应先消毒外表再深埋。

（3）**定期接种**。发病地区每年定期接种牛出血性败血症氢氧化铝疫苗，体重100 kg以上的牛6 mL，100 kg以下的牛4 mL，皮下或肌内注射。实际生产中采用牛产前注射牛支原体组织灭活疫苗效果好，接种牛所产犊牛支原体病的发病率明显降低，病情较轻，病程短，死亡率降低。

（4）**加强检疫监管**。加强对牛引进的管理，引牛前认真做好疫情调查工作，不从疫区或发病区引进牛，同时做好牛支原体、牛巴氏杆菌病、牛结核病、泰勒虫病等的检疫检测和相关疫病的预防接种，防止引进病牛或处于潜伏感染期的带菌牛。牛群引进后应进行1个月以上的隔离观察，确保无病后方可与健康牛混群。

2. 治疗

结合牛支原体和巴氏杆菌感染治疗方案进行综合治疗。

第八节　犊牛支原体与肺炎链球菌混合感染

牛支原体肺炎是由牛致病性支原体引起的以支气管或间质性肺炎为特征的慢性呼吸道疾病。牛支原体除导致牛肺炎、乳腺炎外，还导致关节炎、角膜结膜炎、中耳炎、生殖道炎症、流产与不孕等多种病症。

牛链球菌病是由肺炎链球菌引起的一种急性、败血性呼吸道传染病。该病主要发生于3周龄以内犊牛，临床表现败血症症状，病变特征为脾脏呈充血性增生性肿大，质韧如硬橡皮，即所谓的"橡皮脾"。

一、病 原

1. 牛支原体

病原学特征见"牛支原体肺炎"章节。

2. 肺炎链球菌

病原学特征见"牛肺炎链球菌病"章节。

二、临床症状

1. 急性病例

病初体温升高至40.5~41.5℃，精神沉郁，腰背拱起，不愿走动，食欲废绝，呼吸急促，有浆液性鼻液。肺部叩诊出现浊音，听诊肺泡呼吸音粗粝。按压胸部，病牛表现敏感、疼痛，可以听见呻吟声。后期病牛四肢关节肿大，卧地不起，衰竭。有的发生瘤胃臌气，个别病牛发生腹泻。病程通常10~15 d，未死亡的感染牛转成慢性病例。

2. 慢性病例

病牛体温一般正常或稍微升高，全身症状较轻微；时常咳嗽，在驱赶后更加明显；身体衰弱，被毛粗乱无光泽。病牛常常挤堆，不愿走动。如果饲养条件改善，部分病牛可以自然康复。

三、病理变化

病变多集中在胸部，胸腔有淡黄色积液，坏死组织呈现灰黄色，在空气中露置后积液呈胶冻状凝块。急性病例的肺部损害多集中在一侧，肺切面呈大理石状，心叶、尖叶、膈叶上有肝变区，肝变区比正常的肺组织稍微凹陷，颜色呈红色或灰色不等，肺小叶中间充满纤维蛋白性渗出物。肺气肿时肺小叶间隙增大，支气管、细支气管内有大量白色泡沫液体，支气管淋巴结和纵隔淋巴结肿大，胸腔脏面有大量纤维蛋白性渗出物。

四、诊 断

1. 支原体诊断

将无菌采集的死亡犊牛的肺脏和脾脏用玻璃匀浆器匀浆后，离心取上清液，用0.22 μm滤膜过滤后，加到支原体专用琼脂和液体培养基中，在37℃ 5%二氧化碳培养箱内培养3 d以上。若为牛支原体，则液体培养基颜色由红色变成黄色；琼脂培养基上长出透明的露滴样菌落，光学显微镜低倍观察菌落形态应具有"煎蛋样"典型特征。

由于牛支原体分离鉴定难度大、灵敏性低等缺点，临床上可用 ELISA、PCR、LAMP 等方法进行快速诊断。

2. 细菌学诊断

（1）**直接涂片**。取病牛的心、肝、脾、肺等组织病料涂片、染色、镜检，若发现成双、似2个瓜子仁状、仁尖朝外具有荚膜的双球菌，可基本确诊。

（2）**细菌培养**。无菌采取心、肝、血、脾和淋巴结病料涂布在血液琼脂上，于37℃恒温培养24 h，平板上长出灰白色、表面光滑、边缘整齐的小菌落，在需氧条件下呈 α-溶血环，厌氧环境下呈 β-溶血。取上述菌落接种于血清培养基中，呈轻度混浊。无菌挑取菌落经革兰氏染色镜检，可见大量革兰氏阳性双球菌。

（3）**溶菌试验**。采取试管法。用4 mL BHI培养24 h后，浓缩制备1 mL生理盐水浓菌悬液，pH值调至7，分装2支试管，每支各0.5 mL。其中一管加0.5 mL 100 g/L去氧胆酸钠溶液为试验管，另一管加0.5 mL生理盐水作对照。35℃孵育，每小时观察1次结果，若为肺炎链球菌，则混浊菌液会变清亮。

（4）**动物试验**。用无菌生理盐水将纯化的细菌从兔血琼脂培养基上洗脱，将细菌稀释成 1×10^9 CFU/mL，分别接种5只小白鼠，每只0.2 mL。试验组小鼠在24 h内全部死亡，死亡的小鼠脏器有出血点，并可从死亡小鼠脏器内分离到相应细菌，对照小白鼠未见异常。

五、类症鉴别

1. 牛巴氏杆菌病

相似点：牛巴氏杆菌病肺炎型病牛体温升高（40℃以上），精神不振，食欲减退或废绝，呼吸促迫，呼吸困难，流鼻液，部分牛腹泻。剖检见胸腔积液，有纤维素性渗出物，肺脏有肝变，切面呈大理石状，病变区呈不同颜色，肺脏表面有纤维素性渗出物，支气管淋巴结、纵隔淋巴结等显著肿大。

不同点：牛巴氏杆菌病最急性型病例呈败血型，剖检全身黏膜、浆膜以及肺、舌、皮下组织和肌肉有出血点，有的肺炎型病例有纤维素性心包炎，心包和胸膜粘连。混合感染病例无败血症病变，病牛四肢关节肿大，有的瘤胃臌气；剖检见肺脏肝变区稍凹陷，急性病例肺部损害多集中在一侧，胸腔液体常会有坏死组织，呈现灰黄色，在空气中露置后积液呈胶冻状凝块。

2. 牛流行热

相似点：病牛体温升高，关节肿胀，鼻腔流浆液性或黏液性鼻液，呼吸急促。

不同点：流行热病牛体温升高时，泌乳牛产奶量显著下降，肌肉僵硬，眼结膜充血，眼眶周围及下颌下组织会发生斑块状水肿，病牛头歪向一边，胸骨倾斜，流浆液性泡沫样涎；剖检见间质性肺气肿，肺实质充血、水肿，肺泡膨胀气肿甚至破裂，切面流出大量泡沫样暗紫色液体，胸腔、肺脏不见纤维素性渗出物附着。混合感染病例无斑块状水肿和胸骨倾斜等症状；剖检胸腔、肺脏有纤维素性渗出物，肺脏有不同程度肝变区，呈现不同颜色。

3. 牛副流行性感冒

相似点：病牛体温升高，精神不振，食欲减退，流黏液性鼻液，呼吸困难，有时出现腹泻。剖检见肺切面呈特殊斑状，有灰色或红色肝变区，气管内充满浆液，肺门和纵隔淋巴结肿大。

不同点： 副流行性感冒病牛产奶量下降，妊娠牛可能流产、流泪、有脓性结膜炎，无混合感染病例的关节肿大、瘤胃臌气症状，剖检病变主要见于肺脏，肺脏和胸腔无纤维素性渗出物，区别于混合感染病例。

六、防治措施

1. 预防

（1）**加强饲养管理**。加强新生犊牛的特殊护理，应尽快使犊牛吃上初乳，对体质较弱者应补充硒及其他矿物质和维生素，增强犊牛的抵抗力。冬春寒冷季节犊牛舍内温度应保持在15℃以上，适当降低饲养密度，垫草每天更换1次，可有效降低发病率。

（2）**及时隔离治疗**。加强临诊检查，及早发现病牛，及时隔离治疗，并对其他牛只进行临床检查，凡体温升高、食欲废绝的犊牛应立即隔离治疗。

（3）**严格消毒**。采取有效措施对病死的犊牛进行深埋处理，并对其污染物进行及时有效的销毁，环境及用具要彻底消毒。

（4）**定期接种**。发病地区每年定期接种牛出血性败血症氢氧化铝菌苗，皮下或肌内注射。实际生产中采用牛产前注射牛支原体组织灭活疫苗效果良好，给犊牛注射肺炎链球菌疫苗可有效预防该病。

（5）**加强引种检疫**。加强对牛引进的管理，引牛前认真做好疫情调查工作，不从疫区或发病区引进牛，同时做好相关疫病的检疫和预防接种，防止引进病牛或处于潜伏感染期的带菌牛。牛群引进后应隔离观察1个月以上，确保无病后方可与健康牛混群。

2. 治疗

结合牛支原体与肺炎链球菌感染治疗方案进行综合治疗。

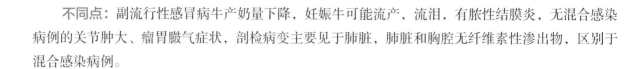

第九节　牛病毒性腹泻／黏膜病
与巴氏杆菌混合感染

牛病毒性腹泻／黏膜病是由牛病毒性腹泻病毒（BVDV）引起的牛的一种复杂的、呈多临床类型的接触性传染病。腹泻、发热、黏膜糜烂溃疡、流产、产死胎或畸形胎等是其主要的临床表现，部分病牛出现持续性感染、免疫抑制甚至免疫耐受。

牛巴氏杆菌病又称牛出血性败血症，是由多杀性巴氏杆菌引起的急性、热性传染病，临床表现以纤维素性大叶性胸膜肺炎为特征的肺炎型和全身皮下、脏器黏膜、浆膜点状出血的败血型以及头部、胸部水肿的水肿型3种类型。

一、病 原

1. 牛病毒性腹泻病毒

病原学特征见"牛病毒性腹泻/黏膜病"章节。

2. 多杀性巴氏杆菌

病原学特征见"牛出血性败血症"章节。

二、临床症状

病牛初期精神沉郁，食欲减退，反刍减弱，体温升高至39.5~41℃。出现流泪现象，严重者眼分泌物变得黏稠，上下眼睑黏着，流涎、咳嗽、气喘、呼吸困难，出现严重腹泻，稀粪呈水样，逐渐变为淡灰色，混有蛋清样物。未死亡感染牛转为慢性，表现进行性消瘦，被毛粗糙，间歇性腹泻，有时起卧不安、回头顾腹、弓背、呻吟等，呈明显的腹痛症状。病程可长达60 d。

三、病理变化

剖检见病牛口腔黏膜、齿龈、上腭、舌面及颊部黏膜有糜烂和溃疡，食道黏膜有大小不等的糜烂斑，部分瘤胃和皱胃有糜烂，小肠出现明显的卡他性炎症，空肠和回肠比较严重。病程长的病牛除表现出明显的消化道症状外，还表现出特征性的肺炎症状，淋巴结水肿明显，肺部呈纤维素性肺炎和胸膜炎，整个肺部呈不同的肝变期。肝脏颜色不整，边缘肿胀。脾脏质地干脆。肾脏肿胀，切面外翻，较湿润。

四、诊 断

1. 细菌学诊断

（1）直接镜检。无菌采集死亡病牛的新鲜病料如心血、心脏、肝脏、脾脏、肺脏、肾脏和胸腔积液，分别做组织涂片，瑞氏和亚甲蓝染色，镜检可见涂片上有少量两级着色的短杆菌，未见荚膜。

（2）分离培养。将病料心血、肝脏、脾脏、胸腔积液分别接种于普通肉汤培养基、血液琼脂培养基和麦康凯琼脂培养基，置于37℃恒温箱培养24 h。可见肉汤出现中度混浊，分别将培养物涂片镜检，瑞氏染色均可见两极浓染、两端钝圆的短杆菌，亚甲蓝染色未见荚膜，革兰氏鉴别染色呈红色，判别为革兰氏阴性菌。

血液琼脂培养基上生长有淡灰色的、湿润、露珠样的小菌落，菌落的周围未见溶血环，细菌生长较旺盛。麦康凯培养基上基本没有细菌生长。挑取血琼脂培养基的单个菌落，制成涂片，瑞氏染色细菌呈两极着色、两端钝圆的短杆菌，革兰氏染色呈阴性。

2. 病毒性腹泻病毒的检测

（1）免疫琼脂扩散。选取溃烂或发炎组织周围黏膜直接与BVDV阳性血清进行反应，检测抗原。取患病动物血清与标准阳性抗原进行抗体检测。

（2）酶联免疫吸附试验（ELISA）。ELISA检测法作为经典的血清学检测方法，在国内外广泛应用。该法即可检测存在于各种病料中的BVDV，又可以检测患病动物体内BVDV抗体水平，是诊断牛病毒性腹泻/黏膜病的一种重要的常规手段。

（3）核酸扩增技术。应用于牛病毒性腹泻/黏膜病诊断中的主要有环介导体外等温扩增（LAMP）技术、实时荧光定量（*TaqMan*）RT-PCR、套式RT-PCR、一步法RT-PCR、二重RT-PCR等。该技术能从分子水平上简单快速，敏感特异地检测出样品中BVDV的RNA，并且可以区分不同基因型的毒株以及与BVDV在基因组成、传播途径、检测方法等方面相似的其他病原体，如猪瘟病毒（CSFV）、羊边界病毒（BDV）、水疱性口炎病毒（VSV）等。

五、类症鉴别

1. 牛肺炎链球菌病

相似点： 病牛体温升高，精神沉郁，食欲减退或废绝，呼吸困难，咳嗽，腹泻，流涎。

不同点： 肺炎链球菌病病牛流浆液性或脓性鼻液，可视黏膜发绀，无口腔黏膜溃疡症状。剖检见肺心叶、尖叶、间叶充血，呈暗紫色，切面弥散大小不等的脓肿，有大面积坏死灶；脾脏充血肿大，脾髓呈黑红色，质韧如硬橡皮；肝、肾有脓肿。混合感染病例剖检见口腔黏膜、消化道糜烂、溃疡，有纤维素性肺炎、肺肝变、胸膜炎病变。

2. 牛腺病毒病

相似点： 病牛体温升高，食欲减退，咳嗽，气喘，呼吸次数增加，呼吸困难，腹泻，鼻腔和眼结膜有分泌物，消瘦。肺脏实变。

不同点： 腺病毒病犊牛易感，无口腔黏膜溃疡和流涎症状，剖检见肺气肿，肺泡萎缩，肺膨胀不全，支气管坏死；无口腔黏膜、消化道、胃黏膜溃疡、糜烂症状，无纤维素性胸膜肺炎症状。

六、防治措施

1. 预防

（1）加强检疫，及时扑杀，严防传入。防控牛病毒性腹泻/黏膜病的重点是防止感染牛群持续发病，防止垂直感染，加强检疫，及时清除持续性感染牛。要严防疾病的传入，引进牛时，要进行严格检疫并进行隔离观察，采取血清进行病毒分离和中和试验，两种疾病均为阴性者方可混群饲养。

（2）免疫预防。制订科学的免疫程序，对牛病毒性腹泻/黏膜病和牛巴氏杆菌病进行免疫。用于BVDV免疫防治的商品化疫苗已经广泛使用了30多年，弱毒活疫苗及灭活疫苗均可给牛提供有效的保护，通常在6~10月龄、初乳免疫力消失时接种疫苗，注意妊娠期不能接种。发病地区，每年定期接种牛出血性败血症氢氧化铝疫苗。

（3）及时隔离、消毒。发现病牛应及时将其隔离到温暖、干燥、垫料舒适的牛圈中单独治疗。牛舍、饲喂用具等用10%石灰乳或5%氢氧化钠溶液进行严格消毒。对垫草等污染物进行焚烧处理。粪便堆积后用5%氢氧化钠溶液表面消毒再进行生物热处理。对尸体应先消毒外表再深埋。限制牛群活动，防止疾病传播。

2.治疗

结合牛病毒性腹泻病毒与巴氏杆菌感染治疗方案进行综合治疗。

第十节　牛犊新蛔虫与球虫病混合感染

牛犊新蛔虫病为犊新蛔虫寄生于初生犊牛小肠引起的以肠炎、下痢、腹部膨大、腹痛等消化道症状为特征的寄生虫病。患该病的犊牛生长发育受到严重影响，有些犊牛瘦弱，生长发育不良，被称为"僵牛"。该病常可引起犊牛的死亡，严重危害养牛业。

牛球虫病是由艾美耳属的多种球虫寄生于牛肠道黏膜上皮样细胞内引起的一种寄生虫病，主要临床症状为出血性肠炎。犊牛对球虫易感，成年牛常呈隐性感染。球虫感染牛体后破坏肠道上皮细胞，阻碍营养吸收，致使牛只生长缓慢或产奶量下降，严重时可引起腹泻、便血甚至死亡。

一、病　原

1.犊新蛔虫

病原学特征见"牛犊新蛔虫病"章节。

2.球虫

病原学特征见"牛球虫病"章节。

二、临床症状

病初犊牛表现精神沉郁，被毛粗乱，食欲减退，体温正常或偏高，肠蠕动音增高，瘤胃蠕动音减弱，排出粪便中有少量血液和纤维素性黏液性物质。随着病情发展，体温升高至40℃以上，鼻镜干燥，食欲废绝，结膜苍白，眼窝塌陷，皮肤弹性降低。肠音减弱，瘤胃蠕动音消失，心率增加，排血量增多，粪便恶臭。病至后期，体温降低至37.5℃以下，体质虚弱，极度消瘦，心律失常，脱水更加严重。排出的粪便呈黑褐色，几乎全部是血，排粪失禁。

三、病理变化

剖检病死犊牛，尸体消瘦，可视黏膜和肌肉苍白，肛门松弛、外翻，后肢和肛门周围被血粪污染。小肠黏膜肥厚，充血、出血，内有数量不等、粗细长短不一、淡黄色圆柱形虫体，相互扭成一团。直肠黏膜肥厚，出血、溃疡，有纤维素性薄膜和黏膜碎片，呈出血性炎症变化。肠内容物呈红褐色，肠系膜淋巴结肿大。肝脏有黄豆大小黄褐色坏死灶，肺部有点状出血斑或紫黑色坏死灶。

四、诊 断

1.粪便检查

（1）直接镜检。取病牛粪便适量，进行直接涂片法进行虫卵检查。首先在载玻片上加50%甘油数滴，再以火柴梗取粪便少许，与载玻片上的甘油水混合均匀，去掉大块粪渣，将粪液涂成薄膜，加盖玻片，置于显微镜下观察，检查时应按顺序查遍盖玻片上所有部分。镜检可观察到大量的球虫卵囊和犊新蛔虫虫卵。

（2）饱和盐水漂浮法。取新鲜粪便，放入加有饱和食盐溶液的烧杯内搅拌均匀。将混合液用2层纱布过滤到另一烧杯内，静置15 min。用接种棒金属环蘸取混合液膜于载玻片上并加盖盖玻片，镜检。

2.剖检观察

剖检病牛见犊新蛔虫存在于病牛的肠道内可确诊感染犊新蛔虫。

五、类症鉴别

1.牛大肠杆菌病

相似点：病犊牛严重腹泻、脱水、虚弱，后期排粪失禁。

不同点：大肠杆菌病病犊牛初期粪便呈淡黄色稀粥样，后呈淡灰白色水样，混有血丝、气泡和血凝块；混合感染病例粪便有纤维素性黏液性物质，后期血液增多，呈黑褐色。剖检见大肠杆菌病犊牛皱胃中可见凝血块或凝乳块，胃黏膜有水肿、充血、出血现象，并有胶状黏液，肠内容物中常常混有气泡和血液，肝和肾呈现苍白色；混合感染病例小肠黏膜肥厚，充血、出血，内有寄生的淡黄色圆柱形虫体，直肠黏膜肥厚，出血、溃疡，有纤维素性薄膜和黏膜碎片，肠内容物呈红褐色，肝脏有黄豆大小黄褐色坏死灶，肺部有点状出血斑或紫黑色坏死灶。

2.牛隐孢子虫病

相似点：病牛精神沉郁，食欲下降，体温正常或偏高，腹泻，粪便中有血液、黏液。

不同点：牛隐孢子虫病可发生于各年龄段的牛，多发于犊牛；重症牛粪便呈灰白色或黄褐色，后期呈透明水样粪便；隐孢子虫体型小，剖检无法直接观察到。混合感染病例仅发生于犊牛，成年牛呈隐性感染；重症牛或病程后期排血增多，粪便呈黑褐色；剖检见小肠黏膜肥厚、充血出血，内有数量不等、粗细长短不一、筷子大小、淡黄色圆柱形虫体，直肠黏膜肥厚、出血、溃疡，肝脏有黄豆大小黄褐色坏死灶，肺部有点状出血斑或紫黑色坏死灶。

3.牛沙门氏菌病

相似点：病犊牛腹泻，粪便内混有黏液和血丝。

不同点：牛沙门氏菌病可发生于各年龄的牛，病犊牛体温骤升至41℃，病程稍长的可伴有腕关节、跗关节肿大，成年牛高热（40℃左右），腹泻，粪便中含有血块、黏液、纤维素絮片，病程长的结膜充血和发黄，妊娠牛可发生流产；剖检犊牛急性病例可见心壁、腹膜、小肠和膀胱黏膜有小点出血，脾充血、肿胀，慢性病例肝色泽变淡，关节肿大病例关节腔和腱鞘含有胶样液体，成年病牛胃、肠黏膜潮红，大肠黏膜有局限性坏死区，肝脂肪变性或灶性坏死。混合病例仅发生于犊牛，成年牛呈隐性感染；病牛结膜苍白，重症牛或病程后期排血增多，粪便呈黑褐色；剖检见小肠黏膜肥厚，充血、出血，内有数量不等、粗细长短不一、筷子大小、淡黄色圆柱形虫体，直肠黏膜肥厚，出血、溃疡，肠内容物呈红褐色，肝脏有黄豆大小黄褐色坏死灶，肺部有点状出血斑或紫黑色坏死灶，脾脏无病变。

4. 牛空肠弯曲菌病

相似点： 病牛腹泻，粪便中伴有血液。

不同点： 牛空肠弯曲菌病可发生于各年龄的牛，一般成年牛病情较重，2~3 d内牛群80%的牛均发生腹泻；多数病牛体温、脉搏、呼吸、食欲正常，病牛排出恶臭水样棕黑色稀粪，奶牛产奶量下降，死亡率低；剖检见空肠和回肠的卡他性炎症、出血性炎症及肠腔出血。混合感染病例仅发生于犊牛，成年牛呈隐性感染；病牛精神沉郁，食欲下降，体温正常或偏高，结膜苍白，粪便中有纤维素性黏液性物质，病程后期排血增多，粪便呈黑褐色；剖检见小肠黏膜肥厚，充血、出血，内有数量不等、粗细长短不一、淡黄色圆柱形虫体，直肠黏膜肥厚，出血、溃疡，肠内容物呈红褐色，肝脏有黄豆大小黄褐色坏死灶，肺部有点状出血斑或紫黑色坏死灶。

5. 牛冠状病毒病

相似点： 病牛腹泻，粪便中带有血液。

不同点： 牛冠状病毒病新生犊牛和成年牛多发，犊牛严重者表现为排喷射状水样粪便，成年牛腹泻呈喷射状，泌乳牛泌乳量下降；剖检见病死犊牛肠壁菲薄、半透明，肠内容物呈灰黄色。混合感染病例仅发生于犊牛，成年牛呈隐性感染；病程后期排血增多，粪便呈黑褐色；剖检见小肠黏膜肥厚，充血、出血，内有数量不等、粗细长短不一、筷子大小、淡黄色圆柱形虫体，直肠黏膜肥厚，出血、溃疡，肠内容物呈红褐色，肝脏有黄豆大小黄褐色坏死灶，肺部有点状出血斑或紫黑色坏死灶。

6. 牛轮状病毒病

相似点： 多发于犊牛，成年牛呈隐性感染。病牛精神沉郁，食欲减少，体温正常或轻微升高，腹泻，粪便中混有黏液，脱水。

不同点： 轮状病毒病病牛粪便呈水样，呈黄白色或绿色，偶见便血；剖检见肠壁变薄，肠内容物变稀，呈黄褐色、红色，甚至灰黑色，小肠黏膜条状或弥漫性出血。混合感染病例病程后期排血增多，粪便呈黑褐色；剖检见小肠黏膜肥厚，充血、出血，内有数量不等、粗细长短不一、筷子大小、淡黄色圆柱形虫体，直肠黏膜肥厚，出血、溃疡，肠内容物呈红褐色，肝脏有黄豆大小、黄褐色坏死灶，肺部有点状出血斑或紫黑色坏死灶。

六、防治措施

1. 预防

（1）**加强饲养管理。** 成年牛常是球虫病的携带者，因此应将犊牛与成年牛分开饲养，严格防止饲料和饮水被牛粪污染。哺乳母牛乳头要经常用高锰酸钾等消毒药物擦洗，以防犊牛吃奶时吃进虫卵而感染。更换饲料时应循序渐进，减少因突换饲料形成的应激病变。在饲料中添加维生素、矿物质、微量元素等，提高牛群免疫力。要尽量避免到潮湿、低洼的草甸草场放牧，远离可能的传染源，保证饮水清洁。

（2）**定期驱虫。** 每年春季和秋季定期预防性驱虫，药物可以选择盐酸左旋咪唑，使用剂量为每千克体重7.5 mg。也可以选用广谱抗寄生虫的药物阿维菌素，使用剂量为每千克体重0.2 mg。

（3）**严格消毒**。对污染过的运动场、圈舍地面、栏杆、围墙等用氯制剂或2%氢氧化钠溶液彻底消毒；对病牛粪便进行集中消毒深埋处理，以达到消灭传染源的目的。平时定期对圈舍清理、消毒，保持环境干燥、卫生。

（4）**加强检疫**。外购牛只时，要先进行检验检疫，做好寄生虫病的检查工作，防止引进的牛群中有病牛。引进后的牛应隔离饲养2个月以上，以防交叉感染。定期对牛群进行检疫，及时发现和隔离病牛，并进行相应的治疗。

（5）**药物预防**。每次按每千克体重肌内注射左旋咪唑注射液2~3 mg进行预防。

2. 治疗

结合牛犊新蛔虫与球虫感染治疗方案进行综合治疗。

第十一节　牛附红细胞体与大肠杆菌混合感染

附红细胞体病又称嗜血支原体病，是由嗜血支原体寄生于红细胞表面、血浆及骨髓内引起的一种以红细胞压积降低、血红蛋白浓度下降、白细胞增多、贫血、黄疸、发热为主要临床特征的人兽共患病，曾经被称为黄疸性贫血病、类边虫病、赤兽体病和红皮病等。牛附红细胞体病是由温氏附红细胞体引起的。

牛大肠杆菌病是由致病性大肠埃希菌引起的新生犊牛的一种急性传染病，因其主要临床症状是腹泻，排出灰白色稀便，故又称犊牛白痢。该病主要发生于10日龄以内的犊牛，特别是1~3日龄的犊牛最易感。该病一年四季均可发生，但以冬春两季多见。

一、病　原

1. 附红细胞体

见"牛附红细胞体病"章节。

2. 大肠杆菌

见"牛大肠杆菌病"章节。

二、临床症状

病牛精神沉郁，食欲下降，被毛粗乱，步态不稳，喜卧，体温升高至41~42℃，有的牛体温高达43℃，心跳加快，呼吸急促，鼻流清液，皮肤及可视黏膜苍白，局部有出血点，鼻镜发红，耳尖及四肢末梢发紫，腹部皮肤点状出血较为明显，病牛最后因衰竭而亡，濒死期倒地不起、口吐白沫、抽搐。

三、病理变化

病牛胸腔及腹腔有浅红色积液；皮下出血；脂肪黄染；心脏肿大，心肌苍白松软，心冠脂肪出血和黄染；肝脏肿大1~2倍，呈棕黄色；胆囊肿大，内充满大量的明胶样胆汁；肺脏肿大、淤血、水肿；脾脏肿大、变软，局部出现坏死灶；胃底水肿，胃肠黏膜局部水肿；肾脏苍白，轻度肿大变性，被膜易剥离；十二指肠、回肠、空肠水肿、出血，肠壁变厚；全身淋巴结，特别是肠系膜淋巴结肿大，切面多汁、出血。

四、诊　断

1. 血液检查

（1）血液压片镜检。取病牛耳尖血滴于载玻片上，加等量生理盐水稀释后轻轻盖上玻片，在400倍显微镜下调暗视野观察，见红细胞表面附着椭圆形、圆形或星形绿色闪光小体，做扭转运动，严重者红细胞失去正常形态，边缘不整，呈星芒状、齿轮状等不规则多边形，有的附红细胞体游离在血浆中呈不断变化的星状闪光小体，在血浆中不断地摆动、翻滚。

（2）血片染色法。取病牛耳静脉血、涂片，自然干燥后甲醇固定，吉姆萨染色，镜下观察可见大量形态不规则的红细胞，多呈星状。

2. 细菌学检查

（1）涂片镜检。扑杀病牛，无菌取肝、脾、关节液渗出物、肠淋巴结进行涂片，革兰氏染色，镜检可见到的革兰氏阴性、两端钝圆的小杆菌，单个散在或成双排列，无荚膜，无芽孢。

（2）细菌分离培养。取病死牛的脾脏、肠系膜淋巴结划线接种于鲜血琼脂培养基和麦康凯培养基上，置于37℃恒温箱培养，24 h后鲜血琼脂培养基上菌落呈灰白色、半透明状，并产生β-溶血现象；在麦康凯培养基上长出红色圆形的菌落。将麦康凯培养基上的红色圆形菌落穿刺接种三糖铁琼脂培养基，培养基斜面呈黄色，底部呈黄色并有气泡。取菌落涂片，革兰氏染色、镜检，该菌为平直、两端钝圆的革兰氏阴性杆菌。

（3）生化试验。将麦康凯培养基上的红色圆形菌落接种琼脂斜面培养基，进行纯培养后做生化试验。该菌应该符合大肠杆菌的生化特性，能分解蔗糖、乳糖、葡萄糖、麦芽糖、甘露醇并产酸产气，不能利用枸橼酸盐，不产生 H_2S；MR试验、靛基质试验为阳性，维培二氏试验为阴性。

五、类症鉴别

1. 牛钩端螺旋体病

相似点：病牛精神沉郁，食欲下降，体温升高，呼吸困难；剖检见病牛皮下出血，胸腔及腹腔有浅红色积液，心脏色淡，肝脏肿大、呈黄褐色，全身淋巴结肿大、多汁。

不同点：钩端螺旋体病病牛有血红蛋白尿，皮肤与黏膜溃疡，后期嗜睡；剖检见肾脏肿大至正常的3~4倍，呈出血性外观，膀胱膨胀，充满血性、混浊的尿液，胃肠无明显病变。混合感染病例呼吸急促，鼻流清液，皮肤苍白、有出血点，濒死期口吐白沫、抽搐，肾脏轻度肿大，胃肠黏膜局部水肿，十二指肠、回肠、空肠水肿、出血，肠壁变厚。

2.牛泰勒虫病

相似点：与瑟氏泰勒虫病相似，病牛体温升高，精神沉郁，食欲减退，流鼻液，可视黏膜苍白，剖检见脂肪、浆膜黄染，皮下有出血点，肝肿大、呈土黄色，脾脏肿大，心脏肿大。

不同点：泰勒虫病病牛流多量浆液性眼泪，可视黏膜及尾根、肛门周围、阴囊等薄皮肤上出现粟粒大乃至蚕豆大的深红色结节状（略高出于皮肤）出血斑，磨牙、流涎，排少量干而黑的粪便；剖检见心肌呈土黄色，皱胃有出血点和溃疡。混合感染病例呼吸急促，皮肤苍白、有出血点，濒死期口吐白沫、抽搐，剖检见胸腔及腹腔有浅红色积液，胃肠黏膜局部水肿，肠壁变厚，肾脏苍白。

3.牛无浆体病

相似点：病牛精神沉郁，食欲减退，可视黏膜苍白，肝脏轻度肿胀、黄染，呈红褐色或黄褐色，脾脏肿大软化，心肌软而色淡。

不同点：无浆体病病牛颈部发生水肿，乳房、会阴部呈现黄色；剖检见皮下组织有黄色胶样浸润，大网膜和肠系膜黄染，肾脏呈黄褐色。混合感染病例呼吸急促，鼻流清液，皮肤有局部出血点，耳尖及四肢末梢发紫，濒死期倒地不起，口吐白沫、抽搐；剖检见胸腔及腹腔有浅红色积液，肺脏淤血、水肿，胃肠黏膜局部水肿，肠壁变厚，肾脏苍白。

4.牛巴贝斯虫病

相似点：病牛发热，精神沉郁，食欲减退，呼吸和心率加快，脾脏肿大，肝脏肿大、呈黄褐色，胆囊肿大，心肌柔软、色淡。

不同点：巴贝斯虫病病牛便秘与腹泻交替发生，部分病牛粪便中含有黏液和血液，发病数天后出现血红蛋白尿；剖检可见皮下组织、肌间结缔组织和脂肪组织呈黄色胶样水肿，各器官被膜均黄染，脾髓色暗，肝脏切面呈豆蔻状花纹，肾脏呈红黄色。混合感染病例病牛鼻流清液，皮肤及可视黏膜局部有出血点，鼻镜发红，耳尖及四肢末梢发紫，濒死期倒地不起、口吐白沫、抽搐；剖检见胸腔及腹腔有浅红色积液，皮下出血，脂肪黄染，肺淤血、水肿，胃肠黏膜局部水肿，肠壁变厚，肾苍白，全身淋巴结肿大。

六、防治措施

1.预防

（1）**做好消毒工作。**加强对牛体、牛舍、用具及运动场地的卫生消毒工作，可采用喷雾消毒，每周消毒1次即可。做好治疗器材的消毒工作，防止交叉感染。在注射时，应坚持一牛一针头的原则，注射器在使用后及时清洗消毒；耳标枪有时也是传染病的重要载体，同样要做好其卫生消毒工作，耳标在使用前用消毒液浸泡消毒，可有效杜绝疾病的传播。

（2）**定期驱虫。**做好驱蚊、灭虱、灭蜱工作，每年春秋两季定期对牛群使用伊维菌素注射驱虫，每季注射2次，每次间隔15 d，以减少通过虫媒介传播疾病的机会。

（3）**加强饲养管理。**为提高牛的抵抗力，要保证牛有足够的营养供给，提供全价配合日粮。精心管理，改善饲养环境，创造适宜的饲养条件。发现病牛要及时隔离治疗，对牛舍进行全面消毒，对病死牛要进行无害化处理。

2.治疗

结合牛附红细胞体与大肠杆菌感染治疗方案进行综合治疗。

第十二节　牛气肿疽梭菌和肝片吸虫混合感染

气肿疽又称黑腿病或鸣疽，是由气肿疽梭菌引起的反刍动物的急性、败血性传染病。气肿疽呈散发或地方性流行，以败血症及深层肌肉发生气肿性坏疽为特征，病牛肌肉丰满的部位发生炎性肿胀，按压肿胀部位有捻发音，常伴有跛行。

肝片吸虫病是由肝片吸虫寄生于动物的肝脏、胆管和胆囊所引起的一种人兽共患寄生虫病。该病以破坏动物肝脏、胆管引起急、慢性肝炎、胆管炎为特征，并伴有全身性中毒现象，是一种引起营养障碍的寄生虫病。相较于成牛该病对犊牛的危害更为严重，是造成养牛业损失最为严重的寄生虫病之一。

一、病　原

1. 气肿疽梭菌

病原学特征见"牛气肿疽"章节。

2. 肝片吸虫

病原学特征见"牛肝片吸虫病"章节。

二、临床症状

病牛消瘦，精神沉郁，食欲减退，被毛粗乱、无光，眼睑苍白，流清涎，病情严重的牛腹泻和便秘交替出现，粪便呈黑褐色，有腥臭味。以后食欲废绝，反刍停止，卧地后便不能自行站立。结膜充血潮红，逐渐发生呼吸困难，脉搏细数。体温达40.5~41.2℃。股、臀、腰、腹、胸前等部位的肌肉发生气性炎性肿胀，触之患部感觉敏感，皮肤紧张，皮温较高，按压时手感泡沫状，发出泡沫破碎的捻发音，气性肿胀蔓延很快。肿胀部的淋巴结肿大，触之有硬感。发病后12 h内死亡，死亡后肛门和阴道流血且肿大，腿部肌肉有肿胀现象。

三、病理变化

剖检见病牛胸腔轻微粘连，心脏表面有出血点。肺轻度萎缩，肺部出现坏死灶，切开肺大叶和肺小叶，见切口外翻，挤压肺切口的肺小管有气泡冒出，有捻发音，肺表面没有明显变化。肝脏切口微外翻，肝小管内有很多肝片吸虫，胆囊内胆汁充盈。胃表面有大量的出血点，肠系膜淋巴结肿大，切开肠系膜淋巴结，有清亮的液体流出。膀胱充盈，积有大量血水，边缘有出血点，中间有出血斑。

四、诊 断

1. 细菌学检查

（1）涂片镜检。取心、肝、脾和肿胀部位的肌肉或水肿液制备触片，染色后镜检。可见单在或成链、有芽孢或无荚膜、革兰氏染色阳性、两端钝圆的大杆菌。

（2）细菌分离及鉴定。取肿胀部位的肌肉、肝、脾、心或水肿液接种于葡萄糖血液琼脂培养基做细菌分离；用厌气肉肝汤纯培养物做生化试验鉴定；将纯培养物肌内接种于豚鼠。血液琼脂上有扁平、周边隆起如扣状、β-溶血的菌落；采集死亡豚鼠肝脏制作触片，经吉姆萨染色、镜检，可见散在或短链状杆菌。

根据细菌检查结果和病牛肌肉气性炎性肿胀可诊断为气肿疽梭菌感染，还可利用间接血凝试验、ELISA方法、免疫胶体金技术等血清学方法和PCR等分子生物学方法确诊。

2. 寄生虫检查

取新鲜的病牛粪便，用沉淀法检查，镜检可发现虫卵，呈椭圆形、金黄色、前端较窄，有一个不明显的卵盖，后端较钝，卵壳薄而透明，结合肝小管内有虫体寄生，可诊断为肝片吸虫，还可用变态试验、间接血凝试验、血清凝集反应、酶联免疫吸附试验、斑点免疫金渗滤试验等免疫学方法进行确诊。

五、类症鉴别

1. 牛恶性水肿

相似点： 病牛体温升高，食欲减退，呼吸困难，脉搏细速，眼结膜充血，体表发生肿胀，肿胀迅速扩散，手压柔软、有捻发音，切开有含泡沫的红色液体流出。

不同点： 牛恶性水肿常呈散发，病牛有皮肤损伤的病史，从伤口周围开始发生气性炎性肿胀，因此发病部位不定，肿胀初期坚实；母牛阴道感染时发生肿大，流出红褐色恶臭液体；剖检见肌肉无海绵状病变，肌肉呈白色，肝脏气性肿胀，肾脏混浊变性，被膜下有气泡，呈海绵状。取病变组织涂片或触片，染色镜检见长丝状菌体。

混合感染病例眼睑苍白，流清涎，腹泻和便秘交替出现，粪便呈黑褐色；剖检见胸腔轻微粘连，肺部出现坏死灶，挤压肺切口的肺小管有气泡冒出，有捻发音，肝小管内有很多肝片吸虫，胃、膀胱有出血点。取病料染色镜检，可见单在或成链、有芽孢或无荚膜、革兰氏染色阳性、两端钝圆的大杆菌。

2. 牛巴氏杆菌病

相似点： 牛巴氏杆菌病水肿型病例与混合感染病例症状相似。病牛体温升高，精神不振，结膜潮红，呼吸和心跳加速，病初便秘，后腹泻，体表发生肿胀，触之敏感，呼吸困难。

不同点： 巴氏杆菌病病牛濒死期眼结膜出血，天然孔出血，肿胀局限于头颈部、咽喉部及胸前的皮下结缔组织，舌部及周围组织有明显肿胀，呈暗红色，皮肤和黏膜发绀，眼红肿，流泪；剖检见病牛全身黏膜、浆膜以及肺、舌、皮下组织和肌肉有出血点，胸膜腔积液，肿胀部皮下有胶样浸润，切开后流出黄色至深黄色的液体；镜检有两端钝圆的革兰氏阴性小杆菌。混合感染病例死后肛门、阴道流血、肿大，体表肿胀为气性炎性肿胀，按压时手感泡沫状，剖开有带泡沫液体；剖检见肝小管内有很多肝片吸虫，挤压肺小管有气泡冒出，胃、膀胱黏膜有出血点；取病料染色镜检，可见革兰氏染色阳性、两端钝圆的大杆菌。

六、防治措施

1.预防

（1）**免疫接种**。在流行地区及周围，每年春、秋两季进行气肿疽甲醛疫苗或明疫苗的预防接种。气肿疽明矾疫苗，不论年龄大小，一律皮下注射5 mL。6月龄以下的牛，长到6月龄时，应再注射1次。注射14 d后产生可靠的免疫力，免疫期为6个月。

（2）**加强环境消毒，定期驱虫**。在疫区进行灭厩蝇和牛虻活动，用80%敌敌畏乳油按1∶400的比例配成溶液喷雾环境，牛体表用灭害灵喷雾；无害化处理粪便、垫草，用3%煤酚皂溶液、10%氢氧化钠溶液、碘伏或20%漂白粉溶液消毒牛舍、地面、墙壁、饲养用具。有计划地进行全群性驱虫，一般每年春、秋两季各驱虫1次。

（3）**消灭中间宿主**。不在有椎实螺的潮湿牧场上放牧，以防感染囊蚴，要给牛饮用清洁卫生的自来水、井水或流动的河水。填平低洼水塘，使椎实螺无法滋生；对沼泽地和低洼的牧地排水，通过阳光暴晒，杀死牧地中的椎实螺；对于较小而不能排水的死水地，可用5%硫酸铜溶液定期喷洒，以杀死椎实螺，或用2%茶籽饼溶液喷洒，也可收到灭螺效果。

（4）**无害化处理**。及时清理病牛的粪便，堆积发酵，杀死其中的虫卵。对实行驱虫的牛，必须圈留5~7 d，对所排粪便进行严格堆积发酵。对检查出严重感染的病牛，其肝脏和肠内容物应深埋或烧毁；对轻微感染的病牛肝脏，应该废弃被感染的部分，并将废弃的肝脏进行高温处理，禁止用作其他动物的饲料。

2.治疗

结合牛气肿疽和肝片吸虫感染治疗方案进行综合治疗。

第十三节　牛结核病与副结核病混合感染

牛结核病是由牛型结核分枝杆菌和人型结核分枝杆菌引起一种慢性消耗性人兽共患传染病，临床上以被感染的组织和器官形成特征性结核结节和干酪样坏死为特征。

副结核病又称为副结核性肠炎、Johne's病，是由禽分枝杆菌副结核亚种（Map）引起的，以感染牛、羊、鹿、羊驼等反刍动物为主、多种动物共患的一种慢性、消耗性传染病。

一、病原

1.结核分枝杆菌

病原学特征见"牛结核病"章节。

2. 禽分枝杆菌副结核亚种

病原学特征见"牛副结核病"章节。

二、临床症状

病牛呈现极度消瘦、被毛松乱无光泽、贫血、咳嗽、间歇性下痢等。

三、病理变化

剖检见病牛的胸、腹腔出现大量的结节性病灶，病灶的大小如针头、粟粒、豌豆、榛子、鸡蛋大或融合成更大的，并有厚的结缔组织包膜，外观呈灰白色，内为淡黄色干酪样坏死物与坚硬如石灰质的钙化灶。

1. 肺脏

整个肺表面呈凸凹不平的外观，肺膜粗糙并增厚，与胸膜相粘连。肺实质内可见稠密的粟粒性和大灶性的结核结节。结核结节与周围肺组织分界明显，易于剥离。气管与支气管未见异常，肺泡气肿。

2. 淋巴结

全身多处淋巴结均发生结节性病变，尤以纵隔、肺门、胸门、下颌、肝门、胃、肠系膜淋巴结为明显。病变淋巴结，轻症者稍肿大，仅在切面上见到针头、粟粒或黄豆大混浊灰黄色的病灶。重症者增大数十倍，如肺门淋巴结重达 500 g，被膜增厚而粗糙，切面上可见大面积的干酪样坏死与钙化。

3. 浆膜

见胸膜、腹膜、心外膜、大网膜和胃、肠浆膜下有大量灰白色的表面光滑而有光泽的球状结节，大小如黄豆、榛子、核桃等不一。每个球状结节都有一细长的根蒂与浆膜相连，酷似珍珠的结核结节，结节中心为干酪样坏死或钙化。

4. 肠

除了肠浆膜出现珍珠样病变及相应淋巴结轻度肿大、切面见粟粒大混浊灰黄色的干酪样坏死病灶外，肠黏膜均未见结核性结节或坏死性病灶，而见空肠的后段和回肠黏膜增厚，呈脑回状皱褶，皱褶厚度为 5 mm。黏膜表面覆有一层灰白色黏稠液，拭去黏稠液后，黏膜面光滑，呈苍白色，部分皱褶顶端散布有小出血点。回盲瓣黏膜充血、出血及水肿，瓣口紧缩，形成球状而发亮的副结核病变。

四、诊　断

取肺、肺门淋巴结、浆膜等结节性病灶及空肠、回肠的病肠段黏膜分别制作涂片，用齐尔-尼尔森抗酸染色法染色，进行镜检，发现肺、肺门淋巴结、浆膜等的结节性病灶涂片中有不多的细长、直或稍弯曲的、着染红色的抗酸杆菌，这与结核分枝杆菌形态相一致。病肠段黏膜涂片中有多量的、着染红色的球杆状、短杆状或棒状的多形性小杆菌，菌体呈丛状、团块状排列，这与副结核分枝杆菌相一致。

五、类症鉴别

牛白血病

相似点：病牛精神不振，全身虚弱，贫血，体重减轻。剖检见全身或部分淋巴结肿大，外观呈灰白色；内脏器官内形成大小不等的结节。

不同点：白血病病牛可有各种不同的表现，心脏受损时表现心动过速，呼吸促迫，心音异常，后肢麻痹；皱胃发生浸润时，形成溃疡、出血，排出黑色粪便；子宫肿瘤病牛，发生流产、难产或屡配不孕；还可能有排尿困难、跛行、瘫痪等症状。剖检见皱胃壁或十二指肠前端常增厚，大部分皱胃壁弥漫性增厚，其黏膜发生溃疡。血液变化是病牛的特点之一，典型病牛血液学变化为血液中白细胞数可达（3~18）×10^{4}个/L，淋巴细胞总数为90%~98%。

六、防治措施

1. 预防

（1）**加强引种工作**。认真对待引种工作，引种不慎往往是导致发病的主要原因。引进的牛应保证来自清洁牛场。另外，不从疫源地引种，引种时应进行严格的检疫，引进后隔离检疫1个月，无异常再混群饲养。对疫区牛群每年进行3~4次检疫，淘汰阳性牛，建立健康牛群。

（2）**加强饲养管理**。加强饲养管理，增强牛的体质和抗病力。注意牛舍的保暖和防寒，对检疫发现感染的犊牛要立即隔离，及早治疗和处理。对污染的环境、用具要用消毒药进行科学有效的消毒。不要突然改变饲料，要逐渐过渡。保持牛舍环境干燥卫生，减少病原菌的感染。

（3）**严格隔离、消毒**。对于发病牛群严格隔离，防止疫病扩散，牛舍设计应符合环境卫生学要求；要做好消毒工作，每季度要进行大消毒，可用5%~10%热氢氧化钠溶液、10%漂白粉溶液、3%福尔马林和3%~5%来苏尔溶液；对开放性的病牛要屠宰，无症状阳性牛要隔离。

（4）**疫苗接种**。如牛场发现病牛，可能被传染的犊牛要及时接种疫苗。严格按照防疫制度，对新生犊牛进行疫苗接种。

2. 治疗

由于结核分枝杆菌属于细胞内寄生菌，即使用敏感的抗生素也很难根除该病，治疗效果不佳，因此应果断采取淘汰处理的方式，坚决消灭病牛，对牛群进行净化。

第十四节　犊牛球虫与莫尼茨绦虫混合感染

牛球虫病是由艾美耳属的多种球虫寄生于牛肠道黏膜上皮样细胞内引起的一种寄生虫病，主要

临床症状为出血性肠炎。犊牛对球虫易感，成年牛常呈隐性感染。球虫感染牛体后破坏肠道上皮细胞，阻碍营养吸收，致使牛只生长缓慢或产奶量下降，严重时可引起腹泻、便血甚至死亡。

牛莫尼茨绦虫病是由贝氏莫尼茨绦虫和扩展莫尼茨绦虫寄生于牛的小肠引起的一种寄生虫病。该病主要危害犊牛，以食欲降低、饮欲增加、腹泻为特征。

一、病　原

1. 球虫
病原学特征见"牛球虫病"章节。

2. 莫尼茨绦虫
病原学特征见"牛莫尼茨绦虫病"章节。

二、临床症状

病犊牛食欲减退、消瘦、贫血、腹泻，粪便中有时可以见到大米粒样白色物质，以后发展为血便，粪便稀薄、呈水样，或稀薄的粪便中带有条状、块状血液和上皮细胞碎片及黏液，粪便恶臭。体温升高至40~41℃，后期表现精神萎靡、厌食、被毛粗乱、体质消瘦、四肢无力、贫血、口吐白沫，有的犊牛脱水严重，里急后重，后肢及尾部被稀粪污染。

三、诊　断

采集病牛粪便进行寄生虫虫卵检查。采取饱和盐水漂浮法，可发现大量球虫卵囊和扩展莫尼茨绦虫虫卵。若想确定是何种球虫感染，可将检出的球虫卵囊加到2%重铬酸钾溶液中进行培养，使之孢子化，然后进行鉴定。

四、类症鉴别

1. 牛隐孢子虫病
相似点：犊牛多发。病牛精神沉郁、食欲下降、被毛粗乱、逐渐消瘦，体温升高、腹泻，粪便稀薄、呈水样，粪便中带有血液和黏液。

不同点：隐孢子虫病病牛粪便中有大量纤维素，粪便中没有绦虫孕卵节片；隐孢子虫主要感染宿主的空肠后段和回肠；隐孢子虫卵囊很小，直接镜检常难以分辨，将待检粪样制成涂片、染色、镜检，隐孢子虫卵囊呈椭圆形或卵圆形，直径4~6 μm。

2. 牛犊新蛔虫病
相似点：病牛体温升高，精神萎靡，食欲不振，被毛粗乱，消瘦，贫血，粪便中带有黏液、血液。

不同点：犊新蛔虫病犊牛口腔中有特殊的酸臭味，有喘息和咳嗽，后期呼吸困难，排出粪便多为灰白色，有腹痛感，卧地时四肢划动，有时排出虫体。剖检见肺脏有出血和坏死，肺泡、支气管内有时可检出虫体，肠道中有蛔虫。

五、防治措施

1. 预防

（1）**加强饲养管理**。成年牛常是球虫的携带者，应将犊牛与成年牛分开饲养，严格防止饲料和饮水被牛粪污染。避免在低洼地、湿地放牧，尽可能避免在清晨、黄昏和雨天放牧，以减少感染绦虫的机会。

（2）**定期驱虫**。对于球虫，每年春、秋两季分别对牛群进行1次驱虫。在牛开始放牧的第1天到第35天，进行绦虫成熟前驱虫，此后10~15 d，再进行1次即可。

（3）**严格消毒**。对污染过的运动场、圈舍地面、栏杆、围墙等用氯制剂或2%氢氧化钠溶液彻底消毒；对病牛粪便进行集中深埋消毒处理，以达到消灭传染源的目的。平时定期清理、消毒圈舍，保持环境干燥、卫生。

（4）**加强检疫**。外购牛只时，要先进行检验检疫，做好球虫病的检疫工作，防止引进的牛群中有病牛带虫。引进后的牛应隔离饲养2个月以上，以防交叉感染。定期对牛群进行检疫，及时发现和隔离病牛，并进行相应的治疗。

2. 治疗

综合犊牛球虫及莫尼茨绦虫感染方案，结合患病牛临床症状进行治疗。

第十五节　犊牛呼吸道合胞体病毒和巴氏杆菌混合感染

牛呼吸道合胞体病是由牛呼吸道合胞体病毒（BRSV）引起的一种急性、热性呼吸道传染病，临床上以发热和呼吸道症状为特征。

牛巴氏杆菌病又称牛出血性败血症，是由多杀性巴氏杆菌引起的急性、热性传染病，临床表现以纤维素性大叶性胸膜肺炎为特征的肺炎型和以全身皮下、脏器黏膜、浆膜点状出血为特征的败血型及以头部、胸部水肿为特征的水肿型3种类型。

一、病 原

1. 牛呼吸道合胞体病毒

病原学特征见"牛呼吸道合胞体病"章节。

2. 多杀性巴氏杆菌

病原学特征见"牛出血性败血症"章节。

二、临床症状

病牛出现体温升高、精神沉郁、消瘦衰弱、鼻镜干燥、湿咳等症状，个别牛出现下痢，排血便。死亡率高达20%。

三、病理变化

剖检死亡的病牛主要为双侧肺脏发生肉变，质地坚硬，胸腔内有大量渗出液，浆膜有出血点，肝脏肿大，有针尖大小的坏死点及明显的出血点和出血斑，其余脏器病变不明显。

四、诊 断

1. 细菌学检测

（1）**直接镜检**。无菌取死亡病牛的新鲜肝脏、脾脏、肺脏和胸腔积液病料，分别做组织涂片，瑞氏和亚甲蓝染色，镜检可在涂片上发现有少量的两极着色的短杆菌，未见荚膜。

（2）**分离培养**。将无菌采集的肝脏、脾脏、肺脏、胸腔积液病料分别接种于普通肉汤培养基、血液琼脂培养基和麦康凯琼脂培养基，置于37℃恒温箱培养24 h，可见肉汤出现中度混浊，分别将培养物涂片镜检，瑞氏染色均可见两极浓染、两端钝圆的短杆菌，亚甲蓝染色未见荚膜，革兰氏鉴别染色呈红色，为革兰氏阴性菌。

血液琼脂培养基上生长有淡灰色、湿润、露珠样的小菌落，菌落的周围未见溶血环，细菌生长较旺盛。而麦康凯培养基上基本没有细菌生长。挑取血琼脂培养基上的单个菌落，制成涂片，瑞氏染色细菌呈两极着色、两端钝圆的短杆菌，革兰氏染色呈阴性。

（3）**动物试验**。将分离的巴氏杆菌用灭菌肉汤增菌培养10~12 h，琼脂平板进行菌落计数。选取体重为18~20 g的健康小鼠6只，随机分成2组，每组3只，分别给第一组小鼠腹腔注射0.2 mL巴氏杆菌肉汤培养物，第二组腹腔注射0.2 mL灭菌肉汤作为对照组。逐日观察发病死亡情况，并剖检观察病变情况，病变部位切面无菌操作涂片，分别进行革兰氏、碱性亚甲蓝和瑞氏染色，镜检。

2. 病毒学检测

（1）**细胞分离培养鉴定**。这种方法是最直观的病毒鉴定方法。用无菌采集的肺脏组织处理后作培养材料。培养BRSV可以用Vero细胞、MDBK细胞或牛鼻甲骨细胞。将待检病料接种细胞后传代培养，第一代一般不出现细胞病变，随着传代次数增加，出现CPE时间缩短，病变初期出现细胞融合，晚期聚集/团缩，形成合胞体，细胞液可见轮廓明显的嗜酸性包涵体。细胞分离培养在临床上鉴定周期长且不够敏感。

（2）**酶联免疫吸附试验（ELISA）**。ELISA作为一项血清学诊断技术，已在动物疫病诊断工作中得到了广泛应用。由于酶的高效催化作用使其对抗原抗体结合识别起到了放大作用，从而达到了快速、灵敏、高效的检测要求，是重要的疫病早期诊断方法。

（3）**RT-PCR技术**。PCR通过扩增病毒基因片段来检测病毒，是近年来快速发展和应用的病原学检测方法。采集病牛的肺脏、肝脏等病料按照试剂盒使用说明提取RNA，反转录为cDNA，用特异性引物对cDNA进行扩增，扩增产物经1%琼脂糖凝胶电泳观察扩增结果。

五、类症鉴别

牛腺病毒病

相似点：病牛体温升高，咳嗽，消瘦，有肠炎。剖检见肺脏实变。

不同点：腺病毒病病牛除咳嗽外还有鼻炎、角膜结膜炎，表现为鼻腔和眼结膜有分泌物；剖检病变局限于肺部，肺气肿，肺泡萎缩，支气管因阻塞而坏死。混合感染病例无鼻炎、角膜结膜炎症状；剖检见肺脏质地坚硬，除肺脏病变外，还有浆膜、肝脏有大量出血点等病变。

六、防治措施

1. 预防

（1）**加强饲养管理，搞好卫生消毒工作。**每日及时清理牛舍地面及运动场的粪便，同时对地面、用具、工作服等进行严格消毒。增强机体抗病力，避免牛群拥挤、受寒。经常观察牛群，发现病牛应立即隔离或淘汰。对外界引进的牛只，一律隔离、检疫，确诊无病后才能入群。

（2）**严格消毒。**牛舍、饲喂用具等用10%石灰乳或5%氢氧化钠溶液进行严格消毒。对垫草等污染物进行焚烧处理。粪便堆积后用5%氢氧化钠溶液表面消毒后再进行生物热处理。对尸体应先消毒外表后再深埋。

（3）**定期接种。**发病地区，每年定期接种牛出血性败血症氢氧化铝疫苗，体重100 kg以上的牛接种6 mL，100 kg以下的小牛接种4 mL，皮下或肌内注射。目前尚无有效的疫苗用于防治BRSV感染，但使用减毒活疫苗经鼻腔免疫效果明显，虽然不能抵抗犊牛感染，但可使其症状减轻。

2. 治疗

以牛呼吸道合胞体病毒及巴氏杆菌感染防治方案为基础，结合患病牛临床症状进行治疗。

第十六节 犊牛传染性鼻气管炎
与附红细胞体混合感染

牛传染性鼻气管炎又称坏死性鼻炎或"红鼻病"，是由牛传染性鼻气管炎病毒引起的牛的一种急性、热性、接触性传染病，表现为上呼吸道及气管黏膜发炎、脓疱性外阴阴道炎、龟头炎、结膜炎、幼牛脑膜脑炎、乳腺炎等，主要临床症状为呼吸困难、流鼻液等。

附红细胞体病又称嗜血支原体病，是由嗜血支原体寄生于红细胞表面、血浆及骨髓内，引起的一种以红细胞压积降低、血红蛋白浓度下降、白细胞增多、贫血、黄疸、发热为主要临床特征的人兽共患病，曾经被称为"黄疸性贫血病""类边虫病""赤兽体病"和"红皮病"等。牛附红细胞体病是由温氏附红细胞体引起的。

一、病 原

1.牛传染性鼻气管炎病毒

病原学特征见"牛传染性鼻气管炎"章节。

2.附红细胞体

病原学特征见"牛附红细胞体病"章节。

二、临床症状

病牛体质虚弱，精神沉郁，体温达40℃以上，食欲减退，个别继发瘤胃臌气，有的流鼻液、鼻腔黏膜充血，有散在的小溃疡面，眼水肿，眼角有黄褐色分泌物；有的病牛鼻镜炎性充血、潮红，个别的有黏稠脓性鼻液，咳嗽呼吸困难，张口喘气；有的病牛突发瘤胃臌气倒地，抽搐死亡；有的病牛卧地不起，食欲废绝，粪便干结呈算盘珠状，被覆黏膜，因极度衰竭而死亡。

三、病理变化

鼻腔、咽喉、气管黏膜充血、出血，表面有黏脓性分泌物；瘤胃及肠道黏膜坏死。

四、诊断

1.血液检查

（1）**血液压片镜检**。取病牛耳尖血滴于载玻片上，加等量生理盐水稀释后轻轻盖上盖玻片，在400倍显微镜下调暗视野观察，见红细胞表面附着椭圆形、圆形或星形绿色闪光小体，做扭转运动，严重者红细胞失去正常形态，边缘不整，呈星芒状、齿轮状等不规则多边形，有的附红细胞体游离在血浆中呈不断变化的星状闪光小体，在血浆中不断地摆动、翻滚。

（2）**血片染色法**。取病牛耳静脉血、涂片，自然干燥后甲醇固定，吉姆萨染色，镜下观察，可见大量形态不规则的红细胞，多呈星状。

2.病毒学检查

临床上可用酶联免疫吸附试验（ELISA）、胶体金技术和PCR技术对牛呼吸道合胞体病毒进行特异、快速的诊断。

五、类症鉴别

1.牛流行热

相似点：病牛体温升高，精神沉郁，食欲下降，鼻流黏稠鼻液，眼部水肿，便秘；剖检见支气管内有大量黏液。

不同点：流行热病牛可能伴有跛行，关节肿胀，眼结膜充血，头歪向一边，胸骨倾斜，流浆液性泡沫样涎，无鼻黏膜、鼻镜充血、溃疡等症状；剖检见肺实质充血、水肿，肺泡膨胀、气肿甚至破裂，肺切面流出大量泡沫样暗紫色液体，肿大关节内有浆液性、浅黄色液体。

2. 牛副流行性感冒

相似点：病牛体温升高，精神不振，食欲减退，流黏液性鼻液，眼部有分泌物，咳嗽，呼吸困难，有时张口呼吸。气管内充满浆液。

不同点：副流行性感冒病牛无鼻腔黏膜充血、溃疡，鼻镜炎性充血、潮红，粪便干结呈算盘珠状等症状；剖检病变主要在肺的间叶、心叶和膈叶，主要是肺间质增宽、水肿，病变部位呈灰色及暗红色，肺切面呈特殊斑状，见有灰色或红色肝变区。混合感染病例剖检见鼻腔、咽喉、气管黏膜有充血、出血。

3. 牛呼吸道合胞体病毒病

相似点：病牛体温升高，沉郁，咳嗽，有鼻液，呼吸困难，张口呼吸。支气管和小支气管有黏液。

不同点：牛呼吸道合胞体病毒病妊娠牛可能流产，部分病牛的皮下可触摸到皮下气肿，无鼻腔黏膜、鼻镜充血、溃疡，眼水肿，粪便干结呈算盘珠状等症状；剖检见肺脏出现弥漫性水肿或气肿，见大小不等的肝变区，无咽喉、气管黏膜出血，瘤胃、肠道黏膜坏死等病变。

六、防治措施

1. 预防

（1）**加强饲养管理**。定期对饲养工具及环境进行消毒，限制外来人员进入牛场，减少各种应激对牛群产生影响。饲料种类要多样，营养成分要全面，运动时间要适宜，提高牛群的体质和抵抗疾病的能力。

（2）**坚持自繁自养**。坚持自繁自养，不从疫区引牛，避免将病牛或带毒牛引起牛场。引种时，牛需经过隔离观察70 d和严格的病原学或血清学检查，未感染的牛或未被污染的精液方可引进。

（3）**定期监测**。在生产过程中，要定期对牛群进行血清学监测，及时淘汰IBRV阳性感染牛。

（4）**定期消毒、驱虫**。加强对牛体、牛舍、用具及运动场地的卫生消毒工作，可采用喷雾消毒，每周消毒1次即可。做好治疗器材的消毒工作，防止交叉感染。做好驱蚊、灭虱、灭蜱工作，每年春、秋两季定期对牛群使用伊维菌素注射驱虫，每季注射2次，每次间隔15 d，从而减少通过虫媒介传播疾病的机会。

（5）**疫苗接种**。对于疫区或受威胁牛群，可对未感染牛进行IBRV弱毒疫苗或油乳剂灭活疫苗的免疫接种。通常犊牛在半岁时就可进行免疫接种，其免疫期可达半年以上。

2. 治疗

由于IBR缺乏特效治疗药物，一旦发生该病应根据具体情况，采取封锁、检疫、扑杀病牛或感染牛，并结合消毒等综合性措施扑灭该病。

第十七节　牛疥螨病继发葡萄球菌病感染

　　疥螨病是疥螨寄生在动物体表而引起的慢性寄生性皮肤病，具有高度传染性，发病后往往蔓延至全群，危害十分严重。发病初期病畜瘙痒感强烈，经常啃咬患部皮肤或到墙角、木桩上摩擦皮肤，皮肤出现丘疹、水疱，水疱破溃后形成痂皮。随着病情发展全身皮肤逐渐增厚、龟裂、被毛脱落，感染严重时易继发葡萄球菌病引起脓皮病。

一、病 原

1. 牛疥螨

病原学特征见"牛疥螨病"章节。

2. 葡萄球菌

　　葡萄球菌为圆形或卵圆形，直径0.5~1.5 μm，为兼性厌氧菌，革兰氏染色阳性，但当衰老、死亡或被白细胞吞噬后常为阴性。该菌无鞭毛，不运动，不形成芽孢和荚膜，常呈葡萄串状排列，但在脓液、乳汁或液体培养基中则呈双球状或短链状，有时易被误认为链球菌。

　　葡萄球菌在普通肉汤中生长迅速，初混浊，管底有少量沉淀，培养2~3 d可形成很薄的菌环，在管底则形成多量黏稠沉淀。在血琼脂上培养24 h形成3~4 mm瓷白色、湿润、光滑、不透明、隆起、不溶血、边缘整齐的圆形菌落。

　　葡萄球菌对不利的条件具有很强的抵抗力，并能在环境中存活很长时间，能在仪器表层和地面存活数周。在70℃条件下经1 h方能被杀死；80℃加热30 min才能将之杀死；煮沸时则立即死亡。而在干燥的脓液和血液中可生存数月，反复冷冻30次仍能存活。该菌极易对抗菌药物产生耐药性，随着抗菌药物的大量使用，葡萄球菌的耐药性也越来越严重。

二、临床症状

　　发病初期病牛频频甩头，而后啃咬皮肤或喜欢到圈舍墙角、柱桩有凸起的地方摩擦头部或颈部，发病数天后病牛耳部、颈部、尾部皮肤破损出血，随着病情的发展，1个多月后病牛全身皮肤出现结节、丘疹、小水疱，尤以耳部、脖颈部、背部、两腹侧、尾部较严重，而后水疱破裂皮肤出现增生、出血。病牛消瘦、食欲不振，全身皮肤增厚、龟裂，皮肤裂口处有脓血水渗出，瘙痒感较强烈。

三、诊 断

1. 镜检

　　用灭菌手术刀片涂上50%甘油水溶液，用力刮取炎性病灶皮肤与健康皮肤交界处皮屑直至轻微出血为止。将刮取的皮屑放入滴加了生理盐水的玻片上混匀，置于40倍显微镜下观察，可看到黄色的疥螨成虫在皮屑间爬动。

2. 细菌培养

选取炎症较重流脓血的腹部某点皮肤用无菌剪刀把痂皮除去，露出含血液的新鲜肉芽组织，用已消毒灭菌的棉签蘸取后置于2 mL EP管中，接种于鲜血琼脂培养基，置于37℃培养18 h后观察，培养基上长出呈灰白色、圆形光滑的大菌落，有些菌落周围出现明显的溶血环。挑取单个生长良好菌落涂片革兰氏染色镜检，可看到单个、双个或呈短链状的革兰氏阳性球菌。取培养基上的菌落进行生化试验，该菌能分解过氧化氢酶、葡萄糖、甘露醇，产酸不产气，不产生靛基质。

四、类症鉴别

牛皮肤真菌病

相似点： 病牛食欲不振，消瘦，皮肤出现丘疹、结节、皮肤增厚、瘙痒。

不同点： 皮肤真菌病病牛病灶被覆灰色或灰褐色，有时呈鲜红色至暗红色的鳞屑和石棉样痂皮，痂皮剥脱后，病灶显出湿润、血样糜烂面。混合感染病例皮肤有水疱，破裂后出血，皮肤增厚龟裂，裂口处流出脓血水。

五、防治措施

1. 预防

（1）**加强饲养管理和清洁消毒工作。** 加强牛群饲养管理，减少健康牛与患病牛的接触时间，消除各种致病因素。加强牛群护养管理，避免牛只产生外伤。牛舍要保持清洁卫生、通风、干燥、透光、不拥挤。牛体常刷、常晒。牛舍和用具要定期消毒，可用20%生石灰水或5%克辽林溶液喷洒和洗刷，其药液温度不低于80℃。

（2）**加强检疫和防控。** 在常发病的地区，对牛群要定期检疫，经常预防，一旦发现病牛，应立即隔离治疗。在患螨病牛群中有些牛虽未发现螨病，也要进行药物处理。对新引入的牛只，应隔离观察15~30 d，证明健康者才能合群饲养。做好螨病牛的皮毛处理，以防病原扩散，同时要防止饲养人员或用具散播病原。

（3）**定期除螨。** 定期对牛群进行除螨工作。夏季因水牛经常下水，只有角缝、耳部等处的螨才能生存。因此，在盛夏之后，用杀螨药物处理角缝、耳部、头部，以杀死过夏的螨，是预防水牛螨病的有效措施。

2. 治疗

全群牛按每千克体重0.2 mg剂量皮下注射伊维菌素，7 d后再注射1次。局部按照抗感染方案进行治疗。

第十八节　牛绦虫和附红细胞体混合感染

附红细胞体病又称嗜血支原体病，是由嗜血支原体[原称附红细胞体（Eperythrozoon, EH）]寄生于红细胞表面、血浆及骨髓内引起的一种以红细胞压积降低、血红蛋白浓度下降、白细胞增多、贫血、黄疸、发热为主要临床特征的人兽共患病，曾经被称为黄疸性贫血病、类边虫病、赤兽体病和红皮病等。牛附红细胞体病是由温氏附红细胞体引起的。

寄生于牛肠道的绦虫主要有贝氏莫尼茨绦虫和扩展莫尼茨绦虫，曲子宫绦虫和无卵黄腺绦虫也可引起牛绦虫病，但比较少见。

一、病　原

1. 莫尼茨绦虫

病原学特征见"牛莫尼茨绦虫病"章节。

2. 附红细胞体

病原学特征见"牛附红细胞体病"章节。

二、临床症状

病牛表现被毛粗乱无光、呆立不动、喜躺卧、起立困难、双眼发红流泪等症状，严重感染时可出现腹泻、消瘦、贫血、下痢、血尿等症状，饮水量增加，粪便中有乳白色的虫体节片。

三、诊　断

1. 绦虫检查

绦虫病主要是依据在牛的粪便中检查出绦虫的孕卵节片或其碎片或粪便中的虫卵。孕卵节片呈黄白色，多附着于粪便表面，容易发现。取孕卵节片制作涂片，可看到大量虫卵即可做出判断。

检查孕卵节片时，可直接用肉眼观察或用水清洗后检查粪便中是否有乳白色节片。必要时可用饱和盐水漂浮法作虫卵检查，其方法是取可疑粪便5~10 g，加入10~20倍饱和盐水混匀，通过60目筛网过滤，滤过液静置0.5~1 h，使虫卵充分上浮，用一直径5~10 mm的铁丝圈与液面平行接触，蘸取表面液膜后将液膜抖落在载玻片上，覆以盖玻片即可镜检。对因绦虫尚未成熟而无节片或虫卵排出的病牛，可进行诊断性驱虫，如服药后发现有虫体排出且症状明显好转，也可确诊。

2. 血液检查

（1）血液压片镜检。取病牛耳尖血滴于载玻片上，加等量生理盐水稀释后轻轻盖上盖玻片，在400倍显微镜下调暗视野观察，见红细胞表面附着椭圆形、圆形或星形绿色闪光小体，做扭转运动，严重者红细胞失去正常形态，边缘不整，呈星芒状、齿轮状等不规则多边形，有的附红细胞体游离在血浆中呈不断变化的星状闪光小体，在血浆中不断地摆动、翻滚。

（2）**血片染色法**。取病牛耳静脉血、涂片，自然干燥后用甲醇固定，吉姆萨染色，镜下观察，可见大量形态不规则的红细胞，多呈星状。

四、类症鉴别

1. 牛隐孢子虫病

相似点：病牛消瘦，腹泻，体弱无力。

不同点：隐孢子虫病病牛粪便中有大量纤维素、血液、黏液，后呈透明水样粪便，无双眼发红流泪、血尿、严重贫血、粪便中有乳白色虫体节片等症状；剖检无肉眼可见虫体，血液检查不见附红细胞体。

2. 牛前后盘吸虫病

相似点：病牛消瘦，腹泻，体弱无力，贫血。

不同点：前后盘吸虫病病牛颌下或全身水肿，颌下水肿呈长条状；剖检见虫体主要吸附于瘤胃与网胃交接处的黏膜，数量不等，呈深红色、粉红色或乳白色，将其剥离，见附着处黏膜充血、出血或留有溃疡。因感染童虫而衰竭死亡的牛，全身水肿，胆囊膨大，充满黄褐色较稀薄的液汁，内含有童虫，胆管中也有童虫；肾周围组织及肾盂脂肪组织胶样浸润，实质性萎缩。

五、防治措施

1. 预防

（1）**定期驱虫**。从牛开始放牧第1天到第35天，进行绦虫成熟前驱虫，此后10~15 d，再进行1次。每年春、秋两季定期对牛群使用伊维菌素注射预防附红细胞体病。

（2）**消灭传染源，切断传播途径**。绦虫的中间宿主为地螨，因此要减少、消灭牧场的地螨，可对牧场进行改造，实行轮牧；同时，避免在低洼地、湿地放牧，尽可能避免在清晨、黄昏和雨天放牧，以减少感染地螨的机会。附红细胞体可经吸血昆虫、血源、垂直、接触传播，因此要做好驱蚊、灭虱、灭蜱工作，做好治疗器材的消毒工作，防止交叉感染，加强对牛体、牛舍、用具及运动场地的卫生消毒工作，发现病牛要及时隔离、治疗，定期对牛群进行检测。

（3）**加强饲养管理**。为提高牛的抵抗力，要保证牛有足够的营养供给，提供全价配合日粮。精心管理，改善饲养环境，创造适宜的饲养条件。

2. 治疗

结合防治牛绦虫及附红细胞体感染的方案进行治疗。

第十九节 犊牛轮状病毒与大肠杆菌混合感染

牛轮状病毒病是由牛轮状病毒引起的急性肠道传染病，临床上以精神沉郁、食欲废绝、腹泻和脱水为特征，多发生于15~45日龄的犊牛。

牛大肠杆菌病是由致病性大肠埃希菌引起的新生犊牛的一种急性传染病，因其主要临床症状是腹泻，排出灰白色稀便，故又称犊牛白痢。该病主要发生于10日龄以内的犊牛，特别是1~3日龄的犊牛最易感。该病一年四季均可发生，但以冬、春两季多见。

一、病 原

1. 牛轮状病毒

病原学特征见"牛轮状病毒病"章节。

2. 大肠杆菌

病原学特征见"牛大肠杆菌病"章节。

二、临床症状

轻症病牛病初全身症状表现轻微，病程长短不定，为1~8 d不等。表现为突然腹泻，排黄白色液状粪便，不久后呈喷射状水样，颜色为白色或灰白色，内含未消化的凝乳块，有时带有黏液和血液；精神、食欲正常，体温、脉搏、呼吸无明显变化。1~2 d，少部分可痊愈，大部分全身症状开始恶化，病牛精神沉郁，食欲减退或废绝；随后呼吸深快，心跳急速，心率加快，个别体温升高；最后体温下降，眼球凹陷，皮肤无弹性，且喘息不止，心跳超过130次/min，心律失常，神志不清，在昏迷中死亡。

重症病牛病初全身症状表现较重，病程较短，一般为3~4 d。表现为体温突然升高，食欲减退或废绝，喜躺卧，腹痛、腹胀，12~24 h开始下痢。粪便初呈黄色粥样，随后变为水样，呈灰白色，并混有未消化的凝乳块、肠黏膜、血液、泡沫，具有酸败气味，然后排粪失禁，尾和后躯染有稀粪。呼吸浅快，心跳急速，心律失常，在昏迷中死亡。有些病例上述两型症状均有，病牛前期表现为开始时全身症状轻微型的前期症状，中期表现为开始时全身症状较重型的前期症状，患病后期症状则基本相同。

三、病理变化

对全身症状轻微的腹泻死亡病犊剖检，发现病变主要限于消化道，肠腔内充满凝乳块和乳汁；小肠尤其是空、回肠肠壁菲薄、半透明，内容物呈液状；有些小肠出现广泛性出血；肠系膜淋巴结肿大；胆囊肿大。

对全身症状较重型和两型症状均有型的腹泻死亡病犊分别剖检，发现皱胃内有大量凝乳块，黏膜充血、水肿，表面覆盖胶冻状黏液，皱褶处出血；肠壁菲薄，内容物呈水样，并混有血液和气泡，小肠黏膜充血、出血，部分黏膜上皮脱落；有时直肠黏膜也有同样的变化；肠系膜淋巴结肿大、切面多汁；肝脏和肾脏苍白，被膜下可见出血点；心内膜有小出血点。

四、诊 断

1. 细菌学诊断

（1）涂片镜检。扑杀病牛，无菌采取肝、脾、关节液渗出物、肠淋巴结进行涂片，革兰氏染色、镜检，可见革兰阴性、两端钝圆的小杆菌，单个散在或成双排列，无荚膜，无芽孢。

（2）细菌分离培养。取病死牛肝、脾等为病料接种在血液琼脂培养基中，于37℃培养24 h，镜检其分离为边缘整齐、圆形、隆起、光滑、湿润灰白色的菌落，菌落周围形成透明的β溶血现象。涂片镜检，菌形与直接涂片一致。将培养物接种于麦康凯培养基24 h，可形成红色菌落，将培养物接种于伊红亚甲蓝培养基可长出黑色带有金属光泽的菌落。

（3）生化试验。将细菌纯化培养后，分别接种生化培养基，结果表明，该菌能分解葡萄糖、乳糖和甘露醇，产酸产气，硝酸盐还原试验、MR试验阳性、VP试验阴性，不利用枸橼酸盐，与大肠杆菌的生化特性符合。

2. 轮状病毒的检测

（1）酶联免疫吸附试验（ELISA）。ELISA方法由于操作简便，价格低廉，灵敏度和特异度高，无放射性污染，无须大型特殊仪器、设备等诸多优点，1985年被WHO推荐作为RV的检测手段。根据标本的情况和试剂的来源以及检测的具体条件不同，可设计出各种不同类型的检测方法。如双抗体夹心法、间接法、竞争法等。

（2）RT-PCR技术。用于RV检测的经典PCR技术是逆转录PCR，根据引物设计、扩增方式的不同，有巢式PCR、多重PCR、原位PCR等，主要用于RV的定性诊断，后又发展了半定量、定量PCR。实时荧光定量PCR有效解决了PCR的污染问题，特异性更强，自动化程度更高，正逐渐得到普及和推广。

（3）反转录-环介导恒温扩增（RT-LAMP）技术。李巍等均根据BRV VP7基因序列，针对其保守区设计了一套引物，建立了检测BRV的RT-LAMP技术。RT-LAMP法在等温条件下只需要50 min就能检测出结果，与普通RT-PCR相比，具有检测时间较短、特异性良好和灵敏度较高等特点。RT-LAMP快速检测方法操作简便、无须昂贵设备、结果可视，适用于在基层快速检测轮状病毒。

五、类症鉴别

1. 牛沙门氏菌病

相似点：犊牛多发，潜伏期短。病牛食欲不振，体温升高，腹泻，粪便中带有黏液和血液，喜卧，脱水，眼球凹陷；剖检见肠黏膜出血，肠系膜淋巴结肿大。

不同点：牛沙门氏菌病病程稍长病例犊牛可伴有腕关节、跗关节肿大，成年牛结膜充血和发黄，妊娠牛可发生流产；剖检见犊牛心壁、腹膜膀胱黏膜有小点出血，肝色泽变淡、脂肪变性或灶性坏死，肺有肺炎区，关节腔和腱鞘含有胶样液体，胆囊壁增厚。混合感染病例粪便呈灰白色，含有未消化的凝乳块、泡沫，重症牛粪便具有酸败气味，排粪失禁；剖检见肠腔内充满凝乳块和乳汁，肠黏膜菲薄，内容物水样且有气泡。

2.牛空肠弯曲菌病

相似点：病牛腹泻，粪便中伴有血液和血凝块，脱水，虚弱无力。剖检见出血性肠炎。

不同点：空肠弯曲菌病成年牛病情较重，病牛排棕黑色水样稀粪，多数病牛体温、脉搏、呼吸、食欲正常，及时治疗很少死亡。混合感染病例多发生于犊牛，粪便呈灰白色、黄色，含有未消化的凝乳块；剖检可见肠壁菲薄、半透明，内容物呈液状，皱胃内有凝乳块，黏膜充血、水肿，表面覆盖胶冻状黏液。

3.牛冠状病毒病

相似点：病牛腹泻，粪便中伴有血液和血凝块，脱水，虚弱无力。剖检见出血性肠炎。

不同点：牛空肠弯曲菌病成年牛病情较重；病牛排棕黑色水样稀粪，多数病牛体温、脉搏、呼吸、食欲正常，及时治疗，很少死亡。混合感染病例多发生于犊牛，粪便灰白色、黄色，含有未消化的凝乳块；剖检可见肠壁菲薄，半透明，内容物液状，真胃内有凝乳块，黏膜充血、水肿，表面覆盖胶冻状黏液。

六、防治措施

1.预防

（1）加强饲养管理。保持牛舍的卫生和消毒，保持通风、干燥、宽敞、光线充足，定期消毒，及时清除污物。护栏、犊牛床、运动场等可用2%来苏尔溶液等常用消毒液全面消毒，勤换垫草。接产犊牛时应对接产用具、母牛外阴及助产人员手臂进行消毒，母牛乳头应保持清洁，犊牛在出生后1h内及时哺喂初乳，以尽早获得母源抗体。断奶期不要突然改变饲料，要逐渐过渡。

（2）免疫接种。母牛产前1~2个月接种轮状病毒灭活疫苗或减毒疫苗，可使其原有的基础抗体水平显著升高，所产犊牛通过初乳可以获得高水平的母源抗体。

（3）及时隔离、消毒。发现病牛应及时将其隔离到温暖、干燥、垫料舒适的牛圈中单独治疗。每天用0.25%甲醛溶液、2%苯酚溶液、1%次氯酸钠溶液等对圈舍彻底消毒。

2.治疗

结合防治犊牛轮状病毒与大肠杆菌感染的方案进行治疗。

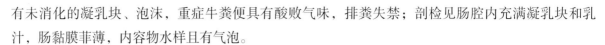

第二十节 牛支原体和大肠杆菌混合感染

牛支原体肺炎是由牛支原体引起的，以支气管或间质性肺炎为特征的慢性呼吸道疾病。牛支原体除导致牛肺炎、乳腺炎外，还导致关节炎、角膜结膜炎、中耳炎、生殖道炎症、流产与不孕等多种病症。大肠杆菌是条件性致病微生物，当牛在饲养管理不良或在产后机体抵抗力下降的情况下，致病性大肠埃希菌侵入机体而引起呼吸异常或呼吸困难，引发早产，同时还可使病牛发生关节炎，表现关节肿大或积液等症状。

一、病　原

1. 牛支原体
病原学特征见"牛支原体肺炎"章节。

2. 大肠杆菌
病原学特征见"牛大肠杆菌病"章节。

二、临床症状

成年母牛呼吸异常，出现张口呼吸，呼吸频率显著增加，可见右前肢关节肿大，于产前2周发生流产；犊牛表现精神不振，出现呼吸道症状，关节明显肿大。

三、病理变化

剖检病死牛观察其病理变化，成年母牛肺脏苍白，体积显著萎缩，表面多皱褶，肺间质显著萎缩；肺门淋巴结略有肿大、充血，切面呈暗红色；右前肢关节液显著增多，颜色发黄甚至混浊；肝脏颜色变深，质地变脆，体积肿大，边缘钝厚，在不同部位呈现大小不等的灰白色炎性病灶。发病犊牛经剖检后，可观察到病牛肺脏体积肿大，出现纤维素性炎症及出血性炎症，质地结实，切面多见血沫或液体；肺脏与胸腔明显粘连，胸腔有大量黄色、发出臭味的混浊积液。肺门淋巴结肿大，切面呈紫红色；其他脏器组织病变不明显。

四、诊　断

1. 细菌的分离培养
无菌分别取病牛的肺脏、肝脏、脾脏、淋巴结、气管、关节液等脏器组织新鲜切面分别接种到8%绵羊鲜血琼脂、EMB、SS、MSA、EYAB、CNA、SSA等固体培养基上，于37℃条件下培养18~24 h。其中在麦康凯培养基上呈现大量边缘整齐或波状、稍凸起、表面光滑湿润、直径1~2 mm、粉红色或深红色的圆形菌落，在EMB培养基上呈紫黑色带金属光泽的圆形菌落，在普通琼脂平板上呈灰白色、直径1.5~2 mm的圆形菌落。

挑取典型单个菌落进行革兰氏染色并逐一镜检，细菌涂片染色检查为革兰阴性、大小一致的粉红色的短小杆菌，初步鉴定为大肠杆菌。作生化试验对分离菌进行鉴定，结果表明符合大肠杆菌的特征。

2. 支原体的分离培养
无菌采取肺、肝、脾、肾等组织脏器，直接剪成小块放在PPLO固体培养基上画一直线，再用无菌铂耳环在与其垂直方向画线。固体PPLO平板置于37℃潮湿需氧条件或在5%二氧化碳下培养48~96 h，用斜射光或放大25~40倍的体视显微镜检查，若有特异性菌落出现，应选取散在

的单个菌落用无菌解剖刀切下小琼脂块，用巴氏吸管小心地将菌落和周围琼脂吸入，再将其移入盛有2~3 mL液体PPLO的培养管培养48 h，将其培养物通过孔径0.45 μm的滤膜过滤后作1：10和1：100稀释，每一种稀释液取0.05 mL涂布于PPLO平板，即可得到纯化的支原体培养物。

在高血清量的复杂培养基上有细菌生长，在固体培养基上菌落呈油煎荷包蛋样特征性外观，可确诊为支原体。

五、类症鉴别

牛呼吸道合胞体病毒病

相似点：病牛呼吸困难，呼吸频率加快，妊娠牛可流产。剖检见肺脏实变。

不同点：呼吸道合胞体病毒病病牛流泡沫样涎和浆液性鼻液，部分病牛的皮下可触摸到皮下气肿，无关节肿大症状。剖检见支气管和小支气管有黏液脓性液体渗出，肺出现弥漫性水肿或气肿。混合感染病例剖检见肺萎缩，表面多皱褶，关节液显著增多，颜色发黄甚至混浊，肝脏有大小不等的灰白色炎性病灶；犊牛肺与胸腔明显粘连，肺脏出现纤维素性炎症及出血性炎症。

六、治疗与预防

1. 治疗

结合牛支原体和大肠杆菌感染的方案及临床症状进行治疗。

2. 预防

（1）疫苗接种。目前尚无商品化疫苗。实际生产中采用牛产前几天注射牛支原体组织灭活疫苗取得良好的效果，接种牛所产犊牛的支原体病发病率明显降低，病情较轻，病程较短，死亡率降低。

（2）严格消毒。牛舍、饲喂用具等用10%石灰乳或5%氢氧化钠溶液进行严格消毒。对垫草等污染物进行焚烧处理。粪便堆积后用5%氢氧化钠溶液表面消毒后再进行生物热处理。对尸体应先消毒外表后再深埋。

（3）加强检疫监管。加强对牛引进的管理，引牛前认真做好疫情调查工作，不从疫区或发病区引进牛，同时做好牛支原体病的检疫检测和相关疫病的预防接种，防止引进病牛或处于潜伏感染期的带菌牛。牛群引进后应隔离观察1个月以上，确保无病后方可与健康牛混群。

参考文献

阿丽旦·吾普尔，2019.牛常见寄生虫病的防治[J].中国畜禽种业，15（7）：137.

曹玲，2015.牛食道梗死病的临床简易治疗[J].畜牧兽医杂志（4）：115.

曹文亮，2001.初生犊牛骨折两例治疗经验[J].畜牧兽医杂志（6）：45.

曹永芝，马卫明，邓立新，等，2010.牛棉籽饼中毒的诊治[J].中国兽医杂志，46（1）：78.

柴忠威，才学鹏，2000.药物治疗肝片吸虫病的研究进展[J].中国兽医寄生虫病（1）：56-60.

常继涛，于力，2016.牛轮状病毒引起的犊牛腹泻研究进展[J].中国奶牛（2）：22-25.

常晓龙，2016.肉牛场的选址、规划与建设[J].现代畜牧科技，11（23）：162.

陈怀涛，2008.兽医病理学原色图谱[M].北京：中国农业出版社.

陈丽凤，杨宗泽，邹亚学，等，2005.牛瑟氏泰勒虫病的诊断与防治[J].中国兽医杂志（2）：21-22.

陈溥言，2006.家畜传染病学[M].第4版.北京：中国农业出版社.

陈溥言，2006.兽医传染病学[M].第5版.北京：中国农业出版社.

陈万芳，1979.牛白血病综述[J].畜牧兽医学报（2）：123-126.

陈永耀，杨雪峰，2010.奶牛乳腺炎的危害及其预防措施[J].河南科技学院学报（自然科学版），38（4）：58-61.

迟庆安，刘志杰，李有全，等，2014.中国南方七省份牛无浆体病的流行病学调查[J].中国兽医科学，44（1）：98-103.

迟庆安，2013.绵羊无浆体和牛无浆体实时荧光定量PCR检测方法的建立[D].乌鲁木齐：新疆农业大学.

楚峥培，余淑娟，许保光，2014.牛酮病的防治[J].中国畜牧业（2）：80-81.

崔治中，金宁一，2013.动物疫病诊断与防控彩色图谱[M].北京：中国农业出版社.

代吉卓玛，徐新明，2008.轮状病毒与大肠杆菌混合感染的诊治报告[J].养殖与饲料（7）：38-39.

东丽丽，2010.牛附红细胞体病的诊断[J].中国畜牧兽医，37（6）：203-204.

独军政，常惠芸，丛国正，等，2007.牛口蹄疫病毒受体通用亚基αv的基因克隆及分子特征[J].畜牧兽医学报（2）：190-195.

杜凯，2007.边缘无浆体病分子诊断ELISA和温氏附红细胞体PCR检测方法的建立[D].武汉：华中农业大学.

段会斌，卢汝学，朱跃明，2014.肉牛母牛生产瘫痪的防治[J].中国牛业科学，40（3）：95-96.

段俊红，2009.水牛食道梗阻手术[J].山东畜牧兽医，30（4）：50-51.

段淇斌，2007.肉牛饲养技术[M].兰州：甘肃科学技术出版社.

范强，2012.牛传染性鼻气管炎乳胶凝集抗体检测方法的建立与应用[D].武汉：华中农业大学.

范晴，谢芝勋，刘加波，等，2011.牛病毒性腹泻病毒和牛轮状病毒TaqMan二重实时荧光RT-PCR检测方法的建立[J].中国兽医学报，31（10）：1414-1418.

冯艳，华玉姝，2013.牛尿素中毒的症状及急救的方法[J].中国畜禽种业，9（1）：76.

付生，2011.牛骨折与创伤的临床治疗[J].畜牧兽医科技信息（6）：40-41.

高存福，秦建华，赵月兰，等，2007.牛病毒性腹泻病毒RT-PCR检测方法研究[J].中国农学通报（3）：1-4.

高贵德，1983.牛的一些习性和行为特点[J].家畜生态学报（S1）：3-7.

高飞涛，褚万文，2010.固原地区牛场建设与规划技术[J].中国牛业科学，36（4）：90-91.

高菊梅，黄龙，刘溪源，等，2013.一例奶牛支原体和大肠杆菌混合感染的诊断报告[J].湖北畜牧兽医（12）：5-8.

高旭，许应天，2005.瑟氏泰勒虫病诊断技术的研究进展[J].延边大学农学学报（2）：147-152.

葛发权，王现科，骆科印，2014.母牛难产的原因及解决方法[J].中国牛业科学，40（4）：63-65.

郭爱珍，殷宏，张继瑜，2013.肉牛常见病防制技术图册[M].北京：中国农业科技出版社.

郭爱珍，2015.猪、牛养殖抗应激技术[M].北京：中国农业出版社.

郭爱珍，2015.牛结核病[M].北京：中国农业出版社.

郭妮妮，王贵波，潘浩，2013.牛腐蹄病治疗技术研究进展[J].安徽农业科学，41（31）：12332.

郭庆勇，王振宝，何晓杰，等，2013.牛环形泰勒虫病实时荧光PCR诊断方法的建立及初步应用[J].中国兽医学报，33（9）：1369-1372.

郭艳英，孙政刚，乔立英，等，2007.圈套法治疗牛颈部食道梗阻[J].中国牛业科学（6）：94.

韩文国，2010.牛附红细胞体与牛巴氏杆菌混合感染的诊治报告[J].畜禽业（2）：81.

何德肆，徐平源，陈文承，等，2011.边缘无浆体SYBR Green I 实时荧光定量PCR检测方法的建立及应用[J].中国兽医科学，41（3）：262-266.

何君宏，2014.牛尿素中毒的诊断与治疗[J].中国畜牧兽医文摘，30（5）：178.

何俊丹，王新庄，张志帅，等，2010.牛乳腺炎防治的研究进展[J].中国牛业科学，36（5）：54-58.

何玲，2008.牛白血病胶体金免疫层析诊断方法初步建立[D].扬州：扬州大学.

何培政，鲍顺梅，俞进奎，等，2007.犊牛佝偻病的诊治及病因探讨[J].中国牛业科学（1）：81.

贺加双，马卫明，邓立新，等，2009.牛蹄叶炎的研究进展[J].中国牛业科学，35（4）：48-50.

贺秀媛，邓立新，贺丛，等，2015.维生素A缺乏肉犊牛内脏器官的组织病理学观察[J].中国奶牛（6）：24-27.

贺秀媛，李小佳，贺丛，等，2013.1起单纯性肉犊牛维生素A缺乏的分析与诊治[J].畜牧与兽医，45（2）：84-86.

贺秀媛，张君涛，陈丽颖，等，2008.一例犊牛棉籽饼粕饲料中毒的分析研究[J].中国动物保健（11）：90-92.

侯磊，2015.牛羊绦虫和附红细胞体混染的防治[J].中国畜禽种业，11（8）：35-36.

侯美如，高俊峰，周庆民，等，2013.牛轮状病毒诊断方法研究进展[J].中国草食动物科学，33（2）：63-66.

侯美如，侯喜林，高俊峰，等，2011.牛轮状病毒双抗体夹心ELISA检测方法的建立[J].黑龙江八一农垦大学学报，23（3）：19-23.

侯玉慧，邬生力，蔡渭明，等，2009.牛附红细胞体病PCR诊断方法的建立[J].中国兽医学报，29（8）：1019-1022.

胡长敏，郭爱珍，2011.牛支原体病的流行特点与防控措施[J].兽医导刊（11）：41-43.

胡长敏，石磊，龚瑞，等，2009.牛支原体病研究进展[J].动物医学进展，30（8）：73-77.

黄克和，2008.奶牛酮病和脂肪肝综合征研究进展[J].中国乳业（6）：62-66.

黄涛，2014.牛丘疹性口炎病毒的分离、全基因组测序及其生物信息学分析[D].成都：四川农业大学.

黄占良，毕秀纯，张志鸿，等，1985.牛结核病与副结核病混合感染病例报告[J].吉林畜牧兽医（1）：44-45.

纪银鹏，2014.中西医结合治疗牛有机磷中毒[J].中兽医学杂志（2）：34.

江禹，王莉莉，韩小虎，等，2009.动物狂犬病病毒巢式RT-PCR检测方法的建立[J].中国兽医学报，29（8）：1003-1007.

金梅林，陈焕春，刘超，等，1992.从乳用犊牛和水牛中分离出伪狂犬病毒[J].华中农业大学学报（2）：186-188.

金云云，2013.致犊牛肺炎和关节炎牛支原体诊断方法的建立[D].石河子：新疆石河子大学.

赖金伦，寇明明，刘玉辉，等，2015.犊牛支原体肺炎继发牛A型多杀性巴氏杆菌感染的诊治[J].中国畜牧兽医，42（11）：3065-3072.

兰宇，孟相秋，赵建增，2016.牛病毒性腹泻的免疫预防[J].中国动物保健，18（2）：29-31.

李春光，2016.犊牛硒-维生素E缺乏症的病因、症状及防治措施[J].现代畜牧科技（5）：84.

李浩，刘阳，李长安，2011.多杀性巴氏杆菌病研究进展[J].畜牧兽医杂志（2）：31-33.

李辉庭，2016.牛羊的生物学特性及应对措施[J].中国畜牧兽医文摘，32（10）：92.

李继光，2009.牛场场址的选择和规划[J].安徽农学通报，15（4）：232-257.

李玲，常永杰，李宏胜，2013.犊牛巴氏杆菌和支原体混合感染的诊断与治疗[J].中兽医医药杂志，32（4）：57-59.

李明祖，2014.牛皮肤真菌病的诊治报告[J].中国兽医杂志，50（5）：33.

李璞，刘权章，田瑞符，1980.医学遗传病学[M].2版.北京：人民卫生出版社.

李清晖，2016.牛流感和牛肺疫的防治[J].畜牧兽医科技信息（5）：56.

李世宏，王东升，严作廷，等，2010.奶牛子宫内膜炎的诊断与防治研究进展[J].中国乳业（8）：50-52.

李学钦，2016.牛附红细胞体病的科学防治措施[J].畜禽业（5）：69-70.

李毓义，李彦舫，2001.动物遗传•免疫病学[M].北京：科学出版社.

李毓义，杨宜林，1994.动物普通病学[M].长春：吉林科学技术出版社.

李远胜，王文，1986.洗必泰栓治疗牛阴道炎[J].中国兽医科技（3）：27.

李志，郑福英，王积栋，等，2015.牛流行热研究进展[J].中国畜牧兽医，42（3）：745-751.

李宗才，马丽艳，王光祥，等，2012.犊牛球虫病的诊治[J].中国奶牛（11）：59-60.

梁辰，姜晓文，刘旭，等，2013.牛乳头状瘤的病理学观察及其病毒基因型分析[J].中国预防兽医学报（5）：423-425.

廖爱英，2013.牛巴氏杆菌病的诊断与综合防治[J].当代畜牧（23）：40-41.

林苗，黄运生，高彦生，2003.动物冠状病毒的抗原性、病原性、生态学和公共卫生意义的研究进展[J].中国畜牧兽医（4）：4-8.

刘超良，刘爱中，林佑平，等，2011.中西医结合治疗牛甘薯黑斑病中毒[J].中国畜牧兽医文摘，27（6）：153.

刘焕奇，迟良，邹明，2016.牛蹄叶炎的影响因素分析[J].中国动物检疫，33（1）：57-58.

刘辉，2015.牛病毒性腹泻-细小病毒病二联疫苗的研制[D].长春：吉林大学.

刘俊超，李梓，程颖，等，2004.黄牛前后盘吸虫病的诊治[J].中国兽医寄生虫病（4）：47-48.

刘兰英，2008.牛棉籽饼中毒的诊治[J].农村科技（7）：85.

刘丽玲，2000.奶牛维生素A、维生素E缺乏症的调查及防治效应[D].哈尔滨：东北农业大学.

刘鹏，陆淑萍，刘赫铭，2011.一起犊牛新蛔虫与球虫病混合感染的诊治[J].黑龙江畜牧兽医（16）：102.

刘瑞宁，邓明亮，刘玉辉，等，2016.牛传染性鼻气管炎疫苗研究进展[J].动物医学进展，37（2）：85-90.

刘洋，李媛，董惠，等，2010.牛支原体双重PCR检测方法的建立[J].中国预防兽医学报，32（8）：599-602.

刘在新，2015.全球口蹄疫防控技术及病原特性研究概观[J].中国农业科学，48（17）：3547-3564.

娄凤娟，2011.犊牛佝偻病的发生与防治初探[J].中国畜牧兽医文摘，27（5）：141.

芦晓立，颜新敏，张强，2009.牛疙瘩皮肤病概述[J].动物医学进展，30（11）：118-121.

陆承平，2013.兽医微生物学[M].5版.北京：中国农业出版社.

罗济冠，2012.牛细小病毒检测试剂的制备及快速检测方法的建立[D].哈尔滨：东北农业大学.

罗生金，伊迪热斯，2010.中西药结合治疗牛风湿病[J].中兽医学杂志（5）：52.

吕冬，安云科，吴作松，2014.牛的采食习性与合理饲喂[J].养殖技术顾问（4）：13.

马飞，刘洪瑜，王力生，2011.牛前后盘吸虫病的诊治报告[J].中国牛业科学，37（5）：88-89.

马江，2014.一例育肥犊牛棉籽饼中毒的诊断与治疗[J].新疆畜牧业（2）：57-59.

马米玲，罗建勋，殷宏，等，2008.边缘无浆体病诊断方法的研究进展[J].中国兽医科学（7）：633-638.

蒙启，2015.中西医结合治疗母牛子宫炎、阴道炎[J].中国草食动物科学，35（3）：39-40.

娜日娜，李峰，乌仁图雅，2011.母牛妊娠毒血症的预防与治疗[J].中国牛业科学，37（3）：95-96.

潘耀谦，吴庭才，2007.奶牛疾病诊治彩色图谱[M].北京：中国农业出版社.

庞天津，邹明，刘焕奇，等，2010.牛巴氏杆菌病的诊断及治疗试验[J].中国奶牛（3）：42-44.

彭昊，李军，陶立，等，2012.牛隐孢子虫多重PCR方法的建立及应用[J].中国人兽共患病学报，28（8）：825-827，836.

彭武丽，季新成，于学辉，等，2014.多重PCR检测奶牛布鲁氏菌、鹦鹉热衣原体和贝纳氏柯克斯氏体[J].畜牧兽医学报（1）：123-128.

蒲元席，蒋丽萍，张亮，2014.牛有机磷农药中毒的诊治[J].中国畜禽种业，10（4）：98-99.

朴范泽，2008.牛病类症鉴别诊断彩色图谱[M].北京：中国农业出版社.

祁芝梅，赵文信，2013.犊牛呼吸道合胞体病毒和巴氏杆菌混合感染的调查研究[J].中国畜牧兽医，40（7）：175-178.

钱伟东，张洪友，夏成，等，2015.奶牛维生素A缺乏症的研究进展[J].现代畜牧兽医（4）：53-57.

任风兰，宣长和，冯悦平，等，1994.犊牛白肌病的病理形态学观察[J].甘肃畜牧兽医（5）：5-6.

任桥，毕可东，刘焕奇，等，2012.犊牛链球菌和大肠杆菌混合感染的诊治[J].中国动物检疫，29（7）：57-58.

尚婷婷，2014.犊牛大肠杆菌病病原的分离鉴定及其诊治[D].杨凌：西北农林科技大学.

沈付娆，2015.牛冠状病毒实时荧光定量PCR检测方法的建立及应用[D].济南：山东师范大学.

石磊，龚瑞，尹争艳，等，2008.肉牛传染性牛支原体肺炎流行的初步诊断[J].华中农业大学学报（4）：572.

石磊，2010.牛支原体肺炎病原的鉴定、诊断和疫苗的初步研究[D].武汉：华中农业大学.

史鸿飞，朱远茂，高欲燃，等，2010.套式RT-PCR检测牛呼吸道合胞体病毒的研究[J].中国预防兽医学报，32（3）：238-240.

宋竹青，邱昌庆，周继章，等，2010.奶牛流产衣原体OmpA抗原间接ELISA检测方法的建立[J].中国兽医科学，40（7）：696-700.

孙本鹏，2016.犊牛大肠杆菌病的诊断与治疗[J].现代畜牧科技（3）：112.

孙国强，武瑞，2005.规模化安全养奶牛综合新技术[M].北京：中国农业出版社.

孙增军，2013.畜禽尸体剖检常规术式的施行[J].养殖技术顾问（7）：143.

陶孙信，王志兵，成倩倩，2011.也议犊牛硒和维生素E缺乏症的防治[J].中国动物保健，13（12）：30-31.

田利，2014.牛链球菌病的流行特点及防治措施[J].中国畜牧兽医文摘，30（9）：110.

童泽恩，徐刚，吴丽英，等，2005.犊新蛔虫病的诊断与治疗[J].中国兽医寄生虫病（3）：51.

万国顺，毛祖元，杨世纲，2009.中西医结合治疗猪、牛附红细胞体病[J].云南畜牧兽医（3）：44.

汪成发，1999.中西结合治家畜骨折[J].中兽医医药杂志（4）：24.

汪招雄，何启盖，刘丽娜，等，2006.检测伪狂犬病病毒双抗体夹心间接ELISA方法的建立与应用

[J].中国预防兽医学报（2）：220-225.

王春璩，2013.奶牛疾病防控治疗学[M].北京：中国农业出版社.

王海军，王赞江，2006.奶牛乳腺炎的病因及综合防治[J].中国牛业科学（5）：101-104.

王海勇，武华，2014.牛支原体研究进展[J].中国奶牛（7）：36-41.

王海勇，2014.牛副流感病毒3型血清学调查及其单克隆抗体的制备与应用[D].北京：中国农业科学院.

王恒恭，1991.中药治牛羊莫尼茨绦虫病[J].中国兽医杂志（12）：34.

王慧慧，时坤，于本峰，等，2010.牛病毒性腹泻疫苗的研究进展[J].中国畜牧兽医文摘，26（3）：33-35.

王家玮，肖国生，苟凯明，等，2007.牛的气肿疽和肝片吸虫混合感染的诊断和治疗[J].畜牧市场（7）：61.

王建昌，姜彦芬，王坤，等，2015.进口奶牛皮肤真菌病病原疣状毛癣菌的分离鉴定[J].西北农业学报，24（7）：1-5.

王俊东，刘宗平，2010.兽医临床诊断学[M].2版.北京：中国农业出版社.

王民桢，1996.家畜遗传病学[M].北京：科学出版社.

王清玲，2013.母牛死胎、流产和难产的原因[J].养殖技术顾问（3）：49.

王荣华，黄崇元，白春兰，等，2014.一例水牛疥螨继发感染葡萄球菌病的诊治[J].云南畜牧兽医（2）：16-17.

王世明，2012.牛肝片形吸虫病的普查与防治[J].中国牛业科学，38（2）：67-68，78.

王祥生，刘文多，1987.牛贝诺孢子虫抗原制备及间接血凝试验诊断牛贝诺孢子虫病的研究[J].畜牧兽医学报（1）：55-61.

王鑫，2012.牛轮状病毒HQO9株的分离与鉴定[D].哈尔滨：东北农业大学.

王旭有，李春花，许应天，2007.牛瑟氏泰勒虫病致病机理的研究进展[J].中国兽医寄生虫病（3）：47-50.

王永，冯昕炜，严光文，等，2008.附红细胞体病原学研究进展[J].中国预防兽医学报（6）：491-494.

王永生，郭梦尧，刘文博，等，2012.母牛产后真菌性子宫内膜炎的流行病学调查[J].畜牧与兽医，44（3）：76-78.

王玉洁，叶生辉，2013.育肥牛饲喂棉籽饼中毒的诊治[J].中国牛业科学，39（2）：89-90.

王占锋，2008.水泡性口炎的RT-PCR及ELISA诊断方法建立[D].长春：吉林大学.

王兆爽，2013.坐骨大孔纽扣固定法治疗怀孕母牛阴道脱出[J].中兽医医药杂志，32（6）：62.

王振玲，韩敏，刘晓松，等，2005.牛生产瘫痪的研究进展[J].畜牧与饲料科学（3）：38-40.

王志亮，吴晓东，刘雨田，等，2005.单抗介导牛海绵状脑病免疫组化检测方法的建立及其应用[J].中国农业科学（3）：634-638.

魏建英，方占山，2005.肉牛高效饲养管理技术[M].北京：中国农业出版社.

魏如峰，魏晨，2011.中西药结合治疗牛风湿病[J].中兽医学杂志（2）：31.

魏如辉，丁红田，2015.如何治疗奶牛棉籽饼中毒[J].北方牧业（13）：31.

魏亚琴，2014.牛疥螨病的诊治[J].中国牛业科学（1）：89.

温鸿仲，杭其木格，2013.犊牛食道梗阻的手术治疗[J].兽医导刊（5）：69.

温凯，2011.牛病毒性腹泻病毒套式RT-PCR分型检测方法的建立及初步应用的研究[D].哈尔滨：东北农业大学.

翁善钢，2013.牛呼吸道合胞体病毒的流行与诊断[J].中国奶牛（8）：45-47.

吴家俊，周金林，2013.巴贝斯虫病研究进展[J].动物医学进展（12）：173-178.

吴玉石，2008.牛白血病间接ELISA抗体检测试剂盒的研制及初步应用[D].武汉：华中农业大学.

夏淑贤，闫伟志，程忠河，2011.牛腐蹄病的防治[J].黑龙江畜牧兽医（4）：80-81.

肖登弟，2010.牛甘薯黑斑病中毒的诊治[J].草业与畜牧（2）：48-49.

肖定汉，2012.奶牛病学[M].北京：中国农业大学出版社.

谢家麒，卫景玲，侯安祖，等，1989.牛疙瘩皮肤病病毒首次在我国发现[J].中国兽医科技（12）：54-55.

辛彬，孙刚，2012.犊牛大肠杆菌病的综合治疗[J].畜牧兽医科技信息（10）：51-52.

辛九庆，2007.牛传染性胸膜肺炎诊断技术与分子流行病学研究[D].长春：吉林农业大学.

邢莹，郑秀红，贾立军，等，2011.牛附红细胞体单管套式PCR检测方法的建立[J].畜牧与兽医（4）：15-18.

徐怀英，朱瑞良，赵宏坤，2000.肝片吸虫病诊断与防治研究进展[J].中国兽医寄生虫病（4）：49-51.

徐建平，乐朝晖，2003.奶牛巴氏杆菌和大肠杆菌混合感染的诊治[J].中国兽医杂志（12）：48.

徐晓琴，冷雪，李真光，等，2010.牛传染性鼻气管炎诊断方法研究进展[J].动物医学进展（1）：81-86.

许尚忠，魏伍川，2005.肉牛高效生产实用技术[M].北京：中国农业出版社.

杨国威，康伟，张微，2011.母牛阴道脱出的原因与防治措施[J].黑龙江畜牧兽医（10）：101.

杨洺扬，王炜，李真光，等，2014.牛呼吸道合胞体病毒检测方法研究进展[J].动物医学进展（9）：90-92.

杨文，2015.动物病理学[M].重庆：重庆大学出版社.

姚国强，张和平，2018.乳酸菌与牛乳腺炎的相关性研究及应用[J].中国兽医学报，38（11）：2227-2233.

殷德鹏，2013.犊牛佝偻病的综合防治[J].上海畜牧兽医通讯（5）：106.

于新友，李天芝，王金良，等，2015.牛多杀性巴氏杆菌和牛支原体双重PCR检测方法的建立及应用[J].中国奶牛（14）：19-22.

于作，朱远茂，蔡红，等，2011.一株3型牛腺病毒的分离与鉴定[J].中国预防兽医学报（3）：169-172.

余定达，1989.母牛阴道炎的中药治疗[J].中兽医学杂志（1）：45.

余黎明，2015.三种常见牛传染性皮肤病的鉴别与诊治[J].中国动物保健（5）：39-40.

袁开早，2012.牛有机磷农药中毒病的治疗及预防[J].云南畜牧兽医（3）：28.

昝林森，2006.肉牛健康养殖与疾病防治[M].北京：中国农业出版社.

张吉红，潘登，黄素文，等，2013.赤羽病病毒RT-LAMP检测方法的建立[J].中国预防兽医学报（10）：829-832.

张建明，2013.牛羊病理剖检方法简介[J].农业开发与装备（1）：96-97.

张庆新，唐和平，常智双，2010.犊牛轮状病毒病的诊断和防控[J].畜牧与饲料科学（3）：163-164.

张士义，孙东山，刘正武，等，1992.犊牛佝偻病的诊断与防治[J].中国奶牛（6）：40.

张薇，2007.牛脊椎骨折的成因诊断及相关防治[J].畜牧兽医科技信息（10）：36.

张文龙，殷喆，吴东来，等，2010.茨城病病毒S7基因的截短表达及间接ELISA检测方法的建立[J].中国预防兽医学报（7）：537-541.

张侠光，2017.浅析养牛场寄生虫病防治措施[J].中国畜禽种业，13（10）：107-108.

张孝安，2009.中西结合治疗犊牛传染性鼻气管炎与附红细胞体混合感染[J].中兽医医药杂志（3）：

58-59.

张学新，李强，张玉琴，等，2013. 肉牛基础母牛难产综合防治技术 [J]. 中国牛业科学（3）：67-68，76.

张永，陈小波，2016. 牛球虫病症状、诊断及治疗 [J]. 畜禽业（4）：87.

张志，赵宏坤，崔治中，2001. 牛白血病病毒分子致病机理研究进展 [J]. 中国预防兽医学报（2）：75-77.

赵福堂，2013. 母牛子宫内膜炎的防治 [J]. 中国牛业科学（2）：85-86.

赵家平，白双霜，2015. 牛硒和维生素 E 缺乏症的诊治 [J]. 当代畜禽养殖业（6）：30-31.

赵宗胜，许汉峰，孙庆华，等，2008. 牛乳腺炎实验室四种常见诊断方法的对比 [J]. 黑龙江畜牧兽医（10）：68-69.

郑聃，郭洪友，2010. 牛巴氏杆菌病的发生与防治 [J]. 现代农业科技（4）：364，366.

郑杰，谢巧，张连祥，等，2015. 中国牛衣原体病的流行状况 [J]. 中国奶牛（Z3）：18-21.

周家喜，余波，谭永龙，等，2012. 牛羊绦虫和附红细胞体混合感染的防治 [J]. 湖北畜牧兽医（10）：22-24.

周庆国，温代如，陈家璞，1997. 奶牛伪牛痘病的研究 1. 奶牛伪牛痘病的诊断 [J]. 畜牧兽医学报（2）：76-80.

周素红，2014. 肉牛尿素中毒的诊治 [J]. 当代畜牧（15）：14.

周雪梅，聂福平，王昱，等，2012. 牛疙瘩皮肤病病毒 ORF132 基因的克隆及其原核表达 [J]. 中国预防兽医学报（4）：320-322.

周玉龙，任亚超，朱战波，等，2012. 牛副流感病毒 3 型 HN 基因原核表达及间接 ELISA 方法建立 [J]. 病毒学报（1）：23-28.

朱宝军，王婕，韩艳莉，等，2007. 犊牛大肠杆菌病和球虫病混合感染的诊断与防治 [J]. 吉林畜牧兽医（11）：39，41.

庄传兵，潘萍，潘静，2015. 母牛难产的综合防治 [J]. 中国动物保健（12）：51-53.

左秀峰，左秀丽，2014. 犊牛新蛔虫病的诊治 [J]. 中国牛业科学（4）：93，95.

ALLARD A, ALBINSSON B, WADELL G, 2001. Rapid typing of human adenoviruses by a general PCR combined with restriction endonuclease analysis[J].Journal of Clinical Microbiology,39(2):498-505.

BRUNELLE B W, HAMIR A N,BARON T, et al., 2007. Polymorphisms of the prion gene promoter region that influence classical bovine spongiform encephalopathy susceptibility are not applicable to other transmissible spongiform encephalopathies in cattle[J].Journal of Animal Science,85: 3142-3147.

BABIUK S, BOWDEN T,PARKYN G, et al.,2008. Quantification of lumpy skin disease virus following experimental infection in cattle[J].Transboundary & Emerging Diseases,55(7): 299-307.

GUERRA J M, CARDOSO N C, DANIEL A G T, et al.,2001. Prevalence of autosomal dominant polycyctic kidney disease in Persian cats and related breeds in Sydney and Brisbane[J]. Austral Journal of Veterinary Sciences,79(4): 257-259.

BINDHA K, RAJ G D, GANESAN P I, et al.,2001. Comparision of viruse isolation and polymerase chain reaction for diagnosis of peste des petits ruminants[J].Acta Virologica,45(3):169-72.

MAHLUM C E, HAUGERUD S, SHIVERS J L, et al.,2002. Detection of bovine viral diarrhea viruse by TaqMan reverse transcription polymerase chain reaction[J].Journal of Veterinary Diagnostic Investigation Official Publication of the American Association of Veterinary Laboratory Diagnosticians Inc,14: 120-125.

CHIHOTA C,RENNIE L F, KITCHING R P, 2001. Mechanical transmission of lumpy skin disease virus by aedes aegypti (diptera: culici-dae)[J].Epidemiol Infect,126: 317-321.

DEPOLO N J,GLACHETTI C, 1987. Continuing coevolution of virus and defective interfering particles and of viral genome sequences during undiluted passages: virus mutants exhibiting nearly complete resistance to formerly dominant defective Interfering particles[J].Journal of Virology,61: 454-464.

DISTL O, HERRMANN R, UTZ J, et al.,2002. Inheritance of congenital umbilical hernia in German Fleckvieh[J].J Animal Breeding and Genetics,119(4): 264-273.

EVEREST S J, THORNE L, BARNICLE D A, et al.,2006. Atypical prion protein in sheep brain collected during the British scrapie- surveillance programme[J].Journal of General Virology,87: 471-477.

FELMER D R, BUTENDIECK B N, BUTENDIECK B B, et al.,2001. Detection of a genetic defect in cattle using a DAN probe[J].Veterinary Bulletin,71(11): 1366.

HAMIR A N, MILLER J M, KUNKLE R A, et al.,2007. Susceptibility of cattle to first passage intracerebral inoculation with chronic wasting disease agent from white tailed deer[J].Veterinary Pathology,44: 487-493.

HAYWOOD, FUENTEALBA I C, KEMP S J, et al.,2001. Copper toxicoses in the Bedlington terrier: a diagnostic dilemma[J].Journal of Small Animal Practice,42(4): 181-185.

HEIKKILÄ A M, LISKI E, PYÖRÄLÄ S, et al.,2018. Pathogen-specific production losses in bovine mastitis[J].Journal of Dairy Science,101(10): 9493-9504.

HEINE H G, STEVENS M P, FOORD A J, et al.,1999. A capripoxvirus detection PCR and antibody ELISA based on the major antigen p32,the homolog of the vaccinia[J].Journal of Immunological Methods,227: 187-196.

IRELAND D, BINEPAL Y, 1998. Improved detection of capripoxvirus in biopsy samples by PCR[J]. Journal of Virological Methods,74: 1-7.

JORDAN E K, SEVER J L, 1994. Fetal damage caused by parvoviral infections[J].Reprod Toxicol,8: 161-189.

KIU R, HALL L J, 2018. An update on the human and animal enteric pathogen Clostridium perfringens[J]. Emerg Microbes Infect,7(1): 141.

KNOWLES D P, IN MACLACHLAN N J, DUBOVI E J, 2001. Fenner's veterinary virology[M].Elsevier Scientific Publishers,Amsterdam,Netherlands. Poxviridae.

KUHN M J, MAVANGIRA V, GANDY J C, et al., 2017. Differences in the Oxylipid Profiles of Bovine Milk and Plasma at Different Stages of Lactation[J].Journal of Agricultural and Food Chemistry,65(24): 4980-4988.

LACK D N, HAMMOND J M, 1986. Genomic relationship between capripoxviruses[J].Virus Research,5: 277-292.

LAMIENA C E, LELENTAA M, GOGER W, et al.,2011. Real time PCR method for simultaneous detection, quantitation and differentiation of capripoxviruses[J].Journal of Virological Methods,171: 134-140.

MÄKI K, LINAMO A E, OJALA M, 2000. Estimates of genetic parameters for hip and elbow dysplasia in Finnish Rottweilers[J].Journal of Animal Science,78(5): 1141-1148.

MARCUS P I, SEKELLICK M J, 1980. Interferon induction by viruses. Ⅲ. Vesicular stomatitis virus: interferon inducing particle activity requires partial transcription of gene N[J].Journal of General Virology, 47(1): 89-96.

OHASHI S, YOSHIDA K, YANASE T, et al.,2004. Simultaneous detection of bovine arboviruses using single-tube multiplex reverse transcription-polymerase chain reaction[J].Journal of Virological

Methods,120(1): 79-85.

PLOWRIGHT W, FEIRIS R D, 1959. Papular stomatitis of cattle in Kenya and Nigeria[J].Veterinary Record,71: 718-724.

STRAM Y, KUZNETZOVA Y, 2008. The use of lumpy skin disease virus genome termini for detection and phylogenetic analysis[J].Journal of Virological Methods,151: 225-229.

SUGIYAMA M, ITO N, MINAMOTO N, et al.,2002. Identification of immunodominant neutralizing epitopes on the hemagglutinin protein of rinderpest virus[J].Journal of Virology,76(4): 1691-1696.

TORSTEN S, CATHERINE B, SYLVIE L, et al.,2007. Atypical scrapie in a swiss goat and implications for transmissible spongiform encephalopathy surveillance[J].Journal of Veterinary Diagnostic Investigation,19(1): 2-8.

WALKER P J, KLEMENT E, 2015. Epidemiology and control of bovine ephemeral fever[J].Veterinary Record,46: 124.

YANG F, ZHANG S, SHANG X, et al.,2018. Characteristics of quinolone-resistant Escherichia coli isolated from bovine mastitis in China[J].Journal of Dairy Science,101(7): 6244-6252.

ZHENG M, LIU Q, et al.,2007. A duplex PCR assay for simultaneous detection and differentiation of capripoxvirus and Orf virus[J].Molecular and Cellular Probes,21(4): 276-281.